Hydrogeologisches Wörterbuch

Heike Wanke

Hydrogeologisches Wörterbuch

Christoph Adam, Walter Gläßer, Bernward Hölting

Enke
im Georg Thieme Verlag
Stuttgart · New York 2000

Dr. Christoph Adam
Comeniusstraße 121
01309 Dresden

Prof. Dr. Walter Gläßer
Umweltforschungszentrum Leipzig-Halle GmbH
Sektion Hydrogeologie
Theodor-Lieser-Straße 4
06120 Halle/S.

Prof. Dr. Bernward Hölting
Christian-Lechleitner-Straße 26
55128 Mainz

Die Deutsche Bibliothek – CIP-Einheitsaufnahme

Adam, Christoph
Hydrogeologisches Wörterbuch / Christoph Adam ;
Walter Gläßer ; Bernward Hölting.
– Stuttgart : Enke, 2000

Umschlagfoto: Einlaufbauwerk (Belüftungspilz) von Grundwasser des Brunnenriegels
Profen bei Flutung des Tagebaues Cospuden bei Leipzig (Foto: Heiner Dohrmann,
1998)

© 2000 Georg Thieme Verlag
Rüdigerstraße 14, 70469 Stuttgart
Unsere Homepage: http://www.thieme.de

Printed in Germany

Druck: WB-Druck GmbH, Rieden am Forggensee

ISBN 3-13-118271-7

Vorwort

Vorliegendes Wörterbuch enthält Fachbegriffe, die im Zusammenhang mit hydrogeologischen Arbeiten unter Einbeziehung wissenschaftlicher Nachbardisziplinen stehen. Dabei handelt es sich vor allem um Begriffe zum Wasserkreislauf, d.h. zur Entstehung, Verbreitung und Beschaffenheit von Gewässern sowie deren Nutzung und Schutz. Hierzu gehören auch Begriffe mit Bezügen zur Umwelt, zur Verfahrenstechnik der Wasserwirtschaft und zum Bergbau.

Die Begriffe wurden nach ihrem Verständnis in der aktuellen Literatur, in Normen, Richtlinien, Regeln, Arbeits- und Merkblättern, nach ihrer wasserwirtschaftlichen und wasserrechtlichen Anwendung definiert. Begriffe aus der früheren DDR wurden angeglichen, zumal nach der Wiedervereinigung und der damit möglichen verstärkten wissenschaftlichen und technischen Zusammenarbeit manche fachlichen Mißverständnisse und auch ökologische Fehlleistungen aus den unterschiedlichen Begriffsauffassungen resultierten. Verzichtet wurde dagegen auf lokale und landsmannschaftliche spezielle Bezeichnungen (wie z.b. „Quellauge" für Quelle).

Das Wörterbuch ist gleichermaßen für Wissenschaftler, Praktiker und hydrogeologisch interessierte Laien in der Bundesrepublik Deutschland, aber auch für das gesamte deutschsprachige Ausland bestimmt. Die Autoren würden es begrüßen, wenn von Nutzern fachlich begründete Hinweise auf fehlende Begriffe oder andere Auffassungen zu Wortgebungen und Definitionen mitgeteilt werden. Unterschiedliche Auffassungen sollten kein Anlaß sein, auf solche Begriffe zu verzichten, wie es bei Definitionsversuchen in Normenausschüssen verschiedentlich der Fall war.

Die Begriffe sind generell alphabetisch nach Substantiven aufgelistet. Zugehörige Adjektive, die mit Substantiven eine Begriffseinheit bilden, werden nachgeordnet. Vorzugsbegriffe stehen grundsätzlich an erster Stelle und sind meist kurz (im Sinne einer Terminologie) erklärt. In den Erklärungen und ggf. in ergänzenden Hinweisen wird auf Vorzugsbegriffe, die im Wörterbuch selbst erklärt sind, mit einem Waagerechten Pfeil ($\rightarrow$) verwiesen. Mitunter gibt es für Vorzugsbegriffe auch mehrere gleichwertige, aber unterschiedliche (je nach fachlicher Disziplin) Erklärungen (1., 2., ...). Synonyma, die meist weniger gebräuchlich oder wegen ihrer Wortbildungen semantisch bedenklich sind, werden allgemein nicht erklärt. Synonyma am Ende von Erklärungen oder Hinweisen sind durch einen vorgestellten senkrechten Pfeil ($\downarrow$) gekennzeichnet.

Die Autoren danken dem Georg Thieme (früher Enke) Verlag (Stuttgart) für sein Interesse und seine Unterstützung zur Publikation dieses Wörterbuches. Für die lektorelle Unterstützung gebührt Frau Schneider (Umweltforschungszentrum Leipzig-Halle GmbH., Halle/S.) unserer besonderer Dank. Frau Dipl.-Chem. Dr. Dieterich (Mössingen) danken wir für die ordnende und korrigierende Durchsicht des Manuskripts.

Dresden, Halle/S., Mainz, 07.03.2000   Die Autoren

A

A. → Abfluß, → Durchflußquerschnitt

A_E, A_{Eo}, A_{Eu}. → Einzugsgebiet (oberirdisches, unterirdisches)

α. → Absorptionskoeffizient, BUNSENscher, → Ionenaktivität

α-Strahlung. → Alpha-Strahlung

AAS. → Atomabsorptionsspektrometrie

Abbau. 1. → Bergbau;
2. Chemische Umwandlung von höhermolekularen in niedrigmolekulare organische Verbindungen durch physikalisch-chemische Prozesse;
3. Umwandlung von organischer in anorganische Substanz (→ Mineralisation von organischen Substanzen) durch → Mikroorganismen; ↓ mikrobielle Verbindungsdegradation;
4. Abbau, biologischem, von Mikroorganismen liegt (wie bei den meisten Naturprozessen) eine organspezifische Halbwertszeit (t1/2) zugrunde mit dem Ergebnis, daß sich in der Anfangsphase der Hauptabbau vollzieht und danach die Konzentration exponentiell abnimmt, zuerst noch schneller, danach langsamer, so daß sich die Auslaufzeiten (relativ) lange hinziehen. Besonders deutlich zeigt sich dieser Verlauf beim Abbau (Absterben) von Bakterien und Viren, für deren resistente Spezies in der Literatur lange Überlebenszeiten genannt werden, z. B. [d] für Bakterien wie *E. coli* bis 310, *Salmonella typhimurium* bis 300, *Salmonella typhi* bis 63, *Yersinia enterocolitica* bis 970, *Streptococcus faecalis* bis 550; Virukenz bei Viren wie Coxsackie-Virus bis 280, Poliomyelitis-V. bis 550 [d]. Da zu einer Infektion eine Mindestzahl von Erregern erforderlich ist, sind infizierte (Ab-) Wässer nicht über die ganze (Abbau-) Zeit tatsächlich gesundheitsgefährdend

Abbau, hydrolytischer. → Hydrolyse

Abbaubarkeit. Möglichkeit zur Zerlegung hochmolekularer in niedermolekulare (einfache) Verbindungen

Abbaugeschwindigkeit. Geschwindigkeit, mit der ein komplexer → Stoff (z.B. organische Substanz) hydrolytisch umgewandelt bzw. zersetzt wird, abhängig von Rahmenbedingungen

Abbaugrad. → Abbaustadium

Abbaukapazität. Größe bzw. Umfang des → Abbauvermögens

Abbaukonstante. → Halbwertszeit

Abbauprodukt. Aus → Abbau organischer Substanz bzw. aus hydrolytischem Abbau resultierender Stoff

Abbaurate. Menge organischer Substanz, die in einer bestimmten Zeit unter gegebenen Rahmenbedingenen von höhermolekularen zu niedermolekularen Verbindungen oder zu Elementen abgebaut wird

Abbauresistenz. Stabilität einer organischen Substanz gegen Zerstörung durch äußere (z.B. Umwelt-) Einflüsse

Abbaustadium. Stufe der → Zersetzung einer komplexen Substanz (organischen Verbindung) bezogen auf das Ausgangsmaterial; ↓ Abbaugrad; ↓ Abbaustufe

Abbaustufe. → Abbaustadium

Abbautest. Im Labor durchgeführte → Untersuchung zum Abbau organischer Substanz bzw. zur hydrolytischen Gesteinsumwandlung

Abbauvermögen. Fähigkeit eines → Geo-/ → Biotops, organische oder anorganische Stoffe in andere, meist niedrigmolekulare umzuwandeln

Abbrand. Endprodukt von metallurgischen Röstprozessen

Abdämmung. → Abdichtung

Abdampfrückstand (AR). Nach zweistündigem Trocknen bei 180 °C entstehender Rückstand des → Filtrates einer Wasserprobe

Abdeckmaterial. Bodenmaterial (Gestein) und/oder Kunststoff zur Oberflächenbedeckung (z.B. einer Deponie), um ein Durchsickern von → Niederschlagswasser zu verringern

Abdichtmaterial. Undurchlässiges oder sehr schlecht durchlässiges Bodenmaterial, Gestein und/oder Kunststoff für eine technische Abdichtung (z.B. Sohlen von Deponien oder wasserwirtschaftlichen Bauwerken); → Barriere

Abdichtung. Technischer → Einbau oder Vorhandensein von Material, das die → Durchsickerung bzw. Durchströmung von Fluiden verhindert; ↓ Abdämmung, ↓ Dichtung

Abessinier(-Brunnen). → Rammbrunnen

ABF. → Televiewer, akustischer

Abfall. Bei menschlicher Arbeit und Lebensgewohnheit anfallender stofflicher Rückstand, der zum Zeitpunkt des Auftretens nicht mehr verwend- oder nutzbringend verwertbar ist und einer Vernichtung oder Endlagerung (→ Deponie) zugeführt wird; → Abprodukt

Abfall, industrieller. Gesamtheit allen bei industriellen Fertigungen anfallenden → Abfalls, der zu entsorgen ist (→ Entsorgung); das betrifft auch den Abfall industriell betriebener Landwirtschaftsbetriebe

Abfall, kommunaler. Gesamtheit des in Städten, Dörfern und Streusiedlungen anfallenden → Abfalls, der zu entsorgen ist (→ Entsorgung) einschließlich Abfällen aus der handwerklichen Produktion; ist in seiner Zusammensetzung heterogen und kann nach Entsorgung ein beachtliches → Gefahrenpotential für → Grund- und → Oberflächenwasser sein; eine Trennung dieser Abfälle in → Sonderabfall, → Wertstoffe und → Restabfall (↓ Restmüll) könnte die Umweltgefahr spürbar reduzieren; Bemühungen in diese Richtung sind in Deutschland durch die Duales System Deutschland GMbH, Sero oder andere zu erkennen; ↓ Müll, ↓ Hausmüll

Abfall, radioaktiver. → Abfall, der bei Nutzung der Spaltung von Atomkernen (→ Radionuklide) entsteht und nicht wiederaufarbeitbar ist; das betrifft sowohl die Nutzung in Kernreaktoren (mittel- bis hochradioaktiver Abfall), ferner diagnostische Hilfsmittel in der Medizin als auch als Spezialtechnik in Industrie und Landwirtschaft (mittel- bis schwach radioaktive Elemente); an die Endlagerung radioaktiven Abfalls sind besonders hohe Anforderungen zu stellen, da damit ein außerordentlich hohes Gesundheitsrisiko verbunden ist

Abfallbeseitigung. → Abfallentsorgung

Abfallbestimmung. Rechtliche Beurteilung des → Abfalls und Zuordnung zunächst nach der Abfallbestimmungsverordnung, die am 03.04.1996 durch die Bestimmungsverordnung besonders überwachungsbedürftiger Abfälle (BestbüAbfV) und die Bestimmungsverordnung überwachungsbedürftiger Abfälle zur Verwertung (BestüAbfV) abgelöst wurde; → Abfallentsorgung; ↓ Abfallklassifikation

Abfalldeponie. → Deponie

Abfalldesinfektion. → Abfallentkeimung

Abfallentkeimung. Chemische und/oder physikalische Behandlung von → Abfall zur nachhaltigen Abtötung bzw. Reduzierung von Krankheitserregern; → Hygienisierung von Wirtschaftsdünger; ↓ Abfalldesinfektion

Abfallentsorgung. Gewinnung von Stoffen (→ Recycling) oder Energie aus → Abfall (→ Abfallverwertung), Ablagerung von Abfall (Zwischen- und → Endlagerung) sowie erforderliche Maßnahmen des Einsammelns, Beförderns, Behandelns und Lagerns; ↓ Abfallbeseitigung

Abfallentsorgung, thermische. → Abfallverbrennung

Abfallgesetz (AbfG). Gesetz über die Vermeidung und Entsorgung von Abfällen vom 27.08.1986, geändert durch G. zum Einigungsvertrag v. 23.09.1990, BGBl. II, S. 885); das AbfG wurde abgelöst durch das „Kreislaufwirtschafts- und Abfallgesetz (KrW-AbfG) - Gesetz zur Förderung der Kreislaufwirtschaft und Sicherung der umweltverträglichen Beseitigung von Abfällen" vom 27.09.1994, zuletzt geändert durch das Gesetz vom 25.08.1998

Abfallklassifikation. → Abfallbestimmung

Abfalllagerung. Verbringung von → Abfall in ein → Zwischenlager (Zwischenlagerung) oder in eine → Deponie (→ Endlagerung)

Abfallneutralisation. Chemische → Behandlung von → Abfall zur Minimierung bzw. Unterbindung der → Emission von Schadstoffen

Abfallprodukt. → Abfallstoff

Abfallrecht. Gesetzliche und untergesetzliche Regelungen zum Umgang mit → Abfall [wie Kreislaufwirtschafts- und Abfallgesetz, TA (Technische Anleitung) Abfall, TA Siedlungsabfall] und zur Ahndung von Ordnungswidrigkeiten (wie ungenehmigte Abfallbehandlung, wilde Deponierung)

Abfallstoff. → Abfall oder → Inhaltsstoff eines Abfallgemisches; → Abprodukt; ↓ Abfallprodukt

Abfallverbrennung. Thermische Behandlung von → Abfall zu dessen Beseitigung und ggf. energetischen Nutzung organischer Inhaltsstoffe; ↓ Abfallentsorgung, thermische

Abfallverfestigung. Chemische und/oder physikalische Behandlung von → Abfall zur Erhöhung seiner → Dichte und Stabilität zwecks Verringerung von Erosions- und Elutionsgefahr

Abfallverwertung. Gewinnung von Sekundärrohstoffen (→ Recycling) und/oder Energie aus → Abfall

Abfallwirtschaft. Organisatorische, wirtschaftliche und technische Maßnahmen zur Vermeidung, Verwertung und → Entsorgung von → Abfall

Abfallwirtschaftskonzept. Staatliche und kommunale Vorgaben zur Abfallwirtschaft; ↓ Abfallkonzept

AbfG. → Abfallgesetz

abfiltrierbar. Möglichkeit, Stoffe mittels technischer Maßnahmen (→ Filtration) abzutrennen (z.B: Filtrat grobdisperser Wasserinhaltsstoffe auf Sand-, Papier-, Keramik-, Kunststoff- oder Metallfilter)

Abfiltrieren. → Filtration; ↓ Filtrieren

Abfließen. → Abfluß

Abfluß (Zeichen international R, in BRD A). 1. Wasservolumen (Q) aus einem definierten Raum (→ Einzugsgebiet), das den → Abflußquerschnitt in einer Zeiteinheit durchfließt (Q in [m³/s]); 2. Unter dem Einfluß der Schwerkraft auf und unter der Landoberfläche fließendes Wasser; ↓ Abfließen, ↓ Ausfließen, ↓ Ausfluß, ↓ Auslauf, ↓ Ausströmung

Abfluß, direkter. Anteil des → Abflusses eines Wasserlaufes (eines fließenden oberirdischen Gewässers), der aus oberirdischem Abfluß und → Interflow resultiert (Q in [m³/s])

Abfluß, hypodermischer. → Interflow

Abfluß, oberirdischer (international R_0 oder A_0). Als Folge von → Niederschlägen oder unterhalb von → Quellen flächenhaft oder meist linear oberirdisch abfließendes Wasser (Volumeneinheit pro Zeiteinheit; z.B. [l/s]); → Erosionsrinne, → Bach, → Fluß. Die Bewegung des Wassers ist aus Gründen der Gravitation stets von der Position höheren Potentials zu der niedrigeren gerichtet; ↓ Landoberflächenabfluß, ↓ Oberflächenabfluß

Abfluß, potentieller (international $R_{o\ pot}$, BRD $A_{o\ pot}$). In einem → Fließgewässer gemessener → Abfluß plus der durch → Grundwasserförderung im → Einzugsgebiet eingetretenem (unterirdischen) Abflußverlust

Abfluß, reeller (international $R_{0\ reell}$ oder $A_{0\ reell}$). In einem → Fließgewässer gemessener Abfluß ohne Berücksichtigung einer möglichen → Grundwassernutzung im → Einzugsgebiet

Abfluß, unterirdischer (international R_u, BRD A_u). Abfluß in der → Lithosphäre durch → Infiltration und/oder → Grundwasserströmung; ↓ Grundwasserabfluß

Abflußabgabe. Quotient (q) aus Abflußverlust (-defizit; Δ Q < 0) eines → Fließgewässers und der zugehörigen Fläche (A_E) des → Einzugsgebietes (A_E); im Gegensatz zur → Abflußrate (q = ΔQ/A_E), die im allgemeinen als Abflußzuwachs (Δ Q bzw. q > 0) verstanden wird, läßt die Abflußabgabe den Abflußverlust (eines Gewässers) als Abflußratenabgabe (q < 0; „negative Abflußspende") definieren; [l/(s · km²)]; ↓ Abflußspendenabgabe;↓ Abgabespende

Abflußbeiwert. → Abflußkoeffizient

Abflußbewirtschaftung. → Abflußregulierung

Abflußdynamik. Zeitliche Veränderung des Abflusses nach Menge und Beschaffenheit; Bewegungsverhalten (Geschwindigkeit, Volumenveränderung etc.) von → Grund- und → Oberflächenwasser; → Abflußregime

Abflußermittlung. Messung und/oder Berechnung von Wasserstand (W in [m]) oder Fließgeschwindigkeit (v in [m/s])

Abflußfähige Grundwassermenge. → Abfluß, unterirdischer

Abflußganglinie. Graphische Darstellung von → Abflüssen (Q in [m³/s]) und/oder → Wasserständen (W in [m]) für einen Querschnitt (A in [m²]) eines → Wasserlaufes in einem Zeitintervall (t in [d]), ggf. mit statistischen Kennwerten (gewässerkundlichen Hauptwerten wie niedrigster Niedrigwasserstand NNW, → Niedrigwasserstand NW, → Mittelwasserstand MW, mittlerer Hochwasserstand MHW, → Hochwasserstand HW, höchster Hochwasserstand HHW bzw. niedrigster Niedrigwasserabfluß NNQ, Niedrigwasserabfluß NQ, Mittelwasserabfluß MQ, mittlerer Hochwasserabfluß MHQ, höchster Hochwasserabfluß HHQ); → Wasserstand, → Abflußkurve; ↓ Abflußsummenlinie, ↓ Abflußsummenkurve

Abflußhöhe. → Abfluß (Q in [m³/s]) in einem Zeitintervall (t in [s]) unter Annahme gleichmäßiger Verteilung über einer horizontalen Fläche (A in [m²] oder [km²]) für ein → Einzugsgebiet, ausgedrückt in Millimeter Wasserhöhe (Quotient aus Wasservolumen und zugehörigem Einzugsgebiet); ↓ Gebietsabfluß

Abflußjahr. Einjährige, nach hydrologischen Kriterien festgesetzte Zeitspanne, die sich in der BRD vom 1. November bis zum 31. Oktober des folgenden Kalenderjahres erstreckt, zu bezeichnen nur mit einer Jahreszahl, und zwar des Kalenderjahres, dem die Monate Januar bis Oktober angehören. Das A. wird untergliedert in Winterhalbjahr (Wi) vom 1. November bis 30. April und Sommerhalbjahr (So) vom 1. Mai bis 31.Oktober; ↓ Jahr, hydrologisches; ↓ Saison, hydrologische, ↓ Wasserhaushaltsjahr

Abflußkoeffizient. 1. → Parameter eines → Einzugsgebietes, bestimmt für ein Zeitintervall als Quotient von → Abfluß und → Niederschlagshöhe; → Abflußverhältnis; 2. → Parameter zur Charakterisierung der hydraulischen Eigenschaften eines → Fließgewässers (abhängig z.B. von → Abflußquerschnitt, Gewässerbettrauheit, Krümmung, Feststofftransport, Verkrautung, Wassertemperatur); ↓ Abflußbeiwert

Abflußkurve. Bezugskurve zwischen → Wasserständen und zugehörigen Abflüssen für einen → Abflußquerschnitt [→ Pegel (-meßstelle)] eines → Fließgewässers; → Abflußganglinie, ↓ Abstromlinie

abflußlos (Gebiet). → Senke (→ Einzugsgebiet, oberirdisches) ohne oberirdischen → Abfluß

Abflußmessung. → Durchflußmessung

Abflußmeßwesen. Hoheitsaufgabe der → Wasserwirtschaft zur systematischen Überwachung größerer → Fließgewässer als Voraussetzung für die Sicherung einer ökologisch sinnvollen → Wassernutzung (wie Fischzucht, Schifffahrt, Uferfiltratgewinnung zur → Wasserversorgung) sowie zur Gefahrenabwehr (Hochwasserschutz)

Abflußmöglichkeit. → Vorflut

Abflußquerschnitt. Schnittfläche durch ein → Fließgewässer senkrecht zu dessen → Stromlinien, → Durchflußquerschnitt; ↓ Abstromquerschnitt

Abflußrate (q). Quotient aus Abflußmenge (Volumen) pro Zeiteinheit (Q) und zugehörigem → Einzugsgebiet (A_E) [l/(s · km²)]; zwischen Teileinzugsgebieten eines → Fließgewässers kommt es in der Regel zu Abflußdifferenzen (Δq) zwischen einzelnen → Meßstellen im → Wasserlauf (von Ober- nach Unterlauf), Δq kann positiv (Zuwachsrate, Abflußratenzuwachs) oder infolge effluenter Abflüsse negativ (Abgaberate) sein; ↓ Abflußspende, ↓ Abflußsumme

Abflußratenzuwachs. → Abflußrate

Abflußregime. Charakteristischer Gang des → Abflusses eines → Fließgewässers, bedingt durch Regimefaktoren (klimatische, geologische, geomorphologische, vegetationskundliche und anthropogene Gegebenheiten des → Einzugsgebietes an einem bestimmten Ort)

Abflußregulierung. Technische Maßnahmen (z.B. → Stauhaltung) zur wasserwirtschaftlichen Nutzung von → Fließgewässern und/oder zum Hochwasserschutz; ↓ Abflußbewirtschaftung

Abflußseparation. Analytische Aufgliederung einer Abflußperiode auf der Grundlage der → Abflußganglinie in spezielle Abflußanteile (wie → Basisabfluß, → Interflow, → Abfluß, oberirdischer usw.)

Abflußspende. → Abflußrate

Abflußspende, reduzierte. → Abfluß (→ Abflußrate), der (die) auf wasserwirtschaftlich mittlere Abflußverhältnisse reduziert wurde; in der Praxis wird aus den Abflüssen nächstgelegener, langfristig beobachteter Abflußpegel ein Korrekturfaktor errechnet, der sich aus dem Quotient langfristiges Abflußmittel zum Abfluß zur Zeit der zu korrigierenden Einzelmessung ergibt; ↓ reduzierte Abflußspende

Abfluß(spenden)abgabe (→ Abflußrate q < 0). Quotient aus Abflußverlust (ΔQ < 0) und der Fläche des zugehörigen → Einzugsgebietes [l/(s·km²)]

Abflußspende, unterirdische. → Grundwasserneubildungsrate

Abflußstatistik. Ermittlung und Darstellung wasserwirtschaftlicher Kennwerte zum Abflußverhalten (Gang sowie Mittel- und Extremwerte von → Abfluß und → Wasserstand) fließender → Gewässer für maßgebende Abflußmeßquerschnitte (→ Pegel)

Abflußsummenkurve. → Abflußganglinie

Abflußsummenlinie. → Abflußganglinie

Abflußverhältnis. Quotient aus → Abflußhöhe und → Niederschlagshöhe für ein → Einzugsgebiet

abflußwirksam (Fläche). Für einen → Abfluß oder Abflußanteil maßgebliche Fläche

Abgaberate. → Abflußrate

Abgas. Bei einer Verbrennung freigesetztes Gas (→ Emission). Zum Schutz vor schädlichen Umwelteinflüssen durch Luftverunreinigungen gilt das → Bundesimmissionsschutzgesetz - BImSchG vom 14.05.1990 (einschließlich Durchführungsverordnungen)

Abgasbehandlung. Technische Maßnahme zur Entfernung und/oder Reduzierung schädlicher Komponenten aus Verbrennungsgasen vor deren Freisetzung (→ Emission) in die → Umwelt

abgedeckt. Durch → Überdeckung mit wasserdichtem bzw. wasserabweisendem Material vor → Durchsickerung geschützt; ↓ bedeckt

Abgrenzung. Festlegung eines Einflußbereiches (z.B. Teileinzugsgebiet) im Rahmen einer hydrogeologischen → Untersuchung; ↓ Begrenzung

Abhang. Morphologische Oberfläche mit stärkerem → Gefälle

Abiotisch. Unbelebt, lebensfeindlich (betrifft chemische und physikalische Faktoren mit Einfluß auf biologische Systeme); ↓ azoisch

Abkippfläche. Teil einer natürlichen oder einer anthropogenen Geländeoberfläche, auf der Schüttgut gelagert wird; → Kippe; → Halde

Abklappen. → Verklappen

Ablagern. Verbringen eines ortsuntypischen Stoffes an einen begrenzten Ort (→ Deponie), von dem theoretisch eine Rückgewinnung möglich ist; Deponieren; Sedimentieren; Akkumulieren

Ablagerung. (Geologischer und anthropogener) Prozeß oder Ergebnis des Verbringens ortsuntypischer Stoffe an einen Ort; → Deponie, → Sediment, → Pyroklastika, → Kippe; → Halde

Ablagerung, geordnete. → Deponie, geordnete

Ablation. Klimabedingtes Abschmelzen von Gletschereis und Bildung einer Ablationsgrundmoräne (ablation till); die Mächtigkeit der Ablationsgrundmoräne ist abhängig von der Eisdicke und der Abtaugeschwindigkeit

Ablaufanlage. Technisches Bauwerk zum Ableiten von Wasser, z.B. A. eines → Tagebaurestsees zu dessen → Entwässerung in einen → Vorfluter, um den Seespiegel in konstanter Höhe zu halten

Ablaufwasser. Wasser, das in einer → Ablaufanlage abfließt, um den Wasserspiegel eines künstlichen → Standgewässers konstant in einer festgelegten Höhe zu halten

Ablauge. Flüssiger → Abfall der Zellstoffindustrie bei der Sulfit- und Sulfatzellstoffherstellung (durch basisches oder saures Kochen entfernte Inhaltsstoffe wie Hemicellulosen und Lignin sowie Chemikalien)

Ablaugung. Vorgang der hydrolytischen → Verwitterung von Gips-, Karbonat- und Salzgesteinen, insbesondere durch → Grundwasser, der zur vollständigen Auflösung dieser Gesteine und damit zur erhöhten Mineralisation benachbarter → Gewässer führen kann; ↓ Laugung, ↓ Ablösung, ↓ Leaching

Ablaugung, unterirdische. → Subrosion

Ablaugungslösung. Aus hydrolytischer

→ Verwitterung von Gips-, Karbonat- und Salzgesteinen resultierende → Mineralisation benachbarter Gewässer

Ableitung. Technische Maßnahme zur Regelung eines geordneten Wasserabflusses

Ablösung. → Ablaugung

Abprodukt. Ein (in der ehem. DDR definierter) Begriff für beliebige Produktionsrückstände, die zum Zeitpunkt ihrer Entstehung keine Weiterverwendung oder -verarbeitung unter wirtschaftlichen Gesichtspunkten gestatten und damit zu einem anthropogen fabrizierten → Abfall werden

Abpumpen. Mittels technischer Hilfsmittel (→ Pumpen), → Wasser einer Nutzung zuführen, sein mengenmäßiges Auftreten bestimmen (Pumpversuch) oder es beseitigen

Abrasion. Abtragung (→ Erosion) an Küsten durch Meeresbrandung

Abrasivität. Neigung zur oder Wirksamkeit der → Abrasion

Abraum. Begriff im Bergbau für Fest- oder Lockergestein, das bei einer Rohstoffgewinnung über („unverritztes Gelände") oder unter Tage beseitigt werden muß, um den Rohstoff zu gewinnen (zusätzlich ohne ökonomischen Nutzen); ↓ Berge, ↓ Bergematerial

Abraumhalde. Begriff im Bergbau für eine Aufschüttung von → Abraum einer aufzuschließenden Lagerstätte (→ Lagerstätte, aufzuschließende; Schaffung von Abbaufreiheit) auf anthropogen unbeeinflußtes (→ unverritztes) Gelände (über Flur); → Halde; ↓ Hochkippe; ↓ Außenkippe

Abraumkippe. Teil eines → Tagebaus, in dem → Abraum bis auf Geländeniveau in die entstandene Tagebauhohlform verstürzt wird; in Abhängigkeit von der eingesetzten Tagebautechnologie wird zwischen Förderbrückenkippe, Bahn- oder Förderband-Absetzerkippe unterschieden; ↓ Kippe

Abregnen. → Ausregnen

Abreicherung. Verminderung der relativen Häufigkeit eines Stoffes in einem Stoffgemisch; → Verdünnung

Abriegelung (Gewässer). Technische Maßnahme zur Reduzierung und/oder Unterbindung eines Wasserzuflusses wie → Brunnenriegel um einen Tagebau, Dichtungswand unter einem Staudamm, → Spundwand um eine Baugrube; ↓ Riegel

Abrißkante. 1. Grat (Bergkamm) nach einem Felssturz; 2. Abbaustoß eines Steinbruchs bzw. Tagebaus

Absaufen. Bergmännischer Begriff für die Flutung (nach Einstellung der Wasserhaltung) von Bergwerken

Abschlämmen. Entfernen von Feinkorn aus einem Mischgestein bzw. Stoffgemisch (z.B. Rohkaolin, Schluffsand), z.B. durch Naßsiebung oder Hydrozyklonklassierung; ↓ Schlämmen

Abschöpfen. → Schöpfen

Abschwemmung. → Erosion von Boden (Mutterboden) und/oder Gestein an der Erdoberfläche durch Wasser (z.B. → Starkregen, insbesondere bei starker Morphologie)

Absenkung. Durch natürlichen oder technisch verursachten Wasserverlust in der (wasser-) gesättigten Zone (→ Zone, gesättigte) verursachtes Absinken der → Grundwasseroberfläche; → Grundwasserabsenkung; ↓ Depression

Absenkungsbereich. Bereich des Grundwassers, der durch Absenkung (Pumpversuch, Brunnenbetrieb, Montanwasserhaltung) erkennbar (meßbar) beeinflußt wird; ↓ Depressionstrichter (veraltet)

Absenkungskurve. Zeitbezogene Grafik des Piezometerabfalls (Sinken des → Grundwasserspiegels in einer → Grundwassermeßstelle) während eines Pumpversuches; ↓ Depressionskurve

Absenkungs-Leistungs-Diagramm. Graphische Darstellung von Grundwasserförderung und zugehöriger Grundwasserabsenkung für einen Pumpversuch oder eine Betriebsphase von Grundwasserfassungen (z.B. Wasserwerk)

Absenkungstrichter. Eingetiefte → Grundwasseroberfläche/-druckfläche um einen → Brunnen oder eine → Brunnengruppe während des Pumpversuches oder Brunnenbetriebes; besonders große und nachhaltige Ausdehnungen erreichen A., die durch den Aufschluß von Bergbaubetrieben (Montanwasserhaltung) entstehen (Trockenlegung des Abbaufeldes und damit Beseitigung statischer Grundwasservorräte); ↓ Depressionstrichter

Absetzanlage. Stauanlage (z.B. in einem

Tal, in einem auflässigen Tagebau oder im Bereich von Aufschüttungen) zur Abscheidung von Feststoffen aus Abwässern und/oder wässrigen Aufbereitungsprodukten (von Bergbau, Industrie und/oder Kommunen)

absetzbar (Stoffe). Kriterium für Inhaltsstoffe von Oberflächengewässern, die bei Verringerung der Strömung bzw. im stationären Zustand (z.B. bei einer Analyse) - ohne Zugabe von Flockungsmitteln - als Bodensatz sedimentieren

Absetzbarkeit. Kriterium für die Sedimentation von Inhaltsstoffen aus einem Gewässer

Absetzbrunnen. Brunnenartige Anlage zur Abscheidung von Feststoffen aus Abwasser, ggf. mit Infiltration von geklärtem Wasser; → Absetzanlage, ↓ Klärbrunnen

Absieben. Abtrennen einer groben Kornfraktion aus einem Korngemisch (z.B. Kiessand, Stoffracht eines → Fließgewässers) durch Naß- oder Trockensiebung

Absinken (Grundwasser). Natürliche Senkung (Erniedrigung) des Grundwasserstandes

Absinkwasser. Wasser, das von der Erdoberfläche in durchlässiges Bodenmaterial/Gestein eingeleitet wird (z.B. über → Schluckbrunnen bzw. → Sickerbecken) oder sich in einem Grundwasserleiter von oben nach unten bewegt oder bewegt hat; ↓ Infiltrationswasser

Absorbens. Absorbierender Stoff (z.B. Aktivkohle), der aus Lösungen ständig oder zeitweilig Verbindungen oder Elemente einlagern kann

Absorbent. In einen Stoff (→ Absorbens) absorbierter Stoff (z.B. wasserlöslicher Schadstoff)

Absorber. Stoff, der ionisierende Strahlung absorbiert. Zur Absorption von Gammastrahlen nutzt man Stoffe mit großer Dichte und hoher Ordnungszahl, wie Blei, Stahl, Spezialbeton; als Neutronenabsorber dienen z.B. Bor, Cadmium, Hafnium; Alphastrahlen werden bereits durch ein Blatt Papier total absorbiert; zur Absorption von Betastrahlen genügen 1 cm Aluminium oder wenige cm Kunststoff

Absorbieren. Vorgang der → Absorption

Absorption. 1. Dauerhafte oder zeitweilige Einbindung von Gasen, flüssigen Stoffen in innere Oberflächen; → Sorption;

2. Schwächung von Strahlung (z.B. Licht) beim Durchgang durch Materie, verursacht durch Umwandlung der Energie der Strahlung in eine andere Energieform (z.B. Wärmeentwicklung)

Absorptionskapazität. Menge eines Gases, die ein bestimmtes Volumen einer Flüssigkeit aufnehmen kann; ↓ Absorptionsvermögen

Absorptionskoeffizient, spektraler (SAK)(k_D). Stoffspezifisches, stark frequenzabhängiges Maß für die Absorption von Strahlung (z.B. Licht), die die Schwächung des Licht-(oder Energie-)Stromes beim Durchgang durch 1 cm Materie angibt. Zur Quantifizierung der subjektiv-visuellen Bestimmung der Trübung bei der organoleptischen Untersuchung eingeführter Parameter, der aus der *Schwächung* (Extinktion) von Lichtstrahlen einer Quecksilberdampflampe beim Durchgang durch ein Medium (z.B. Wasser) ermittelt wird. Dazu wird sie Strahlung mit einer Wellenlänge von 436 nm verwendet; diese liegt im sichtbaren blauvioletten Bereich, d.h. im Gebiet der Komplementärfarbe zu den meist natürlich vorkommenden Gelbbrauntönen. Je stärker die Färbung des untersuchten Wassers ist, desto größer ist die Lichtdämpfung; die Messung der Dämpfung erfolgt mit einem Photometer; Einheit: [m^{-1}]. Außerdem wird die *Dämpfung* des Lichts der ebenfalls von einer Quecksilberdampflampe ausgehenden Wellenlänge 254 nm gemessen. Der SAK stellt eine wichtige Ergänzung des → DOC-Wertes dar und kann diesen sogar z.T. ersetzen; er liefert also für einige organische Inhaltsstoffe vergleichbare Werte; das Verhältnis SAK/DOC wird als *spezifischer spektraler Absorptionskoeffizient* bezeichnet; nimmt der SAK/DOC-Wert während des biologischen Abbaus zu, so deutet dies darauf hin, daß schwer abbaubare Stoffe im Wasser enthalten sind; ↓ Extinktionsmodul

Absorptionskoeffizient, BUNSENSCHER (α). Temperaturabhängiger Koeffizient, der angibt, welches Volumen eines Gases von einem Lösungsmittel (z.B. Wasser) aufgenommen wird, wenn der Druck 1 bar (10^5 Pa)

beträgt

Absorptionsmaximum. In der Spektralphotometrie die stoffspezifische Wellenlänge, die durch Absorption beim Durchgang eines Lichtstrahls extingiert (ausgelöscht) wird; Anwendung in der Wiederauffindung von → Tracern

Absorptionsspektrum. Wellenlängenverteilung, die nach Durchgang von Strahlung durch feste oder flüssige Stoffe entsteht, wobei bestimmte Wellenlängen der Strahlung absorbiert werden und stofftypische Absorptionslinien entstehen (= absorbierbare Wellenlängen)

Absorptionsvermögen. → Absorptionskapazität

Abstandsgeschwindigkeit. 1. → Grundwasserabstandsgeschwindigkeit; 2. Fiktive Geschwindigkeit eines Wasserteilchens oder eines mit derselben Geschwindigkeit wandernden Tracers zwischen zwei Punkten auf einer angenommenen Geraden (in [m/s]); → Porengeschwindigkeit

Abstandsgeschwindigkeit, dominierende. Im → Tracerversuch ermittelte Geschwindigkeit, die sich in der → Durchgangskurve aus der Zeit zwischen der Eingabe und der maximalen Tracerkonzentration in der Meß- (Auffang-) Stelle ergibt

Abstandsgeschwindigkeit, maximale. Im → Tracerversuch ermittelte Geschwindigkeit, die sich in der → Durchgangskurve aus der Zeit zwischen Eingabe des Tracers und dessem ersten Eintreffen in der Meß- (Auffang)-stelle ergibt

Abstandsgeschwindigkeit, mediane. Mittelwert der Häufigkeitsverteilung der → Abstandsgeschwindigkeiten eines Strömungsfeldes

Abstandsgeschwindigkeit, mittlere. Im →Tracerversuch ermittelte Geschwindigkeit, die sich in der → Durchgangskurve aus der Zeit zwischen Eingabe des Tracers und dem Eintreffen der Hälfte aller eingehender Tracer in der Meß- (Auffang-) Stelle ergibt; diese ist meist dann erreicht, wenn die Konzentration auf $^2/_3$ bis $^1/_2$ der Maximalkonzentration gefallen ist (→ Konzentrationsschwerpunkt)

Absterberate. Minimierung von Organismen (z.B. Wasserkeime) nach einem Ereignis (z.B. Beginn einer Uferfiltration, Zugabe eines Desinfektionsmittels) in einem definiertem Zeitintervall

Abstich. 1. Bezugshöhe zur Messung von Wasserständen (z.B. in einem Oberflächengewässer, Bohrloch bzw. Brunnen); 2. Höhendifferenz zwischen → Meßpunkt und Wasserspiegel

Abstoßung, elektrostatische. Zwingendes Auseinanderbewegen von elektrisch gleich geladenen Teilchen

Abstromlinie. Bei Auswertung von Tracertests konstruierte Verbindung zwischen Eingabe- und Meßstelle

Abstromquerschnitt. Der sich aus → Abstromlinien ergebende Querschnitt eines Fließsystems

Abstufung (Kiesschüttung). Maßnahme zum Brunnenausbau in sehr feinkörnigem Lockergestein mit mehreren, zylinderförmig übereinander angeordneten Filtersand- und/ oder Filterkiesschüttungen unterschiedlicher (aufeinander abgestimmter) Kornklassen (wobei das feinste Filterkorn am feinkörnigen Lockergestein, das gröbste Filterkorn am Filterrohr eingebaut wird) zur Verhinderung von → Suffosion

Abteufen. Herstellung eines vertikal oder schräg nach unten gerichteten Aufschlusses in der → Lithosphäre (z.B. → Bohrung, → Brunnen, → Schacht)

Abtragung. 1. Natürliche Erosion an der Erdoberfläche; 2. Technische Entfernung von Abraum, Bodenmaterial und/oder Gestein von einer Oberfläche (z.B. eines Rohstoffkörpers, eines Baugrundes); → Denudation, → Erosion

Abtrennung. Entfernung (Separation) von Komponenten aus Stoffgemischen, z.B. durch → Abschlämmung, chemische → Ausfällung, Siebung

AbU. **A**usgewählte **b**odenhygienische **U**ntersuchungsmethoden; Standardverfahren der biologischen Bodenanalyse

Abwasser. Durch häuslichen, gewerblichen, landwirtschaftlichen oder sonstigen Gebrauch in seinen Eigenschaften verändertes Wasser (→ Schmutzwasser) sowie das auf Grund von Niederschlägen aus dem Bereich von bebauten oder befestigten Flächen damit zusammen abfließende und gesammelte Wasser (→ Niederschlagswasser);

→ Vergleichswert

Abwasser, bergbauliches. Durch Wasserhaltung im Bereich von Bergbauanlagen gefördertes und/oder abfließendes Grund- und Oberflächenwasser; ↓ Bergbauwasser

Abwasser, industrielles. Wasser nach industrieller Nutzung (auch als Kühlwasser)

Abwasser, kommunales. Wasser nach gewerblicher und/oder kommunaler Nutzung, einschließlich → Niederschlagswasser im Kanalisationssystem

Abwasser, landwirtschaftliches. Wasser nach Nutzung im landwirtschaftlichen Bereich, einschließlich wässriger Abgänge der Viehhaltung, jedoch ohne → Gülle

Abwasser, radioaktives. Wässer aus kerntechnischen Anlagen, die aufgrund unbedenklicher Radioaktivität und unter Beachtung gesetzlicher Regelungen in den → Vorfluter freigesetzt werden dürfen

Abwasserbehandlung. Gezielte Maßnahme zur Verbesserung der physikalischen, chemischen und biologischen Beschaffenheit von Abwasser mit dem Ziel (z.B. durch Entfernung von Schadstoffen, Kühlung, Neutralisation) freisetzbares oder wiederverwendbares Wasser herzustellen; → Abwasserklärung; ↓ Abwasserreinigung

Abwasserbeschaffenheit. Gesamtheit der chemischen, physikalischen und biologischen Bestandteile sowie Eigenschaften eines → Abwassers

Abwasserbodenbehandlung. Aufbringen landwirtschaftlicher → Abwässer einschließlich Gülle auf Ackerboden zum Zwecke der Düngung und der Bodenverbesserung; → Abwasserverregnung, → Abwasserverrieselung

Abwasserdesinfektion. Gezielte chemische und/oder physikalische Behandlung von → Abwasser zur Reduzierung bzw. Unschädlichmachung von Krankheitserregern (Keime und Organismen) und damit zur Beseitigung von Infektionsgefahren

Abwassereinleitung. Freisetzung von (behandeltem) → Abwasser in ein Gewässer

Abwasserfahne. Abwasserkörper nach Freisetzung in einem fließenden Gewässer, meist in Ufernähe weitgehend unvermischt abfließend

Abwasserinfiltration. → Abwasserversickerung

Abwasserinjektion. → Abwasserverpressung, → Abwasserversenkung

Abwasserkläranlage. → Kläranlage

Abwasserklärung. Mechanische Abwasserbehandlung, durch die eine Abscheidung ungelöster Feststoffe (mit Absiebung und/oder Schweretrennung) erfolgt; → Abwasserbehandlung, → Kläranlage, → Klärbecken

Abwasserlast (allgemein). 1. Belastung eines Gewässers mit Abwasser; 2. Produkt aus Schadstoffkonzentration und Abfluß eines Gewässers; → Stofffracht

Abwasserlast. → Abwassermenge, spezifische

Abwassermenge, spezifische. Mittlere Abwassermenge, die pro Einwohner und Tag oder bei betrieblicher Wassernutzung pro Produktionseinheit anfällt; ↓ Abwasserlast

Abwasserreinigung. → Abwasserbehandlung

Abwasserreinigungsanlage. → Kläranlage

Abwassertechnische Vereinigung (ATV). Verband abwassertechnischer Institutionen; seit 01.01.2000 mit → DVWK vereinigt zur „ATV-DVWK Deutsche Vereinigung für Wasserwirtschaft, Abwasser und Abfall e.V." mit Sitz in 53773 Hennef bei Bonn; Kurzbezeichnung, ATV-DVWK; ↓ ATV (bis Ende des Jahres 1999)

Abwasserschlamm. Fest-flüssiger bis pastöser Rückstand der → Abwasserklärung mit unterschiedlichem Wassergehalt, der beim Absetzen, Filtrieren, Aufschwimmen oder einem anderen *mechanischen* Separationsverfahren anfällt; → Klärschlamm

Abwasserverbrennung. Thermische Abwasserbehandlung zur schadlosen Beseitigung organischer Wasserinhaltsstoffe (z.B. von Krankheitskeimen)

Abwasserverpressung. Einleitung von → Abwasser mit Druck in Injektionsbrunnen bzw. -schächte. In der Vergangenheit wurden schwach radioaktive Flüssigkeiten in Sedimente größerer Tiefen verpreßt; heute wird lediglich in Osthessen nach zeitlich befristeter Erlaubnis durch die Landesregierung → Salzabwasser in den Untergrund verpreßt und durch ein weitmaschiges Beobachtungsnetz überwacht; ↓ Abwasserinjektion

Abwasserverregnung. Veraltete (in der BRD nicht mehr zulässige) Methode der („schadlosen") Abwasserbehandlung mit mobilen Verregnungsanlagen auf ackerbaulich genutzten Flächen (Rieselfeldern). In solchen Flächen infiltriertes → Abwasser dient einerseits der Abwasserklärung, andererseits der Grundwasserneubildung; bei unsachgemässem Betrieb besteht jedoch die Gefahr extremer Ammoniumanreicherung im Grundwasser; jahrelange Anwendung dieser Methode hat zu Kontaminationen von Boden, Grundwasser sowie Pflanzen geführt; → Abwasserbodenbehandlung; ↓ Abwasserverrieselung

Abwasserversenkung. Einleitung von → Abwasser ohne Druck in → Infiltrationsbrunnen oder -schächte; in der BRD generell nicht mehr zulässig, Ausnahmen bilden jedoch Versenkungen von Straßenabwässern unter bestimmten Voraussetzungen (→ RiStWag); ↓ Abwasserinjektion

Abwasserversickerung. Einleitung von → Abwasser in → Infiltrationsbecken zum Zwecke der Klärung (Abscheidung von Schadstoffen) und Versickerung von unbedenklichem Restwasser in den Untergrund; ↓ Abwasserinfiltration

Abwehrbrunnen. → Brunnen, der abgeteuft wird, um durch Herausbilden eines Entnahmetrichters ein eigenes hydraulisches Potential zu erzeugen, durch das gefährdende Stoffe, die in das Grundwasser durch Unfälle etc. gelangt sind oder als eigene Phase vorliegen (z.B. Benzin, Heizöl, Chlorkohlenwasserstoffe), angesaugt und somit aus dem Grundwasser entfernt oder am Weiterfließen mit dem Grundwasser gehindert werden

Acetobacter aceti. Essigbakterium, Unterart der Gattung der gramnegativen aeroben Stäbchen und Kokken; Bakterienart, die an der Zersetzung organischer Stoffe im Untergrund beteiligt ist

Acidität. Überholter Begriff für den Säuregehalt einer wässrigen Lösung; heute → Basekapazität (K_B) bis pH 8,2 (→ p-Wert); Einheit: [mmol/l]

Ackerboden. Oberste Bodenschicht, die durch wiederholte Bodenbearbeitung gelockert und humos ist

Ackerzahl. Maßzahl der Reichsbodenschätzung zur Bewertung der Ertragsfähigkeit eines Bodens. Nach dem Gesetz über die Schätzung des Kulturbodens des ehem. Deutschen Reiches von 1934 weist der Ackerschätzungsrahmen Werte zwischen 0 und 100 aus).

Actinoide. Gruppenbezeichnung für die 14 im → Periodischen System der Elemente auf Actinium folgenden Elemente Thorium, Protactinium, Uran und die Transurane Neptunium, Plutonium, Americium, Curium, Berkelium, Californium, Einsteinium, Fermium, Mendelevium, Nobelium und Lawrencium mit den Oprdnungszahlen 90 bis 103. Wegen ihrer geringen Löslichkeit unter neutralen pH-Bedingungen sind sie hydrogeochemisch irrelevant

Adaption. Anpassung von Organismen an veränderte Umweltbedingungen (insbesondere in Oberflächengewässern und Abwasseraufbereitungsanlagen); ↓ Anpassungsfähigkeit

Additiv. Chemischer Zusatz, der bestimmte Eigenschaften eines Stoffes verbessert (z.B. von Schmiermitteln, Benzin, Mittel gegen Korrosion, Oxidation)

Adhäsion. Gegenseitige Anziehung von verschiedenen Körpern, Partikeln bzw. Stoffen (z.B. Benetzung von Gestein mit Wasser, Haftung von bindigem Material) auf Grund elektrostatischer Kräfte (→ VAN-DER-WAALS-Kräfte) oder echter chemischer Bindungen

Adhäsionswasser. → Haftwasser

ADI-Verfahren (**A**lternating **d**irection **i**mplicit scheme). Mathematisches Teilschrittverfahren zur digitalen Simulation geohydraulischer Strömungsprozesse

Adsorbens. Durch Oberflächenaktivität adsorptionsfähiger Stoff (z.B. → Aktivkohle zur → Elimination von → Wasserschadstoffen)

Adsorberharz. Zur Adsorption von Wasserschadstoffen (insbesondere von Radionukliden) geeignetes technisches Harz

adsorbierbare Halogene. → Halogene, adsorbierbare, organisch gebundene

Adsorbierbarkeit. Eigenschaft und potentielle Intensität (Affinität) von Stoffen zur → Adsorption

Adsorption. Heterogene, reversible Anlagerung von Gasen und/oder gelösten Stoffen an der Oberfläche von Feststoffen (Erscheinung, die aus der Adhäsion einer außerordentlich dünnen Schicht von Gasmolekülen, flüssigen Substanzen oder Flüssigkeiten an der Oberfläche fester Körper besteht, im Unterschied zur → Absorption); → Sorption; ↓ Anlagerung

Adsorptionsgleichgewicht. Ausgleich zwischen der → Adsorptionskapazität (z.B. eines grundwasserleitenden Gesteins) und den in einem Wasser enthaltenen sorbierbaren Inhalten (z.B. Ionen, Kolloide, polare organische Verbindungen wie halogenierte Kohlenwasserstoffe, Bakterien, Viren)

Adsorptionsisotherme. Beschreibung der in einem definierten System (z.B. Gestein/Wasser) bei gleichbleibender Temperatur für definierte Stoffe bestehenden quantitativen Sorptionswirkung, wobei in der Regel die von einem Adsorbenten adsorbierte Stoffmenge von der im Wasser gelösten Menge (Konzentration) desselben Stoffes sowie einer stoffspezifischen Konstanten, dem Verteilungskoeffizienten K_d, abhängt (→ FREUNDLICH-Isotherme; speziell für Gase → LANGMUIR-Isotherme); ↓ Sorptionsisotherme

Adsorptionskapazität. Quantitative (Leistungs-/Aufnahme-) Fähigkeit eines → Adsorbens, Stoffe (z.B. Ionen, Kolloide, polare organische Verbindungen usw.) zu adsorbieren; ↓ Adsorptionsvermögen

Adsorptions-(Desorptions-)Kinetik. Kinetik von → Adsorption bzw. → Desorption wird durch die Diffusionsrate (Menge pro Zeit) der beteiligten Moleküle bestimmt, wobei die Kinetik (Prozeß-Geschwindigkeit) im allgemeinen gering ist, bei Desorption geringer als bei Adsorption; in Schüttelversuchen wird das Gleichgewicht vielfach erst nach 24 Stunden erreicht. Adsorptionen, bei denen chemische (z.B. Säure-Basen-) Reaktionen mit Feststoffkomponenten eingeschlossen sind, benötigen für ein Gleichgewicht häufig 1 – 2 Wochen, bei der Adsorption organische Stoffe wurden sogar Einstellzeiten bis zu 1 Monat beobachtet

Adsorptionskoeffizient (K_D). Stoffspezifische Größe der Sorptionsfähigkeit. Sie ergibt sich aus (Schüttel-)Versuchen, in denen die Stoffmenge, die aus einer Lösung durch den zu untersuchenden Stoff sorbiert wird, ermittelt wird; als Testlösung verwendet man meist Octanol (→ Octanol-Wasser-Verteilungskoeffizient). Der A. kann (gelegentlich) in Prozent angegeben werden; → Verteilungskoeffizient

Adsorptionskohle. → Aktivkohle

Adsorptionsvermögen. → Adsorptionskapazität

Adsorptionswasser. Wasser, dessen Moleküle an die Oberfläche von Gesteinspartikeln durch Oberflächenkräfte in fester Form angelagert sind; angegeben als Wassermasseverhältnis, Wasservolumenanteil oder Wassersättigungsgrad; ↓ Anlagerungswasser

Adsorptionswassergehalt (WA). Parameter, der den Gehalt eines Gesteins an → Adsorptionswasser charakterisiert, ausgedrückt als Quotient aus der Masse des Adsorptionswassers und der Feststoffmasse des Gesteins

Advektion. Horizontal gerichtete Strömung (bzw. horizontal gerichteter Transport von Stoffen) im Grundwasser; Gegenteil, → Konvektion

Advektions-Dispersions-Gleichung. Gleichung in einem zweidimensionalen Modell zur Simulation des Transportes von nicht reaktiven Stoffen in einem Grundwasserleiter auf der Grundlage von → Advektion und → Dispersion

ADW. → Arbeitsgemeinschaft Deutsche Wasserwirtschaft

Ähnlichkeit. In Modellen der Geohydraulik = Übereinstimmung

Ähnlichkeit, physikalische. Bei physikalisch ähnlichen Modellen der Geohydraulik besteht der Strömungsleiter aus einem porösen Material, als strömendes Medium wird ein Fluid (Gas, Flüssigkeit) verwendet; entsprechend den Strömungsleitern unterscheidet man z.B. Sandmodelle von Kugelmodellen. Bei physikalisch ähnlichen Modellen entspricht jedem Element des Originalströmungsvorganges ein physikalisch vollkommen bzw. annähernd ähnliches beim Modellvorgang

Äquipotentialfläche. Reale Fläche eines Systems mit gleichem Potential (z.B. →

Grundwasseroberfläche in einem Porengrundwasserleiter)

Äquipotentiallinie. Geometrischer Ort aller Punkte eines Systems mit gleichem Potential (z.B. Standrohrspiegelhöhe h) in einem vertikalen Schnitt durch ein Grundwasserströmungsfeld

Äquivalentdosis. → Dosisäquivalent

Äquivalent (Äquivalenteinheit). Stoffe reagieren in einem System miteinander in Äquivalenten („gleichwertigen" Einheiten), die sich aus dem Quotienten Mol- (Atom-)Masse (in g) durch Wertigkeit ergeben; Einheit: [mmol(eq)]; (alte, nicht mehr zulässige Einheit: [val] bzw. [mval]); zunehmend findet sich in Publikationen die in der englischsprachigen Literatur stammende Einheit [meq] (für milliequivalents)

Äquivalentkonzentration. Ä. ist die Äquivalentmasse pro Volumen oder Masse. Sie errechnet sich aus der Division der analytisch bestimmten Massenkonzentration durch das → Äquivalent dieses Stoffes (Moleküls); Angabe der Konzentration des gelösten Stoffes in Äquivalenten (z.B. [mmol(eq)/l])

Äquivalentprozent. Prozentualer Anteil einzelner Ionen einer Lösung an der Äquivalentsumme der Kat- bzw. Anionen; Einheit: [c(eq)%]; in der Heilwasseranalytik üblich, da auf der Grundlage der Äquivalentprozente Heilwässer klassifiziert werden

Äquivalentverhältnis (chemisches). Quotient aus den Äquivalentkonzentrationen von Ionen oder Ionengruppen

Aerationszone. Teil der → Lithosphäre, in dem die Hohlräume (in der Agrarmeteorologie auf „Poren" beschränkt) nur teilweise mit Wasser gefüllt sind, wodurch ein Luftaustausch mit der Atmosphäre stattfindet (Bereich zwischen Obergrenze der → Lithosphäre und Obergrenze der geschlossenen → Kapillarzone, umfaßt Haftwasserzone und offene Kapillarwasserzone, bestehend aus den drei Phasen mineralische bzw. organische Gerüstsubstanz, Wasser mit gelösten Stoffen, Partikeln und Mikroben sowie Gas); → Zone, wasserungesättigte

Aerationszonenwasser. Unterirdisches Wasser in der → Aerationszone; dazu gehören → Porenwinkelwasser, → Adhäsionswasser und → Adsorptionswasser

aerob. Sauerstoff-beeinflußtes Milieu (Organismen, Prozesse)

Aerobier. Mikroorganismen, die ihren Energiebedarf zum Stoffwechsel unter Verwendung von Sauerstoff als Elektronen- bzw. Wasserstoffakzeptor mit Hilfe der Enzyme der Atmungskette decken

Aerosol. Gas mit feinstverteilten Feststoff- und/oder Flüssigkeitspartikeln (Nebel, Rauch)

AES. → Atomemissionsspektrometrie

Ästuar. Durch Gezeitenströmung trichterartig erweiterte Flußmündung im Flachland (z.B. Elbemündung); ↓ Ästuarium

Affinität. Bestreben von chemischen Elementen und ihren Verbindungen (auf Grund ihrer Struktur bzw. Valenzen), sich zu neuen Stoffen zu verbinden

Agglomeration. Entstehung einer lockeren Häufung (Zusammenballung) von Stoffpartikeln

aggressiv. Reaktionsfreudig, auf einen anderen Stoff zerstörend einwirken (z.B. freie Kohlensäure auf Eisen)

aggressive Kohlensäure. → Kohlensäure, aggressive

Aggressivität. Eigenschaft insbesondere saurer Wässer, feste Stoffe chemisch umzuwandeln bzw. zu zersetzen (z.B. Betonaggressivität, Kaolinisierung von Gesteinen)

Akkumulation. Anhäufung oder verstärkte Ablagerung von Ausfällungsprodukten, Bodenmaterial und/oder Gesteinspartikeln (umfaßt sowohl den Vorgang als auch das Ergebnis, das Sediment)

Akratopege. Gebirgsquelle; Süßwasserquelle mit einer Wassertemperatur unter 20 °C; Lösungsinhalt < 1 g/kg

Akratotherme. → Thermalquelle mit einer Wassertemperatur über 20 °C und einem Lösungsinhalt < 1g/kg

Aktivieren. In einen reaktionsfähigen Zustand versetzen

Aktivierungsenergie. Energie, die Atomen oder Molekülen zugeführt werden muß, um eine bestimmte chemische und/oder physikalische Reaktion einzuleiten, z.B. Elektronen zu verstärkten Schwingungen anzuregen bzw. in höhere Energiezustände zu überführen

Aktivierungsenthalpie. Spezifische Wärmemenge, die zur Aktivierung von einem Gramm eines Stoffes bei konstantem Druck erforderlich ist

Aktivität, biologische. Wirksamkeit von Organismen in einer definierten Raumeinheit eines Mediums (z.B. Keime pro cm³ Wasser)

Aktivität, mikrobielle. Wirksamkeit von Mikroorganismen in einer definierten Raumeinheit eines Mediums; ↓ Aktivität, bakterielle

Aktivität, radioaktive. → Radioaktivität

Aktivität, chemische. → Ionenaktivität

Aktivitätskoeffizient. 1. Physikalisch: Quotient aus der → Radioaktivität eines Stoffes und dessen Masse (z.B. in [Bq/m³]); ↓ Aktivitätskonzentration;
2. Chemisch: Koeffizient, der angibt, welcher Anteil der Konzentration eines im Wasser gelösten Stoffes in Reaktionen aktiv ist

Aktivitätskonzentration. → Aktivitätskoeffizient (1.)

Aktivkohle. Poröse Kohle - gekörnt oder pulvrig - mit sehr großer reaktiver Oberfläche und damit Adsorptionskapazität, die durch → Verkohlung organischer Substanz hergestellt wird; A. wird seit vielen Jahre als Sorptionsmedium erfolgreich bei Gas- oder Wasserreinigungsverfahren eingesetzt; ↓ Adsorptionskohle

Aktivkoks. Verschwelte Steinkohle oder Braunkohle, die eine sehr große Sorptionsoberfläche aufweist und ähnlich wie → Aktivkohle wirkt

akustischer Televiewer. → Televiewer, akustischer

AKW. → Kohlenwasserstoffe, aromatische

Albedo-Wert. Reflexionskoeffizient bei der Reflexion von Sonnenstrahlung aus der Erdoberfläche [für Wasser 0,05; Teil des → PENMAN-Verfahrens zur Berechnung der potentiellen Verdunstung (→ Verdunstung, potentielle)]

ALBRECHT-Gleichung. Gleichung zur Berechnung der potentiellen Verdunstung (→ Verdunstung, potentielle) in einem Monat

Algen. Im Wasser oder wasserführenden Boden lebende niedere (ein- und mehrzellige) Pflanzen unterschiedlicher Farbe, Form und Größe mit eigener Assimilation (CO₂-Ent-wicklung im Boden); können sich bei hohem Nährstoffangebot massenhaft vermehren (→ Algenentwicklung)

Algenblüte. → Wasserblüte

Algenentwicklung. Periodisch über das Nährstoffangebot gesteuerte, mehr oder weniger intensive Population von Algen in Oberflächengewässern; maßgebendes Kriterium für die Wasserbeschaffenheit (insbesondere in → Talsperren); ↓ Wasserblüte

Alkalibenzolsulfonate. Anionische → Tenside, die in Waschmitteln eingesetzt werden und als anthropogene → Tracer gelten

Alkalien. Substanzen, die im Wasser alkalische Reaktionen zeigen, v.a. Hydroxide und Oxide der Alkali- und Erdalkalimetalle; → Base

Alkalifluorescein. Alkalisalz, das in wässriger Lösung intensiv fluoresziert, noch in extrem geringer Konzentration nachweisbar und gesundheitlich unbedenklich ist und deshalb in → Tracerversuchen zur Markierung Verwendung findet (z.B. Natriumfluorescein, grünfarbig)

Alkalisalz. Salz der Alkalimetalle; hydrogeochemisch sehr relevant, besonders die Salze von Natrium, Kalium und Lithium

alkalisches Wasser. → Wasser, alkalisches

Alkalisierung. Durch → Ionenaustausch bewirktes Freisetzen von → Alkalien

Alkalität. Alte Bezeichnung für → Säurekapazität (Kₛ) bis pH 4,3, (→ m-Wert); Bestimmung durch Titration mit HCl; es wird die Säuremenge ermittelt, die bis zum Umschlagpunkt des der Probe zugesetzten Indikators Methylorange erbraucht wird; Einheit: [mmol/l]. Anwendung zur Bestimmung der → Carbonathärte bzw. der Hydrogen- und Carbonatgehalte im Wasser

allochthon. Von außen eingetragen (z.B. in einen See eingeschwemmtes Pflanzenmaterial) oder nicht am Erscheinungsort entstanden, sondern nur akkumuliert; ↓ fremdbürtig

alluvial. Veralteter Begriff für holozäne Sedimente (z.B. Auelehm)

Alpha-Strahlung (α-Strahlung). Beim Zerfall schwerer Atomkerne abgestrahlte Heliumkerne besitzen eine hohe Energie und sind daher für höhere Organismen potentiell gefährlich; die kurze Reichweite der Partikularstrahlung ermöglicht eine gute Abschirmbarkeit. Typische α-Strahler sind z.B. ^{228}Uran, ^{226}Radium, ^{222}Radon, ^{232}Thorium, u.a.

Altablagerung. Geordnete oder ungeordnete, stillgelegte auflässige Ablagerung gewerblicher, industrieller und/oder kommunaler Abfälle (z.B. als Halde, verfüllte Grube); $\rightarrow$ Altlasten

Altbergbau. Stillgelegte Bergbauanlagen, wie Grubenbaue, Restlöcher, Halden und Spülkippen mit Abraum und Aufbereitungsrückständen einschließlich Bauwerksruinen

Alter (isotopenhydrologisches). 1. Konventionelles ^{14}C-Alter, das auf dem radioaktiven Zerfall des Radiokohlenstoffes ($\rightarrow$ Kohlenstoffisotope) in beliebigem Kohlenstoff-haltigem Material beruht. Rezentes terrestrisches organisches Material hat per Definition einen ^{14}C-Anfangswert von 100 pcm ($\rightarrow$ pMC); konventionelle ^{14}C-Alter werden mit der Halbwertszeit von 5.569 Jahren berechnet, auf den δ^{13}C-Wert von -25 $^0/_{00}$ korrigiert und durch Verwendung eines Oxalsäurestandards auf das Referenzjahr 1950 bezogen; 2. Wasseralter: Konventionelles ^{14}C-Alter der TDIC-Fraktion (δ^{14}C) von Grundwasser vermindert um den Reservoirkorrekturwert (sog. „Hartwasserkorrektur"); dieser beträgt 0 bis etwa -1000 Jahre für Grundwasser, das in Einzugsgebieten mit kristallinem (d.h. kalkfreien) Gestein und in hohen kalkfreien Sanddünen neu gebildet wird, rund -1300 Jahre für Grundwasser aus mit kalkhaltigen Sedimenten bedeckten Einzugsgebieten und -3.000 bis -5.000 Jahre für solches aus mäßig bis gar nicht bedeckten Karstgebieten. Weitere Bestimmungen über den Tritiumgehalt („Tritiumalter"; $\rightarrow$ Tritium), d.h. über den in einer Probe bestimmten Rest-Tritiumgehalt [maximal bestimmbares Alter etwa 4 Perioden der Halbwertszeit des Tritiums ($T_{1/2}$ = 12,3 a), also rd. 50 Jahre] oder über das $\rightarrow$ Sauerstoff-Isotopenverhältnis ^{18}O/^{16}O; maximal bestimmbares Alter 4 - 5 Jahre; 3. Scheinbares Alter: Ermitteltes Alter, das für eine Substanz (z.B. wegen $\rightarrow$ Kontaminationen) nicht angewendet werden dürfte; scheinbare Alter weichen von den tatsächlichen nach oben oder unten um einen unbekannten Betrag ab

Altern. Prozeß der zeitabhängigen Entwicklung, Umbildung und/oder Zersetzung von Böden ($\rightarrow$ Bodenbildung), Gesteinen (Diagenese) und sonstigen Stoffen (z.B. Bildung hochmolekularer Kohlenwasserstoffe)

Altersbestimmung (eines Wassers). Physikalische Bestimmung von Modellaltern (Zeit seit der Bildung) eines Grundwassers auf Grund des Zerfalls radioaktiver Umweltisotope, deren Eingangskonzentration für das System bekannt sein muß; z.B. ^{14}C (Radiokohlenstoff) - für das Zeitintervall > 1.000 bis ca. 50.000 Jahre, ^{3}H (Tritium) - seit Mitte der 50er Jahre des 20. Jahrhunderts, ^{85}Kr (Krypton) - einsetzbar seit energetischer Nutzung der Kernenergie. Neben der Nutzung von Radionukliden dienen zur Datierung auch persistente organische, anthropogene Verbindungen, z.B. bestimmte $\rightarrow$ FCKW, die in der Atmosphäre - bedingt durch Massenanwendung - angereichert wurden und in den $\rightarrow$ Wasserkreislauf eingetreten sind

Altersschichtung (im Grundwasser). Isotopenhydrologisch ermittelte Erscheinung, wonach unter geohydraulisch ungestörten, d.h. natürlichen Verhältnissen, eine schichtweise Zunahme der Grundwasseralter mit der Tiefe beobachtet werden kann

Alterung (Brunnenausbau). $\rightarrow$ Brunnenalterung

Alterungsbeständigkeit (Brunnen). Dauer der Funktionssicherheit eines Brunnen ohne aufwendige technische Rekonstruktionsmaßnahmen

Altlasten. Nach dem Bodenschutzgesetz vom 17.03.1998 stillgelegte Abfallbeseitigungsanlagen sowie Grundstücke, auf denen $\rightarrow$ Abfälle behandelt, (zwischen)gelagert oder abgelagert worden sind ($\rightarrow$ Altablagerung), ferner Grundstücke stillgelegter Anlagen, auf denen mit umweltgefährdenden Stoffen umgegangen wurde ($\rightarrow$ Altstandort), ausgenommen Anlagen, deren Stilllegung einer Genehmigung nach dem Atomgesetz bedarf

Altlastenbehandlung. Systematische Erfassung, Erkundung, Bewertung von $\rightarrow$ Altlasten und Beseitigung der von ihnen ausgehenden Gefährdung (Sanierung) unter Beachtung ihrer Priorität und der Verhältnismäßigkeit der Mittel

Altlastenbewertung. Detaillierte Erhebung des Zustandes und der Auswirkungen einer → Altlast auf umgebende Kompartimente (Luft, Boden, Wasser) mit dem Ziel, Handlungskonzepte zu erstellen (z.B. Sicherungsmaßnahmen, Dekontaminationsmaßnahmen)

Altlastenkataster. EDV-gestütztes Archiv über Verbreitung, Bewertung und Behandlung von → Altlasten in einem Territorium (z.B. Sächsisches Altlastenkataster = SALKA)

Altlastensicherung. Maßnahmen, die eine Ausbreitung von Schadstoffen aus Altablagerungen verhindern oder vermindern (ohne diese zu beseitigen) und damit Schutzgüter vor Schadstoffeintrag bewahren sollen

Altlastenverdachtsflächen. → Altablagerung und/oder → Altstandort, bei denen der Verdacht besteht, daß hiervon eine Gefahr ausgehen kann (Besorgnis, daß durch eine Altlast die Schutzgüter Boden, Wasser und Luft als Naturkörper oder als Lebensgrundlage für Menschen, Tiere und Pflanzen erheblich beeinträchtigt werden)

Altstandort. Bereich aufläßiger Anlagen der Industrie (einschließlich Bergbau) und der gewerblichen Wirtschaft, in dem Umgang mit potentiell umweltgefährdenden Stoffen stattgefunden hat und der Untergrund kontaminiert wurde; → Altlasten

Altwasserarm. Von einem → mäandrierenden Fluß abgetrenntes wassergefülltes Gewässerbettrelikt, das nicht mehr oder nur bei extremen Hochwasserereignissen durchflossen wird (stromlos gewordene Flußschlinge); ↓ Altwasser

Aluminium-Pulver. Vereinzelt angewandter → Tracer zum Verfolgen von Abwasserfahnen in Oberflächengewässern

AMES-Test. Mikrobiologischer → Test zur Untersuchung von → mutagener und → cancerogener Wirkungen, die durch Einwirkungen organischer Substanzen hervorgerufen werden; entwickelt von B.N. AMES et al.

Amidoflavin. Schwach fluoreszierender → Tracer; chemisch ein Naphthalimid (Summenformel nicht bekannt); Fluoreszenzmaximum bei 518 nm

Amidorhodamin. Fluoreszierender, licht- und pH-stabiler → Tracer;

Amidorhodamin B. → Sulforhodamin B

Amidorhodamin BG. → Amidorhodamin G

Amidorhodamin G. Fluoreszierender, licht- und pH-stabiler, roter → Tracer; chemisch: 3,6-Bis(ethylamino)-2,7-(dimethyl)-9-(2,4-disulfophenyl)xanthylium-Natrium ($C_{25}H_{25}N_2NaO_7S_2$); Fluoreszenzmaximum bei 552 nm; ↓ Amidorhodamin BG

Amino-G-Säure. Fluoreszierender → Tracer; chemisch: 7-Amino-naphthalin-1,3-disulfonsäure ($C_{10}H_9S_2NO_6$); Fluoreszenzmaximum bei 450 nm; unterhalb pH 5 sind die Fluoreszenzeigenschaften stark verringert

Amionostilben. Blauviolett fluoreszierender → Tracer; chemisch: 1-Amino-1,2-diohenylethen ($C_{14}H_{13}N$); optischer Aufheller

Ammonifikation. → Ammonisation

Ammonisation. Mikrobielle Umwandlung von Nitrationen in Ammoniumionen bzw. Ammoniak; ↓ Ammonifikation

anaerob. Milieu ohne freien und gebundenen Sauerstoff

Anaerobier. Organismen, die ohne freien oder gebundenen Sauerstoff existieren und Stoffumwandlungen realisieren können; → Aerobier

Anaerobiose. → Anoxibiose

Analogiebeziehungen. Beziehungen zwischen Original und dem dynamischen System eines analogen mathematischen Modells, dessen funktionale Verhaltensweisen mit denen des Originals im wesentlichen übereinstimmen

Analogiemodell. Analoge Abstraktion wesentlicher Merkmale bzw. Vorgänge der Natur (z.B. Grundwasserströmung, Schadstoffausbreitung) in einem mathematischen Modell, um konkrete Probleme zu klären

Analyse. Bestimmung der Inhaltsstoffe eines Feststoffes, einer Flüssigkeit oder eines Gases mittels realistisch geeigneter Verfahren sowie die wissenschaftliche Ermittlung von Kennwerten (→ Summenparametern), festgelegt in den DIN 38402 bis 38411

Analyse, wasserchemische. Bestimmung der physikalischen Eigenschaften (auf physikalischen Grundgesetzen basierende chemische Summeneigenschaften) und chemischen Inhaltsstoffe von Grund- und Oberflächenwässern mittels geeigneter → Meßmethoden und → Analyseverfahren

Analysendarstellung. Mit analogen oder digitalen Hilfsmitteln hergestellte graphische oder tabellarische Darstellung physikalischer und chemischer Analyseergebnisse

Analysenformblatt. Genormte Formblätter zur Erfassung von Analysedaten, mit dem Ziel, ein Mindestmaß an Analytikaufwand festzuschreiben, um Erkenntnisse und Daten für eine plausible Modellierung erfassen zu können; ↓ Analysenformular

Analysenformular. → Analysenformblatt

Analysenumfang. Der für Trink- und Grundwasseruntersuchungen erforderliche Parameter- (Daten-) Umfang ist je nach Untersuchungsziel in diversen Regeln bzw. Vorschriften festgelegt, z.B. EG-Richtlinie 98/83/EG vom 03.11.1998 und die daran anschließende → Trinkwasserverordnung, Mineral- und Tafelwasser-VO vom 05.12.1990; ferner Begriffsbestimmungen für Heilbäder und Kurorte (Ausgabe 16.03.1991), Rohwasseruntersuchungs-VO der Länder der BRD, DVWK-Regel 128/1992 für Grundwasseruntersuchungen u.a.m.

Analytik. Wissenschaftszweig (der heute immer noch wissenschaftsdisziplinär getrennten Chemie und Physik), der sich mit der elementpartikulären, elementaren, ionaren, radiometrischen und massenspektrometrischen Beschaffenheit der natürlichen und anthropogenen Geosphäre qualitativ und quantitativ auseinandersetzt

Anemometer. Von der Meteorologie („Windmesser") entlehntes, mit einem Propeller ausgestattetes Gerät, mit dem ähnlich dem → WOLTMANN-Flügel die Fließgeschwindigkeit in Gewässern zur Bestimmung des Abflusses gemessen wird. Der wesentliche Unterschied zwischen beiden Meßgeräten besteht in der Durchführung der Messung; im Gegensatz zum → WOLTMANN-Flügel wird mit dem Anemometer das Abflußprofil in Linien durchzogen, die Messungen erfolgen dadurch kontinuierlich. Beim Meßvorgang wird vom Gerät automatisch alle 2 bis 3 s die Geschwindigkeit erfaßt; die Messung muß daher möglichst schnell ausgeführt werden. Das Anemometer errechnet automatisch die mittlere Fließgeschwindigkeit. Da für eine Anemometermessung nur ein begrenzter Zeitraum (ca. 1 min) zur Ver-

fügung steht, können damit (je nach Meßstelle) nur Abflüsse von 10 bis 50 l/s gemessen werden; Fehler entstehen vor allem durch Verschmutzung des relativ kleinen Propellers

Anfangsbedingung. Zustand vor Beginn eines zu betrachtenden Ereignisses oder vor einer Untersuchung, die es zu messen oder modellieren gilt; ↓ Ausgangszustand

Anhäufung. → Akkumulation

Anilinrot. Nicht fluoreszierender roter → Tracer; wegen seiner Eigenschaft, sorptiv an Gesteine gebunden zu werden, weniger als Tracer geeignet als fluoreszierende Farbstoffe

Anilinviolett. Nicht fluoreszierender violetter → Tracer; wegen seiner Eigenschaft, sorptiv an Gesteine gebunden zu werden, weniger als Tracer geeignet als fluoreszierende Farbstoffe

Anionenaustausch. → Ionenaustausch von Anionen, z.B. durch Anionenaustauscher bei der → Trinkwasseraufbereitung

Anionensorption. → Sorption von Anionen durch Tonminerale anstelle von OH^--Ionen oder zum Ausgleich positiver Ladungsüberschüsse

Anionensperre. Semipermeable Tonschichten, die für Anionen insbesondere Chlorid, kaum passierbar sind

anisotrope Gebirgsdurchlässigkeit. → Gebirgsdurchlässigkeit, anisotrope

anisotropes Strömungsfeld. → Strömungsfeld, anisotropes

Anisotropie (Gestein, Oberflächengewässer, Grundwasserleiter). Merkmal von bestimmten Flüssigkeiten, Feststoffen und Feststoffgemischen, richtungsabhängig unterschiedliche physikalische Eigenschaften aufzuweisen oder durch äußere Beeinflussung zu zeigen

Anlagenverordnung (VawS). Verordnung über Anlagen zum Umgang mit wassergefährdenden Stoffen und über Fachbetriebe; löste die → Verordnung über das Lagern wassergefährdender Flüssigkeiten (VLwF) ab und wurde als Musterverordnung am 08.11.1990 von der → LAWA eingeführt. Sie bildet den Rahmen für die länderweise zu erlassenden A., ist also abgesehen von einigen länderspezifischen Abweichungen bundeseinheitlich. Die A. enthält Sicherheitsvorschriften zum Bau und Betrieb von Lagerbehältern für wassergefährdende Stoffe sowie zur Installation von Rohrleitungen. Die Gefährdungsstufen von Lagerbehältern werden je nach Rauminhalt in ($[m^3]$ oder Masse [t]) in → Wassergefährdungsklassen (WGK) eingeteilt; die Lagerung ist in Wasser- und Heilquellenschutzgebieten nur in der Zone III (Weitere → Schutzzone) mit Einschränkungen und besonderen Sicherheitsauflagen zulässig

Anlagerung. → Adsorption

Anlagerungswasser. → Adsorptionswasser

Anmoor. Naßhumusform, die unter dem Einfluß von langfristig oberflächennahem Stau- oder Grundwasser entsteht; Lockergestein mit 15 bis 30 % Humus

Annäherung an Standwasser. → Grubenwassereinbruchgefahr

Anoxibiose. Leben ohne Sauerstoff (z.B. mit Gärungsstoffwechsel); ↓ Anaerobiose

Anoxisch. Milieu ohne freien Sauerstoff, jedoch mit Oxiden als Elektronenakzeptoren (z.B. mikrobielle Reduktion von Nitrat über Nitrit zu Stickstoff)

Anpassungsfähigkeit. → Adaption

Anregung. Energiezufuhr zwecks Einleitung einer Reaktion in einem physikalischem System (Atomphysik)

Anreicherung. 1. Chemische, physikalische und/oder biologische Aufbereitungsmaßnahme zur Erhöhung der Konzentration einer oder mehrerer Komponenten eines Stoffgemisches;
2. → Grundwasseranreicherung

Anreicherungsbecken. → Infiltrationsbecken

Ansäuerung. → Säuerung

Ansatz. → Ansatzpunkt (Bohrung, Brunnen)

Ansatzfunktion. → Basisfunktion

Ansatzhöhe. → Geländeoberkante (GOK) eines → Ansatzpunktes bzw. Aufschlußniveau (z.B. im Bergbau)

Ansatzpunkt (Bohrung, Brunnen). Topographischer Mittelpunkt eines (hydrogeologischen) Aufschlusses bei 0 m Aufschlußteufe; ↓ Ansatz

Anschwemmung. Sedimentation als Folge der Verringerung der Transportkraft bewegten Wassers an Küsten oder Seeufern sowie an Gleithängen von → Fließgewässern

Anstau (Wasser). Erhöhung des Wasserstandes durch ein technisches Bauwerk (z.B. Wehr, Staudamm usw.)

Ansteigen (Wasseroberfläche). Erhöhung des Wasserstandes meist durch natürliche Ereignisse (z.B. Schneeschmelze, Starkregen)

Anströmung. → Brunnenanströmung

anthropogen. Durch den Menschen erzeugte Produkte einschließlich naturfremder Kunstprodukte, die biologische, chemische und physikalische Störung natürlicher Systeme/Gleichgewichte verursachen und naturferne Zustände (z.B. Urbanisierung) schaffen; anthropogene Einwirkungen führen in sehr viele Fällen zur quantitativen und/oder qualitativen Beeinflussung des Wasserhaushaltes

Antibiotika. Von Mikroorganismen gebildete Substanzen mit hemmender oder zerstörender Wirkung auf andere Mikroorganismen (z.B. Aminosäuren, Penicilline)

Antimycin. → Antibiotikum aus *Streptomyces*-Arten

Antimykotikum. Pharmakon mit toxischer und/oder wachstumshemmender Wirkung auf (→ pathogene und nichtpathogene) Pilze, das zur Bekämpfung von Pilzbefall oder vorbeugend verwendet wird. Die hohe → Persistenz führt zu erheblicher Wassergefährdung; ↓ Fungizid; ↓ Antipilzmittel

AOX. Adsorbierbare organische Halogenkohlenwasserstoffe; → Halogene adsorbierbare, organisch gebundene

API (genauer: API-GR-Unit; **A**merican **P**etroleum **I**nstitut **G**amma-**R**ay Unit). Einheit der bohrlochgeophysikalischen Gamma-Messung, definiert als der 200. Teil des gemessenen Aktivitätsunterschieds zwischen der Formation niedriger Radioaktivität und einer Schicht hoher Radioaktivität des Kalibermodells an der Universität Houston; die hohe Radioaktivität der Modellformation ergibt sich aus den Gehalten von 13 ppm Uran, 24 ppm Thorium und 4 % Kalium

Approximationsordnung. Annäherung der Differenzenoperatoren des infinitesimalen Strömungsmodells im Finite-Differenzen-Modell (→ Modell, hydrodynamisches)

Aquakultur. Züchtung von Mikroorganismen in einem wässrigen Medium (z.B. für Trinkwasseruntersuchungen)

Aquiclude. Gestein, das Grundwasser aufnehmen kann, aber nicht durchläßt; → Grundwassernichtleiter (DIN 4049-1)

Aquifer. Nach LOHMAN (1972) Teil einer Schichtenfolge, der ausreichend durchlässiges Material enthält, um signifikante Wassermengen zu speichern und weiterzuleiten sowie an → Brunnen oder → Quellen abgeben zu können; dabei ist die wassergesättigte und wasserungesättigte Zone (→ Zone, wassergesättigte, → Zone, wasserungesättigte) eingeschlossen. Aquifer ist nicht identisch mit → Grundwasserleiter

Aquifuge. Gestein, das Grundwasser weder aufnehmen noch durchlassen kann (z.B. fetter Ton); → Grundwassernichtleiter (DIN 4049-1)

Aquitarde. Gestein, das Grundwasser speichern, aber nur sehr langsam durchlassen kann (z.B. Schluff); → Grundwasser-Geringleiter (DIN 4049-1); → Grundwasserhemmer

Äquivalentdurchmesser. In der Bodenkunde eingeführte Größe, mit der die mittleren, einen Boden charakterisirenden Abstände/Durchmesser von Poren und Korngrößen angegeben werden

AR. → Abdampfrückstand

Arbeitsböschung (Tagebau). Tagebauböschung, an der aktiver Abbau (im Anstehenden) und/oder eine aktive Abraumverkippung (mit Absetzern) stattfindet

Arbeitsgemeinschaft Deutsche Wasserwirtschaft (ADW). Vorgesehener Zusammenschluß aller wasserwirtschaftlich relevanten Verbände

ARC/INFO. Von ESRI (**E**nvironmental **S**ystems **R**esearch **I**nstitute) entwickeltes datenbasisorientiertes → geographisches Informationssystem (GIS); es werden geometrische Daten (ARC) eines Raumbezuges mit zugehörigen Fachdaten (INFO) vereint; hierbei können Vektordaten, Rasterdaten und Bilddaten verarbeitet und visualisiert werden (z.B. in Karten). ARC/INFO ist unter allen gängigen UNIX-Betriebssystemen lauffähig; weitere GIS sind u.a. → MGE, → SICAD, Intergraph

ARRHENIUS-Gleichung. Beschreibung des reaktionskinetischen Vorganges bei der Aktivierung chemischer Komplexe, die vor einer Reaktion erst gelockert werden müssen (Aktivierungsenergie); Hin- und Rückreaktion erfordern dabei unterschiedliche Aktivierungsenergien; ihre Differenz ist die Reaktionsenthalpie (ΔH); → Reaktionsgleichung, thermodynamische

Artbezeichnung. Im Heilbäderwesen Charakterisierung der kennzeichnenden Heil- und Erholungsfaktoren von Kur-, Erholungsorten und Heilbrunnen. Für die A. werden alle Ionen einer Heilwasseranalyse herangezogen, deren Konzentrationen mindestens 20 Äquivalent-% erreichen; die A. erfolgt in der Reihenfolge Kationen – Anionen nach abnehmenden Gehalten, zuerst die Ionen höchster, dann die niedrigerer Konzentration. Adjektivisch werden solche Ionen zugesetzt, die zwar in aller Regel die 20 Äquivalentprozent-Grenze nicht erreichen, medizinisch jedoch wirksam sind (Eisen, Iodid, Sulfidschwefel, Fluorid). Beträgt der Gehalt an gelöster freier Kohlensäure > 1000 mg/kg, werden die Wässer als Säuerlinge bezeichnet, bei Wassertemperaturen > 20 °C als Thermalwässer

Arteser, artesische Brunnen. → Vertikalbrunnen

artesisches Grundwasser. → Grundwasser, artesisch gespanntes

asphaltisch (Verbindung). Eigenschaft organischer Gesteine, die durch Verdampfung flüchtiger Bestandteile (niedermolekularer Kohlenwasserstoffverbindungen) eine feste bis zähflüssige Konsistenz erhielten (Naturasphaltentstehung z.B. in Venezuela). Durch carbochemische oder erdölchemische Verfahren können asphaltische Produkte als Reststoffe der technisch-chemischen Destillation entstehen; Asphalt gibt - entgegen der landläufig verbreiteten Meinung - keine PAK (→ polycyclische aromatische Kohlenwasserstoffe) an die Umwelt ab

Assimilation (biologisch). Umwandlung der von Organismen aufgenommenen Nährstoffe in körpereigene organische Stoffe

Assoziation. 1. Lebensgemeinschaft von Flora und/oder Fauna (z.B. Pflanzengesellschaft);
2. Zusammenschluß von Molekülen zu Mo-

lekülkomplexen; ↓ Verbindung; ↓ Zusammenschluß

Assoziations-Gleichgewicht
(-Konstante). In konzentriert wässrigen Lösungen wirken Ionen so aufeinander ein, daß neben einfachen Ionen „komplexe" Ionen (Komplexionen) entstehen, deren Anteil durch die Assoziationskonstante erfaßt wird

aszendent. Aufsteigend (z.B. Wasser aus der Tiefe)

Atmometer. Gerät zur direkten Messung der → Verdunstung (z.B. WILDsche Waage)

Atmosphäre. Lufthülle der Erde; unterteilt sich in Troposphäre (0 bis 10 km Höhe), Stratosphäre (10 bis 50 km), Mesosphäre (50 bis 80 km) und Ionosphäre (> 80 km)

Atmosphärenwasser. Wasser der Atmosphäre in allen Zustandsformen

Atomabsorptionsspektrometrie (AAS). Spurenanalytisches Verfahren auf der Grundlage der thermischen Atomisierung von Stoffen. Zur spektralen Identifikation wird durch den Dampf der Probe das Licht des Elements geschickt, das bestimmt werden soll; mit Ausnahme einiger Kombinationslampen sind dazu Einzellampen erforderlich. Durch die in der atomisierten Probe enthaltenen Elemente wird ein elementspezifischer Teil des Emissionsspektrums absorbiert; die bei der Detektion ermittelte Lichtschwächung (Stärke der Absorption) zeigt die Konzentration des Elementes an. Spezielle Techniken, wie Graphitrohrküvette, Hydridapparatur, Kaltdampftechnik oder Fließinjektionstechnik erhöhen die Empfindlichkeit und erweitern die Einsatzmöglichkeiten; mit Ausnahme von Cer und Thorium können alle Metalle und Halbmetalle und ein großer Teil der Nichtmetalle analysiert werden. Limitierend auf die Analytikkapazität wirkt sich aus, daß jeweils nur Einzelmessungen möglich sind; außerdem ist eine elementspezifische Gasversorgung erforderlich; ↓ Atomabsorptionspektralphotometrie

Atomemissionsspektrometrie (AES). Älterer Begriff für Optische Emissionsspektrometrie (OES); → Inductively Coupled Plasma - optical emission spectrometry (ICP-OES)

Atommüll. → Abfall, radioaktiver; ↓ Müll, radioaktiver

ATV. → Abwassertechnische Vereinigung

A$_u$-Linienverfahren. Graphisches Verfahren zur Trennung der ober- und unterirdischen Anteile eines Gewässerabflusses durch Konstruktion der „Linie des langfristigen Grundwassers (A$_u$L)"

Auenboden. Boden der sich auf holozänen Sedimenten im Bereich von Talauen gebildet, z.B. auf „Auelehmen"

Aufbereitung. Verfahren zur Vorbereitung eines Rohstoffes für einen Verarbeitungsprozeß bzw. für seine unmittelbare Nutzung, z.B. Erz-Aufbereitung (Zerkleinern, Klassieren, Anreichern, Verhütten), keramische A. (Aufhalden, Mauken, Sümpfen, Zerkleinern, Anreichern, Aussondern, Mischen, Formgebung, Glasieren, Brennen); Rohwasser-A. (mechanische Vorklärung, Belüftung, Ausfällung von → Wasserinhaltsstoffen durch Chemikalienzugabe, Klärung, Schönung, Verschnitt mit geringer mineralisiertem Wasser und Desinfektion); → Wasseraufbereitung

Aufbrauch. Natürliche Verringerung des ober- und unterirdischen Wasservorrates eines Einzugsgebietes innerhalb eines Zeitintervalles unter Annahme gleichmäßiger Verteilung, ausgedrückt als Wasserhöhe; Gegenteil: → Rücklage; → Zehrung

Aufenthaltsdauer (des Grundwassers). → Verweildauer

Auffächerungswinkel. → Dispersionsbreite

Auffahrung, bergmännische. Bergmännische Herstellung befahrbarer unterirdischer Hohlräume zur Untersuchung, Rohstoffgewinnung (z.B. Abteufen von Schächten, Vortrieb von Strecken) und für andere ingenieurtechnische Ziele (z.B. Felshohlraumbau, Tunnelbau, Vorrichtung von Untertagedeponien und wasserwirtschaftlichen Anlagen)

Auffüllversuch. → Infiltrationsversuch (2.)

Aufhärtung. Aufbereitungsmaßnahme zur Erhöhung der Wasserhärte sehr weicher (saurer) Wässer durch Zugabe von Calcium- und/oder Magnesiumsalzen (insbesondere zur Gewährleistung einer Schutzschichtbildung in Metallrohrleitungen und damit zum Gesundheitsschutz)

Auflassung (Bergbau). Dauerhafte bergtechnische Sicherung von Bergbauanlagen (über und unter Tage) nach Einstellung bzw. langfristiger Unterbrechung von Abbaumaßnahmen (z.B. durch Verfüllen einsturzgefährdeter Hohlräume, Betonieren/Zumauern von Stollenmundlöchern und Tagesschächten); → Verwahrung

Auflockerungszone. Verwitterungsbereich autochthoner Festgesteine der → Lithosphäre, im Normalprofil (von unten nach oben) gegliedert in Hackfelszone, Gruszone und Verlehmungszone

Auflösung (von Stoffen im Wasser). Unter dem Einfluß von Wassermolekülen Aufspaltung eines Stoffes in seine stoffbildenden Ionen (→ Dissoziation); der Grad der Auflösung ist stoffspezifisch (→ Löslichkeit von Salzen) und hängt von den physikalischen und physikalisch-chemischen Eigenschaften des Wassers ab

Aufnahme. Vorgang im Boden, bei dem Fluide in die Porenräume eindringen und festgehalten werden; ↓ Inkorporation

Aufnahmevermögen. Umfang möglicher Aufnahme von Fluiden durch den Boden; abhängig von dessen spezifischer Oberfläche Einheit $[l/m^3]$; → Wasseraufnahmekapazität

Aufreißen. Maßnahme zur Verbesserung der → Infiltrationskapazität bei der → Grundwasseranreicherung in Pflanzenbecken durch partielle Fluoridierung und damit zur Erhöhung der Bioaktivität und Entgasung der Sandoberfläche; → Aktivieren

Aufsatzrohr (Brunnen). Vollrohr oberhalb des obersten Filterrohres in Brunnen und Grundwasserbeobachtungsrohren; → Brunnenaufsatzrohr

Aufschlagwasser. Über Kunstgräben und Kunstteiche zusammengeführtes Oberflächenwasser zum Antrieb von Kehr- und Kunsträdern des alten Bergbaus bzw. von Wasserrädern von Pochwerken, Erzwäschen und Hüttengebläsen, im 18. und 19. Jahrhundert auch für Wassersäulenmaschinen und Turbinen (Begriff des früheren Bergbau- und Hüttenwesens)

Aufschluß. 1. Geologisch: künstliche oder natürliche Hohlform in der → Lithosphäre, die zur Untersuchung und/oder Gewinnung von Gesteinen und Gesteinsinhaltsstoffen sowie zur Ermittlung geologischer bzw. fachspezifischer Parameter geeignet ist; Gliederung in „natürliche und künstliche Aufschlüsse" (z.B. Felsen, Kliff, Gewässereinschnitt/-bett, Wüste ohne Flora und Baugrube, Bohrloch, → Schurf, Schacht, Steinbruch, Tage-/Tiefbau) sowie fachspezifisch, z.B. hydrogeologische Aufschlüsse (wie Brunnen, Grundwasserblänke);
2. Chemisch: Überführung chemisch zunächst unlöslicher Substanzen und Mineralien in lösliche Verbindungen

Aufschlußbohrung. → Bohrung zur Erkundung geologischer und hydrogeologischer Verhältnisse; häufig als Vorbohrung für eine Hauptbohrung (z.B. Brunnenbohrung)

Aufschlußdichte. Anzahl künstlicher und/oder natürlicher Aufschlüsse pro Quadratkilometer eines Betrachtungsgebietes, ggf. unter Beachtung von Aufschlußart und -teufe

Aufschlußnetz. System von Aufschlüssen (Anordnung der Untersuchungspunkte eines Meßfeldes), die sich für eine bestimmte Untersuchung eignen bzw. dafür ausgewählt werden (z.B. Brunnen für eine Grundwasserbemusterung), in einem Betrachtungsgebiet

Aufstau (Wasser). Abflußbehinderung (z.B. durch Grundwasserhemmer als unterirdische Barriere oder durch einen Staudamm), die zur Erhöhung oder Konstanz eines Wasserstandes führt

aufsteigend (Wasser). → aszendent

Aufstieg, kapillarer. Aufstieg von Wasser aus der geschlossenen Kapillarzone (zwischen der → Grundwasseroberfläche und der ungesättigten Bodenzone) aufgrund der Saugspannung und Wasserleitfähigkeit des Bodens entgegengesetzt zur Gravitation; Aufstiegsrate (in [mm/d] und -höhe in [dm]) hängen von der Porosität/Kluftweite des Locker- bzw. Festgesteines ab

Aufstiegsrate, kapillare. Wassermenge, die in der Zeiteinheit durch kapillare Nachlieferung aus dem Grundwasser bei vorgegebener Saugspannung auf eine gewählte Höhe aufsteigt; Einheit: [mm/d]

Auftauen. Übergang vom Aggregatzustand des festen Eises bzw. Schnees in flüssiges Wasser; → Schmelzen

Auftausalz. Die Salze Natrium-, Calcium- und Magnesiumchlorid zum Auftauen vereister Straßen und Wege (oft mit negativer

Auswirkung auf die Grundwasserbeschaffenheit); → Steinsalz

Auftrieb. Scheinbare Verringerung der Eigenlast von Körpern im Wasser (Grundwasserbereich), hierdurch können angeströmte bewegliche Körper (z.B. Brunnenausbaumaterial, Lockergestein) entgegen der Schwerkraft nach oben steigen, und es kann z.b. zu Schwimmsandeinbruch oder zu hydraulischem Grundbruch kommen

Auramin. Gelber, basischer Teerfarbstoff, der in der Analytik zur Fluoreszenzfärbung von Organismen verwendet wird

Aureomycin. Antibiotikum (Tetracyclin), das z. B. bei Virusinfektionen in der Tierzucht, humanmedizinisch zur Bekämpfung der → *Legionella pneumophila* verwendet wird

Ausbau (Bohrung, Brunnen). Ausstattung von künstlichen → Aufschlüssen mit Konstruktionselementen zur Stabilisierung und für spezielle Nutzungszwecke (z.B. Brunnenausbau mit Filter-, Zwischen- und Aufsatzrohren sowie Filterkies)

Ausbauelemente (Brunnen). → Brunnenausbauelemente

Ausbautiefe. Tiefstes Niveau für die Ausstattung eines Bohrloches mit funktionswirksamen Ausbauelementen für eine technische Nutzung (z.B. bei Bohrbrunnen: Unterkante Schlammfang oder Filterrohr)

Ausbauwasserstand. Bezugswasserstand unmittelbar nach Teilfertigung oder Fertigstellung eines Bohrloches

Ausbeißen. → Ausstrich

Ausbiß. → Ausstrich

Ausbreitung. → Dispersion, → Diffusion, → Konvektion, → Migration

Ausdehnung, kubische (des Wassers). Mit steigender Temperatur nimmt die Ausdehnung und damit das Volumen geringfügig zu und die Dichte ab (bei Abkühlung umgekehrt), d.h. mit der Tiefe (steigende geothermische Tiefenstufe) ändert sich auch das Volumen des Wassers; ↓ Dilatation

Ausdehnungskoeffizient. Spezifisches Maß für die Ausdehnung eines Stoffes bei Temperaturerhöhung (Angabe linear oder kubisch)

Ausfällung. Übergang von chemisch und/oder kolloid gelösten Stoffen durch chemische und/oder physikalische Reaktion in unlösliche Form und → Sedimentation (z.B. durch Änderung von pH-Wert und/oder Temperatur, durch → Fällungsmittel); ↓ Fällung, ↓ Präzipitation

Ausfallzeit. Zeitdauer zwischen dem Eintritt eines Ereignisses (z. B. Havarie, Katastrophe) und der Wiederaufnahme eines bisher laufenden Betriebsprozesses; Ruhezeiten bei Bohrarbeiten

Ausfließen. → Abfluß

Ausflockung. Zusammenballung kolloider Partikel zu größeren, locker angelagerten, in Flüssigkeiten schwebfähigen Feststoffabtrennungen (Flocken); → Koagulation, → Kolloide

Ausflußstelle. → Quelle

Ausfrieren. Trennung von Lösemittel und gelöstem Stoff durch Abkühlung

Ausgangsgestein. Gestein, aus dem ein Boden bzw. Gesteinszersatz (z.B. Kaolin) entstanden ist; ↓ Muttergestein, ↓ Ursprungsgestein

Ausgangswasserstand. → Bezugswasserstand

Ausgangszustand. → Anfangsbedingung

Ausgehendes. → Ausstrich

Ausgleichbecken. → Speicherbecken zum Ausgleich von Schwankungen des Abflusses und/oder der Wasserbeschaffenheit; ↓ Pufferbecken

Ausgleichspeicher. Zur Bevorratung von Stoffen/(Grund-)Wasser angelegter (unterirdischer oder oberirdischer) Raum, dessen Inhalt zum Ausgleich vorübergehender, kurzzeitiger Defizite verbraucht wird; → Speicher

Ausgleichswanderung. → Kompensationswanderung

Auskämmeffekt (von Pflanzen). Mechanische Ausfilterung partikulärer Stoffe (→ Partikel) aus bodenoberflächigen Abflüssen vor deren Versickerung in den Boden

Auskolkung (Bohrungen). Gesteinsausbrüche an Bohrlochwänden, deren Ausmaß von Gesteinsart und bei Festgesteinen von deren tektonischer Beanspruchung abhängt

Auslauf. 1. → Abfluß aus einem → Auslaufbauwerk;
2. Natürlicher Vorfluter des Bergbaus, über den z.B. ein wassererfülltes → Tagebaurestloch entwässern kann

Auslaufanlage. → Auslaufbauwerk

Auslaufbauwerk. Bautechnische Einrichtung eines wasserwirtschaftlichen Bauwerkes, über die geregelt Wasser eines Staubeckens abgelassen werden kann. Es kann unterstromig, d.h. am Fuße des Staudammes, oder oberstromig, d.h. im Bereich der Dammkrone bzw. in Höhe eines Zwangsüberlaufes (z.B. bei Tagebaurestseen), angeordnet sein; ↓ Auslaufanlage

Auslaufkoeffizient (α). Quellenspezifische Konstante für den zeitlichen Verlauf der Schüttung einer Quelle in Trockenperioden; Einheit: $[d^{-1}]$; ↓ Austrocknungskoeffizient

Auslaufzeit (az). Außer spezifischem Gewicht, Wasserverlust, Filterkuchendicke und pH-Wert ist die A. eine für → Spülungen in Rotary-Bohrungen (→ Rotary-Bohrverfahren) wesentliche Größe; dabei ist A. die Zeit, in der ein bestimmtes Volumen der → Spülung (meist 1000 cm³) durch die genormte Öffnung eines → Marsh-Trichters ausläuft

Auslaugung. Prozeß der Herauslösung, Umwandlung und Verlagerung von wasserlöslichen Substanzen in Böden (Ursache für Podsolisierung und Ortsteinbildung) und in Gesteinen (Ursache für Kaolinisierung Aluminium-haltiger Ausgangsgesteine sowie für Verkarstung von Salz-, Anhydrit- und Carbonatgesteinen); → Subrosion; ↓ Auswaschung

Ausregnen. Beendigung einer Niederschlagsperiode; ↓ Abregnen

Ausschwemmung. Selektive Erosion bestimmter Stoffe bzw. Kornfraktionen durch Wasserströmung aus einem Stoffgemisch

Außendichtung. Dichtung bei Stauanlagen auf wasserseitiger Böschung aus „wasserundurchlässigen" natürlichen oder künstlichen Baustoffen (→ Geotextilien); → Oberflächendichtung

Aussickerung. Abgang von Wasser aus einem Grundwasserkörper durch dessen Ober- oder Unterfläche

Aussolen. Technische Einleitung von Wasser (mittels Bohrloch) in Salzgestein unter Auflösung und Zutageförderung der Salzlösung (Sole) zum Zwecke der Salzgewinnung und/oder zur Herstellung von Kavernen für eine Untertagedeponie (z.B. Endlagerung radioaktiver Abfälle)

Ausspülung. Technische Maßnahme zur gezielten Entfernung bestimmter Stoffe bzw. Kornfraktionen durch Wasserströmung aus einem Stoffgemisch (z.B. Säuberung von Sandfiltern im Wasserwerk); ↓ Spülung

Ausstreichen. → Ausstrich

Ausstrich. Schnitt geologischer Körper (wie Erzgang, Gesteinshorizont oder -schicht, Lager/Flöz) mit der Erdoberfläche; ↓ Ausstreichen, ↓ Ausbeißen, ↓ Ausbiß, ↓ Ausgehen, ↓ Ausgehendes

Ausströmung. → Abfluß (2.)

austauschbar. Eigenschaft von Atomen, Molekülen bzw. Ionen, sich durch Affinität an aktiven Oberflächen bestimmter Stoffe wechselseitig ersetzen zu können

Austauscher. Stoffe mit sehr großer Oberflächenaktivität (innerer Oberfläche) und dadurch bedingten Fähigkeit zur spezifischen Adsorption und/oder chemischen Bindung von Atomen, Molekülen oder Ionen, wodurch es - in Abhängigkeit von der Konzentration - zu deren gegenseitiger Verdrängung (Austausch) kommt. Austauscher werden technisch genutzt (z.B. zur Wasserreinigung, zur Anreicherung von Stoffen in Produktionsprozessen, zur Trennung chemisch ähnlicher Stoffe); → Ionenaustauscher (hydrogeologisch)

Austauschgleichgewicht. Beim → Ionenaustausch Zustand des Gleichgewichts, z.B. zwischen austauschenden Mineralen im Grundwasserleiter und austauschbaren Ionen im Grundwasser

Austauschkapazität. Maximale Äquivalentstoffmenge, die an Boden- oder Gesteinspartikeln des Grundwasserleiters oder Kunststoff-Austauschern austauschbar ist (Parameter, der die Wechselbeziehungen von äquivalenter Aufnahme und Abgabe von austauschbaren Stoffen charakterisiert, ausgedrückt in [mmol(eq)/100 g Festsubstanz]

Austauschkapazität, potentielle. In der Bodenkunde die → Kationenaustauschkapazität (KAK) eines Bodens, die bei einem pH-Wert von 8,2 vorliegt, bei dem die Protonen aller Säuregruppen der Huminstoffe austauschbar sind

Austauschkapazität, reale. In der Bodenkunde die → Kationenaustauschkapazität, die bei dem tatsächlichen pH-Wert besteht; ↓ Austauschkapazität, effektive

Austauschrate. Die pro Zeiteinheit im Boden oder im Grundwasser durch Ionenaustausch umgesetzte Stoffmenge

Austauschstromdichte (i_o). Dichte des Elektronenstroms bei Redox-Prozessen, die von der Konzentration der Redox-Partner abhängt; [$\mu A/cm^3$]

Austauschwasser. (Grund-)Wasser, dessen Lösungsinhalt das Ergebnis von Ionenaustauschprozessen ist

Austrag. → Emission

Austrocknung. Natürlicher und/oder künstlicher Vorgang des vollständigen Entzugs von freiem Wasser aus einem Körper (z.B. Trockenlegen einer Baugrube durch Grundwasserabsenkung)

Austrocknungskoeffizient. → Auslaufkoeffizient

Ausufern. Übertreten eines Oberflächengewässers aus seinem Gewässerbett bzw. seiner -hohlform

Ausuferungswasserstand. Wasserstand, bei dem ein → Ausufern beginnt

Auswaschung. → Auslaugung

Auswertung (von Wasseranalysen). Hydrogeochemische Bewertung von chemischen Analysen (z.B. des Grundwassers) im Hinblick auf Genese des Lösungsinhaltes, seiner Änderung während des Fließens im Grundwasserleiter sowie der Oberflächeneinflüsse durch Sickerwasser

autochthon. Am Ort seiner Entstehung befindlich

Autoklav. Apparat (Gefäß) für Arbeiten unter extremen Druck- und/oder Temperaturbedingungen

autotroph. Sich selbständig ernährend, unabhängig von Fremdorganismen organische aus anorganischen Stoffen aufbauend (assimilieren); Gegenteil → heterotroph

Autotrophie. Assimilation einfacher anorganischer Substanz durch Mikroorganismen und Pflanzen (z.B. Kohlenstoffdioxidassimilation, Sulfatreduktion, Nitratreduktion)

Az. → Auslaufzeit

Azidität. → Acidität

Azlacton. Bei → Tracertests mit → Bärlappsporen eingesetzter Farbstoff, dessen Eignung aber nur begrenzt ist, da er nicht dauerhaft an der Sporenoberfläche haftet

azoisch. → abiotisch

Azomethin. Teerfarbstoff; Reagenz zum Nachweis von Borax (aus Waschmitteln) im Grundwasser (Hinweis auf → anthropogene Einflüsse)

B

B. → Durchflußbreite, unterirdische, → Entnahmebreite

Bach. Kleines → Fließgewässer; ↓ Rinnsal

Bachschwinde. → Schwinde

Bacillus prodigiosus. → *Serratia marcescens*

Background. Hintergrund; natürliche (geogene) Beschaffenheit der Umwelt (Boden/Gestein, Gewässer, Luft)

Backgroundwert. → Hintergrundwert

Bad. → Heilbad

Badegewässer. Gewässer, das aufgrund seiner ästhetischen und hygienischen Beschaffenheit die gesetzlichen Anforderungen für öffentliche Badezwecke erfüllt

Badewasser. Wasser, dessen Beschaffenheit den gesetzlichen Bestimmungen (EU-Norm) genügt und in Schwimmbädern zur sportlichen Betätigung und/oder Erholung mit primärem Körperkontakt genutzt werden kann; → Beckenwasser

Bäderheilkunde. → Balneologie; ↓ Heilquellenforschung

Bäderverband. → Deutscher Heilbäderverband

Bänderschichtigkeit. → Schichtigkeit (2.)

Bärlappsporen. Sporen von *Lycopodium clavatum L.*; resistentes Sporenmaterial, das sich (nach Anfärben mit Lebensmittelfarben) gut als → Tracer (z. B. bei Versuchen im Karst) eignet (für → Tracerversuche werden ausschließlich Sporen des kanadischen Kolben- oder Keulenbärlapps verwendet, die eine Größe von 30 µm besitzen) und mit Netzen aus spanischer Seide aufgefangen werden

Bahngeschwindigkeit. Wahre Fließgeschwindigkeit eines Grundwasserpartikels auf ihrem krümmungsreichen Weg um die Körner eines Porengesteins (→ Bahnlinie) in der wassergesättigten Zone (→ Zone, wassergesättigte)

Bahnlinie. Pfad [Sickerweg, Fließweg in der wassergesättigten Zone (→ Zone, wassergesättigte)], den ein einzelnes Partikel eines flüssigen Mediums in einem Boden/Gestein zurücklegt

bakteriell. Auf Bakterien beruhend (z.B. Verseuchung; Abbau von Schadstoffen etc.)

Bakterien (im Grundwasser). Mikroorganismen, die sich durch einfache Teilung vermehren; sie verursachen mikrobiologische Abbauvorgänge (insbesondere bei der Abwasserbehandlung) und können andererseits Erreger von Krankheiten (z.B. beim Menschen) sein. Ihre Größe kann zwischen 10^{-5} bis 10^{-6} m betragen

Bakterienviren. → Bakteriophage

bakteriologische Untersuchung. → Untersuchung

Bakteriophage. Viren (mit vielgestaltiger Morphologie), deren Wirte Bakterien sind und diese (durch ihre Vermehrung) abtöten bzw. auflösen (lysieren) oder in diese neue Eigenschaften implantieren (Phagenkonversion) und auch zur Toxinbildung führen können

bakterizid. Bakterienabtötend (z.B. Hypochlorit-Lauge bei der Wasseraufbereitung, → Ozonierung)

Balneologie. Lehre von der Heilwirkung durch Quellen, Moore bzw. Torfe und Erden bzw. Schlämmen; ↓ Bäderheilkunde, ↓ Heilquellenforschung

Bandströmung. Bandförmige Parallelströmung des Grundwassers in Grundwasserleitern

Bank. 1. Schwellenartige Sand- oder Kiesaufragung in einem → Fließgewässer (z.B. Kies, Sand) längs der Hauptströmungsrichtung;
2. Flächenhafte Untiefe (Aufragung von Gestein bis zum Wasserspiegel) in einem Gewässer (z.B. Granitfelsen);
3. Von parallelen Schichtfugen begrenzter Gesteinskörper (z.B. Tonstein)

Bankigkeit. Eigenschaft eines Sedimentgesteins oder Vulkanites, parallel zu seiner Ablagerung Trennfugen (Bankungsklüfte) zu bilden

Bankung. Vorgang der Akkumulation und strukturellen Gliederung von Gesteinskörpern durch parallele Schichtfugen; → Bankigkeit

Barre. Natürliche, quer zur Hauptströmungsrichtung eines → Fließgewässers liegende Gesteinsschwelle, z.B. Sandbarre an einer Flußmündung

Barriere. Lithologische (petrographische, geochemische, hydrochemische) Grenze, die verhindert, daß Stoffe ungehindert passieren; z.B. Abdichtmaterial von Deponien oder Wechsel des Redox-Potentials, der zur Fällung führt

Basazid-Gelb. → Uranin

Basazid-Rot. → Eosin A

Base. Im herkömmlichen Sinne chemische Verbindung, die in wässriger Lösung Hydroxid-Ionen (OH⁻) abgibt und daher basisch (alkalisch) reagiert (pH > 7); bei Reaktion mit → Säuren Bildung von Salzen, mit Metallen von Metallhydroxide. Wässrige Lösungen von Basen werden als Laugen bezeichnet

Base, organische. V.a.S. Stickstoffhaltige organische Verbindung, die mit Säure ein Salz bildet, z.B. Alkaloid, Amin, Purin, Heterocyclin

Basekapazität (K_B). Stoffmenge an Hydroxid-Ionen einer 0,1 N NaOH, die ein definiertes Volumen Wasser aufnehmen kann, bis ein definierter pH-Wert erreicht ist (K_B in [mmol(eq)/l]. Definiert als pH-Wert ist der Umschlagpunkt des Indikators Phenolphthalein (pH 8,2); deshalb die Bezeichnung „Basekapazität (K_B) bis pH 8,2"($K_{B\ 8,2}$); da Phenolphthalein mit Umschlagpunkt pH 8,2 angewandt wird, war die alte Bezeichnung → p-Wert; mit $K_{B\ 8,2}$ wird der Gehalt an „Freier Kohlensäure" berechnet; → Säurekapazität

Baseler Konvention. Durch UNEP-Initiativen abgeschlossenes internationales Übereinkommen vom 22.03.1989 über die „Kontrolle der grenzüberschreitenden Verbringung gefährlicher Abfälle und ihrer Entsorgung", das eine Beschränkung der Müllverbringung in und aus den Signatarstaaten nach dem Umweltschutzstandard des Abkommens vorsieht

Basenaustausch. Wechselbeziehungen der äquivalenten Abgabe und Aufnahme von Kationen durch Böden/Gesteine und Kunststoffe; → Ionenaustausch

Basensättigung. → V-Wert

Basenverbrauch. Stoffmenge an Hydroxidionen, die ein definiertes Volumen eines sauren Wassers bis zur Neutralisation (pH 7,0) oder einem anderen definierten pH-Wert aufnehmen kann (in [mmol(eq)/l])

Basic fuchsin. Violetter Farbstoff zur Anfärbung von → Bärlappsporen

Basic orange, Basic red 1, Basic red 3, Basic violet. Farbstoffe aus der → Rhodamin-Gruppe zur Färbung von → Tracern

Basisabfluß. Relativ konstanter Anteil des → Abflusses eines → Fließgewässers, der langfristig durch Grundwasser gespeist wird (Teil des → Trockenwetterabflusses)

Basisanalyse (Wasser). Umfassende Analyse aller bestimmbaren Kriterien und Wertgrößen nach aktuellem Stand der Wissenschaft (umfangreicher als Standardanalyse)

Basisdaten, hydrogeologische. Maßgebliche Daten der Umweltmedien (Boden/Gestein, Gewässer, Luft) zur repräsentativen Bewertung eines hydrogeologischen Problems

Basisfunktion. Anordnung der Knotenelemente bei der **F**initen **E**lemente **M**ethode (FEM), d.h. Unterteilung des Untersuchungsraumes in → finite Elemente, die dann miteinander im Modell agieren; ↓ Ansatzfunktion

Basisnetz. 1. Gewässer: Systematische Anordnung von Meßstellen im Grund- und Oberflächenwasser eines Hoheitsgebietes (z.B. Landesmeßstellen) zur langfristigen und regelmäßigen Beobachtung großräumiger (klimatisch bedingter) Veränderungen des Wasserkreislaufes und der Wasserwirtschaft; 2. Grundwasserbeobachtung: Staatliches Grundwassermeßnetz, das aus einer Anzahl von Grundwasserbeobachtungsrohren besteht und mit deren Hilfe eine Übersicht über die regionale Grundwassersituation erhalten werden kann

Basonyl Rot, Basonyl-S-Rot. Farbstoffe der → Rhodamin-Gruppe zur Färbung von → Tracern

Batch-Test. Versuch zur Bestimmung der thermodynamischen Gleichgewichtskonzentrationen von Inhaltsstoffen zwischen einer festen und einer fluiden Phase; man unterscheidet:

1. Statischer Batch-Test: Es wird in Gefäßen die diffusionskontrollierte Gleichgewichtseinstellung von Stoffen zwischen fester und flüssiger Phase untersucht;

2. Dynamische Batch-Tests: Eine zu testende Substanz, eingebracht in Wasser, zusammen mit einer Bodenprobe geschüttelt (oder durchströmt) und anschließend analysiert;

2 a. Schüttelversuch: Eine Probe wird mit einem etwa 10- bis 20-fachen größeren Flüssigkeitsvolumen versetzt und in einer Schüttelapparatur eine vorgegebene Zeit geschüttelt. Es wird untersucht, welcher Anteil der Testsubstanz im Wasser gelöst ist bzw. an Bodenpartikeln haftet (d.h. sorbiert wurde); z. B. zur Ermittlung des → Octanol-Wasser-Verteilungskoeffizienten (K_{OW}-Wert);

2 b. Durchflußversuch: Ein Fluid durchströmt unter naturnahen Volumenverhältnissen und Fließgeschwindigkeiten einen in eine Säule (unterschiedlicher Größe, gestört oder ungestört) eingebrachten Sedimentkörper unter definierten physikalischen Bedingungen, bis sich ein thermodynamisches Gleichgewicht eingestellt hat; ↓ Batch-Versuch

Baugrundschäden. Durch unsachgemäße Gründungen und/oder ungleichmäßige Setzungen infolge äußerer Einwirkungen (wie Bergbau, Grundwasserabsenkungen, Erdbeben) bedingte Fundament- bzw. Bauwerksschäden

Bauschutt. Mineralisches Material, das bei Neubau, Umbau, Sanierung, Renovierung und Abbruch von Gebäuden (z. B. Wohn- oder Bürohäuser, Fabrik-, Lager-, Ausstellungshallen, Werkstätten) und anderen Bauwerken (z.B. Brücken, Tunnel, Kanalisationsschächte) anfällt. B. kann durch vorherige Nutzungen belastet sein (z. B. Salze, Schwermetalle, teer- oder phenolhaltiges Bitumen, Kohlenwasserstoffe, → Holzschutzmittel; bei Einbau im Grundwasserbereich ist eine Aufhärtung zu erwarten

BbergG. → Bundesberggesetz

BbodSchV. → Bundes-Bodenschutz- und Altlastenverordnung

Bebauungsplanung. Amtliche Planung der Bebauung kommunaler Gebiete/Flächen

Becherzählrohr. Gasgefüllte Röhre zum Nachweis und zur Messung ionisierender Strahlung durch elektrische Entladungen (deren Anzahl ist ein Maß für die Strahlungsintensität); → Geiger-Müller-Zähler

Becken. 1. Natürliches, gegenüber seiner Umgebung abgesenktes Gebiet (z. B. Einbruchs-B., Sedimentations-B.);

2. Technische Anlage zur Wasseraufbereitung (z.B. → Infiltrations-B., → Klär-B.)

Becken, artesisches. Beckenförmig gelagertes → Grundwasserstockwerk, in dessen Zentrum gespanntes Grundwasser (→ Grundwasser, artesisch gespanntes) austritt, dessen → Druckspiegel über Gelände liegt (bekanntes Beispiel: Pariser Becken)

Beckenspeicherung. Art der unterirdischen Wasserspeicherung durch Infiltration von Oberflächenwasser oder Grundwasserstau in natürlich und/oder künstlich abgesperrten unterirdischen Räumen

Beckenwasser. Wasser in Schwimm- und Badebecken, das seuchenhygienisch hohen Antsprüchen genügen muß, die in der DIN 19643 angegeben sind; mikrobiologisch: die → Koloniezahl (ermittelt bei 20 und 36 °C) darf maximal 100 pro Liter betragen, → Coliforme (bei 36 °C) und das Bakterium *Pseudomonas aeruginosa* dürfen nicht nachgewiesen werden; chemisch: die Grenzwerte sind niedrig, der Trinkwasserqualität ähnlich; → Badewasser

Becquerel (Bq). Einheit der Aktivität von Radionukliden; die Aktivität beträgt 1 Bq, wenn von einer Nuklidmenge 1 Atomkern pro Sekunde zerfällt (frühere Einheit: Curie, 1 Ci = 37 Mrd. Bq)

Bedarfserkundung. → Grundwasserdetailerkundung

Beeinflussung. Natürliche und künstliche Veränderung eines Vorganges oder Zustandes (z.B. Regelung der Wasserführung eines → Fließgewässers durch Speicherwirtschaft, Kontamination des Grundwassers durch Industrie)

Beeinflussungsbereich. → Einflußbereich

Befeuchtung. Oberflächige Benetzung mit Wasser, z.B. durch kurzen Sprühregen oder Nebel

Begleitboden. Untergeordneter Bodentyp (Subtyp) eines Standortes; ↓ Begleitboden

Begleitionen. Wasserinhaltsstoffe in sehr geringer Konzentration (meist unter 10 mg/l);

↓ Begleitstoffe

Begrenzung. → Abgrenzung

Begrenzung, geologische. Lithologisch bzw. tektonisch bedingte Grenze eines geologischen Körpers

Begrenzung, hydraulische. Durch Grundwasserdynamik bedingte natürliche oder künstliche Grenze eines Grundwasserströmungsfeldes, z.B. unterirdische Wasserscheide, Grundwasserhemmer

Begüllung. Verwertung von Gülle als Flüssigdünger auf landwirtschaftlichen Flächen

Behandlung. Technische Maßnahme zur → Aufbereitung von Rohwasser zu Nutzwasser (z.B. → Trinkwasser) sowie zur Klärung von Abwasser bzw. zur Verwertung oder Entsorgung von Klärschlamm (z.B. durch Verbrennung); → Wasseraufbereitung

Beharrung. Gleichgewichtszustand im Absenkungsbereich (→ Absenkungtrichter) eines Brunnens zwischen Grundwasserentnahme und Grundwasserzuströmung unter Berücksichtigung natürlicher Grundwasserstandsschwankungen, der an einem (nahezu) gleichbleibenden („beharrenden") abgesenkten Wasserspiegel erkennbar ist; ↓ Beharrungszustand

Beharrungsspiegel. Langzeitig nahezu konstanter Wasserstand am Pegel eines Oberflächengewässers bzw. in einem Grundwasseraufschluß (z.B. Brunnen)

Beharrungszustand. → Beharrung

Belastbarkeit. Kriterium für zulässige Zustandsschwankungen, denen ein Umweltmedium ohne nachhaltige Schädigung ausgesetzt werden kann

Belastung. 1. Gehalt eines Oberflächengewässers an schädlich wirkenden (belastenden) Wasserinhaltsstoffen;
2. → Kontamination, radioaktive, chemische oder biologische;
3. → Expositionsdosis (für Strahlung)

Belastung, thermische (Grundwasser). Temperaturveränderungen des Grundwassers infolge menschlicher Einflüsse; z.B. Abkühlung als Folge von Wärmegewinnung durch Wärmepumpen, Wärmezufuhr durch Einleiten von aufgeheizten Kühlwässern, oder durch Wärmespeicherung. Die durch Wärmegewinnung aus Grundwasser erfolgenden Temperaturdifferenzen sind jedoch so gering,

daß bisher keine ökologischen Schäden beobachtet wurden. Hydrochemische Veränderungen sind allerdings nicht auszuschließen, z.B. → Verockerung; ↓ thermische Belastung

Belebtschlamm. Mischpopulation aerober Einzeller (wie Bakterien, Hefen, Pilze, Protozoen), die an Nährstoffangebot und definiertes Milieu (wie pH-Wert, Salzgehalt, Temperatur) angepaßt sind; sie bilden absetzbare Flocken (durch ausgeschiedene Schleimstoffe) und dienen in der biologischen Abwasserbehandlung als aktive Biomasse. B. nimmt in Belüftungsbecken biologisch verwertbare organische Abwasserinhaltsstoffe auf, die im Betriebsstoffwechsel z.T. veratmet, im Baustoffwechsel in Zellmasse umgesetzt werden

Belüftung. 1. Technisches Verfahren zur Wasseraufbereitung durch Sauerstoff-Eintrag, z.B. zur Enteisenung von Rohwasser oder zur Selbstreinigung von Abwasser mit Belebtschlamm;
2. Natürliche Belüftung von Wasser in → Fließgewässern

Belüftungszone. Gas-(luft-)haltiger Teil der wasserungesättigen Zone (→ Zone, wasserungesättigte); → Aerationszone

Bemessung. Dimensionierung technischer Anlagen (im Planungsstadium) auf der Grundlage ermittelter und/oder abgeschätzter (hydrogeologischer) Kennwerte sowie wasserwirtschaftlicher Vorgaben und Standards

Bemessungsdurchfluß. Durch- oder Abfluß (z.B. ein gewässerkundlicher Hauptwert, meist HHQ), nach dem der wasserwirtschaftliche Ausbau eines Vorfluters dimensioniert wird

Bemessungswasserstand. Wasserstand (z.B. ein gewässerkundlicher Hauptwert, meist HHW), nach dem ein wasserwirtschaftliches Bauwerk (z.B. Staudamm) bemessen wird

Bemusterung. Prozeß zur Gewinnung geowissenschaftlicher Kennwerte (Primärdaten) an einem Prüfobjekt (z.B. geologischer Körper, Gewässer, Probe), der direkte und indirekte (geophysikalische) Untersuchungen in situ bzw. Probenahme, Probenvorbereitung, Probenanalyse (einschließlich äußere und innere Kontrolle) und Bewertung umfaßt

Bemusterung, visuelle. → Bemusterung

durch visuelle Beurteilung (z.B. Schichtenverzeichnisdokumentation, Photodokumentation, Gesteinsmikroskopie)

Benetzbarkeit (Geowissenschaften). Spezifische Eigenschaft von Böden/Gesteinen, in Abhängigkeit von Druck und Temperatur durch Oberflächenadhäsion dünnschichtig verdichtetes Wasser anzulagern

Benetzung. Dünnschichtige Anlagerung von verdichtetem Wasser an Böden/ Gesteinsoberflächen

Bengalrosa, Bengalrosa B. Fluoreszierender Farbstoff für → Tracer

Benthal. → Benthos

Benthos. Lebensgemeinschaft von Fauna und Flora im Bereich von Gewässerböden und Ufern, wird gegliedert in belichtetes Litoral und lichtarmes bis lichtloses Profundal bzw. Abyssal; ↓ Benthal

Bentonit. Tonmineral (Hauptbestandteil: Montmorillonit); wegen → Thixotropieeigenschaften von B. bekommt die → Bentonitspülung (beim Brunnenbohren) größere Austragsfähigkeit für Bohrgut und erhöhtes Vermögen zur Filterkuchenbildung

Bentonitspülung. Bohrspülung mit → Bentonit

Beobachtung. Visuelle Untersuchung

Beobachtung, hydrologische. Systematische Beobachtung von Wasserhaushaltselementen (wie → Niederschlag, Grundwasserstand, Abfluß in Oberflächengewässern), die am häufigsten durch deren Messung erfolgt

Beobachtungsbrunnen. Brunnen, der zur quantitativen (Grundwasserstandsmessung) und qualitativen (Grundwasserbeschaffenheit) Beobachtung angelegt wird

Beprobung. → Probenahme

Beprobungshäufigkeit. Die Häufigkeit von Probenahmen für chemische Untersuchungen ist im allgemeinen in einigen Regelungen festgelegt (z.B. in der EG-Richtlinie 98/83EG vom 03.11.1998, ferner für zu Kurzwecken genutzte Heilwässer und in wasserwirtschaftlichen, d.h. verwaltungsrechtlichen Regelungen für die qualitative Grundwasserüberwachung). Wenn das nicht zutrifft, ist aus hydrogeologischer Sicht davon auszugehen, daß sich die Beprobungshäufigkeit nach der Entnahmetiefe unter Gelände

(Flur), der Abstandsgeschwindigkeit des Grundwassers und der Grundwasserüberdekkung richtet: je flacher das Grundwasser und je größer dessen Geschwindigkeit, desto häufiger die erforderliche Probenahme; Hinweise enthält die DVWK-Regel 128/1992

Berechnung. Mathematische Auswertung von Meßdaten zur Ermittlung von Kennwerten

Beregnung. Flächenhafte Bewässerung durch ortsfeste, voll- oder teilbewegliche technische Anlagen (Regner) zur Verbesserung landwirtschaftlicher Erträge; → SAR

Beregnungsdichte. → Beregnungsintensität

Beregnungsintensität. Bewässerungshöhe je Zeiteinheit; Einheit: [mm/h]; ↓ Beregnungsdichte

Bergbau. Gewinnung, Förderung und z.T. → Aufbereitung nutzbarer Gesteine und/oder Minerale (wie Erz, Kohle, Salz) durch bergmännische Arbeiten über und unter Tage (d.h. im Tage- und Tiefbau); ↓ Abbau

Bergbauabwasser. Abwasser aus Bergbauanlagen über und unter Tage, einschließlich Abflüssen aus Entwässerungsbauwerken(z.B.→ Stollen, Entwässerungsbrunnen)

bergbaubedingtes Wasserdefizit. → Wasserdefizit, bergbaubedingtes

Bergbaufolgelandschaft. Zustand eines Bergbaureviers nach Beendigung der Gewinnung und Förderung von Rohstoffen sowie Abschluß der bergbaubedingten Sanierungsarbeiten (einschließlich Flutung bzw. Grundwasserwiederanstieg). Hinweis: Bergbaubetreiber sind gesetzlich verpflichtet, nicht mehr benötigte Bodenflächen in einen für die Allgemeinheit dauerhaft gefahrlosen und für eine Nachnutzung geeigneten Zustand zu versetzen

Bergbauschutzgebiet. Nach Bergrecht (auf Antrag) vom zuständigen Oberbergamt festgelegter Bereich (Bodenfläche) für eine geplante und/oder aktuelle bergbauliche Inanspruchnahme, in der anderweitige Nutzungen (z.B. Bauvorhaben) nur mit Einschränkung bzw. behördlicher Zustimmung gestattet sind

Bergbauwasser. → Abwasser, bergbauliches

Berge. → Abraum

Bergehalde. Auf unverritztes Gelände („überflur") aufgeschüttetes Nebengestein („nichtproduktives Gebirge") aus einem → Tiefbau

Bergematerial. → Abraum

Bergfeuchte. → Gesteinsfeuchte

Bergrutsch. → Erdrutsch

Bergschaden. Durch bergmännische Arbeiten (wie Untersuchung, Wasserhaltung, Rohstoffgewinnung, Abraumverkippung), Bauten und Einrichtungen (wie Hohlräume und Ausbau unter und über Tage) direkt und indirekt verursachte Verletzungen von Leben und/oder Gesundheit von Menschen und Tieren und/oder nachhaltige Beeinträchtigungen oder Zerstörungen von Sachwerten aller Art

Berieselung. Dünnschichtige Bewässerung geneigter Bodenflächen (z.B. als Streifen- und Furchenbewässerung); → Beregnung, ↓ Rieselung

Berme. Horizontaler Absatz einer Abbauböschung

Beschaffenheit (des Wassers). Gesamtheit des Lösungsinhalts eines Wassers einschließlich seiner physikalischen, physikalisch-chemischen Eigenschaften und mikrobiologischen Inhalte

Beschaffenheitsmeßstation. Meßstelle zur kontinuierlichen und/oder regelmäßigen Analyse der Beschaffenheit eines Gewässers

Beschränkungsmaßnahme. Behördliche Anordnung zur Einschränkung einer Nutzung, z.B. eines Flurstücks in einem Bergbauschutzgebiet

Beschwerungsmittel. Inerte Stoffe zur Erhöhung der Dichte von Bohrlochspülungen beim Abteufen von Bohrungen im gespannten (artesischen) Grundwasser (→ Grundwasser, artesisch gespanntes); gebräuchlich sind Kreidemehl und Schwerspat

Beseitigung, schadlose. → Entsorgung

Beständigkeitskonstante. Konstante für als Tracer verwandte chemische Komplexe, in die Nuklide „eingebaut" sind

Bestandsaufnahme. Erfassung (Katalogisierung, Tabellierung) der Inhalte [Stoffe, Größen, (Parameter), Daten, Fakten u.a.] eines bestimmten Objektes; ↓ Kenntnisstandanalyse

Bestimmung. → Analyse, → Untersuchung

Beteiligung (bei Baumaßnahmen). Mitwirkung einer weiteren Behörde vor Erteilung von Baugenehmigungen

Betonaggressivität (von Wasser). Hydrolytisch zerstörende Wirkung saurer Wässer auf Beton

Betriebsleistung. Leistung eines Brunnens im Dauerbetrieb

Betriebsplanverfahren (Bergbau). Gesetzlich vorgeschriebenes Verfahren zur Einreichung von Unterlagen über die Planung von Bergbaumaßnahmen (einschließlich anschließender Renaturierung) beim zuständigen Bergamt als Voraussetzung für die Genehmigung zur Rohstoffgewinnung

Betriebsruhespiegel. → Ruhewasserstand

Betriebswasser. Wasser, das in Betrieben/Fabriken nur für die Herstellung oder Nutzung von Produkten gebraucht wird und aus Oberflächen- oder Grundwasser bezogen wird, oder aus der Wiederaufarbeitung von genutzten Wässern (recycling) stammt. Wenn es hygienischen Ansprüchen nicht genügt, ist im Betrieb ein eigenes Rohrnetz für das B. erforderlich, das mit „Für Trinkwasserzwecke nicht geeignet" gekennzeichnet ist; häufig stammt B. aber aus dem Ortsnetz mit hygienisch einwandfreiem Wasser, so daß ein eigenes Rohrnetz mit Kennzeichnung nicht erforderlich ist; ↓ Brauchwasser, ↓ Produktionswasser

Betriebswasserstand. Wasserstand in einer technischen Anlage (wie Brunnen, → Talsperre) im Betriebszustand; ↓ Betriebswasserspiegel

Beurteilung. Wissenschaftlich fundierte Aussagen über Probleme, Sachverhalte und/oder Untersuchungsbefunde; → Bewertung (hydrogeologische)

Bewässerung. Künstliche ober- oder unterirdische Zufuhr von Wasser (z.B. durch Anstau, Beregnung, Verrieselung), insbesondere auf landwirtschaftlich, gärtnerisch oder forstwirtschaftlich genutzten Flächen, mit dem Hauptziel der Ertragssteigerung

Bewässerungssystem. Technische Anlage, die eine → Bewässerung mehrerer Bereiche im Verbund ermöglicht

Bewässerungswasser. Für eine Bewässerungsmaßnahme künstlich zugeführtes Wasser (ohne → Niederschlag)

Beweglichkeit. Maß der Ortsveränderlichkeit von Stoffen bzw. Stoffgemischen in Böden und/oder Gewässern, abhängig von Konzentration, Temperatur und Löslichkeitsbedingungen; → Migration,→ Mobilität

Beweglichkeit organischer Fluide. Da die Benetzbarkeit poröser Medien durch organische Fluide in der Regel niedriger als die durch Wasser ist, nehmen diese die größeren, Wasser die kleineren Porenräume ein; dadurch ist ein k_f-Wert (→ Durchlässigkeitsbeiwert) für organische Fluide gegenüber Wasser meist größer und ihr Anteil am Durchfluß größer

Beweidung. Vorübergehender Aufenthalt von Grünfutter fressenden Nutztieren, meist in abgegrenzten Arealen; grundwassergefährdend durch punktuelle Ausscheidungen von Exkrementen, möglicher Eintrag pathogener Keime oder Veterinärpharmaka

Beweisniveau. Datengrundlage für eine Altlastenbewertung (nach „Grundsätze der Altlastenbehandlung in Sachsen", 1995)

Bewertung, hydrogeologische. Klassifizierung und Vergleich von Untersuchungsdaten im Hinblick auf eine hydrogeologische Typisierung, Interpretation und Ableitung von Schlußfolgerungen zur Problemlösung; erfolgt heute in der Regel durch EDV mit zielbestimmter Software; → Datenbewertung, → Altlastenbewertung, → Beurteilung

Bewilligung (zur Grundwasserentnahme). Längerfristige Erteilung einer amtlichen Genehmigung, ggf. mit Auflagen (Nutzungseinschränkung), zur Grundwassergewinnung nach § 8 Wasserhaushaltsgesetz (WHG)

Bewirtschaftung (Wasser). Amtliche Regelung von Gewässernutzungen auf der Grundlage von Bilanzierungen des nachgewiesenen Wasserdargebotes und des Wasserbedarfes unter Berücksichtigung ökologischer Prämissen (wie Niedrigwasserabfluß, Grundwasserneubildung u.a.)

Bezugspunkt. Frei gewählter Punkt (Meßpunkt), auf den sich alle Messungen (Höhen/Tiefen, Distanzen) bei Bauplanung und -ausführung beziehen. Bei Brunnenbohrungen sind solche Punkte besonders sorgfältig zu wählen und zu protokollieren, da sich alle Tiefen (Verrohrung und Wasserspiegellagen) darauf beziehen und die Erfahrung zeigt, daß sich bei Auswertungen von Daten später häufig deshalb Probleme ergeben, weil die Höhen- bzw. Tiefenbezüge nicht eindeutig festgelegt wurden; nach Möglichkeit sollte die Höhenlage des Bezugspunktes auf → Normal-Null (NN) bezogen werden

Bezugswasserstand. Gemessener (= Ausgangswasserspiegel) oder berechneter Wasserstand bei einer geohydraulischen Untersuchung, der von der Versuchsanlage noch nicht beeinflußt worden ist (z.B. Wasserstand unmittelbar vor einem Pumpversuch); → Grundwasserstand, stationärer; ↓ Ausgangswasserstand

BfG. Bundesanstalt für Gewässerkunde (Koblenz)

BGR. Bundesanstalt für Geowissenschaften und Rohstoffe (Hannover)

BGW. Bundesverband der deutschen Gas- und Wasserwirtschaft e.V. (Bonn); Interessenvertretung der deutschen Gas- und Wasserwerke

BHTV. → Televiewer, akustischer

Bifurkation. Aufspaltung eines Gewässerbettes in zwei oder mehrere selbständige Gewässerbetten

Bilanz, wasserwirtschaftliche. Resultat der Gegenüberstellung der in einem Einzugsgebiet bzw. auf einem definierten Gebiet vorhandenen Wasserressourcen mit existierenden und/oder geplanten Wassernutzungen

Bilanzgleichung (Grundwasser). Darstellung einer wasserwirtschaftlichen Bilanz für ein definiertes Zeitintervall in Form einer Gleichung, z.B. Wasserhaushaltsgleichung (→ Wasserhaushalt)

Bildungsenthalpie. Bei der Bildung einer Verbindung aus den Elementen (Reaktion) frei werdende Energie, Einheit [$J \cdot mol^{-1}$]; → Reaktionsgleichung, thermochemische

Bildungsgebiet (einer Heilquelle). Der Bereich, a) in dem sich das Grund-/Heilwasser eines → Fließsystems neu bildet und zur Fassungsanlage („Heilquelle") bewegt, b) die Mineralisation stattfindet und c) Gas (Kohlendioxid, Schwefelwasserstoff, Radon, Methan oder andere) zugeführt wird

Bildungstyp (einer Heilquelle). In den „Richtlinien zur Festsetzung von Heilquellenschutzgebieten" (Fassung 1998) definierte Typen der Entstehung von Heilquellen, die jeweils unterschiedliche Schutzmaßnahmen erfordern

Bildungswärme. Durch chemische Umwandlungen freigesetzte Wärme: Einheit: [K]

BimSchG. → Bundesimmissionsschutzgesetz

BImSchV. → Bundesimmissionsschutzverordnung

Bindigkeit. Eigenschaft feinkörniger (toniger/schluffiger) Lockergesteine, durch Wasseraufnahme plastisch zu werden und bei Austrocknung nicht in Einzelkörner zu zerfallen; ↓ Plastizität

Bindung, chemische. Durch zwischenatomare Kräfte bewirkter Zusammenhalt in chemischen Verbindungen (Moleküle und Kristallgitter)

Bindungsintensität (von Ionen). Die aus Isothermen (z.B. → FREUNDLICH-Isotherme) abzuleitende Stärke der Adsorption

Bindungskapazität. Maß für den Umfang adsorptiver Bindung

Bindungsstärke. Maß für die Stärke einer (adsorptiven) Bindung, die sich aus dem Verlauf einer → Isotherme ergibt (= Anfangssteigung); → Bindungsintensität

Binnengewässer. Oberflächengewässer im Bereich des Festlandes, einschließlich Buchten und Flußmündungen

Binnensee. Stehendes Oberflächengewässer in einer natürlichen Senke der Landoberfläche; → See

Bioakkumulation. 1. Verstärkte Entwicklung von Flora und/oder Fauna sowie dadurch bedingte Anreicherung von organischer Substanz (z.B. Erdölbildung); 2. Einbau von (Schwer-)Metallen oder organischen Substanzen in biologisches Gewebe

Bioaktivität. Aktive Entwicklung von Fauna und/oder Flora

biochemischer Sauerstoffbedarf (BSB). → Sauerstoffbedarf, biochemischer

Biofilm. Aus Organismen (Bakterien) bestehender, dünner, schleimiger Bewuchs, z.B. im Filterbereich zum Abbau organischer Wasserinhaltsstoffe. Der B. enthält meistens von den Organismen ausgeschiedene Polysaccharide

Biogas. Durch anaerob-bakteriellen Abbau organischer Substanz in → Deponien, →

Gülle, Silageabwasserbecken, → Klärbecken oder Rottemieten entstehendes Gas (überwiegend Methan und Ammoniak), das bisher in nur sehr geringem Umfang der energetischen Nutzung zugeführt wird und in der Regel als klimagefährdendes Gas in die Atmosphäre abgegeben wird; ↓ Klärgas, ↓ Faulgas ↓ Deponiegas

biogen. 1. Aus lebender Substanz entstanden; 2. Durch Organismen gebildet oder biochemisch umgesetzt

Bioindikation. 1. Anzeichen auf spezifische Lebensbedingungen bzw. auf Leitorganismen mit spezifischen Umweltansprüchen, z.B. auf Saprobien als Anzeiger für durch organisch Verbindungen verschmutztes Wasser; 2. Methodik zur Beurteilung der Beschaffenheit von Gewässern mit Hilfe des Indikationswertes für die angetroffenen Organismen und ihrer bekannten Milieuansprüche, mit Exposition von Testorganismen, z.B. Fischtest, Wachstumshemmungstest, Zellkulturtest

Bioindikator. Spezifische Fauna und/oder Flora, aus deren Existenz auf bestimmte Umweltbedingungen geschlossen werden kann, z.B. Halophyten als Indikator für Gewässerversalzung, Reaktion spezieller Organismen auf stoffliche Belastung als Toxizitätstest; ↓ Leitform

Biolumineszenz. Durch chemische Vorgänge in oder auf bestimmten Pflanzen und Tieren erzeugtes Leuchten (unterschieden werden Eigenleuchten und Leuchtsymbiosen, z.B. mit Leuchtbakterien)

Biomanipulation. Technische Maßnahme zur Sanierung kontaminierter Böden oder Wässer mit biologischen Mitteln, z.B. durch spezielle Bakterienkulturen

Biomasse. In einer Lebensgemeinschaft je Raum- und Zeiteinheit gebildete biologische Masse einschließlich ihrer Abfallstoffe; als Primärproduktion wird die durch Assimilation grüner Pflanzen erzeugte organische Substanz bezeichnet

Biosanierung. Sanierung kontaminierter Böden und/oder Gewässer in situ mit Hilfe von Organismen

Biosorption. → Sorption durch Organismen und/oder organische Substanz

Biosphäre. Bereich der Erde, in dem Lebewesen existieren; umfaßt den unteren Teil der Atmosphäre, die Hydrosphäre und den oberen Teil der → Lithosphäre

Biotest. Laboruntersuchung auf oder mit Hilfe von Organismen, z.B. Keimtest

biotisch. Lebend, zum Leben geeignet; Gegensatz: → abiotisch

Biotop. Natürlicher, abrenzbarer Lebensraum einer Art oder Lebensgemeinschaft (Biozönose), der in seiner Gesamtheit durch alle jeweiligen abiotischen und biotischen Faktoren charakterisiert wird

Biotopkartierung. Kartierung von (Feucht-)Biotopen; unterschieden werden: Helokrene (Sicker-, Sumpfquellen), Limnikrene (Tümpelquellen), Rheokrene (Sturz- oder Fließquellen) und → Grundquellen

Bioturbation. Durch Organismen verursachte Bewegung oder Lagerungsveränderung sedimentärer Gesteine in einem Medium, z.B. Wurmgänge, Grabgänge von Muscheln im → Watt

Bioverfügbarkeit. Anteil eines in einem Boden und/oder Gewässer enthaltenen Stoffes, der Organismen als Nahrung dient oder dienen kann oder über die Nahrungskette Menschen und Tiere erreichen und schädigen kann

biozid (biocid). Lebensfeindlich, lebenzerstörend

Biozönose. Lebensgemeinschaft, die alle lebenden und in ihren Lebensansprüchen meist aufeinander abgestimmten Organismen eines Lebensraumes umfaßt, unter natürlichen Bedingungen meist relativ stabil und weitgehend selbstregulierend ist

BIS. → Bodeninfromationssystem

Bismarckbraun G, Bismarckbraun R, Bismarckbraun Y. Farbstoffe zur Braunfärbung von → Bärlappsporen

Bitterquelle. → Quelle, sulfatische

Bitterwasser. Mineralwasserquelle mit relativ hohem Anteil an Sulfationen; → Bitterquelle

BK. → Karte, bodenkundliche

BL. → Bohrloch

BLM. → Bohrlochmessung

Blankophor. Bei Markierungsversuchen verwendeter Aufheller, der UV-Licht absorbiert und violettes bis blaues Licht abstrahlt

Blausucht. Bläuliche Verfärbung der Haut, insbesondere an Lippen und Fingernägeln erkennbar, durch ungenügende Sauerstoffsättigung des Blutes infolge organischer Schäden (z.B. Herzfehler, Lungenerkrankung, Vergiftung); → Methämoglobinämie; ↓ Cyanose

bleibende Härte. → Nichtcarbonathärte

Bleichungshorizont. → Eluvialhorizont

Blindschacht. → Schacht

Boden. 1. Oberfläche der → Lithosphäre (Bodenfläche, „Grund und Boden");
2. Oberste, durch Einfluß von Atmosphäre, Fauna und Flora aufgelockerte und belebte Verwitterungszone der → Lithosphäre, bestehend aus einem inhomogenen Stoffgemisch mineralischer und organischer Partikel verschiedener Größe und Zusammensetzung sowie aus Luft und Wasser (Boden im eigentlichen Sinne, Bodenkörper);
3. Teil der → Lithosphäre, der durch menschliche Aktivität beeinflußt werden kann (Boden im weiteren Sinne, Geologischer Körper, Gebirge, „Erdkruste");
4. Nach dem „Gesetz zum Schutz des Bodens" vom 17.03.1998 ist Boden die obere Schicht der Erdkruste, soweit sie Träger von Bodenfunktionen ist, einschließlich der flüssigen Bodenlösung und gasförmigen Bestandteile (Bodenluft) ohne Grundwasser und Gewässerbetten. Zu den Bodenfuktionen zählen: Lebensgrundlage und -raum für Menschen, Tiere und Planzen; Bestandteil des Naturhaushalts, insbesondere seiner Wasser- und Nährstoffkreisläufe; Abbau-, Ausgleichs- und Aufbaumedium für stoffliche Einwirkungen

Boden, gesättigter. → Boden, in dem alle Hohlräume vollständig oder bei Vorhandensein von Inklusionsluft fast vollständig mit Wasser gefüllt sind (charakteristisch für die → Saturationszone)

Boden, grundnasser. → Boden mit überwiegend flurnahem → Grundwasserstand (Vernässung)

Boden, organischer. → Moorboden

Boden, staunasser. → Boden, der durch oberflächennahen → Grundwasserhemmer (bindiges Material in weniger als 1,5 m unter Flur) zur Stauwasserbildung neigt

Boden, ungesättigter. → Zone, wasserungesättigte

Bodenabfluß. → Interflow

Bodenart. Klassifizierung der Böden nach Art und Größe der Gemengteile bzw. abschlämmbarer Substanz, z.B. in Ton-, Lehm-, Sand-, Kalk-, Mergel-, Humusböden bzw. Mischböden (wie toniger Sandboden, kiesiger Mergelboden)

Bodenaushub. Durch Erdarbeiten umgelagerter Boden (einschließlich Gestein), z.B. Mutterboden, Sand, verwitterte Festgesteine oder Aufschüttung

Bodenbedeckung. Natürlicher und/oder künstlicher Bodenkörper in einem Betrachtungsgebiet; ↓ Bodendecke

Bodenbehandlung. Technische Maßnahme zur Sanierung kontaminierter Böden

Bodenbelastung. Nachteilige Veränderung der Beschaffenheit eines → Bodens, die dessen Funktion als Naturkörper bzw. als Lebensgrundlage (für Menschen, Tiere und Pflanzen) erheblich beeinträchtigt; → Bodenkontamination; → Bodenveränderung, schädliche

Bodenbeschaffenheit. Gesamtheit der festen, flüssigen und gasförmigen Bestandteile (einschließlich Biomasse, Hohlräume) und der Eigenschaften (Funktionen) eines → Bodens

Bodenbildung. Prozeß der Entstehung von Böden an der Erdoberfläche auf Zersatz von Festgesteinen oder auf Lockergesteinen (z.B. Auelehm, Geschiebemergel) unter Beteiligung von organischer Substanz (z.B. Pflanzenresten) und aktiver Beteiligung von Organismen; nach DOKUTSCHAJEV lassen sich bodenbildende Faktoren in einer quasi-mathematischen Formel zusammenfassen:

$$B = f(kl, a, v, r, o)_t$$

B = Bodenbildung, kl = Klima, a = Ausgangsgestein, v = Vegetation, r = Relief, o = Bodenorganismen, t = Zeit (ROWELL 1997); ↓ Bodengenese

Bodenbörse. Einrichtung zur Registrierung von Aufschlußarbeiten im Bodenbereich (insbesondere bei Baumaßnahmen) zur Koordination von Angebot und Nachfrage von Bodenmaterial (nach Lokalität, Termin, Menge und Qualität), d.h. zur Organisation ökologisch sinnvoller Verwertungen (zur Entlastung von Deponien und Vermeidung unnötiger Transportwege)

Bodendampfwasser. Wasserdampf in der wasserungesättigten Zone (→ Zone, wasserungesättigte)

Bodendauerbeobachtung. Kontinuierliche oder regelmäßige Erfassung von variablen Bodenparametern (wie Temperatur, Wassergehalt, lösliche Inhaltsstoffe) an definierter Stelle eines natürlichen, kontaminationsgefährdeten oder kontaminierten → Bodens

Bodendecke. → Bodenbedeckung, → Boden

Bodeneinheit. Zusammenfassung von Bodenvarianten, die nach Genese, Mächtigkeit und Schichtung des Ausgangsgesteins bis 2 m Teufe sowie unter Berücksichtigung der Deckschichten und der bodentypologischen Ausbildung ähnlich oder gleich sind

Bodenerosion. Abtragung von Bodenpartikeln durch Wasser, Wind, Schnee und/oder Gravitation

Bodenfeuchte. Bodenwasser in der wasserungesättigten Zone (→ Zone, wasserungesättigte), sofern es die Wasserkapazität nicht überschreitet; nach dem Grad der B. werden trockene, frische, feuchte und nasse Böden unterschieden; in der Meteorologie „Wasser in allen Aggregatzuständen in der wasserungesättigten Zone, das bei Trocknung des Bodens bei 105 °C bis Massekonstanz entweicht"; → Bodenwassergehalt

Bodenfeuchtegang. Klimabedingte Schwankung der → Bodenfeuchte

Bodenfeuchtestufe. Abstufung des Bodenwassergehaltes in der waserungesättigten Zone (→ Zone, wasserungesättigte) von trocken, frisch, feucht bis naß

Bodenfeuchtezone. Feuchtebereich in der wasserungesättigten Zone; → Aerationszone

Bodenfließen. Hangabwärtige Bewegung (deluvial-fließend) von Boden- und Schuttmassen; → Solifluktion; ↓ Erdfließen

Bodenforschung. Wissenschaftliche Untersuchungen des → Bodens (z.B. bodenkundliche Landesaufnahme, Bodenphysik, Bodenchemie, Bodenhydrologie, Mikrobiologie des Bodens), im übertragenen Sinn auch für die Untersuchungen durch andere geowissenschaftliche Disziplinen (z.B. Geologie, Geophysik), so daß einige geowissen-

schaftliche Ämter in der BRD als „Landesämter für Bodenforschung" (z.B. in Niedersachsen und bis Ende des Jahres 1999 in
Hessen) firmieren; ↓ Bodenuntersuchung

Bodenfrost. Auswirkung von Minustempe-
raturen auf den obersten Boden-/Gesteins-
bereich (in Mitteleuropa etwa 0,5 - 0,8 m, in
Sibirien bis über 6 m), abhängig von Wärmeleitfähigkeit, Wassergehalt und Temperaturgefälle; nach der Beschaffenheit (Feinkornanteil) werden frostgefährdete und frost-
sichere Böden (→ Boden) unterschieden, als
Folge der Volumenausdehnung durch gefrie-
rendes Wasser und Eisanreicherung in der
Frostzone kommt es zu Frostschäden (wie
Gewebezerreißungen bei Pflanzen sowie
Aufbrüchen, Beulen und Hebungen im Bodenbereich und dadurch bedingten Zerstörungen an Bauwerken)

Bodenfruchtbarkeit. Fähigkeit des → Bo-
dens, in Abhängigkeit von seiner Genese
(Ausgangsgestein, Klima, Vegetation) und
seiner Kultivierung (Bearbeitung, Düngung,
→ Melioration, Fruchtfolge) ein bestimmtes
Pflanzenwachstum (Ertrag) zu ermöglichen

Bodenfunktion. Leistung (Wirksamkeit)
eines → Bodens als Teil eines Ökosystems
für den Umweltschutz oder andere Nutzungs-
formen in Abhängigkeit von seiner Beschaffenheit, natürlichen Veränderungen und äußeren Einwirkungen; unterschieden werden
Lebensraumfunktion, Nutzungsfunktion,
Kulturfunktion, Regelungsfunktion. Für die
Grundwasserneubildung besitzen Böden eine
physikochemische und biochemische Filtrati-
onsfunktion

Bodengas. Gas, das durch → Diffusion, →
Dispersion oder → Konvektion in Porenräume des → Bodens aus der → Atmosphäre
gelangt ist oder durch Mikroorganismen aus
verfügbaren Bestandteilen des Bodens in situ
erzeugt wurde (z.B. CH_4, SO_2, CO_2); meist
reicher an Kohlenstoffdioxid und Wasserdampf als atmosphärische Luft; ↓ Bodenluft,
↓ Grundluft; ↓ Porenluft

Bodengefüge. Form und räumliche Anordnung der festen Bestandteile in einem Bodenkörper

Bodengenese. → Bodenbildung

Bodenhorizont. Meist oberflächenparallele
Lage in einem → Bodenprofil, durch → Bo-

denbildung und/oder Bodenkultivierung entstanden; Gliederung durch Buchstaben (für
Kurzbezeichnungen) in Kombination mit Ziffern, z.B. Auflagehumushorizonte = A, Ao,
Ao1 (bzw. Streuhorizont = L, Vermode-
rungshorizont = F, Humusstoffhorizont = H),
Auswaschungshorizonte = E , verarmt an
Ton, Humus, Sesquioxiden (z.B. Fahlhori-
zont = Et, Aschhorizont = Es), Verwitte-
rungs-, Anreicherungs-, Gefügeumbildungs-
horizonte = B (z.B. Braunhorizont = Bv, Ge-
fügeumbildungshorizont = Ba, Sesquioxid-
Ort-Horizont = Bs, Humushorizont = Bh,
Tonhäutchenhorizont = Bt), von der → Bodenbildung nicht oder nur wenig erfaßtes
Mineralsubstrat = C, Torfhorizont = T

Bodeninfiltration. Vorgang des Einsik-
kerns von Oberflächen- (Niederschlags-)
Wasser durch den Boden; häufig mit „was-
serreinigendem Effekt"

Bodeninformationssystem (BIS). Systematische Sammlung, Bewertung, laufende
Aktualisierung, Verfügbarkeit von (EDV-)
Dateien, die alle geowissenschaftlich relevanten Daten des Untergrundes einer definierten Gebietseinheit enthalten

Bodenkarte (BK). Amtliche bodenkundliche Karte über die Verbreitung von Boden-
arten/-typen und Substraten, angefertigt auf
Grundlage einer für die BRD einheitlichen
„Bodenkundlichen Kartieranleitung (BKA,
1994)" in den Maßstäben 1:200.000 (flächendeckend), zu einem großen Teil 1:50.000
und 1:25.000 (lokal); z.T. auch als „Bode-
natlas" (z.B. für Sachsen) über spezifische
Themen wie Hintergrundwerte in landwirtschaftlich genutzten Böden, standortkundli-
che Verhältnisse und Bodennutzung, Spuren-
elementgehalte in Gesteinen; für die Hydrogeologie hat dieses Kartenwerk eine
wesentliche Bedeutung, da die Bodenausbildung mit entscheidend für die Grundwasserneubildung und somit auch für den Eintrag
grundwasserbelastender Stoffe ist. In der
Landwirtschaft bestimmt die Bodenausbildung das sog. Nitratrückhaltevermögen, d.h.
die beschleunigte oder verzögerte Einsickerung Nitrat-haltiger Wässer aus der → Düngung; in einigen Ländern der BRD ist die
Bodenausbildung deshalb Grundlage für die
Festlegung von Düngebeschränkungen in
Wasserschutzgebieten

Bodenkataster. → Bodenzustandskataster

Bodenkennwerte. → Bodenwerte

Bodenklasse. Bewertung eines Bodens nach Entstehung, Zusammensetzung und Fruchtbarkeit (durch Bodenschätzung)

Bodenkörper. → Boden (2.)

Bodenkolloide. Bodenbestandteile unter 0,0001 mm → Äquivalentdurchmesser, wie Tonminerale, Huminstoffe, Aluminium- und Eisenhydroxide

Bodenkontamination. Vorgang und/oder Zustand der Verunreinigung und/oder Belastung eines Bodens mit Schadstoffen; → Kontamination

Bodenkriechen. Deluvial-kriechende Bewegung eines Lockergesteins infolge Wassersättigung über konsistenterer Unterlage an einem Hang; Kriechbewegungen sind sichtbar an „Hakenwerfen" von Bäumen

bodenkundliche Karte. → Karte, bodenkundliche, → Bodenkarte

Bodenlebewelt. Allgemeine Bezeichnung für die → Biozönose von → Bodenorganismen

Bodenlösung. → Bodenwasser einschließlich darin gelöster Ionen, Elemente und Gase

Bodenluft. → Bodengas

Bodenmechanik. Teilgebiet der Bodenphysik, das sich mit den mechanischen Eigenschaften der Böden und ihres Verhaltens unter Auflast (z.B. von Bauwerken), bei Druckentlastungen (z.B. bei Tagebaubetrieb, Grundwasserabsenkung) sowie bei Erschütterungen (z.B. durch Erdbeben und Verkehrslasten) befaßt

Bodenmelioration. Bodenverbesserung → Melioration

Bodenmeßnetz. Systematische Anordnung von Untersuchungsstellen zur Erhebung der Bodenbeschaffenheit eines Gebietes

Bodennässe. Zustand hohen Wassersättigungsgrades und damit zu geringer Belüftung im → Boden, der sich auf die Pflanzenproduktion nachteilig auswirken kann (insbesondere durch geringere Durchwurzelung); → Bodenvernässung

Bodennutzung. Wirtschaftliche Nutzung von → Böden durch Landwirtschaft, Gartenbau oder Forstwirtschaft

Bodenorganismen. Gemeinschaft der dauerhaft oder zeitweilig bodenständigen Flora und Fauna wie Mikroflora (Algen, Bakterien, Pilze), Mikrofauna (wie Flagellaten, Rhizopoden, Ziliaten), Metazoen (wie Käfer, Insekten, Milben, Nematoden, Regenwürmer, Schnecken, Spinnen, Springschwänze, Weichtiere)

Bodenpfad. Weg, den ein Umweltmedium (z.B. kontaminiertes Wasser) im Boden von einer Quelle (z.B. Ort einer Havarie) bis zu einem Schutzgut (z.B. Nutzpflanze, Wasserwerksbrunnen) zurücklegt

Bodenprobe. Teilmenge eines → Bodens (Prüfgutes), die zu dessen Untersuchung und Beurteilung dient. Gliederung erfolgt nach Stoffart (z.B. Moorbodenprobe), Art der Probenahme (gestörte, ungestörte), Anordnung und Dichte der Probenahmeorte (Punkt-, Schlitz-, Misch-, Großraumprobe), Verwendungszweck (Analysen-, Beleg-, Duplikatprobe), Bearbeitungsstufe (Primär-, Teil-, Kontroll-, Endprobe)

Bodenprofil. Vertikaler Schnitt und/oder graphische Darstellung durch einen → Boden zur Bemusterung bzw. zur Erfassung des Bodenaufbaues

Bodenreaktion. Bezeichnung für den → pH-Wert (Wasserstoffionenkonzentration) einer Bodensuspension, gemessen in der Regel in $CaCl_2$-Lösung (nach DIN 19684-8)

Bodenregenerierung. → Rezente → Bodenbildung auf anthropogen geschaffenen Geländeoberflächen, z.B. → Kippen, → Halden, → Deponien, die für menschliche Generationsmaßstäbe außerordentlich langsam stattfindet und immer an Warmzeiten gebunden ist; → Rekultivierung

Bodensättigung. → Wassersättigung

Bodensanierung. Behandlung eines kontaminierten Bodens (→ Bodenkontamination) zur Wiederherstellung der Bodenfruchtbarkeit (Rekultivierung) und/oder zur Wiedereingliederung in den Naturhaushalt (z.B. in ein Biosphärenreservat, Renaturierung)

Bodenschädigung. Chemische und/oder physikalische Veränderung eines Bodens mit nachhaltig negativer Auswirkung auf die Bodenfruchtbarkeit, im Extremfall völlige Zerstörung des Bodens

Bodenschatz. → Rohstoffe

Bodenschätzung. Gesetzlich geregeltes Verfahren (seit 1934) zur Untersuchung und

Bewertung landwirtschaftlich genutzter Böden nach ihrer Beschaffenheit und Ertragsfähigkeit; für Ackerland werden Bodenart, geologische Entstehung und Zustandsstufe ausgewiesen, und mit → Bodenwertezahlen (Reinertragsverhältniszahlen) von 7 bis 100, für Grünland werden Bodenart, Klima-, Wasser- und Zustandsstufe ausgewiesen, mit Grundzahlen von 7 bis 88

Bodenschutz. Durch das „Gesetz zum Schutz des Bodens" vom 17.03.1998 geregelte Maßnahmen und Empfehlungen zum Schutz des → Bodens vor Kontamination, Auslaugung, Erosion, Verdichtung und sonstige (für seine natürliche Existenz oder ökologisch sinnvolle Nutzung) nachteilige Beeinflussungen (z.b. durch thermische Belastung, Be- bzw. → Entwässerung) sowie zur Pflege und Sanierung von Böden und Bodenfunktionen

Bodenskelett. → Grobboden

Bodenspeicherung. Vermögen des → Bodens, in (speicherwirksamen) Hohlräumen Wasser zu speichern

Bodentrockenheit. Zustand niedrigen Wassersättigungsgrades im Boden, der sich auf die Bodenfruchtbarkeit (Pflanzenproduktion) nachteilig auswirkt bis hin zum → Welkepunkt

Bodentyp. Grundform der → Bodenbildung mit annähernd gleicher Merkmalskombination, die zu einer weitgehend ähnlichen Abfolge von Bodenhorizonten geführt hat; Einheit genetischer Bodenklassifikation

Bodenuntersuchung. → Bodenforschung

Bodenveränderung, schädliche. Veränderung der chemischen, physikalischen und/oder biologischen Beschaffenheit eines Bodens, die nach Art, Ausmaß oder Dauer Anlaß zu der Besorgnis gibt, daß Bodenfunktionen erheblich oder nachhaltig beeinträchtigt werden und dadurch Gefahren, erhebliche Nachteile oder erhebliche Belästigungen für den einzelnen oder die Allgemeinheit herbeigeführt werden; → Bodenbelastung, → Bodenschädigung

Bodenverdichtung. Erhöhung der Bodendichte durch Druck (z.B. von Ackergeräten) oder Feinkorneinschlämmung und dadurch bedingte Abnahme der Bodenfruchtbarkeit und Versickerung

Bodenverdunstung. → Evaporation

Bodenvernässung. Vorgang der Entstehung von → Bodennässe

Bodenversalzung. 1. Durch → Kapillarität verursachtes Aufsteigen von salzhaltigem Wasser in einen → Boden mit Salzanreicherung (insbesondere NaCl); 2. Restanreicherung im Boden der nicht von Pflanzen aufgenommenen Lösungsinhalte aus Beregnungswässern; → SAR

Bodenversiegelung. Isolierung des → Bodens von Atmo-, Hydro- bzw. Biosphäre durch Abdichtung, z.B. durch bauliche (Häuser-, Straßen- Platzbauten) Maßnahmen, so daß kein (Niederschlags- oder anderes) Wasser in den Untergrund einsickern kann; die Folge ist eine Minderung der Grundwasserneubildung. Der Isolierungseffekt wird bestimmt durch die Eigenschaften der eingesetzten Baumaterialien (Porosität, Fugenanteil, Stoffbestand) bzw. die Art der Versiegelung

Bodenwärmehaushalt. Zusammenwirken der wärmespeichernden und wärmeleitenden Bestandteile und äußeren Einwirkungen für einen räumlich definierten Bereich eines → Bodens in einem Zeitabschnitt

Bodenwasser. Der im Boden befindliche Teil des unterirdischen Wassers, der durch Trocknung der Bodensubstanz bei 105 °C bis Massekonstanz bestimmt wird

Bodenwasser, pflanzenverfügbares. Wasser der nutzbaren → Feldkapazität des effektiven Wurzelraumes eines Bodens und zusätzlich bei Grundwasserböden das Wasser aus dem Kapillaraufstieg

Bodenwasserbereitstellungskapazität. Wasserangebot, das von der → Feldkapazität und dem fruchtspezifisch effektiven Wurzelraum des Bodens abhängt

Bodenwasserdynamik. Zeitliche Veränderung des Bodenwassers nach Menge und Beschaffenheit

Bodenwassergehalt. Verhältnis der Masse des Bodenwassers zur Trockenmasse des Bodens

Bodenwasserhaushalt. Zusammenwirken der Wasserhaushaltselemente → Niederschlag, Verdunstung, Abfluß und Wasservorratsänderung (Aufbrauch und Rücklage) unter Beachtung von Bodennutzung bzw. Flora und → Melioration für einen räumlich definierten Bereich eines Bodens in einem Zeitabschnitt

Bodenwasserregulierung. Technische Maßnahmen zur → Melioration (Verbesserung) bewässerungs- bzw. entwässerungsbedürftiger landwirtschaftlicher Nutzflächen

Bodenwasserstufe. Bodenhydrologisches Merkmal zur Standortcharakterisierung hinsichtlich einer landwirtschaftlichen Pflanzenproduktion (z.b. vernässungsfrei, durchlässig, schwer durchlässig, dränwassergefährdet, haftvernäßt, stauvernäßt, Sammelwasser- und Überflutungsstandort); → Wasserstufe

Bodenwasservorrat. Menge des → Bodenwassers in einer Bodenschicht definierter Schichtdicke, ausgedrückt als Wasserhöhe in [mm]; (die obere und untere Schichtgrenze sind als Indices in [dm] anzugeben, der Bodenwasservorrat in [mm] einer 1 dm dicken Schicht ist zahlenmäßig gleich dem Wasservolumenanteil in [%]); ↓ Schichtwasserhöhe

Bodenwasservorratsänderung. Differenz des Bodenwasservorrates für ein anzugebendes Zeitintervall

Bodenwasserzone. → Zone, wasserungesättigte; → Aerationszone

Bodenwerte. Chemische, physikalische und/oder biologische Kennwerte zur Charakterisierung von Böden; ↓ Bodenkennwerte

Bodenwertzahl. Nach dem Gesetz zur Bodenschätzung für landwirtschaftliche Flächen fixierte Zahl zur Charakterisierung des potentiellen Reinertragsverhältnisses eines Bodens (insbesondere auf Grundlage von Ausgangsgestein, Bodenart, Körnung und Bodenzustand); ↓ Bodenzahl

Bodenzahl. → Bodenwertzahl

Bodenzonen. An Klima- und Vegetationszonen der Erde gebundene Bereiche mit charakteristischer Bodentypenausbildung

Bodenzone, gesättigte. → Zone, wassergesättigte, ↓ Bodenzone, wassergesättigte

Bodenzone, ungesättigte. → Zone, wasserungesättigte, → Aerationszone

Bodenzustandskataster. Von Landwirtschaftsbehörden geführte systematische Dokumentation über die Beschaffenheit und Beschaffenheitsveränderungen von Böden einer Region; hydrogeologisch können sich Hinweise zur Bodendurchlässigkeit ergeben; ↓ Bodenkataster

Böschungsstandsicherheit, örtliche. Stabilität einer Böschungsteilfläche, abhängig vom Resultat der Wirkung der inneren Reibungskraft und ggf. der Kohäsion des Böschungsmaterials und den Komponenten der Grundwasserströmungskraft

Bohrbrunnen. Durch ein → Bohrverfahren hergestelltes vertikales Bohrloch, das zum → Brunnen ausgebaut wurde; → Brunnenausbau

Bohrdurchmesser. Durchmesser einer unverrohrten Bohrung oder Bohrstrecke in [mm]

Bohrfortschrittsdiagramm. Graphische Darstellung des Bohrfortschritts mit der Zeit; aus der daraus abzuleitenden Bohrgeschwindigkeit ergeben sich Hinweise auf die Gesteinshärte

Bohrgarnitur. Technische Einrichtung zum Lösen von Gesteinen (→ Bohrgut) in einer → Bohrung; sie besteht in der Regel aus → Bohrmeißel, → Schwerstange, → Bohrgestänge und → Kelly, beim Turbinenbohrverfahren aus Turbinenkopf und Bohrgestänge, bei „Trockenbohrverfahren" aus Meißel oder Schlagrohr, Schappe und Seil bzw. Gestänge (→ Schlagbohrung)

Bohrgestänge. Der sich bei → Rotary-Bohrverfahren an die Mitnehmerstange des Drehtischs (Kelly) anschließende aus Gestängerohren, Schwerstangen und (Rollen-)Meißel bestehende Gestängestrang

Bohrgut. Durch eine Bohrung mit Bohrwerkzeugen (Schappe, Bohrkrone, Meißel) aus dem Untergrund gewonnenes (Boden-/Gesteins-)Material, das einem Geologen die Bestimmung der Gesteine ermöglicht; damit werden Aussagen über Grundwasserführung, -stauer, -kontaminationen usw. visuell ermöglicht

Bohrkern. Durch Kernbohrverfahren gewonnene zylindrische Gesteinsprobe

Bohrkosten. Kosten für eine Bohrung oder für die Herstellung eines Bohrloch-Meters, abhängig von Art und Erschließung des Bohrgeländes, Gesteinshärte, Bohrverfahren, Tiefe, Bohrdurchmesser, Verrohrung und kommerziellen Bedingungen

Bohrloch (BRL, BL). Künstlich erzeugter

zylinderförmiger Hohlraum in der → Lithosphäre (Aufschluß), Ergebnis einer Bohrung

Bohrlochhydraulik. Gesamtheit der strömungstechnischen Einwirkungen im Umlaufsystem einer Spülbohrung

Bohrlochmessung. → Kabeltest

Bohrlochmessung, geophysikalische (BLM). Gesamtheit der Meßmethoden der angewandten Geophysik zur Ermittlung der physikalischen Parameter eines Bohrloches, zur Bestimmung von Schichtgrenzen sowie von Eigenschaften der Gesteine und Gesteinsinhaltsstoffen (wie Grundwasser, Gase) in der unmittelbaren Bohrlochumgebung

Bohrlochsprengung. 1. Geophysikalische Maßnahme im Rahmen einer seismischen Prospektion;
2. → Torpedieren

Bohrlochwand. Die durch einen Meißel erzeugte Umgrenzung eines Bohrlochs, die je nach Gestein instabil ist und bei → Rotary-Bohrungen durch den Spülungssäulendruck oder durch eine besondere Verrohrung (Mantelrohr) zur Vermeidung von Einbrüche (Auskolkungen) in Position gehalten und geschützt werden muß

Bohrprobe. Durch Bohrverfahren gewonnene Boden- bzw. Gesteinsprobe; → Bohrgut

Bohrschlamm. Meist feinkörniges, durch Bohren zerkleinertes Gesteinsmaterial, das sich im Bereich der Bohrlochsohle absetzt bzw. bei Spülbohrverfahren im Spülstrom ausgetragen wird; → Sumpfrohr; ↓ Bohrschmand

Bohrschmand. → Bohrschlamm

Bohrspülung. → Rotary-Bohrverfahren; → Spülungszusätze

Bohrturm. Technische Hebe-, Betriebs- und Justiereinrichtung für → Bohrgarnituren

Bohrung. Technisches Verfahren zur Herstellung eines → Bohrloches mit dem Ziel, Gesteinsmaterial und Gesteinsinhaltsstoffe für eine Rohstoff- oder Schadenserkundung (Grundwasser, Erdöl, Erdgas) zu gewinnen bzw. zur Herstellung von Kavernen; → Meißelbohrung, → Rotary-Bohrverfahren

Bohrverfahren. Bezeichnung für technische Einrichtung bzw. Methode, mit der eine Bohrung erstellt wird (z.B. Rotary-Kern-, Meißel-, Spül-, Lufthebe- oder Trockenbohr-

verfahren)

BOLTZMANN-Konstante. Universelle Naturkonstante, entspricht der auf das einzelne Gasmolekül bezogenen Gaskonstanten; → Entropiekonstante

Bombentritium. Durch die in den 60er Jahren erfolgten Atom- und Wasserstoffbombentests erzeugte zusätzliche (zur natürlichen) Bildung von ^{3}H-Ionen in der Atmosphäre (Maximum 1964, seit 1983 stark abklingend); Verwendung zur Altersdatierung von Grundwässern; Einheit [TU] (→ Tritiumeinheit); → Isotopenhydrologie

Borate. Umweltchemikalien, Anzeichen für anthropogene Belastung, da in Waschmitteln enthalten, geogen aber nahezu fehlend

Borax. → Tracer, der weder Adsorption noch Ionenaustausch unterliegt

Borehole Televiewer. → Televiewer, akustischer

BORNsche Kräfte. Elektrostatische Kräfte, die abstoßende Wirkung bei → Partikeln haben

Bq. → Becquerel

Brackwasser. Gemisch von Salz- (Meer-) und → Süßwasser, wobei der Süßwasseranteil überwiegt

Brauchwasser. → Betriebswasser

Braunkohletagebaurestloch. Durch Rohstoffgewinnung (Braunkohle) zurückbleibende Geländedepression, die sich nach Auflassen des Braunkohletagebaues mit → Grundwasser füllt

Brechungsgesetz. Gesetz, das die Ausbreitung und Brechung von elektromagnetischer Strahlung (z. B. Licht) beim Durchgang durch isotrope Medien verschiedener Dichte beschreibt

BRL. → Bohrloch

Brom. Element der 17. Gruppe des Periodensystems (Halogene), mäßig in Wasser, dagegen gut in organischen Lösemitteln [z.B. in Halogenkohlenwasserstoffen (→ Kohlenwasserstoffe, halogenierte)] löslich; korreliert in Wässern aus → Evaporiten mit Ba, Li und I, aus Sedimentgesteinen mit B, I, Li und Sr, aus metamorphen mit As, Sr und I

Brunnen. Künstlich (vom Menschen meist maschinell) angelegte vertikale, schräge (selten) oder horizontale Öffnung in der Erde zur Gewinnung von → Grundwasser; Gliederung nach Art der Nutzung (z.B. Feuerlösch-, Trinkwasser-, Schluck-, Betriebs-, Versuchs-B.) und des Betriebes (z.B. Einzel-, Heber-, Horizontalfilter-B.)

Brunnen, artesischer. → Vertikalbrunnen

Brunnen, kombinierter. → Brunnen, der mehrere → Grundwasserstockwerke erschließt, z.B. mit Stufenfilter

Brunnen, unvollkommener. → Brunnen, dessen Brunnenfilter nicht die gesamte Mächtigkeit eines → Grundwasserleiters erfaßt (Brunnenfilter endet oberhalb der → Grundwassersohle). Da die Stromlinien von B., u. anders als bei vollkommenen Brunnen verlaufen, muß bei Auswertung von → Pumpversuchen mit Ungenauigkeiten gerechnet werden, da die klassischen Verfahren nur für vollkommene Brunnen gelten; deshalb sind eigene Auswerteverfahren erforderlich, wenn diese Ungenauigkeiten vermieden werden sollen

Brunnen, vollkommener. → Brunnen, dessen Brunnenfilter die gesamte Grundwassermächtigkeit erfaßt (Brunnenfilter reicht bis zur Grundwassersohle)

Brunnenabdichtung. Abschnitt (im erdoberflächennahen Teil) des Brunnenausbaus, durch den das Eindringen von → Oberflächenwasser in einen Brunnen verhindert werden soll

Brunnenabschluß. → Brunnenkopf

Brunnenabsenkung. Absenken des statischen und dynamischen Wasservolumens (bzw. Wasserspiegels) in einem → Brunnen mittels → Heberleitung, → Kreiselpumpe oder → Unterwasserpumpe; → Grundwasserabsenkung

Brunnenalterung. Gesamtheit der betriebsbedingten standfestigkeits- und leistungsmindernden Einflüsse auf einen Brunnen, wie Materialalterung, → Korrosion, Einwirkung mechanischer Kräfte, → Verokkerung, → Versandung, → Versinterung (unabhängig vom Verschleiß der Fördereinrichtungen)

Brunnenanströmung. Im allgemeinen rotationssymmetrische angenommene Grundwasserströmung zu einem → Brunnen im Betriebszustand, abhängig von der Brunnenkapazität, vom konkreten Förderstrom und vom → Skineffekt; ↓ Anströmung

Brunnenanströmung, nichtstationäre. → Brunnenanströmung bei instationärem Förderstrom

Brunnenanströmung, stationäre. → Brunnenanströmung bei konstantem Förderstrom; → stationär

Brunnenaufsatzrohr. Teil des → Brunnenrohres, der sich oberhalb der Filterrohrtour anschließt

Brunnenausbau. Gesamtheit der in ein fertig gestelltes Bohrloch eingesetzten Bauteile [Brunnenverrohrung, (Schütt-)Kiesfilter, Abdichtung]

Brunnenausbauelemente. Konstruktionselemente zum festen Ausbau eines Bohrloches oder Schachtes als → Brunnen bzw. → Grundwasserbeobachtungsrohr z.B. Vollrohr, einschließlich Abdichtungsmaterial, → Filterrohr, → Filtergewebe, → Filterkies, → Schlammfang

Brunnenausrüstung. Förder-, Steuer- und Meßeinrichtungen im → Brunnen; ↓ Brunneninstallation

Brunnenbemessung. Ermittlung (Berechnung) und/oder Festlegung technischer Daten zum Brunnenausbau und zur Brunnenausrüstung

Brunnenbohrung. 1. Vorgang der Arbeiten zur Erstellung eines Brunnens mittels Bohrung;
2. Bezeichnung für die Art eines geologischen Aufschlusses

Brunnencharakteristik. Graphische Darstellung der Leistung eines → Brunnens durch Auftragen des Förderstroms (Q) gegen die Grundwasserabsenkung (s) im → Brunnen; ↓ Q–s-Kurve

Brunnendurchmesser. Mittlerer Aufschlußdurchmesser (nicht Verrohrungsdurchmesser) eines Brunnen im Grundwasserbereich

Brunneneinheitsergiebigkeit. → Leistungsquotient

Brunnenergiebigkeit. → Brunnenkapazität

Brunnenergiebigkeit, spezifische. → Leistungsquotient

Brunnenfassungsvermögen. → Brunnenkapazität

Brunnenfilter. System von Brunnenausbauelementen, die das Einströmen von →

Grundwasser in einen → Brunnen und/oder das Ausströmen flüssiger Medien aus einem Brunnen (bzw. → Infiltrationsbrunnen) in einen → Grundwasserleiter ermöglichen

Brunnenfilter, verlorener. Ausbauart, bei der der → Brunnenfilter (meist mit relativ kleinem Durchmesser gegenüber dem Bohrdurchmesser) in den unteren Teil des Brunnenbaus ohne Verbindung zur Hauptverrohrung gestellt wird; ↓ Verrohrung, verlorene

Brunnenfilterbemessung. Ermittlung (Berechnung) und/oder Festlegung technischer Parameter zur Filterausstattung von → Brunnen

Brunnenfunktion (w). Mathematische Beziehung zwischen konstantem Förderstrom und nichtstationärem Verlauf der Grundwasserabsenkung bei Grundwasseranströmung in homogenen, unendlich ausgedehnten → Grundwasserleitern; nach THEIS:

$$w(u) = s(r,t) \cdot 4\pi \cdot T/Q$$

Brunnengalerie. Mehrere → Brunnen (→ Brunnengruppe), die bevorzugt linear angeordnet sind und deren Wasser in eine gemeinsame Rohrleitung eingeleitet bzw. durch eine Pumpenanlage gehoben werden kann; ↓ Brunnenreihe, → Brunnenriegel

Brunnengruppe. → Mehrbrunnenanlage

Brunneninstallation. → Brunnenausrüstung

Brunnenkapazität (Q_{Br}). Nachgewiesene maximal mögliche Förderleistung eines → Brunnens für Dauerbetrieb (Q_{Br} in [l/s], [m³/h] oder [m³/d]); ↓ Dauerleistung (eines Brunnens), → Leistung eines Brunnens; → Brunnenfassungsvermögen; ↓ Brunnenergiebigkeit, ↓ Brunnenleistung, ↓ Brunnenspeicherung

Brunnenkapazität, hydraulische. Nachgewiesener maximal möglicher Förderstrom eines Brunnens für Kurzzeitbetrieb

Brunnenkapazität, spezifische. Unkorrekte Bezeichnung für den → Leistungsquotienten

Brunnenkopf. Oberer, an der Geländeoberfläche befindlicher Teil der Verrohrung zum Zwecke der Abdichtung eines Brunnens sowie zur Installation von Armaturen (zur Bedienung) und von Meßeinrichtungen (zur Überwachung); ↓ Brunnenabschluß

Brunnenleistung. → Brunnenkapazität

Brunnenmonitoring. → Brunnenüberwachung

Brunnennest. Nicht genormter Trivialausdruck für eine Mehrfach-Grundwassermeßstelle; → Grundwassermeßstelle

Brunnenpfeife. Grundwasserstandsmeßgerät; Hohlzylinder (allg. 0,2 - 0,3 m lang, 1 - 3 cm Durchmesser) mit seitlichen Einkerbungen im Zentimeterabstand und Pfeife, der an einem Bandmaß hängend zur akustischen und visuellen Messung von Wasserständen (allg. in → Brunnen bzw. → Grundwasserbeobachtungsrohr) herabgelassen wird

Brunnenradius (r). Distanz zwischen Brunnenachse und anstehendem Gestein, die für ein Bohrloch mit verschiedenen Durchmessern im Brunnenfilter-Bereich als gewogenes Mittel anzugeben ist (r in [m]; technisch auch in [mm])

Brunnenregenerierung. Alle mechanischen und chemischen Maßnahmen zur Entfernung leistungsmindernder Ablagerungen in dem Filterrohr oder im Filterkies von → Brunnen; nicht immer erfolgreich, insbesondere dann, wenn auch die (meist in Kluftgesteinen) grundwasserzuleitenden Hohlräume (Klüfte) der genutzten Grundwasserleiter beeinträchtigt sind; ↓ Brunnensanierung

Brunnenriegel. 1. Linear angeordnete Brunnen, die der Trinkwassergewinnung dienen; → Brunnengalerie; 2. Um einen → Tagebau angelegte → Brunnen, die der Trockenlegung des Bergbaugeländes dienen; ↓ Brunnenreihe

Brunnenrohr. Die gesamte Ausbau (Filter-, Aufsatz-, Zwischen- und Sumpfrohre) eines → Brunnens; ↓ Brunnenrohrtour

Brunnensanierung. → Brunnenregenerierung

Brunnenschacht. In die Erde eingegrabener Schacht zur Aufnahme des → Brunnenkopfes

Brunnenschlammfang. → Sumpfrohr

Brunnensohle. Basis der Wassersäule eines → Brunnens bzw. offenen Bohrloches, die bei ausgebauten Bohrbrunnen der Oberkante des Brunnenschlammfanges entspricht

Brunnenspeicherung. → Brunnenkapazität

Brunnenströmung. → Brunnenanströmung

Brunnenstube. (Meist fest ausgebauter) Raum über dem → Brunnenkopf als oberer Abschluß einer Brunnenverrohrung, der mit Armaturen (Schiebern zum Schließen der Rohrleitung, Druck-, Wasserzählern), Elektroinstallation und Wasserhahn für Rohwasserprobenahme ausgestattet ist

Brunnensumpf. → Sumpfrohr

Brunnenüberwachung. Regelmäßige Kontrolle der technischen Funktionen eines Brunnens; ↓ Brunnenmonitoring

Brunnenverockerung. Verstopfung der Filtereintrittsöffnungen und/oder des körnigen Filtermaterials durch Stoffe, die aus dem Grundwasser abgeschieden werden (meist Fe- und Mn-Verbindungen)

Brunnenverrohrung. → Brunnenrohr; Brunnenrohrtour

Brunnenwassertiefe. Lotrechter Abstand des Wasserspiegels eines Brunnens von dessen Brunnensohle

Bruttoaktivität. Gesamte → Radioaktivität eines Stoffes oder Stoffgemisches (in [Bq])

BSB. → Sauerstoff-Bedarf, biochemischer; ↓ Biochemischer Sauerstoffbedarf

BTEX. Gruppe leichtflüchtiger aromatischer Kohlenwasserstoffe (**B**enzol, **T**oluol, **E**thylbenzol, **X**ylol), als Summenparameter für Destillationsprodukte aus Teer bzw. Erdöl

Bund der Ingenieure für Wasserwirtschaft, Abfallwirtschaft und Kulturbau e.V. (BWK). Verband zur Interessenwahrung von Ingenieuren der Wasserwirtschaft, der Abfallwirtschaft und des Kulturbaues in BRD

Bundesberggesetz (BBergG). Das B. vom 13.08.1980; unterscheidet u.a. 2 Arten von Bohrungen:
1. Nach § 2 Wasserbohrungen, die zur Aufsuchung bergfreier und grundeigener Bodenschätze (z.B. zur Erschließung oder Gewinnung von Sole, zur → Entwässerung bergbaulicher Anlagen) im unmittelbaren betrieblichen Zusammenhang damit oder im Rahmen von diesen Tätigkeiten dienenden Betriebsanlagen oder zur Untergrundspeicherung niedergebracht werden; für diese Bohrungen gelten alle bergrechtlichen Vorschriften;
2. Wasserbohrungen nach § 127, für die nur die bergrechtlichen Vorschriften über das Anzeige- und Betriebsplanverfahren, die verantwortlichen Personen, die sicherheitstechnischen und sonstigen Anforderungen und die Bergaufsicht unter bestimmten Maßnahmen gelten; darunter fallen Bohrungen einschließlich dazugehöriger Betriebseinrichtungen, wenn sie mehr als 100 m in den Boden eindringen sollen. Das Grundwasser (außer Sole) ist kein dem BBergG unterliegender Bodenschatz

Bundes-Bodenschutz- und Altlastenverordnung (BbodSchV) vom 12.07.1999. Untergesetzliches Regelwerk zum Bundesbodenschutzgesetz (→ Bodenschutz); enthält u.a. die notwendigen Standards, um die Anforderungen an den Bodenschutz und die Altlastensanierung bundesweit zu vereinheitlichen. Dazu werden die in den Ländern z.T. unterschiedlichen Listen zur Beurteilung von Gefahren neu festgelegt, nämlich die → Prüfwerte und die Maßnahmenwerte (→ Maßnahmenschwellenwert); diese Werte weichen z. T. von älteren Listen ab

Bundesimmissionsschutzgesetz (BImSchG). Gesetz zum Schutz vor schädlichen Umwelteinwirkungen durch Luftverunreinigungen, Geräusche, Erschütterungen u.ä. Vorgänge vom 15.03.1974 in der Fassung von 14.05.1990. Das BImSchG bildet die Grundlage für ein umfassendes bundeseinheitliches Recht zur Luftreinhaltung und Lärmbekämpfung

BWK. → Bund der Ingenieure für Wasserwirtschaft, Abfallwirtschaft und Kulturbau e.V. (Düsseldorf); Mitglieder vorwiegend Angehörige der Wasserwirtschaftsverwaltungen

C

Cadmium (Cd). Element der 12. Gruppe des Periodensystems, das als Metall und in Form seiner Verbindungen stark toxisch (Umweltgift) ist; Cd-Verbindungen werden bereits durch schwache Säuren gelöst. In aquatischen Organismen ist Cd-Anreicherung bis zum 2000fachen möglich; akute Fischtoxizität ab Cd-Konzentrationen von 1 µg/l. Mit Cd kontaminiertes Wasser in japanischen Reisfeldern verursachte die Itai-Itai-Krankheit

Caesiumchlorid. Salz (CsCl), das vereinzelt in Kombination mit Bakterien als → Tracer genutzt wird. Die Verwendung ist jedoch problematisch, da Caesium stark sorptiv gebunden wird

Calcium (Ca). Erdalkalimetall (2. Hauptgruppe des Periodensystems), das mit 3,6 Gew.-% am Aufbau der Lithosphäre beteiligt und bei der Verwitterung basischer und intermediärer magmatischer oder metamorpher Gesteine freigesetzt wird; z.T. sehr gut wasserlöslich. Sekundär tritt Ca gesteinsbildend in Form von Sulfat (Anhydrit, Gips) und Carbonat (Kalk, Kalksteine) auf, ferner in Komplexsalzen oder als Kationenbelag an Austauscherplätzen von Sorbenten wie Tonminerale oder Hydroxide

Calciumcarbonat-Sättigungsindex. → Sättigungsindex

Calciumhärte. Calcium-Konzentration, angegeben in [°dH] (Grad deutscher Härte)

Calciumhydrogencarbonat. Calcium-Salz der Kohlensäure ($CaHCO_3$); alte Bezeichnung ↓ Calciumbikarbonat

Calcium-Kohlenstoffdioxid-Gleichgewicht im Wasser. → Kalk-Kohlensäure-Gleichgewicht

Calcofluor. Optischer Aufheller bei → Tracerversuchen wie → Blankophor

Campher. Monoterpen, das früher zum Nachweis von Ölfilmen auf Wasser (im Gegensatz zur Filmbildung durch Eisen-Verbindungen) benutzt wurde: Körner von C. zeigen auf ölfreiem Wasser kreisende Bewegungen, bei ölhaltigem nicht; heute durch moderne Analysenmethoden abgelöst

Camphylobacter. Bakteriengattung aus der Gruppe der → Enterobacteriaceae; beim Menschen *C. jejuni*, Erreger der Enteritis (Darmentzündung); *C. pylon*, Erreger der Gastritis (Magenentzündung). Beide Bakterienarten können mit (Ab-)Wasser verbreitet werden

Carboxymethylcellulose. → CMC

Carbonathärte (CH, früher KH). Gehalt der Hydrogencarbonate und Carbonate, insbesondere der Erdalkali- und Alkalimetalle einer Wasserprobe. Die C. errechnet sich aus der → Säurekapazität bis pH 4,3 (→ m-Wert); dazu wird der Verbrauch an 0,1 N Salzsäure bei der Titration von 100 ml einer Wasserprobe gegen den → Indikator Methylorange (Farbumschlag von gelborange nach rot) bestimmt; Angaben in [mmol(eq)/l], durch Multiplikation mit dem Faktor 2,8 ergibt sich CH in [°dH]; → Härtebildner; ↓ vorübergehende Härte; ↓ temporäre Härte

Carbonatwasser/Hydrogen-carbonatwasser. → Hydrogencarbonatwasser; Voraussetzung für Carbonatgehalte im Wasser ist ein pH-Wert > 8,2

Carrier. Bezeichnung für Partikel im Wasser, die sorbierte Stoffe transportieren

Casing. Aus der Erdölbohrtechnik übernommene Bezeichnung für die allgemein im Brunnenbau benutzten Begriffe „Futter- oder → Standrohr", mit dem ein Bohrloch vor Nachfall geschützt wird

CBIL. → Televiewer, akustischer

Cfu (oder **CFU**). (Colony forming Unit); Bakterien- oder Virenzahl, die zur Bildung einer Kolonie erforderlich ist (z.B. in Abwässern für *Escherichia coli* $10^7 - 10^2/100$ ml, Viren $10^{-1} - 10^2/150$ ml; in verunreinigten Oberflächenwässern: für *Escherichia coli* $10^4 - 10^5/100$ ml, Viren 0 – 1/100 ml); Maß für die Verkeimung eines Wassers

Chelatkomplex. Komplex organischer Säuren (Wein-, Citronen-, Salicyl- und Fulvosäuren) mit zwei oder mehr Bindungsstellen an ein Metallatom; durch diese Komplexierung wird die Löslichkeit von Metallen im Boden verändert, Metalltransport und Stoffverlagerung im Untergrund wesentlich gefördert; ↓ Metallchelate

Canadisches Bohrverfahren. → Meißelbohrung

Chemical Oxigen Demand. → COD

Chemilumineszenz. Durch chemische Umwandlung erzeugte → Lumineszenz; ↓ Chemolumineszens

Chemischer Sauerstoffbedarf (CSB). → Sauerstoff-Bedarf, chemischer

Chemismus. Trivialausdruck für Wasserbeschaffenheit, der im Fachgebrauch nicht verwandt werden sollte, zumal nicht alle Wertgrößen (Parameter) einer Wasseranalyse chemisch sind (z.B. physikalische wie Temperatur, physikalisch-chemische wie pH, E_H, elektrische Leitfähigkeit, oder mikrobiologische Befunde)

Chemisorption. Eine Art von → Adsorption von Atomen oder Molekülen an einer Festkörperoberfläche, z.B. mineral-organischer Art

Chemokline. Chemische Sprungschicht in einem stehenden Gewässer mit starken vertikalen Konzentrationsunterschieden

Chloridsperre. Durch negative Aufladung von Tonmineraloberflächen verursachte selektive Wirkung, bei der negativ geladene Ionen, insbesondere Chlorid-Ionen, abgestoßen werden

Chloridwässer. Durch NaCl dominierte Wässer, wie Grundwässer im Einflußbereich von Meeren und Salzstöcken

Chlorkohlenwasserstoffe (CKW). Kohlenwasserstoffe, in denen ein oder mehrere Wasserstoff-Atome durch Chlor ersetzt sind; relativ schwere Flüssigkeiten, gutes Lösemittel für Fette; Löslichkeit in Wasser z. T. sehr hoch. Zu unterscheiden sind schwer- und leichtflüchtige C.; zu den schwerflüchtigen gehören Chlorpestizide (z.B. DDT, Lindan) und polychlorierte Biphenyle (PCB), ferner → PCDD/PCDF; zu den leichtflüchtigen → Kohlenwasserstoffe, leichtflüchtige

Chloroform. (Trichlormethan) Lösemittel mit toxischer Wirkung

Chlorphenole. Chlor-Derivate des Phenols, entstehen u.a. bei Desinfektion von Rohwasser, das Phenol enthält, mit Hypochloritlauge (Ursache negativer geschmacklicher Beeinträchtigung)

Chlorung. Verfahren zur → Aufbereitung von Rohwasser mit Chlorgas oder Hypochloritlauge

Cholera(-bakterien). *Vibrio cholerae*; Erreger der Cholera

Chromatographie. Trennungsmethode für homogene Gemische, bei der das Gemisch als mobile Phase, von einem chemisch inaktiven Träger (stationäre Phase) aufgenommen wird; das Gemisch dringt vom Startpunkt in den Träger ein, treibende Kraft sind Kapillar- und Schwerkraft. Die einzelnen Bestandteile des homogenen Gemischs durchdringen den Träger auf Grund von Adsorptions und Lösevorgängen mit unterschiedlichen Geschwindigkeiten und können so voneinander getrennt werden

Ci. → Curie

Circumferential Borehole Imaging. → Televiewer, akustischer

CKW. → Chlorkohlenwasserstoff

CLARKE-Wert. Mittlerer Gehalt eines definierten Elementes in der Erdkruste (nach F.W. CLARKE, 1847 - 1931, Begründer der klassischen Geochemie); unterschieden werden „krustaler C.-W.", „lokaler C.-W." für die mittlere Elementzusammensetzung kleiner geologisch homogener Bereiche (meist $n \cdot 100$ km²) und „regionaler C.-W." für die mittlere Elementzusammensetzung einer regionalen geologischen Einheit (meist $n \cdot 1000$ km²)

Clostridien. Anaerobe, sporenbildende, toxische Bakterien, Erreger von Lebensmittelvergiftung und Tetanus (Vorkommen im Boden und im Darm von Menschen und Tieren)

Cluster (von Wassermolekülen). Traubenförmige Anordnung der Wassermoleküle (Ursache für dessen besondere Eigenschaften); Größe der C. temperaturabhängig

Cluster-Analyse (statistische). Statistisches Verfahren, (Wasser-) Analysen zu sortieren und zu Gruppen (Cluster) zusammenzufassen

CMC (Carboxymethylcellulose). Selbstauflösender organischer Zusatz für → Spülungen zum Bohren; → Spülungszusätze

COD. (Chemical Oxigen Demand) → Sauerstoffbedarf, chemischer zur Oxidation der in 1 l Wasser gelösten organischen Substanz

Coliforme (Keime). Überbegriff für → *Escherichia coli* und andere Laktose spaltenden Enterobacteriaceae (Darmbakterien); *E. coli* ist darüber hinaus ein speziell definierter Keim

Coliphagen. Bakterien, die Coli-Keime vernichten können

Colititer. Die in 100 ml Wasser enthaltene Anzahl von Coli- oder coliformen Keimen; nach der Trinkwasserverordnung dürfen in 100 ml → Trinkwasser keine coliformen Keime nachweisbar sein (C. muß negativ bzw. > 1,0 sein; C. von 0,1 bedeutet, daß in 10 ml Wasser Coliforme Keime nachgewiesen sind); ↓ Koliformentiter

Colony forming Unit. → CfU

Colour-Index. Mehrbändiges, englischsprachiges Verzeichnis für Farbstoffe, optische Aufheller, Pigmente u.a. Färbemittel, herausgegeben von der Society of Dyess and Colourists und der American Association of Textile Chemists and Colorists; jeder Stoff wird durch einen Namen und eine Zahl charakterisiert

Column-Test. Säulendurchlaufversuch; Migrationsversuch (im Labormaßstab) mit einer oder mehreren ungestörten oder gestörten Gesteinsproben bekannter Zusammensetzung, die unter definierten Bedingungen in einem zylinderförmigen Behältnis von einem Transportmedium (z.B. Grundwasserprobe) durchströmt und anschließend auf stoffliche Veränderungen analysiert werden; Säulendurchlauf durch sehr feinkörniges Material (wie Ton) erfordert extrem lange Durchbruchszeiten (Monate bis Jahre); bei grobkörnigem Material (Kies) sind sehr große Behältnisdurchmesser erforderlich, um repräsentative Ergebnisse zu erhalten

Column transport and adsorptionsmodel. → CoTAM

Compton-Effekt. Effekt, bei dem ein Teil der Energie eines Photons der Röntgenstrahlung an ein Elektron abgegeben wird, der restliche Teil verbleibt in einem neuen Photon; Ergebnis ist eine Änderung der Frequenz der Strahlung

Cooxidation. Bezeichnung für den Abbau von Stoffen, die nur zusammen mit einem bestimmten Substrat von Mikroorganismen verbraucht werden können

Copepoden. Zur → Sandlückenfauna gehörende Ruderfußkrebse

CoTAM. Column transport and adsorption model, Rechenmodell, das das thermodynamische Simulationsprogramm (→ Modell, hydrochemisches) PHREEQE mit einem 1 D-(eindimensionalen) Transportmodell koppelt; weitere Modelle dieser Art sind PHREEQEM, COTREM u.a.

COULOMBsches Gesetz. Physikalisches Gesetz, wonach sich Anziehungs- und Abstoßungskräfte elektronischer Punktladungen mit dem Quadrat der Entfernung ändern; wirkt sich bei Sorptionsmechanismen aus

Coxsackie-Viren. Mit dem Wasser transportierte Viren, die Erreger polyomyelitischer Erkrankungen und Hirnhautentzündungen sind

Crustaceen. Krebse, von denen einige zur → Sandlückenfauna gehören

CSB. → Sauerstoff-Bedarf, chemischer

Curie (Ci). Nach M. u. P. Curie benannte, jetzt veraltete (bis 1977 zulässige) Einheit der → Radioaktivität; Angabe der Zerfälle pro Sekunde: 1 Ci = $3,700 \cdot 10^{10}$ s^{-1} (dies entspricht der Aktivität von etwa 1 g Radium)

Cyanide. Salze der Blausäure (HCN) mit hoher Toxizität, z.B. Kaliumcyanid (KCN)

Cyanose. → Blausucht

Cysten. → Oocysten

Cytometer. Meßinstrument zur Untersuchung (Nachweis) von Zellen

D

D. → Dalton, → darcy, → Deuterium, → Dichte, → Diffusionskoeffizient, → Diffusivität

δ. → Dispersivität

Dalton (D). Eine ältere, in der Kernphysik übliche, heute nicht mehr gesetzliche Einheit der Atom- bzw. Molekülmasse; 1D = 1,6601 · 10^{-27} kg; in der Bodenkunde eingeführter Begriff, um (z.b. organische) Molekülgrößen (-massen) im Boden zu quantifizieren

Daltonsches Gesetz. Von J. DALTON (1766 - 1844) erkanntes Gesetz für ideale Gase und deren Gemische (Gesamtdruck einer Gasmischung = Summe ihrer Partialdrücke)

Dämpfungsfaktor. Maßzahl für die Abnahme einer periodischen Schwingung durch Energieumwandlung (z.B. von Schwingungs- in Wärmeenergie); ↓ Dämpfungskoeffizient

Dämpfungskoeffizient. → Dämpfungsfaktor

Dampfdruck (des Wassers). Druck des Wasserdampfes in der Atmosphäre oder im Untergrund (Boden, Gestein), Partialdruck des Gesamtdrucks

Daphnien-Test. Wasseruntersuchung auf Toxizität mit Hilfe von Wasserflöhen (*Daphnia magna*)

darcy (D). Einheit der spezifischen Permeabilität eines Gesteins; ein poröses Medium hat die spezifische Permeabilität von 1 darcy, wenn es in 1 s unter einem Druckgradienten von 1 atm/cm^2 per 1 cm Fließweg den Durchfluß von 1 cm^3 einer homogenen Flüssigkeit mit einer dynamischen Viskosität von 1 Centipoise durch eine Fläche von 1 cm^2 erlaubt, die senkrecht zur Strömungsrichtung angeordnet ist; in der amerikanischen Erdölindustrie verwendet, seit Einführung des Internationalen Einheitensystems (SI) am 01.01.1977 nicht mehr zulässig; 1 D = 9, 869 · 10^{-9} cm^2 (~ 10^{-8} cm^2 oder 10 · 10^{-10} m^2)

DARCY-Geschwindigkeit. → Filtergeschwindigkeit

DARCY-Gesetz. Das von dem französischen Wasserbauer HENRY DARCY im Jahre 1856 nach zahlreichen Versuchen mit sandgefüllten Rohren (wurden damals zur Reinigung von Wasser benutzt) formulierte Gesetz, wonach die durch eine bestimmte Fläche (F) eines durchlässigen Materials hindurchfließende Wassermenge (Q; heute Volumenstrom) dem Druckhöhenunterschied (h) und einem filtergesteinsspezifischen Koeffizienten (heute als → Durchlässigkeitsbeiwert k_f bezeichnet) direkt proportional und umgekehrt proportional der Fließlänge (l) ist: Q = k_f · F · h/l; ↓ DARCYsches Gesetz

DARCY-Gültigkeitsgrenzen. Das → DARCY-Gesetz gilt nur für Grundwasserleiter mit durchströmbarem, spannungsfreiem Hohlraum- bzw. Porenraum (> 0,002 mm), d.h. einer → REYNOLDS-Zahl < 10

Dargebot. → Grundwasserdargebot

Dargebot, potentielles. Das ohne Einschränkungen nutzbare → (Grund-) Wasserdargebot, berechnet aus der Differenz des langjährigen Mittels für → Niederschlag (P) und → Verdunstung (E) eines → Einzugsgebietes, identisch mit dem entsprechenden Abflußmittelwert (R)

Dargebot, reales. → Grundwasserdargebot

Dargebot, reguliertes. 1. Inhalt von ober- und unterirdischen Wasserspeichern wie → Talsperren, Rückhaltebecken, Untergrundspeichern;
2. Anteil des ober- und unterirdischen Abflusses

Datenbank. In der EDV nach zweckgebundenen Ablage-, Such- und Findkriterien strukturiertes Speicher- und Verwaltungssystem für Daten, das betrieblichen Einheiten, staatlichen Verwaltungen, öffentlich rechtlichen Einrichtungen (u.a. Universitäten) oder internationalen Organisationen zur geordneten Datensammlung und -bereitstellung dienen kann. In der Hydrogeologie werden hydraulische, hydrochemische, hydrophysikalische, hydrobiologische u.a. Daten und Informationen gesichert verwaltet, die in der Regel einem GIS (→ Geographischen Informationssystem) oder → FIS zur weiteren Bearbeitung oder zur Modellierung zur Verfügung gestellt werden

Datenbewertung. Kritische Analyse von Daten auf ihre Entstehung, Sinnfälligkeit und Plausibilität für eine weitere Auswertung oder Modellierung

Datenerhebung. Sammlung von Daten zu einem Objekt durch Recherche in Archivunterlagen und Literatur

Datenlogger. Digitales (elektronisches) Aufzeichnungsgerät für Meßwerten/-daten, das kann stationär zur kontinuierlichen Aufzeichnung von Parametern (z.b. Wasserstandsveränderungen in oder an Pegeln, Leitfähigkeitsveränderungen) oder als Aufnahmegerät/Datenspeicher von instationären Meßsonden (z.b. bei → Bohrlochmessungen, geophysikalischen) eingesetzt werden kann

Datenverarbeitung. Ermittlung (durch Untersuchung), Sammlung (durch Recherche), Systematisierung und Bewertung von Daten für eine Aufgabenstellung oder ein Objekt

Datenverarbeitung, elektronische (EDV). Datenverarbeitung mit Hilfe von Computern, Workstations oder Großrechnern; neben Nutzung selbst produzierter Daten kann auch eine direkte Datenerhebung von einer oder mehreren Datenbanken, z.B. über Internet (Globalisierung des Datentransfers) erfolgen

Datierung, radioaktive. → Alter, → Altersbestimmung

Dauch. Zu den Lockergesteinen gehörende mürbes, poröses und sehr gut durchlässiges Calciumcarbonat, das unter Süßwasserbedingungen gefällt wird; ↓ Kalktuff, ↓ Wiesenkalk

Dauereingabe. Spezielle Methode für → Tracertests, bei der während der Testzeit das Tracermaterial mit konstanter Konzentration eingeleitet wird (z.B. in Bohrloch)

Dauerfrost. Periode durchgehender Außentemperatur unter 0 °C , die zu ständig gefrorenem Boden bzw. Gestein bis in z.T. erhebliche Tiefen (in Zentralsibirien bis 500 m unter Gelände) führt

Dauerfrostboden. Bereich ständig gefrorenen Bodens (betrifft ca. 22 % des Festlandes der Erde) mit Mächtigkeiten von wenigen m bis ca. 1 km (und sommerlichem Auftauen an der Oberfläche von wenigen cm bis ca. 40 m)

Dauerleistung (eines Brunnens). → Brunnenkapazität

Dauerlinie. Ganglinie für den Wasserstand eines Gewässers mit Dauerzahlen (→ Statistik), die angeben, von wieviel gleichwertigen Beobachtungen ein bestimmter Wert aus der Beobachtungsreihe über- oder unterschritten wird

Dauerniederschlag. Lang andauernder, über größeren Gebieten auftretender → Niederschlag mit einer Intensität von > 0,5 mm/h und einer Dauer von > 6 Stunden, der für Versickerung und Grundwasserneubildung günstig ist; ↓ Dauerregen

Dauerpumpversuch. Pumpversuch mit über 50stündiger Pumpdauer

Dauerregen. → Dauerniederschlag

Dauerregenhochwasser. → Hochwasser als Folge mehrere Tage oder Wochen anhaltenden Regens bei gleichzeitigem Überschreiten des Versickerungspotentials der betroffenen Region

Dauerwelkepunkt. → Welkepunkt, permanenter

DEBYE-HÜCKEL-Gleichung. Eine der Gleichungen, nach der aus der → Ionenstärke der → Aktivitätskoeffizient errechenbar ist

Deckgebirge. 1. Gesamtheit der Gesteine über einem Rohstoffkörper, z.B. Braunkohlen-Deckschichten;
2. Jüngere Gesteine bzw. Gesteinskomplexe, meist ohne oder mit nur geringer Deformation, die allgemein diskordant das Grundgebirge überlagern (Tafel-Deckgebirge)

Deckschichten. Pleistozäner Schutt über liegenden älteren Schichten; nicht: Schichten über der → Grundwasseroberfläche (→ Grundwasserüberdeckung)

Deflation. → Erosion durch Wind bzw. Sturm

Degradierung. Durch Klima, Vegetation und/oder Tätigkeit des Menschen bewirkte Bodenveränderung, z.B. Auswaschung von Inhaltsstoffen, Bodenerosion usw.

Dehalogenierung. Mikrobiologische Abspaltung Cl-Ionen bei chlorierten Kohlenwasserstoffen (→ CKW) und Ersatz durch OH⁻- oder H⁺-Ionen

Dehydratation. Abgabe von gebundenem Wasser aus Gesteinen bzw. Mineralen, z.B. Umwandlung von Gips in Anhydrit durch Druck- oder Temperaturerhöhung; ↓ Desolvatation

Deich. Damm an Flußufern, Seen und Küsten zum Schutz des Hinterlandes gegen Überflutung

Deichbruch. Zerstörung eines Deichstückes durch hydraulichen Grundbruch und/oder Überflutung der Deichkrone

Dekontamination. Beseitigung einer → Kontamination, z.B. Entfernung grundwassergefährdender Stoffe

Delta. Fächerförmige Verzweigung eines → Fließgewässers an seiner Mündung

DELIWA. Berufsvereinigung für das Energie- und Wasserfach, Nachfolgevereinigung des 1906 gegründeten „Berufsvereins deutscher Licht- und Wasserfachbeamten e.V."; seit 01.01.2000 mit → DVGW vereinigt

Demineralisierung. 1. Auswaschung von Inhaltsstoffen aus der Matrix eines Gesteins (z.B. Entkalkung von Geschiebemergel und dadurch Umwandlung in Geschiebelehm); 2. Verringerung der Konzentration von Wasserinhaltsstoffen eines Wasserkörpers (z.B. infolge Durchströmung mit bzw. Zustrom von geringer mineralisiertem Wasser)

Demonstrativpumpversuch. → Pumpversuch zum direkten Nachweis des am Standort nach Menge (Brunnenkapazität) und/oder Beschaffenheit gewinnbaren Grundwassers; ↓ Einzelpumpversuch

Denitrifikation. Anorganischer oder mikrobieller Abbau (Reduktion) von Nitrat (im Grundwasser) zu Nitrit, Ammoniak oder elementarem Stickstoff im anaeroben Milieu, häufig unter der Einwirkung katalysierender oder anaerobes Milieu schaffender Substanzen (z. B. Schwefelkies)

Denudation. Natürliche Abtragung auf der Landoberfläche durch Verwitterung und → Erosion; → (Gelände-) Abtragung

Deponie. 1. Anlage zur geordneten Ablagerung, oberirdisch auf Halden oder in Restlöchern, unterirdisch in Gesteinshohlräumen des Bergbaus; 2. Ablagerung von Abprodukten (Abfall) auf bestimmten Plätzen nach bestimmten Regeln und Betreibung unter Beachtung staatlicher Festlegungen (Gesetze, Verordnungen) zum Schutze der Umwelt vor schädlichen Belastungen, d.h. unter Berücksichtigung hygienischer, landeskultureller, wasserwirtschaftlicher und sicherheitstechnischer Erfordernisse; ↓ Abfalldeponie

Deponie, geordnete. (Gesetzlich geregelte) Abfallverwahrung unter Beachtung hydrogeologischer und hygienischer Aspekte von Landeskultur und Umweltschutz; ↓ Ablagerung, geordnete

Deponie, oberirdische. → Deponie auf der Erdoberfläche

Deponie, selektive. → Deponie von Stoffen an definierter Stelle mit dem Ziel deren künftiger Nutzung

Deponie, unterirdische. → Deponie in Hohlräumen der Erdkruste, z.B. in Bergbauhohlräumen oder künstlich geschaffenen Kavernen; in aufgelassenen unterirdischen Gewinnungsgebieten oder Bergwerken angelegte Bevorratungen und Endlagerungen von nicht abbaubaren hochtoxischen oder radioaktiven Abfällen. Zur Bevorratung dienen ausgebeutete Erdöllagerstätten als unterirdische Gasspeicher (z.B. im Oberrheingraben), da Erdöllager von Natur aus abgedichtet sind; als unterirdische Deponien werden insbesondere aufgelassene Salzbergwerke genutzt, da Salzlager der lösenden Wirkung von Grundwasser nicht zugänglich sind (z.B. die Multideponie für hochtoxische Abfälle in Herfa-Neurode in Osthessen, der Salzstock Asse bei Wolfenbüttel, ehem. Salzbergwerk Morsleben, ferner Teile des Heilbronner Salzbergwerkes und des ehem. Kalischachtes Teutschenthal in Sachsen-Anhalt); andere vorgesehene unterirdische Standorte für radioaktive Abfälle (Salzstock in Gorleben, aufgelassene Malm-Eisenerzgrube Konrad bei Braunschweig) befinden sich noch im Untersuchungsstadium. Zu den Untertagedeponien gehören auch die Versenkungsgebiete für → Salzabwässer; die Möglichkeit zur Versenkung anderer Abwässer in den tieferen Untergrund wird untersucht; ↓ Entsorgungsbergwerk

Deponiegas. → Biogas

Deponiesickerwasser. → Sickerwasser (Infiltrationswasser) im Deponiekörper, das in geordneten Deponien an einer wasserdichten Sohle durch spezielle Fassungen gesammelt und ggf. einer Aufbereitungsanlage zugeleitet wird

Deponie-Standortuntersuchung. Geologisch-hydrogeologische Arbeiten zur Auswahl eines geeigneten Standortes für eine Abfalldeponie (z.B. zur Bewertung des Untergrundes), die als Grundlage für Bemessung, Bau und Betrieb technischer Anlagen zur Verhinderung unzulässiger Schadstoffemissionen sowie zur Sicherung und Überwachung des Standortes (Monitoring) dienen

Deponiewasser. Gesamtheit des im Deponiebereich infolge atmosphärischer, chemischer, biologischer und physikalischer Einflüsse sowie technischer Maßnahmen anfallenden (und meist mit Schadstoffen belasteten) Wassers

Deposition. 1. Vorgang des Prozesses der Ablagerung;
2. Fehldeutiger Begriff für eine → Deponie anthropogener → Abfälle;
3. Ort, von dem eine → Emission ausgeht, z.B. Schadstoffherd eines → Altstandortes; ↓ Havariestelle

Depositionsrate. Mit Niederschlägen pro Zeiteinheit eingebrachte Depositionen aus der Atmosphäre, insbesondere SO_2 (SO_4^{2-}) und NO_X, weniger CO_2 (der Hauptteil des CO_2-Gehaltes im Grundwasser kommt aus dem belebten Boden); Spuren weiterer „Auswaschungen", teils gelöst (Aerosole), teils ungelöst als Staub (an dessen Partikeln Metalle oder deren Oxide sorptiv gebunden sind), ferner Halogene und Halogenkohlenwassersoffe, in die Atmosphäre verdampfte → Pflanzenschutzmittel aus landwirtschaftlichen Aktivitäten, Ozon u.a.; Einheit: meistens [g/(m² · a)] oder [mmol/(m² · a)]

Depression (Grundwasser). → Grundwasserabsenkung; ↓ Absenkung

Depressionskurve (Grundwasser). Lineare Darstellung einer Grundwasserdruckfläche und/oder -oberfläche im vertikalen Schnitt durch eine Grundwasserfassung im Betriebszustand (GW-Absenkung), parallel zur Grundwasserströmung; → Absenkungskurve

Depressionstrichter. Normgerechter (DIN 4049-3) Begriff ist → Absenkungstrichter

Desinfektion. Verfahren zur Abtötung, Abtrennung (Beseitigung) bzw. Minimierung von Krankheitserregern im Rohwasser (zur Trink- u. Betriebswasserversorgung) sowie im Abwasser mittels chemischer und/oder physikalischer Verfahren (z.B. durch Chlorung, Behandlung mit Ozon). Bakterienansammlungen in Brunnen bzw. -filtern oder der Gesteinsumgebung entstehen besonders in neu gebohrten Brunnen, wenn organische → Bohrspülmittel (z.B. → CMC) verwandt wurden. Die Erfolge der D. sind in der Regel gering, da immer einige Keime solche Aktionen überleben und zu weiterem Wachstum führen; außerdem ist die Verwendung von Desinfektionsmitteln im (erschlossenen) Grundwasser wasserrechtlich bedenklich, da Fremdstoffe in den Untergrund eingeleitet werden

Desolvatation. → Dehydratation

Desorption. Freisetzung von echt und/oder kolloidal gelösten Stoffen (Sorbaten) von der Oberfläche und aus dem Inneren von Stoffen (Sorbentien)

Desorptionsgleichgewicht. Chemisch-physikalisches Gleichgewicht zwischen → Adsorption und → Desorption in einem Stoffgemisch (von Sorbaten und Sorbentien)

Destruenten. Organismen, die tote organische Stoffe abbauen und mineralisieren (meist heterotrophe Bakterien und Pilze)

Desulfurikation. Mikobieller Abbau von Sulfat zu Sulfid, Schwefelwasserstoff und elementarem Schwefel unter strikt anaeroben Bedingungen, meist im Milieu organischer Substanzen

Detergentien. Grenzflächenaktive organische Substanzen in synthetischen Waschmitteln (Wasserschadstoffe); → Tenside

Detritus. Feinpartikuläre Sink- und Schwebstoffe, die zu einem großen Teil aus Organismenresten bestehen

Deuterium (D, ^2H). 1931 von UREY entdecktes stabiles Isotop des Wasserstoffes mit der relativen Atommasse 2,02, das in der Isotopenhydrologie mehrfache Anwendung findet:
1. In Niederschlägen hat das Isotopenverhält-

nis zu Sauerstoff-18 (^{2}H/^{18}O) einen sich jedes Jahr ändernden Gang, also einen jahresspezifischen Verlauf, der sich etwa 4 Jahre nachweisen läßt (und dann verflacht); damit ergibt sich eine Möglichkeit zu kurzzeitiger Altersbestimmung;

2. Im meteorischen (d.h. Niederschlags-)Wässern besteht eine lineare Beziehung zwischen ^{2}H und ^{18}O, die sog. Niederschlagsgerade (oder → Meteoric Water Line); aus der Steigung dieser Geraden und der Lage des ^{2}H/^{18}O-Verhältnisses in einer Wasserprobe auf oder außerhalb dieser Geraden ergeben sich Hinweise zur Genese (und unter Umständen auch zum Alter eines Wassers);

3. Schließlich erlaubt die kontinentalwärts gerichtete Abreicherung an ^{2}H in den Niederschlägen weitere Hinweise zu Genese und Alter

Deuteriumexzeß. Lage eines ^{2}H/^{18}O-Verhältnisses außerhalb der Niederschlagsgeraden (→ Meteoric Water Line); → Deuterium

Deutsche Einheitsverfahren (DEV). Standards für chemische Analysen innerhalb der BRD; meist in → DIN überführt

Deutsche Industrienorm. → DIN

Deutscher Bäderverband. → Deutscher Heilbäderverband

Deutscher Heilbäderverband. Zusammenschluß der Kurorte (Bäder), Erholungsorte und Heilbrunnen mit dem Ziel, auf der Grundlage wissenschaftlichen Fortschritts und der Weiterentwicklung der Heilbäderkunde (Balneologie) Ordnungsgrundlagen für die Anerkennung als Bad zu schaffen und für den Bäderbereich Grundlagen und Klassifizierungsmerkmale aufzustellen (bisherige Bezeichnung: ↓ Deutscher Bäderverband). Die erste Gründung erfolgte 1872 mit dem Schlesischen Bäderverband; 1892 Gründung „Allgemeiner Deutscher Bäderverband"; 1904 „Ständiger Ausschuß für die gesundheitlichen Einrichtungen in den Kur- und Badeorten"; 1911 „Nauheimer Beschlüsse": Wissenschaftliche Grundlagen für Definition und Klassifizierung von Heilquellen, ergänzt und überarbeitet 1932 durch die „Salzuflener Beschlüsse". Nach dem zweiten Weltkrieg wurde 1947 der D. B. neu konstituiert,

brachte 1951 die „Richtlinien und Begriffsbestimmungen für die Anerkennung von Bade- und Heilklimatischen Kurorten, ..." heraus, die seitdem mehrfach ergänzt wurden (zuletzt 1991); 1999 erfolgte eine Neuorganisation des Verbandes unter der Bezeichnung „Deutscher Heilbäderverband" bezeichnet wird; Sitz ist Bonn

Deutsches Gewässerkundliches Jahrbuch. Zusammenstellung statistischer Daten wasserwirtschaftlicher → Hauptwerte über Abfluß (NQ, MQ, HQ) und Wasserbeschaffenheit für das staatliche Meßnetz an → Oberflächengewässern der BRD (für Meßperiode nach gewässerkundlichem Jahr)

Deutscher Verband für Wasserwirtschaft und Kulturbau. → DVWK

DEV. → Deutsche Einheitsverfahren

DFG. Deutsche Forschungsgemeinschaft (Bonn)

Devastierung. Zerstörung von Teilen eines Gebiets durch technische Eingriffe in den Untergrund z.B. durch Bergbau

Deviation. Abweichung von einem natürlichen Vorgang (z.B. einer Grundwasserströmung durch künstliche Infiltration)

DI. → Dispersionskoeffizient

Diagenese. 1. Sammelbegriff für alle Vorgänge, die zur Verfestigung von → Sedimenten und damit zur Bildung von Sedimentgesteinen führen;

2. Grundwasser: Änderung der Grundwasserbeschaffenheit mit zunehmender Verweildauer im Untergrund durch Anpassung an das gehydrochemische Milieu der grundwasserleitenden Gesteine (mit der Tiefe Verarmung des Ionenspektrums)

Diagonalfilterbrunnen. → Grundwasserfassung, die aus einem Sammelschacht besteht, in den geneigt angeordnete → Filterrohre münden; → Horizontalfilterbrunnen

Diagonalschichtigkeit. → Schichtigkeit (3.)

Diagramm (horizontal, vertikal). Graphische Darstellung von Analysenergebnissen, horizontal in Form von waagerechten Streifen mit horizontaler Anordnung der Parameter, vertikal als Profile mit vertikaler Anordnung der Parameter; ↓ Graphik; ↓ Graph

Diamantgrün. Grüner Farbstoff zum Einfärben von Sporen für → Sporentriftversuche; ↓ Malachitgrün; ↓ Echtgrün

Diapir. → Salzstock

Diatomeen. Einzellige Kieselalgen, oft durch Gallerte zu Kolonien vereinigt, die → Salz- und → Süßwasser, Böden und Moore besiedeln

Dichromate. (Natrium-, Kalium)-D. werden als Markierungsmittel (intensive Gelbfärbung) in Gewässern verwandt, da dort natürlicherweise kein D. kommt. Nachteil: Die giftigen D. können von organischen Substanzen reduziert und somit entfärbt) werden

Dichte (D, ρ): 1. Gestein: Verhältnis der Masse (m) eines Gesteins- bzw. Mineralkörpers zu seinem Volumen (V); D (ρ) = m/V in [g/cm³], [kg/m³]. Für spezielle Parameterbestimmungen werden „Reindichte oder specific density" [Verhältnis der bei 105 °C bis zur Massekonstanz getrockneten Festsubstanz (m_s) zum Volumen der Festsubstanz] und „Trockenrohdichte = bulk density" [Verhältnis der bei 105 °C getrockneten Festsubstanz zur Summe der Volumina von Festsubstanz (V_s) und Poren (V_p)] verwendet; ↓ Gesteinsdichte;
2. Gas: Da die D. von Gasen druck- und temperaturabhänig ist, beziehen sich Tabellenangaben („Normdichte") auf 0 °C und 101,3 kPa;
3. Wasser: Besondere Wassereigenschaft (größte D. bei 4 °C), derzufolge sich in Frostperioden Wasser mit 4 °C am Grund von Oberflächengewässern sammelt und an der Wasseroberfläche eine die Flora und Fauna schützende (wärmeisolierende) Eisschicht bilden kann

Dichtekonvektion. Senkrechte Wasserströmung infolge Dichteunterschieden (z.B. in einem Brunnen)

Dichtemaximum. → Dichten von festen und flüssigen Stoffen sind temperaturabhängig, von Gasen zusätzlich druckabhängig. Da mit fallender Temperatur das Volumen eines Stoffes abnimmt, ferner Volumen und Temperatur umgekehrt proportional sind, bedeutet Temperaturzunahme stets Abnahme der Dichte und umgekehrt; die einzige Ausnahme bildet Wasser [(→ Dichte (Wasser)]

Dichteströmung. Strömungsart, bei der sich Wasserinhaltsstoffe auf Grund ihrer → Dichte mit unterschiedlicher Transportgeschwindigkeit bewegen

Dichtheitsprüfung. Kontrolle der Nichtdurchlässigkeit von Bauwerken (z.B. Staubauwerken, Uferdämmen), wobei Prüfungen mit Farbstoffen (als → Tracer) wie → Uranin geeignet sind; DIN 1988 empfiehlt derartige Überprüfungen für Rohrinstallationen

Dichtung. → Abdichtung

Dichtungsschleier. Unregelmäßige → Abdichtung im Untergrund, z.B. durch Injektion eines Dichtungsmittels (Tonsuspension, Zement)

Dichtungswand. In den Untergrund eingebrachte vertikale hydraulische → Abdichtung, z.B. mit Ton ausgefüllter schmaler ausgeschlitzter Hohlraum; → Schlitzwand oder schlüssige → Stahlrammpfähle

Dielektrizitätskonstante. Stoffspezifische Konstante des Raums (Dielektrikum) zwischen zwei Platten eines Kondensators, von der die elektrische Ladefähigkeit (Kapazität) der Platten abhängt; durch Änderung der Eigenschaften des Dielektrikums entstehen Änderungen der Kapazität. Anwendung findet die D. in der Bodenkunde zur Messung der Bodenfeuchte, welche unterschiedliche D. bewirkt (→ TDR); so beträgt D. (dimensionslos) für trockenen Sand 3 - 5, Festgestein 4 - 8, wassergesättigten Sand 20 - 30, Ton 5 – 40, Wasser 80; ↓ Dielektrizitätszahl

Differenzenplan. Kartographische Darstellung der Differenz von zwei oder mehreren Terminwerten von → Grundwasserständen eines Objektes, z.B. vor, während und nach einer Grundwasserabsenkung

Diffusion. 1. Selbsttätige wechselseitige Durchdringung von Stoffen (Gas, Flüssigkeit, Feststoff), die miteinander in Berührung stehen;
2. Transportprozeß von Migranten bei Vorgängen der → Migration infolge zufälliger Bewegung der Wassermolekülen (auf Grund der BROWN`schen Molekularbewegung, Eigenbewegung von Organismen), der Konzentrationsunterschiede ausgleicht (auch ohne Grundwasserströmung)

Diffusionsgleichung. Mathematische Gleichung für Modellrechnungen in eindimensionalen Fällen (z.B. in Säulen) nach dem Prinzip einer instationären → Diffusion

Diffusionskoeffizient (D). Parameter, der angibt, wieviel g eines Stoffes je Zeiteinheit bei einem Konzentrationsgefälle von 1 g/ml je cm Diffusionsstrecke durch eine Fläche von 1 cm² diffundiert; Einheit: [cm²/s]; ↓ Diffusionskonstante

Diffusionskonstante. → Diffusionskoeffizient

Diffusionsrate. Diffundierende Menge (Masse) eines Stoffes pro Zeiteinheit

Diffusivität (D). Parameter der Gesteinsfeuchte-Transportgleichung (→ Strömungsgleichung) für die wasserungesättigten Zone (→ Zone, wasscrungcsättigte), ausgedrückt als $D = kk \cdot \Delta \psi / \Delta w = kk/sk - kk$, mit kk = kapillarer Filterkoeffizient (→ Filtzerkoeffizient, kapillarer) in [m/s]; ψ = Saugspannung in [m], w = Wassergehalt in [Vol.-%], sk = kapillarer Speicherkoeffizient

Diffusivität, hydraulische. Wassertransportrate im Boden/Gestein bei Einwirkung eines Einheitsgradienten des Volumenwassergehaltes von 1, bestimmt als Quotient von Filterkoeffizient (k) und Wasserrückhaltekapazität (CW); Einheit: [m²/s]

Dilatation (des Wassers). → Ausdehnung, kubische

Dimensionierung. Festlegung technischer Parameter, z.B. zum Ausbau eines Bohrbrunnens

Dimethylfluorescein. Im UV-Licht fluoreszierender → Tracer mit geringer Sorptivität; → Fluorescein

dimiktischer See. → See, dimiktischer

DIN. 1. Deutsche Industrienorm (früher: Deutsche Industrie-Norm), Symbol für deutsche Standards; anders als die → TGL der ehem. DDR hat die DIN keinen gesetzesverbindlichen Charakter, sondern nur empfehlende Bedeutung (gehört rechtlich aber zu den Regeln der Technik, die in der Rechtsprechung relevant sind); das trifft auch für wasseranalytische Verfahren zu;
2. Dissolved Inorganic Nitrogen, d.h. gelöster, anorganischer Stickstoff, Summe aus Nitrat-, Nitrit- und Ammonium-Stickstoff

DIN 2000. Zentrale Norm für die Einrichtungen zur Gewinnung von → Trinkwasser, definiert als „Wasser, das als Lebensmittel für den menschlichen Verzehr sowie Wasser,

das zum Menschlichen Gebrauch bestimmt ist". Erste Fassung (1973); die Neufassung (Gelbdruck Oktober 1999) gliedert sich in die Abschnitte Anforderungen (allgemeine Grundlagen, Verfügbarkeit, Grundwasserschutz, Wahl der Grundwasservorkommen), Anforderungen an → Trinkwasser (hygienisch, physikalisch und chemisch, mikrobiologisch, technisch), Anforderungen an Planung und Bau, Werkstoffe, Anforderungen an Betrieb und Unterhaltung

Dioxine. Sammelbegriff für die hochtoxischen Chlorkohlenwasserstoffverbindungen der Gruppe der polychlorierten Dibenzo[1,4]dioxine (→ PCDD) und polychlorierten Dibenzofurane (→ PCDF)

Dipmeter. Bohrlochgeophysikalisches Gerät zum Messen von Streichen und Fallen der Gesteinsschichten

Direktabfluß. Summe aus → Oberflächenabfluß und Zwischenabfluß (→ Interflow, der einem Vorfluter unterirdisch nur mit geringer Verzögerung zufließt)

Direktdurchfluß. → Direktabfluß an einer Meßstelle

Direktmessung. Parameterermittlung an einem Aufschluß [→ Aufschluß (1.)] oder einer Substanz

Diskretisierung. Auswahl von Parametern für cinc Modcllbetrachtung bzw. Modellierung z.B. in bezug auf:
1. Ort: Topographische Fixierung hydrogeologischer Standortbedingungen (z.B. als Grundlage von Berechnungen);
2. Rand: Fixierung hydrogeologischer Randbedingungen;
3. Zeit: Zur Zeitableitung in Modellrechnungen numerische Approximierung durch finite Elemente

Diskriminanzanalyse. Statistisches Verfahren, das verwendet wird, um chemische (Grund-)Wasseranalysen zu gruppieren und somit → Grundwassertypen aufzustellen

Dislokation. → Störung

Dispersion. Vorgang bei Fließvorgängen (des Grundwassers) im Untergrund, bei der infolge Mikro- und Makroinhomogenitäten unterschiedliche Weglängen pro Zeiteinheit für transportierte Einzelteilchen oder gelöste Stoffinhalte bestehen; wodurch es zum Auseinanderfließen stofflicher Fahnen in Fließrichtung von einem Verursacherherd auskommt; die Fahnen können sich dabei vertikal, transversal oder longitudinal zur mittleren Fließrichtung ausbreiten

Dispersion, hydrodynamische. Streuung von Stoffen beim Transport im Wasser; → Dispersion

Dispersionsbreite. Betrag (Winkel) der 2-dimensionalen Ausweitung einer → Dispersion

Dispersionskoeffizient. Eine in der Tracertechnik wichtige Größe, die das Ausmaß der → Dispersion in den Koordinatenrichtungen (longitudinal, transversal und vertikal) beschreibt; Beispiel: → Dispersionskoeffizient, longitudinaler

Dispersionskoeffizient, longitudinaler (DI). Dispersionskoeffizient für eine eindimensionale Strömung (in x-Richtung) im isotropen, homogenen porösen Medium; Einheit [m²/s];

$$\frac{\partial c}{\partial t} = D_i \frac{\partial^2 c}{\partial x^2} - v_a \frac{\partial c}{\partial x}$$

c = Tracerkonzentration im Flüssigkeitsstrom in [kg/m³]
v_a = Abstandsgeschwindigkeit (im Säulenversuch) in [m/s]
t = Zeit in [s]
x = Fließweg in [m];
für Testanordnung mit pulsierender Tracerzufuhr gilt:

$$c(x,t) = \frac{M}{F \cdot n_e \sqrt{4\pi \cdot D_i \cdot t}} \exp\left(\frac{(x - v_a t)^2}{4 D_i \cdot t}\right)$$

F = Säulenquerschnitt in [cm²]
n_e = entwässerbarer Porenanteil
M = Tracermenge in [g];
↓ Dispersionslänge

Dispersionslänge. → Dispersionskoeffizient, longitudinaler

Dispersivität. 1. Charakteristische Länge der Heterogenität des als quasihomogen betrachteten Untersuchungsbereiches, ausgedrückt als:
δ = D/v = K/V_a (in [m])
D = Dispersionskoeffizient bezogen auf v in [m²/s],
K = Dispersionskoeffizient bezogen auf v_a in [m²/s],
v = Filterkoeffizient in [m/s],

v_a = Grundwasserabstandsgeschwindigkeit in [m/s];
2. Komplexe Stofftransportrate in einem Gestein durch Grundwasser, bestimmt als Quotient von Dispersionskoeffizient (D) und mittlerer Ausbreitungsgeschwindigkeit v in einer konkreten Richtung (z.B. parallel zur Längsachse der Grundwasserströmung) mit Grundwasserabstandsgeschwindigkeit (v_a). D. ist abhängig vom Maßstab des Untersuchungsobjektes

Dissimilation. Stoffwechselvorgang (Abbau und Verbrauch von Körpersubstanz), bei dem höhermolekulare organische Verbindungen unter Freisetzung von Energie zerlegt werden

Dissolved Inorganic Nitrogen. → DIN
Dissolved Organic Carbon (DOC). Gelöster organisch gebundener Kohlenstoff (einschließlich lebender Materie wie beispielsweise Bakterien) im Wasser
Dissolved Organic Matter (DOM). Gelöste organische Substanz, z.B. Humine, im Wasser
Dissoziation, elektrolytische. Zerfall polarer chemischer Verbindungen in Ionen in einem Lösemittel (mit hoher → Dielektrizitätskonstante) in Ionen
Dissoziationsgrad. Prozentualer Anteil einer Verbindung, die unter definierten Bedingungen (wie Temperatur, Druck, Redox-Bedingungen) in einem Lösungsmittel dissoziieren kann bzw. dissoziiert ist
Dissoziationskonstante. Das unter konstanten Druck- und Temperaturbedingungen bei der Lösung eines Stoffes in einem Lösemittel (z.B. Wasser) entstehende Gleichgewichtsverhältnis zwischen der Konzentration der Reaktionsprodukte und dem der Ausgangsstoffe, das für jede chemische Reaktion einen eigenen charakteristischen Wert hat; ändern sich Druck und/oder Temperatur, ändert sich auch die D., die somit eine thermodynamische (Gleichgewichts-)Konstante darstellt
DMG. → Düngemittelgesetz
DN. Nach DIN 4922 genormte Nennweiten für Brunnen- (Filter-) Verrohrungen; → DIN
DNAPL. Abkürzung für „**d**enser-than water **n**on**a**queous-**p**hase **l**iquid"; Flüssigkeit, die sich aus einem oder mehreren Kontaminanten, die sich nicht mit Wasser mischen und

dichter (schwerer) als Wasser sind, zusammensetzt

DOC. → **D**issolved **O**rganic **C**arbon; → Kohlenstoff, organisch gebundener

Doline. Durch Verkarstung (Auslaugung, Suffosion) entstandene schüssel- oder trichterförmige Hohlform an der Erdoberfläche

Dolomitisierung. Metasomatische Umwandlung von Kalkgestein in Dolomit (unter Zufuhr von Magnesium, z.B. aus Meerwasser, Salzgestein, Hydrothermen)

DOM. → **D**issolved **O**rganic **M**atter

Donator. In der physikalischen Chemie Abgeber („Spender") von negativ geladenen Teilchen (Elektronen); → Elektronenakzeptor, → Oxidation

Doppelkernrohr. → Einfach-/Doppelkernrohr

Doppelrohrleitung. Rohrleitung mit Schutzrohr; → Mehrfachrohrleitung

Dosis (Energie, Stoff). Maß für die einem System zugeführte Menge radioaktiver Strahlung ist die Energie-Dosis, die von einer durchstrahlten Substanz absorbierte Energie; Einheit: $[J \cdot kg^{-1}]$ oder [Gy] (→ Gray); → Dosisäquivalent; ↓ Energiedosis

Dosisäquivalent. Maßzahl für die Wirkung einer radioaktiven Strahlung auf ein Objekt (Lebewesen), die von der Art der Strahlung sowie der Zeit abhängt und aus dem Produkt von Energiedosis (→ Dosis) und einem strahlenabhängigen Bewertungsfaktor ermittelt wird; Einheit [Sv] (Sievert); alte Einheit [rem] (**r**oentgen **e**quivalent **m**an); ↓ Äquivalentdosis

Dosisfaktor. Spezifischer Faktor zur Ermittlung der Strahlenexposition einzelner Organe oder des gesamten Körpers eines Lebewesens durch inkorporierte Radionuklide, abhängig von Art der Strahlung, Art der Inkorporation (Inhalation, Ingestion) und Lebensalter

Dosisgrenzwert. (Gesetzlich bzw. normativ festgelegte) → Dosis einer ionisierenden Strahlung, die von einem Lebewesen - nach aktueller wissenschaftlicher Erkenntnis (ohne Risiko) inkorporiert werden darf (z.B. Keimdrüsen 0,3 mSv/a, Gewebe 0,9 mSv/a, Haut 1,8 mSv/a)

Dosisrate. Dosis für ein definiertes Zeitintervall (z.B. Tag, Jahr)

Drän. Verrohrter oder unverrohrter unterirdischer Strang zur Ableitung von Sicker- und Grundwasser bzw. zur Infiltration von Abwasser oder Bewässerungswasser

Dränabfluß. Wasserabfluß aus einem → Dränsystem

Dränage. → Dränsystem

Dränagewasser. Wasser in oder aus einem → Dränsystem

Dränanlage. → Dränsystem

Dränbrunnen. Brunnen zur Ableitung von Grundwasser (z.B. Fallfilterbrunnen im Braunkohlenbergbau)

Dränentwässerung. Ableitung von Sicker- und Grundwasser durch ein → Dränsystem

Dränfaktor. Faktor, der die Verzögerung der Aussickerung aus halbdurchlässigen Schichten angibt; ↓ Sickerfaktor

Dränfilter. Loser, mattenförmig oder als Rohrumhüllung eingebrachter Filterstoff (DIN 4047-1)

Drängraben. Mit einem Dränrohr ausgestatteter und (ganz oder teilweise) mit wasserdurchlässigem Material verfüllter Graben, der oberflächennahes Grundwasser einer tieferliegenden Vorflut zuführt und damit Landschaftsausschnitte zur landwirtschaftlichen Nutzung trockenlegt

Dränsystem. Aus Sickersträngen bestehendes oberflächennahes System zur Ableitung pflanzenschädlicher Bodennässe und/oder zur → Entwässerung (z.B. Trockenlegung und Trockenhaltung von Bauwerken); → Dränung; ↓ Dränage, ↓ Dränanlage

Dräntiefe. Lotrechter Abstand eines Dränsystems von der Geländeoberfläche

Dränung. Maßnahme zur Bodenverbesserung durch Sammlung und Ableitung überschüssigen Wassers unter der Geländeoberfläche über im Boden verlegte (saugende) Rohre. Grundwassergefährdend durch Störung des natürlichen Wasserhaushaltes, Verletzung des Bodens, verstärkte Auswaschung von Nährstoffen und Rückständen von → Pflanzenschutzmitteln

Drehbohrverfahren. → Rotary-Bohrverfahren

Drehschlagbohren. Bohrung mit drehbaren und schlagenden Bohrwerkzeugen, z.B. Kern-Meißel-Bohrung

Drehtisch. Bohreinrichtung zur Übertragung der horizontalen Drehbewegung eines Motorantriebes auf die vertikale → Bohrgarnitur; der Antrieb der Bohrgarnitur erfolgt über die quadratische Mitnehmerstange (Kelly), die durch den Drehtisch geleitet und bewegt wird

Dreieck, hydrologisches. Drei in Dreiecksform angeordnete Grundwasseraufschlüsse zur Ermittlung eines Grundwassergefälles

Dreieckdiagramm. Graphische Darstellung von Daten drei voneinander abhängiger veränderlicher Kenngrößen, z.B. zur Klassifizierung von Grundwässern

Drift. 1. Verfrachtung von Gesteinsmaterial durch Gletscher;
2. Verfrachtung von → Tracern;
3. Oberflächenströmungen im Meer, die vom Wind erzeugt werden, allerdings nicht sehr tief hinabreichen und unbeständig sind;
4. Freie Bewegung von schwimmfähigen Gegenständen auf → Fließgewässern

Drifteis. → Treibeis

Driftströmung. → Trift

Druck, barometrischer (p_{atm}). Senkrecht auf 1 m² Fläche wirkender Luftdruck, abhängig von Geländehöhe und Wetterlage; Einheit: [hPa], früher [mbar]; ↓ Druck, atmosphärischer

Druck, geostatischer. In wassergesättigten Lockergesteinen Gesamtdruck der überlagernden Schichten, der sich aus hydrostatischem (→ Druck, hydrostatischer) und → intergranularem Druck (→ Druck, intergranularer) zusammensetzt

Druck, hydrostatischer (p_{abs}). Druck einer ruhenden Wassersäule an einem räumlich definierten Punkt des (Grund-)Wasserkörpers in [m], bestimmt als Summe Bezugsniveau (z in [m] NN) und dem Quotienten von Druck (p in [kg/(m · s²)]) und dem Produkt von Erdbeschleunigung (g in [m/s²]) und Wasserdichte (ρ_w in [kg/m³])

Druck, intergranularer. Druck innerhalb eines Korngerüstes (im Lockergestein), der zur Verformung führen kann

Druck, kritischer. Erforderlicher Druck, um ein Gas bei der kritischen Temperatur zu verflüssigen; Gasverflüssigung ist nur unterhalb der kritischen Temperatur (durch Druck) möglich

Druck, osmotischer. Druck einer höherkonzentrierten Lösung über eine semipermeable Membran auf eine niedriger konzentrierte Lösung, z. B. auf geringer mineralisiertes Wasser, der zur Wanderung von flüssigen und gasförmigen Stoffen führt

Druckabbauversuch. Test an einem teilverrohrten Bohrloch zur Bestimmung qualitativer und quantitativer Gesteinsparameter durch Messung des Luft- oder Wasservolumenstromes bei stufenweiser Entlastung des hydrostatischen Druckes von gespanntem Grundwasser (bzw. des Lagerstättendruckes von Erdöl-Erdgaslagerstätten)

Druckaufbauversuch. Test an einem teilverrohrten Bohrloch zur Bestimmung qualitativer und/oder quantitativer Gesteinsparameter durch Messung des Anstieges des hydrostatischen Druckes nach Druckentlastung und Absperrung bzw Unterbrechung des freien Ausströmens von Gesteinsinhaltsstoffen (Gas, Wasser, Sole) über ein konkretes Zeitintervall bzw. bis zum Druckausgleich

Druckfläche (des Grundwasers). Geometrischer Ort der Erdpunkte aller → Standrohrspiegelhöhen einer → Grundwasseroberfläche (DIN 4049)

Druckgeschwindigkeit (im Grundwasser). → Kompressionswellengeschwindigkeit (im Untergrund); ↓ Schallgeschwindigkeit

Druckhöhe (im Meßpunkt). Aus dem Gesteinswasserdruck (p in [Pa]) abgeleitete Höhe: $h_p = p/(g \cdot \rho_w)$ mit g = Fallbeschleunigung in m/s², ρ_w = Dichte des Gesteinswassers in [kg/m³]

Druckhöhe, hydraulische.
1. Druck, den ein in Bewegung befindlicher Flüssigkeitskörper auf Grund seiner Dichte und Geschwindigkeit auf einen Punkt ausübt;
2. Summe aus Druckhöhe (hp in [m]) und Gravitationshöhe (z in [m]) für einen definierten Punkt in einem Gestein bzw. Boden: H = hp

Druckhöhengleiche. Linie gleicher hydraulischer Potentiale in einem Grundwassersystem; → Grundwassergleiche

Druckleitfähigkeit. Quotient aus Transmissibilität (T) und Speicherkoeffizient (S) eines Grundwasserleiters

Druckleitung. Rohr zur Ableitung einer

Flüssigkeit unter hydraulischem Druck (> 1 bar)

Druckluftheber. Verfahren zur Grundwasserförderung mit Hilfe von Druckluft; → Mammutpumpe; ↓ Wasserheber

Druckluftmeßstation, hydrogeologische. Meßstation zur automatischen, kontinuierlichen Erfassung von (Grund-) Wasserständen und Förderströmen über die durch wechselnde Wasserstände (in einem Brunnen) entstehenden hydrostatischen Druckunterschiede

Drucksonde. Meßgerät, mit dem wie beim Barometer Druckänderungen mit einer luftleeren Dose gemessen werden; z. B. können in einem Brunnen Änderungen des hydrostatischen Drucks (→ Druck, hydrostatischer), die durch Wechsel (Sinken oder Heben) des Wasserspiegels entstehen, gemessen werden; eine andere Möglichkeit ist die → Penetrationssondierung; geophysikalische; ↓ Drucksondierung

Druckspiegel (des Grundwassers). Grundwasserspiegel, der sich in einem Brunnen (oder einer Meßstelle) einstellt, wenn durch dessen Bohrung die → Grundwasserdecke eines → gespanntem Grundwasser durchstoßen wurde; die → Druckspiegelhöhe gibt somit das hydraulische Potential des entspannten Grundwassers an

Druckspiegelhöhe. Hydraulische Druckhöhe eines gespannten Grundwassers; unter Gelände oder über Normal-Null in [m]

Druckspiegelschwankung. Wechsel von Grundwasserabsenkung und -anstieg um einen → Bezugswasserstand; → Grundwassergang

Druckspülung. Beim (Rotary-)Bohren (→ Rotary-Bohrverfahren) unter wechselnden Drücken eingepreßte → Spülung; → Links-Spülung

Druckströmung. Ausbreitung von Fluiden (Gas, Wasser, Erdöl) in einem Leitungssystem (z.B. Grundwasserleiter, Kluft, Rohr) durch hydraulischen Druck

Druckverformungscharakteristik. Charakteristik der durch das Gewicht der Auflast im grundwasserleitenden Lockergestein hervorgerufenen elastischen und plastischen Deformationen

Druckverlust. Verminderung der hydraulischen Druckhöhe in einer Wasserleitung, die insbesondere von Länge, Querschnitt und Rauhigkeit der Leitung sowie von der Strömungsgeschwindigkeit abhängig ist; bei undichten Leitungen auch infolge Auslaufens an Leckstellen

Druckverteilung (in einem Grundwasserleiter). Räumliche Verteilung des sich aus atmosphärischem und hydraulischen Schweredruck zusammensetzenden absoluten hydrostatischen Drucks in einem geschlossenen Grundwassersystem

Druckwasser. → Grundwasser, gespanntes

Druckwelle. Ausbreitung einer plötzlichen Änderung der hydraulichen Druckhöhe in gespanntem Grundwasser oder in einer Wasserleitung

DTV. Durchschnittlicher mittlerer Tagesverkehr als Maß der Belastung durch den Kraftfahrzeugverkehr; häufige Einteilung: DTV < 2.000: geringe, 2.000 - 15.000 mittlere, > 15.000 starke Belastung einer Straße und ihrer Umgebung

Düker. Bauwerk zur Druckleitung von Flüssigkeiten oder Gasen quer zu und unterhalb der Sohle von Oberflächengewässern

Düne. Hügelförmiges, langgestrecktes äolisches Sediment aus feinklastischem Material, meist aus Quarzsand

Düngemittelgesetz (DMG). Bundesgesetz (vom 15.11.1977 in der Fassung vom 27.09.1994) über die umweltverträgliche Anwendung von Stoffen für Nutzpflanzen (insbesondere zur Förderung von Wachstum und Qualität sowie zum Schutz vor Krankheiten und Schadorganismen), das durch die Düngeverordnung vom 26.01.1996 ergänzt wird

Düngung. Zufuhr von Pflanzennährstoffen, d.h. anorganischen (Dünge-) Salzen auf die Felder verbrachte organische (Gülle, Stalldung) Dünger, die organische Stickstoffverbindungen enthalten, die mikrobiell in anorganische umgewandelt werden; nur in dieser Form können Pflanzen Stickstoff aufnehmen. Ist das Angebot an Stickstoff (in Form von Nitrat) höher als der Pflanzenbedarf, wird der unverbrauchte Anteil aus dem Boden „gewaschen" und mit Sickerwässern in den Untergrund bis in das Grundwasser transportiert; die Bestrebungen gehen deshalb in der Landwirtschaft dahin, die Düngemittelmenge auf den Pflanzenbedarf so abzustimmen, daß keine Überschüsse entstehen. Schwierig ist dabei die Bestimmung des tatsächlichen Bedarfs; dieser ist vom Witterungsablauf einer Vegetationsperiode abhängig und nicht vorhersehbar

Dünnschichtchromatographie. Chromatographische Methode (→ Chromatographie), bei der die stationäre Phase z.B. Kieselgel ist, das auf eine Glasplatte oder Alufolie aufgetragen ist, und einem Lösemittel als mobiler Phase; analytisch wird die D. z.B. zur Bestimmung → polycylischer aromatischer Kohlenstoffe (PAK) eingesetzt

Duldung. → Einvernehmen

DUPUIT-Annahme. Vereinfachende Theorie der → Grundwasserhydraulik, nach der das Grundwassergefälle in jedem Punkt eines Grundwasserströmungsfeldes gleich dem Gefälle der → Grundwasseroberfläche bzw. -druckfläche im vertikal darüber liegenden Punkt ist

DUPUIT-Fläche. → Grundwasseroberfläche bzw. -druckfläche und D. sind in einem unbeeinflußten Grundwasserkörper gleich; bei Absenkung durch einen Brunnen liegt die D. durch den Filterwiderstand des Brunnens tiefer (ca. in Höhe des abgesenkten Wasserspiegels im Brunnen) als der außerhalb des Brunnens vorhandene freie Grundwasserspiegel

Durchbruchskurve. Graphische Darstellung der Ankunft eines im Grundwasser gelösten Stoffes (z.B. → Tracer) in einer Senke (z.B. → Förderbrunnen, → Quelle) ab dem Zeitpunkt der Eingabe in eine Eingabestelle (z.B. Infiltrationsbrunnen, Havariestelle) über einen gemessenen Zeitraum

Durchfluß (Q). An einem definierten Querschnitt ermittelter Volumenstrom eines Fluids (Gas, Wasser, Öl); Einheit: [l/s], [m³/s], [m³/h], [m³/d] oder [m³/a]; ↓ Volumendurchfluß

Durchfluß, oberirdischer. → Durchfluß eines Oberflächengewässers an einer definierten Stelle (z.B. Pegel)

Durchfluß, unterirdischer. Durchfluß in einem Grundwasserleiter an definierter Stelle (Durchflußquerschnitt); → Filtrationsstrom

Durchflußbehinderung. Querschnittseinengung in Gewässern, in → Fließgewässern z.B. durch Wasserpflanzen, Treibgut, Eis oder andere Fremdkörper, in Grundwasserleitern z.B. durch tief gegründete Bauwerke oder Dichtungswände

Durchflußbreite, unterirdische (B). (Mittlere) Breite eines Grundwasserkörpers senkrecht zur Grundwasserfließrichtung an definierter Stelle; Einheit: [m]

Durchflußgeschwindigkeit. Mittlere (im Untergrund „fiktive") Geschwindigkeit der Partikel eines Fluids (z.B. Wasserteilchen) im Bereich eines definierten Durchflußquerschnittes zu einem definiertem Zeitpunkt

Durchflußhöhe, unterirdische. → Grundwassermächtigkeit

Durchflußkurve. Graphische Darstellung des Abflußverhaltens eines → Fließgewässers an definierter Stelle über einen definierten Zeitraum (z.B. hydrologisches Jahr)

Durchflußmessung. 1. Ermittlung eines oberirdischen → Durchflusses/Abflusses (→ Abfluß) zu einem definierten Zeitpunkt unter definierten Bedingungen (z.B. zur Eichung eines Lattenpegels bei unterschiedlicher Wasserführung mit einem Meßflügel oder mit einem geeichten Überfall); 2. Bohrlochgeophysikalische Messung des Anteils eines Zuflusses aus einer grundwasserführenden Schicht an der Gesamtleistung eines Brunnens (in [%]) mit einem → Flowmeter

Durchflußquerschnitt (A). Fläche senkrecht zur Fließrichtung; Einheit: [m²]

Durchflußquerschnitt, unterirdischer. Durchflußquerschnitt einer Grundwasserströmung

Durchflußrate. Unterirdischer → Durchfluß (Q in [m³/s]) bezogen auf die Fläche des → Durchflußquerschnitts (A in [m²]); ↓ Filtrationsrate; ↓ Flux

Durchflußversuch. Versuche in Säulen zur Untersuchung des Transportverhaltens von Markierungsstoffen (→ Tracer)

Durchflußzelle. Geeichte Durchflußmeßstelle, z.B. Venturikanal oder Meßkasten

Durchgangsgeschwindigkeit. → Filtergeschwindigkeit

Durchgangskurve. Bei Tracerversuchen Konzentrations-Zeit-Kurve zur Darstellung der an einer Beobachtungsstelle. In Abhängigkeit von der Zeit eintreffenden (aufgefangenen) Konzentration an → Tracern

Durchgangswert (d-Wert). Korngröße [mm], die sich im Schnittpunkt mit der → Kornverteilungskurve einer Lockergesteinsprobe für einen bestimmten Massenprozentanteil ergibt (z. B. d_{10}, d_{25}, d_{50}, d_{75})

Durchlässigkeit. (Anisotrope) Eigenschaft von Boden/Gestein bzw. Gebirge, unter Einwirkung eines Druck-(Potential-)Gefälles Fluide durchzulassen; die D. ist abhängig von der Temperatur und Viskosität des Fluids; Klassifizierung der Gesteinsdurchlässigkeit nach verschiedenen Autoren → Tafel 1; ↓ Permeabilität

Durchlässigkeitsbeiwert (k_f). Meßgröße zur Quantifizierung der → Durchlässigkeit eines Körpers/Gesteins, ausgedrückt als Durchflußmenge je Flächen- und Zeiteinheit in der wassergesättigten Zone (DIN 4049-3); Einheit: [m/s]; D. wird in der Ingenieurgeologie k-Wert genannt; → Transmissivität; ↓ Durchlässigkeitsfaktor, ↓ Durchlässigkeitskoeffizient, ↓ Filterkoeffizient, ↓ hydraulische Leitfähigkeit

Durchlässigkeitsbeiwert organischer Fluide (k_{fl}). → Durchlässigkeit eines Gesteins für organische Substanzen. In Abhängigkeit von den physikalisch-chemischen Eigenschaften der einzelnen Substanzen variiert der Wert sehr stark; so ist z.B. im Verhältnis zum k_f-Wert von Wasser der entsprechende k_f-Wert von Benzol, Benzin und halogenierten Kohlenwasserstoffe (außer Tetrachlorethan) 2 - 3 mal so hoch, von Dieselkraftstoff und Heizöl jedoch wesentlich geringer, d.h. diese Stoffe fließen wesentlich langsamer als Wasser

Durchlässigkeitsfaktor. → Durchlässigkeitsbeiwert

Durchlässigkeitskoeffizient. → Durchlässigkeitsbeiwert

Durchlässigkeitstensor. Mathematische Abstraktion zur Darstellung von Durchlässigkeitsgrößen

Durchlässigkeitsverhältnis. Verhältnis der → Durchlässigkeit eines porösen Mediums (z.B. Lockergestein) für verschiedene (durch Dichte, Löslichkeit und kinematische Viskosität sich unterscheidende) Fluide [k_{fl}]), meist bezogen auf Wasser (k_w), d.h. k_{fl}/k_w für Wasser = 1, für Benzol z.B. 1,36

Durchlaß. Bauwerk zur Durchleitung eines kleinen → Fließgewässers durch einen Damm oder eine Verkehrsstraße

Durchmesser, hydraulischer. Querschnitt eines Gesteins (→ Pore, → Kluft), der von Wasser effektiv durchflossen werden kann; → Durchflußquerschnitt

Durchmischung. Vergleichmäßigung der Verteilung von unterschiedlichen Stoffkomponenten in einem Fluid, z.B. auf einer längeren Fließstrecke

Durchschnittsprobe. Durch systematische Entnahme und/oder Mischung von Teilproben hergestellte repräsentative Probe aus einem zu beurteilenden Objekt; ↓ Mischprobe

Durchsichtigkeit (des Wassers). Nicht durch Trübung beeinflußtes Wasser; → Trübe, → Trübungsgrad

Durchsickerung. Vertikale Abwärtsbewegung eines Fluids (→ Sickerwasser) durch ein belüftetes poröses Medium, z.B. durch die wasserungesättigte Zone (→ Zone, wasserungesättigte); bodenkundlich: → Perkolation

Durchsickerungshöhe. Menge des durch die wasserungesättigte Zone (→ Zone, wasserungesättigte) dem → Grundwasser zusickernden Wassers, gemessen als Höhe [mm] der Wassersäule, die durch Summierung aller Sickerwassermengen eines betrachteten Abschnitts/Punktes der Zone in einer bestimmten Zeit (Jahr) entstehen würde (→ Sickerwasserhöhe); Einheit: [mm/a]

Durchsickerungsrate. Durchsickerungsmenge pro Zeiteinheit; Einheit: [g/min]

Durchsickerungsspende. Die auf eine Flächeneinheit bezogene → Durchsickerungsrate; Einheit: [g/(min · m^2)]

Durchstich. Künstliche Gewässerstrecke zur Verkürzung eines mäandrierenden → Fließgewässers; → Kanal

Durchströmung. → Grundwasserströmung

Durchwurzelung. Gesamtheit der in einem Bodenbereich vorhandenen Baum- und Strauchwurzeln (meist unter 1 mm Durchmesser); bei natürlichen oder künstlichen (z.B. infolge Wassergewinnung) Grundwasserabsenkungen von Bedeutung für die Klärung der Frage, ob vor diesem Ereignis ein Grundwasseranschluß der Wurzeln bestand und dementsprechend ein Vegetationsschaden eingetreten ist; → Kartierung, pflanzensoziologische

DVGW. **D**eutscher **V**erein (ab Januar 2000: Vereinigung) des **G**as- und **W**asserfaches mit Sitz in Bonn; technisch-wissenschaftlicher Vereinigung der Gas- und Wasserwerke, der sich zum Ziel gesetzt hat, Regelwerke, Richtlinien und Positionen zu erarbeiten, die der Öffentlichkeit als Beurteilungs- oder Bewertungsmaßstab dienen können (z.B. Richtlinien für Wasserschutzgebiete); → Verbände

DWD. Deutscher Wetterdienst (Zentrale in Offenbach/Main)

DVWK. Früher (bis Ende des Jahres 1999) Deutscher **V**erband für **W**asserwirtschaft und **K**ulturbau mit Sitz in Bonn; war ein von der Wasserwirtschaft der Länder (→ LAWA)

getragener Verband, dessen Fachausschüsse Merk- und Informationsblätter zur fachlichen Information und damit Entscheidungshilfe der Wasserwirtschaftsbehörden bearbeitete; ab Januar 2000 zusammengeschlossen mit → ATV; neue Bezeichnung: ATV-DVWK Deutsche Vereinigung für Wasserwirtschaft, Abwasser und Abfall e.V. mit Sitz in 53773 Hennef; ausgegliedert ist die Fachgruppe Grundwasser, die künftig von ATV-DVWK und → DVGW gemeinsam getragen werden soll, organisatorisch beim → DVGW angesiedelt ist; → Verbände

Dy. Unterwasserboden, der auf dem Grund saurer, nährstoffarmer Gewässer, vorwiegend aus amorphen Humusgelen besteht

dystroph. Sehr nährstoffarm und reich an Humusstoffen (z.B. Gebirgsseen)

E

E, E$_{pot}$, E$_{reell}$. → Evaporation, → Verdunstung,→ Verdunstung, potentielle/reelle)

Ebbe. Durch Wechsel der Anziehungskräfte von Mond und Sonne verursachte periodische Absenkung des Wasserstandes in Weltmeeren (im Bereich von wenigen dm bis über 20 m), Grundwasserstände und Quellschüttungen in küstennahen Gebieten beeinflußt

ECHO-Viren. **E**ntero **C**ytopathogenic **H**uman **O**rphan-Viren, Bezeichnung für einige Viren der Gattung *Enterovirus*, Erreger indifferenter fieberhafter Erkrankungen des Menschen (vor allem der Hirnhaut). Sie werden durch (Ab-, Grund-)Wasser übertragen und sind gegen Desinfektionsmittel besonders resistent

Echtzeitdaten. Zu definierten Terminen repräsentativ ermittelte Kennwerte

edaphisch. Den Erdboden betreffend; bodenbedingt

Edaphon. Gesamtheit der in und auf dem Boden als Lebensraum lebenden Organismen (Mikroorganismen, Pflanzen, Tiere)

EDTA. Ethylendiamintetraacetat, das mit Calcium- und Schwermetallionen Chelatkomplexe bildet; Ersatzstoff für → Tenside in Waschmitteln

EDV. → Datenverarbeitung, elektronische

effektive Verdunstung. → Verdunstung, potentielle/reelle

Effektivniederschlag. Oberflächenwirksamer und für die Grundwasserneubildung maßgebender → Niederschlag

Effluenz. Austritt von Grundwasser in ein Oberflächengewässer; Gegenteil: →Influenz; ↓ Grundabfluß

EG-Richtlinien. Richtlinien der Europäischen Gemeinschaft, die innerhalb einer bestimmten Zeit (meist 5 Jahre) in nationale Regelungen umgesetzt werden müssen

EGW. → Einwohnergleichwert

EG-Wasserpolitik. „Richtlinie zur Schaffung eines Ordnungsrahmens für Maßnahmen der Gemeinschaft im Bereich Wasserpolitik", Entwurf: Juli 1999. Ziel ist die Schaffung einer gemeinsamen Ordnung zum Schutz von Oberflächen- (einschließlich Küsten-)Wässern und Grundwässern, die Vermeidung weiterer Verschlechterungen des Gewässerzustands sowie der Schutz und die Verbesserung „aquatischer Systeme", ferner die Regelung des Wassergebrauchs auf der Grundlage eines langfristigen Schutzes vorhandener Ressourcen und schließlich die Minderung von Überschwemmungen und Dürren

E$_H$-(Wert). Redox-Potential (Redox-Spannung) wässriger Lösungen, abhängig von Art und Konzentration der Wasserinhaltsstoffe, pH-Wert und Temperatur; Maß für das Oxidations- bzw. Reduktionsvermögen der Lösung; Einheit: [mV] oder [V]

Eichung. Abstimmung (Kalibrierung) von Meßgeräten und/oder Untersuchungsverfahren (Analysen) auf definierte Genauigkeiten (Fehlergrenzen)

Eigenpotential. Elektrisches Potential zwischen verschiedenen Gesteins- und/oder Grundwasserkörpern durch deren unterschiedliche Mineralzusammensetzung bzw. Wasserinhaltsstoffe (Ionen) und dadurch hervorgerufene Ionenwanderungen

Eigenschaften des Wassers. → Wasser, physikalisch-chemische Eigenschaften

Eigenwasserflutung. Flutung (von Bergbauanlagen) auf der Grundlage von Grundwasserneubildung und natürlichen Zuflüssen eines Einzugsgebietes, d.h. ohne → Fremdwasserflutung

Eigenwasserversorgung. Lokale Wassernutzung für den eigenen Bedarf z.B. eines (flachen) Hausbrunnens für ein Bauerngehöft bzw. eines oder mehrerer Tiefbrunnen für einen Industriebetrieb; → Einzelwasserversorgung

E$_{IKMANN}$-K$_{LOKE}$-Werte. Nutzungs- und schutzgutbezogene → Orientierungswerte für (Schad-) Stoffe in Böden; dazu werden drei „Bodenwertbereiche" (BW) unterschieden: BW I nennt Basis-/Hintergrundwerte, d.h. geogene Ist-Werte, die es zu bewahren gilt (sog. Bewahrungwerte). BW II mit Prüfwerten (Sanierungszielwerte, Toleranzwerte) gibt schutzbezogene Gehalte im Boden an, die trotz dauernder Einwirkung auch langfristig toleriert werden können (Toleranzwerte). BW III nennt Eingreifwerte (Eingreif-/Interventionswerte), bei denen Sanierungen erforderlich werden. Innerhalb BW II und III werden folgende Nutzungen unterschieden: Kinderspielplätze, Sportplätze; Park- und Freizeitanlagen, Gewerbebetriebe, unversiegelte/ versiegelte bewachsene Böden; außerdem gibt es Werte speziell für Böden mit Pflanzenproduktion: Blattgemüse, Fruchtgemüse/ Getreide, Industriepflanzen/Zuckerrüben, Zierpflanzen, Flachs, nachwachsende Rohstoffe. Für jeden dieser drei BW und in den BW II und III für jede Nutzungsart werden Orientierungswerte für (Schwer-)Metalle, einige anorganische und organische Parameter tabellarisch zusammengestellt [mg/kg Boden]. → Bundesbodenschutz- und Altlasten-Verordnung; die Werte dort weichen z. T. von denen EIKMANN - KLOKEs ab

Einbau. Betrieblicher Ausdruck des bohr- und brunnenbauenden Gewerkes für die Ausstattung eines Bohrloches mit technischen Elementen zur Nutzung, z.B. mit Filterrohren, Filterkies, → Pumpe und elektrischem Zubehör als → Förderbrunnen; ↓ Ausbau

Einbohrlochmethode. 1. Gewinnung hydrogeologischer Parameter an einem einzelnen hydrogeologischen → Aufschluß (Brunnen) durch dessen wechselnde Nutzung zur Grundwasserförderung und zur Wasserinfiltration (bzw. zur Druckentlastung und -erhöhung);
2. Bohrlochgeophysikalische Meßmethode, bei der aus einem zentralen „Spender" sehr kurzlebige radioaktive Substanz (z.B. ^{82}Br, Halbwertzeit 35,9 h) abgegeben wird; durch Ringsensoren wird das Ausbreitungsverhalten registriert und damit Grundwasserfließrichtung und -geschwindigkeit präzise ermittelt

Eindampfen. Verfahren zur Ermittlung des → Abdampfrückstand

Eindringtiefe. 1. Tiefe unter einem definierten Niveau, bis zu der ein Stoff unter gegebenen Bedingungen (z.B. nach einem Havariefall) in den Untergrund migriert;

2. Wirkungsbereich geoelektrischer Messungen (Bohrlochgeophysik)

Eindringwiderstand. Kenngröße eines Bodens/Gesteins zum Schutz des Grundwassers vor infiltrierenden → Schadstoffen

Eindunstungslösung. Unter ariden Bedingungen entstehendes Relikt (wasserhaltiges Konzentrat) eines Oberflächengewässers; ↓ Evaporisationsrelikt

Einfach-/Doppelkernrohr. Verfahren bei Kernbohrungen. Bei *Einfach-Kernrohren* wird die → Spülung wie beim → Rotary-Bohrverfahren durch das Gestänge gepumpt; da der Spülstrom an dem im Rohr frei stehenden Bohrkern vorbeigeleitet wird, kann der Kerndurchmesser (z.B. durch den Sandgehalt in der → Spülung) so stark reduziert werden, daß die am Rohrfuß angebrachte Kernfangfeder den Kern nicht halten kann und dieser dadurch verlorengeht. Deshalb nur für kürzere Kernstrecken (ca. 3 m) geeignet. Beim *Doppelkernrohr* wird die → Spülung im Ringraum zwischen 2 Rohren geführt; damit können längere Strecken (max. 9 m) gekernt werden; → Schlauchkernverfahren

Einfluß. Potentielle und/oder reale Auswirkung von Ereignissen oder Maßnahmen auf ein Schutzgut bzw. die Umwelt, z.B. eine Havarie auf die Nutzung von Grundwasser zur Trinkwasserversorgung; ↓ Einwirkung

Einflußbereich. Für ein definiertes Ereignis oder einen Zustand maßgeblicher Raum, in dem sich ein oder mehrere Zustandsstörer befinden, befinden werden bzw. befunden haben, z.B. Teil eines geologischen Körpers, Einzugsgebiet, Gewässernetz; ↓ Beeinflussungsbereich

Eingabe (Tracerversuch). Anfangsmoment bei einem Tracertest, in dem ein → Tracer in den zu untersuchenden (Grund-) Wasserstrom eingegeben wird

Eingriff (Landschaft). → Devastierung und/oder erhebliche Veränderung von Gestalt und Nutzung von Teilen der Erdkruste und/oder der Vegetation durch Bergbau, Baumaßnahmen oder Deponien

Einheit, hydrogeologische. Teil der → Lithosphäre, der nach Lithologie und/oder Klüftung sowie Dynamik und Beschaffenheit des darin befindlichen unterirdischen Wassers oder nach der Möglichkeit zur Aufnahme und Fortleitung von Grundwasser als ein Komplex betrachtet bzw. behandelt werden kann

Einheiten (chemische). SI-Einheit ($\rightarrow$ SI) der Stoffmenge ist das Mol [mol]; ferner werden Stoffinhalte in Massen- [g] oder in $\rightarrow$ Äquivalenteinheiten (nach DIN 32625) angegeben [c(eq) mol] oder verkürzt [eq]. Wegen der meist nur geringen Konzentrationen werden diese Einheiten in der Grundwasserchemie als 1/1000 (Milli...) angegeben, also [mmol] oder [mg] oder [c(eq)mmol] bzw. [meq]. Die Angabe von Konzentrationen erfolgt volumen- (z.B. [mg/l], [mmol/l]) oder massenbezogen (z.B. [mg/kg], [mmol/kg]); $\rightarrow$ Konzentrationsangaben

Einkapselung. Umhüllung eines Schadherdes bzw. einer Schadstoffdeponie mit abdichtendem Material (z.B. Ton, Beton), um eine Schadstoffmigration zu Schutzobjekten bzw. in das Umfeld zu verhindern

Einkornfilter. Stützkörperfreier Brunnenfilter aus gleichförmig körnigem Granulat (meist Quarzkies), das mit einem Bindemittel (Gummi, Kunstharz, Zement) vermischt ist; $\downarrow$ Klebefilter

Einlauf. 1. Bauliche Einrichtung zur Einleitung von Oberflächenwasser in einen Vorfluter, z.B. in einen Kanal (oder von Abwasser in eine Kläranlage); $\downarrow$ Einlaufbauwerk; 2. Mündung eines natürlichen Vorfluters, z.B. zur Flutung in ein Restloch; $\downarrow$ Einlaufanlage

Einlaufleitung. $\rightarrow$ Einlauf(-bauwerk), das unterhalb des Wasserspiegels in ein Oberflächengewässer mündet

Einleitung (Wasser). $\rightarrow$1. Infiltration (z.B. von Oberflächenwasser in den Untergrund zur $\rightarrow$ Grundwasseranreicherung); 2. Freisetzung von Abwasser in einen Vorfluter; $\downarrow$ Wassereinleitung

Einleitungsgrenzwert. Normativwert für die ungünstigste Beschaffenheit und/oder für den maximal zulässigen Mengenstrom (Abfluß) eines zur Einleitung verwendeten bzw. vorgesehenen Abwassers bzw. Wassers

Einpreßloch. $\rightarrow$ Infiltrationsbrunnen; $\downarrow$ Infiltrationsbohrloch

Einpreßversuch. Zeitweiliges Einpressen von Gas und/oder Wasser in ein Bohrloch zur Bestimmung qualitativer oder quantitativer

Gesteinsparameter; $\rightarrow$ Infiltrationsversuch

Einschnitt. Schmale Erosionsform in der $\rightarrow$ Lithosphäre, z.B. enges Tal

Einschwingverfahren. Verfahren zur Bestimmung der $\rightarrow$ Transmissivität; dazu wird künstlich eine Schwingung des Grundwasserspiegels über einen Brunnen erzeugt und die Amplitude und der zeitliche Verlauf der Schwingung („Abklingen") gemessen, beide hängen von der Transmissivität ab, die somit berechnet werden kann

Einsenkung. Allmählich entstandene Vertiefung an der Erdoberfläche, z.B. durch $\rightarrow$ Subrosion, $\rightarrow$ Tektonik oder Bergbau verursacht

Einsickerung. $\rightarrow$ Infiltration

Einsinktiefe. Maß, um das sich ein fester Körper (z.B. Bauwerk) durch innere oder äußere Einwirkungen gegenüber seinem ursprünglichen Zustand in einem definierten Zeitraum vertikal in den (setzungsgefährdeten) Untergrund senkt

Eintrag. $\rightarrow$ Immission

Einvernehmen (Landesrecht). Rechtlich verbindliche Art der Zustimmung eines maßgeblichen Partners (z.B. Behörde) zur Durchführung eines (umweltrelevanten) Bauvorhabens; $\downarrow$ Duldung

Einwirkung. Beeinträchtigung eines Schutzgutes, z.B. durch eine Schadstoffquelle (Altlast, Havarie)

Einwohnergleichwert (EGW). Umrechnungswert, der Grundlage für die Bemessung von kommunalen Kläranlagen und Abgaben im Rahmen des Abwasserabgabengesetzes ist; dazu wird die abgegebene Schmutzfracht eines gewerblichen oder industriellen Abwassererzeugers mit der Schmutzfracht eines Einwohners verglichen, wobei die tägliche auf einen Einwohner bezogene Schmutzmenge gleich 60 g BSB_5 ($\rightarrow$ Sauerstoff-Bedarf, biochemischer, in 5 Tagen) gesetzt wird; beträgt die Schmutzfracht z.B. 900 g, so errechnet sich der EGW zu (900 : 60 =) 15 EGW; $\rightarrow$ Vergleichswert

Einzelanalyse. Analyse eines Kriteriums, z.B. Summenparameter wie Brutto-β-Aktivität ($\rightarrow$ Bruttoaktivität), wasserchemische Analyse einer Einzelprobe

Einzeldiagramm. Graphische Darstellung einzelner wasserchemischer Analysen in

Kreis-, Säulen- oder Strahlendiagrammen, die heute nur noch angewandt wird, um einzelne Charakteristika herauszustellen, z.B. Heilwasseranalysen in Kreisdarstellungen, meist in sog. → UDLUFT-Diagrammen (benannt nach dem Autor)

Einzelfilter. Einzelnes → Filterrohr

Einzelkorngefüge. Lockeres, bindemittelfreies Bodengefüge (z.B. von reinem Quarzsand)

Einzelprobe. An einer Stelle entnommene, unvermischte Probe zur stichprobenartigen Erfassung stofflicher Zustände

Einzelpumpversuch. → Demonstrativpumpversuch

Einzelwasserversorgung. Lokale Wasserversorgung einzelner Nutzer, z.B. Betriebswasserversorgung aus eigenen Brunnen, bäuerliche Wasserversorgung aus Hausbrunnen. Da öffentliche Wasserversorgungen (Kommunen, Verbände usw.) in ihrem Versorgungsgebiet in der Regel Anschlußzwang haben, ist vor Einrichtung einer Einzelversorgung die Rechtslage zu prüfen; nach § 33 WHG (Wasserhaushaltsgesetz) sind Einzelentnahmen von Grundwasser (z.B. Haushalt, landwirtschaftlichen Hof) nicht erlaubnis- oder bewilligungspflichtig; → Eigenwasserversorgung

Einzugsgebiet (A_E oder F_E). In Horizontalprojektion gemessenes Gebiet, aus dem Wasser einem bestimmten Ort zufließt; Einheit: [km²]
1. *E., oberirdisches* (A_{Eo} oder F_{Eo}). Durch oberirdische Wasserscheiden begrenztes → Einzugsgebiet, das häufig nicht mit dem unterirdischen Einzugsgebiet kongruent ist; Einheit: [km²]; → Wassereinzugsgebiet;
2. *E., unterirdisches* (A_{Eu} oder F_{Eu}). Durch unterirdische Wasserscheiden begrenztes → Einzugsgebiet, das häufig größer als das unterirdische ist; Einheit: [km²];→ Wassereinzugsgebiet; ↓ Grundwassereinzugsgebiet, ↓ Grundwassernährgebiet

Eisdecke. Auf einem Oberflächengewässer gebildete, größere unbewegliche Eisschicht (über Randeis hinausgehend)

Eisenbakterien. Meist Chlamydio-Bakterien, die durch Oxidation von 2-wertigen zu 3-wertigen Eisen-Verbindungen Energie gewinnen und auch in Wässern ohne organische Inhaltsstoffe wachsen können, z. B. in Eisenrohrleitungen, die dadurch (rotbraun) verkrusten

Eisenfällung. Art der → Wasseraufbereitung durch Belüftung, wobei wasserlösliche 2-wertige Eisen-Verbindungen zu (meist amorphen) wasserunlöslichen 3-wertigen Eisen-Verbindungen oxidiert werden und sich als Bodensatz absetzen (führt durch Freisetzung von H^+-Ionen zur Versauerung)

eisenhaltig. Erhöhter Gehalt an Eisen-Verbindungen z.B. in Eisenquellen; nach der EG-Richtlinie 98/83/E vom 03.11.1998 beträgt der Grenzwert für Eisen in → Trinkwasser 0,2 mg/l, zur Deklaration eines Heilwassers als „eisenhaltig" ist ein Mindestgehalt von 20 mg/kg erforderlich

Eisgang. Massenhaftes Abschwimmen von Eisschollen auf einem → Fließgewässer, die vorher in Ruhe waren

Eishochwasser. Durch → Eisstand verursachtes Hochwasser

Eisstand. Zusammengefrorene Eisschollen, die in einem → Fließgewässer zum Stehen gekommen sind

Eiszeit. → Glazialzeit

Elastizität (-smodul)(des Grundwassers). Summenwirkung von → Kompressibilität des Wassers (sehr gering; bei 10 °C : $2 \cdot 10^9$ N/m²) und des Korngerüstes eines Porengrundwasserleiters mit Auswirkungen auf die Volumina gespannter und freier Grundwässer; Einheit: [N/m²]

Electromagnetic Reflection. Aktives geophysikalisches Meßverfahren (Anregung und Aussendung elektromagnetischer Impulse im Mikrowellenbereich und Registrierung der zurückgestreuten Wellen) zur Klärung der Lagerung, des Gefüges oder der Gesteinsdichtedifferenzen in der Erdkruste; ↓ Georadar

Elektrische Leitfähigkeit. → Leitfähigkeit, elektrische

Elektrode. → Elektronenakzeptor (1.)

Elektrode, gassensitive. Für in Wasser gelöste Gase (O_2, CO_2, Cl_2, NH_3) spezifisch empfindliche Elektroden, mit denen am Ort der Probenahme deren im Wasser enthaltene Konzentration in [mg/l] gemessen werden kann

Elektrode, ionensentive. Elektrode, die

nur auf bestimmte (Kat- und An-)Ionen reagiert und deren Konzentrationen mißt

Elektrodialyse. Trennung von Lösungsinhalten einer Flüssigkeit durch elektrischen Strom (Elektrolyse) mit Hilfe einer halbdurchlässigen (osmotisch wirkenden) Membrane

Elektrofiltration. Analyseverfahren, das die unterschiedlichen Wanderungsgeschwindigkeiten gelöster geladener Ionen im elektrischen Feld zur Trennung ausnutzt; als Träger für die Untersuchungslösungkann z. B. Filterpapier dienen; ↓ Elektrophorese

Elektrisches Potential. → Zeta-Potential

Elektrolyt. Durch dissoziierte Stoffe (Ionen) elektrisch leitfähige Lösung (z.B. → Salzwasser)

Elektrolytgehalt. → Salzgehalt

elektromagnetische Verfahren (zur Abflußmessung). Verfahren, elektromagnetische

Elektronenakzeptor. 1. Elektrisch polarisiertes Element (Elektrode), zu der ein Ionen-Stoffstrom stattfindet (z.B. positiv geladene Kationen zur Kathode); 2. Physikalisch-chemisch: Empfänger von Elektronen; → Oxidation

Elektronendonatoren. → Oxidation

Elektroosmose. Durch ein elektrisches Feld erzeugte Bewegung geladener Teilchen durch eine semipermeable Schicht (z.B. durch einen Grundwasserhemmer)

Elektroosmoseentwässerung. Verfahren zur Konsolidierung von bindigen Böden/Gesteinen mit außerordentlich schlechter Permeabilität (Durchlässigkeitsbeiwert $kf < 10^{-7}$ m/s) mittels → Elektroosmose, ggf. unter Nutzung der Ionenaustauschkapazität

Elektrophorese. → Elektrofiltration

Elektro-Tracerversuch. → Tracerversuch mit einem Elektrolyt (z.B. NaCl in hoher Konzentration), dessen Fließweg im Untergrund durch ein elektrisches Strömungsfeld markiert und von der Erdoberfläche aus durch Widerstandssondierung

Elemente, finite. → finite Elemente

eliminierbar. Mittels chemischer, physikalischer oder biotechnologischer Verfahren aus einem System (→ Zwei-, Drei- oder Mehrphasensystem) entfernbar bzw. zu inaktivierbar

Eluat. Aus einem (als Adsorber fungierenden) Feststoff (z.B. Boden, Lockergestein) herausgelöste Lösung (vorher) adsorbierter Stoffe, z.B. mit → Batch- oder → Column-Test

Eluierung. Herauslösen von adsorbierten Stoffen (Sorbentien) aus einem festen Adsorptionsmittel (Sorbens)

Eluvialhorizont. Bodenhorizont, aus dem wasserlösliche Stoffe (Pflanzennährstoffe, Humus, Sesquioxide) weitgehend ausgewaschen worden sind; ↓ Bleichungshorizont, ↓ Verarmungshorizont

emers (Pflanzen). Über der Wasseroberfläche befindliche Wasserpflanzen oder Teile davon

Emission. Gesamtheit fester, flüssiger und gasförmiger Stoffe, die von einer Quelle (z.B. Altlast, Havariestelle) in die Umwelt freigesetzt wird; ↓ Austrag

Emissions-Grenzwerte. Grenzwerte für → Emissionen; festgelegt in Verordnungen und Verwaltungsvorschriften; z. B. für leichtflüchtige Halogenkohlenwasserstoffe in der 2. → BImSchV vom 10.12.1990 oder Abfallverbrennungsanlagen in der 17. BImSchV vom 23.11.1990

Emissionsquelle. Punkt, von dem Schadstoffe in die Umwelt austreten können; ↓ Schadherd, ↓ Schadstoffherd, ↓ Schadstoffquelle

Empfindlichkeit. Kenngröße (unterer Grenzwert) für die Genauigkeit meßtechnischer Geräte und Verfahren zur Ermittlung von Meßwerten

Empfindlichkeitsschwelle. Unterer Grenzwert der Empfindlichkeit

Emscherbrunnen. Zweistöckiges Absetzbecken, oben mit Bodenschlitz für (horizontalen) Abwasserdurchfluß zur Feststoffsedimentation, unten zur Schlammausfaulung (Klärschlamm); → Kläranlage

Emulsion. Mit Energieeinsatz erzieltes feindisperses System aus zwei oder mehreren nicht mischbaren (nicht ineinander löslichen oder benetzbaren) Fluiden, z.B. Öl und Wasser, das sich in Abhängigkeit seiner physiko-chemischen Eigenschaften unterschiedlich schnell in seine Ausgangsphasen entmischt

Endablagerung. → Endlagerung

Endlagerung (radioaktiver Abfälle). Verbringen radioaktiver Abfälle an einen Ort zum wartungsfreien, unbefristeten

(> 25.000 a) Verbleib unter Bedingungen, der für eine Isolation der Radionuklide von Schutzgütern (Menschen, Tiere, Pflanzen, Gewässer im Wirkungsfeld des Wasserkreislaufes) bis zur Unterschreitung festgelegter Freigrenzen (für → Emission) geeignet ist; ↓ Endablagerung

Endlauge. → Kali-Endlauge

endogen. Durch erdinnere Kräfte verursacht, z.B. Tektonik, Vulkanismus; ↓ innenbürdig

Endokrine (Stoffe). Hormone und hormonähnliche Substanzen, die durch Ausscheidungen von Menschen über Abwässer sowie von Tieren (insbesondere aus den verabreichten Veterinärpharmaka) in oberirdische Gewässer gelangen und über Uferfiltrat auch ins Grundwasser; außer menschlichen bzw. tierischen E. gibt es auch pflanzliche (Phyto-) Hormone, die ebenfalls (z.B. menschliches) Leben beeinflussen können; E. werden mikrobiell abgebaut, finden sich aber (wenn auch nur gering) noch in Abläufen von Kläranlagen; die in den Gewässern festgestellten Konzentrationen liegen jedoch im Nano- (10^{-9}) bis Mikro-(10^{-6})gramm-Bereich und sind nach derzeitigem Erkenntnisstand nicht gesundheitsgefährdend (bzw. bleiben weit unter der denkbaren Gefährdungsgrenze); da es sich bei den E. um polare Verbindungen (→ Verbindungen, polare) handelt, sind ihre Moleküle fest mit denen des Wassers verbunden und deshalb durch Aktivkohle nicht aus dem Wasser zu entfernen; die EU-Richtlinie „über die Qualität von Wasser für den menschlichen Gebrauch" vom 3.11.1998 nennt keine Grenzwerte, da „es keine ausreichend gesicherten Grundlagen gibt, auf der gemeinschaftsweit geltende Parameterwerte für die Chemikalien beruhen könnten, die endokrine Funktionen beeinträchtigen, jedoch bieten die möglichen Auswirkungen gesundheitsschädigender Stoffe zunehmend Anlaß zur Sorge", die deutsche Trinkwasserverordnung befaßt sich nicht mit E.

Endprobe. Teilprobe, die für eine Analyse (z.B. durch Viertelung oder mit Riffelteiler) aus einer größeren (für ein Untersuchungsobjekt repräsentativen) Probe gewonnen wird

Energie. Potential für die Verrichtung von Arbeit und für dynamische Vorgänge in der Natur, z.B. für Wasserkreislauf (Wasserkraft) und Stofftransport

Energieäquivalent. Kenngröße zur Bewertung (Bilanzierung) bzw. zum Vergleich von Energiepotentialen (z.B. Energierohstoffe, Wasserkraft) und dynamischen Vorgängen (z.B. Grundwasserströmung, Verwitterungsprozesse)

Energiedosis. → Dosis

Enquete-Kommission. Von der Bundesregierung der BRD berufenes Expertengremium zur Klärung grundsätzlicher naturwissenschaftlicher und wirtschaftlicher Probleme sowie zur Konzipierung von Strategiepapieren

Entaktivierung. Beseitigung radioaktiver Kontamination (z.B. durch Bodenaushub, Dekontamination mittels chemischer und physikalischer Verfahren, Abtransport kontaminierter Materialien in ein Endlager)

Entbasung. Abnahme basisch wirkender Stoffe im Boden/Gestein (insbesondere Kalk) durch Auswaschung, übermäßige Zufuhr von Säure (z.B. saurer Regen) und/oder Entzug durch Pflanzen; → Versauerung; ↓ Entkalkung

Entcarbonisierung. Enthärtung; Beseitigung der → Carbonathärte

Enteisenung. → Wasseraufbereitungs-Verfahren zur Verminderung des Gehaltes an zweiwertigem gelösten Eisen durch Belüftung (Oxidation), die mit anschließender Fällung gekoppelt ist oder durch Zusatz einer Base (meist Kalkhydrat); zur Zerstörung von Eisen-Huminsäure-Komplexen sind stärkere Oxidationsmittel (wie Chlor oder Kaliumpermanganat) erforderlich

Enteisenung, unterirdische. Verfahren der Untergrundwasserbehandlung zur Oxidation von zweiwertigem Eisen und Abscheidung als Eisen(III)-Oxidhydrat durch Sauerstoffzufuhr, wofür bei pH-Werten um den Neutralpunkt Mikroorganismen nicht unbedingt erforderlich sind

Enterobacteriaceae. Vor allem im Darm von Menschen und (Warmblütler-)Tieren, vorkommende, fakultativ anaerobe Bakterien. Wichtigste Gattung ist *Escherichia coli*, die im Darmtrakt aller Warmblüter vorkommt, ferner coliforme Bakterien der Gattungen *Citrobacter*, *Klebsiella* und *Enterobacter*;

pathogen sind Erreger der Cholera (*Vibrio cholerae*), Typhus-Paratyphus (*Salmonella*), Ruhr (*Shigella*) u.a.; im (Grund-)Wasser → Indikator füt Zuflüsse von (nicht genügend geklärten) Abwässern und damit möglichen hygienischen Beenträchtigungen durch → pathogene Keime

Enterokokken. Kettenförmige Darmkokken der Bakteriengattung *Streptococcus*, die Erreger von Infektionen mit akuten und chronischen Entzündungen (Eitererreger) sind

Enteroviren. Mit Desinfektionsmitteln nicht abzutötende (genauer zu desaktivierende) Viren, die z.T. Verursacher von Epidemien wie → Poliomyelitis, Meningitis, Enzephalomyelitis, Hepatitis u.a. sind

Entgasung. Freisetzung von Gas aus einem Gestein und/oder Gewässer, z.B. durch chemische Reaktion oder Druckentlastung; ↓ Entlüftung

Entgiftung. Entfernung giftiger Substanzen bzw. Umwandlung giftiger Substanzen mit chemischen und/oder physikalischen Mitteln in ungefährliche

Enthärtung. → Wasseraufbereitungs-Verfahren zur teilweisen oder vollständigen Entfernung von Härtebildnern (wie Magnesium- u. Calciumsulfat oder –hydrogencarbonat) durch Fällung (z.B. mit Kalk, Soda, Ätznatron), Ionenaustauscher (Permutit, Silicat) oder Kunststoffe (Wofatit)

Enthalpie (H). Zustandsgröße der Thermodynamik, die generell auf die Stoffmenge bezogen wird und der Wärmemenge gleich ist, die einem Gramm Stoff zugeführt werden muß, um diesen bei konstantem Druck vom absoluten Nullpunkt auf seine Temperatur (T in Kelvin [K]) zu erwärmen; H. ist somit gleich dem gesamten inneren Energieinhalt des Stoffes; Einheit: [J/mol]; ↓ Wärmeinhalt

Entkalkung. 1. Entfernung der (Hydrogen-)Carbonate aus dem Wasser;
2. → Entbasung

Entkeimung. → Wasseraufbereitungsverfahren zur Abtötung und/oder Entfernung schädlicher Organismen (Bakterien, Viren) und zur Unschädlichmachung ihrer (toxischen) Stoffwechselprodukte

Entlastung. → Grundwasserentspannung

Entlastungsgebiet. Gebiet, in dem → Grundwasser an der Erdoberfläche in Oberflächengewässer (→ Fließgewässer, Seen) oder in benachbarte → Grundwasserleiter ausfließt

Entleerungszeit. Zeitraum, den ein mit Wasser gefülltes Behältnis (z.B. Staubecken, → Talsperre) unter definierten Abflußbedingungen bis zur vollständigen Entleerung benötigt

Entlüftung. 1. → Entgasung;
2. Ableitung der sich in Behältern und Rohren unter erhöhtem Druck sammelnden Luft (Luftsack) bzw. der in Entwässerungsleitungen gestauten Gase (z.B. durch Ventile)

Entmineralisierung. Reduzierung der Konzentration von Wasserinhaltsstoffen durch chemische und/oder physikalische Maßnahmen, z.B. Druck- u. Temperaturänderung, Sorption, Ionenaustausch

Entmischung. Trennung von Phasengemischen in einzelne Bestandteile (z.B. Ausfällung von gelösten Wasserinhaltsstoffen durch Druck-/Temperatur-, pH-, E_H-Änderung)

Entnahme. Gewinnung bzw. Teilung eines Mediums, z.B. → Grundwasserentnahme, → Probenahme

Entnahmeanlage. Technische Anlage zur (geregelten) Bewirtschaftung eines natürlichen Gewässers (z.B. → Förderbrunnen) oder eines Wasserspeichers (z.B. → Talsperre)

Entnahmebereich (eines Brunnens). Teil des Absenkungsbereiches einer Grundwasserentnahme innerhalb des Einzugsgebiets, d.h. der Bereich zwischen den → Kulminationspunkten/-linien des Entnahmetrichters

Entnahmebreite (B). Mittlere Durchflußbreite des Grundwasserstromes eines Einzugsgebietes, die durch den Betrieb einer Fassungsanlage (Einzelbrunnen, Brunnenreihe) beherrscht wird; Einheit: [m]

Entnahmegrenze. → Kulminationslinie

Entnahmetrichter. → Absenkungstrichter

Entnahmeversuch. → Pumpversuch

Entropie (S). Zustandsgröße der Thermodynamik, die den nicht frei verfügbaren, d.h. nicht in Reaktionsenergie umsetzbaren Energieanteil desselben Stoffes beschreibt; Maß für die Umrechnung: [J/mol]

Entropiekonstante. Konstante bei thermodynamischen Reaktionen (→ BOLTZ-

MANN-Konstante $= 1,38066 \cdot 10^{-23}$ J K^{-1};
PLANCK-Konstante $= 6,62618 \cdot 10^{-34}$ J s),
welche außer Temperatur und freier Enthalpie ($\rightarrow$ GIBBS'scher Energie) die Geschwindigkeits-Konstanten bei Reaktionen in wäßrigen Lösungen bestimmen

Entsäuerung. $\rightarrow$ Wasseraufbereitungs-Verfahren zur Entfernung der korrodierend wirkenden, überschüssigen freien $\rightarrow$ Kohlensäure, meist durch Kalkzugabe (Herstellung des Kalk-Kohlensäure-Gleichgewichts), Belüftung und Chemikalienzugabe (Base) oder Filtrierung über basisches Filtermaterial

Entsalzung. Entfernung von gelösten Salzen aus Wasser, z.B. durch Ausfrieren, Verdampfen mit anschließender Kondensation, Elektrodialyse, Ionenaustausch, Umkehr-Osmose

Entsandung. Entfernen des durch Grundwasserzuströmung aus einem Lockergestein in einen (meist neu erbohrten) Brunnen (Brunnenschlammfang) bzw. Brunnenfilter eingetragenen sowie des im unmittelbar umgebenden Gesteinsbereichs befindlichen Feinkornmaterials durch intensives Pumpen (meist mit $\rightarrow$ Mammutpumpen); $\downarrow$ Entsanden

Entschädigung. Ausgleich für Nutzungsbeschränkungen auf einem Grundstück, z.B. für Düngeverbot in einer Trinkwasserschutzzone und dadurch verminderte Erträge (§ 19, Absatz 4 Wasserhaushaltsgesetz)

Entseuchung. $\rightarrow$ Desinfektion

Entsorgung. Beseitigung bzw. Unschädlichmachung von Schadstoffen durch Verbringen in eine (geordnete) Deponie bzw. durch Standortsanierung und/oder -sicherung

Entsorgungsbergwerk. $\rightarrow$ Deponie, unterirdische

Entspannungskluft. Kluftzone, über die eine $\rightarrow$ Grundwasserentspannung erfolgt; $\rightarrow$ Entspannungszone

Entstehung. $\rightarrow$ Genese

Entwässerung. Ableitung von Wasser, um einen vorgegebenen Wasserstand zu gewährleisten, z.B. durch Dränung, Baugrubenwasserhaltung, Grundwasserabsenkung und Wasserhaltung durch Brunnen oder Strecken im Bergbau

Entwässerungsbrunnen. $\rightarrow$ Brunnen zur Grundwasserabsenkung und Wasserhaltung

Entwässerungsschacht. $\rightarrow$ Schacht zur Grundwasserabsenkung und Wasserhaltung (für Tage- und Tiefbau)

Entwässerungsstollen. Bergmännische Strecke ($\rightarrow$ Stollen), die zu einem Gebirgstal führt und vorwiegend der Ableitung von Grundwasser im freien Gefälle zu einem Oberflächengewässer dient; $\downarrow$ Entwässerungsstrecke, $\downarrow$ Wasserhaltungsstollen

Entwässerungstrichter. Absenkung der $\rightarrow$ Grundwasseroberfläche, die aus einer $\rightarrow$ Entwässerung resultiert

Entwicklung. Abschnittsweise und/oder mit stufenweise gesteigertem Förderstrom durchgeführte $\rightarrow$ Entsandung (einschließlich des Entsandens von Klüften) in unverrohrten oder verrohrten Brunnen, ggf. (im unverrohrten Bereich) auch mit gezielter Durchführung von Sprengungen ($\rightarrow$ Frac) und/oder Eingabe von Säuren zum Öffnen von Klüften

Eosin A. Natriumsalz des $2'$, $4'$, $5'$, $7'$-Tetrabromfluorescein, roter saurer Farbstoff, dessen alkoholische oder wässrige Lösung grün fluoresziert und als Tracer für Tracerversuche und hydrogeologische Feldtests dient; Nachweisgrenze: > 1mg/l, Empfindlichkeit wie $\rightarrow$ Uranin, Fluoreszensintensität: 20 % von Uranin

EOX. $\rightarrow$ Gruppenparameter, der extrahierbares organisch gebundenes Halogen (z.B. Chlorkohlenwasserstoffe, CKW) umfaßt

EPA. Environmental Protection Agency die amerikanische Umweltschutzbehörde

EPA-Liste (zum PAK-Nachweis). Um die Vielzahl an PAK ($\rightarrow$ polycyclische aromatische Kohlenwasserstoffe) soweit als möglich analytisch im Wasser nachzuweisen und zu bestimmen, werden einige typische Vertreter, die immer - wenn überhaupt PAK im Wasser enthalten sind - vorhanden sind, bestimmt. Nach der EG-Richtlinie 98/83/EG vom 03.11.1998 sind dies vier spezifische Verbindungen (Benzo[b]fluoranthen, Benzo[k]fluoranthen, Benzo[ghi]perylen, Inden[1,2,3-cd]pyren), deren Summengrenzwert mit 0,1 µg/l festgelegt wurde; die (US-)EPA-Liste umfaßt dagegen 16 Substanzen

Epidemie. $\rightarrow$ Massenerkrankung

Epiklastika. Umgelagerte $\rightarrow$ Pyroklastika; häufig feinkörnig infolge hohen Gehaltes an Tuff; meist schlecht wasserdurchlässig, in Vulkangebieten $\rightarrow$ Sohlfläche für $\rightarrow$ Grundwasserstockwerke

Epilimnion. Obere Zone tiefer, stehender Gewässer mit häufiger Durchmischung durch Konvektion und/oder Windeinwirkung; ↓ Zirkulationszone

epilithisch (Algen). Steinoberflächen besiedelnd

epipelisch. Auf → Schlamm wachsend

Erdalkalisierung (des Wassers). Ionenaustausch in Richtung Erdalkalimetall-Freisetzung

Erdalkali-Wasser. Wasser, in dessen Lösungsinhalt Calcium- und Magnesium-Ionen vorherrschen (dominieren)

Erdaufschluß. → Aufschluß, technischer Eingriff in die → Lithosphäre (z.B. → Bohrung, → Schurf)

Erdbeben. Erschütterung der Erdkruste, vorwiegend durch natürliche Entspannung von sich an Plattengrenzen oder intrakrustal aufbauenden Spannungssituationen (Tektonik), durch Vulkanismus, aber auch anthropogen (z.B. durch Einsturz von Bergbauhohlräumen, Großsprengungen, → Talsperren)

Erdbebenprognose. Wissenschaftlich nach Statistik bisheriger → Erdbeben und geophysikalischer Überwachung der Erdkruste getroffene Aussagen über mutmaßliche Lokalitäten und Stärken künftig zu erwartender Erdbeben; bisher mit wenig Erfolg

Erdbecken. Wasserwirtschaftliche Anlage zur → Grundwasseranreicherung bzw. zur → Abwasserbehandlung

Erddruck. Spannung an der Kontaktfläche zwischen einem Bauwerk und dem Untergrund oder in einer Schnittfläche (z.B. Störung) im Untergrund durch die Eigenmasse eines Gesteinskörpers (z.B. hangendes Lokkergestein)

Erdfall. An der Erdoberfläche plötzlich entstandene (trichter-, schacht- oder glockenförmige) Vertiefung infolge Einsturz eines (z.B. durch Auslaugung löslicher Gesteine verursachten) unterirdischen Hohlraumes

Erdfließen. → Bodenfließen

Erdkruste. Starrer oberer Teil der → Lithosphäre über der Moho-(Mohorovicic-) Diskontinuität, der z.T. durch CONRAD-Diskontinuität in 2 Bereiche gegliedert ist, im Kontinentalbereich meist 30 bis 50 km mächtig, unter Hochgebirgen bis 70 km, unter den Ozeanen nur 5 bis 10 km dick; ↓ Erdrinde

erdmuriatisches Wasser. → Wasser, erdmuriatisches

erdmuriatische Quelle. → Quelle, erdmuriatische

Erdöl. In geologischem Speichergestein angereichertes Öl, ein in Wasser weitgehend unlösliches Gemisch verschiedener natürlicher Kohlenwasserstoffe (Alkane, Aromate, Naphthene) und geringer Mengen organischer N-, O- und S-Verbindungen; je nach Zusammensetzung dünnflüssig und leichtflüchtig oder mittel- bis zähflüssig und schwerflüchtig; hellfarbig durch vorwiegend kettenförmige Kohlenwasserstoffe, dunkelfarbig durch hohen Anteil (> 70 %) gesättigter ringförmiger Kohlenwasserstoffe; Dichte: 0,8 bis 0,9 kg/dm³; chemische Zusammensetzung ca. 32 bis 87 % C, 11 bis 14 % H, 0,1 bis 0,5 % O, 0,01 bis 1 % N, 0,01 bis 2,2 % S

Erdrinde. → Erdkruste

Erdrutsch. Hangabwärts gerichtete Gleitung oder relativ schnelle Rutschung von Gesteinsmassen meist auf bindigen und talwärts geneigten Basisschichten oder Trennfugen (Klüften) mit parabolisch geformter Rutschkörperform (Genesetyp: deluvialrutschend); ↓ Bergrutsch

Erdtide. Gravimetrisch bedingte und durch den Spin (Drehung) des Erdkerns verstärkte rhythmische Hebung und Senkung von Bereichen der → Lithospäre

Erfassung. Recherche und/oder Zusammenstellung von Daten und des verfügbaren Wissens über einen Sachverhalt, z.B. Anlegen eines Katasters über ein hydrogeologisches Projekt (ohne Feld- und Laborarbeiten); → Erkundung

Erforschung. Untersuchung durch Versuche und Sammeln/Ordnen von Daten und Beobachtungen

Erforschungsgrad. Kenntnisstand über Art, Umfang und Qualität der wissenschaftlichen Bearbeitung eines Untersuchungsobjektes

Erg. Arabische Bezeichnung für größere Dünengebiete, die auf ähnliche Bildungen in Sandsteinfolgen (z. B. des Buntsandsteins) übertragen wird

Ergiebigkeit. Nachgewiesenes Nutzungspotential, z.B. eines Grundwasservorkommens oder eines Fassungsstandortes (unter Berücksichtigung von Grundwasserneubildung, künstlicher → Grundwasseranreicherung und/oder vorgesehener Nutzungsart und- dauer); → Brunnenkapazität, → Leistung (eines Brunnens), → Quellschüttung

Erguß. Trivialausdruck für Ausfluß von Wasser, Lava etc.

Erholungsgewässer. Für Freizeit und Erholung geeignetes Oberflächengewässer, z.B. → Badegewässer

Erkundung. Untersuchung zur Lösung einer geowissenschaftlichen Problemstellung (z.B. Bauvorhaben, Lagerstätte), deren Durchführung meist in Etappen mit Zwischenbewertungen und Aufgabenpräzisierungen erfolgt

Erkundung, historische. Erster Schritt zur Untersuchung einer Altlast durch → Erfassung historischer Sachverhalte; ↓ Kenntnisstandsanalyse über historische Sachverhalte

Erkundung, hydrogeologische. Quantitative und qualitative Untersuchungen und Ermittlung von Vorräten unterirdischen Wassers

Erkundung, indirekte. Ermittlung hydrogeologischer Parameter eines Grundwasserströmungsfeldes aus der Beobachtung der Grundwasserdynamik (möglichst über einen repräsentativen Zeitraum) sowie aus geometrischen Parametern zur Lithologie und zur Gesteinsbeschaffenheit

Erkundung, orientierende. Zweiter Schritt zur Untersuchung einer → Altlast zur Gewinnung von Übersichtsinformationen mit minimalem analytischen und/oder technischen Aufwand (nur punktförmige Aufschluß- und Analysenarbeiten)

Erkundung, technische. Geowissenschaftliche Untersuchung mit technischen Mitteln, z.B. mit Bohrungen, Geophysik, Laborarbeiten

Erkundungsbohrung. Bohrung zur geowissenschaftlichen Untersuchung des Untergrundes oder eines vermuteten Rohstoffes (einschließlich Grundwasser)

Erkundungsgrad. Quantitative Abschätzung eines Erkenntnisstandes über ein regional begrenztes Untersuchungsgebiet

Erkundungsmethodik, hydrogeologische. Komplex von Verfahren zur Untersuchung von Gewässern und Grundwasserleitern

Erkundungsnetz. → Aufschlußnetz

Erlaubnis zur Grundwasserentnahme. Zustimmung zu einer Gewässernutzung durch die zuständige Behörde und/oder den Eigentümer/Verwalter, ggf. verbunden mit Auflage (Fixierung von Nutzungsbedingungen); im Gegensatz zur → Bewilligung ist die E.z.G. jederzeit widerrufbar (§ 7 Wasserhaushaltsgesetz)

Erneuerungsrate. Identisch mit → Grundwasserneubildung

Erodierbarkeit. Widerstand eines Bodens/Gesteins gegen eine (potentielle) Erosionswirkung

Erosion. Exogene mechanische Abtragung von Boden/Gestein durch Wasser, Wind sowie Eis- und Gesteinsbewegung (z.B. durch Gletscher); → Abrasion

Erosion, äußere. 1. Wird die zulässige Schleppspannung eines → Fließgewässers überschritten, kommt es in Fließrichtung zum Ablösen und Abtransport von Sedimentteilchen der Fließgewässersohle. Die Größe der Teilchen, die bewegt werden können, ist von der Schleppkraft (u.a. Fließgeschwindigkeit) abhängig;
2. → Erosion an der Erdoberfläche durch aero- und/oder hydrodynamische Kräfte sowie durch Gravitation

Erosion, innere. 1. In größeren, meist röhrenförmigen Hohlräumen im Inneren eines Sedimentes (z.B. Wurzelröhren, Mäuse-Maulwurf- Schermaus- oder Bisamrattengänge) oder durch Auswaschung erweiterte Porenkanäle findet in Abhängikeit der Durchflußkraft (Schleppkraft) ein Ablösen und Abtransportieren von Sedimentpartikel statt (z.B. bei Hochwassersituationen in Auen);
2. Hydrodynamische → Erosion im Bereich von Gesteinsklüften bzw. -fugen unter Auflösung wasserlöslicher Gesteine (z. B. Carbonat-, Sulfatgestein) bei Durchsickerung oder Durchströmung von Wasser (z.B. durch Betrieb von Tiefbrunnen); ↓ Fugenerosion, ↓ Klufterosion

Erosion, Kontakt-. → Kontakterosion

Erosionsbasis. Tiefstes Niveau eines definierten Erosionsgeschehens in einem Gebiet, z.B. eines Glazials oder eines Flusses

Erosionsgefährdung. Empfindlichkeit eines Bodens/Gesteins gegenüber erosiven Kräften von fließendem Wasser und Wind, abhängig von Boden-/Gesteinsart, Niederschlags- und Windintensität, Morphologie (Hangneigung)

Erosionsrinne. Linearer Geländeeinschnitt an Hängen, der durch ablaufendes Niederschlags- oder Schmelzwasser gebildet wird

Erosionsschutz. Maßnahmen zur Stabilisierung der Oberfläche erosionsgefährdeter Böden, z.B. durch Anlegen von Windschutzgehölzcn odcr Gewährleistung weitgehend geschlossener Pflanzendecken

Ersatzbiotop. Durch eine Rekultivierungsmaßnahme wiederhergestelltes → Biotop

Ersaufen. Vollaufen von Grubenbauen mit Grund- und/oder Oberflächenwasser durch Havarie bzw. nicht mehr zu beherrschenden Zufluß; → Absaufen

Erschließungsziel. Hydrogeologische Zielvorstellung hinsichtlich Menge und Qualität bei der Gewinnung von Grund- und/oder Oberflächenwasser

Erschöpfung (Gewässer). Verringerung/ Versiegen des (Mindest-)Abflusses eines → Fließgewässers als Folge eines anthropogenen Eingriffs (z.B. Grundwasserförderung)

Erstarrungspunkt. → Gefrierpunkt

Erstauftreten (bei Tracerversuchen). Nach Tracereingabe vergangene Zeit, bis bei einem Tracerversuch erstmalig eine Tracerkonzentration an einem Beobachtungspunkt erfaßt wird; Einheit: [min])

Erstbewertung, formale. Grobe Begutachtung einer → Altlast nach der Erfassung zur Feststellung der Priorität und Entscheidung über weiteren Handlungsbedarf

Ertragsminderung, landwirtschaftliche. Gegenüber einem langfristigen Mittel eingetretene Verringerung landwirtschaftlicher Erträge infolge anthropogener Eingriffe, insbesondere durch Grundwasserabsenkungen als Folge von Brunnenwasserförderungen oder anderer Eingriffe in den Grundwasserhaushalt, oder als Folge von Anordnungen zur Minderung der Düngung in Wasser-

schutzgebieten, Verbot der Anwendung von → Pflanzenschutzmitteln u.a.m.

Erzaufbereitung. → Aufbereitung

Escherichia coli. Zu den → Enterobacteriaceae gehörende Bakteriengattung, die sich im Darm aller Warmblüter findet und deshalb Indikator für eine Abwasserbelastung durch Ausscheidungen (sowohl menschliche als auch tierische) ist; im allgemeinen nicht pathogen, einige Formen führen jedoch zu gastroenteritischen Erkrankungen

essentiell. wesentlich, lebensnotwendig

Estavelle. Karsthydrologische Erscheinung; Schachtartige Hohlform im Karst, aus der ständig oder zeitweilig Karstwasser ausfließt. Es können auch (Fluß-) → Schwinden sein, aus denen nach stärkeren Regenfällen Wasser austritt; ↓ Speier

ET, ET$_{pot}$, ET$_{reell}$. → Evapotranspiration, → Verdunstung, potentielle/reelle

euphotisch (Oberflächengewässer). Oberste Schicht eines Oberflächengewässers, in der mindestens noch 1 % (natürliche) Helligkeit wirksam ist (an Oberfläche: 100 %)

eutroph. nährstoffreich

Eutrophie. Meist durch menschliche Aktivitäten (v. a. Abwassereinleitungen, Überdüngung) entstandenes Überangebot an organischen Nährstoffen in oberirdischen Gewässern, wodurch eine ständige Steigerung der Bioproduktion bewirkt wird; in Seen zeigt sich an Uferbereichen eine Verdichtung der Vegetation, am Seeboden entsteht ein nährstoffreiches Sediment aus postmortaler organischer Substanz. Wegen der ständig zunehmenden Bioproduktion wird mehr und mehr Sauerstoff verbraucht, bis schließlich der Abbau organischer Substanz nur noch durch anaerobe Fäulnis erfolgt, wodurch ein übler Geruch entsteht und jedes Leben abstirbt; das Gewässer ist tot; → Trophie

Eutrophierung. Verstärkter Nährstoffeintrag in fließende und stehende Oberflächengewässer, z.B. durch Zufluß von Fäkalabwässern, landwirtschaftlichem Dünger oder durch Stickstoffeintrag über Niederschläge, der das massenhafte Wachstum von Wasserpflanzen (Verkrautung), Plankton bzw. Kleinstlebewesen begünstigt und damit die Gewässernutzung beeinträchtigt

Evaporation (E oder V). Physikalischer

Vorgang der Verdunstung von Oberflächen der unbewachsenen → Lithosphäre und von Oberflächengewässern;es wird zwischen potentieller (E_{pot}) und reeller (E_{reell}) E. unterschieden; Einheit: [mm/d] oder [mm/a]; → Verdunstung

Evaporationsrate. → Evaporation bezogen auf eine definierte Fläche und ein definiertes Zeitintervall; Einheit: z.B. [l/(s · km²)]

Evaporimeter. Gerät zur Messung der aktuellen → Verdunstung (→ Lysimeter) oder der bei einer definierten Wetterlage (maximal möglichen) potentiellen Verdunstung (→ Atmometer)

Evaporit. Durch Evaporation entstandenes Gestein, z.B. Steinsalz

Evapotranspiration (ET). Gesamtheit von Boden-, Pflanzenverdunstung und Verdunstung aus der → Interzeption; wie bei der → Evaporation wird zwischen potentieller (ET_{pot}) und aktueller bzw. reeller (ET_{reell}) E. unterschieden; Einheit: [mm/d] oder [mm/a]; → HAUDE-Gleichung

Excitation. Im Gegensatz zur → Kolorimetrie, bei der Lichtabsorption nur einer Wellenlänge erfolgt und analytisch angewandt werden kann, sind es bei der → Fluoreszenzspektroskopie zwei Wellenlängen, nämlich die Anregungs-(Excitations-) und die Fluoreszenz-(Emissions-)Wellenlänge; dadurch ist die Fluorimetrie der Kolorimetrie bei analytischen Nachweisen überlegen, und es werden fluoreszierende Markierungsstoffe bevorzugt, weil die Empfindlichkeit ihres Nachweises viel größer ist

Exfiltration. Wasserfluß von einem Grundwasserkörper in ein Oberflächengewässer

Exhalation. Gasaushauchung, d.h. Ausströmen von Dämpfen und Gasen aus dem Untergrund, meist vulkanischen Ursprungs, aber auch aus Erdöl-/Erdgaslagerstätten bzw. aus Altablagerungen/Deponien

Exponentialmodell (hydrogeologisches). Modellvorstellung in der Isotopenhydrologie zur Berechnung der langfristigen Verweilzeiten des Grundwassers (→ Verweilzeit, mittlere), das aus verschiedenen alten Komponeneten besteht, deren Mengenanteile mit wachsendem Alter etwa exponentiell abnehmen

Exposition. Art und Weise des aktuellen bzw. potentiellen Kontaktes von Schutzgütern mit Schadstoffen

Expositionsdosis. → Dosis, der ein Schutzgut unter definierten Bedingungen ausgesetzt ist (z.B. auf einen Körper auftreffende Strahlung)

Extinktion. Schwächung des Lichts beim Durchgang durch ein Medium (z. B. Wasser)

Extinktionsmodul (einer Wasserprobe). Kenngröße für die Schwächung eines Lichtstrahls definierter Wellenlänge durch die Wasserfärbung; die Schwächung ist außer von E. von der Schichtdicke abhängig. Zur Messung werden die Lichtstrahlen einer Quecksilberdampfleuchte der Wellenlängen 436 nm und 254 nm benutzt; → Absorptionskoeffizient

Extraktion. Selektierender (stofftrennender) Auszug (Auslaugung) von Inhaltsstoffen aus einem Medium für analytische Zwecke

F

F. → Filterlänge, → Formationskonstante

F_E, F_{Eo}, F_{Eu}. → Einzugsgebiet, → E. oberirdisches, → E. unterirdisches

Fabrikationswasser. → Betriebswasser

Fäkalabwasser. Fäkalienhaltiges → Abwasser

Fäkalien. Faunistische Exkremente (u.a. von Menschen)

Fäkalindikator. Eindeutiges Anzeichen auf Beeinflussung durch Fäkalien, z.B. Coli- oder coliforme Keime

Fäkalstreptokokken. Gattung (→ *Streptococcus faecalis*) meist kettenförmiger Darmbakterien, die über Abwasser in Grund- und Oberflächenwasser gelangen können und nach EG-Richtlinie EG 98/83/EG vom 03.11.1998 in 100 ml → Trinkwasser nicht nachweisbar sein dürfen

Fällung. → Ausfällung

Fällungsmittel. Stoffe (Gase, Flüssigkeiten, Feststoffe) zur Erzielung und/oder Beschleunigung von Fällungen

Färbetechnik. Färben von Sporen für → Sporentriftversuche

Fäulnis. Anaerobe Zersetzung von stickstoff-haltiger organischer Substanz (Eiweißabbau) durch Bakterien, wobei z.T. toxische und übelriechende Produkte entstehen wie Phenol, Kresol, Indol, Skatol, Ammoniak, Schwefelwasserstoff

Fahrwasser. Teil einer Wasserstraße oder eines Meeres (mit hinreichender Wassertiefe) zur Nutzung für einen regelmäßigen Schiffsverkehr

Faktorenanalyse (→ Statistik). Statistisches Verfahren, um die Auswertung (Interpretation) von (Grund-)Wasseranalysen zu unterstützen. Dabei werden Gruppen von zusammengehörenden Parametern gebildet, die zu einem Faktor (als Verursacher) gehören; das Ergebnis muß anschließend geohydrochemisch interpretiert werden

Fallfilterbrunnen. Rohrbrunnen zur → Entwässerung des Deckgebirges (z.B. beim Braunkohlebergbau) nach unten in eine Entwässerungsstrecke

Fallout (radioaktiver). Immission von (durch Havarie oder Kernwaffentest) freigesetztem radioaktiven Material aus der Atmosphäre auf die Erdoberfläche. Man unterscheidet zwei Typen:
1. Nah-F. aus spezifisch schweren Partikeln, die innerhalb weniger Tage in der Nähe des Emissionsortes und/oder in Richtung aktueller Wetterlagen lokal in Entfernungen bis zu mehreren 100 km (meist trocken) immitieren;
2. Welt-F. aus spezifisch leichteren Partikeln, die über die obere Troposphäre weltweit verbreitet werden und meist erst nach Monaten bis Jahren mit Niederschlägen auf die Erdoberfläche gelangen. Die Strahlenexposition in der BRD durch Kernwaffentests wird für den Zeitraum 1950 bis 2020 auf insgesamt 2 mSv geschätzt (unter Annahme keiner weiterer Tests)

Fallwasser. → Grubenwasser, das von einer höheren Sohle zur Energiegewinnung (z.B. über eine Turbine oder ein Wasserrad) zu einer darunter befindlichen Entwässerungsstrecke geleitet wird

Farbstoff (für Tracertest). Für Farbtracerversuche werden vorwiegend folgende Farbstoffe eingesetzt: → Uranin, Nachweisgrenze bis 0,002 μg/l; → Eosin A, Nachweisgrenze > 1 mg/l und → Rhodamin B, Nachweisgrenze geringer; → Tracer, hydrogeologische

Fassung (Wasserfassung). Technische Einrichtung zur Fassung von Grundwasser aus Quellen

Fassungsbereich. Zone I eines Wasserschutzgebietes; → Schutzzone, → Trinkwasserschutzgebiet

Fassungskapazität (eines Brunnens). → Größtmöglicher Förderstrom eines Brunnens, der von dessen Abmessungen und Bauart, von Brunnenalterung, hydraulischer Anbindung an den Grundwasserleiter (sog. → Skineffekt) sowie von der hydrogeologischen Situation (Grundwasserleiter, Grundwasserneubildung bzw. Grundwasseranreicherung)

abhängig ist
Faulgas. → Biogas
Faulschlamm. 1. Unter anaeroben Bedingungen biochemisch (meist in stehenden Oberflächengewässern) umgewandelte organische Substanz in ein tonig-schluffiges, dunkelgraues bis schwarzes Sediment (→ Sapropel);
2. Im Rahmen der → Abwasserbehandlung durch Ausfaulung stabilisierter → Schlamm (→ Klärschlamm)
Faulwasser. In → Faulschlamm enthaltenes Wasser
Fazies. Gesamtheit der petrographischen und paläontologischen Merkmale einer Ablagerung, die von den geographischen und geologischen Verhältnissen im Ablagerungsraum bestimmt werden
FEHLMANN-Verfahren. Ein von dem Schweizer Ingenieur FEHLMANN entwickeltes Verfahren zum Bau eines → Horizontalfilterbrunnens. Dabei wird aus einem Schacht zunächst ein Bohrrohr horizontal (in Lockergestein) vorgetrieben und das Bohrgut mit dem in das Rohr eintretenden Grundwasser ausgespült. Nach Erreichen der Endlänge werden in das Bohrrohr Filterrohre eingeschoben, deren Schlitzweite der Körnung des Grundwasserleiters angepaßt ist; danach wird das Bohrrohr wieder gezogen. In dem weiter entwickelten PREUSSAG-Verfahren wird zusätzlich eine Kiesschüttung zwischen Filterrohr und Grundwasserleiter eingebracht; → RANNEY-Brunnen
FCKW. Fluor-Chlor-Kohlenwasserstoffe; → Kohlenwasserstoffe, halogenierte
Feinboden. Feste Bodenbestandteile unter 2 mm Äquivalentdurchmesser; wegen des (relativ) hohen Anteils an feinkörnigen Material ist die → Infiltration und somit die Grundwasserneubildung unter einem F. gering; ↓ Feinerde
Feinporen. Poren mit → Äquivalentdurchmesser < 0,2 µm und ohne pflanzenverfügbares Wasser
Feldblatt. → Feldkarte
Felddokumentation. Geowissenschaftliche Dokumentation im Gelände (Objekt) auf der Grundlage visueller Untersuchungen, z.B. vorläufiges Schichtenverzeichnis (ohne Analytik)

Feldkapazität (FK). Wassermenge, die ein Boden maximal gegen die Schwerkraft zurückhalten kann; konventionell der Wassergehalt bei einer → Saugspannung von → $pF > 1{,}8$; Einheit: [Masse %], [Vol. %], [l/m^3], [mm/dm]; ↓ Speicherfeuchte
Feldkapazität, nutzbare (nFK). Feldkapazität abzüglich Anteil an → totem Wasser; konventionell der Wassergehalt zwischen → pF 1,8 und 4,2; Einheit: [Masse %], [Vol. %], [l/m^3], [mm/dm]
Feldkapazität, nutzbare (des effektiven Wurzelraums)(nFKWe). Nutzbare Feldkapazität, bezogen auf die effektive Durchwurzelungstiefe (= Raum im Boden, in dem Wasserentzug durch einjährige landwirtschaftliche Pflanzen in Trockenjahren bei grundwasserunbeeinflußten Böden erfolgt); ↓ Regenkapazität
Feldkarte. Topographische Arbeitskarte mit Eintragung geowissenschaftlicher Kartierungen im Gelände; ↓ Feldblatt
Feldmethoden (Analytik). Wasseruntersuchungen in situ bzw. am Ort der Probenahme (einschließlich Probestabilisierung, z.B. zur Verhinderung von Oxidation oder Entgasung)
Feldspatführender Sandstein. → Sandstein, feldspatführend
Feldtest. Bemusterung von Gesteinen und/oder Gewässern in situ mit Hilfe spezieller technischer Verfahren, z.B. geophysikalische Bohrlochmessung (BLM, → Bohrlochmessung), Parameteranalyse in Brunnen mit Sonden, → Infiltrationsversuch (IV), → Pumpversuch (PV), → Tracerversuch (TV), chemische Vorort-Bestimmungen von Wässern
Fels. Natürlicher Festgesteinsverband (verschiedener Art und Größe), der durch Erosions- und/oder Trennflächen (Klüfte) begrenzt wird
Felshohlraumbau. Untertägiger Ingenieurbau (z.B. Tunnel, Maschinenhalle) im Festgestein außerhalb bergmännischer Nutzung, meist mit längerer Standzeit
FEM. Finite Element Method; → Finite-Elemente-Verfahren
Fenster, hydraulisches. Unterbrechung einer grundwasserabdichtenden Schicht (oder einer Schichtfolge), so daß eine (meist loka-

le)hydraulische Verbindung be- bzw. entsteht und zwei (oder mehr) → Grundwasserstockwerke hydraulisch an diesem Punkt nicht mehr getrennt sind, hydraulisch also ein Potentialausgleich erfolgen kann

Fensterverwitterung. → Tafoni-Verwitterung

Fernerkundung. Untersuchung von Erdoberfläche und Gewässern mit geophysikalischen, analogen (Fotographie) oder digitalen (Scanner-Aufnahmen) multispektralen Verfahren von Flugkörpern (Hubschrauber, Flugzeuge, Satelliten, Raumsonden)

Fernpegel. Hydrogeologische Meßstelle mit automatischer Datenerfassung und -übertragung zu einer Erfassungs- und Auswertezentrale

Fernwasserversorgung. System zur Wasserversorgung von Ballungszentren und/oder Industriezentren durch Leitungen über größere Entfernung

Festgebirge. Komplex von → Festgesteinen in natürlicher Lagerung mit Trennflächen bzw. Klüften

Festgestein. Komplex miteinander zementierter/verkitteter, druckverfestigter und/oder verwachsener Minerale bzw. Gesteinsbruchstücke (einschließlich Salz- und Karbonatgestein) mit oder ohne organische Beimengungen sowie Kohlen in so fester Bindung, daß eine einachsige Druckfestigkeit von mindestens 1 MPa gegeben ist und das Material durch Kneten und/oder Aufschütteln in Wasser nicht in seine Bestandteile zerfällt; durch Verwitterung in unterschiedlichen Zeiträumen kann F. an Festigkeit verlieren und zu → Lockergestein umgewandelt werden. Unterschieden wird verwitterungsbeständiges F. (mit sehr guter Tragfähigkeit von mindestens 50 Jahren), verwitterungsempfindliches F. und verwitterungsunbeständiges F. (kann in wenigen Stunden bis 5 Jahren zu Lockergestein verwittern)

Festigkeit (F). 1. Eigenschaft eines Körpers, der Einwirkung von Belastungen Widerstand entgegenzusetzen;
2. Kennwert für die Spannung, bei deren Überschreiten ein Prüfkörper zu Bruch geht (Bruchspannung); unterschieden werden insbesondere Druck-, Biege-, Scher- und Zugfestigkeit; Einheit: [kg/mm²]

Festpunkt. In seiner Lage stabiler Meßpunkt, der oberirdisch als Stahlbolzen in stabilen Mauern oder Betonfundamenten angebracht sein oder unterirdisch in Beton gegossen und mit Festgestein in Verbindung stehen kann; geodätischer Punkt, z.B. trigonometrischer Punkt (TP); Nivellement-Festpunkt; → Normal-Null

Feststoff. In einem Gewässer mitgeführtes festes Material (Geschiebe, Schwimmstoff, Schwebstoff, Sinkstoff)

Feststofffracht. → Feststoff, der in einem definierten Zeitraum aus einem Einzugsgebiet transportiert wird oder einen Durchflußquerschnitt passiert; Einheit: [mg/(l · s)]; [kg/(m³ · s)]; ↓ Feststoffführung

Feststoffführung. → Feststofffracht

Feststoffvolumen (V_s). Volumen der festen Bestandteile, z.B. eines Bodens bzw. Gesteins ohne Hohlraumanteil; Einheit: [cm³] oder [m³]

Feuchtbiotop. Lebensraum von → Biozönosen, die mindestens zeitweilig auf offenes Wasser, nasse, feuchte oder wechselfeuchte Bedingungen angewiesen sind

Feuchte. 1. Gehalt an Wasserdampf in der Atmosphäre;
2. → Gesteinsfeuchte

Feuchteäquivalent. 1. → Feuchte eines definierten Volumens der Atmosphäre oder der Erdkruste;
2. Im Laboratorium bestimmbarer Näherungswert zur Kennzeichnung der → Feldkapazität

Feuchtegehalt. → Feuchtezustand

Feuchtezustand. Bodenbeschaffenheit bei einem pflanzennutzbaren Wassergehalt (→ Feldkapazität); ↓ Feuchtegehalt

Feuerlöschbrunnen. → Löschwasserbrunnen

FE-Vorhaben. Forschungs- und Entwicklungs-Vorhaben

Filter. 1. → Brunnenfilter, → Filterrohr, Teil des Brunnenausbaus;
2. Technische Anlage zur Abtrennung von Schwebstoffen aus Rohwasser, mechanisch, durch Ionenaustausch oder Sorption

Filter, geschlossener. Wasser-Aufbereitungsanlage zur Schnellfiltration unter Druck durch Filterschichten in einem Behälter

Filter, offener. Wasser-Aufbereitungsanlage zur Schnellfiltration mit Gravitationsdurchlauf durch Filterschichten in einem Becken

Filter, verlorener. → Brunnenfilter, verlorener

Filterasche. Durch Spezialfilteranlage (z.B. Elektrofilter) separierte feinstkörnige Verbrennungsrückstände; → Filterstaub

Filterbrunnenentwässerung. → Entwässerung bzw. Wasserhaltung durch → Vertikalfilterbrunnen

Filterdurchmesser. Durchmesser (außen) von Brunnenfilterrohren. Die Durchmesser sind genormt, die Angabe erfolgt mit dem Zusatz „DN" (Durchmessernorm) in [mm], z.B. DN 100, früher Nennweite genannt; Normung für Stahlfilter in DIN 4922-1 bis 3, für Filterrohre aus PVC in DIN 4925-1 bis 3, für Filterrohre aus PVC sowie für Wickeldrahtfilter in DIN 4935-1 bis 3

Filterdurchsatz. Einer definierten Filterfläche in einer definierten Zeit zur Separation (z. B. Abwasserklärung) zugeführte Feststoffmasse (oder Feststoffvolumen); Einheit: $[kg/(m^2 \cdot h)]$ oder $[m^3/(m^2 \cdot h)]$

Filtereintrittsfläche. → Filterfläche

Filtereintrittswiderstand. Zwischen dem Grundwasserspiegel außerhalb eines Brunnens und dem im Brunnen besteht auf Grund des Durchflußwiderstands beim Durchfließen des Filters (Filterkies und Filterrohrschlitze) eine Spiegeldifferenz. Diese kann aber auch dadurch verursacht werden, daß der Grundwasserzufluß aus dem Gebirge geringer ist als die Menge, die durch den Filter fließen kann; dadurch wird bei Wasserförderung die Absenkung im Brunnen größer als außerhalb. Die Strecke zwischen dem abgesenkten Wasserspiegel bzw. der (z.B. durch Pegelrohr) gemessenen Spiegellage des Entnahmetrichters im Grundwasserleiter und dem Wasserspiegelniveau bei Eintritt des Wassers in den Filterbereich, wird als „Sickerstrecke" bezeichnet

Filterfaktor. Verhältniszahl aus dem engsten Durchgang eines Korngemisches zur Korngröße des → Filterkieses, die zwischen 4 und 5 liegt, im Mittel 4,5; mit der → Kennkorngröße multipliziert ergibt sich die mittlere Korngröße einer zu wählenden Filterkorngröße

Filterfläche. Offene Fläche eines Filterrohres, anzugeben in m² pro m Rohrlänge; → Filtereintrittsfläche

Filtergeschwindigkeit (v_f). Volumenstrom (Q) pro Filterfläche (F) bzw. Grundwasserquerschnitt; Einheit: [m/s]; ↓ DARCY-Geschwindigkeit; ↓ Durchgangsgeschwindigkeit

Filtergewebe. Zur Ummantelung grob perforierter Filterrohre geeignetes Gewebe (z.B. Siebgewebe, Tressengewebe)

Filterkies, Filtersand. Wichtigstes Bauelement eines → Kiesfilters; das Material muß aus ungebrochenem, natürlichen Quarzkies (oder -sand) bestehen und darf keine gequetschten oder gebrochenen Mineralstoffe (z.B. Splitt) enthalten; in DIN 4924 sind die Körnungen zu Korngruppen zusammengefaßt und die zulässigen Anteile an Unter- und Überkorn prozentual aufgelistet

Filterkoeffizient. → Durchlässigkeitsbeiwert

Filterkoeffizient, kapillarer. Koeffizient der kapillaren Permeabilität in der wasserungesättigten Zone, ausgedrückt als Quotient aus → Filtergeschwindigkeit (v_f) und Differenz des → Tensiometerdrucks (Δp) längs einer Fließstrecke (bei Wassersättigung identisch dem → Durchlässigkeitsbeiwert k_f); Einheit: [m/s]

Filterkriterien. In der Ingenieurgeologie die Kriterien der Filterstabilität, die bei zwei aneinander grenzenden Böden (Basis- bzw. Filtermaterial) die Siebwirkung als Filter (für körniges Material) bestimmen; liegt keine F. vor, so können Kontakterosionen oder -suffosionen auftreten, sofern ein hydraulisches Gefälle vorliegt. Besonders wichtig ist die F. für gleichförmige, körnige Böden, d.h. bei Bodenmaterialien enger Kornabstufung mit → Ungleichförmigkeitsgrad < 2. F. ist dann gegeben, wenn der Quotient aus d_{85}/d_{15} (Korngröße im Schnittpunkt der 85 %- bzw. 15 %-Linie mit der Summenkurve) < 4 ist

Filterkuchen. 1. Spülungsfiltrat (Spülungsmittel) an der Bohrlochwand, das beim Filtrationsvorgang durch hydrostatischen Differenzdruck von der Spülungssäule einer Bohrung zum Formationswasser (im Gebirge) hervorgerufen wird; zur Vermeidung größerer Spülungsverluste wird zur → Spülung ein Zusatz gegeben, der so ausgelegt ist, daß eine (vorübergehende) Abdichtung gegen das Gebirge bewirkt wird;

2. Bei Schlammentwässerung mit Filtrationsverfahren anfallender Rückstand mit erhöhtem Feststoffanteil

Filterlänge (F). Wirksame Länge eines Brunnenfilters (Länge zwischen Ober- und Unterkante der Perforation); Einheit: [m]

Filterrohr. Gut wasserdurchlässiges (perforiertes, geschlitztes oder poröses) Rohr für den Brunnenausbau; Spezifizierung nach dem verwendeten Werkstoff, z.B. Kiesklebe-, PVC-, Stahl-, Steinzeug-, Holzstab-Filterrohr

Filterrohrlänge (F). Gesamtlänge der → Filterrohre in einer Brunnenverrohrung; Länge und Lage richten sich nach den Niveaus der zu erschließenden Grundwasserleiter oder -stockwerke; ↓ Filterstrecke

Filterrückstand. Durch Filterung separiertes Material

Filtersand. → Filterkies

Filterschicht. In Brunnen zwischen Bohrlochwand und Filterrohr eingebauter Filtersand und/oder Filterkies

Filterstaub. Staubartiger Rückstand einer Filterung

Filterstrecke. → Filterrohrlänge

Filterstrom. → Durchfluß, unterirdischer

Filterströmung. Vorgang der → Filtration

Filterung, mechanische. Mechanische Abseihung von Festmaterial aus einem Fluidstrom; → Filtration

Filterwiderstand (h). Verlusthöhe des hydraulischen Druckes bei Grundwasserströmung durch einen → Brunnenfilter (Differenz der Grundwasserstände an der Bohrlochwand und im Filterrohr bei Pumpbetrieb); Einheit: [m]; → Filtereintrittswiderstand

Filterwirkung (des Grundwasserleiters). Komplexer physikalischer und physikalisch-chemischer Prozeß, durch den die Transportaktivitäten des Grundwassers beeinflußt werden. Mechanisch wirken sich aus: Geometrie der Hohlräume, vor allem Porendurchmesser (→ Porosität) und Porenverteilung im → Grundwasserleiter, hydraulisch Porenverbindung, Art (kolloidal, gelöst) und Größe der mit dem Wasser transportierten Stoffe, → Filtergeschwindigkeit des Grund-

wasserleiters und die Dichte der suspendierten Teilchen (→ Partikel); physikalisch-chemisch → Sorption, temperaturbeeinflußte → Viskosität des Wassers und schließlich Art der Diffusion (→ PECLET-Zahl)

Filtrat. Flüssigkeit nach Durchgang durch ein → Filter (nach → Filtration)

Filtration. 1. Verfahren zur Abtrennung von Schwebstoffen mittels Filter;

2. Volumenstrom von Fluiden durch ein feinklüftiges und/oder poröses Medium (z.B. Grundwasserströmung im Sandstein); → Filterung

Filtrationsgeschwindigkeit. → Sickergeschwindigkeit

Filtrationsrate. → Durchflußrate

Filtrationsstrom. Volumenstrom eines Fluids durch ein feinklüftiges und/oder poröses Medium; → Durchfluß, unterirdischer

Filtrieren. → Filtration

Fingerprobe. Grobansprache von Boden-/Gesteinsart, Feuchtezustand und Korngrößenzusammensetzung an einer Probe durch Befühlen bzw. Zerreiben

Finite Elemente. Endliche (diskretisierte) Teile einer Gesamtheit, insbesondere als Grundlage zur hydrogeologischen Modellierung; Prinzip der Modellierung von Prozessen, wonach das Untersuchungsfeld in räumlich (oder zeitlich) begrenzte, dem Untersuchungsziel angepaßte Zellen (→ finite Elemente) aufgeteilt und die Entwicklung, der Fortgang eines Prozesses von Zelle zu Zelle verfolgt wird; dabei ist das Wesentliche, daß der in einer Zelle sich einstellende Entwicklungsstand in der nächsten berücksichtigt wird bzw. in den dortigen Prozeßschritt eingeht. Man unterscheidet Bilanzverfahren „Multiple Cell Method" = „MCM"; Differenzenverfahren „Finite Difference Method" = „FDM"; Verfahren endlicher Elemente „Finite Element Method" = „FEM"

Firn. Altschnee (meist mehrjährig) in Hochgebirgen und Polargebieten, der durch mehrfaches Aufschmelzen und Gefrieren sowie durch Druck von auflagerndem Neuschnee allmählich in körnigen Zustand übergeht und die Vorstufe von Gletschereis darstellt

Firneis. Aus Firn entstandenes Eis, oberster Bereich von Gletschern

FIS. **F**achinformations**s**ystem, z.B. FIS Hydrogeologie der Geologischen Landesämter in der BRD

Fischsterben. Massensterben von Fischen eines Gewässers, ausgelöst durch Gifte, Parasiten und/oder schädigende Umwelteinflüsse

Fischtest. Verfahren zur Ermittlung toxischer Wirkungen von Wasser, Abwasser oder chemischen Verbindungen (Alt-, Neustoffe) und deren Gemische auf Fische. Man unterscheidet zwischen Tests auf akute Toxizität nach kurzer Einwirkungsdauer (im allgemeinen 48 oder 96 h) und solchen auf chronische Toxizität nach längerfristiger Einwirkung. Zur Beurteilung von Abwasser wird seine Fischgiftigkeit (→ Fischtoxizität) bestimmt

Fischtoxizität. Nach Abwasserabgabengesetz Maß zur Ermittlung der Abwasserabgabe unter Zugrundelegung der Giftigkeit des Abwassers gegenüber Fischen. Im Fischtest wird die Abwasser-Verdünnungs-stufe ermittelt, bei der keiner der jeweils 3 verwendeten Fische innerhalb der Testzeit von 48 h gestorben ist; als Testfisch dient die juvenile Goldorfe; ↓ Fischgiftigkeit

Fk. → Feldkapazität

Flachbrunnen. → Brunnen zur Erschließung von oberflächennahem Grundwasser, mit Saug- und U-Pumpen; konventionell 20 - 5 m Teufe

Flachland. Tiefland mit wenig bewegter Oberfläche im Niveau bis 200 m NN (Seehöhe)

Flachufer. Um 2 ° bis 5 ° geneigter Randbereich eines Gewässers; → Strand

Flachwasser. Wassertiefenbereich von Oberflächengewässern, in dem die Wellengeschwindigkeit im wesentlichen von der Wassertiefe abhängig ist; ↓ Flachwasserbereich

Flachwasserbereich. → Flachwasser

Flächenbelastung. Auf eine definierte Fläche in einer definierten Zeit immitierte Schadstoffmengen, z.B. Masse an Abwasserinhaltsstoffen; Einheit: [kg/(m² · h)]

flächendeckender Grundwasserschutz. → Grundwasserschutz, flächendeckender

Flächenentzug. → Flächeninanspruchnahme

Flächenerosion. Flächenhafte Abspülung des obersten Bodenhorizontes; → Erosion

Flächengefüge. Summe der flächigen Gefügeelemente (Schicht, Schiefrigkeit, Küfte, Spaltflächen, Fugen, Störungen usw.) eines Gesteinskörpers im Gegensatz zu Liniengefüge, d. h. linienhafte tektonische Gefügeelemente (z.B. δ_1-Lineationen, δ_2-Lineationen, Lineation in a, Faltenachsen, Striemung, Foliation, Stengel); unter Gefüge wird dabei die Lage von meßbaren Gesteinseigenschaften im Raum verstanden; ↓ Makrogefüge

Flächeninanspruchnahme. Inanspruchnahme von kommunalen, land- und forstwirtschaftlichen oder sonstigen Nutzungsflächen mit Rechtsträgerwechsel durch Bergbau oder Industrie; ↓ Flächenentzug

Flächenquelle. Grundwasseraustritt über eine größere Fläche

Flächenrecycling. Maßnahmen zur Wiedernutzbarmachung von Flächen mit schädlichen Bodenveränderungen (z.B. kontaminierte Industriebrachen)

Flächenüberstau. Zuleitung von Wasser in flache Staubecken, z.B. zur → Grundwasseranreicherung

Flammenspektroskopie. Spektralanalytische Schnellmethode (Verfahren der Emissionsspektroskopie) zur qualitativen und quantitativen Bestimmung z.B. von Alkali- und Erdalkalimetallen in Böden/Gesteinen und Wässern

Flechtströmung. → Strömung, turbulente

Fließdruck. Statischer Überdruck an einer definierten Stelle in einer Wasserleitung bei Wasserentnahme

Fließen. 1. Bewegung von Fluiden (z.B. Grundwasserströmung);
2. Sehr langsame Bewegung und/oder Deformation von Locker- und Festgesteinskomplexen durch Gravitation und/oder tektonischen Druck (z.B. Solifluktion, tektonische Faltung)

Fließerde. Lockergestein mit erhöhtem Feinkorn- und Wassergehalt, das durch sein Eigengewicht an Hangbereichen bzw. bei Druckentlastung (auch bei außerordentlich geringem Gefälle) zum Fließen neigt, sich in Bewegung befindet oder sich in Bewegung befunden hat (z.B. Boden in Dauerfrostregion bei zeitweilig oberflächlicher Erwärmung)

Fließgeschwindigkeit. 1. Geschwindigkeit des Wassers an einem bestimmten Punkt des Gewässers;

2. → Abstandsgeschwindigkeit

Fließgeschwindigkeitsmessung. Ermittlung der lokalen und/oder mittleren Geschwindigkeit eines → Fließgewässers (z.B. mit → Flowmeter oder → Flügel, hydrometrischer)

Fließgewässer. An der Oberfläche der → Lithosphäre (und im Karst) ständig oder zeitweilig entlang einem Gefälle (Potential) abfließendes Gewässer (z.B. Bach, Fluß, Kanal, Strom)

Fließgrenze (W). → Wassergehalt eines Lockergesteins beim Übergangszustand von der festen (stabilen) in die flüssige Phase, anzugeben an Massenanteil in [%]

Fließregime. → Strömung (2.)

Fließrichtung. → Strömungsrichtung, → Grundwasserfließrichtung

Fließsystem. Nach den „Richtlinien zur Festsetzung von Heilquellenschutzgebieten" (Fassung 1998) der Gesteinskörper mit seinen Poren-, Kluft- oder Karsthohlräumen und den sich darin bildenden oder bewegenden Wasser- und/oder Gasvorkommen

Fließweg. → Grundwasserfließweg

Fließzeit (T). Nach DIN 4049-3 Zeit, in der ein definiertes Wasserteilchen oder Wasservolumen eine definierte Strecke zurücklegt; Einheit: [min], [h]; ↓ Translationszeit

Flockenbildung. → Flockung

Flockung. Natürliche oder durch technische Maßnahmen (wie Chemikalienzusatz) bewirkte Zusammenballung (Aggregation) und Sedimentation im Wasser (echt oder kolloidal) gelöster und/oder suspendierter Substanzen (z.B. zur Wasseraufbereitung)

Flockungsmittel. Substanzen zur Gewährleistung einer günstigen → Flockung; im Wasserbehandlungsprozeß z.B. Metallsalze (wie Aluminiumsulfat, Eisenchlorid und –sulfat, Calciumhydroxid), anorganische und organische Polymere (wie aktivierte Kieselsäure)

Flotation. Technisches Aufbereitungsverfahren (z.B. für Erz, Abwasser), bei dem zu separierende Stoffe in Partikelform durch Anlagerung feiner Gasbläschen aus einem Stoffgemisch zum Aufschwimmen gebracht werden (z.B. Luftflotation, Entspannungsflotation)

Flottwasser. Wasserhöhe zwischen Gewässerboden und Eintauchtiefe eines Schiffes

Flowmeter. Gerät zur Erfassung horizontaler (natürlicher) und/oder vertikaler (künstlicher, durch Wassereinleitung oder Wasserentnahme erzeugter) Wasserströmungen in definierten unverrohrten Bohrlochabschnitten, bestehend aus einem Meßflügel (Propeller in einer zylinderförmigen Sonde in Bohrlochmitte), dessen Umdrehungszahl pro Zeiteinheit mittels elektrischer Signale einer Meßapparatur zugeleitet wird und als Maß für den Volumenstrom und zur Lokalisierung hydrodynamisch aktiver Profilabschnitte dient (Bohrlochgeophysik)

Flowmetermessung. Bohrlochmessung mittels Flowmeter

Flügel, hydrometrischer. Gerät zur Messung der Fließgeschwindigkeit oberirdischer → Fließgewässer; bewährt hat sich der WOLTMANN-Meßflügel, der aus einem Propeller besteht, dessen Umdrehungszahl der Fließgeschwindigkeit proportional ist

Flüssigkeitsdichte (θ). Quotient aus Flüssigkeitsmasse und Flüssigkeitsvolumen bei definierten Druck- und Temperaturbedingungen; Einheit: [g/cm³])

Fluid. Allgemeiner Begriff für Flüssigkeiten ohne Bezug auf deren Beschaffenheit und (physikalische, chemische) Eigenschaften

Fluid-Logging-Verfahren. Verfahren zur Erfassung der vertikalen Durchlässigkeitsverteilung in → Geringleitern. Dazu wird in einem nicht verrohrten Bohrloch nach Austausch der Bohrlochflüssigkeit ein kontrastreiches Fluid eingebracht und während eines Pumpversuches mehrfach die elektrische Leitfähigkeit (→ Leitfähigkeit, elektrische) bzw. deren Änderungen in der Vertikalen gemessen

Fluorescein. Sehr gut wasserlöslicher → Farbstoff, der unter Lichteinwirkung (auch bei extremer Verdünnung) intensiv leuchtet (fluoresziert), weshalb er als idealer → Tracer für hydrogeologische Untersuchungen von Interesse ist; chemisch: 2-(6-Hydroy-3-oxo-3H-xanthen-9-yl)-benzoesäure ($C_{20}H_{12}O_5$); Derivate: → Eosin A, → Uranin

Fluoreszenzspektroskopie. Analysenmethode, bei der die Eigenschaft einiger Stoffe genutzt wird, nach Anregung einen Teil des eingestrahlten (UV-)Lichts als Fluoreszenzstrahlung mit bestimmten Wellenlängen wieder abzugeben; Anwendung: Untersuchung organischer Stoffe (z.B. Huminstoffe), aber auch anorganischer Ionen (z.b. von Selen, Beryllium)

Fluoridierung. → Fluorierung

Fluorierung. Zugabe geringer Mengen von gebundenem Fluor (z.b. Na-Fluorsilikat Na_2SiF_6, NaF) zum → Trinkwasser als Prophylaxe gegen Karies (→ Trinkwasser sollte mindestens 0,5 mg/l Fluor enthalten, zur Vermeidung von Zahnschäden sollten jedoch ständig nicht mehr als 2 mg Fluor pro Tag inkorporiert werden); ↓ Fluoridierung

Fluoreskop (gelegentlich fälschlich Fluoroskop genannt). Gerät zum Erkennen der als → Tracer bei Markierungsversuchen eingebenen Fluoreszenz-Farbstoffe auch bei deren größerer Verdünnung

Flur. → Geländeoberkante

Flurabstand. Abstand der Grundwasser-(piezometrischen) Oberfläche der wassergesättigten Zone (→ Zone, wassergesättigte) von der Geländeoberfläche; ↓ Grundwasserflurabstand, ↓ Grundwassertiefe

Flurwasser. Wasser, das unmittelbar aus dem → Niederschlag in den Boden infiltriert

Fluß. Natürliches → Fließgewässer, das ein größeres Einzugsgebiet oberirdisch entwässert. Der Begriff gilt generell für Gesamtgewässer von der Quelle bis zur Mündung, wird aber auch nur für den wasserreicheren Mittel- und Unterlauf verwendet

Flußdichte. Summe der Flußlängen eines definierten Gebietes geteilt durch dessen Fläche; Einheit: [km/km^2]. Die F. gibt Hinweise auf die Durchlässigkeitsverhältnisse des Bodens: je durchlässiger der Boden/Untergrund eines Gewässer-(Einzugs-) Gebietes, desto geringer die F.; ↓ Gewässerdichte, ↓ Wasserlaufdichte

Flußterrasse. Akkumulationsbereich für Sande und Kiese eines Flusses mit starker Wasserführung, die entstehen, weil ein Fluß in der Lage ist, seine Stromstriche mehrfach in einem Jahr zu verlegen (braided river). Die Bildung solcher Akkumulationskörper war besonders häufig im Pleistozän und ist auf periglaziale Klimabedingungen beschränkt (hoher → Niederschlag, geringe Vegetation, z. B. Sibirien, Canada); der dadurch entste-

hende Schotterkörper (Aufschüttungs-, Akkumulationsterrasse) bildet einen potentiellen, sehr ergiebigen Grundwasserleiter; → Terrasse; ↓ Schotterterrasse

Flut. Periodisches Ansteigen des Wassers im Bereich der Weltmeere durch Wechsel der Anziehungskräfte von Mond und Sonne (vom Gezeiten-Niedrigwasser zum folgenden Gezeiten-Hochwasser)

Flutraum. Volumen des definierten Bereiches eines Gezeitengewässers (Teil eines Weltmeeres) zwischen Gezeiten-Niedrig- und Gezeiten-Hochwasser; ↓ Tidehubraum

Flutstrom. Landwärts gerichtete Gezeitenströmung (mit Wasserstandsanstieg)

Flutung. Planmäßige Füllung bergmännischer Hohlräume (Grubenbaue einschließlich → Absenkungstrichter) mit Wasser durch Stillegung von Wasserhaltungen und/oder Zuführung von → Fremdwasser

Flutungsleitung. Wasserleitung bzw. Kanal von einem Oberflächengewässers zu einem Flutungsobjekt

Flutwelle. 1. Plötzlicher und (in Strömungsrichtung) gerichteter starker Anstieg des Wassers eines Oberflächengewässer, oft mit Stofftransport verbunden;
2. Wasserwelle großer Länge, die den gesamten Fluidkörper bis zur Gewässersohle bewegt, wobei die Fließgeschwindigkeit von der jeweiligen Wassertiefe abhängt, z.B. Hochwasserwelle in einem Fluß oder an einer Küste

Flux. → Durchflußrate

Förderbrunnen. Einrichtung, meist durch eine Bohrung erstellt, mit der dauernd oder zeitweise Grundwasser aus dem Untergrund entnommen (meist gepumpt) wird; ↓ Produktionsbrunnen

Förderhöhe, geodätische. Höhendifferenz zwischen saug- und druckseitigem Wasserspiegel einer → Pumpe im Betriebszustand

Förderhöhe, manometrische. → Gesamtförderhöhe

Förderleistung. Entnommener Volumenstrom; Einheit [l/s], [m^3/h]

Fördermenge (Q). Wasservolumen, das in einer definierten Zeit gefördert wird; Einheit: [m³/h]; [m³/d], [m³/a]

Förderstrom. ↓ Förderleistung im Betrieb

Folgen der Grundwasserentnahme. →
Grundwasserentnahme (z.B. durch Wasserförderung über Brunnen) hat zumindest zeitweise, evtl. auch dauernd eine Absenkung
des Grundwasserspiegels zur Folge. Beklagt
werden dabei meist landwirtschaftliche Er-
tragsminderungen (wegen „Versteppung"),
die jedoch nur möglich sind, wenn vor
Grundwasserentnahme ein Anschluß der
Pflanzenwurzeln an das Grundwasser bestand
(Faustregel: bei landwirtschaftlich genutzten
Pflanzen maximal 2,5 m, bei Bäumen 5 m
Grundwasserflurabstand). Nachweis einer
nachteiligen Vegetationsbeeinflussung ist
durch → Kartierung, pflanzensoziologische
möglich.
Durch G. können ferner Baugrundschäden
eintreten; Gelände- bzw. Gebäudeabsenkun-
gen als Folge ungleicher Setzungen können
jedoch nur in senkungsfähigem Untergrund
erfolgen, d.h. nicht in Festgesteinen. Durch
Ausspülungen und Herauslösen können Anteile des Grundwasserleiters entzogen werden, schließlich bedeuten G. Eingriffe in den
Wasserhaushalt mit vielfältigen Folgen, z. B.
Minderung von Quellschüttungen (und damit
Gewässerabflüssen), Eingriff in Fischerei-
und Mühlenrechte, Verletzung bestehender
Wasserrechte u.a.m. G. kann aber auch Vor-
teile haben, nämlich bei Trockenlegung ver-
näßter, nicht nutzbarer Standorte
Formationskonstante. 1. Koeffizient der
spezifischen elektrischen Leitfähigkeit eines
Grundwasserleiters, der als Quotient der
elektrischen Widerstände der → Zone, wassergesättigte R_o und des darin befindlichen
Grundwassers (Schichtwiderstand R_w) bestimmt wird: $F = R_o / R_w$, in [%];
2. Kennzeichnende hydraulische Eigenschaften einer definierten geologischen Einheit; als solche zählen Transmissivität und
Speicherkoeffizient
Formationswasser. → Wasser, connates
Forstwirtschaft. Zweig der Volkswirtschaft zur ordnungsgemäßen Pflege und Nutzung von Wald-/ Forstbeständen
fossiles Wasser. → Wasser, connates
Frac. Aufbrechen bzw. Schaffung von offenen Gesteinsklüften in Bohrlöchern durch
hydraulischen Überdruck zur Erhöhung der
Gesteinsdurchlässigkeit für Fluide (Erdgas,

Erdöl, Grundwasser); im Brunnenbohrloch
der Versuch, nach Erreichen einer größeren
Bohrtiefe durch sehr hohe Drücke (u.a.
Sprengungen) ein Aufreißen von Klüften zu
erreichen, um eine höhere Durchlässigkeit zu
erzielen. Die Erfolgsaussichten sind nach allgemeiner Erfahrung gering und beschränken
sich auf „harte" Gesteine wie Sandsteine mit
kieseligem Bindemittel, Quarzite und Grauwacken, in Kalk- und Dolomitgesteinen sind
nur selten Erfolge zu erwarten; ↓ fracen,
↓ Bohrlochsprengung
Fracht. Von einem → Fließgewässer in einer definierten Zeit transportierte Masse von
gelösten und partikulären Wasserinhaltsstoffen; Einheit: [kg/d], [t/a]
Fraktionierung. Aufteilung in Klassen,
z.B.:
1. Trennung von → Lockergesteinen in
Korngrößenbereiche durch → Siebanalysen;
2. Trennung von → Isotopen durch chemische, physikalische, physikochemische oder
mikrobiologische Prozesse;
3. Trennung von Gesteinsproben aus Rotary-
Bohrungen auf Grund des Auftriebs in einer
Spülflüssigkeit
Francisella tularensis. Durch (Ab-,
Grund-)Wässer übertragenes Bakterium; Erreger der Tularämie (Hasenpest), das vorwiegend Nager, aber auch Menschen befallen
kann
freie Aktivierungsenthalpie (G). Thermodynamisch für eine Reaktion frei verfüg-
barer Energieanteil eines Stoffes, reaktion-
streibende Kraft; Einheit: [J/mol]; → Enthalpie; ↓ GIBBS-Energie
freier Sauerstoff (im Grundwasser). →
Sauerstoff, freier
freies Grundwasser. → Grundwasser,
freies
Freihaltung. → Entwässerung und Wasserhaltung im Bergbau
Freilandflächen. Darunter sind im Sinne
des Pflanzenschutzgesetzes vom 14.05.98
Flächen für die Lagerung von → Pflanzenschutzmitteln zu verstehen, die nicht durch
eine Überdachung ständig abgedeckt sind,
unabhängig von deren Beschaffenheit oder
Nutzung; dazu gehören auch Verkehrsflächen
jeder Art

Freisetzung (von Radionukleiden). Nach staatlichen bzw. internationalen Richtlinien (kontinuierlich oder periodisch) vorgenommene (limitierte) Emission unbedenklicher Mengen nur minimal aktiver Abfälle aus Kernanlagen in die Umwelt

fremdbürtig. → allochthon

Fremdionen. Gesamtheit der Ionen einer Lösung, welche die Aktivität einer Stoffkonzentration beeinflußt; (→ Aktivitätskoeffizient

Fremdwasser. → Wasserüberleitung

Fremdwasserflutung. Flutung eines Tagebaurestloches mit Flußwasser oder Sümpfungswasser benachbarter Tagebaue mit dem Ziel, das Restloch aus Standsicherheitsgründen (Bodenphysik) oder einer beschleunigten Nachnutzung optimal (kurzzeitig) zu füllen; → Flutung

FREUNDLICH-Isotherme. Empirisch gewonnene (thermodynamische) → Isotherme, welche bei gegebener Temperatur in einem Gesteins-/Wasser-System die Sorptionswirkung beschreibt, d.h. das Verhältnis der Konzentration der gelösten Stoffmenge zu der der sorbierten; Einheit: [meq $\cdot$ g^{-1}], [mmol(eq) $\cdot$ g^{-1})]; die F. ist die bekannteste; andere sind die → LANGMUIR-Isotherme aus den Gasgesetzen oder die lineare HENRY-Sorptions-Isotherme

Friedhöfe. Zu unterscheiden sind Erd- und Feuerbestattungen. Die biochemische Zersetzung erdbestatteter Körper dauert mehrere Jahre, größenordnungsmäßig 3 – 10 Jahre, sofern die Bestattung über der → Grundwasseroberfläche (höchste Wasserspiegellage) erfolgt. Ein Teil der Zersetzungsprodukte kann zwar auch mit Sicker- in das Grundwasser gelangen, jedoch sind die Mengen so gering, daß bei ausreichendem Flurabstand und Entfernungen zu Wassergewinnungsanlagen keine Gefährdungen für das → Trinkwasser bestehen, jedoch wird eher aus aesthetischen Gründen ein größerer Abstand eingehalten und Neuanlagen in → Trinkwasserschutzgebieten in der Regel nicht zugelassen. Feuerbestattungen sind für das Grundwasser unproblematisch

Frost. Absinken der Lufttemperatur unter den Gefrierpunkt des Wassers (Dauerfrost, Bodenfrost u.a.)

Frosteindringtiefe. Potentielle Eindringtiefe von → Bodenfrost an einem Standort oder in einem Land. In normalen Wintern ist im Flachland der BRD mit Frosteindringtiefen von 0,8 m, in höheren Lagen mit 1,2 m zu rechnen, in strengen Wintern wurden jedoch auch im Flachland Eindringtiefen von 1,0 m festgestellt; in Dauerfrostgebieten wie Alaska, Canada, Grönland, Antarktis, Sibirien betragen die F. z.T. mehrere Hundert m. Für frostgefährdete Bauvorhaben (wie Gebäude, Wasserleitungen) wurde eine auch unter Extrembedingungen sicher „frostfreie Tiefe" von 1,0 bis 1,2 m als vertikales Maß ab Geländeoberkante festgelegt (z.B. bis zum Scheitel einer Leitung); ↓ Frostgrenze, ↓ Frosttiefe

Frostfreie Tiefe. → Tiefe, frostfreie

Frostgrenze. → Frosteindringtiefe

Frostsprengung. Mechanische Gefügeänderung und Auflockerung von Gesteinen durch Ausdehnung des kristallisierenden Eises im Boden bei Einwirkung von → Frost; Frost- und Tauwetter und dadurch bedingten Volumenänderungen von Eis und Wasser verstärken den Effekt; ↓ Frostverwitterung

Frosttiefe. → Frosteindringtiefe

Frostverwitterung. → Frostsprengung

Fuchsin (N. S). Basischer, intensiv bläulich-roter Triphenylmethan-Farbstoff, der als → Tracer verwendet wird

Füllwasser. Wasser zum Nachfüllen von Schwimm-/Badebecken, das qualitativ dem → Beckenwasser gleichgestellt wird. F. gleicht die Wassermenge aus, die über die randliche Überlaufrinne („Überlaufwasser") abgeflossen ist; gerechnet wird mit einem Bedarf von 30 l pro Tag und Beckenbenutzer

Fugazitätsmodell. Von MACKAY & PATERSON (1992) entwickeltes Modell zur Simulation von → Transformationsprozessen, um die im Mehrphasensystem Umwelt zu erwartenden organischen Stoffmengen abzuschätzen. Dazu wird eine „Modellwelt" („Unit World") vorgegeben, die in ihren Volumen- und Oberflächenverhältnissen der realen Welt angenähert ist

Fuge. → Trennfuge

Fugenerosion. → Erosion, innere

Fumarolen. Vulkanische Gasaushauchungen aus Spalten und Klüften mit Temperaturen zwischen 200 und 900 °C; über 400 °C herrschen saure F. (HCl; $SO_2 \cdot H_2O$) vor, unter 400 °C Salmiak-Fumarolen; die entscheidende Rolle spielt dabei der Wasserdampf, der im wesentlichen aus aufgeheiztem Grundwasser stammt. Bei niedrigem Dampfdruck kommt es zu → Sublimationen, z.B. von NaCl, $FeCl_3$, Fe_2O_3 und Schwefel

Fungizid. → Antimykotikum

Funktionsprüfung (von → Grundwassermeßstellen). Test zur Verwendbarkeit von → Grundwassermeßstellen durch Messung des aktuellen Wasserstandes, Wasserauffüllung bzw. Wasserförderung und anschließende Ermittlung, ob bzw. in welcher Zeit sich der primäre Wasserstand einstellt, d.h. Überprüfung des Grundwasseranschlusses

Furchenbewässerung. Gezielte, wassersparende Form der Melioration in der Landwirtschaft, insbesondere in Trockengebieten (z.B. Israel)

Furt. Kurzer Abschnitt eines Wasserlaufes mit vorwiegend (in allen Jahreszeiten) geringer Wassertiefe

G

γ-Strahlung. → Gamma-Strahlung

Gadolinium (Gd). Silberglänzendes, weiches, dehnbares Schwermetall aus der Gruppe der Lanthanoide; rel. Atommasse 157,25, Oxidationszahl +3. Gadolinium-Verbindungen werden in der Medizin als Kontrastmittel für radiologische Untersuchungen verwandt; sie finden sich seit dem Jahre 1989 in Abwässern und können demgemäß als → Tracer für Abwässerbeteiligungen gelten, sofern im zugehörigen Entwässerungsgebiet eine Institution für radiologische Untersuchungen besteht

Galvanikabwasser. Durch Metallsalze (z.B. Cyanide) belastetes (toxisches) Abwasser von Galvanisierbetrieben mit Cadminum, Chrom, Blei, Kupfer, Zink, Nickel

Gamma-Einheit. Relative Meßgröße zur Erfassung (von Gamma-Quanten) natürlicher Radioaktivität, z.B. zur Identifikation von Gesteinen im Untergrund durch Bohrlochmessungen mittels Detektor; Verrohrung wirkt stark dämpfend, 5 mm Stahl reduzieren ca. 90 % der Energie

Gamma-Gamma-Messung. Bohrlochgeophysikalische Messung mit künstlicher Strahlungsquelle zur Kontrolle von Dichteinhomogenitäten im Ringraum ausgebauter Brunnenbohrungen; die γ-Strahlung wird durch unterschiedliche Dichten gestreut

Gamma-Messung (γ-Log). Spezielle Bohrlochmessung mit Strahlungsdetektor zur Erfassung natürlicher Radioaktivität in Gesteinskomplexen. Außer relativ seltenen radioaktiven Mineralen sind γ-Strahler vor allem Tone bzw. Tongesteine, in denen das ^{40}K-Isotop als Gammastrahler, Produkt der Feldspatverwitterung, angereichert ist; die G.-M. wird deshalb in bohrlochgeophysikalischen Messungen zur Registrierung der Ton- bzw. tonigen Lagen benutzt, aus denen Schlüsse zur Stratigraphie gezogen werden können

Gamma-Strahlung (γ-Strahlung). Von Atomen radioaktiver Elemente (z.B. Uran, Radium) bei Kernumwandlung emittierte eletromagnetische, hochenergetische, kurzwellige Strahlung (bei Quantenübertragung zwischen zwei Energieniveaus) mit Energien von ca. 0,01 bis 10 MeV (wie Röntgenstrahlen)

Ganggestein. Magmatisches Gestein, das als Magma in (ältere) Gesteinsspalten eingedrungen (intrudiert) und dort erstarrt ist; es wird zwischen Apliten (feinkristalline Gesteine), Pegmatiten (grobkristalline Gesteine) und Subvulkaniten (hiatalen Gesteinen = dichte Grundmasse mit großen Einsprenglingen) unterschieden; → Magmatit; ↓ Subvulkanit, ↓ Übergangsmagmatit

Ganglinie. Darstellung von beobachteten oder berechneten Daten in der Reihenfolge ihres zeitlichen Auftretens (z.B. → Niederschlag, Temperatur, Wasserstände an Pegeln, Volumenstrom bei Pumpversuchen)

Ganglinienseparation. Berechnung von → Ganglinien mit statistischen Verfahren

Gangwasser. → Kluftwasser

Gas, gelöstes (im Grundwasser). Die Löslichkeit von Gasen im Grundwasser ist druck- und temperaturabhängig, bei Gasgemischen sind die Partialdrücke entscheidend; die pro (Wasser-)Volumen gelöste Gasmenge ist stoffspezifisch. Die gelöste Gasmenge ergibt sich zum einen aus dem Produkt von Druck, BUNSEN'schem Absorptionskoeffizienten (als stoffabhängige Größe) und der Temperatur (bei steigender Temperatur verringert sich die Löslichkeit, während sie bei steigendem Druck zunimmt). Die wichtigsten im Grundwasser gelösten Gase sind Sauerstoff (O_2), Kohlenstoffdioxid (CO_2), untergeordnet Methan (CH_4), Schwefelwasserstoff (H_2S), Ammoniak (NH_3), Radon u.a.

Gasaushauchung. → Exhalation

Gasaustausch. 1. Natürlicher: Ständiger, von Druck, Temperatur und Konzentration abhängiger Luft- (Gas-) Austausch zwischen Atmosphäre und Bodenluft sowie Bodenluft und Grundwasser, wobei Gas aber auch im

Grundwasser diffusiv tansportiert und wieder abgegeben werden kann (z.B. gasförmiges CO_2);

2. Verfahren zur → Wasseraufbereitung, z.B. Entfernung überschüssiger freier Kohlensäure durch Belüftung und dabei Anreicherung des Wassers mit Sauerstoff, Elimination flüchtiger organischer Stoffe

Gaschromatographie. Methode zur Trennung von Stoffgemischen als Vorbereitung für eine Analyse; bei G. (→ Chromatographie) liegt die mobile Phase als Gas oder Dampf vor, die stationäre Phase ist flüssig (Polymere, Fette oder Siliconöl auf einem chemisch inaktiven Träger) oder fest (Aktivkohle-Granulat, Kieselgel oder Tonerde)

Gaskonstante, molare. Kennwert der allgemeinen Zustandsgleichung für ideale Gase; $R_m = p \cdot V_m/T$ (p = Druck, V_m = Molvolumen, T = absolute Temperatur) = 8314 $[J/(kmol \cdot K)]$

Gaslift. 1. Förderung von Erdöl und Grundwasser mit Druckluft (siehe Mammutpumpverfahren);

2. (Heilwasser-, Mineralwasser-) Aufstiege durch gasförmiges Kohlenstoffdioxid („Kohlensäure- Auftrieb")

gassensitive Elektrode. → Elektrode, gassensitive

Gastransport (im Grundwasser). Der Transport ungelöster Gase erfolgt in der Bodenluft und damit in der wasserungesättigten Zone sowie im Grundwasser zu einem wesentlichen Teil diffusiv, d.h. durch Vermischung der Moleküle in diesem System; nur ein relativ kleiner Teil der Gase wird im Grundwasser gelöst (→ Gas, gelöstes) transportiert

Gasübersättigung. Zustand, bei der ein Gas oder Gasgemisch bei gegebener Temperatur seine maximale Löslichkeit im Wasser überschritten hat (kann bei Temperatur- und/oder Druckänderung zur plötzlichen Entgasung führen)

GAU. **G**rößter **a**nzunehmender **U**nfall

GAUSS-KRÜGER-Koordinaten. Quadratisches Koordinatensystem auf amtlichen Karten (in der BRD auf den→ Topographischen Karten 1:25.000 und 1:50.000), das zur sicheren Ortsbestimmung eines Geländepunktes dient, zumal es Papierschrumpfun-

gen und - dehnungen mitmacht; die geographische Breite wird als „Hoch", die geographische Länge als „Rechts" bezeichnet

GAUSS-Verteilung. Kurve (von Produkten geologischer, physikalischer oder biologischer Prozesse) mit symmetrischer Glockenfom, d.h. beiderseits der mittleren Achse einer eingipfeligen Verteilung ergeben sich gleiche Häufigkeiten; ↓ Normalverteilung

GAY-LUSSAC-Gleichung. 1. Empirisches Gesetz über die Volumenänderung von Gasen in Abhängigkeit von der Temperatur bei konstantem Druck;

2. Abhängigkeit der Gaslöslichkeit von der Temperatur (→ Gas, gelöstes) bei konstantem Druck

Gebietsabfluß. → Abflußhöhe eines bestimmten Gebietes

Gebietsniederschlag. → Niederschlag eines bestimmten Gebietes

Gebietsniederschlagshöhe. → Niederschlagshöhe (eines bestimmten Gebietes)

Gebietsrückhalt. → Retention in einem definierten Gebiet

Gebietsverdunstung. → Verdunstung eines bestimmten Gebietes

Gebietsverdunstungshöhe. → Verdunstungshöhe (eines bestimmten Gebietes)

Gebietswasserhaushalt. → Wasserhaushalt eines bestimmten Gebietes

Gebirge. 1. Teile der Erdkruste, z.B. Grundgebirge, Deckgebirge, die durch gebirgsbildende Vorgänge in ihrer primären Lagerung gestört wurden;

2. Landschaft mit ausgeprägter Morphologie, z.B. Mittelgebirge, Hochgebirge;

3. → Nebengestein im Bergbau

Gebirge, lösliches. Wasserlösliches Gestein wie Kalkstein, Gips, Kali- und Steinsalze, das durch die lösende Wirkund des Grundwassers verkarstet wird

Gebirgsdurchlässigkeit. Summenwirkung von → Kluft- (oder → Trennfugen-) und → Porendurchlässigkeit

Gebirgsdurchlässigkeit, anisotrope. Ungerichtete → Gebirgsdurchlässigkeit

Gebirgsdurchlässigkeitsbeiwert. Integraler Wert der Gebirgsdurchlässigkeit eines definierten Gesteinskomplexes (unter Berücksichtigung des gesamten durchströmbaren Kluft- und Porenanteils)

Gefahr. Sachlage, in der bei ungehindertem Ablauf eines Geschehens in überschaubarer Zeit (Zukunft) mit hinreichender Wahrscheinlichkeit ein Schaden für ein Schutzgut eintreten kann; hinsichtlich der zeitlichen Nähe werden „akute, konkrete und latente Gefahr" unterschieden

Gefahr, akute. Gegenwärtige bzw. unmittelbar bevorstehende → Gefahr

Gefahr, latente. Nachteilige oder schädliche Einwirkungen auf Schutzgüter, die noch keine hinreichende Eintrittswahrscheinlichkeit besitzen, erst zukünftig eintreten werden oder erst durch Nutzungsänderungen hervorgerufen werden können

Gefahrenabwehr. Maßnahmen zur Beseitigung oder Verringerung der Wahrscheinlichkeit des Eintritts eines Schadens für ein Schutzgut

Gefahrenherd. Ort (z.B. Altlast), von dem Gefährdungen für ein Schutzgut ausgehen können. Nach den „Richtlinien zur Festsetzung von Wasserschutzgebieten" (DVGW-Arbeitsblatt W 101; Februar 1995) bzw. für Heilquellenschutzgebiete (LAWA 1998) Einrichtungen, Anlagen, Vorgänge, Nutzungen und sonstige Handlungen, die durch ihre Art oder durch austretende Stoffe genutzte Gund- oder Heilwässer beeinträchtigen können

Gefahrenpotential. Obere Grenze der Gefährdung durch eine Altlast, d.h. Gefahrensumme, die maximal von einem Schadstoffinventar bzw. dessen Eigenschaften ausgeht oder ausgehen kann

Gefährdung. Möglichkeit bzw. Risiko der Schädigung eines Schutzgutes durch einen Gefahrenherd

Gefährdungszustand. System von Gefahrenherden, Pfaden (zur Schadstoffausbreitung) und Schutzgütern in ihrer Wechselbeziehung

Gefälle. Höhenunterschied zweier Punkte bezogen auf ihren horizontalen Abstand, z.B. → Grundwassergefälle I (in [%] oder [$^0/_{00}$]); ↓ Inklination

Gefälle, kritisches. → Grundwassergefälle, kritisches

Gefälle, piezometrisches. → Gefälle, das sich aus einer hydrostatischen Druckdifferenz ergibt

Gefäßversuch. → Batch-Test

Gefluder. → Rösche; künstlicher → Vorfluter (im Bergbau)

Gefrierpunkt. Vom Druck abhängige Temperatur, bei der ein flüssiger Stoff in den festen Zustand übergeht; die Erstarrungstemperatur ist bei gleichem Druck gleich der Schmelztemperatur und beträgt für Wasser 0 °C; → Wasser, physikalisch-chemische Eigenschaften; ↓ Erstarrungspunkt

Gefüge. Innerer Aufbau eines Festkörpers (z.B. Gesteins), der dessen Flächen-, Lineations-, Korn- und Farbgefüge umfaßt; ältere, unscharfe Bezeichnungen sind Struktur, Textur

Gefügestabilität. Gefügespezifische Stabilität von Böden/Gesteinen gegen mechanisch wirkende Verformungskräfte

Gegenfilter. Im Ringraum von → Bohrbrunnen zwischen Filterrohrtour und oberer und/oder unterer Abdichtung eingebrachte Filtersand-/Filterkiesschüttung (mit abgestufter Körnung), die eine Kolmation (Verstopfung) der Filtertour beim Brunnenbetrieb verhindern soll

Gehängeschutt. Im Pleistozän durch Frostverwitterung oder Solifluktion entstandener Schutt aus ± verlehmtem Geröll mit hohem Anteil an kantigen bis wenig abgerundeten Gesteinen (Sandschutt bis Blockgröße), das in Mittelgebirgen eine Deckschicht über älteren (meist Fest-)Gesteinen bildet und meist ein eigenes Gundwasserstockwerk enthält, dessen Grundwasser vielfach in ländlichen Gegenden durch Quellfassungen erschlossen wurde. Da die Schüttungen meist stark niederschlagsabhängig sind und wegen oberflächennaher Lage des Grundwassers die hygienische Gefährdung latent ist, wird die Nutzung von Grundwässern aus G. mehr und mehr aufgegeben; ↓ Solifluktionsschutt, ↓ Hangschutt

GEIGER-MÜLLER-Zähler. Zählrohr, das der Registrierung von Zerfallsereignissen (γ-Strahlung) radioaktiver Elemente dient

Geiser. → Geysir

Gel. Halbfestes wasserreiches gallertartiges System aus mindestens zwei Komponenten, das durch Koagulation lyophiler → Kolloide ggf. durch Verdünnung mit Wasser und/oder Erschütterung wieder (reversibel) in Sol-Zustand übergeht; → Thixotropie; G. dienen als → Spülungszusätze für Bohrspülung

Geländearbeit. Untersuchungen vor Ort wie Aufschlußkartierung, Betreuung von Pumpversuchen, (Wasser-)Probenahmen (einschließlich Vorort-Messungen, Wasserstands- und Durchflußmessungen in situ); → Felddokumentation

Geländegefälle. Abwärts gerichtete Neigung einer Geländeoberfläche; → Morphologie

Geländeoberkante (GOK). Niveau eines definierten Objektes an der Erdoberfläche (in [m] NN), z.B. Ansatzpunkt (einer Bohrung, eines Schurfes ...); → Ansatzhöhe; ↓ Flurhöhe, ↓ Flur

Gelbdruck. Vor endgültiger Veröffentlichung (Weißdruck) von (DIN-) Normen, nichtamtlichen Richtlinien, Arbeits- oder Merkblättern u.a.m. auf gelbem Papier gedruckter Entwurf, um Fachleuten Gelegenheit zu Einsprüchen, Verbesserungs- oder Korrekturvorschlägen zu geben

Gelchromatographie. → Chromatographie mit Gelen als stationärer Phase zur Fraktionierung nach Molekülgrößen, was z.B. die Auftrennung hochmolekularer polarer organischer Wasserinhaltsstoffe ermöglicht

gelöster Stoff. → Lösung, echte

Genehmigungsverfahren, wasserrechtliches. Gesetzliche oder behördliche Regelung über Abstimmungen und/oder Einholung von Genehmigungen bei einer Wasserbehörde, z.B. zur Nutzung von Grund- und Oberflächenwasser, zur Lagerung wassergefährdender Stoffe, zur Einleitung von Abwasser in öffentliche Kläranlagen, in Oberflächengewässer oder in den Untergrund

Genese. Entstehung, Entstehungsvorgang

Geochronologie. Zweig der Naturwissenschaften, der sich mit der absoluten Altersbestimmung und dem zeitlichen Ablauf geologischer Ereignisse befaßt

Geoelektrik. Teil der angewandten Geophysik, der sich mit der Untersuchung der Erdkruste (einschließlich Grundwasser) mit elektrischen Verfahren unter Nutzung natürlicher und künstlich erzeugter elektrischer Ströme befaßt

Geofiltration. → Filtration von Fluiden (z.B. Wasser) durch Boden/Gestein

geogen. Unter natürlichen Bedingungen entstanden, d.h. natürlichen, von der → Lithosphäre stammenden Ursprungs

Geographisches Infomationssystem (GIS). Spezielles Datenbankverwaltungssystem, mit dem geobezogene (räumliche) Daten erfaßt, gespeichert, verändert, analysiert und ausgegeben werden können; wesentlicher Unterschied zu den CAD-(Computer aided design-)Kartiersystemen ist, daß neben den Geometriedaten auch Sachdaten gespeichert und verarbeitet werden können

geohydrochemische Analyse. Hydrogeologische Gesteins- und/oder Wasseranalyse; → Analyse, wasserchemische

geohydrochemische Karten. → Karten, geohydrochemische

Geohydrologie. Teil der → Hydrogeologie, der sich schwerpunktmäßig mit der Hydraulik der grundwasserleitfähigen Schichten im Untergrund befaßt

Geohygiene. Zustand des Grundwassers hinsichtlich einer Gesundheitsgefährdung durch pathogene Keime

Geoinformationssystem. Allgemeinere und umfassendere Bezeichnung für Geographisches Informationssystem

geologische Karte. → Karte, geologische

Geologische Landesämter (GLÄ). Amtliche Dienststellen der Länder in der BRD zur Wahrnehmung öffentlicher geowissenschaftlicher Aufgaben. Erster Geologischer Landesdienst in Deutschland war die im Jahre 1853 gegründete „Landesanstalt für die geologische Untersuchung des Staates Kurhessen"; sie ging später in der am 1. Januar 1873 gegründeten „Preußischen Geologischen Landesanstalt" auf. Andere Länder folgten; am 1. April 1939 wurde aus einer Dienststelle des Vierjahresplans und zehn Geologischen Landesanstalten die „Reichsstelle für Bodenforschung", ab Dezember 1941 „Reichsamt für Bodenforschung" (Berlin) gebildet. Nach 1945 wurden wieder „Geologische Landesämter" gegründet, von denen heute einige andere Bezeichnungen haben oder Abteilungen größerer Ämter sind: in Niedersachsen und Thüringen „Landesämter für Bodenforschung", in Hessen und Sachsen „Landesamt für Umwelt und Geologie", im Saarland „Landesamt für Umweltschutz, Abteilung Geologie"; in Schleswig-Holstein „Landesamt für Natur und Umwelt des Landes Schleswig-Holstein". Daneben besteht in Hannover eine geowissenschaftliche Bundesbehörde (Bundesanstalt für Geowissenschaften und Rohstoffe [BGR]), die jedoch nur im Interesse der BRD liegende Auslandsaufgaben wahrnimmt. Die ursprüngliche zentrale Aufgabe der GLÄ, nämlich die geologischen Landeskartierungen, hat sich ziemlich geändert. Heute liegt der Schwerpunkt ihrer Tätigkeit mehr in gutachtlicher Beratung auf hydrogeologischem, lagerstättenkundlichem (vor allem Rohstofflagerstätten) und ingenieurgeologischem Gebiet; ferner wirken die GLÄ bei Landesplanungen (z.B. Bauleitplanungen) mit und befassen sich mit umweltrelevanten Fragen (z.B. Aufgaben im Rahmen der → Umweltverträglichkeitsprüfung, UVP), wenngleich die geologische Kartierung und die Herausgabe geologischer Karten auch weiterhin betrieben wird und zentrale Aufgabe bleiben sollte, zumal die BRD noch nicht flächendeckend im (Grund-) Maßstab 1:25.000 geologisch kartiert ist

geophysikalische Bohrlochmessung. → Bohrlochmessung, geophysikalische

geophysikalische Penetrationssondierung. → Penetrationssondierung, geophysikalische

Georadar. → Electromagnetic Reflection

Geotextilien. Textile Baustoffe (Vliesstoffe aus unterschiedlichen Geweben, Folien) als Träger von Erdmaterial zum Bewehren von Erdbauwerken, Sichern von Böschungen, Schützen von empfindlichen Bauteilen (z.B. Dichtungsfolien), Trennen von Schichten unter oder in Schüttungen (z. B. Sohl- und Randdichtungen von Deponien) u.a.m.

Geothermie. Lehre von der Gesetzmäßigkeit der Wärmeverteilung und des Wärmeflusses in der → Lithosphäre; ihre praktische Nutzung dient der alternativen Gewinnung von thermischer Energie

geothermischer Gradient. → geothermische Tiefenstufe

geothermische Tiefenstufe. → Tiefenstufe, geothermische

Geotop. Nach definierten Kriterien abgegrenzte geologische Einheit, z. B. ein Steinbruch, dessen Gesteine eine paläontologisch bedeutsame (z.B. Leitfossilien) Fauna enthält (Typlokalität) und zu schützen ist

Geowissenschaften. Oberbegriff für alle die Erde betreffenden wissenschaftlichen Disziplinen

Geringleiter. → Aquitarde

Gerinne. Wasserwirtschaftliches (künstliches) Bauwerk, das spezifischen Zwecken dient (z.B. als Wasserkunst früherer Bergwerke, als Mühlgraben, als Wasserum- und -ableitung in Gebirgen zur Minimierung von Hangbewegungen)

Gerinneströmung. Kleine, seitlich und an der Basis begrenzte Strömung mit freier Oberfläche

Geröll. Durch fließendes Wasser abgerundetes Gesteinsbruchstück in Stein- bis Kieskorngröße

Geruch (des Wassers). Merkmal der Wasserbeschaffenheit (Kriterium für → Trinkwasser ist frischer G.); → Wasser, organoleptische Eigenschaften

Gesamtabfluß (Q_{ges}). Summe der Abflüsse (Q) aus einem definiertem Gebiet, z.B. Durchfluß an einem definierten Pegel; Einheit: [l/s], [m³/s])

Gesamtabflußspende (q_{ges}). Mittlere → Abflußrate, d.h. Gesamtabfluß eines aus mehreren Teileinzugsgebieten bestehenden Einzugsgebietes bezogen auf dessen Gesamtfläche; Einheit: [l/(s · km²)]

Gesamtdurchfluß. → Durchfluß

Gesamter anorganischer Kohlenstoff. → Kohlenstoff, gesamter anorganisch gebundener

gesamter Kohlenstoff. → Kohlenstoff

gesamter organisch gebundener Kohlenstoff. → Kohlenstoff, gesamter organisch gebundener

Gesamtförderhöhe. Höhendifferenz zwischen höchstem Niveau der Wasserhebung (z.B. Hochbehälter) durch eine Brunnenpumpe und deren Einbautiefe; ↓ Förderhöhe, manometrische

Gesamthärte (GH). Gehalt der im Wasser enthaltenen Calcium- und Magnesium-Ionen; Bestimmung durch Titration mit Titriplex gegen Eriochromschwarz T; Einheit: [°dH] Grad deutscher Härte oder [c(eq)mmol/l]; 1° dH = 28 mg/l CaO; → Härte

Gesamtkeimzahl. → Koloniezahl

Gesamtkreislauf, hydrologischer. Gesamter Wasserkreislauf der Erde mit den Anteilen (in 10^3 m^3/a): → Niederschlag (P) 496,1 (Land 111,1; Meer 385,0); Verdunstung (ET) 496,1 (Land 71,4, Meer 424,7), Abfluß (R) (vom Festland) 39,7; (in mm/a): P 2070 (Land 800, Meer 1270), ET 1885 (Land 485, Meer 1400), R 315; in der BRD (Zeitraum 1931 - 1960) (in m/a) P 837, ET 519, R 318

Gesamtporenanteil. Gesamtheit der Hohlräume im Boden oder → Grundwasserleiter; Einheit: [Vol. -%]; ↓ Gesamtporosität

Gesamtpotential, hydraulisches. In der wasserungesättigten Zone die Summe aller durch die verschiedenen im Boden auftretenden Kräfte (→ Saugspannungen) hervorgerufenen Teilpotentiale, wobei das Potential (ψ) definiert wird als die Arbeit, die notwendig ist, um eine Einheitsmenge (Volumen, Masse oder Gewicht) Wasser von einem Punkt zu einem Bezugspunkt zu befördern; dabei bewegt sich das Wasser von Stellen höheren zu solchen niederen Potentials

Gesamtsalzgehalt. Gesamter → Salzgehalt (Lösungsinhalt) eines betrachteten Systems

Geschiebe. 1. An der Sohle eines Wasserlaufes transportiertes, abgerundetes Gesteinsbruchstück (Größe: von wenigen Zentimetern bis zu mehreren Metern);
2. Durch Gletschereis aufgenommenes und transportiertes, in der Regel rundgeschliffenes Gesteinsbruchstück variabler Größe

Geschiebefracht. 1. Allgemein für die durch Eisvorstöße im Pleistozän oder durch → Fließgewässer transportierte Masse an Gesteinen;
2. Geschiebemasse, die in der Zeiteinheit von einem → Fließgewässer durch einen definierten Querschnitt (an einem Pegel) transportiert wird oder wurde

Geschiebelehm. Entkalkter → Geschiebemergel

Geschiebemergel. Vorwiegend feinkörniges und mehr oder weniger kalkhaltiges, klastisches glazigenes Sediment

Geschmack. Merkmal der Wasserbeschaffenheit (Kriterium für → Trinkwasser ist frischer G.); → Wasser, organoleptische Eigenschaften

Geschütztheit. Parameter für den natürlichen Schutz eines Grundwasservorkommens vor Kontamination und/oder thermischer Belastung durch Beschaffenheit, Mächtigkeit und Teufenlage hangender Gesteine; → Vulnerabilität

Geschütztheitsgrad. → Vulnerabilität

Geschwindigkeit, effektive (des Wassers). Mittlere Geschwindigkeit der Strömung eines Fließgewässers; im Grundwasser: → Bahngeschwindigkeit; ↓ tatsächliche Geschwindigkeit

gespanntes Grundwasser. → Grundwasser, gespanntes; ↓ Druckwasser

Gestängefreifallbohrverfahren. → Meißelbohrung

Gestängelifttest. Test in einem mit → Spülung stabilisierten Bohrloch mit Hilfe eines → Packers und einer → Testgarnitur am unteren Ende des Bohrgestänges, bei dem durch Druckluft (d.h. im Mammutpumpverfahren) Grundwasser, Sole oder Erdöl gefördert und damit Parameter von Fluiden und Gesteinen (wie Transmissivität) bestimmt werden; ↓ Gestängetest

Gestein. Natürliche Bildung von mineralischer und/oder organischer Zusammensetzung, die ein definiertes → Gefüge aufweist und insbesondere nach Festigkeit, Nutzbarkeit, Zusammensetzung, Genese, Alter spezifiziert wird; z. B.: Festgestein (Hart-/ Weichgestein), Lockergestein (Lockersediment, Gesteinszersatz), Rohstoff (Haupt-, Begleitrohstoff), Abraum (nicht nutzbarer Gesteinskomplex), Klastit (Sand, Tonstein), Metamorphit, Magmatit ...

Gestein, durchlässiges. → Grundwasserleiter

Gestein, halbdurchlässiges. → Grundwasserhemmer

Gestein, klüftiges. Gestein mit erhöhter Klüftigkeit, z.B. → Kluftgrundwasserleiter

Gestein, poröses. Gestein mit einem erhöhten Anteil offener luft- und wasserwegsamer Poren, z.B. → Porengrundwasserleiter

Gestein, undurchlässiges. → Grundwassernichtleiter, → Grundwasserstauer

Gesteinsdichte. → Dichte (Gestein)

Gesteinsdurchlässigkeit. Summe von →

Poren- und → Kluftdurchlässigkeit: für die Gliederung/Klassifizierung gibt es mehrere Einteilungen: → Tafel 1

Gesteinsfeuchte. Wassergehalt (Wasserdampf und an Partikel gebundenes Wasser) von ungesättigtem Boden/Gestein (in der wasserungesättigten Zone), das bei Trocknung bis zur Massenkonstanz entweicht; ↓ Bergfeuchte

Gesteinsgang. → Ganggestein

Gesteinshohlraum. Nicht mit fester Materie ausgefüllter Raum eines definierten Gesteinskörpers (Abschnitt der Erdkruste), umfaßt Poren, offene Klüfte, Höhlen, Kavernen, unterirdische Aufschlüsse (unabhängig vom Grad der Wasserfüllung); → Hohlraum

Gesteinsinhaltsstoff. Flüssigkeit und/oder Gas in den Hohlräumen eines definierten Gesteinskörpers bzw. Gesteinsverbandes (z.B. Erdöl, Erdgas, Sole)

Gesteinsverband. Bereich der Erdkruste aus mehreren → Gesteinen, mit geodynamisch gleicher Prägung (durch → Diagenese, → Tektonik, → Subrosion und/oder → Verwitterung)

gestörtes Grundwasser. → Grundwasser, gestörtes

Gewässer. 1. Fließendes und stehendes Wasser auf und in der → Lithosphäre (Grund- und Oberflächenwasser); 2. In der Natur fließendes und stehendes Wasser einschließlich Gewässerbett (wie Flußbett, Meeresboden, Strand) und grundwassererfülltem Gestein

Gewässer, poikilohalines. → Gewässer mit wechselndem Salzgehalt, z. B. → Brackwasser

Gewässer, stehendes. → Standgewässer

Gewässerbelüftung. Natürliche oder künstliche physikalische und biologische Anreicherung eines → Gewässers mit Sauerstoff, z.B. → Talsperrenbelüftung (→ Wasseraufbereitung)

Gewässerbeschaffenheit. → Wasserbeschaffenheit eines (Fließ- oder Grund-) Wassers

Gewässerbett. Ständig oder zeitweilig wassererfüllte Eintiefung an der Oberfläche der → Lithosphäre, wie Flußbett, Meeresboden einschließlich Strand im Bereich natürlicher Überflutung

Gewässerdichte. → Flußdichte

Gewässergüte. In der Wasserwirtschaft bevorzugter Begriff für die → Wasserbeschaffenheit

Gewässergüteklasse. Qualitätsklassen für stehende und fließende Gewässer nach ihrem Verschmutzungsgrad: Gütestufe I: nicht oder kaum verschmutzt, II: mäßig, III: stark, IV: sehr stark verunreinigt

Gewässerklassifizierung. Einteilung der Gewässer nach Art, Beschaffenheit, Größe und/oder Nutzungskriterien, z. B. natürliche → Fließgewässer (Bach, Fluß, Strom bzw. Gewässer 1., 2., 3. Ordnung), künstliche → Fließgewässer (Gerinne, Graben, Kanal), künstliche Staugewässer (Flachlandspeicher, → Talsperre, Tagebaurestloch), unterirdische Gewässer (Grundwässer in Porengrundwasserleiter, im Karst), Mineralwässer (Eisenwässer, Sulfatwässer), Thermalwässer, tiefe Grundwässer; die heute allgemein übliche Einteilung in Gewässer 1. bis 3. Ordnung wurde durch das Preußische Wassergesetz (1913) eingeführt

Gewässerkunde. Wissenschaft vom Wasser, seinen Eigenschaften und Erscheinungsformen auf und unter Landoberfläche; zur Landoberfläche zählen auch Inseln; ↓ Hydrologie

Gewässernetz. System der in einem Einzugsgebiet oder Land miteinander verbundenen Oberflächengewässer

Gewässernutzung. Verwendung des Dargebotes ober- und unterirdischer Gewässer zur Deckung der Bedürfnisse von Bevölkerung und Volkswirtschaft, z.B. als Trink- und Betriebswasser, zur Bewässerung, als Energiepotential für Wasserkraftanlagen, zur Fischwirtschaft, als Wasserweg für die Schiffahrt

Gewässerpflege. Gesamtheit der Maßnahmen zur Erhaltung eines (günstigen) Gewässerzustands bzw. einer Gewässerbeschaffenheit)

Gewässersanierung. Maßnahmen zur wirksamen Beseitigung bestehender Kontaminationen und/oder zugeführter Schadstoffbelastungen (wie Einleitung ungeklärter Abwässer) eines Gewässers

Gewässerschutz. Maßnahmen zur wirksamen Verhütung und Beseitigung qualitativer und quantitativer Beeinträchtigungen eines Gewässers im Interesse des Gemeinwohls bzw. einer haushälterischen (rationellen) Nutzung, z.B. Schutz vor Kontamination, vor schädlicher (übermäßiger) Wasserentnahme und -einleitung, vor Zerstörung des Gewässerbettes

Gewässersohle. Basis eines ober- oder unterirdischen Wasserkörpers, z.B. Flußbett, Meeresboden, Grundwassersohle

Gewässerstatistik. Systematische Erfassung periodischer Zustände von Beschaffenheit und Massenströmung von Oberflächen- und Grundwässern mit Hilfe von Meßnetzen (wie staatliches Pegelnetz, → Grundwassermeßnetz) und statistische Auswertung der Beobachtungsdaten mit → Ganglinien und den wasserwirtschaftlichen → Hauptwerten: für Abflüsse NNQ (überhaupt bekannter niedrigster Wert), NQ (niedrigster Wert in einer bestimmten Zeit), MNQ (arithmetisches Mittel der Niedrigstwerte in einer bestimmten Zeit), MQ (arithmetisches Mittel aller Werte in einer bestimmten Zeit), MHQ (arithmetisches Mittel der Höchstwerte in einer bestimmten Zeit), HQ (Höchstwert in einer bestimmten Zeit), HHQ (überhaupt bekannter Höchstwert); für Wasserstandsdaten wird statt „Q" – „W" (z.B. MHW, für Abflußspenden „q" (z. B. MHq) gesetzt

Gewässerüberwachung. Kontinuierliche bzw. regelmäßige Erfassung von Beschaffenheit und/oder Wasserstand und/oder Durchfluß der Gewässer eines Gebietes mit Hilfe eines spezifischen Meßnetzes, mit unmittelbarer (kurzfristiger) Bewertung, insbesondere zur Erkennung von Gefährdungssituationen, und eventueller Einleitung von Maßnahmen zum Gewässerschutz

Gewässerunterhaltung. Maßnahmen zur Gewährleistung einer ordnungsgemäßen Nutzung von Oberflächengewässern

Gewässerzahl. Maßzahl für den Flächenanteil der Oberflächengewässer eines Einzugsgebietes, die als ein Parameter zur Ermittlung der → Grundwasserneubildung dient

Gewässerzustand. Qualitative, ökologische und/oder wasserwirtschaftliche Beschaffenheit oder Nutzungsmöglichkeit eines Gewässers (z.B. Wasserbeschaffenheit, Gewässerausbau)

Gewebefilter. Mit Gewebe umwickeltes Brunnenfilterrohr; → Wickeldrahtfilter

Gewebefilterbrunnen. Etwa bis zur letzten Jahrhundertwende gebaute Brunnen im Lockergestein, die heute von von Kiesfilterbrunnen verdrängt sind. Nach Durchbohren der grundwasserführenden Schicht wurde ein → Gewebefilter (mit Schlammfang) verloren in das Bohrrohr gesetzt und das Bohrrohr um die Länge des Filterrohres gezogen, so daß es als Mantelrohr oberhalb der Filter verblieb und das Material des Grundwasserleiters nachsackte und den Filter fest umschloß

Gewichtetes Mittel. → Mittel, gewichtetes

Gewichtseinheit. Falsche Bezeichnung für → Masseneinheit

gewinnbares Grundwasserdargebot. → Grundwasserdargebot, gewinnbares

Gewinnungsklasse (Erdarbeiten). Einteilungsprinzip für Gesteine in 10 Klassen nach dem Arbeitsaufwand, der (auf Grund ihrer Festigkeit) bei Erdarbeiten zum Lösen aus dem Gesteinsverband und zur Aufnahme durch ein Aufschlußgerät (Schaufel, Bagger) erforderlich ist

Gewitterregen. Heftige, in Sommer häufiger als im Winter auftretende Regengüsse von oft nur kurzer Dauer, eine Definition für die (Mindest-)Stärke gibt es nicht. G. sind für → Grundwasserneubildungen wenig wirksam, da bei der hohen Intensität nur eine kurze Sickerzeit gegeben ist

Geysir. Heiße und oft stark mineralhaltige Springquelle (in einem jungvulkanischen Gebiet), deren Wasser meist aus einem Schlottrichter periodisch (eruptiv) „wild ausströmt" und die am Rand oft mit Sinter (insbesondere Kalk- und Kieselsäureablagerungen) belegt ist; ↓ Geiser

Gezeiten. → Tiden

GFG. Gemeinnützige Fortbildungsgesellschaft für Wasserwirtschaft und Landschaftsentwicklung mbH, vom → DVWK gegründet und von → ATV – DVWK übernommen

GH. → Gesamthärte

GHYBEN-HERZBERG-Beziehung. Beziehung, die die Eintauchtiefe einer Süßwasserkalotte in → Salzwasser (z.B. in vom Meer umgebenen Inseln) beschreibt und sich aus dem Verhältnis der Dichten des Salz- (Meer-; $\rho = 1,027$ g/cm^{-3}) und des Süßwassers (in der

Regel 1,000 g/cm^{-3}) sowie der Höhenlage des Süßwasserspiegels ergibt

Giardia intestinalis, Wie die → Kryptosporidien sehr kleine (8 - 20 µm) parasitäre, epidemisch auftretende Protozoen, die Erreger → wasserbürtiger Durchfallerkrankungen sind

GIBBSsche Energie (G). → Freie Aktivierungsenthalpie

Giftstoff. Stoff, der die Funktionen und Strukturen von biologischen Systemen schädigt; ↓ Schadstoff, ↓ Toxin

Gipswässer. In der älteren Literatur Bezeichnung für Gips-(CaSO$_4$-)Mineralwässer

GIRINSKY-Potential. Ortsabhängige Größe zur mathematischen Beschreibung der laminaren → Grundwasserströmung, ausgedrückt als Integral über der Differenz von Standrohrspiegelhöhe (zh) und einer davon abhängigen Bezugshöhe (z) in den Grenzen von der Grundwassersohle (za) bis zur → Grundwasseroberfläche bzw. Grundwasserdruckfläche (zr); für → Grundwasser, ungespanntes, $\phi = h^2/2$; für → Grundwasser, gespanntes,

$$\phi = H \cdot h - H^2/2$$

GIS. → Geographisches Informationssystem

Gitterenergie. Molare Bindungsenergie, mit der die Ionen in einem Kristall(-gitter) zusammengehalten werden; die G. muß beim Lösungsprozeß in Wasser durch die Hydrationsenergie der polaren Wassermoleküle überwunden werden

GK. Geologische Karte mit Namensangabe; Bezeichnung wird mit Maßstab und Nummer bzw. Namen entsprechend dem System der → TK 25 bezeichnet

GLA. Abkürzung für Geologisches Landesamt; → Geologische Landesämter

Glazialzeit. Erdgeschichtlicher Abschnitt mit besonders niedrigen atmosphärischen Temperatursequenzen, die zur starken Vereisung der Polkappen und der außerpolaren Hochgebirgsregionen führte; als Folge konnten Inlandvergletscherungen in im Durchschnitt gemäßigten Klimazonen auftreten; Beginn: vor 1,5 ± 0,5 Mio. Jahren, Ende: vor etwa 11000 Jahren; ↓ Eiszeit, ↓ Kaltzeit

Glaziologie. Wissenschaft über Entstehung,

Verbreitung, Abschmelzen, Dynamik, Morphologie, Stoffhaushalt und Auswirkungen von → Gletschern; ↓ Gletscherkunde

glaziofluviatile Rinnen. → Rinnen, glaziofluviatile

Gleiboden. → Gley

Gleichgewichtskonstante (K). Kennzahl des → Massenwirkungsgesetzes für den Gleichgewichtszustand einer Reaktion (Verhältnis aus dem Produkt der Konzentrationen der entstehenden Stoffe und dem Produkt der Konzentrationen der Ausgangsstoffe)

Gleichgewichtswasser. Wasser, dessen Inhaltsstoffe sich im chemischen (dynamischen) Gleichgewicht befinden

Gleitufer. Schwach angeströmtes ausgebuchtetes Ufer in der inneren Krümmung eines → Fließgewässers; ↓ Gleithang

Gletscher. Eisströme im Hochgebirge und im Polargebiet, die sich jenseits der Schneegrenze bilden und durch Gravitation (wenige cm bis > 20 m pro Jahr) bewegen, bis sie durch → Ablation, Abschmelzung und Verdunstung aufgezehrt sind; nach Morphologie des Untergrundes und Größe unterscheidet man z.B. Deck-G. (Eiskappen, Inlandeis) und Gebirgs-G. (Tal-G., Vorland-G.)

Gletscherkunde. → Glaziologie

Gley. Durch ständigen Grundwassereinfluß (z. B. in Tälern und Senken) geprägter (schlecht durchlüfteter, nasser) Boden auf feinkörnigem (sandigem bis tonigem) Ausgangsgestein. Aus der Vernässung resultieren Reduktionsvorgänge, bei denen bläulichgraue (2-wertige) Eisen-Verbindungen entstehen (insbesondere auf Feuchtwiesen); hydrogeologisch insofern relevant, als Vergleyungen eine mehr oder weniger fehlende hydraulische Verbindung zum Untergrund indizieren und somit einen guten Grundwasserschutz markieren; ↓ Gleiboden

Globalstrahlung. Wärmestrahlung der Sonne, maßgeblich für Wasserkreislauf und regionale Grundwasserneubildung

Glührückstand (GR). Masse einer Boden- oder Wasserprobe, die nach Glühen (550 °C) der zuvor bei 105 °C getrockneten Festsubstanz als anorganischer mineralischer Rest verbleibt, bezogen auf die Gesamtmasse der Boden- oder Wasserprobe Einheit: [%]

Glühverlust (GV). Masse des Teils einer

Boden- oder Wasserprobe, der sich beim Glühen (550 °C) der zuvor bei 105 °C getrockneten Festsubstanz (die bei Wasser durch Eindampfen resultiert) als Gas verflüchtigt (verbrennt), bezogen auf die Gesamtmasse der Boden- oder Wasserprobe Einheit: [%]; Bestimmung nach DIN 18128

GOK. → Geländeoberkante

GPS. Global Position Satellite System; Meßgerät oder Gerätekonfiguration zur exakten geodätischen Positionsbestimmung auf der Erde mit Hilfe von Satelliten

GR. → Glührückstand

Grabenanstau. Zurückhalten des natürlichen Abflusses in einem Entwässerungsgraben mit einer Stauvorrichtung

Grabeneinstau. Zurückhalten von eingeleitetem Fremdwasser und natürlichem Abfluß in einem Graben mit einer Stauvorrichtung

Grabenversickerung. → Infiltration von Wasser mittels Graben in die wasserungesättigten Zone, z.B. zur Bewässerung, künstlichen → Grundwasseranreicherung

Gradient, geothermischer. → geothermische Tiefenstufe

Gradient, hydraulischer. → Grundwassergefälle

Gramm-Mol. Die Masse von 1 mol (→ Mol) einer chemischen Verbindung in g; z. B. 1 G.-M. Wasser H_2O = 18,008 g; 1 G.-M. Sauerstoff O_2 = 32 g

Graphitrohrtechnik (Analytik). Spezielle Technik der → Atomabsorptionsspektrometrie (AAS); Verwendung von elektrisch beheizten Graphitöfen zur Atomisierung, durch die die Einsatzmöglichkeit und Emfindlichkeit so erhöht wird, daß mit Ausnahme von Cer und Thorium sämtliche Metalle und Halbmetalle sowie auch viele Nichtmetalle im Wasser quantitativ bestimmt werden können

Graupel. Aus der Atmosphäre fallende, kugelförmig zusammengeballte Schneekristalle von ca. 1 bis 5 mm Korngröße; unterschieden werden weiche (milchig-weiße) Reif- und harte (eisklare) Frostgraupel

Grauwacke. Bergmännischer Begriff aus dem Harz(-gebirge) für einen anchi- bis epizonalmetamorphen, gesteinsbruchstücke-(lithoklasten-)führenden Sandstein

Grauwasser. Gereinigtes → Abwasser aus einer Kläranlage

Gravimetrie. Geophysikalisches Verfahren, das auf der Untersuchung von Schwereunterschieden (Wägungen) beruht und bei oberflächennahen geophysikalischen Untersuchungen besonders zum Auffinden und Abgrenzen verdeckter Altlasten, künstlicher oder natürlicher Hohlräume angewandt wird

Gravitationshöhe (+/- Δh). Senkrechter Abstand eines Betrachtungspunktes über oder unter einem Bezugsniveau in [m]

Gravitationsverfahren. Grundwasserabsenkung und/oder Wasserhaltung durch Gravitation, z. B. mit Fallfilter und Entwässerungsstollen

Gravitationswasser. Unterirdisches Wasser, das sich durch Gravitation bewegt (Sikker-, Sink- und Grundwasser)

gravitative Differentiation (im Grundwasser). Erscheinung, wonach mit zunehmender Tiefe zunächst Stoffinhalt und Dichte zunehmen (Seigerungsprozeß), in größerer Tiefe es infolge physikalisch-chemischer, chemischer und mikrobiologischer Prozesse jedoch zu einer Verarmung des Stoffspektrums kommt; in großen Tiefen (mehrere tausend Meter) sind dann nur noch $CaCl_2$- oder NaCl-haltige Wässer anzutreffen

Gray. Einheit der Energiedosis (→ Dosisäquivalent) ionisierender Strahlung eines radioaktiven Elements; 1 Gy = 1 Joule/kg (Benennung nach L.H. GRAY (1905 - 1965); → Dosis

Grenze. Scheidelinie zwischen (räumlichen, zeitlichen oder stofflichen) Einheiten

Grenzflächen. Flächen zwischen Phasen, vertikal zu denen sich Dichte und Zusammensetzung auf einer Strecke molekularer Größenordnung ändern. In G. wirken Kräfte nicht abgesättigter, einseitig gebundener Atome und Moleküle (G.-Erscheinungen); sie sind maßgebend für oberflächenaktive (-reiche) Stoffe, disperse, difforme und kapillare Systeme (mit erhöhtem Energieinhalt), die sich im Zustand größerer Unordnung befinden (Oberflächenenthalpie und -entropie)

Grenzflurabstand. Abstamd von der Erdoberfläche zur → Wasserscheide, bodenkundlich; → Wasserscheide, Bodenkunde; ↓ Wasserscheide, hydraulische

Grenzgefälle. → Grundwassergefälle, kritisches

Grenzgeschwindigkeit. Fließgeschwindigkeit eines Gewässers bei einem Abfluß mit minimaler Energiehöhe

Grenzgewässer. Oberflächengewässer zwischen zwei Staaten

Grenzkonzentration. → Grenzwert, wobei in Gesetzen, Verordnungen und anderen Auflistungen der Begriff „Grenzwert" durchweg vorherrscht

Grenzschicht. Dünne Schicht strömender Medien geringer Zähigkeit (wie Luft, Wasser), die an der Oberfläche umströmter Körper durch Reibung und Adhäsion entsteht, das strömende Medium abbremst und Wirbel verursacht, z.B. Bereich zwischen Gewässersohle und Wasserströmung (wo die Reibungskräfte von gleicher Größenordnung wie die Trägheitskräfte sind); → REYNOLDS-Zahl

Grenzstromlinie. Nach DIN 4049-3, hydraulisch bedingte Begrenzungslinie eines unterirdischen Einzugsgebietes, die z. B. zum Einzugsgebiet eines Brunnens gerichtete Stromlinien von denen außerhalb dieses Gebietes trennt; ↓ Trennstromlinie, ↓ neutraler Wasserweg

Grenzwasserstand. Wasserwirtschaftlich festgelegtes Niveau für Wasserstände, bei deren Über-(Unter-)schreiten Maßnahmen ergriffen werden müssen, um weitere Änderungen zu verhindern; ↓ Grenzgrundwasserstand

Grenzwert. Durch Normen, Rechtsvorschriften oder Verordnungen (VO) festgelegte Grenzkonzentration (oder Menge) für Stoffe (insbesondere Trinkwasserinhaltsstoffe), mit denen Menschen und Tiere ständig in Kontakt kommen und die nicht (dauernd) überschritten werden dürfen, um Gesundheitsschäden auszuschließen. Beispiel: Die G. der → Trinkwasserverordnung sind im Hinblick auf einen 70 Jahre währenden Genuß von 2 l Wasser täglich für einen 70 kg schweren Menschen festgelegt; werden nun die G. überschritten, sind die Voraussetzungen zum Schutz des Menschen vor Beeinträchtigung durch das → Trinkwasser nicht mehr gegeben; → EIKMANN-KLOKE-Werte; → Orientierungswerte

Griesel. → Schneegriesel

Grobboden. Mineralische Bodenbestandteile der Kornfraktion >2 mm Äquivalentdurchmesser (Grus, Kies, Steine, Blöcke); ↓ Bodenskelett

Grobporen. Poren mit einem → Äquivalentdurchmesser >10 μm; Poren mit Äquivalentdurchmesser >10 - 50 μm sind langsam dränend, Poren mit Äquivalentdurchmesser >50 μm sind schnell dränend

Grobreinigung (Wasseraufbereitung). Vorreinigung von → Rohwasser mit mechanischen Verfahren (z.B. Rechen, Belüftung) und Chemikalienzugabe (zur Ausfällung störender Inhaltsstoffe)

Großlysimeter. Großvolumige → Lysimeter

Grube. Bergmännischer → Aufschluß (Tagebau, Tiefbau)

Grubenentwässerung. → Sümpfung

Grubenwasser. Durch bergmännische Arbeiten gelöstes, in Gruben (Tage- und Tiefbauen) vorhandenes und aus Gruben gehobenes Wasser

Grubenwassereinbruchgefahr. Gefahr des hydraulischen Grundbruchs (→ Grundbruch, hydraulischer) bei Auffahrung (→ Auffahrung, bergmännische) eines unterirdischen Grubenbaues im Gefährdungsbereich bzw. in Richtung eines Wasserkörpers (grundwassererfüllter Hohlraum, Sammler, Schlotte); in Lagerstätten mit potentiell schichtparallelen Wasserkörpern gehören hierzu alle Auffahrungen in unverritztes Feld

Grubenwasserkonvektion. Bei gefluteten, besonders tiefen Grubenbauen mit hoher geothermischer Tiefenstufe auftretendes Phänomen, das durch Erwärmung von Flutungswasser (nach → Absaufen) auf den tieferen Abbausohlen entsteht. Das erwärmte Wasser bewegt sich konvektiv durch die ehemalige Schachtanlage und bewirkt gleichzeitig ein unerwünschtes Lösen von Mineralen. Die mineralisierten Wässer, oft mit Schwermetalle oder Arsen angereichert, können nach Abschluß der Flutung in → Quellen an der Geländeoberfläche austreten

Grubenwasserreinigungsanlage. Anlage zur Aufbereitung von → Grubenwasser (vor dessen Einleitung in Oberflächengewässer)

Grünlandumbruch. Landwirtschaftliche Maßnahme, bei der Dauergrünland oder mehrjährige Brache durch Umbruch in eine andere landwirtschaftliche Nutzung umgewandelt wird; dadurch wird ein Teil des im Boden gebundenen Stickstoffes schlagartig freigesetzt und durch Auswaschung über → Sicker- dem → Grundwasser zugeführt

Grund (eines Gewässers). → Sohle bzw. Bett von Seen, → Fließgewässern u.a.

Grundabfluß (eines → Fließgewässers). → Effluenz

Grundbelastung. → Hintergrundwert

Grundbruch, hydraulischer. Zerstörung eines Gesteinskörpers oder Gesteinsverbandes (insbesondere bei geringer Lagerungsdichte, hohem Wassergehalt und/oder hohem Anteil an Feinkorn und organischer Substanz) unter oder neben einem Aufschluß (z.B. Bohrloch) oder Bauwerk infolge Überschreitung der (zulässigen) Grenzbelastung und dadurch bedingter hydraulischer Herausströmung oder Herauspressung von Gesteinspartikeln auf Gleitflächen

Grundfeuchte. Wassergehalt im Boden (Gestein), der nach der Zusammensetzung der Vegetation klassifiziert wird; bodenkundlich wird der „ökologische Feuchtegrad" mit Hilfe von „Feuchtzahlen" festgelegt, die für typische Vegetationsgesellschaften aufgestellt wurden; → Feuchte; ↓ Grundfeuchtigkeit

Grundgebirge. 1. Im weiteren Sinne der unter Deckschichten befindliche Gebirgskomplex; 2. Im engeren Sinne das kristalline G., das sich meist hydrogeologisch als wenig durchlässig, im übertragenen Sinne „steril" erweist, da es in der Regel gering zerklüftet ist

Grundgleichung, dynamische. In der Geohydraulik für systembeschreibende Modelle verwendetes NEWTONsches Grundgesetz, auch als Gesetz von der Erhaltung des Impulses P bezeichnet; $\sum P = m \cdot b$, mit m = Masse und b = Beschleunigung; Einheit: $[m \cdot s^{-2}]$; eine Sonderform des NEWTONschen Grundgesetzes ist das → DARCY-Gesetz

Grundkalkung. Kalkung saurer Böden, um kurzfristig einen definierten pH-Wert zu erreichen; nach allgemeiner Erfahrung bisher wenig erfolgreich

Grundlagenforschung. Arbeit zur Ermittlung und Prüfung theoretischer und experimenteller Grundlagen einer Wissenschaft ohne Bezug zu einer Nutzanwendung; Gegenteil: Zweckforschung

Grundlast. Natürliche, in der Regel vorhandene stoffliche (Mindest-) Inhalte oder Belastungen, z.B. eines Grundwassers, die Schwankungen unterliegen und deren Zusammensetzung durch weitere Stoffzuführungen verändert werden können

Grundluft. → Bodengas

Grundnässe. → Grundwasservernässung

Grundquelle. → Quelle im Bett eines Oberflächengewässers, im allgemein unterhalb des Wasserspiegels, die auch Anfang eines → Fließgewässers sein kann; ↓ Quellgewässer

Grundwasser (GW). Unterirdisches Wasser, das Hohlräume der → Lithosphäre zusammenhängend ausfüllt und dessen Bewegungsmöglichkeit ausschließlich durch Schwerkraft bestimmt wird (DIN 4049-3)

Grundwasser, abgeschirmtes. Durch einen → Grundwasserstauer überdecktes freies (ungespanntes) Grundwasser; ↓ Grundwasser, bedecktes

Grundwasser, absteigendes. → Grundwasser, deszendentes

Grundwasser, artesisch gespanntes. → Grundwasser, gespanntes, dessen → Grundwasserdruckfläche über der Erdoberfläche liegt. Aus Brunnen, die in G., a. g., stehen, fließt das Wasser durch natürlichen Druck über Gelände aus; die → Druckspiegelhöhe (Spiegelhöhe über Gelände) kann durch Messung des Druckes im Geländeniveau ermittelt werden (~ 10 m über Gelände: 1 bar). Die Benennung erfolgte nach der seit 1126 bekannten hydrogeologischen Situation in der französischen Grafschaft Artois; ↓ artesisches Wasser

Grundwasser, aufsteigendes. Grundwasser, das auf Grund eines hydraulischen Potentials (z.B. nach dem Prinzip kommunizierender Röhren) unter bestimmten geologischen Gegebenheiten aufsteigt; ↓ Grundwasser, aszendentes

Grundwasser, bedecktes. → Grundwasser, abgeschirmtes

Grundwasser, deszendentes. Auf Grund eines hydraulischen Potentialgefälles abwärts fließendes Grundwasser, z.B. von einem oberen in ein unteres → Grundwasserstockwerk über ein → hydraulisches Fenster; ↓ Grundwasser, absteigendes

Grundwasser, fossiles. Grundwasser in einem hydraulisch isolierten, tiefen und meist (geologisch) alten → Grundwasserleiter, das seit seiner Entstehung bzw. über lange Zeit nicht am Wasserkreislauf teilgenommen hat; → , Wasser, connates

Grundwasser, freies. Grundwasser, dessen Oberfläche sich innerhalb eines → Grundwasserleiters vertikal frei bewegen kann, so daß Grundwasserober- und Grundwasserdruckfläche identisch sind; ↓ Grundwasser, ungespanntes (nicht normgerecht); ↓ freies Grundwasser

Grundwasser, gespanntes. Grundwasser in einem Grundwasserleiter, der von einem Grundwassernichtleiter überdeckt wird und dessen Druckspiegel über der Deckgrenzfläche des Grundwasserleiters liegt; ↓ gespanntes Grundwasser

Grundwasser, gestörtes. Im Randbereich (Talbereich) eines → Fließgewässers, das wegen Anstiegs des Fließgewässer-Wasserspiegels nicht austreten kann, sondern gestaut wird; ↓ gestörtes Grundwasser

Grundwasser, juveniles. Von dem österreichischen Geologen E. SUESS (1909) geprägter Begriff für Grundwasser, das durch Diagenese oder magmatische Differentiation entstanden ist und damit neu am Wasserkreislauf teilnimmt. Der Nachweis ist aber recht schwierig; unter bestimmten Bedingungen scheint das Isotopenverhältnis ^{4}He/^{3}He eine Nachweismöglichkeit zu sein. Nach GARRELS & MACKENZIE entstammen $1,67 \cdot 10^9$ km^3, also 97 % des beweglichen Wassers auf der Erde der primären Entgasung von Magmen aus dem Erdinnern; die gegenwärtige Entgasungsrate auf der gesamten Erde wird auf 167 km^3/a entsprechend 0,01 l/(s · km²) oder 0,3 mm/a geschätzt. Allerdings sind solche Zahlen kritisch zu sehen, denn umgerechnet als Quotient aus der geogenen (genannten) Wassermenge und dem Alter der Erde ($4,5 \cdot 10^9$a) errechnet sich die jährliche Grundwasserrate aus Magmenent-

gasung zu nur 0,37 km^3/a. Nach neueren Isotopenuntersuchungen ist Thermalwasser aus größeren Tiefen (z.B. am Mittelatlantischen Rücken) nicht juvenil, sondern vados (→ Grundwasser, vadoses), so daß die tatsächliche Rate irgendwo zwischen den beiden genannten Werten liegt

Grundwasser, künstliches. Grundwasser, das durch technische Maßnahmen entstanden ist, insbesondere durch → Grundwasseranreicherung und → Uferfiltration

Grundwasser, natürliches. Grundwasser, das ohne technische Maßnahmen durch Infiltration von → Niederschlag und/oder Oberflächenwasser, durch Diagenese oder magmatische Differentiation entstanden ist

Grundwasser, schwebendes. Lokales, meist räumlich eng begrenztes Vorkommen von Grundwasser über einem → Grundwasserhemmer ohne hydraulischen Anschluß (Anbindung) an tiefere → Grundwassestockwerken, das wegen seiner meist engen Begrenzung und deshalb geringen Ergiebigkeit für Grundwassererschließungen (z.B. für Wasserversorgungen) in der Regel nicht geeignet; schwebende Grundwasserstockwerke sind besonders in Mittelgebirgen häufiger verbreitet; ↓ Grundwasserstockwerk, schwebendes

Grundwasser, tiefes. Grundwasser in einem tiefen → Grundwasserleiter, das praktisch nicht am Wasserkreislauf teilnimmt; in der Regel ist G., t. stark mineralisiert; ungenaue Bezeichnung, da bisher keine einheitliche Definition gefunden wurde und der Begriff in der Literatur sehr unterschiedlich verwendet wird; ↓ Tiefenwasser, ↓ tiefes Grundwasser

Grundwasser, unbedecktes. Ungeschütztes Grundwasser in einem → Grundwasserleiter, der ohne wirksame Bedeckung durch → Grundwasserhemmer und/oder -stauer bis zur Erdoberfläche reicht; ↓ Grundwasser, ungeschütztes

Grundwasser, ungeschütztes. → Grundwasser, unbedecktes

Grundwasser, ungespanntes. → freies Grundwasser

Grundwasser, vadoses. Natürliches zum Wasserkreislauf in der → Lithosphäre gehörendes Grundwasser

Grundwasser, bedecktes. → Grundwasser, abgeschirmtes

Grundwasserabfluß. → Abfluß, unterirdischer

Grundwasserabfluß, mittlerer. → Monatlicher Mittlerer Niedrigwasserabfluß

Grundwasserabflußspende. → Grundwasserneubildungsrate

Grundwasserabflußsumme. Aus einem definierten Einzugsgebiet in einer definierten Zeit abfließende Grundwassermenge

Grundwasserableitung. Grundwasserabsenkung und/oder → Entwässerung durch Gravitation (ohne Energiezufuhr), z.B. durch Fallfilterbrunnen oder Entwässerungsstollen

Grundwasserabriegelung. Absperrung einer horizontalen Grundwasserströmung im Lockergestein mit Hilfe von dichtenden Schlitz-, Schmal- oder Spundwänden; Schlitzen werden z.B. mittels Doppelfrästechnologie hergestellt mit > 0,6 m Breite, 20 - 100 m Teufe und beliebiger Länge. Die Abdichtung erfolgt abschnittsweise auf 10 - 40 m Länge durch Sand-Ton-Zement-Filteraschen-Suspension mit Chemikalien im Kontraktorverfahren

Grundwasserabschnitt. Teil eines → Grundwasserkörpers, der durch hydrologische Grenzen bestimmt ist

Grundwasserabsenkung. Künstliche Erniedrigung einer → Grundwasseroberfläche und/oder Grundwasserdruckfläche durch Ableitung und/oder Entnahme (Förderung) von Grundwasser; ↓ (Grund-)Wasserhaltung

Grundwasserabsenkung, vorauseilende. → Wasserhaltung, geschlossene

Grundwasserabsenkungstrichter. → Absenkungstrichter; ↓ Grundwasserentnahmetrichter, ↓ Entnahmetrichter

Grundwasserabsinken. Natürliche Erniedrigung der → Grundwasserdruck- bzw. → Grundwasseroberfläche (im Rahmen des natürlichen Grundwasserspiegelganges) z.B. infolge geringerer → Grundwasserneubildung

Grundwasserabstandsgeschwindigkeit (v_a). Die z.B. durch einen Markierungsversuch ermittelte fiktive mittlere Geschwindigkeit der in einem → Grundwasserleiter fließenden Wasserteilchen (Quotient aus der Länge eines Stromabschnitts und der vom

Grundwasser beim Durchfließen dieses Abschnitts benötigten Zeit; Einheit: [m/s]). Die gemessene Geschwindigkeit ist aber sicher niedriger als die tatsächliche (die sog. → Bahngeschwindigkeit), da ein Wassertropfen (bzw. dessen Strömung) nicht direkt (gerade) zwischen den beiden Punkten, sondern entsprechend der Hohlraumverteilung auf Umwegen fließen muß. Die Abstandsgeschwindigkeit ist keine exakte Größe, sondern ein integrierter Wert, da wegen der Heterogenität jedes Grundwasserleiters mit räumlich unterschiedlichen Geschwindigkeiten zu rechnen ist; ↓ Abstandsgeschwindigkeit

Grundwasserabstrom. Das aus einem unterirdischen Einzugsgebiet in ein außerhalb liegendes anderes unterirdisches Einzugsgebiet abströmende Grundwasser; Gegenteil: → Gundwasserzustrom; ↓ Grundwasserunterstrom

Grundwasseralter. Zeitraum, den ein Grundwasser seit seiner Neubildung im Untergrund verweilt; → Verweilzeit

Grundwasseraltersbestimmung. Datierung der Neubildung eines Grundwassers mit Hilfe isotopenhydrologischer Methoden; → Methoden, isotopenhydrologische

Grundwasseranreicherung. Einleitung von Wasser (meist Oberflächenwasser) in einen → Grundwasserleiter mittels → Infiltrationsbecken, → Infiltrationsbrunnen und/oder horizontaler Infiltrationsleitungen zur Verbesserung seiner Beschaffenheit und Nutzung als künstliches Grundwasser bzw. zur Gewährleistung eines vorgegebenen Grundwasserstandes

Grundwasseranschnitt. Antreffen einer → Grundwasseroberfläche bei Aufschlußarbeiten (z.B. Herstellung einer Baugrube, eines Bohrloches)

Grundwasseranstieg. Natürliche Erhöhung einer → Grundwasseroberfläche und/oder → Grundwasserdruckfläche (insbesondere infolge Grundwasserneubildung)

Grundwasseraufenthaltsdauer. → Grundwasserverweilzeit

Grundwasserauffüllung. → Grundwasseraufhöhung

Grundwasseraufhöhung. Künstliche Erhöhung der → Grundwasseroberfläche und/oder → Grundwasserdruckfläche, insbesonders durch Infiltration von Oberflächenwasser in den Untergrund oder andere technische Maßnahmen

Grundwasserauftrieb. Anhebung von Materialien (wie Bauwerke, Erdstoffe), die sich in einem Grundwasserkörper befinden bzw. in diesen eingetaucht sind und damit Grundwasser verdrängen (durch scheinbare Verringerung des Gewichtes dieser Materialien); → Auftrieb

Grundwasseraußerbilanzvorrat. Grundwasservorrat, der bezüglich Beschaffenheit und/oder Gewinnungsbedingungen den aktuellen Ansprüchen eines potentiellen Nutzers nicht genügt, jedoch zukünftig Gegenstand einer Nutzung sein kann

Grundwasseraustritt. Natürliches Ausfließen von Grundwasser aus der Erdkruste (→ Quelle)

Grundwasserbecken. → Grundwasserleiter in muldenförmiger Lagerung mit teilweise stagnierendem Grundwasser

Grundwasserbelastung. → Grundwasserkontamination

Grundwasserbeobachtung. Regelmäßige Ermittlung von → Grundwasserstand, → Grundwasserbeschaffenheit, → Grundwasserentnahme oder Wassereinleitung an definierter Stelle von Grundwasserleitern; → Grundwassermonitoring

Grundwasserbeobachtungsbrunnen. → Grundwasserbeobachtungsrohr

Grundwasserbeobachtungsnetz. → Grundwassermeßnetz

Grundwasserbeobachtungsrohr. Verrohrter Aufschluß zur → Grundwasserbeobachtung; nach DIN 4049-3 ist diese Bezeichnung durch → Grundwassermeßstelle zu ersetzen

Grundwasserbereich. → Zone, wassergesättigte

Grundwasserberg. Konvexe Erhebung der → Grundwasseroberfläche über einem unterirdischen Austritt gespannten Grundwassers [z.B. über einem hydraulischen Fenster (→ Fenster, hydraulisches)]

Grundwasserbeschaffenheit. Gesamtheit der chemischen, physikalischen und biologischen Bestandteile und Eigenschaften eines Grundwassers; ↓ Grundwassergüte, ↓ Grundwasserqualität

Grundwasserbeschaffenheitsklasse. Heute nicht mehr verwendete, auf Analysenkriterien basierende Bewertungsziffer (1 - 5) für Grundwasser zur Charakterisierung seiner Aufbereitbarkeit zu → Trinkwasser (ehemalige → TGL 34334)

Grundwasserbewegung. Pauschale Bezeichnung für das Grundwasserfließen

Grundwasserbewirtschaftung. Wasserwirtschaftliche Maßnahmen und Regelungen zur Nutzung und zum Schutz des Grundwassers in einem Gebiet

Grundwasserbilanz. Gegenüberstellung von → Grundwasserneubildung (einschließlich → Grundwasseranreicherung, Fremdzufluß), → Grundwassernutzung (Bedarf), unterirdischem → Abfluß und → Wasservorratsänderung für ein definiertes Gebiet innerhalb eines definierten Zeitraumes

Grundwasserbilanzvorrat. → Grundwasservorrat, der nach aktuellen Anforderungen (Konditionen) hinsichtlich Menge, Wasserbeschaffenheit, Fassungs- und Aufbereitungsbedingungen unmittelbar genutzt werden kann

Grundwasserbiozönose. Lebensgemeinschaft im Grundwasser (Bakterien, Pilze, Sandlückenfauna, Parasiten u.a.), deren Glieder durch gegenseitige Abhängigkeit und Beeinflussung in Wechselbeziehung stehen

Grundwasserblänke. Stehendes Wasser in einer natürlichen oder künstlichen (offenen) Geländevertiefung, das mit dem → Grundwasser kommuniziert

Grundwasserbrunnen. → Brunnen zur Gewinnung von Grundwasser

Grundwasserdargebot. Wirtschaftlich nutzbarer Anteil der Grundwasserneubildung aus → Niederschlag und anderen natürlichen und künstlichen Vorgängen (wie unterirdischer Zufluß, → Grundwasseranreicherung) in einem definierten Einzugsgebiet (entspricht dem sich erneuernden → Grundwasservorrat); ↓ Grundwasserdargebot, nutzbares, ↓ Dargebot, reales

Grundwasserdargebot, gewinnbares. Anteil des → Grundwassers, der jährlich erneuert wird (im Gegensatz zum statischen Grundwasserdargebot, das am kurzfristigen unterirdischen Kreislauf nicht teilnimmt). Von dem G.,g. ist jedoch nur ein Teil auch wirtschaftlich, d.h. für die Einrichtung von Wasserwerken geeignet; wie hoch dieser wirtschaftlich nutzbare Anteil ist, hängt von den regionalen hydrogeologischen Gegebenheiten und von ökonomischen Bewertungen ab: → Grundwasservorrat; ↓ maximal gewinnbares Grundwasserdargebot, ↓ dynamisches Grundwasserdargebot, ↓ gewinnbares Grundwasserdargebot

Grundwasserdatierung. → Grundwasseraltersbestimmung

Grundwasserdecke. Grenzfläche zwischen einem → Grundwasserstauer (Grundwasserhemmer) und dem darunterliegenden Grundwasserleiter mit gespanntem Grundwasser; ↓ Grundwasserdeckfläche

Grundwasserdeckfläche. → Grundwasserdecke

Grundwasserdelle. Bereich eines Grundwasserkörpers mit konkaver → Grundwasserdecke (im gespannten Grundwasser)

Grundwasserdetailerkundung. Arbeiten zum Nachweis von (optimalen) Grundwasserfassungs- und Grundwassernutzungsbedingungen (als Grundlage für Erschließungsmaßnahmen); ↓ Bedarfserkundung; ↓ Standorterkundung

Grundwasserdienst. Teil einer wasserwirtschaftlichen Behörde, die für → Grundwasserbeobachtung, → Grundwasserschutz sowie Bilanzierung und Genehmigung von → Grundwassernutzungen in einem Land zuständig ist

Grundwasserdifferenzenlinie. Linie gleicher und gleichzeitiger Niveauänderungen der → Grundwasseroberfläche und/oder → Grundwasserdruckfläche in einem definierten Gebiet und einer definierten Zeit

Grundwasserdruckfläche. Geometrischer Ort der Endpunkte aller → Standrohrspiegelhöhen einer → Grundwasseroberfläche (DIN 4049 - 3); für die Beschreibung der G. können die allgemeinen morphologischen Bezeichnungen angewandt werden, z.B. Grundwasserdelle, -berg; ↓ piezometrisches Niveau

Grundwasserdurchfluß (Q). Volumenstrom von Grundwasser, der in der Zeiteinheit einen definierten Querschnitt passiert; Einheit: [m³/d]; ↓ Grundwasserdurchströmung

Grundwasserdurchströmung. → Grundwasserdurchfluß

Grundwasserdynamik. 1. Gesamtheit der Gesetzmäßigkeiten bezüglich der zeitlichen Veränderungen qualitativer und quantitativer Parameter des Grundwassers; → Grundwasserregime;
2. Teilgebiet der → Hydrogeologie, das sich mit → Grundwasserströmungen und deren Ursachen befaßt

Grundwassereinheit. Nach „Hydrogeologischer Kartieranleitung (1997)" ein Gesteinskörper, der auf Grund seiner Petrographie, Textur oder Struktur im Rahmen einer festgelegten Bandbreite einheitliche hydrogeologische Eigenschaften aufweist und durch Schichtgrenzen, Faziesgrenzen, Erosionsränder oder Störungen begrenzt ist; die Bandbreite, innerhalb der ein Gesteinskörper als homogen betrachtet wird, ist wesentlich vom Bearbeitungs- und Darstellungsmaßstab abhängig; ↓ hydrogeologische Einheit

Grundwassereinzugsgebiet. → Einzugsgebiet, unterirdisches

Grundwasserentlastungsgebiet. 1. Bereich des Grundwasserkörpers, in dem die → Grundwasserpotentiallinien entgegen der Schwerkraft gerichtet sind, d.h. das Grundwasser an der Erdoberfläche (z.B. in Auen) austreten kann;
2. → Grundwasserzehrgebiet

Grundwasserentnahme. Gewinnung von Grundwasser (z.B. aus Brunnen, Quellfassungen) für eine Nutzung; → Folgen der Grundwasserentnahme; ↓ Grundwassergewinnung, ↓ (Grund-)Wasserhebung

Grundwasserentnahmetricher. → Absenkungstrichter

Grundwasserentspannung. Verminderung des hydrostatischen Druckes in einem → Grundwasserleiter über geogene Hohlräume (z.B. Kluftzonen im Gebirge) oder durch technische Maßnahmen (wie Grundwasserförderung, Grundwasserableitung durch Fallfilterbrunnen in Entwässerungsstrecken); ↓ Entlastung

Grundwasserentzug. Reduzierung eines Grundwasserstromes und/oder Grundwasservolumens eines definierten Einzugsgebietes oder Fassungsstandortes durch anderweitige → Entwässerung bzw. Grundwassernutzung

grundwassererfüllt (Gesteinskörper). → Zone, wassergesättigte, → Grundwasserkörper

Grundwasserergänzung. Summe von → Grundwasserneubildung und künstlicher Einleitung und/oder → Infiltration von Wasser in → Grundwasserleiter eines definierten Gebietes

Grundwassererkundung. Qualitative und quantitative Arbeiten zum geologischen, hydrogeologischen und ökonomischen Nachweis und zur Bewertung von → Grundwasservorkommen sowie zur Vorbereitung von → Grundwassererschließung, → Grundwasseranreicherung und/oder → Grundwasserspeicherung; Gliederung erfolgt nach → Grundwasservorratsprognose, → Grundwassersuche, → Grundwasservorerkundung und → Grundwasserdetailerkundung

Grundwassererschließung. Technische Maßnahme mit dem Ziel einer → Grundwasserfassung zur Wassergewinnung

Grundwassererschöpfung. Übermäßiger Entzug von Grundwasser aus einem → Grundwasserleiter, der größer als durch mittlere Grundwasserneubildung und technische Maßnahmen (wie → Grundwasseranreicherung, Uferfiltration) ergänzbar ist und im Extremfall zur Entleerung des Grundwasserleiters führen kann

Grundwasserfassung. Bauliche Anlage zur Förderung bzw. Gewinnung von Grundwasser (wie Brunnen, Quellfassung, Wasserhaltungsstollen)

Grundwasserfauna. Tierwelt im Grundwasser, deren Entwicklung begrenzt ist durch Dunkelheit, Nahrungsmangel, gleichbleibend niedrige Wassertemperatur und Selbstreinigung; → Grundwasserbiozönose

Grundwasserfließgeschwindigkeit. Pauschale Bezeichnung für die Geschwindigkeit des Grundwasserflusses, d.h. die von der Durchlässigkeit abhängige Zeit, die ein Wasserteilchen braucht, um von einem Punkt zu einem anderen zu fließen. Genauer muß jedoch zwischen Bahn-, Abstands- und Filter-Geschwindigkeit unterschieden werden; gemeint ist meistens die → Grundwasserabstandsgeschwindigkeit; → Grundwassergeschwindigkeit

Grundwasserfließrichtung. Hauptrichtung einer → Grundwasserströmung (parallel zur Richtung des maximalen Grundwassergefälles); ↓ Grundwasserströmungsrichtung, ↓ Hauptfließrichtung

Grundwasserfließweg. Definierter Abschnitt in → Grundwasserfließrichtung, der häufig erst mittels → Tracerversuche bestimmt werden kann

Grundwasserfließzeit (t). Zeitintervall, in dem Grundwasser eine bestimmte Strecke zurücklegt; Einheit: [d] oder [a]; → Grundwasserabstandsgeschwindigkeit

Grundwasserflurabstand. → Flurabstand

Grundwasserflurabstandsgleiche. Linie in einer Grundrißprojektion, die Punkte mit gleichem und gleichzeitigem Grundwasserflurabstand (→ Flurabstand) verbindet

Grundwasserförderung. → Grundwasserentnahme durch → Pumpen

Grundwassergang. Vertikaler Wechsel von Niveaus einer → Grundwasseroberfläche und/oder → Grundwasserdruckfläche an definierter Stelle in einem definierten Zeitraum; → Grundwasserstand

Grundwasserganglinie. Graphische (lineare) Darstellung der gemessenen → Grundwasserstände in der Reihenfolge ihres zeitlichen Auftretens; ↓ Grundwasserstandsganglinie

Grundwassergefährdung, landwirtschaftlich bedingte. Durch die Landwirtschaft verursachte Grundwassergefährdung, die meist durch unsachgemäße (zu hoch dosierte) Anwendung von Dünger (u.a. mit der Folge von Nitratanreicherung im Grundwasser) und → Pflanzenschutzmitteln (in ihrer vielfältigen Verwendung) verursacht wird

Grundwassergefälle (I). Druckgefälle zwischen zwei Punkten einer definierten → Grundwasseroberfläche und/oder → Grundwasserdruckfläche infolge des hydraulischen Fließwiderstands bzw. der Permeabilität des Grundwasserleiters, wobei das Grundwasseroberflächengefälle umgekehrt proportional zum Fließwiderstand ist. Das G. wird für benachbarte → Grundwassermeßstellen als Quotient der Differenz der Grundwasserstände (ΔW) zum Meßstellenabstand (L) $I = \Delta W/L$ bestimmt; Einheit: [‰]; → Grundwassergradient; ↓ hydraulischer Gradient, ↓ Potentialgefälle

Grundwassergefälle, kritisches. Oberer Grenzwert eines definierten → Grundwassergefälles, in dem das → DARCY-Gesetz noch gilt, abhängig von Gesteinsparametern (insbesondere Permeabilität) und kinematischer Viskosität des Grundwassers; ↓ Grenzgefälle

Grundwassergeringleiter. → Aquitarde

Grundwassergeschütztheitsklasse. Nicht mehr verwendete, auf Grundwasserflurabstand und Mächtigkeit hangender Grundwasserstauer (Grundwasserhemmer, Grundwassernichtleiter) basierende Bewertungsziffer (1 ... 5) für den Grundwasserschutz (ehem. → TGL 34334)

Grundwassergeschwindigkeit. Zu unterscheiden sind 1. → Bahngeschwindigkeit, 2. → Abstandsgeschwindigkeit und 3. → Filtergeschwindigkeit

Grundwassergewinnung. → Grundwasserentnahme

Grundwassergleiche. Interpolierte Linie gleicher (gleich hoher und gleichzeitiger) Grundwasserstände eines definierten Grundwasserkörpers bezogen auf ein Bezugsniveau. Durch G. sind gespannte oder ungespannte Grundwasserverhältnisse abzuleiten, Grundwasserfließrichtungen zu bestimmen und anthropogene Einflüsse (z.B. Grundwasserabsenkungen) zu ermitteln; kartenmäßig dargestellt geben G. die → Grundwassermorphologie wieder; ↓ Grundwasserisopieze, ↓ Hydroisohypse, ↓ Grundwasserisohypse, ↓ Grundwassergleichenkarte

Grundwassergleichenkarte. Regionale Darstellung von → Grundwassergleichen auf der Basis einer → topographischen Karte; ↓ Grundwasserisohypsenplan

Grundwassergradient. → Grundwassergefälle

Grundwassergüte. → Grundwasserbeschaffenheit

Grundwassergütemeßstelle. → Grundwassermeßstelle zur (kontinuierlichen oder regelmäßigen) Erfassung der → Grundwasserbeschaffenheit in situ; ↓ Grundwassergütepegel

Grundwasserhaltung. → Grundwasserentnahme zur Absenkung einer → Grund-

wasseroberfläche und/oder Grundwasserdruckfläche und zur Stabilisierung des → Grundwasserstandes auf einem definierten Niveau

Grundwasserhangendschichten. Gestein bzw. Gesteinsverband über einem Grundwasserkörper; ↓ Grundwasserüberdeckung

Grundwasserhauptwerte, statistische. Auf das Grundwasser bezogene → Gewässerstatistik

Grundwasserhaushalt. Teil des Wasserhaushaltes der Erde, der sich auf das → Grundwasser eines definierten Gebietes bezieht

Grundwasserhebung. → Grundwasserentnahme

Grundwasserhemmer. Gesteinskörper aus halbdurchlässigem Gestein, der im Vergleich zu einem benachbarten Gesteinskörper geringer wasserdurchlässig ist, d.h. dessen Durchlässigkeitsbeiwert (k_f) im Vergleich zu benachbarten Grundwasserleitern wesentlich geringer ist (k_f ca. 10^{-5} bis 10^{-8} m/s; → Grundwasserhemmschicht, → Aquitard; ↓ Grundwasserleiter, semipermeabler, ↓ Grundwasserleiter, halbdurchlässiger

Grundwasserhemmschicht. Schicht oder Schichtverband, die/der den Grundwasserfluß beeinträchtigt; → Grundwasserhemmer

Grundwasserhöffigkeit. → Höffigkeit

Grundwasserhöhe. → Grundwassermächtigkeit

Grundwasserhöhengleiche. → Grundwassergleiche

Grundwasserhorizont. Unzulässiger Begriff für → Grundwasserleiter

Grundwasserhydraulik. Lehre von den Gesetzen der → Grundwasserströmung unter Berücksichtigung von petrographischer Beschaffenheit des → Grundwasserleiters

Grundwasserhygiene. Schutz des Grundwassers vor chemischer und biologischer → Kontamination zum Wohle der Allgemeinheit

Grundwasserinhaltsstoffe. → Wasserinhaltsstoffe

Grundwasserisohypse. → Grundwassergleiche

Grundwasserisohypsenplan. → Grundwassergleichenkarte

Grundwasserkaskade. → Grundwasserabsinken mit steilem Gefälle zu einem tieferen Grundwasserkörper (z.B. nach einem Grundwasserhindernis oder bei hydraulischer Verbindung von weniger durchlässigem Gestein über Kluftzonen mit darunter liegenden stärker durchlässigem Gestein)

Grundwasserkörper. In einem abgegrenzten Gesteinsvorkommen enthaltenes Grundwasser mit hydraulischem Zusammenhang; → System (hydrogeologisch); ↓ Grundwasserraum

Grundwasserkonditionen. Früher für ein → Grundwasservorkommen festgelegte Bedingungen bezüglich Menge und Beschaffenheit des Grundwassers, Grundwassererschließung (Fassungsbedingungen) und Grundwassernutzung, unter denen der Gesamtaufwand für eine Erschließung wirtschaftlich vertretbar ist; bei der Erkundung von künstlichem Grundwasser enthielten die Konditionen Angaben über das zur → Grundwasseranreicherung und/oder Uferfiltration verfügbare Oberflächenwasser hinsichtlich Menge und Beschaffenheit sowie zum landschaftsnotwendigen Mindestabfluß [bezogen auf Mittleren Abfluß (MQ) oder mittleren Niedrigwasserabfluß (MNQ)]; heute abgelöst vom → Wasserwirtschaftlichen Rahmenplan nach § 36 Wasserhaushaltsgesetz; → Rahmenplan, wasserwirtschaftlicher

Grundwasserkontamination. Beeinträchtigung der → Grundwasserbeschaffenheit (→ Grundwasserverseuchung und/oder → Grundwasserverunreinigung) durch nicht natürliche Fremdstoffe; ↓ Grundwasserbelastung

Grundwasserkulmination. → Wasserscheide, unterirdische

Grundwasserkuppe. 1. Bereich eines Grundwasserkörpers mit konvexer Grundwasserdecke (im gespannten Grundwasser); 2. Grundwasseraufhöhung mit Abfluß in verschiedenen Richtungen; → Grundwasserberg; ↓ Grundwasserkuppel

Grundwasserkuppel. → Grundwasserkuppe

Grundwasserlängsschnitt. Schnitt durch einen → Grundwasserkörper (etwa) parallel zur → Grundwasserfließrichtung, insbesondere zur Demonstration von Grundwassergefälle, Potentiallinien und Reichweite von Grundwasserfassungen

Grundwasserlandschaft. Falscher Begriff für → Grundwassereinheit; unter G. werden je nach Autor Grundwässer eines regional abgegrenzten Gebietes mit gleichen oder ähnlichen Eigenschaften (z.B. Gesteine, geohydrochemische Typisierungen) zusammengefaßt. Der Begriff „Landschaft" ist jedoch von der Geographie geprägt und man versteht darunter einen Teil der Erdoberfläche, der nach seinem äußeren Erscheinungsbild, durch Zusammenwirken beteiligter Komponenten und Geofaktoren (Relief, Boden, Klima, Wasserhaushalt, Floren und Faunen) sowie durch Lage und Lagebezeichnung eine charakteristische Raumeinheit auf der Erdoberfläche darstellt. Alle diese eine Landschaft bestimmenden Faktoren treffen für den Untergrund und das darin enthaltene Grundwasser nicht zu; es ist deshalb abwegig, Grundwasser und Landschaft zu einem Begriff zusammenzufassen

Grundwasserleiter (GWL). Teil der → Lithosphäre, der (in Poren und/oder Klüften und/oder großen Hohlräumen) → Grundwasser enthält und/oder speichern (→ Speicherkapazität) und wieder abgeben (→ Durchlässigkeit) kann

Grundwasserleiter, abgeschirmter. → Grundwasserleiter, bedeckter

Grundwasserleiter, anisotroper. → Grundwasserleiter mit unterschiedlichen petrophysikalischen Eigenschaften in verschiedenen Richtungen

Grundwasserleiter, bedeckter. Grundwasserleiter, der sich am Betrachtungsstandort unter einem → Grundwasserstauer bzw. → Grundwassernichtleiter befindet; ↓ Grundwasserleiter, abgeschirmter

Grundwasserleiter, geschichteter. Grundwasserleiter aus wechselnden Sedimentschichten, die sich hinsichtlich Petrographie und Durchlässigkeit (Ergiebigkeit) markant unterscheiden; → Grundwasserleiter, anisotroper

Grundwasserleiter, halbdurchlässiger. Grundwasserhemmer, → Leckage

Grundwasserleiter, isotroper. → Grundwasserleiter mit einheitlichen petrophysikalischen Eigenschaften in allen Richtungen; ↓ Grundwasserleiter, ungeschichteter

Grundwasserleiter, semipermeabler. → Grundwasserhemmer

Grundwasserleiter, tiefer. Von mächtigen Schichtfolgen überdeckter Grundwasserleiter in größerer Tiefe, dessen → Grundwasser gegenwärtig nicht am → Wasserkreislauf teilnimmt

Grundwasserleiter, unbedeckter. → Grundwasserleiter, der am Betrachtungsstandort ohne Überdeckung durch → Grundwasserstauer oder → Grundwassernichtleiter bis zur Erdoberfläche reicht

Grundwasserleiter, ungeschichteter. → Grundwasserleiter, isotroper

Grundwasserleiter, wassererfüllter. → Zone, wassergesättigte

Grundwasserleiterergiebigkeit. → Grundwasserleiterkapazität

Grundwasserleiterkapazität. Maximales Wasserdargebot eines Grundwasserleiters, zu ermitteln durch → Pumpversuch; ↓ Grundwasserleiterergiebigkeit

Grundwasserleitermächtigkeit (M). → Grundwassermächtigkeit

Grundwasserleitertest. Untersuchung spezieller Eigenschaften eines Grundwasserleiters in situ, z.B. durch → Bohrlochmessung, geophysikalische, → Pumpversuch, → Infiltrationsversuch, → Tracerversuch

Grundwasserleitertyp. Grundform zur Gliederung von Grundwasserleitern nach definierten Merkmalen, z.B. bedeckter und unbedeckter Grundwasserleiter, → Grundwasserstockwerk

Grundwassermächtigkeit (M). Lotrechter Abstand zwischen Grundwassersohle und Grundwasserdecke und/oder → Grundwasseroberfläche eines definierten Grundwasserkörpers an definierter Stelle; Einhweit: [m]. Meist wird aber unter dem Begriff die von einem Brunnen erschlossene G. verstanden, die dann in die hydraulischen Gleichungen (Berechnungen) eingeht; ↓ Durchflußhöhe, unterirdische, ↓ Grundwasserleitermächtigkeit

Grundwassermenge, abgeleitete (Q_G).

Die aus einem Einzugsgebiet entnommene Grundwassermenge (z. B. durch Wasserwerke), die bei Grundwasserbilanzen berücksichtigt werden muß

Grundwassermeßnetz. Aufgabenspezifisches System von → Grundwassermeßstellen, das meist in Landesmeßnetze und Sondermeßnetze (z.B. für Bergbau, Wasserwerk) aufgeteilt ist; ↓ Grundwasserbeobachtungsnetz

Grundwassermeßnetzbetrieb. Grundwasserbeobachtung in einem → Grundwassermeßnetz einschließlich technischer Wartung, Datenauswertung und -pflege

Grundwassermeßnetzoptimierung. Gestaltung eines → Grundwassermeßnetzes mit dem Ziel, die geforderte Genauigkeit mit minimaler Meßstellenanzahl und Beobachtungsfrequenz sicher zu stellen

Grundwassermeßstelle. Einrichtung (z.B. Bohrung) zur Erfassung hydrologischer und hydrochemischer Daten des Grundwassers; G. ist in der Regel mit einem (Einfach-G.) oder maximal drei (Mehrfach-G.) Beobachtungsrohren [von oben nach unten Vollrohr - Filterrohr (einfach, mehrfach, durchgehend) - Schlammfang] ausgestattet; ↓ Grundwasserpegel, ↓ Grundwasserbeobachtungsrohr, ↓ Peilrohr

Grundwassermodell. Maßgebliche hydrogeologische Kenngrößen zur mathematischen Beschreibung eines definierten Grundwasserkörpers und seiner Grundwasserdynamik als Grundlage für die Lösung einer bestimmten Aufgabenstellung (z.B. zur Grundwassernutzung, für Belange von Havarie- und Umweltschutz)

Grundwassermonitoring. Längerfristiges Beobachten der chemischen, biologischen und physikalischen Eigenschaften des Grundwassers

Grundwassermorphologie. → Morphologie der Oberfläche eines Grundwasserkörpers

Grundwassernährgebiet. Gebiet, aus dem → Niederschlag, Oberflächenwasser bzw. Grundwasser in einen Grundwasserleiter einfließt; Gegenteil: Grundwasserzehrgebiet

Grundwassernebenionen. Überflüssiger Begriff für Begleitionen

Grundwasserneubildung (GWN). Bildung von Grundwasser aus → Niederschlag und Oberflächenwasser durch natürliche → Versickerung (Infiltration) und → Versinkung, die wegen jahreszeitlicher Unterschiede des Niederschlages nicht kontinuierlich erfolgt

Grundwasserneubildungsberechnung. In Abhängigkeit von meteorologischen, geographischen und hydrogeologischen Parametern ausgewählte Methode zur repräsentativen Ermittlung der → Grundwasserneubildung für ein definiertes Einzugsgebiet

Grundwasserneubildungshöhe. Wassermenge der → Grundwasserneubildung während eines definierten Zeitintervalls unter Annahme gleichmäßiger Verteilung über einer horizontalen Fläche, ausgedrückt als Wasserhöhe; Einheit: [mm]

Grundwasserneubildungsrate. Die in einer Zeit dem Grundwasser zugesickerte Wassermenge in einem definierten Gebiet (in der Regel Einzugsgebiet); Einheit: $[l/(s \cdot km^2)]$ oder [mm/a]; ↓ Abflußspende, unterirdische, ↓ Grundwasser(abfluß)spende

Grundwassernichtleiter. Gesteinskörper, der (je nach Betrachtung) als undurchlässig gilt (z.B. Ton); → Aquifuge

Grundwassernutzung. Zweckgebundene Verwendung des Grundwasserdargebotes zur Wasserversorgung (als → Trinkwasser und/oder Betriebswasser)

Grundwasseroberfläche. Oberfläche eines Grundwasserkörpers mit freiem (ungespanntem) Grundwasser, z.B. Grundwasserspiegel in einem Brunnen (reale Fläche im → Grundwasserströmungsfeld, auf der der absolute Druck des Grundwassers gleich dem atmosphärischen Druck ist); → Grundwasseroberfläche, freie

Grundwasseroberfläche, freie. → Grundwasseroberfläche

Grundwasseroberfläche, scheinbare. Obergrenze des geschlossen Kapillarraumes (→ Kapillarraum, geschlossener)

Grundwasseroberstrom. Bereich eines Grundwasserströmungsfeldes niveaumäßig oberhalb eines durchströmten Standortes (z.B. Einzugsgebiet eines Brunnens)

Grundwasserorganismen. → Grundwasserbiozönose

Grundwasserpegel. → Grundwassermeßstelle

Grundwasserpfad. Fließweg eines definierten Grundwasserteilchens zwischen zwei oder mehreren Betrachtungspunkten, z.B. zwischen einem Kontaminationsherd und einem Schutzgut

Grundwasserpotentiallinie. Geometrischer Ort aller Punkte mit gleichem Grundwasserpotential (z.B. Standrohrspiegelhöhe h) in einem vertikalen Schnitt durch ein Grundwasserströmungsfeld

Grundwasserqualität. → Grundwasserbeschaffenheit

Grundwasserquerschnitt. Schnitt durch einen Grundwasserkörper normal zu dessen Stromlinie; entspricht vielfach in guter Näherung einem senkrechten Schnitt entlang einer → Grundwassergleiche (DIN 4049-3) im Unterschied zu einem → hydrogeologischen Schnitt

Grundwasserquerschnittsfläche. Fläche des → Grundwasserquerschnitts

Grundwasserraum. 1. → Grundwasserkörper;
2. Zu einem definierten Zeitpunkt von Grundwasser erfüllter definierter Gesteinskörper(-hohlraum)

Grundwasserregenerierung. → Grundwassersanierung

Grundwasserregulierung. Technische Maßnahmen zur Gewährleistung eines vorgegebenen → Grundwasserstandes bzw. zur Nutzung von künstlichem Grundwasser (z.B. durch → Grundwasseranreicherung)

Grundwasserreservoir. → Grundwasserspeicher

Grundwasserressource. Summe der nachgewiesenen (Bilanz-, Außerbilanz- und prognostischen) → Grundwasservorräte eines Gebietes

Grundwasserrestabsenkung (s). Kennwert zur Pumpversuchauswertung (Grundwasserabsenkung an einer Meßstelle nach Einstellung des Pumpbetriebes); Einheit: [m]; ↓ Restabsenkung

Grundwasserrichtlinie. Norm zum Grundwasser ohne Gesetzeskraft; Teil 1: für Beobachtung und Auswertung – Grundwasserstand (LAWA 1984); Teil 2: Grundwassertemperatur (LAWA 1987): Teil 3: Grundwasserbeschaffenheit (LAWA 1993); Teil 4: Quellen (LAWA 1995)

Grundwasserruhespiegel. Nicht durch anthropogene Maßnahmen beeinflußter → Grundwasserspiegel (in einem Brunnen); → Bezugswasserstand; ↓ Grundwasserruhestand, ↓ Grundwasserstand, ursprünglicher

Grundwasserruhestand. → Grundwasserruhespiegel; → Bezugswasserstand

Grundwassersanierung. Maßnahmen zur dauerhaften wirksamen Beseitigung von Grundwassergefährdungen (z.B. durch einen Schadherd) und/oder von Kontaminationen in einem Grundwasserkörper (Grundwasserregenerierung) und, Rückführung in den natürlichen Zustand

Grundwasserscheide. → Wasserscheide, unterirdische

Grundwasserschirmfläche. Grenzfläche zwischen → Grundwassernichtleiter bzw. → Grundwasserstauer und liegendem → Grundwasserleiter mit freiem (ungespanntem) Grundwasser

Grundwasserschongebiet. Fläche, die von Nutzungen (z.B. in Flächennutzungsplänen) ausgeschlossen wird, da sie wasserwirtschaftlich (z.B. für Grundwassererschließungen oder wasserbauliche Maßnahmen) in absehbarer Zeit genutzt werden soll; → Trinkwasservorbehaltsgebiet

Grundwasserschutz. Maßnahmen zum Schutz des Grundwassers vor Kontamination, praktisch nicht regenerierbarer Grundwasserabsenkung, Grundwassererschöpfung und sonstiger nachteiliger Veränderung bzw. Beeinflussung (z.B. durch thermische Belastung)

Grundwasserschutz, flächendeckender. Von Wasserrechtlern wiederholt diskutierte Auffassung, wonach ein nach § 34(2) Wasserhaushaltgesetz (WHG; → Wasserhaushaltsgesetz: „Stoffe dürfen nur so gelagert werden, daß eine schädliche Verunreinigung des Grundwassers nicht zu besorgen ist. ... ") erwirkter allgemeiner, für alle Flächen gleichermaßen gültiger Grundwasserschutz ausreicht, um Wassergewinnungsanlagen zu schützen, und die Festsetzung von gesonderten Schutzgebieten für Wassergewinnungsanlagen deshalb nicht erforderlich ist; aus hydrogeologischer Sicht ist das jedoch unrealistisch, da zu einem umfassenden Schutz viele Nutzungen auf der Erde untersagt werden müßten, die auf Grund örtlicher (hydrogeologischer) Verhältnisse durchaus zulässig wären; → Übermaßverbot

Grundwasserselbstreinigung. Gesamtheit chemischer, physikalicher und biologischer Prozesse in der → Lithosphäre (insbesondere durch Ausbildung biologischer „Filter", in denen ein intensiver mikrobieller Abbau stattfindet), durch die Kontaminanten völlig oder teilweise aus dem Grundwasser entfernt, mineralisiert oder in Biomasse eingebaut werden, Anpassung an das geohydrochemische Milieu

Grundwassersohle. Untere Grenzfläche eines Grundwasserleiters oder Grundwasserleiterkomplexes; ↓ Grundwassersohlfläche, ↓ Grundwasserunterfläche, ↓ Grundwassersohlschicht

Grundwassersohlfläche. Grundwassersohlschicht. → Grundwassersohle

Grundwasserspeicherung. 1. → Wasserspeicherung, unterirdische, → Rücklage; 2. → Retention (Rückhaltevermögen) grundwasserleitender Gesteine; ↓ Grundwasserreservoir

Grundwasserspende. → Grundwasserneubildungsrate

Grundwassersperrschicht. → Grundwassernichtleiter und/oder → Grundwasserstauer zwischen Grundwasserleitern

Grundwasserspiegel. → Grundwasseroberfläche in einem hydrogeologischen Aufschluß (→ Brunnen, → Pegel), d.h. Grenzfläche von Grundwasser gegen die Atmosphäre

Grundwasserspiegel-Differenzplan. Isolinienplan für (zwei oder mehrere) Grundwasserstandsänderungen (oder –differenzen) in einem definierten Gebiet, z.B. zwischen Mittel- und Extremwerten (MW - HW) oder zwischen verschiedenen Terminwerten

Grundwasserspiegelschwankung. Wechselnde Niveaus der Grundwasserspiegel (oder -stände)

Grundwasserspurenstoffe. Im Grundwasser gelöste oder suspendierte Stoffe mit Konzentrationen <0,2 mg/l; → Spurenelement

Grundwasserstand. Abstand einer → Grundwasserdruckfläche oder → Grundwasseroberfläche von einem Bezugsniveau (z.B. → Bezugswasserstand, → Meßpunkt, → Geländeoberfläche, → Normal-Null, → Meeresspiegel); Einheit: [m] oder [cm]

Grundwasserstand, dynamischer. → Grundwasserstand, instationärer

Grundwasserstand, in Ruhe-. → Grundwasserruhespiegel

Grundwasserstand, instationärer. Grundwasserstand, der sich im betrachteten Zeitintervall ändert; ↓ Grundwasserstand, nichtstationärer; ↓ Grundwasserstand, dynamischer

Grundwasserstand, nichtstationärer. → Grundwasserstand, instationärer

Grundwasserstand, prognostischer. Definierter Grundwasserstand (z.B. Endwasserstand nach Pumpversuch), der auf Grund von Analogieschlüssen bzw. statistischen Auswertungen in einem betrachteten Zeitintervall oder zu einem Terminwert erwartet wird

Grundwasserstand, stationärer. Grundwasserstand, der sich im betrachteten Zeitintervall nicht ändert bzw. über lange Zeit praktisch konstant bleibt; → Bezugswasserstand; ↓ Grundwasserstand, statischer

Grundwasserstand, statischer. → Grundwasserstand, stationärer

Grundwasserstand, ursprünglicher. 1. → Grundwasserruhespiegel; 2. Grundwasserstand vor einer definierten → Grundwasserabsenkung

Grundwasserstandsganglinie. → Grundwasserganglinie

Grundwasserstatistik. Systematische Auswertung regelmäßiger Grundwasserbeobachtungen bzw. Meßergebnisse (Daten) eines definierten Gebietes über längere Zeitintervalle (Jahrzehnte), insbesondere für langfristige Prognosen über Mittel- und Extremwerte sowie Trends bezüglich Grundwasserbeschaffenheit und/oder Grundwasserstände

Grundwasserstau. Behinderung des Grundwasserstromes z.B. durch natürliche oder anthropogene (durch eine Baumaßnahme) Querschnittsverengung eines durchströmten → Grundwasserleiters

Grundwasserstauer. Gestein oder Gesteinskomplex, dessen Durchlässigkeit im Vergleich zum benachbarten → Grundwasserleiter so gering ist, daß zwischen beiden ein (horizontal gerichteter) Grundwasseraustausch praktisch nicht erfolgt bzw. vernachlässigt werden kann

Grundwasserstockwerk. → Grundwasserleiter im Verband mehrerer übereinander liegender Grundwasserleiter, die durch → Grundwasserstauer und/oder → Grundwassernichtleiter getrennt sind; Zählung erfolgt von oben nach unten

Grundwasserstockwerk, schwebendes. → Grundwasser, schwebendes

Grundwasserströmung. Fließen von Grundwasser in porösen und/oder klüftigen Gesteinen bzw. Gesteinskomplexen; ↓ Durchströmung

Grundwasserströmung, instationäre. Zustand der Grundwasserströmung, bei dem sich die Geschwindigkeit (v) in den einzelnen Punkten eines definierten → Grundwasserströmungsfeldes mit der Zeit ständig ändert, z.B. bei einer → Grundwasserabsenkung;

$v = f(x,y,z,t)$; ↓ Grundwasserströmung, nichtstationäre

Grundwasserströmung, nichtstationäre. → Grundwasserströmung, instationäre

Grundwasserströmung, stationäre. Zustand der Grundwasserströmung, bei dem die Geschwindigkeit in den einzelnen Punkten eines definierten → Grundwasserströmungsfeldes unabhängig von der Zeit (bzw. über ein langes Zeitintervall) konstant bleibt, z.B. beim Beharrungszustand eines Pumpversuchs

Grundwasserströmungsfeld. Definierter Raum eines → Grundwasserleiters bzw. Grundwasserleiterkomplexes, in dem eine definierte → Grundwasserströmung gemäß dem → DARCY-Gesetz stattfindet

Grundwasserströmungskraft (F_s). Reaktion der Reibungskraft, die eine definierte Grundwasserströmung in das durchströmte Gestein einträgt, ausgedrückt als

$$F_s = \rho_d \cdot g \cdot I \cdot V_g$$

g = Fallbeschleunigung in [m/s²];
I = Grundwassergefälle in [m/m];
ρ_d = Trockenrohdichte des Gesteins in [kg/m³];

V_G = Gesamtvolumen des Gesteins in [m³])

Grundwasserströmungsrichtung. → Grundwasserfließrichtung

Grundwasserstrombahn. In Anlehnung an oberirdische → Fließgewässer Bahn bzw. Linie entlang der größten Fließgeschwindigkeiten eines Grundwasserstromes; → Strombahn; ↓ Grundwasserstromlinie

Grundwasserstromlinie. → Grundwasserstrombahn

Grundwasserstufe. → Grundwasserüberfall

Grundwassersuche. Teil der → Grundwassererkundung zum Nachweis von Grundwasservorkommen bzw. Untergrundspeichern

Grundwassertemperatur. Temperatur an definierter Stelle in einem → Grundwasserkörper

Grundwassertiefe. → Flurabstand

Grundwasserträger. Unzulässige Bezeichnung für → Grundwasserleiter

Grundwassertransportmodell. Ortsdiskretes mathematisches Modell eines definierten → Grundwasserströmungsfeldes zur repräsentativen Behandlung von Stoffströmen (z.B. zur Bestimmung von Auslaugungsdauer von Schadherden, Migrationszeiten wasserlöslicher Substanzen)

Grundwassertyp. Grundform zur Klassifizierung von Grundwasser nach seiner maßgebenden Beschaffenheit z.B. nach Inhalt an Hauptionen (Chloridwasser, Hydrogencarbonatwasser, Sulfatwasser), nach Gasgehalt (Kohlensäurewasser, Radonwasser); nach Wassertemperatur (Thermalwasser); diese Gliederung dient insbesondere zur großräumigen Erfassung und Beurteilung der Grundwässer nach Hauptinhaltsstoffen, zur Ermittlung ihrer Genese, zur Charakterisierung des Zusammenhangs von Grundwasser und Grundwasserleiter, zur regionalen Abgrenzung von → Süßwasser und Mineral-/Heilwasser sowie zur hydrochemischen Kartierung und Einteilung; → Typisierung; ↓ Grundwasserbeschaffenheitstyp

Grundwasserüberdeckung. → Grundwasserhangendschichten

Grundwasserüberfall. Bereich einer Stufe oder Schwelle der → Grundwassersohle bei freiem (ungespanntem) Grundwasser mit lokal höherem Grundwassergefälle

Grundwasserübertritt. → Grundwasserströmung von einem → Grundwasserleiter in einen anderen, z.B. zwischen benachbarten → Grundwasserstockwerken

Grundwasserumsatzraum. Teil eines → Grundwasserleiters bzw. Grundwasserleiterkomplexes, der abwechselnd mit Grundwasser gefüllt und von ihm entleert wird, wodurch es zu Schwankungen des Grundwasserstandes in einem definierten Zeitabschnitt, unter natürlichen Verhältnissen zwischen niedrigem und hohen Grundwasserstand kommt; Einheit: [m³]

Grundwasserunterfläche. → Grundwassersohle

Grundwasserunterstrom. → Grundwasserabstrom

Grundwasservernässung. Zeitweilige → Vernässungdes Wurzelbereiches von Böden durch ständig oder zeitweilig hohen Grundwasserstand und → Kapillarität die Ursache für Luftmangel im Wurzelraum, Reduktionserscheinungen, z. B. Fe(III) zu Fe(II), und damit Nutzungseinschränkungen ist; ↓ Grundnässe

Grundwasserversauerung. Zunahme der Säurestufe in einem → Grundwasserkörper, z.B. durch sauren Regen

Grundwasserverschmutzung. → Grundwasserverunreinigung

Grundwasserverseuchung. Kontamination von Grundwasser mit Erregern übertragbarer Krankheiten, d.h. mit pathogenen oder hygienisch bedenklichen Organismen und/oder deren Toxinen

Grundwasserversorgung. Deckung eines Wasserbedarfs mit Grundwasser, z.B. Eigenwasserversorgung

Grundwasserverunreinigung. Kontamination von Grundwasser durch Wasserschadstoffe und/oder andere Stoffe in solchen Mengen, daß es für eine Nutzung (insbesondere zur Trinkwasserversorgung) nicht mehr oder nur mit Einschränkung geeignet ist; ↓ Grundwasserverschmutzung

Grundwasserverweilzeit. Zeitdauer, in der sich Grundwasser in einem definierten Abschnitt der → Lithosphäre befindet; ↓ Grundwasseraufenthaltsdauer

Grundwasservorerkundung. Vorstadium der → Grundwassererkundung zum Nachweis von Grundwasserparametern und zur groben Bilanzierung von Grundwasservorrat und/oder Grundwasserdargebot

Grundwasservorkommen. Abschnitt der → Lithosphäre mit Grundwasser

Grundwasservorrat. Wasservolumen, das zu einem bestimmten Zeitpunkt in den speichernutzbaren Hohlräumen eines Grundwasserabschnitts enthalten ist (DIN 4049); Einheit: [m³] oder [hm³]

Grundwasservorrat der Erde. Grundwasser, das generell am Wasserkreislauf teilnimmt, und zwar vorwiegend als → Süßwasser (nach globalen Schätzungen ca. 0,59 % des zirkulierenden Wassers der Erde, d.h. ca. 8 Mio km³)

Grundwasservorrat, dynamischer. Nutzbarer → Grundwasservorrat, der sich in einem Grundwasserleiter bzw. Grundwasserleiterkomplex in einem definierten Zeitintervall neu bildet; Einheit: [m³/d]); ↓ Grundwasservorrat, sich erneuernder

Grundwasservorrat, künstlicher. → Grundwasservorrat, der durch technische Maßnahmen, z.B. durch Betrieb von → Infiltrationsbecken, Infilktrationsbrunnen, Uferfiltratfassungen nachweisbar einem → Grundwasservorkommen zu vorgegebenen Bedingungen zugeführt und entnommen werden kann; ↓ Grundwasservorrat, zusätzlicher

Grundwasservorrat, prognostischer. → Grundwasservorrat, der auf Grund von Analogieschlüssen zu benachbarten Gebieten mit mutmaßlich ähnlichen hydrogeologischen Verhältnissen wissenschaftlich begründet vorausgesagt, jedoch nicht konkret durch hydrogeologische Aufschlüsse und deren Bemusterung nachgewiesen werden kann; → Grundwasservorratsprognose

Grundwasservorrat, sich erneuernder. → Grundwasservorrat, dynamischer

Grundwasservorrat, statischer. Teil des → Grundwasservorrates, der nicht genutzt werden kann; Gegenteil: → Grundwasservorrat, dynamischer

Grundwasservorrat, zusätzlicher. → Grundwasservorrat, künstlicher

Grundwasservorratsänderung. Vergrößerung oder Verkleinerung des → Grundwasservorrates eines definierten Einzugsgebietes in einem definierten Zeitintervall, bestimmt als Summe von Rücklage (S_+) und Aufbrauch (S_-) und ausgedrückt als Höhe des Grundwassers: $\Delta W = S_+ + S_-$; Einheit: [mm]

Grundwasservorratsprognose. → Grundwasservorrat, prognostischer

Grundwasserwärmepumpe. Technische Anlage, die einem Grundwasserkörper Wärme entzieht, die insbesondere zu Heizzwecken verwendet wird (Prinzip: → Wärmegewinnung aus Grundwasser

Grundwasserwiederanstieg. Natürliche Erhöhung der → Grundwasserdruckfläche und/oder → Grundwasseroberfläche nach Beendigung oder Reduzierung einer → Grundwasserförderung, die im allgemeinen mit einer → Grundwasserabsenkung verbunden ist

Grundwasserwiederanstiegskurve. Graphische Darstellung des zeitlichen Verlaufes des → Grundwasserwiederanstieges

Grundwasserwiederanstiegsphase. Zeitdauer zur Auffüllung eines → Absenkungstrichters bzw. entwässerten Gesteinskörpers (wie Bergbaurevier) vom Zeitpunkt der Einstellung der Grundwasserförderung bzw. Wasserhaltung bis zum Erreichen des primären bzw. natürlichen → Grundwasserstandes

Grundwasserwiederauffüllung. Künstliche Erhöhung der Grundwasserdruckfläche und/der → Grundwasseroberfläche nach Beendigung oder Reduzierung einer Grundwasserförderung, die im allgemeinen mit einer Grundwasserabsenkung verbunden ist, z.B. durch Flutung

Grundwasserzehrgebiet. Teil eines Einzugsgebietes, in dem die mittlere Verdunstungshöhe aus dem Grundwasser oder eine Wasserförderung größer als die mittlere → Grundwasserneubildung ist; Gegenteil: → Grundwassernährgebiet; ↓ Grundwasserentlastungsgebiet

Grundwasserzehrung. Aufbrauch bzw. Verminderung von Grundwasser durch Verdunstung oder Wasserförderung

Grundwasserzone. → Zone, wassergesättigte

Grundwasserzustrom. Zufluß von Grundwasser in ein definiertes Einzugsgebiet

Gruppenparameter. Gruppen von organischen, teilweise (Oberflächen- und Grund-) wassergefährdenden Stoffen, die durch Leitparameter (z.B. → AOX, → EOX, → POX, → TOC) erfaßt werden; ↓ Summenparameter

Gruppenpumpversuch. → Pumpversuch, bei dem gleichzeitig mehrere benachbarte Brunnen betrieben werden, die in einem Grundwasserleiter stehen und/oder sich gegenseitig beeinflussen

Gruppenwasserversorgung. Wasserversorgungssystem für mehrere Orte bzw. Nutzer

Grus. Lockergestein aus kantigen Partikeln von 2 - 20 mm Äquivalentdurchmesser, z.B. Gesteinszersatz

Gülle. Kot-Harn-Wasser-Gemisch aus Anlagen der Tierproduktion, insbesondere bei strohloser Aufstallung, das wegen des Gehaltes an organischer Substanz, Kalium, Phosphor und Stickstoff als Dünger dient

Gülleausbringung. Flächenmäßige Verteilung von → Gülle auf landwirtschaftlichen Nutzflächen zu Düngezwecken, unter Beachtung von Limits für Mengen, Jahreszeit und Witterung (im Interesse optimaler Nährstoffausnutzung sowie Minimierung von Umweltbeeinträchtigung bzw. Nährstoffverlusten durch Entgasung und Auswaschung); ↓ Gülleverwertung

Gülledesinfektion. → Hygienisierung von Wirtschaftsdünger

Gülleverregnung. Besondere Form der → Gülleausbringung mit Hilfe von stationären oder mobilen Verregnungseinrichtungen

Güteanforderung. Für einen Vorgang (z.B. Nutzung eines Grundwasserleiters) formulierte Festlegungen die Wasserbeschaffenheit betreffend

Gutachten. Bewertung eines (wissenschaftlichen) Problems durch einen Sachkundigen (Spezialisten) in Schriftform. G. stellen rechtlich die Meinungsäußerung des Bearbeiters dar und sind nur dann strafbar, wenn (Fehl-)Schlüsse grob fahrlässig und wider besseren Wissens gemacht wurden; sie sollten alle Fakten, Daten und Beobachtungen enthalten, die zur abschließenden Beurteilung geführt haben

GV. → Glühverlust

GW. → Grundwasser

GWL. → Grundwasserleiter

GWN. → Grundwasserneubildung

Gyttja. Subhydrischer (grünlichgrauer, graubrauner oder grauschwarzer) schluffigtoniger organismenreicher Schlammboden nähr- und sauerstoffreicher Oberflächengewässer; → Mudde; ↓ Halbfaulschlamm

H

H 17. Nach den „Deutschen Einheitsverfahren" Methode zur Bestimmung schwerflüchtiger lipophiler (→ Lipophilität) Stoffe mit Siedepunkten > 250 °C (z.B. Wachse, Fett, Öle)

H 18. Nach den „Deutschen Einheitsverfahren" Mehode zur Bestimmung von Kohlenwasserstoffen (leichtflüchtige Öle, wie z.B. Benzin, Heizöl, Dieselkraftstoff) mit Siedepunkten < 250 °C

H. → Enthalpie

h. → Filterwiderstand

h_p. → Höhe, piezometrische

Habitat. Artspezifischer Lebensraum, an dem Organismen einer Art regelmäßig anzutreffen sind (autökologischer Begriff in Abgrenzung zum synökologischen Begriff Biotop)

Härte (Wasser). Nach DIN 19640 die Bezeichnung für den Gehalt (Konzentration) des Wassers an bestimmten, durch die Härtebezeichnung festgelegten Ionen. Zu unterscheiden sind die Gesamt.-H. (Gehalt an Calcium- und Magnesium-Ionen), Carbonat-(oder vorübergehende) H. (Gehalt an Hydrogencarbonat-Ionen HCO_3^- und, sofern vorhanden, an Carbonat-Ionen CO_3^{2-}) und Nichtcarbonat- (oder Mineral- oder bleibende) H. als Rechenwert der Differenz zwischen Gesamt- und Carbonat-H. Die Einheit ist das Grad deutscher Härte [°dH] oder vereinfacht [°d]. 1 °dH entspricht einer Konzentration von 10 mg/l CaO = 7,14 mg/l Ca = 0,179 mmol/l, 1 Härteäquivalent (mmol(eq)/l) sind 2,8 °dH. Die klassische Abstufung der H. ist nicht linear, sondern aus der Praxis heraus von KLUT-OLSZEWSKI aufgestellt [°dH Gesamt-H. (bzw. mmol Härteäquivalent)]: < 4 (< 1,43) sehr weich; 4 - 8 (1,43 - 2,86) weich; 8 - 12 (2,86 - 4,28) mittelhart; 12 - 18 (4,28 - 6,43) etwas (oder ziemlich) hart; 18 - 30 (6,43 - 10,71) hart und > 30 (> 10,71) sehr hart. Eine andere Einteilung ergibt sich aus dem „Waschmittelgesetz" vom 5.3.87 in der Fassung vom 15.4.97; dort werden Härtebereiche unterschieden [mmol/l, entsprechend (Gesamthärte °dH)]: Härtebereich 1: < 1,3 (< 7); 2: 1,3 - 2,5 (7 - 14); 3: 2,5 - 3,8 (14 - 21); 4: > 3,8 (> 21). Andere Härtedefinitionen haben die Franzosen 1°f = 10 mg/l $CaCO_3$; Engländer 1°e = 10 mg/l $CaCO_3$ in 0,7 l Wasser; Amerikaner 1°a = 1 mg/l $CaCO_3$. Wenn es auch von Seiten der Wasserchemie Bemühungen gibt, den H.-Begriff aufzugeben, so kann aus grundwasserchemischer, praxisorientierter Sicht darauf nicht verzichtet werden, weil sich mit ihm einfache Klassifikationen, Grundwassertypisierungen in Übersichtskarten zur schnellen Orientierung und Informationen zur großräumigen Grundwasserbeschaffenheit realisieren lassen; ↓ Wasserhärte

Härtebereich. → Härtestufe

Härtebildner. Calcium- und Magnesiumionen in natürlichen Wässern, insbesondere als Hydrogencarbonate, des weiteren als Sulfate und Chloride, in basischen Wässern (mit pH > 8,35) auch als Carbonate; im → Süßwasser liegt das Verhältnis von Ca : Mg meist bei 4 bis 5 : 1. Hydrogencarbonate, die „temporäre = Carbonathärte", fallen beim Erwärmen des Wassers als Carbonat = Kesselstein aus; die Chloride, Sulfate, Nitrate, Phosphate und Silicate bilden die „bleibende = Nichtcarbonathärte", und bleiben auch beim Kochen des Wassers in Lösung; → Härte (Wasser)

Härtedreieck. Graphische Darstellung der → Härten in einem → Dreieckdiagramm, an deren Ecken (bzw. Seiten) → Gesamt-, → Carbonat- und → Nichtcarbonathärte angeordnet sind

Härtegrad. Angabe der → Härte in Grad deutscher Härte [°dH] oder [°d]

Härtestufe . Angabe der → Härte entsprechend der Abstufung im Waschmittelgesetz in der Fassung vom 15.4.1997; → Härte; ↓ Härtebereich

Haftnässe. Durch → Haftwasser hervorgerufene Bodennässe, vor allem in Mittelporen

Haftwasser. Wasser in der wasserungesättigten Zone (→ Zone, wasseringesättigte) an und zwischen Boden- bzw. Gesteinspartikeln, das infolge → Adhäsion als dünner Film (< 5 · 10⁻⁷ m) entgegen der Schwerkraft gehalten wird (nicht der Sickerwasserbewegung unterliegt); → Adsorptionswasser, → Kapillarwasser, → Wasser, gebundenes; ↓ Häutchenwasser, ↓ Adhäsionswasser

Hagel. Aus Schauer- und Gewitterwolken fallende Eiskörner von meist 5 - 90 mm Durchmesser und schalenförmiger Textur

Halbfaulschlamm. → Gyttja

Halbwertszeit ($T_{1/2}$). 1. Zeitintervall, in dem die Hälfte der Kerne eines Radionuklids zerfällt, wodurch sich seine Radioaktivität auf 50 % reduziert wird; → Methoden, isotopenhydrologische; 2. Stoffspezifische Halbwertszeit ($T_{1/2}$) des Abbaus organischer Substanzen, durch die die Abbaukonstante (λ) bestimmt wird nach der Beziehung: $\lambda = \ln 2 / T_{1/2}$; Einheit: [1/d]

Halde. Übertägige Aufschüttung des Bergbaus (Abraum, taubes Gestein), der Industrie (Rohstoff, Abfallmaterial) und der Abfallwirtschaft (Abfalldeponie); → Abraumhalde; ↓ Hochkippe

Halit. Natriumchlorid-Mineral; → Steinsalz

Halogene, adsorbierbare, organisch gebundene (AOX). Summe der Konzentrationen aller aus einer Wasserprobe an Aktivkohle adsorbierbaren organischen Halogen-Verbindungen der Elemente Chlor, Brom und Iod, ausgedrückt als mg/l Chlorid (DIN 38409 – 14). Diese Verbindungen können sich auch an aktiven Oberflächen von Boden- und/oder Gesteinspartikeln sorptiv anlagern; sie stellen umweltrelevante xenobiotische Schadstoffe dar, die im Boden/Gestein und Grundwasser auf natürliche Weise nur äußerst langsam abgebaut werden

Halogen-organische Verbindungen. → Verbindungen, halogen-organische

Halogenierte Kohlenwasserstoffe. → Verbindungen, halogen-organische

Halokinese. Begriff für alle Vorgänge, die ursächlich mit der schwerkraft-bedingten Salzbewegung verknüpft sind

Halokline. Dichtegrenze zwischen überlagerndem („leichteren") → Süß- und unterlagerndem („schwereren") → Salzwasser; →

Chemokline

Hammerbohren. → Bohrverfahren mit druckluftbetriebenen Bohrlochhämmern (Versenkhammer, Imlochhammer) für harte Gesteine, bei dem der Hammer am unteren Ende des Bohrgestänges arbeitet

Handlungsbedarf. Erforderliche Maßnahmen, insbesondere zur Abwendung von Gefahren und/oder Gefährdungen für ein Schutzgut

Hangberieselung. Zuführung von Wasser über Rieselrinnen auf geneigte Flächen; ↓ Hangrieselung

Hangbewegung, deluvial-gleitende. → Rutschung

Hangendbrunnen. Brunnen zur → Entwässerung von Gesteinen im Hangenden eines bergmännisch abzubauenden Rohstoffes

Hanggrundwasser. Hangabwärts fließendes Wasser des → Interflows

Hangneigung. Gefälle einer Hangoberfläche

Hangrieselung → Hangberieselung

Hangschutt. → Gehängeschutt

Hangschuttquelle. Quelle aus (meist pleistozänem) Hangschutt, hufig als → Naßstelle ohne punktuellen, dafür mehr flächigem Wasseraustritt

Hangstaunässe. Bodenvernässung in einer Hanglage mit geringem unterirdischen Abfluß

Hangstauwasser. Zeitweilig an einem Hang auftretendes Bodenwasser über einer stauenden Schicht

Hangwasser. Unterirdisches Wasser, das sich unter Einwirkung der Schwerkraft hangabwärts bewegt

Harnstoff (N_2NCONH_2). (Kohlensäurediamid). Produkt des Eiweißstoffwechsels im menschlichen und tierischen Körper, das mit dem Urin ausgeschieden wird. H. ist Hauptbelastungsstoff in Schwimmbecken-Wässern; er wurde lange Zeit (als synthetisches Produkt) als Auftaumittel für Rollbahnen auf Flugplätzen benutzt, jedoch wegen des NO_x-Eintrags in den Boden und das Grundwasser durch andere organische Verbindungen (z.B. Acetate) ersetzt

Harsch. Verfestigte Oberfläche von Schnee, entsteht durch Aufschmelzen und Wiedergefrieren (Schmelzharsch) bzw. durch mechanische Verfestigung (Windharsch)

Häufigkeitslinie. Lineare Darstellung einer Verteilungsfunktion, z. B. Ganglinie mit Häufigkeitszahlen, die angibt, von wieviel statistisch gleichwertigen Beobachtungen der definierte Wert einer Beobachtungsreihe über- bzw. unterschritten wird

Häufigkeitsverteilung. Zusammenhang zwischen einzelnen Werten einer Meßreihe und der Häufigkeit ihres Auftretens; daraus können bestimmte Zielauswertungen erfolgen, z.b. Höchst- oder Tiefstwerte oder Mittel von Niedrigwerten, wie die wasserwirtschaftlichen → Hauptwerte

Hartwasserkorrektur. → Alter, isotopenhydrologisches

HAUDE-Gleichung. Nach HAUDE benannte Formel zur Errechnung der potentiellen Evaporation (→ Verdunstung, potentielle, ET_{pot}) aus Klimadaten (in Meteorologischen Jahrbüchern oder eigenen Messungen). Erforderlich sind Sättigungsdampfdruck der Luft um 14 h (zu errechnen aus der Lufttemperatur um 14 h) sowie Luftfeuchte um 14 h; durch einen Monatskoeffizienten werden jahreszeitliche Unterschiede, insbesondere Verbrauch durch Vegetation, korrigiert. Die H.-G. ist Berechnungsgrundlage für die → Evapotranspiration in der DIN 19658

Hauptfließrichtung. → Grundwasserfließrichtung

Häutchenwasser. Unwissenschaftliche Bezeichnung für → Haftwasser

Hauptgrundwasserleiter. Einzelner → Grundwasserleiter oder definiertes → Grundwasserstockwerk eines Gebietes, der/das auf Grund des darin befindlichen Grundwassers wirtschaftlich die größte Bedeutung oder (je nach Ziel der Angabe) die größte Ausdehnung hat

Hauptionen. Auf Grund ihrer Konzentration die am häufigsten Anionen (HCO_3^-, Cl^-, SO_4^{2-}, NO_3^-) und Kationen (Ca^{2+}, Mg^{2+}, Na^+; untergeordnet K^+, Fe^{2+}, NH_4^+) natürlicher Wässer

Hauptwert. Statistisch ermittelter (z.B. über die → Häufigkeitsverteilung) und als maßgeblich definierter Wert einer Beobachtungsreihe, wie arithmetischer Mittelwert, Median, über- oder unterschrittener Wert, Grenzwert; → Gewässerstatistik

Hauptzahl, gewässerkundliche. Früher von der Wasserwirtschaft benutzte Bezeichnung für → Hauptwert

Hausmüll. → Abfall, kommunaler

Havarie. Plötzliches Ereignis mit potentiell negativen Folgen für die Umwelt (z.B. Freisetzung von Schadstoffen)

Havarie-Tracerversuch. Beobachtung der Migration ausgewählter Stoffe (→ Tracer) einer havariebedingten Kontamination der Hydro- bzw. → Lithosphäre zur Ermittlung von Migrationsparametern und Ableitung von Maßnahmen zum Umweltschutz und/oder zur Sanierung

HAZEN-Gleichung. Nach HAZEN (veröffentlicht im Jahre 1893) benannte Gleichung zur Errechnung des Durchlässigkeitsbeiwertes (k_f) aus der Korngrößenverteilung eines Lockergesteins

HDR. → Hot-Dry-Rock-Verfahren

Heberbrunnen. → Brunnen, aus dem die Wasserförderung (nach Ansaugen) nur durch den atmosphärischen Druck erfolgt (Druck in der Heberleitung ist geringer als der Luftdruck auf Wasserspiegel in → Förderbrunnen und Sammelschacht)

Heberdom. Höchster Punkt einer → Heberleitung

Heberleitung. Mit Saugspannung (Unterdruck, d.h. Innendruck < 1 bar) arbeitende Wasserleitung zur Förderung von oberflächennahem Grundwasser (Förderhöhe bis ca. 7 m)

Heilbad. Kureinrichtung, in der Wässer von → Heil- und/oder → Thermalquellen und/oder künstlich hergestellte Lösungen mit nachgewiesener Heilwirkung verabreicht werden (nach „Begriffsbestimmungen für Kurorte, Erholungsorte und Heilbrunnen" des Deutschen Heilbäderverbandes: Orte oder Ortsteile mit natürlichen, wissenschaftlich anerkannten und durch Erfahrung kurmäßig bewährten Heilmitteln des Bodens)

Heilquelle. → Quelle, die Wasser schüttet, das als natürliches wissenschaftlich anerkanntes, kurmäßig bewährtes Heilmittel des Bodens therapeutisch angewandt wird. Im weiteren Sinne wird als H. aber auch ein gebohrter → Brunnen bezeichnet, aus dem durch freien Überlauf oder durch Pumpen Heilwasser gewonnen wird; im hydrogeologischen Sinne handelt es sich dabei aber nicht um eine Quelle, sondern um eine durch Bohrung bewirkte Grundwassererschließung

Heilquellenforschung. → Balneologie

Heilquellenschutzgebiet. Von der Wasserwirtschaft zwar benutzte sachlich aber falsche Bezeichnung für ein zum Schutz genutzter Heilwässer (ähnlich → Trinkwasserschutzgebieten) festgesetztes Gebiet; richtig wäre der Begriff „Heilwasserschutzgebiet", da nicht die Quelle, sondern das Heilwaser geschützt wird. Zusätzlich zum qualitativen Schutz (Erhaltung der Heilwasserbeschaffenheit) erfolgt ein quantitativer Schutz, da viele Heilwässer ihr Vorkommen dem Gasauftrieb (→ Gaslift, z.B. durch Kohlensäure) verdanken und Gasinhaltsstoffe therapeutisch wirksame Bestandteile der Heilwässer sind; die Festsetzung erfolgt nach den „Richtlinien für Heilquellenschutzgebiete" der „Länderarbeitsgemeinschaft Wasser" (LAWA), Berlin, 1998

Heilwasser, natürliches. Aus natürlichen Quellen zutage tretendes oder (durch Bohrungen) künstlich erschlossenes Grundwasser, das auf Grund seiner chemischen Zusammensetzung, physikalischen Eigenschaften oder nach balneologischer Erfahrung geeignet ist, Heilzwecken zu dienen; es wird zum Trinken verabreicht, als Badewasser (äußere Anwendung) genutzt oder in Flaschen versandt. H. bedürfen zu ihrer Nutzung einer staatlichen Anerkennung

Heilwasseranalyse. Wasseranalyse auf Inhaltsstoffe mit spezifischer Heilwirkung; Umfang, Inhalt und Häufigkeit sind in den "Begriffsbestimmungen für Kurorte, Erholungsorte und Heilbrunnen" des Deutschen Heilbäderverbandes (Bonn) festgelegt

Helium-Methode. Das Helium-Isotop ^{3}He findet sich vorrangig in Stoffen aus dem tieferen Erdmantel, ^{4}He im Erdmaterial bzw. in der Lufthülle der Erde. Das Helium-Isotopenverhältnis ^{3}H/^{4}H des Gasinhalts einer Probe kann daher Hinweise über die Herkunft von Stoffen in der Erdoberfläche geben [z.B. den Anteil juvenilen Wassers (→ Wasser, juveniles)]

HENRY-(DALTON-)Gleichung (-Gesetz). Abhängigkeit der Löslichkeit eines Gases bzw. Gasgemisches in Flüssigkeiten (z.B. Wasser) vom Partialdruck des Gases

HENRY-Konstante. Stoffspezifische, konzentrations-, temperatur-und druckabhängige Konstante, die die Verteilung eines Stoffes zwischen Gas- und Flüssigkeitsphase beschreibt, wenn in der Lösung keine chemische Reaktion (wie z. B: Dissoziation) erfolgt.

Hepatites-Viren. (Hepatites A, B, C. D). Durch Wasser übertragene Viren, die Erreger der infektiösen Gelbsucht sind; sie sind sehr resistent gegen Umwelteinflüsse

Herbizide. Chemische Unkrautbekämpfungsmittel, deren Anwendung in der BRD gesetzlich im → Pflanzenschutzmittelgesetz geregelt ist. H. müssen eine kurze Halbwertszeit bezüglich ihres Abbaus haben, damit Grundwasser nicht gefährdet wird; Verbrauch im Jahre 1994 in der BRD 14800 t (bei einem Gesamtverbrauch an → Pflanzenschutzmitteln von 28000 t)

Heterogenität. Wechsel von Entstehung und Eigenschaften der Bestandteile eines bestimmten Raumes, insbesondere in Gesteinskörpern; ↓ Inhomogenität

heterotopisch. → isotopisch

heterotrop. → isotrop

heterotroph. Sich von fremden organischen Stoffen ernährend; Gegenteil: → autotroph

Heterotrophie. Verwertung organischer Fremdstoffe (C-Quellen) für den biologischen Stoffwechsel (durch Mensch, Tier, Fäulnisbewohner, Schmarotzer)

HEYER-Versuch. Versuch zur Bestimmung der aggressiven Kohlensäure (→ Kohlensäure, aggressive) in einer Wasserprobe; dazu wird unter Temperaturkonstanz Marmor-Pulver bis zur Einstellung des → Kalk-Kohlensäure-Gleichgewichts (d.h. keine weitere Auflösung von Marmor-Pulver) zugegeben und der Verbrauch ermittelt. Der H.-V. ist in der Wasserchemie durch den → Calciumcarbonat-Sättigungsindex weitgehend abgelöst, wird aber in der Bauchemie immer noch durchgeführt

H-Horizont. Organischer Horizont des Bodens mit > 30 Masse-% organischer Substanz (Torf)

Hinterfüllung (Brunnenausbau). Teilweise oder vollständige Ausfüllung des → Ringraumes eines → Brunnens, z.B. mit → Filterkies, → Ton oder Beton

Hintergrundwert. Natürlicher (geogener) Gehalt an Elementen oder Verbindungen bzw. natürliche Beschaffenheit eines Stoffes in einem Umweltmedium (Boden/Gestein, Gewässer, Luft), der als Bezugsgröße zur Erfassung und Beurteilung von anthropogenen Veränderungen (wie Grundwasserkontamination mit Schadstoffen, Erhöhung von Druck und Temperatur in der → Lithosphäre) dient; ↓ Backgroundwert, ↓ Grundbelastung

HK. **H**ydrogeologische **K**arte (mit Angabe des Maßstabs, der Kartennummer und des Namens; beim Maßstab wird nur die Zahl ohne 3-Nullen-Gruppe genannt, z.b. HK 50 für den Maßstab 1 : 50000); → Karte, hydrogeologische

HKW. → Kohlenwasserstoffe, halogenierte

Hochdrucksäuerung. Unter hohem Druck in ein offenes Bohrloch eingepreßte Säure (meist Salzsäure) zur Öffnung feiner Klüfte; → Frac

Hochkippe. → Halde

Hochleistungsfiltration. → Infiltration von Oberflächenwasser über spezielle Sandbecken mit Infiltrationsraten im Sommer von > 6 - 24 m^3/d, im Winter 4 - 12 m^3/d

Hochmoor. Gelände mit Moorboden, der in luftfeuchten und niederschlagsreichen Gebieten aus nährstoffmäßig anspruchslosen Pflanzen (wie Torfmoosen, Wollgras) entstanden ist; aus hydrogeologischer Sicht ein Hinweis auf Staunässe

Hochufer. Allgemein hochwasserfreier Bereich eines → Ufers

Hochwasser (HW). Zeitlich begrenzte Anschwellung des → Abflusses eines Oberflächengewässers über seinen mittleren Abfluß (MQ), die die für einen Abflußquerschnitt aus der → Statistik oder örtlichen Gegebenheiten definierte Grenze überschreitet (als Folge meteorologischer und/oder anthropogener Ursachen); → Gewässerstatistik

Hochwasserabfluß (HQ). (Oberer) Grenzwert des Abflusses bei einem definierten Hochwasserstand; → Gewässerstatistik

Hochwasserdauer. Zeitintervall vom Beginn des Hochwasseranstiegs bis zum Ende des Hochwasserabfalls beim Durchgang einer → Hochwasserwelle

Hochwasserdurchfluß. Wasservolumen, das bei einem definierten Hochwasserstand pro Zeiteinheit ein definiertes Abflußprofil durchfließt; Einheit: [m^3/s]

Hochwasserganglinie. → Ganglinie des Abflusses (Q [m^3/s]) oder Wasserstands (W [m]) für den Durchgang einer → Hochwasserwelle durch einen definierten Abflußquerschnitt

Hochwassergefährdung. Absehbare Beeinträchtigung von Siedlungsgebieten durch Hochwasser (z. B. in Flußniederungen)

Hochwasserrückhaltebecken. Talsperrenartige Stauanlage (meist Erddamm) an → Fließgewässern im Flachland und Mittelgebirge mit zeitweiliger Wasserspeicherung zum Auffangen der Hochwasserspitze eines → Fließgewässers; ↓ Hochwasserspeicher; ↓ Rückhaltebecken, ↓ Hochflutbecken

Hochwasserschaden. Durch Hochwasser verursachte Zerstörung

Hochwasserscheitel. Höchster Wasserstand eines → Hochwassers (oberer Grenzwert einer → Hochwasserganglinie)

Hochwasserspeicher. → Hochwasserrückhaltebecken

Hochwasserspitze. → Hochwasserschetel

Hochwasserstand (HW). Wasserstand eines Hochwassers zu definierter Zeit an definierter Stelle

Hochwasserüberschwemmungsgebiet. Niederungsgebiet, das von einem → Fließgewässer bis zur Höhe (Grenze) seines höchsten bekannten bzw. prognostizierten Hochwasserstandes (HHW) überflutet wird

Hochwasserwelle. Längs eines → Fließgewässers sich fortpflanzende Abflußanschwellung im Hochwasserbereich

Höffigkeit. In Anlehnung an den bergmännischen Ausdruck wird darunter die auf Grund von Erfahrungen mit einer wirtschaftlichen Fassungsanlage aus einem → Grundwasserleiter oder einer hydrogeologischen Einheit (→ Einheit, hydrogeologische) erhoffte, d.h. voraussichtlich auf Dauer gewinn- und nutzbare Wassermenge je Zeiteinheit verstanden. Damit wird jedoch nicht ausgesagt, ob diese Menge an einem bestimmten Ort auch tatsächlich gewinnbar ist. Die tatsächlich erschließbare Wassermenge hängt von den lokalen hydrogeologischen Gegebenheiten ab, die durch den H.-Begriff nicht erfaßt werden; ↓ Grundwasserhöffigkeit

Höhe, geodätische. Lotrechter Abstand eines Punktes von einem Bezugsniveau; z.B. zur Einmessung eines Bezugspunktes bei Pumpversuchen; Einheit: [m]

Höhe, piezometrische (h_p). Veraltete Bezeichnung für die potentielle Energiehöhe des Grundwassers an seiner freien Oberfläche (bei Ausspiegelung mit der Atmosphäre); Einheit: [m]; ersetzt durch den Begriff → Standrohrspiegelhöhe (DIN 4049 - 3)

Höhlengrundwasser. Grundwasser im Festgestein, dessen durchflußwirksamer Hohlraumanteil vorwiegend aus Höhlen besteht; → Karstwasser

Höhlenverwitterung. → Tafoni-Verwitterung

Hohlraum. Nicht mit Feststoff ausgefüllter Raum in der → Lithosphäre, wie Poren, offene Klüfte, Karsthöhlen, Kavernen, bergmännische Auffahrungen

Hohlraumanteil (n). Parameter, der den Anteil des Hohlraumvolumen eines definierten Boden- bzw. Gesteinskörpers angibt und als Quotient aus Hohlraumvolumen (V_h in [m³]) und Gesamtgesteinsvolumen (V_g in [m³]) bestimmt wird:

$n = V_h/V_g$;

H. wird bei Lockergestein Porenanteil (→ Porosität), bei Festgesteinen Kluftanteil genannt; → Porenzahl; ↓ Gesamthohlraumvolumen, ↓ Hohlraumgehalt

Hohlraumanteil, auffüllbarer (n_a). Teil des Hohlraumes eines Gesteinskörpers (Gebirgskomplexes), der noch mit Flüssigkeit aufgefüllt werden kann, bestimmt als Differenz des gesamten Hohlraumanteils (n) und den Hohlraumanteilen, die vor der Auffüllung bereits Flüssigkeit enthalten (n_w) sowie den Anteilen, die infolge von Lufteinschlüssen nicht mit Flüssigkeit gefüllt werden können (n_e):

$n_a = n - n_w - n_e$

Hohlraumanteil, durchflußwirksamer (n_f). Quotient aus dem Volumen der vom Grundwasser durchfließbaren Hohlräume eines Gesteinskörpers und dessen Gesamtvolumen (V_g) (DIN 4049); Einheit: 1; entspricht der effektiven oder nutzbaren Porosität bei Lockergesteinen

Hohlraumanteil, entwässerbarer. →

Hohlraumanteil, speichernutzbarer

Hohlraumanteil, luftgefüllter. Teil des Hohlraumes eines Gesteinskörpers, der zum betrachteten Zeitpunkt mit Luft gefüllt ist, bestimmt als Quotient des Volumens der Lufteinschlüsse (V_e) und des Gesamtvolmens (v_g) des Gesteins

Hohlraumanteil, nicht durchströmbarer. Teil des Hohlraumes eines Gesteinskörpers, der mangels hydraulischer Verbindungen zu anderen Hohlräumen mit stagnierender Flüssigkeit gefüllt ist

Hohlraumanteil, speichernutzbarer (n_{sp}). Quotient aus dem Volumen der bei Höhenänderung der → Grundwasseroberfläche entleerbaren oder auffüllbaren Hohlräume eines Gesteinskörpers und dessen Gesamtvolumen (V_g) (DIN 4049); Einheit 1; stimmt meist mit dem Speicherkoeffizienten (→ Speicherkoeffizient, spezifischer) eines Porengrundwasserleiters mit freier → Grundwasseroberfläche überein; ↓ Hohlraumanteil, wirksamer, ↓ Hohlraumanteil, effektiver, ↓ speichernutzbarer Hohlraum; ↓ speicherwirksamer Hohlraum

Hohlraumanteil, wassergefüllter (n_w). Teil des Hohlraumanteils eines Gesteinskörpers, der zum betrachteten Zeitpunkt mit Wasser gefüllt ist, bestimmt als Quotient des Gesteinswasservolumens (V_w) und des Gesamtvolumens des Gesteins (V_g): $n_w = V_w/V_g$

Hohlraumgehalt. → Hohlraumanteil

Hohlraumvolumen (V_h). Volumen der Hohlräume eines Gesteinskörpers, die mit Flüssigkeit und/oder Gas gefüllt sein können, bestimmt als Differenz von Gesamtvolumen des Gesteins (V_g) und Feststoffvolumen (V_s): $V_h = V_g - V_s$

Holland-Liste. → Niederländische Liste

holomiktisch. Durch regelmäßige Zirkulation vollständig durchmischt, z.B. Wasserkörper eines Sees vom Grund bis zur Oberfläche

Horizont. 1. Leithorizont: stratigraphisch charakteristische Schicht, z.B. durch Fossilien oder Lithologie markante Gesteinslage;

2. Bodenhorizont; meist oberflächenparallele Zone z.B. mit typischer Färbung, Bleichung, Humusanreicherung

Horizont, anhydromorpher. Nicht nässegeprägter Bodenhorizont mit einem Hydromorphiegrad (Vernässungsgrad) < 2

Horizont, hydromorpher. Nässegeprägter Bodenhorizont mit einem Hydromorphiegrad (Vernässungsgrad) > 3

Horizontalfilterbrunnen. Grundwasserfassung mit horizontalen und/oder geneigt angeordneten Filterrohren, die in einen Sammelschacht münden. Sammelschächte mit geneigten Filtersträngen werden auch als Diagonalfilterbrunnen bzw. Schrägfassungen bezeichnet; → RANNEY-Verfahren; → FEHLMANN-Verfahren

Horizontallysimeter. In einem Talhang horizontal mit leicht bergseitigem Anstieg vorgetriebener, mehrkammerig ausgebauter → Lysimeter; die Kammern haben eigene, voneinander getrennte Abflüsse, so daß zum Hanginneren getrennte Abflußmessungen und Probenahmen möglich sind

Hospitalismus. Eigentlich „Erkrankung im Hospital" (Krankenhaus); d.h. Infektion von Patienten und Personal durch im Krankenhaus resistent gewordene Keime; besonders in der Diskussion ist in diesem Zusammenhang die Verwendung des Bakteriums → *Serratia marcescens* als → Tracer

Hot-Dry-Rock-Verfahren (HDR). Gewinnung geothermischer Energie durch Einpressen von Wasser in den tieferen Untergrund über Bohrungen; das Wasser wird in der Tiefe aufgeheizt und über Förderbohrungen an die Erdoberfläche transportiert, um energetisch genutzt zu werden (Wärmenutzung, Stromerzeugung). In Europa wird u.a. mit EG-Mitteln gegenwärtig am Westrand des Oberrheingrabens bei Soultz im Elsaß ein Pilotprojekt zur Erforschung dieser Technologie durchgeführt. Es wurden zwei Tiefbohrungen von 3.600 m bzw. 3.900 m in einem Abstand von 400 m bis in das kristalline Grundgebirge abgeteuft; das Gebirge zwischen den Bohrungen wurde mittels → Frac durchlässiger gemacht. In einem mehrmonatigen Zirkulationstest wurde bei einer Fließrate von 25 l/s und einer Auslauftemperatur von 140 °C ohne Flüssigkeitsverlust eine thermische Dauerleistung von 10 MW erzielt; es wird erwartet, daß durch eine weitere Entwicklung des Gewinnungsfeldes bei Soultz 25 MW gewonnen werden können, wozu Produktionsfließraten von 400 l/s bei einer Fördertemperatur von 200 °C erforderlich wären

HPLC. **H**igh **P**erformance **L**iquid **C**hromatography; spezielles Verfahren der → Chromatographie unter Anwendung hoher Drükke, mit dem z. B. Anionen bestimmt werden

Hubkolbenpumpe. → Pumpe zur Beprobung von → Grundwassermeßstellen mit engen Rohren (< 50 mm); bei Förderhöhen von 30 m können 15 l/min gehoben werden

Humifizierung. Gesamtheit der Vorgänge zur biochemischen Umwandlung abgestorbener organischer Substanz im Boden zu → Huminen

Humine. Im Boden aus abgestorbener organischer Substanz neugebildete organische Stoffe wie Fulvosäuren, Huminsäuren (Braun-, Grau-H.), Hymatomelansäuren; als Humine werden insbesondere hochmolekulare Alterungsprodukte von → Huminsäuren bezeichnet, die in Acetylbromid unlöslich, nicht alkalilöslich (außer in heißer NaOH) und nicht säurehydrolysierbar sind

Huminsäuren. Hochmolekulare, Stickstoffhaltige cyclische Humus-Derivate von brauner bis schwarzbrauner Farbe; in Alkalien und konzentrierter Salpetersäure löslich; ↓ Huminstoffe

Huminstoffe. → Huminsäuren

Humolithe. → Kaustobiolithe

Humus. Organische Substanz (außer Kohle und anthropogene Kohlenstoff-Verbindungen) im Boden, die vorwiegend aus Ausscheidungen lebender und Rückständen abgestorbener Organismen besteht und sich im stetigen Ab-, Um- und Aufbau befindet

Hungerquelle. Stelle an der Oberfläche der → Lithosphäre, an der nur zeitweilig (episodisch) → Grundwasser ausfließt (meist unmittelbar nach → Niederschlag oder Schneeschmelze)

HW. → Hochwasser

H-Wert. Maß für die → Acidität des Bodens, d.h. für die freien und austauschbaren H^+-Ionen im → Boden; Eineit: [c(eq)mmol/l]; ↓ T-S-Wert

Hydrat. 1. Hülle aus Wassermolekülen um Ionen, durch deren Einwirkung (→ Hydrationsenergie) Ionen aus dem Kristallgitter herausgelöst und in Lösung gehalten werden; 2. Umwandlung von (meist marinen) Evaporiten durch Aufnahme von Kristallwasser (→ Hydratwasser)

Hydratationsenergie. 1. Energie, die bei Anlagerung von Wassermolekülen an z. B. aus einem Kristallgitter gelöste Ionen (Hydratation) frei wird; 2. Freisetzen von Wärme bei Prozessen, z.B. Abbindewärme bei Mischung von Wasser und Zement

Hydratwasser. 1. Wasser, dessen Moleküle als Dipole meist mehrschichtig chemisch (echt) und kolloidal gelöste Moleküle oder Partikel (z.B. von Böden/Gesteinen) umhüllen, wobei die Bindungskräfte nach außen abnehmen; Bestandteil des Adsorptionswassers; 2. Wasser, das in Form von Hydroxidionen (z.B. FeOOH) bzw. Wassermolekülen (z. B. $CaSO_4 \cdot 2\,H_2O$) koordinativ gebunden und stöchiometrisch definiert zur Gitterstruktur eines Minerals gehört; → Kristallwasser

hydraulische Leitfähigkeit. → Durchlässigkeitsbeiwert

hydraulischer Gradient (I). → Grundwassergefälle

hydraulischer Radius. → Radius, hydraulischer

hydraulischer Schweredruck. Schweredruck, hydraulischer

hydraulischer Widerstand. Fließwiderstand halbgespannter oder halbdurchlässiger Schichten gegen Sickerströmung

hydraulisches Fenster. → Fenster, hydraulisches

hydraulischer Kurzschluß. → Kurzschluß, hydraulischer

hydraulischer Radius. → Radius, hydraulischer

hydraulisches Potential. → Potential, hydraulisches

Hydrobiologie. Lehre von den pflanzlichen und tierischen Organismen und ihren Beziehungen zueinander und zur Umwelt (biologisch, chemisch, physikalisch, historisch)

Hydrochemie. Lehre von der Chemie des Wassers, insbesondere von den Wasserinhaltsstoffen natürlicher, verunreinigter und (durch Aufbereitung) behandelter Wässer sowie ihren Umsetzungen im wässrigen System und den Wechselbeziehungen zu anderen Medien einschließlich der Wasseranalytik

Hydrochemisches Modell. → Modell, hydrochemisches

Hydrochemisches Profil. → Profil, hydrochemisches

Hydrodynamik. Lehre von der strömenden Bewegung inkompressibler Medien (Flüssigkeiten)

Hydrodynamisches Modell. → Modell, hydrodynamisches

Hydrogencarbonatwasser. Wasser mit vorherrschender Konzentration an Hydrogencarbonat Ionen (HCO_3^-) (nicht mehr zulässiger Begriff: Bikarbonaten)

Hydrogeochemie. Lehre von der chemischen und physikalisch-chemischen, meist mikrobiell katalysierten Wechselwirkung zwischen den Stoffen der Matrix mit denen des durchströmenden (→ Grundwasser) oder stagnierenden Wassers [Bodenwasser, gestautes (gravitativ nicht bewegliches) Grundwasser]

Hydrogeologie. Lehre vom unterirdischen Wasser, dessen Herkunft, Lagerungsbedingungen, Bewegungsgesetzen (Dynamik), chemischen und physikalischen Eigenschaften, Wechselwirkungen mit Gesteinen, Beziehungen zu atmosphärischen und Oberflächenwässern sowie von seiner wirtschaftlichen Bedeutung, seinen Nutzungs- und Schutzbedingungen, Infiltration, Untergrundspeicherung und allgemeinen Problemen des Umweltschutzes

hydrogeologische Einheit. → Einheit, hydrogeologische

hydrogeologische Karte. → Karte, hydrogeologische

hydrogeologische Kartierung. → Kartierung, hydrogeologische

hydrogeologische Parameter. → Parameter, hydrogeologische

hydrogeologischer Schnitt. Vertikalschnitt durch einen Grundwasserkörper in beliebiger Richtung mit Darstellung der hydrogeologischen Verhältnisse (DIN 4049)

hydrogeologischer Zyklus. → Zyklus, hydrogeologischer

hydrogeologisches Modell. → Modell, hydrogeologisches

hydrogeologische Übersichtskartierung. → Übersichtskartierung, hydrogeologische

Hydrogeothermie. Lehre von der Entstehung von Wässern mit einer Austrittstemperatur von > 20 °C (Thermalwässer)

Hydrographie. Beschreibung der Gewässer(-situation) des Festlandes, die sich mit der Untersuchung hydrologischer, morphologischer und morphometrischer Kennwerte bestimmter Gebiete sowie mit den Gesetzmäßigkeiten ihrer geographischen Verteilung befaßt

Hydroisohypse. → Grundwassergleiche

Hydrologie. Wissenschaft vom Wasser, seinen Eigenschaften und seinen Erscheinungsformen auf und unter der Erdoberfläche DIN 4049); ↓ Gewässerkunde

hydrologische Halbwertszeit. Zeit, in der die Schüttung einer Quelle auf die Hälfte ihres zu einem bestimmten Zeitpunkt gemessenen Wertes abgesunken ist, die sich als Quotient aus ln 2 und dem → Auslaufkoeffizienten α ergibt

hydrolytischer Abbau. → Hydrolyse

hydrologischer Zyklus. → Zyklus, hydrologischer

hydrologisches Dreieck. → Dreieck, hydrologisches

hydrologisches Jahr. ↓ Jahr, hydrologisches; → Abflußjahr

hydrologisches Netz. → Netz, hydrologisches

Hydrolyse. Zersetzung chemischer Verbindungen bzw. Minerale durch Reaktion mit Wasser, z.B. Aufspaltung eines Salzes durch Wasser in eine Säure und eine Base (Umkehrung der Neutralisation), eines Esters in eine Säure und einen Alkohol (Verseifung), eines Feldspatgesteins in Tonminerale unter Herauslösung leichter löslicher (Alkali- und Erdalkali-) Verbindungen (Bentonitisierung, Kaolinisierung); ↓ hydrolytischer Abbau

Hydromelioration. → Melioration

Hydrometeorologie. Wissenschaft von den Erscheinungen des Wassers in der Atmosphäre und seinen Wechselwirkungen mit dem Wasser der Erdoberfläche und dem unterirdischen Wasser

Hydrometrie. Hydrologisches Meßwesen

Hydronium. Veraltete Bezeichnung für das → Oxonium-Ion

Hydroxoniumion. → Hydroniumion

Hydropedologie. Wissenschaftszweig der Pedologie, der sich mit dem Wasser im Boden befaßt

hydrophil. 1. Wasseranziehend (hygroskopisch) und wasseraufnehmend (wie Kreide); 2. Im Wasser lebend

hydrophob. Eigenschaft von Stoffen, Wasser abzustoßen, durch Wasser nicht benetzbar zu sein (z.B. öliger Ruß) bzw. nur wenige Wassermoleküle anzulagern

Hydrophyt. Wasserpflanze

Hydroseismogramm. Aufzeichnung der von einem Erdbeben erzeugten (Grund-)Wasserspiegelschwankungen in Brunnen, die unter bestimmten Voraussetzungen als „Natur-Seismographen" wirken. H. gleichen mit stationären Seismographen aufgenommenen Seismogrammen und können ebenso interpretiert werden. Praktische Anwendung finden sie im → Einschwingverfahren, mit dem die → Transmissivität ermittelt werden kann

Hydrosphäre. Wasserhülle der Erde (Meere) einschließlich der Gewässer des Festlandes und des unterirdischen Wassers, des Wasserdampfes der Atmosphäre und des Wassers in fester Form (wie Schnee, Firn und Eis); die H. ist kein einheitlicher Komplex wie die Atmosphäre und die → Lithosphäre, ist aber im Wasserkreislauf verbunden

hydrostatischer Druck. → Druck, hydrostatischer

Hydrotechnik. Sammelbegriff für Baumaßnahmen an Oberflächengewässern, z.B. Deichbau, → Talsperrenbau, Hafenbau, Wasserkraftanlagenbau, im weitesten Sinne auch Küstenschutzmaßnahmen, Wasserbaumaßnahmen für Fischerei und Landwirtschaft; ↓ Wasserbau

hydrothermal. Bereich der Mineral-(Erz-)Bildung aus wässrigen magmatischen und metamorphen Schmelzen (Lösungen) bei Temperaturen zwischen 375 °C und 900 °C

Hydrotop. Verbreitungsraum eines Grundwassertyps, abhängig insbesondere von der Grundwasserneubildung, von der Beschaffenheit der Gesteine, mit der das Grundwasser in Kontakt gekommen ist, sowie von Einwirkungen des Menschen (z.B. durch → Grundwasseranreicherung, Kontamination)

Hydroturbation. → Peloturbation

Hydroxid. Stoffgruppe mit Hydroxid-Ionen

(OH⁻), die in Verbindung mit Metallen → Basen (Laugen) bilden, z.B. NaOH, Fe(OH)$_3$

hygienischer Status. → Status, hygienischer

Hygienisierung von Wirtschaftsdünger. Da der Auftrag von → Gülle, → Jauche sowie Stallmist und Silagesaft (= Wirtschaftsdünger) in der Zone II (Engere Schutzzone) von → Trinkwasserschutzgebieten wegen hoher Gehalte an u.U. pathogenen Keimen nicht zulässig ist, wird versucht, diese Organika seuchenhygienisch durch Temperaturerhöhung zu behandeln. Unterschieden wird zwischen mesophilen (20 - 37 °C) und thermophilen (28 - 55 °C) Verfahren; die bisherigen Erfolge waren mäßig und haben die Zweifel an der Wirksamkeit dieses Verfahrens nicht be-heben können; ↓ Abfallentkeimung

hygroskopisches Wasser. → Wasser, hygroskopisches

Hygroskopizität. → Sorption von Wasserdampf durch trockene Substanz (z. B. Boden/Gestein), bestimmt als ein definierter lufttrockener Festsubstanzkörper im Dampfspannungsgleichgewicht (mit 10 %-iger Schwefelsäure) von 94,1 % relativer Luft feuchte und 300 Pa Luftdruck bei einer Temperatur von 16,5 °C aufnimmt und festhält

Hypochlorite. Salze mit dem Hypochlorit-Ion (ClO⁻) als Anion, die in saurer Lösung in Chlor und Chlorid disproportionieren und deshalb zur Desinfektion von Wasser genutzt werden

hypodermisch. Unmittelbar unter der Erdoberfläche ablaufende Prozesse

Hypolimnion. (Tiefster) Standgewässerbereich unterhalb des ↓ Metalimnions (→ Thermokline) mit nur unbedeutenden Temperaturänderungen (meist nur 4 - 6 °C); ↓ Stagnationszone

hyporheal. Hohlraumsystem in fluviatilen Lockergesteinen unter und dicht neben einem → Fließgewässer, Grenzbereich zwischen → Fließgewässer und Sättigungszone, Teil des frei beweglichen (phreatischen) Talgrundwassers

HYRA. Datenspeicher für hydrogeologisch relevante Aufschlüsse und daraus gewonnene Daten (insbesondere durch Pumpversuche und Wasseranalysen), flächendeckend für den Bereich der ehemaligen DDR (heute privatisiert bei: Hydrogeologie GmbH Nordhausen)

I

I_o. → Austauschstromdichte

I . → Ionenstärke, → Sättigungsindex

IAEA. → International Atomic Energy Agency

IC. → Ionenchromatographie

ICP-AES. → Inductively Coupled Plasma - atomical emission spectrometry; älterer Ausdruck für → Inductively Coupled Plasma - optical emission spectrometry

ICP-OES. → Inductively Coupled Plasma - optical emission spectrometry; ↓ ICP-AES

ICP-MS. → Inductively Coupled Plasma - mass spectrometry

Ignimbrit (Schmelztuff). Saures (kieselsäurereiches) vulkanisches Gestein das aus hochfluiden → Suspensionen feiner, heißer Magmenteilchen in hoch erhitzten Gasen entstanden und als Glutwolke eruptiert ist; abgekühlt ähnelt I. makroskopisch erstarrten Laven. In einigen Regionen der Erde, z. B. Mittel- und Südamerika besitzen die I.-D. erhebliches Kluftspeichervermögen und damit hydrogeologische Relevanz; ↓ Schmelztuff

Illuvialhorizont. In der Bodenkunde mineralischer (B-)Horizont, der durch Einwaschung mit Humusstoffen angereichert ist

IMHOFF-Brunnen. Nach IMHOFF benannte Anlage (Becken oder Trichter) zur Aufbereitung von Abwasser, wobei von der Sohle Luft eingeblasen wird

IMHOFF-Trichter. Trichter, in dem ungelöste Feststoffe aus Abwässern vor Untersuchung (des Abwassers) sedimentieren

Immigration. Prozeß der Einwanderung von z.B. grundwasseruntypischen Substanzen (Versalzung, DOC-Immigration etc.); Zustand nach der Immigration: → Kontamination

Immission. Eintrag von Elementen oder Stoffen, z.B. in Böden, Oberflächen- oder Grundwässer

Immissionsschutz. Schutzmaßnahmen/ -vorkehrungen zur Verhinderung oder Verminderung Einträgen milieufremder Stoffe auf den Pfaden Luft ⇒ Boden/Ober-

flächenwasser, Boden/Oberflächenwasser ⇒ Grundwasser oder Grundwasser ⇒ Oberflächenwasser/Boden

Immissionsschutzgesetz. → Bundesimmissionsschutzgesetz

Immobilisierung. Natürliche oder gezielte Fixierung von Elementen oder Verbindungen mit öko- oder humantoxischen Eigenschaften an sorptiven Medien oder durch Mineralisierung mit dem Ergebnis der Reinigung von Wässern

Impulsversuch. → Slug-Test

Indikator. Organismus, Stoff oder Reagenz zur Anzeige einer bestimmten chemischen, physikalischen oder biochemischen Reaktion oder eines Zustandes

Indikatororganismen. 1. In der Ökotoxikologie eingesetzte Organismen zur Feststellung von Schadwirkungen von Elementen oder Stoffen, z.B. Leuchtbakterien, Daphnient oder Fische;

2. Ausgewählte Organismen zur Bestimmung des Gewässergüte

Inductively Coupled Plasma - mass spectrometry (ICP-MS): Höchstauflösende Spurenelementanalysetechnik (qualitative und quantitative Analyse) durch die Kopplung von Plasmatechnik (→ Inductively Coupled Plasma - optical emission spectrometry) mit der Massenspektrometrie; dadurch sind die Aufnahmen der Massenspektren im Massenbereich 0 bis 300 bzw. von beliebigen Massensegmenten und das Messen von Isotopenverhältnissen möglich. Einschränkungen der Messungen bestehen bei den Elementen C, Cl, Br, I, K, Ca, S, Si und P; nicht bestimmbar sind F, Ar, N und O (Bestandteile des Plasmagases bzw. Aerosols)

Inductively Coupled Plasma - optical emission spectrometry (ICP-OES). Hochauflösende Spurenelementanalysetechnik, bei der im Hochfrequenzfeld ionisiertes Gas (z. B. Argon) mit einer Temperatur von ca. 8.000 °C eine Atomisierung und Anregung schwer atomisierbarer, z.B. Ta-, Ti-,

U-, W-haltige Proben, bewirkt sowie eine Multielement-Analytik ermöglicht; ↓ ICP-AES

Industrieabwasser. → Abwasser aus industrieller Produktion; das ein außerordentlich breites, heterogenes stoffliches Spektrum aufweist und damit besonders hoher gesetzlicher Aufsichtspflicht unterliegt, da Schadstoffe darin enthalten sein können

Industrie-Effekt. → SUESS-Effekt

inert. Chemisch nicht reaktiv

Infiltrat. → Fluid, das in ein benachbartes poröses oder geklüftetes Medium eindringt; → Infiltrationswasser

Infiltration. Vorgang des Eindringens eines → Fluides in ein poröses oder geklüftetes Medium (führt u.a. zur → Grundwasserneubildung); ↓ Einsickerung, ↓ Versickerung

Infiltration, erzwungene. Durch Druck erzeugte oder beschleunigte → Infiltration

Infiltration, freie. 1. → Infiltration von Wasser in ein Dreiphasensystem (Matrix, Flüssigkeit, Luft);
2. → Infiltration bei unvollständiger Wassersättigung eines Gesteines

Infiltration, kumulative. → Infiltration von Wasser innerhalb einer bestimmten Zeit

Infiltration, rückgestaute. 1. → Infiltration von Wasser in ein Zweiphasensystem (Matrix, Wasser);
2. → Infiltration von Wasser bei Wassersättigung

Infiltrationsbecken. Künstlich angelegtes Becken zur → Infiltration von Wasser, z.B. zur gezielten → Grundwasserneubildung; ↓ Anreicherungsbecken

Infiltrationsbrunnen. 1. → Brunnen, die über Wasserversickerung der → Grundwasseranreicherung dienen;
2. Brunnen, die der → Versickerung, → Versenkung oder → Verpressung von → Abwässern (schwach radioaktive Abwässer, → Salzabwässer der Kali-Industrie, Restsolen der Steinsalzproduktion, Schwelereiabwässer u.a.) in tieferliegende, wasserwirtschaftlich nicht nutzbare → Grundwasserstockwerke oder Bergwerkstiefbaue in größerer Tiefe dienen; ↓ Schluckbrunnen, ↓ Einpreßloch, ↓ Infiltrationsbohrloch

Infiltrationsgerade. Lineare Korrelation zwischen → Niederschlag und Sickerwassermenge

Infiltrationsgleichung. Gleichung, die u.a. die Grundwasserneubildung (= Infiltration) in Abhängigkeit von der Niederschlagsmenge, den klimatischen Verhältnissen, dem Oberflächenbewuchs und den Eigenschaften der Matrix, durch die eine Versickerung erfolgt, beschreibt

Infiltrationshöhe. Quotient aus der → Infiltrationssumme und der Fläche des betrachteten Gebietes; Einheit: [mm]

Infiltrationsintensität. → Infiltrationsrate

Infiltrationskapazität. Durch → Schluck- oder → Infiltrationsversuche ermitteltes Volumen für Infiltrationen, d.h. maximal mögliche → Infiltrationsrate; ↓ Infiltrationsvermögen, ↓ Schluckvermögen

Infiltrationskegel. Kegelförmige gesättigte Zone (→ Zone, wassergesättigte) unter einer Infiltrationsstelle zwischen Erdoberfläche und der natürlichen → Grundwasseroberfläche

Infiltrationskoeffizient. Koeffizient der vertikalen → Durchlässigkeit der wasserungesättigten Zone (→ Zone, wasserungesättigte)

Infiltrationsmenge. → Infiltrationssumme

Infiltrationsrate. Quotient aus infiltierter Wasserhöhe in einer betrachteten Zeitspanne (DIN 4049 – 3); Einheit: [mm/min], [mm/h], [mm/d];

Infiltrationsspende. Infiltrationsvolumen pro Zeiteinheit und Fläche des betrachteten Gebietes (DIN 4049 – 3); Einheit: $[l/(s \cdot km^2)]$

Infiltrationsstrecke. → Sickerstrecke

Infiltrationssumme. Volumen des infiltrierten Wassers auf einer bestimmten Fläche in einer definierten Zeitspanne (DIN 4049, Ausgabe 1979); Einheit: $[m^3]$, $[hm^3]$

Infiltrationstheorie. Theorie, die auf der Annahme basiert, daß das Grundwasser aus dem versickerndem Anteil des Niederschlages stammt

Infiltrationstracerversuch. Anwendung eines → Tracers bei einem → Infiltrations versuch, um Sickerwassermengen, die zur →

Grundwasserneubildung führen, ortsaufgelöst und quantitativ zu bestimmen

Infiltrationsvermögen. → Infiltrationskapazität

Infiltrationsversuch. 1. Funktionrprüfung einer → Grundwassermeßstelle durch Wassereinleitung mit vorheriger und anschließender Wasserstandsbeobachtung (möglichst bis zur Erreichung des Bezugswasserstandes);
2. Versuchsanordnung zur Bestimmung der Sickerwasseraufnahmefähigkeit eines Bodens oder eines durch Baumaßnahmen teilweise abgedeckten Untergrundes (z. b. durch Pflasterung) mit einem → Infiltrometer; ↓ Auffüllversuch

Infiltrationswasser. → Niederschlagsoder → Oberflächenwasser, das in den Boden versickert, diesen passiert und zur → Grundwasserneubildung führt; → Absinkwasser

Infiltrationswiderstand. Abweichung (Behinderung) einer → Infiltration von der → Infiltrationskapazität durch mikrobiologische Prozesse, Quellen von Tonmineralen oder Bodenkolloiden oder partieller Gasphasenbildung; ↓ Kolmationskoeffizient, ↓ Kolmationswiderstand

Infiltrationszone. Bereich zwischen Geländeoberfläche, auf die das Infiltrat auftrifft, und der → Grundwasseroberfläche, in dem sich Wasser gravitativ bewegt; ↓ wasserungesättigte Zone; → Perkolation

Infiltrometer. Gerät zur Messung des Aufnahmevermögens des Bodens für Wasser

Influation. Beeinflussung, Einflußnahme

Influenz. Bildung von → Uferfiltrat (DIN 4049-3), d.h. → Infiltration von Wasser aus einem oberirdischen Gewässer in einen oberflächennahen → Grundwasserleiter; ↓ Abfluß, influenter; Gegenteil: → Effluenz

Informationssystem. Modular aufgebautes Datenspeicher- und Datenverarbeitungssystem, bei dem die Möglichkeit von Datenverschnitt und -mehrfachnutzung sowie der Anbindung von verschiedenen Modellen besteht; bekanntes Beispiel ist das Geographische Informationssysteme (→ GIS)

Infrarot-Spektroskopie. Verfahren der optischen Spektroskopie, bei dem die Absorptionsspektren von anorganischen und organischen Stoffen im IR-Bereich zur qualita-

tiven und quantitativen Analyse herangezogen werden; ↓ IR-Spektroskopie, ↓ Ultrarot-Spektroskopie

Ingenieurhydrogeologie. Teiogebiet der Hydrogeologie, das sich mit hydrogeologischen Problemen befaßt, wodurch ingenieurtechnische Leistungen häufig erst möglich werden, z. B. → Wasserhaltung, offene; Wasserhaltung geschlossene

Inhaltsstoff. Stoff, der z. B. in einem Fluid kolloidal oder partikulär gelöst vorkommen kann und dadurch dessen physikalischchemische Eigenschaften deutlich beeinflußt

Inhibitionswasser. Wassermoleküle, die an Kristalloberflächen adsorbiert das Wachstum oder die Auflösung von Kristallen verlangsamen, d.h. als → Inhibitoren wirken, und zu über- oder untersättigten Lösungen führen

Inhibitor. In Poren von Lockergesteinen befindliche Lösungen mit Fremddionen, die an Kristalloberflächen sorbiert werden können und dort das Wachstum oder das Auflösen verlangsamend beeinflussen; → Inhibitionswasser

Inhomogenität. → Heterogenität

INIS. Abkürzung für Internationales Nuklearinformationssystem (International Nuclear Information System) in Wien; internationales Informationssystem mit Daten zur friedlichen Nutzung der Kernenergie

Injektion. Künstliche Verdichtung (unter Druck) von Poren-, Kluft- und Störungsgefügen sowie unterirdischen Hohlräumen mit → Suspensionen, die verdichtend, chemisch reaktiv oder zementierend wirken; Vorraussetzung sind geeignete Injektionsinstrumentarien; → Injektionsbohrung, → Injektionslanzen, → Verpreßmaterialien

Injektionsbohrung. → Bohrung, die abgeteuft wird mit dem Ziel, unterirdische Hohlräume, zerrüttete Störungszonen oder - z.B. im Tunnel- oder offenem Verkehrsstraßenbau - stark wasserführende offene Kluftzonen mittels Zementverpressung (→ Injektion) aufzufüllen oder stabil abzudichten

Injektionslanzen. Schmale Stahlrohre, die mit verlorener Spitze als → Rammsonde in den Untergrund getrieben werden; beim langsamen Ziehen der Sonde können sowohl zementierende → Suspensionen verpreßt (zur Untergrundstabilisierung, als ingenieurchemischer Puffer, zur Herabsenkung von Grundwasser-hydraulischen Bewegungen) als auch reaktive Fluide in Schadstoffahnen [→ in-situ-(Sanierungs-)Verfahren] im Grundwasser verbracht werden

Injektionsmaterialien. → Verpreßmaterialien

Inklination. → Gefälle

Inklusionsluft. Eingeschlossene Luft; dieser Effekt kann z.B. dann auftreten, wenn ein montanhydrologisch entwässerter Grundwasserleiter nach Aufgabe des Bergbaues sehr schnell überstaut wird

inkompetent. Gesteinseigenschaft, auf Verformungskräfte (der Orogenese) elastisch zu reagieren, d.h. keine Küfte größerer Klaffweite zu bilden (Tonsteine, Tonschiefer, Schluffgesteine, Halite); Gegenteil: → kompetent

Inkorporation. → Aufnahme

Inkrustation. Amorphe bis kristalline Ausscheidungen an Matrixoberflächen aus übersättigten Fluiden in Abhängigkeit vom → pH-Wert und dem → Redox-Potential

Inkubation. Aus der Mikrobiologie bzw. Medizin entlehnter Begriff für das Beimpfen mit → Mikroben z.B. zur Untersuchung der Bildung/Freisetzung organischer Substanzen [→ Dissolved Organic Matter (DOM)] im Boden, wobei der beimpfte Boden für bestimmte Zeit einer festgesetzten Temperatur ausgesetzt (Inkubationstemperatur) und dann → DOM bestimmt wird; Einheit: [kD]; (→ Dalton)

innere Reibung. → Viskosität

Insektizide. Pflanzenschutz- und Schädlingsbekämpfungsmittel; chemische Verbindungen unterschiedlicher Zusammensetzung zur Bekämpfung von Insekten

In situ. An einem Ort stattfindend; Begriff kann sowohl für Untersuchungen als auch für Sanierungsvorhaben angewandt werden

In situ-(Sanierungs-)Verfahren. Sanierungsverfahren, bei denen Schad-/Gefahrenstoffe, die in die ungesättigte Zone (→ Zone, wasserungesättigte) oder gesättigte Zone (→ Zone, wassergesättigte) gelangt sind, direkt im Untergrund behandelt werden; das kann durch Fixierung an die feste Phase

mit Hilfe physikochemischer Verfahren oder durch gesteuerten mikrobiologisch-chemischen Abbau in langsam bewegten und daher konzentriert verbliebenen Kontaminationsherden durch → Injektion erfolgen. Bei im Grundwasserstrom abtriftenden Schadstofffahnen können bei bekannter chemischer Zusammensetzung auch quer zur Abstromrichtung als Schlitzwand eingebaute permeable Speicherwände (Aktivkohle, Aktivkoks, Braunkohlegrus u.a.m.), reaktive Wände (z.B. Eisen, paladiertes Eisen) oder unterirdische funnel-and-gate-Konstruktionen (undurchlässige Schlitzwände mit einem durchlässigen „Tor", das mit reaktivem Material ausgebaut ist) dienen. Diese Techniken sind noch nicht in der Praxis Standard, da sie Vor- und unerwartete Nachteile zeigen können; Testergebnisse ermutigen jedoch zu der Annahme, daß diese Verfahren besonders sehr geeignet sind, extreme Kontaminationsfälle zu mildern

instationäre Strömung. → Strömung

integrierter Pflanzenschutz. → Pflanzenschutz, integrierter

Intensiventsandung. Beseitigung einer → Kolmation der Filterkiesschüttung oder anderer Materialien aus dem Grundwasserleiter, die durch Einspülung feinklastischer Partikel während der Bohrarbeiten (Brunnenabteufung) entstanden ist, durch starkes Abpumpen (auch in Intervallen) des Brunnens, und zwar so lange, bis kein Feinkornanteil bei normaler Brunnenförderung in den Brunnenraum gelangt, der Kiesfilter nicht dicht setzt und keine Trübung des Wassers durch eingespülte Trübstoffe erfolgt

Interflow. Infiltrierte Wassermenge aus einem → Niederschlag, die sich im Substrat geneigter Flächen überwiegend oberflächenparallel zum Grundwasserkörper oder direkt zum Vorfluter hin bewegt und dort mit geringer Verzögerung eintrifft (DIN 4049); ↓ Abfluß, hypodermischer, ↓ Bodenabfluß, ↓ Zwischenabfluß

intermittierender Wasserlauf. → Wasserlauf, intermittierender

International Atomic Energy Agency (IAEA) Kommission innerhalb der UNO mit Sitz in Wien, deren Aufgabe darin besteht, weltweit den Beitrag der Atomenergie zu

Frieden, Gesundheit und Wohlstand zu beschleunigen und zu steigern, z. B. durch Einführung isotopenhydrologischer → Standards und Meßvergleiche [→ SMOW, → SLAP (Standard Light Antarctic Precipitation)]

Interpretation, synoptische. Betrachtungsweise, bei der alle für ein Untersuchungsziel erforderlichen bzw. erreichbaren Parameter /Daten einheitlich und gleichzeitig erfaßt, zusammen bewertet und interpretiert werden

Interstitialwasser. Teil des Haftwassers, das in den Berührungswinkeln von Mineralpartikeln eines Porengesteins gehalten wird. Sofern kontaminiert, läßt es sich wegen seiner großen Haftung nur mit Schwierigkeiten entfernen, wodurch sich Sanierungen von Grundwasserkontaminationen über längere Zeit hinziehen können; → Kapillarwasser; ↓ Zwickelwasser; ↓ Porenwinkelwasser

Intervallprobenahme. → Probenahme in festgelegten Zeitabständen

Interzeption. → Verdunstung von → Niederschlagswasser, das an der Pflanzenoberfläche (insbesondere Blattwerk der Bäume) zurückgehalten wird; ↓ Interzeptionsverdunstung

Iod (I). Element dere 17. Gruppe des Periodensystems (Halogen); im Wasser schwerer löslich, besser in organischen Lösemitteln löslich; biophiles Element (z.B. in Erdöllagerstätten), in Wässern aus Sedimentgesteinen korreliert es mit B, Br, Li und Sr, aus kristallinen mit As, Br und Sr; in Wässern aus metamorphen Gesteinen hat sich keine Korrelation ergeben

Ion. Elektrisch geladenes Teilchen, das aus neutralen Atomen oder Molekülteilen durch Anlagerung oder Abgabe von Elektronen entsteht; → Dissoziation

Ionenäquivalentleitfähigkeit (k_i). Spezifische Elektrische Leitfähigkeit des Äquivalents eines Ions oder Moleküls, die mit der analytisch bestimmten Massenkonzentration mutlipliziert deren elektrische(n) Leitfähigkeit(santeil) in der Lösung ergibt; Einheit: [S/cm], [µS/cm]

Ionenaktivität. Tatsächlicher, nach außen wirksamer reaktiver Anteil der Ionen in einer Lösung, unabhängig von der realen, analytisch bestimmten Konzentration (C). Je grö-

ßer die Zahl der an einer Lösung beteiligten Ionen, desto höher ist die I. und desto mehr weicht die tatsächliche reaktionsaktive Konzentration (Aktivität a) von der Konzentration nach dem Löslichkeitsprodukt ab; die Abweichung wird durch den Aktivitätskoeffizienten (f) angegeben:

$$a = f \cdot c;$$

f ist nur in sehr verdünnten Lösungen gleich 1, sonst < 1; ↓ Aktivität

Ionenaktivitätsprodukt (IAP). Produkt der Aktivität von Ionen eines gelösten Stoffes $A_m B_n$ (z.B. Mineral) in der Form

$$a^m(A^{n+}) \cdot a^n(B^{n+}).$$

I. spielt eine Rolle beim Nachvollzug von Lösungs- und Transportprozessen in chemischen Modellrechnungen (WATEQ, PHREEQE u.a.), insbesondere zur Errechnung des → Sättigungsindex (SI)

Ionenaustausch. Austausch von Ionen mit Hilfe von festen Stoffen oder Lösungen, die in der Lage sind, Anionen (An-I.) oder Kationen (Kat-I.) aus einer wässrigen Elektrolyt-Lösung unter Abgabe äqivalenter Mengen andere Ionen in äquivalenter Menge aufzunehmen; wirksam sind in der Regel Alumosilicate, die durch kovalente Bindung zusammengehalten werden und Überschußladungen an bestimmten Plätzen haben, an denen elektrostatisch Kat- oder Anionen gehalten und gegen solche aus einer Lösung ausgetauscht werden, z. B. zwei Natriumgegen ein Calcium-Ion

Ionenaustauscher, hydrogeologische. Stoffe/Minerale in einem Grundwasserleiter, die im Kontakt mit → Grundwasser → Ionenaustausch bewirken, in erster Linie Tonminerale (Zeolithe, Montmorillonit, Silicagel), Verwitterungsprodukte des Bodens, organische Substanzen im Boden

Ionenaustauschkapazität (IAK). Äquivalente Masse eines Stoffes (z.B. Minerals) an austauschbaren Ionen in Äquivalenteinheiten [mmol(eq)/l] pro 100 g fester Substanz; da die I. vom pH-Wert abhängt, wird sie üblicherweise für pH = 7,0 angegeben; I. ist stoffspezifisch; große Kapazitäten haben organische Substanzen und Zeolithe, ferner Silica-Gel und Montmorillonit; Bestimmung nach DIN 19684-8; ↓ Umtauschkapazität,

↓ Ionenaustauschvermögen

Ionenaustauschvermögen. → Ionen-austauschkapazität

Ionenberechnung. Berechnung, die von der analytisch bestimmten Ionenkonzentation einer Wasserprobe ausgeht; dazu gehören z.B. Kationen-Anionen-Summen (→ Ionen-bilanz), (chemische) Modellrechnungen, Er-rechnungen von → Ionenverhältnissen (zur Interpretation von Genese oder räumlicher Verbreitung eines Grundwassertyps)

Ionenbewertung. Bewertung der Ionen-verteilung im Rahmen einer chemischen Grundwasseranalyse hinsichtlich Zusammen-setzung, Herkunft und Bewegung der Ionen; hilfreich sind dabei Gleichgewichtsmodellie-rungen auf Grundlage der Gleichgewichts-Thermodynamik (z.B. WATEQ, PHREEQE, GEOCHEM)

Ionenbilanz. Bilanz der Äquivalentkon-zentrationen von Kationen und Anionen in einer Lösung, Auskunft über die Genauigkeit von Analysenergebnissen geben:

Fehler = [c(eq)(Kation) – c(eq)(Anion)] : 0,5[c(eq)(Kation) + c(eq)(Anion)] · 100 %

Der Fehler (Angabe in [%]) soll bei Äquiva-lentkonzentrationen bis 2 mmol(eq)/l nicht größer als 5 %, bei > 2 mmol(eq)/l nicht mehr als 2 % sein; andernfalls sollte das Analysenergebnis verworfen werden

Ionenbindung. Elektrostatische Kräfte zwischen den positiv geladenen Kationen und den negativ geladenen Anionen eines Ionen-kristalls (Salz); die Bindungskraft K ist gleich dem Produkt aus der Ladung des Ka-tions Q^+ und der Ladung des Anions Q^-, divi-diert durch das Quadrat des Abstandes a, bei Berücksichtigung der Abstoßung der Elek-tronenhüllen

Ionenchromatographie (IC). Chemisch-analytische Methode zur präzisen Bestim-mung einer Vielzahl wasserlöslicher ioni-scher Verbindungen (Anionen, Kationen). Die einzelnen Ionen werden durch Ionenaus-tausch, Ionenausschluß oder Ionenpaarbil-dung getrennt (physikalisch-chemisches Trennverfahren); die Detektion kann unter-schiedlich erfolgen, meist durch Messung der elektrischen Leitfähigkeit; → Chromatogra-phie

Ionendarstellung. Graphik zur Wieder-gabe der Ionenkonzentrationen

Ionendichte. Quotient aus Ionenmasse und Ionenvolumen; z.B. SO_4^{2-}: 0,91; Cl^-: 1,45; HCO_3^-:0,77

Ionenfiltration. → Filtration von Ionen durch eingeschaltete Tonlagen (ideale Mem-branelektrode) in Grundwasserleitern; dabei treten oberhalb und unterhalb der Tonschicht Wässer mit unterschiedlichem ionaren Po-tential auf, Wassermoleküle bewegen sich aufgrund des osmotischen Druckes in Rich-tung der höher konzentrierten Lösung und erhöhen dort den hydrostatischen Druck; → Ionensiebeffekt

Ionenleitfähigkeit. 1. Spezifische elektri-sche Leitfähigkeit eines Ions oder Moleküls; multipliziert mit der analytisch bestimmten Äquivalentkonzentration ergibt sich deren elektrische(r) Leitfähigkeit(santeil); Einheit: [S/cm], [μS/cm];

2.Meist wird darunter die durch die Gesamt-heit dissoziierter Ionen einer Lösung be-wirkte elektrische Leitfähigkeit verstanden; Einheit (in der Hydrogeologie): [μS/cm]; → Leitfähigkeit, elektrische

Ionenpotential. Verhältnis zwischen Io-nenladung und Ionenradius; Einheit: [C/pm]. Ionenpotentiale werden nach drei Kategorien geordnet:

1. I. = 0 – 3: Kationen, die bis zu hohen pH-Werten in echter Lösung bleiben, z.B. Li^+, Na^+, K^+, Mg^{2+}, Fe^{2+}, Mn^{2+}, Ca^{2+}, Sr^{2+}, Ba^{2+}; ihre Hydroxide haben ionische Bindungen und sind daher wasserlöslich;

2. I = 3 – 12: Elemente, die durch Hydroxid-Bildung zur Hydrolyse neigen, z.B. Al^{3+}, Fe^{3+}, Si^{4+}, Mn^{4+}

3. I = > 12: Elemente, die komplexe, Sauer-stoff-haltige Anionen bilden und meistens echte Ionenlösungen sind, z.B. B^{3+}, C^{4+}, N^{5+}, P^{5+}, S^{6+}, Mn^{7+}; die Wasserstoff-Verbin-dungen dieser Elemente besitzen Wasser-stoffbrückenbindungen

Ionenradius. Radius eines Ions; er ist maß-gebend für physikalisch-chemische Prozesse wie → Substitution oder Ionenaustausch (→ Ionenaustauscher)

Ionensiebeffekt. Effekt bei Tonmembra-nen, semipermeabel für Ionen zu wirken (→ Ionenfiltration) und damit Konzentrations-unterschiede in räumlich benachbarten

Grundwässern zu bewirken, vor allem bei Chloriden („Chloridsperren")

Ionenstärke (I). Konzentzrationsmaß für Elektrolytlösungen: $I = \frac{1}{2} \Sigma \; z_i^2 c_i$, mit c_i = Konzentration der Ionensorten und z_i = Ladungszahl der Ionensorten. I. ist dabei nicht elementspezifisch, sondern hängt von der Konzentration der beteiligten Ionen und ihrer Wertigkeit ab; I. ist maßgebend für die → Ionenaktivität

Ionenverhältnis. Verhältnis der Äquivalentkonzentrationen der an einer Lösung beteiligten Ionen; durch Errechnung von I. für bestimmte Ionengruppen {z.B. (Na : K), oder (HCO$_3$: [Cl + SO$_4$])}; daraus können bei regionalen Vergleichen Folgerungen zur Genese eines Grundwassertyps gezogen werden

Ionenwanderungen. Meist durch → Diffusion bewirkte Bewegungen von Ionen (z.B. im Grundwasser), die zu Unterschieden der Lösungsinhalte hinsichtlich Ionenverteilung und Konzentration führen

Isoamylsalicylat. ($C_{11}H_{20}O_2$); → Tracer mit Orchideengeruch

isobar. (Physikalisch-chemischer Prozeßablauf) bei konstantem Druck

Isobare. Linie gleichen Luftdruckes

Isobathe. Interpolierte Linie gleicher Tiefe

Isobornylacetat. ($C_{12}H_{20}O_2$); → Tracer mit Fichtennadelgeruch; I. muß vor Anwendung emulgiert werden, da es wasserunlöslich ist

Isochione. Interpolierte Linie zwischen Orten gleichen Schneefalls

isochor. (Physikalisch-chemischer Prozeßablauf) bei gleichem Volumen

Isochrone. Verbindungslinie zwischen Orten gleichzeitigen Auftretens bestimmter Erscheinungen

Isohaline. Interpolierte Verbindungslinie zwischen Orten gleichen Salzgehaltes

Isohyete. Interpolierte Verbindungslinie zwischen Orten mit gleicher Niederschlagsmenge

Isohypse. Topographisches Darstellungsmittel; interpolierte Linie gleicher Höhe über dem Meeresspiegel (NN)

Isokryme. 1. Linie zwischen Orten gleichzeitiger Eisbildung auf Gewässern; 2. Linie zwischen Orten gleicher Minimaltemperatur

Isolat. Spezielle Anzucht isolierter Gruppen

von Lebewesen (insbesondere von Mikroorganismen) mit einem Gengehalt, der von dem anderer vergleichbarer Gruppen abweicht; I. besitzen in der Hydrogeologie besondere Bedeutung bei der Beurteilung der Leistungsfähigkeit von Mikroorganismen beim Abbau organischer Schadstoffe in Böden und im Grundwasser

Isomere. Chemische (organische) Verbindungen mit gleicher Brutto- und Summenformel, aber unterschiedlicher Molekül-Struktur

isotherm. Physikalisch-chemischer Prozeßablauf unter Temperaturkonstanz

Isotherme. 1. (Interpolierte) Linie der Orte gleicher Temperatur; 2. Linien (Diagramme), die Konzentrationsverhältnisse bei gleichbleibender Temperatur, aber wechselnden Stoffmengen beschreiben (z.B. → FREUNDLICH-Isotherme, → LANGMUIR-Isotherme, HENRY-Isotherme)

Isotope. Atome mit gleicher Protonenzahl, aber unterschiedlicher Neutronenzahl, d.h. Atome eines chemischen Elementes, die sich in ihrer Massenzahl unterscheiden

Isotope. radioaktive. Isotope, von denen eine radioaktive (Alpha-, Beta- oder Gamma-)Strahlung ausgeht; 1. Hydrogeologisch bedeutend ist das Tritium (^{3}H, Beta-Strahler, $T_{\frac{1}{2}}$ = 12,3 a); Kohlenstoff-14 (^{14}C, Beta-Strahler, $T_{\frac{1}{2}}$ = 5730 a); Kalium-40 (40K, Beta- und Gamma-Strahler, $T_{\frac{1}{2}}$ = 12,4 h); 2. Bei Markierungsversuchen (→ Tracertest) angewandte radioaktive Substanzen mit kurzer Halbwertszeit, z.B. Natrium-24 (^{24}Na, Halbwertszeit $T_{1/2}$ = 14,9 h) in NaCl; Brom-82 (^{82}Br, Halbwertszeit $T1_{/2}$ = 35,9 h) in NH$_4$Br-Lösung; Iod-131 (^{131}J, Halbwertszeit $T1_{/2}$ = 8,05 h) in NaJ-Lösung; natürliche Tracer wie ^{3}H oder ^{18}O-Verbindungen mit abnehmender Radioaktivität zwischen Eingabe- und Beobachtungsstelle; wegen der Sensibilität der Öffentlichkeit gegen die Anwendung radioaktiver Stoffe hat die Anwendung solcher Tracer an Bedeutung verloren

Isotopenaustausch. Austausch von Isotopen, z. B. im Grundwasser gegen solche aus dem Grundwasserleiter

Isotopenfraktionierung. Änderung der isotopischen Zusammensetzung, wobei generell schwerere Isotope gegen leichtere ausgetauscht werden, z.B. Abreicherung von → Deuterium (^{2}H) gegen Wasserstoff (Protium, ^{1}H) kontinentalwärts infolge Evaporationsprozessen, oder mikrobielle Fraktionierung von ^{34}S gegen ^{32}S

Isotopengleichgewicht. Gleichgewicht zwischen →Isotopen im → Grundwasser und im → Grundwasserleiter

Isotopenhydrologie. → Methoden, isotopenhydrologische

isotopenhydrologische Methoden. → Methoden, isotopenhydrologische

Isotopentrennfaktoren. Faktoren, die Isotopentrennungen verursachen, z.B. Abreicherung von → Deuterium im → Niederschlagswasser kontinentalwärts infolge Verdunstung oder kinetische Trennungen infolge unterschiedlicher Diffusionsprozesse

Isotopentrennprozesse (im Wasser). Aufteilung/Trennung von Isotopen, die durch → Isotopentrennfaktoren bewirkt wird

isotopisch. Im gleichen Raum/Milieu gebildet (z.B. Gesteine, Grundwässer usw.); Gegensatz: heterotopisch

isotrop. Räumlich in allen Richtungen gleich beschaffen, z.B. Kornzusammensetzung eines Lockergesteins; Gegenteil: heterotrop

Iterationsverfahren. Nährungsverfahren zur Ermittlung eines unbekannten (Zahlen-)Wertes; dazu wird in einer (oder mehrere) Gleichungen, in der die Bedingungen für diese Unbekannte fixiert sind, der Wert (über EDV) schrittweise so lange abgeändert, bis eine Übereinstimmung (gleiche Beträge auf beiden Seiten der Gleichungen) gegeben ist

J

Jahr, hydrologisches. Der Witterungsablauf eines Jahres und damit der Gewässerhaushalt folgt annähernd einer Sinuskurve, im Winter mit höheren, im Sommer mit niederen Werten, statistisch Anfang November beginnend, Ende Oktober endend. Um diesen Gang nicht durch ein Kalenderjahr zu unterbrechen, beginnt ein hydrologisches Jahr bereits am 01.11. des Vorjahres, und endet bereits am 31.10., unterteilt in zwei Halbjahre, Winter- bis 30.04., Sommer-Halbjahr ab 01.05.

Jahresniederschlagsmenge. Jahressumme des → Niederschlags (P oder N) an einem Ort, in der Regel als [mm/a] oder nur [mm] angegeben; 1 mm P entspricht 1 l/m^2 = 1000 m^3/km^2; 1 l/(s · km^2) = 31,5576 mm P/a; 1 mm P/a = 31,7 · 10^{-3} l/(s · km^2)

Jahreswassermenge. Gesamte Wassermenge (z.B. Niederschläge, Abflüsse) eines Kalenderjahres

Jauche. Abwasser der extensiven Tierhaltung

juvenil. → Wasser, juveniles

K

K. → Gleichgewichtskonstante

k. → Kluftpermeabilitätskoeffizient

K_D. → Absorptionskoeffizient

k_f. → Durchlässigkeitsbeiwert; in der Ingenieugeologie k

K_B. → Basekapazität

K_D. → Adsorptionskoeffizient

K_S. → Säurekapazität

Kabeltest (Bohrlochmessung). Untersuchung speicherfähiger Gesteine auf ihren Schichtinhalt und Bestimmung der Zuflußbedingungen des Speichermediums. Dazu wird eine evakuierte Probenahmekammer an einem Kabel mit elektrisch leitender Ader in das Bohrloch eingelassen und im Speicherbereich an die Bohrlochwand angedrückt; über das Kabel werden Öffnung und Verschluß der orientiert postierten Probenahmekammer gesteuert. Gleichzeitig werden Schichtdruckwerte on line an die Meßstation über Tage gemeldet; die Proben (Flüssigkeiten, Gase) können auf diese Weise druck- und temperaturecht entnommen (absolute Schichtrepräsentanz) und einer Untersuchung im Labor zugeführt werden

kalibergerecht. Ein dem Bohrdurchmesser entsprechender, nicht durch spätere Ereignisse (z.B. → Kaliberverengung oder → Auskolkung) veränderter Bohrlochdurchmesser

Kaliber-Log(-messung). Messung des Kalibers (Durchmesser) eines Bohrloches

Kaliberverengung. Durch quellende Tone oder Gesteinsverschiebungen entstandene Einengung des Bohrloches

Kalibrierkurven. Gerätespezifische, vom Gerätehersteller mitgelieferte Kurven zur → Kalibrierung

Kalibrierung. Eichung von Meßgeräten

Kali-Endlauge. Sammelbegriff für Abwässer aus der Kali-Produktion mit > 300 g/l Na^+, K^+, Mg^{2+}, Cl^-, SO_4^{2-}. Unterschieden werden Endlauge aus der Carnallitit-Verarbeitung, Steinsalz-Lauge der Kieserit-Gewinnung (Kieserit-Waschwasser), Endlauge der Sulfat-Produktion, Endlauge der Glaubersalz-Produktion und Mutterlauge der Kaliumchlorid-Fabrikation; die Endlaugen der Produktion in Thüringen und Hessen wurden bis 1919 in Werra und Weser verklappt, später in Werra- und Plattendolomit in den Untergrund versenkt bzw. verpreßt; allgemein heute gebräuchlicher Begriff: → Salzabwasser

Kaliumdichromat(-Verbrauch). Zur Quantifizierung reduzierender Lösungsinhalte einer Wasserprobe (insbesondere von Huminsäuren und deren Komplexen) angewandtes Oxidationsmittel; dabei wird das Cr(VI) des Kaliumdichromats ($K_2Cr_2O_7$) zu Cr(III) reduziert, Analysenangabe als CSB_{cr} (→ Sauerstoff-Bedarf, chemischer, über die Chromat-Reduktion). Da Dichromat in saurer Lösung ein wesentlich stärkeres Oxidationsmittel ist als Permanganat, sind die Ergebnisse zwischen beiden Untersuchungen meist uneinheitlich, da je nach angewandtem Oxidationsmittel verschiedene Reaktionspartner betroffen sind

Kaliumpermanganat(-Verbrauch). Zur Quantifizierung reduzierender Lösungsinhalte einer Wasserprobe [insbesondere von Huminsäuren und deren Komplexen, aber auch von anderen reduzierenden Lösungsinhalten wie Nitrit, Fe(II)-Verbindungen] angewandtes Oxidationsmittel; dabei wird das Mn(VII) des Kaliumpermanganats ($KMnO_4$) zu Mn(II) reduziert; Analysenangabe als CSB_{Mn} (→Sauerstoff-Bedarf, chemischer, über die Manganat-Reduktion) oder als → Oxidationsäquivalent (O_2), also als Äquivalent des für die Manganat-Reduktion in der untersuchten Wasserprobe benötigten Sauerstoffs

kalkaggressive Kohlensäure. → Kohlensäure, kalkaggressive

Kalk-Bedarf. Der zur Neutralisation saurer Wässer bei der Aufbereitung erforderliche Carbonat-Bedarf

Kalk-Kohlensäure-Gleichgewicht. Temperaturabhängiges Gleichgewicht zwischen im Wasser gelöstem Carbonat („Kalk") und der zur Erhaltung der Carbonat-Lösung erforderlichen Kohlensäure (im Wasser gelöstes CO_2); bei Überschuß an gelöstem CO_2 (d.h. Änderung des Gleichgewichts) wird ein Wasser (kalk-)aggressiver $\to$ Kohlensäure, kalkaggressive), bei Unterschuß scheidet Kalk aus (z.B. Sinterbildung an Quellen)

Kalkstein. Festgestein, das überwiegend aus Calciumcarbonat besteht und überwiegend marin als Eindampfungsgestein oder biogen [Riff-, Detrituskal-K., Kreide (Coccilithophoridae)] entsteht; terrestrisch kann K. als Kalksinter oder Travertin gebildet werden

Kalkung (Gewässer). Aktion zur Hebung des pH-Wertes oberirdischer Gewässer durch Einstreuen Carbonat-haltiger gemahlener Gesteine

Kalkwasser. Basisches Wasser, in dem Calciumhydroxid $[Ca(OH)_2]$ gelöst ist

Kalorimeter. Wärmemesser; wärmeisoliertes Gerät, mit dem die Wärmezunahme (-überschuß, Temperaturzunahme) oder –abnahme (-verbrauch, Temperaturabnahme) von Prozessen gemessen wird

Kaltzeit. $\to$ Glazialzeit

Kanal. Künstlich angelegtes $\to$ Fließgewässer, das sowohl als Wasserstraße als auch als Regulierungsmittel für die Wasserführung dienen kann

Kanalisation. Unterirdisches Leitungssystem zum Sammeln und Ableiten kommunaler und industrieller Abwässer, die einem Klärwerk zugeführt werden

Kanat. In historischen Zeiten großräumig angelegte Sickerungen zur Aufnahme (Gewinnung) oberflächennaher Grundwässer; bereits vor 2.500 Jahren im heutigen Iran angelegt; ↓ Khanat

kanzerogen. Medizinischer Begriff für krebserzeugend oder –fördernd; ↓ karzinogen

Kaolin. Autochthones Verwitterungsgestein saurer, Feldspat-führender Festgesteine (Granite, Rhyolithe, Feldspat-führende Sandsteine u.a.m.), das überwiegend aus $\to$ Kaolinit und Quarz besteht; K. ist Rohstoff für die Porzellanfabrikation, wird aber auch als mineralisches Dichtungsmaterial für Deponien genutzt

Kaolinit. Mineral, das überwiegend durch hydrolytische (sialitische) Verwitterung aus Feldspat-führenden Gesteinen unter warmhumiden Klimabedingungen gebildet wird; das Schichtsilicat besitzt die Summenformel: $Al_2[(OH)_4Si_2O_5]$

Kaolinton. Allochthoner (umgelagerter) Kaolin, der als keramischer Rohstoff genutzt wird K. dient als Dichtungsmaterial für Deponien aber auch als Dichtungsmaterial für unterirdische $\to$ Dichtungswände (als $\to$ Schlitzwand hergestellt)

Kapazität. Aufnahme-, Fassungsvermögen

Kapillaraufstieg. $\to$ Kapillare

Kapillardruck. Druck, der durch Druckdifferenz zweier unterschiedlich benetzender Flüssigkeiten entsteht und z.B. die Verdrängung von Ölhüllen um Sandkörner durch Wasser bewirkt

Kapillare. Enge Röhre (z.B. $\to$ Pore im Lockergestein), in die Fluide (infolge Adund Kohäsion) ansteigen (Kapillarhebung, -aufstieg); die kapillare Steighöhe (maximale Aufstiegshöhe von $\to$ Kapillarwasser über der $\to$ Grundwasseroberfläche) hängt vom Durchmesser der Kapillare und somit von der Bodenart, der Dichte, der Oberflächenspannung des Fluids und der Erdanziehung ab. Da im Untergrund die letzteren 4 Faktoren annähernd gleich sind, hängen kapillare Aufstiegshöhen im Grenzbereich Sicker-/Grundwasser allein von den Porendurchmessern, d.h. letzthin von der Körnung ab. Unter Zugrundelegung einer kapillaren Aufstiegsrate von 0,3 mm/d beträgt die kapillare Steighöhe zwischen 6 (Grobsand) und 27 dm (reiner bis feinsandiger Schluff)

kapillare Aufstiegsrate. $\to$ Aufstiegsrate, kapillare

Kapillarhebung. $\to$ Kapillarate

Kapillarhöhe, mittlere. Gesteinsabhängige kapillare (mittlere) Aufstiegshöhe; Einheit: [dm]

Kapillarraum. Bereich der ungesättigten Zone ($\to$ Zone, wasserungesättigte), in dem kapillarer Aufstieg von Wasser möglich ist; ↓ Kapillarzone

Kapillarraum, geschlossener. Raum zwischen der $\to$ Grundwasseroberfläche und der ungesättigten Bodenzone ($\to$ Zone, wasserungesättigte), in dem alle kapillaren $\to$ Poren mit Wasser gefüllt sind; Einheit: [cm]; ↓ Kapillarzone, geschlossene

Kapillaraum, offener. Raum über dem geschlossenen Kapillarraum (→ Kapillarraum, geschlossener), in dem nur ein Teil der kapillaren → Poren mit Wasser gefüllt ist; Einheit: [cm]; *Anmerkung:* In DIN 4049 wird der Kapillarraum als Gesteinskörper unmittelbar über dem Grundwasserraum definiert; in einer Anmerkung wird darauf hingewiesen, daß geschlossener und offener Kapillarraum unterschieden werden; ↓ Kapillarzone, offene; ↓ Porensaugraum

Karpillarität. → Summenwirkung aus den Bodenart-abhängigen Größen Kapillarkraft, kapillarer Steighöhe und → Saugspannung; ↓ Porensaugwirkung

Kapillarwasser. 1. Bodenkunde (nach Bodenkundlicher Kartieranleitung, Hannover 1994): Anteil des → Haftwassers, der durch Menisken gehalten wird (Meniske = Kapillare); 2. Hydrogeologisch (nach DIN 4049): Unterirdisches Wasser, das überwiegend durch Kapillarkräfte gehoben oder gehalten wird; ↓ Porensaugwasser

Kapillarwasser, schwebendes. Im Gegensatz zum „aufsitzenden Kapillarwasser" im Gesteinsraum unmittelbar über der → Grundwasseroberfläche wird das im Sickerraum darüber vorkommende Kapillarwasser als schwebend bezeichnet; → Kapillarraum, geschlossener

Kapillarzone, offene. → Kapillarraum, offener

Kapillarzone, geschlossene. → Kapillarraum, geschlossener

Kar. Nischenartige Hohlform in Hochgebirgskämmen und -hängen mit steilen Rück- und Seitenwänden, oft mit einer K.-Schwelle als Abschluß des flachen K.-Bodens an der Talseite; der K.-Boden enthält oft einen K.See. In einem K. angesammelte Firn- und Eismassen bilden einen K.-Gletscher; K. sind aus älteren Hohlformen in den Kaltzeiten des Pleistozäns unter Firnbedeckung und durch Ausfließen des K.-Gletschers entstanden

Karbonathärte. → Carbonathärte

Karbonatwässer. → Carbonatwässer

Karottage (französisch: carottage). Von SCHLUMBERGER geprägter Begriff für elektrisches (oder akustisches) Sondieren (→ Bohrlochmessung)

Karst. Landschaft, die durch → Auflösung löslicher Gesteine (insbesondere → Kalksteine) entstanden ist

Karstform. Morphologische Geländeform, die als Folge von Gesteinsauflösungen typisch und unverwechselbar ist

Karstgestein. Durch (bei Kalkgesteinen kohlensäurehaltiges) Niederschlags-, Sicker- und Grundwasser auflösbare Gesteine, z.B. Halitite (Steinsalz), Anhydrit/Gips, Kalk-/Dolomitstein

Karstgrundwasser. → Karstwasser

Karstgrundwasserleiter. System von Fugen, Spalten und Höhlen, in dem → Karstwasser gespeichert und sich frei bewegen kann

Karsthöhle. Durch unterirdische Gesteinsauflösung entstandener Hohlraum, der bevorzugt im Bereich von Oberflächen des → Karstwassers entsteht; ↓ Karsthohlraum

Karsthydraulik. Da sich die → Verkarstung wegen unterschiedlicher Löslichkeiten räumlich recht verschieden auswirkt, ist das Hohlraumsystem im → Karst häufig unübersichtlich; nicht selten bestehen zwischen beieinander liegenden Systemen kaum oder keine hydraulischen Zusammenhänge. Die K. ist generell kompliziert und vielfach nur durch → Tracerversuche zu klären

Karstkorrosion. Abtrag (→ Verkarstung) von → Kalkgesteinen durch CO_2-reiche Wässer; z.B. im Grenzbereich von Buntsandsteinschichten mit CO_2-sauren Grundwässern zu Kalkgesteinen des Muschelkalkes; ↓ Oberflächenkarst

Karstquelle. → Quelle, deren (Grund-) Wasser aus → Karstgesteinen zuläuft

Karsttrichter. → Ponor

Karstwasser. Unterirdisches Wasser (→ Wasser, unterirdisches), das sich in verkarsteten Gesteinen (Sulfat-, Karbonatkarst) ausschließlich der Gravitationskraft folgend bewegt, an Küsten einer tidenbedingten Siphonkraft, die einen Pumpeffekt auslöst, unterliegt; → Küstenkarst; ↓ Karstgrundwasser

Karte, bodenkundliche (BK). Amtliche Karte mit Eintrag der Böden/Bodentypen und ihrer → Substrate im Maßstab 1:25.000, heute aber vorwiegend 1:50.000; Bezeichnung mit den Angaben: Maßstab (2. bzw. 3-

stellige Ziffer, die den ersten beiden Ziffern des Maßstabs entsprechen, z. B. BK 25 für Maßstab 1:25.000), danach Zahl und Nummer entsprechend der gleichnamigen Bezeichnung für die analoge → topographische Karte(TK). Auf dieser Basis wird eine die BRD flächendeckende BK 1:200.000 bearbeitet, die in Teilen schon fertig vorliegt; zur einheitlichen Bearbeitung wurde eine „Bodenkundliche Kartieranleitung" (Stand: 1994) aufgestellt. Für die Hydrogeologie hat dieses Kartenwerk eine wesentliche Bedeutung, da die Bodenausbildung mitentscheidend für die Grundwasserneubildung und somit auch für den Eintrag grundwasserbelastender Stoffe ist. In der Landwirtschaft bestimmt die Bodenausbildung das sog. Nitratrückhaltevermögen, d.h. die beschleunigte oder verzögerte Einsickerung Nitrat-haltiger Wässer aus der → Düngung; in einigen Ländern der BRD ist die Bodenausbildung Grundlage für die Festlegung von Düngebeschränkungen in Wasserschutzgebieten

Karte, geologische (GK). Amtliche Karte, die die in eine amtliche → topographische Karte eingetragenen wichtigsten Informationen zur Geologie eines Gebietes in etwa 0,2 bis 2 m Tiefe (d.h. unter dem durchwurzelten Boden) enthält, nämlich Gesteinsart, Stratigraphic, Schichtgrenzen, bruchtektonische Spuren, Streichen/Fallen der Schichten, Grundwasserquellen, Lagerstätten, Fossilpunkte. In Deutschland erschienen erste geologische Karten einzelner Regionen in der ersten Hälfte des 19. Jahrhunderts; größere Kartenwerke waren die „Geognostischen" Karten von Deutschland (V. DECHEN 1838), Sachsen (1836/44), Thüringen (1844/47). Nach 1850 entwickelte sich die „Geologische Spezialkartierung" im Maßstab 1:25.000, die 1862 begann, 1866 erschien deren erste Karte; mit Gründung der Preußischen Geologischen Landesanstalt (Berlin, 1873) wurde die Kartierung forciert, ebenso in anderen Ländern (Hessen ab 1881, Württemberg ab 1903, Bayern ab 1909). Heute liegt für die BRD ein umfassendes Kartenwerk 1:25.000 (GK 25; Bezeichnung mit Maßstab und Nummern entsprechend dem System der TK 25, → topographische Karte) vor, jedoch gibt es noch einige Lücken; zu den jeweiligen Karten gehören Erläuterungen mit den für das Blatt

wesentlichen geowissenschaftlichen Daten zu Stratigraphie, Tektonik, Lagerstätten, Grundwasser, Pedologie (Bodenkunde). Die Spezialkartierungen wurden bzw. werden zu Übersichtskarten (z.B. Landeskarten im Maßstab 1:200.000 oder 1:300.000) oder flächendeckend für die BRD (1:1 Mio) zusammengefaßt. Daneben gibt es zahlreiche örtliche Spezialkarten; neuerdings werden GK digitalisiert, Teile stehen Nutzern als CD zur Verfügung

Karte, hydrogeologische (HK). In HK (mit Angabe des Maßstabes, der Karten-Nummer und des Namens) wird das Ergebnis hydrogeologischer Kartierungen (→ Kartierung, hydrogeologische) dargestellt In früheren geologischen Spezialkartierungen 1:25.000 wurden lediglich einige Daten, meist ohne Informationen zur Grundwasserchemie, in den Erläuterungen angegeben; erst etwa seit 1950 werden hydrogeologische Spezialkartierungen, meist im Zusammenhang mit geologischen Kartierungen ausgeführt. Die Veröffentlichung erfolgt zusammen mit der jeweiligen geologischen Karte (GK) oder aber in einem eigenen Kartenwerk, meist im Maßstab 1:50.000; die Länder geben HK im Maßstab 1:200.000 (HK 200) oder 1:300.000 (HK 300) heraus. Darüber hinaus gibt es überregionale (Länder-) Kartenwerke; eine der ersten war „die Hydrogeologische Übersichtskarte der Bundesrepublik Deutschland 1:500.000" mit Erläuterungen (sog. „GRAHMANN-Karte"), herausgegeben in 14 Blättern 1952 - 57, auf der Basis von → Höffigkeiten. In der ehem. DDR wurde etwa zur gleichen Zeit flächendeckend ein hydrogeologisches Kartenwerk im Maßstab 1:50.000 bearbeitet, wobei jedes Blatt aus vier Teilthemenblättern (Hydrogeologie, Hydraulik, Hydrochemie, Kontaminationskarte) bestand. Die Benutzung durch die Öffentlichkeit wurde jedoch aus militärischen Gründen stark eingeschränkt; heute gibt es nur noch wenige zusammenhängende Exemplare. In der „Internationalen Hydrogeologischen Karte von Europa" im Maßstab 1:1,5 Mio. wird eine großräumige Übersicht der Grundwasserergiebigkeiten in Abhängigkeit von den Gesteinseigenschaften gegeben (für Deutschland Blatt C4 Berlin); wesentliche hydrologische Daten enthält der „Hydrologische Atlas der Bundesrepublik Deutschland" von 1978, der z.Z. überarbeitet wird

Karten, geohydrochemische. Karten, in denen die Wechselbeziehung zwischen lithologischem Milieu und Gesteinsinhaltsstoff Rückschlüsse auf die Herkunft von Stoffanreicherungen zulassen, sowie Karten zur speziellen Gewässerbeschaffenheit, z.B. Grundwasser-Chloridgehalt, Grundwasser-Härte

Kartiereinheit. Unter einer Bezeichnung zusammengefaßte geologische oder hydrogeologische Eigenschaften (z.B. petrographische, stratigraphische, hydrologische, hydrochemische)

Kartierung, hydrogeologische. Aufnahme hydrogeologischer Fakten und Daten wie Quellen, Abflüsse und Abflußspenden, vorhandene Grundwassererschließungen durch Quellfassungen und Brunnen, grundwasserchemische Daten (Wasseranalysen) und Grundwassermorphologie und deren Eintrag in eine → topographische bzw. geologische Karte (→ Karte, geologische); in zugehörigen Erläuterungen werden Informationen zu Durchlässigkeit der Schichtfolgen, unterirdische Einzugsgebiete, Grundwasserdargebot (Grundwasserbilanz) und zur grundwasserchemischen Situation gegeben. Da hydrogeologische Kartierungen in den Ländern der BRD mit sehr unterschiedlichen und z.T. unzureichenden Inhalten durch-geführt wurden, wurde in den vergangenen Jahren eine „Hydrogeologische Kartier-anleitung" (Hannover, 1997) erarbeitet; die hydrogeologische Kartierung durch die Geo-logischen Landesämter/-anstalten erfolgt weitgehend im Maßstab 1:25.000, nur in Spezialfällen in kleineren Maßstäben

Kartierung, pflanzensoziologische. Flächenbezogene, prozentuale Erfassung von spezifischen Pflanzen als Standortanzeiger für den Wasserhaushalt eines Bodens; Wechsel des Bodenwasserhaushaltes z.B. infolge Grundwasserförderungen geben sich in Verschiebungen der Pflanzenvergesellschaftung zu erkennen und werden durch Wiederholungskartierungen in mehrjährigen Abständen erfaßt, weshalb sie häufig als Beweissicherung für Bodenbeeinflussungen durch Grundwasserentnahmen (z.B. Wasserwerken) herangezogen werden.

Kartierungsbohrung, hydrogeologische. Bohrung, die zur Erkundung hydrogeologischer Verhältnisse bei einer Kartierung niedergebracht wird

karzinogen. → kanzerogen

Katastrophe. Subjektiver Begriff für ein anthropogen ausgelöstes oder natürliches Ereignis, das in erster Linie für den Menschen existenz- oder lebensbedrohend ist

Katastrophenhochwasser. → Hochwasser mit katastrophalen Auswirkungen (→ Katastrophe)

Kationenaustausch. → Ionenaustausch von Kationen

Kationenaustauschkapazität (KAK) (des Bodens). Menge der austauschbar gebundenen Kationen (vor allem Ca^{2+}, Mg^{2+}, K^+, Na^+, NH_4^+, H^+, Al^{3+}) des Bodens; Einheit: $[c(eq)mol/kg]$, in der Bodenkunde $[cmol_c/kg]$

Kationenbelegung. Belegung ionenaustauschfähiger Substanzen mit Kationen; → Ionenaustausch

Kaustobiolithe. Torfige, kohlige und bituminöse Gesteine, die bei Sauerstoff-Gegenwart brennbar, bei Sauerstoff-Mangel schwelbar sind; zu den K. gehören Humolithe, Saprolithe und Liptobiolithe; der Abbau von Kaustobiolithen im Tief- oder Tagebau hat zwangsläufig durch → Grundwasserhaltung sowohl hydrogeologisch als auch hydrochemisch regional nachhaltige Auswirkungen

Kaverne. Künstlicher oder natürlicher unterirdischer Hohlraum in abgedichteten Poren- oder Kluft- oder Salzgesteinen ohne Abfluß- oder Entgasungsmöglichkeiten, der als Speicher genutzt werden kann (z.B. für → Trinkwasser, Erdöl, Erdgas, technische Gase, fluide Sonderabfälle)

Kavernenwasser. Wasser, in der Regel → Sole, das wechselseitig in die nutzbaren Hohlräume einer → Kaverne im Austausch mit dem Speichergut zur Stabilisierung des nutzbaren Speichervolumens eingepreßt wird

Kavitation. (Natürliche oder künstliche) Aushöhlung

KBE. Koloniebildende Einheiten; Maß der Verkeimung von Wasser: z. B. KBE/100 ml; → Koloniezahl

K_d-Wert. → Verteilungskoeffizient

Kegelkarst. Besondere Form des → Küstenkarstes, bei dem kegelförmige Restberge im Tiden- und küstennahen Flachmeerbereich landschaftsprägend sind (z.B. in Vietnam)

Keime, pathogene. Krankheit verursachende Keime (z. B. im Wasser)

keimtötend. Stoffe, die keimtötend wirken (Biozide), z.B. Chlor

Keimzahl. Frühere Bezeichnung für die Zahl der Keime pro cm^3 Wasser nach 48-stündiger Bebrütung bei 22 °C auf Gelatinenährböden, heute abgelöst durch die → Koloniezahl; da dabei nur koloniebildende Bakterien erfaßt werden, sind die Begriffe K. und Kolonienzahl nicht identisch; ↓ Gesamtkeimzahl

Kennkorngröße. Durch eine → Siebanalyse des grundwasserleitenden Lockergesteins zu ermittelnder Zahlenwert, der bei einem → Ungleichförmigkeitsgrad (U) von 3 - 5 bei dem 90 %-Schnittpunkt mit der Korngrößenkurve und für U < 3 beim 75 %-Schnittpunkt liegt; für U > 5 muß das grobe Material aussortiert und die Korngrößenkurve neu ermittelt werden; ↓ Kennkorndurchmesser

Kenntnisstandanalyse. → Bestandsaufnahme

Kernbohrung. → Bohrung, bei der nicht Spülproben (des erbohrten Gesteins), sondern ganze Gesteinssäulen mit → Einfach- oder → Doppelkernrohr oder im → Schlauchkernverfahren gewonnen werden

Kernmarsch. Bohrgut, das in einer → Kernbohrung in Fest- oder Lockergestein gewonnen und weitestgehend ungestört für weitergehende Untersuchungen entnommen werden konnte

Kesselbrunnen. → Schachtbrunnen mit großem Durchmesser

Kesselwässer. Für das Befüllen von Kesseln verwendete Wässer. K. müssen einige Voraussetzungen erfüllen, um mit steigendem Dampfdruck das Schäumen und Spritzen, die Kesselsteinbildung, die Korrosion und das Spröden (interkristalline Änderungen des Kesselwerkstoffs) zu vermeiden; dazu muß das Wasser frei von organischen Substanzen sein, möglichst geringe Härte und Gehalte an Kieselsäure und Aluminium haben, sauerstoffarm (bis -frei) sein, einen hohen pH-Wert und geringen Hydrogencarbonatgehalt und (zur Vermeidung des Sprödens) Sulfat-Carbonat-Verhältnis > 4 haben. Da die meisten Grundwässer diesen Anfoderungen nicht entsprechen, müssen K. aufbereitet werden; ↓ Kesselspeisewässer

Keulenbärlapp. Sporen des kanadischen Kolben- und Keulenbärlapps (*Lycopodium clavatum L.*) werden eingefärbt (mit Lebensmittelfarben) als → Tracer (Markierungsstoff) bei entsprechenden Versuchen im Karst verwandt; sind etwa 30 µm groß und können mit Netzen aus japanischer Seide aufgefangen werden; → Bärlappsporen

K-Faktor. Mit Nomogrammen ermitteltes Maß (in der Bodenkunde) für die bodenspezifische Erodierbarkeit; beträgt in Sanden < 0,1 - 0,2, nimmt mit abnehmender Körnung zu (0,2 - 0,5), ist in Schluff und Ton sehr hoch (> 0,5)

KH. → Carbonathärte

Kies. Nach DIN 4022-1 Steine der Korngröße 2 – 6,3 mm (Feinkies bis 6,3 mm; Mittelkies bis 20 mm; Grobkies bis 63 mm); gröberes Material sind Steine und Blöcke

Kieselsäure (im Grundwasser). Auf Grund der Gesteinsverwitterung enthalten natürliche Wässer 5 - 8 mg/l Silicat (SiO_3^{2-}), außerdem je nach pH-Wert gelöste K. (H_2SiO_3), sog. Meta-K. oder im kolloidalen Zustand undissoziierte freie Ortho-K. (H_4SiO_4); im pH-Bereich 6,2 - 5,0 wirkt K. als Puffer gegen starke Säuren, wobei aus Silicatgesteinen Meta-K. freigesetzt wird (Pufferung des „Sauren Regens" in Waldgebieten)

Kiesfilter. Schüttung aus Filterkies zwischen Bohrungswand („Gebirge") und Brunnen-/Pegelausbau [Stahl, Keramik, Beton, Plaste (PVC,PE, PU etc.)] zum Zwecke der Durchströmungsanpassung bei gleichzeitiger → Filtration von Grundwasser, die eine oder zwei abgestufte Korngrößen haben kann, um optimale Durchströmungsparameter eines Brunnens zu erreichen; dabei wird die Körnung dem grundwasserleitenden Gestein angepaßt (→ Filterkies)

Kiesfiltration. Rückhalt von Partikeln, die im Grundwasserstrom transportiert werden, in einem → Kiesfilter mit dem Ziel, von Schwebstoffen freies Wasser zur Trinkwassergewinnung zu erhalten

Kiesklebefilter. Um Schwierigkeiten bei der Einbringung von → Filterkies zu vermeiden, werden Filterrohre mit direkt aufgeklebtem Kiesbelag besonders in tieferen → Brunnen, im Karst oder bei der → Entwässerung von Tagebauen benutzt; der Kiesbelag wird in verschiedenen Körnungen hergestellt; ↓ Kiesbelagfilter

Kiesschüttungsbrunnen. Häufigste Bauform der → Brunnen; nach Abteufen des Bohrlochs (verrohrt oder unverrohrt) werden im Abschnitt des Grundwasserleiters → Filterrohre in die Bohrlochmitte eingesetzt und mit → Filterkies umschüttet, dessen Körnung insbesondere bei → Lockergesteinen auf das Korn des Grundwasserleiters abgestimmt wird

Kinetik (chemischer Prozesse).
1. Reaktionen: Die K. (Geschwindigkeit) chemischer Reaktionen unterliegt thermodynamischen Gesetzmäßigkeiten und hängt [abgesehen von spontan ablaufenden Reaktionen bei großer Energiedifferenz bzw. hoher → Enthalpie (→ GIBBS-Energie)] von den stofflichen Konzentrationen, der Temperatur und der molekularen Ordnung der Reaktionsteilnehmer ab; da diese Größen unterschiedlich verteilt sind, laufen die jeweiligen chemischen Reaktionen auch unterschiedlich ab;
2. Lösungsprozesse: Die Kinetik von Lösungsprozessen verläuft stoffspezifisch, nicht linear und zeitunterschiedlich; generell nimmt die Kurve der Löslichkeit (Relation: Stoffkonzentration/Zeit) einen parabolischen Verlauf, d.h. der ersten Phase mit relativ hoher folgt die Phase geringerer, schließlich gegen Null strebender Löslichkeit (Sättigung)

Kippe. Unter Nutzung verschiedener Transport- und Ablagerungstechniken verfrachtete Deckgesteine oder → Zwischenmittel einer Rohstofflagerstätte, die innerhalb eines entstandenen → Tagebaurestloches in der Regel bis an ursprüngliche Geländehöhe verbracht wurden; ↓ Tagebaukippe

Kippendränung. In der Regel offenes Grabenentwässerungssystem auf, in und vor einer → Kippe, das die Aufgabe hat, → Rutschungen oder → Setzungsfließen während

des Abbaus einer Lagerstätte im Tagebaubetrieb zu vermeiden; ↓ Kippendränsystem

Kläranlage. Technische Anlage zur → Aufbereitung von → Abwässern mit dem Ziel, anthropogen, stofflich heterogen belastete Wässer in einen Zustand zu versetzen, der eine Einleitung in den natürlichen Wasserkreislauf (→ Wasserkreislauf, natürlichen) erlaubt; → Abwasserbehandlung, → Abwasserklärung; ↓ Abwasserreinigungsanlage

Klärbecken. Teil einer Kläranlage, in dem zunächst durch Minderung der Fließgeschwindigkeit eine Abscheidung aller absetzbaren Stoffe erreicht wird (mechanische Reinigung im Sandfang und Absetzbecken der Vorklärung, 1. Stufe). In der 2. Stufe folgt die biologische Reinigung, in der unter aeroben Verhältnissen mikrobiell die gelösten organischen Inhaltsstoffe abgebaut werden; der dabei entstandene biologische → Schlamm (Klärschlamm) wird schließlich in Nachklär- bzw. Absetzbecken sedimentiert

Klärbrunnen. → Absetzbrunnen

Klärgas. → Biogas

Klärschlamm. → Schlamm des *chemischen* und *biologischen* Nachklär- bzw. Absetzbeckens einer → Kläranlage (→ Klärbecken)

Klärschlammausbringung. Verbringung von → Klärschlamm auf gärtnerisch oder landwirtschaftlich genutzte Flächen (→ Klärschlammverordnung)

Klärschlammverordnung. Verordnung (in der Fassung vom 15.04.1992), in der die Schwermetall-Grenzwerte für Klärschlamm festgesetzt werden, der gärtnerisch oder landwirtschaftlich als Dünger verwandt werden soll

Klärung. → Abwasserklärung

Klaffweite. Entfernung zwischen zwei Kluftkörperoberflächen;→ Kluft

Klarpumpen. Technische Maßnahme nach → Abteufen eines Bohrbrunnens mit dem Ziel, schwebstofffrei Wasser (Klarwasser) zur Trinkwassergewinnung zu erhalten

Klarwasser. → Klarpumpen

Klassifikation. Für eine statistische Auswertung von Wertgrößen zielorientierte Abgrenzung/Einteilung definierter Gruppen; ↓ Klassifizierung

Klastit. Sedimentgestein, das aus Partikeln

gleicher oder unterschiedlicher Korngröße besteht und nach dieser und der Kornform klassifiziert wird; ↓ Sediment, klastisches

Klebefilter. → Einkornfilter; → Kiesklebefilter

Klebsiella. Zur Familie der → Enterobacteriaceae gehörende Gattung coliformer Bakterien (→ Coliforme); z.T. Krankheitserreger des menschlichen Darmtrakts, durch Wasser übertragen

Kleingartenanlagen. Gärten, die Nutzern zur Gewinnung von Obst und Gemüse für den Eigenbedarf dienen. Sie sind infolge des oft erhöhten Einsatzes von Dünge- und → Pflanzenschutzmitteln zur Erzielung maximaler Erträge grundwassergefährdend. Mehrere Kleingärten bilden zusammen eine K., die zudem häufig durch Gemeinschaftseinrichtungen (Vereinshaus mit Hygiene-Einrichtungen, Spielplätze, Wege) ergänzt werden

Kleinlysimeter. → Lysimeter

Kleinst-Tauchmotorpumpen. Für den Camping-Bedarf („Campingpumpen") entwickelte Kleinst-Kreiselpumpen, die mit 12 V oder 24 V betrieben werden und zur Wasserprobenahme in engen Bohrlöchern (∅ 36 mm) bei geringen Gundwassertiefen geeignet sind; die Leistung kann jedoch durch Hintereinanderschalten mehrerer Pumpen vergrößert werden, so daß je nach Pumpenzahl (4 - 8 Pumpen) bei Fördermengen von ca. 2 l/min maximale Förderhöhen von 8 - 50 m möglich sind

Kliff. → Steilküste, die durch sehr starke Küstenerosion bei Lockergesteinen oder harten (kompetenten) Festgesteinen entsteht

Klima. Gesamtheit der meteorologischen Erscheinungen, die den mittleren Zustand eines Ortes oder Gebietes während eines längeren Zeitraums charakterisieren; → Wetter, → Witterung

klimatische Wasserbilanz (KWBa). → Wasserbilanz, klimatische

Klimax. Natürliche Vegetation, die sich unter bestimmten klimatischen Bedingungen ohne Eingreifen des Menschen im Laufe der Zeit entwickeln würde

Klüftigkeit. Grad der Klüftung des geklüfteten Festgesteins; Gesamtheit von → Klüften

Kluft. Risse und Spalten in Festgesteinen, die als Folge von Schrumpfungen während der Diagenese bzw. Magmenabkühlung oder mechanischer Beanspruchung durch Zug-, Druck- oder Schubspannung (bei tektonischen Prozessen) entstanden sind. Die Klaffweite der Klüfte und ihre Verteilung hängen (neben der tektonischen Beanspruchung) von der mechanischen Festigkeit der Gesteine ab; unterschieden werden harte, unelastische (sog. kompetente) Gesteine, die zu größeren Klaffweiten neigen, und weiche (z.B. Tonsteine; sog. inkompetente) Gesteine, die Verformungen nachgeben und Klüfte wieder schließen können. An Klüften haben keine wesentliche Bewegung stattgefunden; je nach → Kluftsystem werden Quer-, Längs- oder Diagonalklüfte unterschieden. Klüfte sind Voraussetzung für die Grundwasserbewegung im Festgestein (→ Kluftgrundwasserleiter). Die erweiterte Form der Klüfte sind Fugen (→ Trennfuge)

Kluft, latente. Im inneren Gefüge eines Gesteins bereits angelegter Trennraum, der durch gesteinsphysikalische Bedingungen noch nicht aufgerissen ist, aber bei Druckentlastung oder Verwitterung entsteht

Kluft, offene. Hohlraum zwischen zwei Kluftkörperoberflächen unterschiedlicher Genese, der größer ist als der kapillare Abstand; → Kluft; ↓ Spalte)

Kluftanteil. → Hohlraumanteil

Kluftdurchlässigkeit. Durchlässigkeit für Wasser in Festgesteinen, die durch Klüfte und deren Ausbildung gegeben ist; → Trennfugendurchlässigkeit; ↓ Kluftpermeabilität

Kluftfläche. Gerichtete Oberfläche(-n) eines Kluftkörpers; ↓ Kluftkörperoberfläche

Kluftgestein. Von → Klüften durchtrenntes Fest- oder geologisch vorbelastetes Lockergestein (→ Lockergestein, geologisch vorbelastet); → Kluftgrundwasserleiter

Kluftgrundwasser. Nach DIN 4049 → Grundwasser im Festgestein, dessen durchflußwirksamer → Hohlraumanteil aus → Klüften und anderen → Trennfugen gebildet wird

Kluftgrundwasserleiter. Geklüftetes Festgestein, das in der Lage ist, in seinem Kluftvolumen Grundwasser zu speichern, zu regenerieren und weiterzuleiten

Klufthohlraum. Gesamtheit der Hohlräume von Kluftkörpern, die; bestimmend für das Speichervolumen und damit die Nutzungsfähigkeit von Kluftgrundwasserleitern ist; → Kluftvolumen, effektives

Kluftkörper. Festgesteinskörper (auch glazimechanisch beeinflußter Lockergesteinskörper; → Lockergestein, geologisch vorbelastet), der allseitig von Kluftkörperoberflächen (→ Kluftflächen) begrenzt wird

Kluftnetz. → Kluftsystem

Kluftpermeabilität. → Kluftdurchlässigkeit

Kluftpermeabilitätskoeffizient. Durchlässigkeitkoeffizient k einer Filterströmung, d.h. Koeffizient der Durchlässigkeit, die sich im Kluftgestein aus spezifischen Durchflüssen bei mittlerem Kluftabstand ergibt; normgerechte Bezeichnung: Durchlässigkeitsbeiwert k_f

Kluftquelle. Wasseraustritt aus → Kluftsystemen im Festgestein, wobei es sich um auf- oder absteigende → Quellen handeln kann; nach der LAWA-Grundwasserrichtlinie wird der Begriff „Quellen" (hydrogeologisch unzutreffend) eingeschränkt auf: „Quelle aus offener Kluft in Karstarealen durch Lösungsprozesse entstanden"; → Karstquelle

Kluftschar. → Klüfte, die in einer bevorzugten Richtung engständig und mehr oder weniger parallel verlaufen

Kluftströmung. → Grundwasserstömung (Filterströmung) auf → Klüften

Kluftsystem. Gesamtheit der primär (syngenetisch), tektonisch oder vulkanotektonisch (postgenetisch) gebildeten Trennflächen eines Gesteins, die entsprechend ihrem genetischen Ursprung räumlich geregelt angeordnet sind; ↓ Kluftnetz

Kluftvolumen, effektives. Entwässerbares und damit nutzbares Kluftvolumen

Kluftwasser. Wasser, das in → Klüfte eindringen und versickern, kapillar aufsteigen oder als → Kluftgrundwasser sich bewegen kann; ↓ Gangwasser

Kluftzone. Gerichteter, unterschiedlich langer und breiter, gestreckter, tektonisch entstandener Bereich mit → Klüften; ↓ Störung

Koagulation. Zusammenlagerung (Agglomeration) von Molekülen zu → Kolloiden

Koeffizient. Einer physikalischen, chemischen oder physikalisch-chemischen Größe beigeordnete Zahl

Körnungskennlinie. → Kornverteilungskurve

Kohäsion. Kräftewirkung zwischen den Molekülen ein und desselben Körpers (z.B. Zusammenziehen eines Stoffes bei Abkühlung)

Kohlendioxid. → Kohlenstoffdioxid

Kohlensäuerling. Balneologische Heilquelle mit einem Gehalt an freiem CO_2 (Kohlensäure) > 1000 mg/kg

Kohlensäure. H_2CO_3; entsteht durch Einleiten des Gases CO_2 in Wasser, wobei die Menge des gelösten Gases von Druck und Temperatur abhängt; K. ist nur in wässrigen Lösungen beständig; hier steht sie sowohl im Gleichgewicht mit ihrem Anhydrid CO_2 als auch mit ihren elektrolytischen Dissoziationsprodukten:

$$CO_2 + H_2O \leftrightarrow H_2CO_3 \leftrightarrow H^+ + HCO_3^- \leftrightarrow 2H^+ + CO_3^{2-}$$

Da das Gleichgewicht fast völlig auf Seiten von CO_2 und H_2O liegt (nur 1% CO_2 ist an H_2O gebunden), sind nur wenige H^+-Ionen in Lösung, so daß Kohlensäure nur eine sehr schwache Säure ist.

Kohlensäure, aggressive. Anteil des Kohlensäuregehalts im Wasser, der als Säure chemisch aggressiv reagiert; rechnerisch: freie Kohlensäure abzüglich „zugehöriger" Kohlensäure (→ Kohlensäure, freie)

Kohlensäure, eisenaggressive. Aggressive Kohlensäure (→ Kohlensäure, aggressive), die auf carbonatische Gesteine einwirkt und zur Aufrechterhaltung des → Kalk-Kohlensäure-Gleichgewichts „zugehörige" Kohlensäure, also einen Teil der freien Kohlensäure (→ Kohlensäure, freie) braucht; je mehr Carbonate gelöst werden, desto höher muß dieser Anteil sein. Wird Eisen (stellvertretende Bezeichnung für Nichtcarbonate) gelöst, wird kein Säureanteil für die Aufrechterhaltung seiner Lösung benötigt, so daß der Anteil an K., e., immer größer ist als der an kalkaggressiver; ↓ rostschutzverhindernde Kohlensäure

Kohlensäure, freie. Summe des Gehalts an „zugehöriger", d.h. zur Aufrechterhaltung des → Kalk-Kohlensäure-Gleichgewichts erforderlicher Kohlensäure plus der darüber hinaus vorhandenen überschüssigen, aggressiv wirkenden Kohlensäure

Kohlensäure, gebundene. In Carbonaten (CO_3^{2-}) oder Hydrogencarbonaten (HCO_3^-) („halbgebundene") Kohlensäure

Kohlensäure, kalkaggressive. Anteil des Gesamt-CO_2-Lösungsinhaltes einer Wasserprobe, der über den für die Erhaltung der Carbonat-Lösung erforderlichen CO_2-Bedarf („zugehörige CO_2") hinausgeht und somit chemisch nicht neutralisiert als Säure wirkt

Kohlensäureanomalie. Ort erhöhten gasförmigen geogenen Kohlensäureaustritts (aus dem Untergrund)

Kohlenstoff, gelöster organisch gebundener (DOC). → Dissolved Organic Carbon. Zur Beurteilung der Belastung eines (Ab-)Wassers mit gelöstem organischen Material ermittelter Parameter. Bestimmung (nach Deutschen Einheitsverfahren): Die Wasserprobe wird oxidiert; das sich dabei entwickelnde CO_2 entspricht dem organischen Lösungsinhalt; daraus werden → TOC (→ Kohlenstoff, gesamter organisch gebundener) und DOC (→ Kohlenstoff, gelöst organisch gebundener) errechnet

Kohlenstoff, gesamter (TC, von Total Carbon). Anorganisch und organisch gebundener Kohlenstoff als Lösungsinhalt eines Wassers

Kohlenstoff, gesamter anorganisch gebundener (TIC, von Total Inorganis Carbon). Kohlenstoff im CO_2 und in den Hydrogencarbonat- und Carbonat-Ionen einer Wasserprobe

Kohlenstoff, gesamter organisch gebundener (→ TOC, von Total Organis Carbon). Durch Differenz von TC (→ Kohlenstoff, gesamter) und TIC (→ Kohlenstoff, gesamter anorganisch gebundener) errechneter Wert für die Beurteilung einer Wasserprobe; → Kohlenstoff, gelöster organisch gebundener (DOC)

Kohlenstoff, ungelöster organisch gebundener (POC, Particular Organic Carbon). Differenz von → TOC (→ Kohlenstoff, gesamter organisch gebundener) und DOC (→ Kohlenstoff gelöst organisch gebundener)

Kohlenstoffdioxid (CO_2, [O=C=O]). schwerer als Luft, Löslichkeit im Wasser: 1713 ml/l (reduziert auf 0 °C und 101,324 kPa); die Löslichkeit von CO_2 in Wasser ist wie die aller Gase druck- und temperaturabhängig; CO_2 ist unpolar (ungeladen); ↓ Kohlendioxid

Kohlenstoff-Isotope. Es gibt 2 stabile Isotope ^{12}C (98,89 %) und ^{13}C (1,11 %); ^{12}C ist definitionsgemäß Bezugspunkt der Atomgewichte (rel. Atommasse = 12,000) und Einheit der Stoffmenge (1/12 der Atommasse des Isotops ^{12}C = 1 Mol). Außerdem gibt es 6 instabile C-Isotope mit Halbwertszeiten zwischen 126,5 ms (^9C) und 5730 ± 40 a (^{14}C); besondere Bedeutung hat das ^{14}C-Isotop für die Datierung von Kohlenstoff-Verbindungen (→ Geochronologie); → Radiokohlenstoff

Kohlenwasserstoffe (KW). Organische Verbindungen aus Kohlenstoff (C) und Wasserstoff (H); die Unzahl individueller Verbindungen (etwa 4 Millionen) beruht auf dem Ketten- (→ Kohlenwasserstoffe, aliphatische) und Ringbildungsvermögen (→ Kohlenwasserstoffe, aromatische) der C-Atome untereinander und der Bildung zahlloser Strukturisomerer (Isomere = gleiche Summenformel jedoch verschiedene Anordnung der Atome im Molekül)

Kohlenwasserstoffe, aliphatische. Organische Verbindungen aus Kohlenstoff und Wasserstoff, die mehr oder weniger verzweigte Kettenmoleküle bilden

Kohlenwasserstoffe, aromatische (AKW). Organische Verbindungen aus Kohlenstoff und Wasserstoff, die das ringförmige Molekülgerüst des Benzols(C_6H_6) enthalten

Kohlenwasserstoffe, chlorierte. → Chlorkohlenwasserstoffe (CKW)

Kohlenwasserstoffe, halogenierte (HKW). → Halogen-organische Verbindungen

Kohlenwasserstoffe, leichtflüchtige chlorierte (LCKW). Nach der Verordnung über die Entsorgung halogenierter Lösemittel sind LCKW solche → Chlorkohlenwasserstufe, deren Siedetemperatur bei 1013 hPa (= mbar) zwischen 20 °C und 150 °C liegt. Es gibt zahlreiche LCKW, die als Fettlösemittel in der Industrie und auch privat verwendet werden; sie sind alle toxisch, z.T. kanzerogen; im UV-Licht (Sonnenlicht der Atmosphäre) zerfallen sie schnell, im Grundwasser werden sie jedoch nur langsam mikrobiologisch abgebaut, wobei die Abbauprodukte (→ Metabolite, → Metabolismus) toxischer als das Ausgangsprodukt sein können (z.B. Vinylchlorid aus PVC); bekannte LCKW sind z.B. Trichlorethen („Tri"), Tetrachlorethen („Per"), 1.1.2. Trichlorethan („Methylchloroform"), 1,1,1-Tetrachlorkohlenstoff (Tetrachlormethan) oder Dichlormethan („Methylenchlorid"); → Kohlenwasserstoffe, halogenierte

Koinzidenzverfahren. Meßverfahren, bei denen 2 gemessene Phänomene zeitlich zusammentreffen und ausgewertet werden; Beispiel: Ein Szintillator (Umwandler der Radioaktivität in Lichtimpulse) wird direkt mit der zu messenden Flüssigkeit (z.B. Wasser) vermischt und nur die Impulse werden in einem Flüssigkeitsszintillations-Zähler registriert, die in zwei beiderseits des Flüssigkeitsbehälters aufgestellten Photomultiplierröhren eintreffen, so daß schwache Impulse ausfallen und nicht registriert werden

Koliformentiter. → Colititer

Kolk. Durch ausstrudelnde Tätigkeit des Wassers entstandene flache Hohlform; ↓ Strudeltopf, ↓ Strudelloch

Kolloide. Teilchen in einer Lösung (→ Agglomeration von Molekülen) mit einer Größe bzw. Kantenlänge von 10^{-9} bis $5 \cdot 10^{-7}$ m (→ Lösung, kolloidale)und einer Sinkgeschwindigkeit $< 10^{-4}$ m · s^{-1}; die Eigenschaften und das Verhalten von K. unterscheidet sich wesentlich von denen gelöster (dissoziierter) Stoffe, so daß sich eine eigene Fachdisziplin, die Kolloidchemie, entwickelt hat

Kolluvium. Aus Flächenabspülung (Bodenerosion) hervorgegangene Sedimente an unteren Hangteilen, in Dellen oder anderen kleineren Hohlformen; mit spezieller → Bodenbildung („Kolluvisol")

Kolmation. Reversibler oder irreversibler Prozeß in durchströmten Medien, in denen → Partikel, chemisch-mineralogische oder mikrobiologische (→ Biofilm) Prozesse zur Abdichtung einer → Gewässersohle oder des → Grundwasserleiters führen, wodurch ein Austausch zwischen → Oberflächenwasser und → Grundwasser durch → (Ufer-)Filtration verhindert wird; ↓ Kolmatierung

Kolmation, anfängliche. Unerwünschtes Zusetzen eines → Brunnenfilters während des ersten → Pumpversuchs mit feinkörnigem Material aus dem → Grundwasserleiter, was zur deutlichen Minderung der → Leistung des Brunnens führt; kann durch → Intensiventsandung beseitigt werden

Kolmation, äußere. Abdichtung des Poren- oder Kluftraumes eines → Grundwasserleiters durch Partikel aus einem → Oberflächengewässer

Kolmation, innere. Abdichtung des Poren- oder Kluftraumes eines → Grundwasserleiter durch Partikel aus dem Grundwasserleiter selbst

Kolmation, natürliche. Abdichtung des Poren- oder Kluftraumes eines → Grundwasserleiters durch Partikel aus dem Grundwasserleiter selbst oder aus → Oberflächengewässern ohne zusätzliche anthropogene Stoffzufuhr

Kolmationskoeffizient. → Infiltrationswiderstand

Kolmationswiderstand. → Infiltrationswiderstand

Koloniezahl. Zahl der zu Kolonien heranwachsenden Bakterien in einer Wasserprobe im Gegensatz zu den Bakterien, die nur einmal in die Berechnung eingehen; deshalb wurde auch der frühere Begriff „Gesamtkeimzahl" aufgegeben. Nach der alten → Trinkwasserverordnung vom 05.12.1990 wird als Koloniezahl die Zahl der mit 6- bis 8-facher Lupenvergrößerung sichtbaren Kolonien verstanden, die sich aus den in 1 ml des zu untersuchenden Wassers befindlichen Bakterien in Plattengußkulturen bei einer Bebrütungstemperatur von 20 °C und 36 °C nach 44 h bilden; → Keimzahl

Kolorimetrie. Vor allem als Schnelltest eingesetztes Verfahren, bei dem nach Zugabe spezieller (jeweils auf bestimmte Stoffinhalte abgestimmte) Reagenzien zu einer Wasserprobe eine Farbreaktion in der Lösung erfolgt, deren Intensität mit Farbstandards verglichen wird und so Hinweise auf die Konzentration des durch das Reagenz geprüften Parameters/Stoffes gibt

Kompaktion. Vorgang, der mit einer Volumenverringerung verbunden ist und von der Zeitdauer und der Stärke der geologischen Vorbelastung (z.B. Überlagerungsdruck, Belastung durch Inlandgletscher) sowie der Beschaffenheit, Anordnung und Einregelung der Bestandteile eines Lockergesteins abhängt

Kompaktionswasser. Wasser, das bei diagenetischer Verfestigung (Kompaktion) aus einem Sediment frei gesetzt wird

Kompartiment. Element eines ökologischen Systems

Kompensationsebene (Gewässer). Gewässerabschnitt, in dem die → Kompensationswanderung erfolgt

Kompensationswanderung. Strömung/ Bewegung des Wasser (Gewässers), durch die das an einer Stelle weggeführte Wasser ersetzt wird; ↓ Ausgleichswanderung

kompetent. Elastitätseigenschaft der Festgesteine, die hart, unelastisch, spröde sind, auf tektonische Beanspruchungen durch Zerbrechen und damit der Bildung mehr oder weniger weitständiger Klüfte reagieren (z.B. Quarzite, magmatische Gesteine, Kalk-/ Sandsteine); Gegenteil: → inkompetent

Komplex (chemischer). Bei der Bildung chemischer K. werden an ein zentrales Atom andere Atome, Moleküle oder Ionen (sogenannte Liganden) angelagert, wobci sich die Wertigkeit eines K. aus der Summe der Ladungen der beteiligten Ionen ergibt (z.B. HCO_3^-, SO_4^{2-}); davon zu unterscheiden sind Doppelsalze, die durch Bindung zweier Salze entstehen (z.B. Dolomit $CaCO_3 \cdot MgCO_3$; Alaun $KAl(SO_4)_2 \cdot 12\ H_2O$)

Komplexbildner. Atome, Moleküle oder Ionen, die → Komplexe bilden

Kompost. Anthropogener Wirtschaftsdünger aus organischen Abfällen (z.B. von Gartenabfällen)

Kompressibilität. Zusammendrückbarkeit; K. ist bei Wasser sehr gering, aber dennoch für die Größe des Speicherkoeffizienten eines Grundwasserleiters mitbestimmend; → Wasser

Kompressionswellengeschwindigkeit (im Untergrund). Die Geschwindigkeit von Kompressions-(Druck-, Schall-)wellen ist im Grundwasser (nachfolgend [10^3 m/s] mit 1,48 gegenüber Luft (0,33) verhältnismäßig hoch,

mit ähnlichen Größenordnungen in Sedimenten (Sand 0,3 – 1,5; Ton 1,2 – 2.8); naturgemäß sind K. in Festgesteinen höher: Magmatit 5,6 – 6,8; Metamorphite 5,7; Sandstein 0,8 – 4,5; Tonstein 2,2 – 4,2; Kalkstein 2,0 – 6,0

Kondensation (in der Meteorologie). Übergang des in der Atmosphäre enthaltenen Wasserdampfes vom gasförmigen in den flüssigen Zustand als Folge einer (z.B. temperaturbedingten) Überschreitung der relativen Luftfeuchtigkeit

Kondensationstheorie. Theorie, wonach es durch starke Temperaturwechsel (z.B. in Wüsten) zu Taubildungen kommt, die dem Untergrund als Wasser zugehen

Kondensationswärme. Wärmemenge, die ohne Temperaturveränderung bei der Kondensation von 1 kg Dampf frei wird (Wasserdampf bei 100 °C : 2,3 MJ/kg)

Kondensationswasser. 1. Wasser, das bei der → Kondensation entsteht (z.B. Niederschläge wie Regen, Schnee); 2. Wasser, das sich durch Abkühlung von Wasserdampf in der ungesättigten Bodenzone bildet

Konditionen. Bedingungen oder Zustände, die Voraussetzung für einen Ablauf definierter Vorgänge sind und am Beginn vorhanden sein müssen

Konditionierung. 1. Aufbereitung, Optimierung von Gleichungssystemen für digitale Lösungsverfahren, da in numerisch mangelhaft gebildeten algebraischen Gleichungssystemen Fehler entstehen können; 2. Schaffung (Einrichtung) der Voraussetzungen (→ Konditionen) für einen Vorgang

Konglomerat. Verfestigtes Sedimentgestein (klastisches → Festgestein), dessen Hauptfraktion Kies (gerundeter Abtragungsschutt) ist; die Kornbindung kann durch Drucklösung, durch ein Bindemittel (z.B. Tonstein) oder einen Zement (z.B. Silicat, Calcit, Siderit, Goethit u.a.) erfolgen

Konkretion. Feste, meist mikro- oder kryptokristalline Anreicherung von Mineralien innerhalb eines Grundwasserleiters an physikochemischen Grenzen, z.B. an der Grenze gesättigte/ungesättigte Zone, an Grenzen deutlicher Temperatur-/ Sättigungsunterschiede oder Grenzen deutlicher Redox-

Unterschiede; als Beispiele können Phosphorit-K., Feuerstein oder Tertiärquarzit (Einkieselungsquarzit) genannt werden

konservative Stoffe. → Stoffe, konservative

Konservierung. Chemische oder physikalische Haltbarmachung (chemische Langzeitstabilität) eines Gegenstandes oder Mediums, z.B. K. von Wasserproben für chemische Untersuchungen; → Probenstabilisierung

Konservierungsmittel. Chemische Substanz, die in einem Medium reaktions- und keimhemmend und damit konservierend wirkt

Konservierungsverfahren. Physikalische Verfahren, die in einem Medium (z.B. → Trinkwasser) reaktions- und keimhemmend (-tötend) und damit konservierend wirken, z.B. Bestrahlung mit γ-, UV- oder RÖNTGEN-Strahlen

Konsistenzzahl. (In der Ingenieurgeologie) dimensionslose Zahl, die den Festigkeitsgrad eines plastischen Bodenmaterials kennzeichnet (von 0 - 0,25 = breiig, bis > 1,25 = fest); ↓ Zustandszahl

Konstitutionswasser. Wasser, das zwischen 300 und 1300 °C aus → Hydroxiden abgespalten wurde

Kontaktbruch, hydraulischer. An Kontaktflächen unterschiedlicher Lockergesteine oder unterschiedlicher Kornfraktionen durch aufsteigende → Grundwasserströmung hervorgerufener Aufbruch eines Erdkörpers zu dem Zeitpunkt, an dem das Eigengewicht des unter Auftrieb stehenden Erdstoffkörpers einschließlich der Reibungs- und Kohäsionskräfte kleiner wird als die Grundwasserströmungskraft; → Grundbruch, hydraulischer

Kontakterosion. Unterirdisches Ausspülen (durch → Grundwasserströmung) von Lockergesteinsmaterial in benachbarte Akkumulationsräume, das zu einem Volumendefizit führt (→ Erosion) und damit bei im Kontakt stehenden Bauwerken oder → kompetenden Gesteinsschichten Ursache einer Lageveränderung sein kann

Kontaktfläche. Berührungsfläche zwischen zwei oder mehreren gleichartigen oder verschiedenen Medien, an der anziehende oder abstoßende Kräfte wirken

Kontaktsuffosion. Unterirdisches Ausspülen (durch Grundwasserströmung) von feinkörnigem Material aus einem ehem. heterogenen Kornverband eines Lockergesteins, das zum Volumendefizit führt und damit bei im Kontakt stehenden Bauwerken oder kompetenten Gesteinsschichten zu einer Lageveränderung verhilft

Kontaktzeit. Zeit des Andauerns von Kontakten/Berührungen der Elemente eines Vorgangs, z.B. wird der Grad einer Adsorption außer von der Kontaktfläche von der K. bestimmt

Kontaminant. Stoff, der ein natürliches System (z.B. Boden, Grundwasser) verunreinigt, d.h. in einen nicht im Gleichgewichtszustand befindlichen hydrogeochemischen Zustand versetzt

Kontamination (radioaktive, chemische, biologische). Prozeß, in dem durch natürliche Ereignisse (z.B. Erdbeben, Vulkanausbrüche) oder durch anthropogenes Wirken natürliche Stoffgleichgewichte ge- oder zerstört werden und damit einer langen Regenerationsphase bedürfen; ↓ Belastung

Kontinentaleffekt. In der → Isotopenhydrologie festgestellter → Fraktionierungseffekt von natürlichen Isotopen (insbesondere → Deuterium ^{2}H und Tritium ^{3}H) über Gebieten mit großer Meeresferne (kontinental)

Kontinentalklima. Vom Meer nimmt kontinentalwärts bei zunehmend größeren Temperaturunterschieden (mangels ausgleichender Wirkung des Meeres) die Luftfeuchtigkeit und damit die Niederschlagsmenge ab. Niederschläge fallen im Sommer vorwiegend als Konvektionsniederschläge, d.h. lokal als Folge aufsteigender Thermik. Diese Tatsache wird zur Charakterisierung der Kontinentalität benutzt, indem der prozentuale Anteil des Sommer- am Jahresniederschlag als Index in [%] angegeben wird. Im Extrenfall beträgt dieser 100 %; ↓ Landklima

kontinuierliche Probenahme. → Probenahme, kontinuierliche

Kontinuitätsgleichung. Da Wasser und Festgesteine nahezu nicht kompressibel sind, ist in einem betrachteten → Grundwasserkörper die Menge zuströmenden gleich der des abströmenden Grundwassers. Da es aber eine völlige Inkompressabilität nicht gibt, sind in einem Grundwasserfluß Kontinuitäten exakt nicht gegeben, können aber wegen geringer Ausmaße bei entsprechenden Untersuchungen praktisch vernachlässigt werden; ↓ Kontinuitätsbedingung

Kontinuumsmodell. Modellkonzept von Mehrstoffsystemen, bei dem jede Phase nachvollzogen wird, so daß ein lückenloser Prozeßablauf erfolgt

Kontraktion. Eigenschaft von Stoffen, z. B. bei Temperaturabnahme ihr Volumen zu verkleinern (und umgekehrt); eine gewisse Ausnahme macht → Wasser

Kontrollnetz. Netzförmig angeordnetes Grundwasserbeobachtungssystem (Pegel), das die Auswirkungen eines anthropogenen Eingriffes, z. B. eines Kohletagebaues, überwacht, um mögliche, nicht vorhersehbare Schadwirkungen prognostizieren und abwenden zu können

Kontrollpegel. Grundwasserbeobachtungsstelle eines → Kontrollnetzes

Konvektion. Vertikal gerichtete Strömung bzw. vertikal gerichteter Transport von Stoffen als Folge einer Potentialdifferenz, z.B. durch Wasser in einem Brunnen oder Grundwasserleiter

Konvektion, thermische. → vertikale Wasserbewegung, die dadurch verursacht wird, daß kühles Wasser eine höhere Dichte als warmes hat; das abgekühlte Wasser sinkt deshalb nach unten, das erwärmte steigt auf

Konvektionsstrom. Durch thermische Energie bewirkte Massen- oder Wärmebewegung entgegengesetzt der Gravitation; ↓ Konvektionsströmung

Konzentration. 1. Anreicherung eines Stoffes (einschließlich Minerales) an einem geometrischen Ort, in einem Stoffgemisch, einer Lösung, einer Schmelze usw.; 2. Auf das Volumen bezogene Gehaltsgrößen: Massen-K. [mg/l], Stoffmengen.-K. c[mol/l] und Volumen.-K. c[l/l] sowie die Äquivalent.-K. [c(eq)mol/l]; bei höher konzentrierten Wässern (z. B. Heilwässer erfolgt der Bezug auf die Masse, in der Regel [kg], also z. B. [mg/kg]

Konzentration, maximal zulässige (MZK). In Verordnungen, Vorschriften, Empfehlungen etc. aufgelistete Konzentrationen, bei deren Einhalten keine Gesundheitsschädigungen zu erwarten sind (z.B. MAK-Werte-Liste, der maximal zulässigen Arbeitsplatzkonzentrationen)

Konzentrationsänderung. Änderung der Konzentration eines Stoffes als Folge einer Wertveränderung (z.B. pH-Wert, Temperatur), durch Stoffmengenvarianz, durch Änderung des Redox-Potentials usw. in einer Lösung

Konzentrationsangabe. Grundlage für die Konzentrationsangaben ist die DIN 32625; grundlegende Einheit ist die SI-Einheit der Stoffmenge, das → mol, die Stoffmengenkonzentration kann massen-([mol/kg] oder volumenbezogen ([mol/l] angeben werden. Die Angaben (in Wasseranalysen) beziehen sich in der Regel auf Wasser mit der Dichte $\rho = 1$ kg/l. Heilwässer haben häufig eine höhere Dichte, außerdem können temperaturbedingt unterschiedliche Volumina vorliegen, deshalb ist die Bezugseinheit hier „kg" (die sog. Molalität), also z.B. [mmol/kg] (im Gegensatz zum Volumenbezug, der Molarität, z.B. [mmol/l]; abgeleitete Einheiten sind die Masseneinheiten (z.B. [mg/kg] oder [mg/l]) und die (geohydrochemisch relevante reaktionsgleiche) Äquivalenteinheit (z.B. [c(eq)mmol/kg] oder [c(eq)mmol/l]); schließlich erfolgt in Heilwässern die für ihre Charakterisierung maßgebende Äquivalentprozentangabe, das ist der Anteil eines Ions in Prozent an der Kationen- bzw. Anionen-Summe (→ Artbezeichnung)

Konzentrationsbereich. Maximal- und Minimalwerte für bestimmte Ionen oder Parameter aus einem Datenkollektiv, innerhalb deren die Konzentration schwanken

Konzentrationsmaximum, -minimum. Innerhalb einer definierten zeitlich begrenzten Meß-/Analysenreihe der höchste bzw. niedrigste Wert

Konzentrationsschwerpunkt. Der eine (z.B. Grundwasser-)Einheit bildende Kernbereich der Konzentrationen, d.h. die Auflistung der die Einheit determinierenden Ionen/Parameter und ihre Konzentrationen

Konzentration-Zeit-Kurve. Ganglinie der zu einer Zeit an einem Ort festgestellten Konzentrationen (z.B. Durchgangskurve bei Tracer-Versuchen)

Kopf. Bei einer → Bohrung der oberster Teil eines Kernmarsches (Festgestein oder plastisches Lockergestein) oder einer Probensequenz (im rolligen Lockergestein oder zerbohrten Festgestein)

Korndurchmesser, wirksamer. Nach HAZEN (1893) die für die Durchlässigkeit eines → Lockergesteins (z.B. Sand) maßgebende Korngröße, die aus einer → Korngrößenanalyse gewonnen wird und im Schnittpunkt der 10 %-Linie mit der → Summenkurve liegt, sofern der → Ungleichförmigkeitsgrad (U) < 5 bleibt; ist U größer, muß das Gröbstmaterial aussortiert und eine neue Korngrößenanalyse angefertigt werden; ↓ wirksame Korngröße

Kornfraktion. Klasseneinteilung bzw. -bereiche von Korngrößen und ihre Bezeichnungen nach DIN 4022 - 1 (z.B. Schluff 0,02 - 0,06 mm, Sand 0,06 - 2 mm, Kies 2 - 63 mm) und weitere Unterteilungen; ↓ Korngrößenanteil

Korngefüge, wirksames. Wesentliche, einen Gesteinsaufbau bestimmende → Struktur (z.B. schiefrig, körnig, flaserig)

Korngrößenanalyse. Durch einen maschinell bewegten Satz von Sieben, deren Maschenweiten den zu untersuchenden → Kornfraktionen entsprechen, werden abgewogene Lockergesteinsproben fraktionsweise getrennt und der Anteil der einzelnen Fraktionen an der Gesamtmenge prozentual errechnet; (Korngrößenverteilung, Kornspektrum); die erforderliche Probenmenge hängt vom Material ab (z.B. für Sand 200 - 500 g, für Kies 2 - 50 kg)

Korngrößenanteil. → Kornfraktion

Korngrößenverteilung/Korngrößenzusammensetzung/ Kornspektrum. → Korngrößenanalyse, → Kornfraktion

Kornverteilungskurve. → Summenkurve der aus der → Korngrößenanalyse gewonnen → Kornfraktionen und der prozentualen Massenanteile in Prozent (Gewichts-%); ↓ Körnungskennlinie

Korrelationsanalyse. Statistische Auswertung eines Datenkollektivs (z.B. Wasseranalysen), durch der die Grad der Zusammenhänge zwischen mehreren Variablen (z.B. Ionen/Parameter der Wasseranalysen) quantifiziert wird. Maßgebend ist dafür der Korrelationskoeffizient, der Werte zwischen + 1 (positive Korrelation) und - 1 (negative Korrelation) annehmen kann; die geringste Korrelation besteht beim Wert Null

korrespondierend. Bezeichnung für übereinstimmende Eigenschaften einer betrachteten Größe/Einheit

Korrodierbarkeit. Eigenschaft eines (in der Regel metallischen) Materials, Korrosionen zu unterliegen, d.h. chemischen und elektrochemischen Aggressionen wässriger Medien, im Extremfall bis zur vollständigen Auflösung

Korrosion. Von der Oberfläche ausgehende, durch unbeabsichtigten chemischen oder elektrochemischen Angriff (→ Korrosion, elektrochemische) hervorgerufene, nachteilige und qualitätsmindernde Veränderung eines Werkstoffes

Korrosion, elektrochemische. Wirkung von Redoxpotentialdifferenzen (→ Redox-Spannung), d.h. steht ein Metall im Kontakt mit einem Elektroleiter (z.B. Wasser), so bilden sich auf der Metalloberfläche galvanische Elemente (Korrosions- bzw. Lokalelemente) aus; an der Anode löst sich das Metall auf, an der Kathode nimmt es Elektronen des Elektrolyts auf. Beispiel: Wie alle Metalle im Wasser unterliegt auch das Eisen des Brunnenfilters der Korrosion, es löst sich auf. Zum Schutz werden Stahlfilter feuerverzinkt (früher) oder (heute) mit einem Kunststoff überzogen oder aus korrosionsfestem Edel-(V2A-, V4A-)Stahl hergestellt, sofern das Grundwasser besonders aggressiv ist; Kunststofffilter sind zwar korrosionsfest, aber mechanisch anfällig und für große Durchmesser nicht geeignet

Korrosionsschutz. Schutzmaßnahmen gegen → Korrosion

Korrosivität. Anfälligkeit gegen Korrosion

KOZENY-CARMAN-Gleichung. Gleichung, die den Zusammenhang zwischen Durchlässigkeit (eines Lockergesteins), Porosität und innere (Korn-)Oberfläche beschreibt; in der Praxis erfolgt die Berechnung der nutzbaren Porosität (n_e) einfacher nach der von MAROTZ empirisch abgeleiteten Beziehung $n_e = 46,2 + 4,5 \ln k_f$, mit k_f = Durchlässigkeitsbeiwert m/s

Krankheitserreger. → Keime, pathogene

Kreisdiagramm. Diagramm, das durch radialstrahlige Segmente und konzentrische Ringe zur qualitativen und quantitativen Darstellung hydrochemischer Parameter genutzt werden kann; in der BRD hat das von H. UDLUFT entwickelte Diagramm (sog. → UDLUFT-Diagramm) weite Verbreitung gefunden, vor allem zur Darstellung von Heilwasseranalysen; in Äquivalentprozenten

Kreiselpumpe. → Pumpe mit turbinenartigen, vertikal angeordneten Schaufelrädern, deren Größe und Zahl die Pumpleistung bestimmen; K. werden in Brunnen unter Wasser (U-Pumpen) eingebaut und durch einen in der → Pumpe angeordneten Elektromotor betrieben

Kreislaufwasser. Wasser, das in Betrieben intern ständig mit oder ohne Ergänzung, eventuell nach Wiederaufbereitung (→ recycling) genutzt wird

Kriging. Verfahren zur Bearbeitung von Karten (z.B. hydrochemische, lagerstättenkundliche) nach Daten, die über → Variogramme von lokalspezifischen Aussageinhalten bereinigt und über Isolinien, Flächengleichen oder ähnliche Parametergrößen dargestellt werden (von MATHERON nach dem französischen Geomathematiker KRIGE als *Krigeage*, englisch *Kriging*, benannt)

Kristallisationskeim. Bakterie, Mikrolith (sehr kleines mineralisches Partikel), Kristall u.ä., um den sich bei Veränderung des physikochemischen Umfeldes ein Kristall bilden („wachsen") kann

Kristallwasser. Wasser, das bei der Bildung eines Kristalls syngenetisch eingeschlossen wurde und im Kristall als Molekül gebunden ist; es kann bei 250 bis 300 °C im allgemeinen unter Zerstören der Kristallstruktur abgegeben werden; ↓ Hydratwasser; ↓ kristallin gebundenes Wasser

Kriterien, kritische. Grenzmarken, die nicht überschritten werden dürfen, um gefährliche Folgen zu vermeiden (z.B. Wasserstände, Fließgeschwindigkeit, Drücke)

Krone. Bei einer → Bohrung der unterster Teil eines → Kernmarsches (oder einer Probensequenz (im rolligen Lockergestein)

kryogen. Durch Eis oder Wechselfrost hervorgerufene Gesteinsdeformation (z.B. Eiskeile, Diapire, Saigerungsstrukturen)

Kryologie. Lehre von der Wirkung von Eis und Frost

Kryoturbation. Vertikale gravitative, autoplastische Deformation eines Wechselfrostbodens (z. B. „Brodelböden")

Krypton (Kr). Element der 18. Gruppe des Periodensystems (Edelgase), dessen Isotope (bes. ^{85}Kr) - trotz schwieriger Präparations- und Meßtechnik - in der Isotopenhydrologie zunehmend Bedeutung zur Wasseraltersdatierung erlangen. Da seit Anfang der fünfziger Jahre der ^{85}Kr-Gehalt in der Atmosphäre infolge Emissionen der Kernkraftindustrie nahezu linear zunimmt, ergibt sich eine Möglichkeit zur Altersbestimmung junger Grundwässer; → Methoden, isotopenhydrologische

Krypton-Methode. → Krypton; → Methoden, isotopenhydrologische

Kryptosporidien (*Cryptosporidium parvum*). Zu den Parasiten zählende sehr kleine (3 - 6 µm) Protozoen, die Erreger → wasserbürtiger heftiger Durchfallerkrankungen sind und sich gegenüber Desinfektionsmitteln (z.B. Chlor) als resistent erwiesen. K. sind in den letzten Jahren zunehmend, auch epidemisch aufgetreten, werden in großen Mengen von infizierten Tieren (z.B. Kälbern, Lämmern) ausgeschieden und gelangen so in die Umwelt und in Oberflächengewässer bzw. bei unzureichender Grundwasserüberdeckung oder in Karstgesteinen auch direkt in das Grundwasser

kubische Ausdehnung (des Wassers). → Ausdehnung, kubische

Kühlwasser. Betriebswasser, das zur Kühlung thermischer Prozesse (z.B. in Kraftwerken) verwendet wird; die → Mineralisation muß gering sein, damit beim Abkühlungprozeß keine Mineralausscheidungen (Inkrustationen) im Rohrleitungssystem entstehen können, die die Leistungsfähigkeit der Anlage verringern

Küste. Ufersaum eines Meeres oder Mittelmeeres

Küstengewässer. Gewässer im Nahbereich (binnenwärts) einer → Küste

Küstenlinie. → Strandlinie

Küstenkarst. → Karstlandschaft an Meeresküsten, die durch → Höhlen und → Dolinen aber auch durch Restberge (→ Kegelkarst) geprägt sein kann; durch Tidenhub können von einem von Höhlensystemen geprägten K. sehr gefährliche Sog- und Quellströmungen ausgehen

Kulminationspunkt (-linie). Tiefster Punkt (tiefste Linie) auf der unteren abstromigen Begrenzung des Entnahmebereiches einer → Grundwasserentnahme; ↓ unterer Kulminationspunkt

Kulturlandschaft. Vom Menschen maßgebend besiedelte, geprägte und genutzte Landschaft, in der natürliche Komponenten nur untergeordnete Bedeutung besitzen

kumulativ. Anhäufend, verstärkend

Kunststoffflasche. Probenahme-/Probentransportgefäß für Wässer aus unterschiedlichen Kunststoffen; das vergleichsweise geringe Gewicht der Gefäße ist gegenüber dem Nutzungszweck kritisch zu überprüfen, da Weichmacher, Sorptionseigenschaften usw. die Analysenergebnisse - besonders im Spurenbereich - verfälschen können

Kurzanalyse. Hydrochemische Analyse, bei der sowohl die Anzahl der zu bestimmenden Stoffe als auch die Genauigkeitsauflösung auf das dem Analyseziel dienende Minimum reduziert wird

Kurzpumpversuch. Kurzzeitiger Pumpversuch in einem neu erbohrten → Brunnen, um Vorinformationen zur Leistung oder Wasserbeschaffenheit zu erhalten; Daten über Dauer- oder Betriebsleistung werden dabei nicht erfaßt

Kurzschluß, hydraulischer. Natürliche (z.B. Schmelzwasserrinne) oder anthropogen erzeugte (z.B. durch Bohrungen) hydraulische Verbindung zwischen zwei oder mehreren → Grundwasserleitern oder -stockwerken; besitzen die Grundwasserleiter/stock-werke unterschiedliche Druckpotentiale, setzt eine Grundwasserbewegung mit dem Ziel des Druckpotentialausgleiches ein (Mischung unterschiedlicher Grundwässer). Besonders beim Ausbau von → Grundwassermeßstellen (insbesondere bei Mehrfach-Grundwasser-meßstellen) ist darauf zu achten, daß keine hydraulischen Kurzschlüsse entstehen, da sonst bei Messung der → Grundwassermeßstellen nur Ausgleichs-/Mischpotentiale erfaßt werden

Kurzzeitimmission. Nichtquantitativer Begriff für kurzzeitige Einwirkung oder kurzzeitigen Eintrag milieufremder Stoffe in ein → Kompartiment

Kuverwasser. Dränwasser, das durch einen Deich getreten ist

KW. → Kohlenwasserstoffe

KWBa. → Klimatische Wasserbilanz

k-Wert. → Durchlässigkeitsbeiwert (in der Ingenieurgeologie)

L

λ. $\rightarrow$ Wärmeleitfähigkeit

l. $\rightarrow$ Grundwassergefälle

Laborversuch. Physikalischer, chemischer, biologischer oder technischer $\rightarrow$ Versuch im Labormaßstab

Ladung (chemisch). Ein (bei der Dissoziation) entstehender elektrischer Zustand von Atomen, wobei die L. negativ (Elektronenüberschuß, Anionen, z.B. Säurerestionen wie Cl^-, SO_4^{2-}) oder positiv (Elektronenunterschuß, Kationen, z.B. Metallionen Na^+, Cu^{2+}) sein kann; die Zahl der Ladungseinheiten (Ladungszahl) wird rechts oben am Atomsymbol angegeben; in elektrisch neutralen Lösungen sind die Ladungen durch die Zahl der beteiligten positiv und negativ geladenen Ionen ausgeglichen (neutral)

Länderarbeitsgemeinschaft Wasser. $\rightarrow$ LAWA

Lagerfähigkeit (Wasserproben). Einige Parameter einer Wasserprobe müssen unbedingt nach der Probenahme vor Ort bestimmt werden (Sinnesprüfungen, Bestimmung von Temperatur, Leitfähigkeit, pH-Wert, Redox-E_H-Spannung, Sauerstoffgehalt und Säure-/Basekapazität). Einige weitere Lösungsinhalte sind nur beschränkt lagerfähig und müssen meist bereits innerhalb von 24 h im Labor bestimmt werden (insbesondere Schwermetalle, Nitrat, Sulfat, $\rightarrow$ DOC, $\rightarrow$ AOX und $\rightarrow$ PAK); für andere Parameter können durch Zugabe von Fixierungsmitteln etwas längere Lagerzeiten erreicht werden. Grundsatz muß es jedoch sein, Wasserproben so bald als möglich nach Probenahme chemisch und bakteriologisch zu untersuchen; die Probenahmen sollten nur durch geschulte Fachleute erfolgen; $\rightarrow$ Probenahme, $\rightarrow$ Probenstabilisierung

Lagerstätte. Konzentration eines für wirtschaftliche Bedürfnisse erforderlichen Rohstoffes in der Lithosphäre, der unter wirtschaftlichen Aspekten nutz- und gewinnbringend förderbar ist; in den meisten Ländern der Erde erfolgt die Einstufung einer Rohstoffkonzentration zur L. ohne Berücksichtigung ökologischer Aspekte und Spätfolgen

Lagerung (dichteste, lockerste). Bezeichnung für den Zustand der Eng- oder Weitständigkeit der Körner in Lockergesteinen; L. hängt ab von der Kornverteilung, Packungsdichte der Körner, Kornform und $\rightarrow$ Kompaktion

Lagerungsdichte. $\rightarrow$ Lagerungsform und physikalische Verringerung von $\rightarrow$ Porenräumen in einem $\rightarrow$ Lockergestein; $\rightarrow$ Kompaktion

Lagerungsform. Anordnung von Lockergesteinspartikeln, die in Extremfällen kubisch oder tetraedrisch sein und damit das Volumen der dazwischenliegenden verfügbaren Hohlräume für Fluida bestimmen kann

Lagerzeit (Wasserproben). $\rightarrow$ Lagerfähigkeit

Lagune. 1. Durch Sandinseln oder durch eine Nehrung vom offenen Meer abgetrenntes Flachwassergebiet vor einer Meeresküste; 2. Von Korallenriffen umgebene Wasserfläche eines Atolls

Lahar. Bei Vulkanausbrüchen entstehender Schlammstrom aus feinklastischer $\rightarrow$ Tephra und Wasser (durch Starkregen aus Gewitterwolken, die sich um das Ausbruchszentrum bilden, hervorgerufen oder durch einen Vulkanausbruch erzeugtes Abschmelzen von Gletschern)

laminare Strömung. $\rightarrow$ Strömen

LANAPERL-Echtgelb. Fluoreszierender $\rightarrow$ Tracer mit einem Fluoreszenzmaximum bei 508 nm

Landesplanung (Raumordnung). Planerische Gestaltung eines definierten Gebietes unter Berücksichtigung natürlicher Gegebenheiten und in Abstimmung mit ökologischen, bevölkerungspolitischen, industriellen und verkehrsstrukturellen Bedürfnissen

Landoberflächenabfluß. $\rightarrow$ Abfluß, oberirdischer

Landregen. Regen, der mit einer Intensität > 0,5 mm/h länger als 6 h anhält

Landschaft. Vom Menschen geprägte und genutzte Oberfläche des Festlandes und der Küsten

Landschaft, naturnahe. Für den Menschen lebensfeindlicher, beschwerlicher oder per Gesetz festgelegter Ausschnitt einer → Landschaft, in dem natürliche biologische Assoziationen und geologisch-geographische Verhältnisse weitestgehend erhalten sind

Landschaftsschutz. Vom Menschen per Gesetz festgelegter Schutz von Landschaftsausschnitten

Landschaftsschutzgebiet (LSG). Durch Gesetz oder Verordnung festgelegtes, eindeutig begrenztes Gebiet, in dem der zum Zeitpunkt der Unterschutzstellung existierende Naturhaushalt, Naturschönheiten und Erholungsmöglichkeiten bewahrt werden soll

landwirtschaftlich bedingte Grundwassergefährdung. → Grundwassergefährdung, landwirtschaftlich bedingte

LANGELIER-Index (I). → Sättigungsindex

LANGELIER-Konstant (pK). Bestandteil der → STROHECKER-LANGELIER-Gleichung, die Gleichgewichtsbedingungen des Systems $CaCO_3$-CO_2-H_2O bei einem pH-Wert bis zu 9,5 beschreibt; die temperaturabhängige L.-K. ist ein Konzentrationsmaß: [m(eq)/l]

LANGMUIR-Isotherme. Sorptionsisotherme nach LANGMUIR (1918) zur Beschreibung der komplexen Wechselwirkung zwischen Porenlösung und Feststoffen geeignet ist:

$$c_a = c_{a, max} \cdot K \cdot c_w / 1 + K \cdot c_w;$$

↓ „two-site"-Isotherme

Langsamfilter. Versickerungsbecken für Oberflächenwasser zur → Grundwasseranreicherung, die ein Sandbett enthalten, um partikuläre Verunreinigungen, an die Schadstoffe gebunden sein können, zurückzuhalten

Langsamfiltration. Vorgang der künstlichen, beabsichtigten Versickerung von Wässern über → Langsamfilter

Langzeitmessung. Messung hydraulischer oder hydrochemischer Parameter über einen langen Zeitraum, die statistische Aussagen über die Konstanz oder Veränderung (Varianz) hydrogeologischer Bedingungen ermöglicht; L. werden häufig von Behörden veranlaßt und verwaltet (→ Meßnetz, staatliches); ↓ Monitoring

LASER-Particle Analyser. → Photonen-Korrelations-Spektroskopie

Last. In der Hydrogeologie umgangssprachlicher Ausdruck für erhöhte gelöste oder partikuläre stoffliche Anteile in Wässern; → Belastung, → Fracht

Lattenpegel. Offene Meßeinrichtung zum Feststellen von Wasserständen, die mit einer Meßskala (analoges Ablesen möglich) oder mit einer zusätzlichen Schwimmereinrichtung ausgestattet sein kann (digitale Registratur über mechanische oder elektronische Transmission)

Laufzeit. (Meist geplante oder festgelegte) Zeit (zwischen Anfang und Ende) für Beobachtungen, Messungen oder Nutzungen

Laugenversenkung. Entsorgung von Restlaugen der Kali-Industrie in größere Teufen durch Versenkung, d.h. in soleführende tieferliegende Grundwasserleiter (Festgsteinsgrundwasserleiter), über Schluckbrunnen ausschließlich mit Hilfe des hydrostatischen Druckes; → Kali-Endlauge, ↓ Salzabwasser

Lauge. → Base

Laugenverpressung. Entsorgung von Restlaugen der Kali-Industrie durch Verpressung in größere Teufen, d.h. in soleführende tieferliegende Grundwasserleiter (Festgestein-Grundwasserleiter), über Schluckbrunnen mit Hilfe des hydrostatischen und kompressiven (technisch erzeugten) Druckes; → Kali-Endlauge; ↓ Salzabwasser

Laugung. → Ablaugung

Lava. Gesteinsschmelze, die aus Magmenkammern über Schlote oder Spalten in flüssiger Form an der Erdoberfläche (Vulkane) austritt; in Abhängigkeit vom SiO_2-Gehalt hat die Schmelze Temperaturen zwischen etwa 800 °C und 1300 °C; während saure L. häufig bei der oberflächlichen Abkühlung zu Schutt-L. (Klasto-L.) erstarren, bilden basaltoide Schmelzen L.-decken aus; Vulkane, die aus Laven entstanden sind, weisen häufig isolierte Grundwasserspeicher auf und besitzen dadurch in einigen Regionen der Erde hydrogeologische Bedeutung

LAWA. Länderarbeitsgemeinschaft Wasser; Arbeitsausschuß der Wasserwirtschaftsverwaltungen der Länder der Bundesrepublik Deutschland zur Beratung gemeinsamer wasserwirtschaftlicher Maßnahmen

LAWA-Liste. Von der LAWA im Januar 1994 zusammengestellte „Empfehlung für die Erkundung, Bewertung und Behandlung von Grundwasserschäden" hauptsächlich für Inhalte von → Grundwässern, die → Kontaminationen indizieren. Es wird unterschieden zwischen „Basiswerten" zur Vor- und Hauptuntersuchung von Grundwasser und Prüf- und Maßnahmenschwellenwerten. Unter Prüfwerten werden Werte verstanden, bei deren Unterschreitung ein Gefahrenverdacht als ausgeräumt gilt; unter Maßnahmenschwellenwerten werden diejenigen verstanden, bei deren Überschreitung Sanierungen erforderlich werden. Schließlich werden Orientierungswerte für Bodenbelastungen durch Organika angegeben. Mit dieser Liste wurden erstmals Daten zur Qualitätsbeurteilung des Grundwassers genannt, für die in der Vergangenheit häufig (und fälschlich) die → Grenzwerte der → Trinkwasserverordnung herangezogen wurden

LCKW. → Kohlenwasserstoffe, leichtflüchtige chlorierte

LD. → letale Dosis

Leaching. → Ablaugung

Leakagefaktor (nach HANTUSCH & JACOB). Wurzel aus dem Produkt von → Transmissivität des → Grundwasseleiters und dem → hydraulischen Widerstand einer (über- oder unterlagernden) halbgespannten (→ Leckage) oder halbdurchlässigen Schicht gegen eine auf- oder abwärts gerichtete Strömung; der L. stellt somit ein Maß für die Leckage dar

Leaky Aquifer. → Leckage

Lebensraum. Existenzbereich und Populationsraum von Fauna (einschl. Mensch), Flora und Mikroorganismen auf der Erdoberfläche, in der obersten Erdkruste (besonders im → Boden) und im oberirdischen und unterirdischen Wasser (→ Wasser, oberirdisches, → Wasser, unterirdisches), ↓ Lebensmilieu

Leckage. Geringe Grundwasserübertritte, die großräumig bei Grundwasserleitern mit deutlich geringer durchlässigen Deck- und Sohlschichten (Grundwasserhemmer) auftreten, da das Grundwasser in solchen Schichten etwas („halb") gespannt ist; ↓ Leakage

Legionella pneumophila. Fakultativ pathogenes Bakterium, das ubiquitär vorkommt und bei abwehrgeschwächten Menschen zu schwerer Pneumonie (Lungenentzündung) und zum sog. Pontiac-Fieber (nicht pneumonisch) führt (Legionärskrankheit); *L. p.* wird durch Wasser, insbesondere warmes Wasser (Duschen) übertragen. Bei Temperaturen > 70 °C werden sie abgetötet.

Lehm. Mischgestein (Lockergestein) zwischen Sand, Ton und Schluff; Klassifizierungsversuche gibt es in der Bodenkunde (Sand-Schluff-Ton-Dreiecksdiagramm)

Leichtflüchtige chlorierte Kohlenwasserstoffe. → Kohlenwasserstoffe, leichtflüchtige chlorierte

Leistung (eines Brunnens). Wassermenge (→ Volumenstrom, Volumendurchfluß), die ein Brunnen auf Grund seiner Tiefe und seines Ausbaus aus einem Grundwasserleiter fördern kann; L. ist dabei Teilmenge der → Ergiebigkeit eines → Grundwasserleiters; Einheit: in der → Hydrogeologie meist [l/s], seltener [m^3/s]

Leistungscharakteristik. Darstellung des technischen Leistungsverhaltens - z.B. einer Unterwasserpumpe - in Abhängigkeit von physikalischen Bedingungen (u.a. Fördermenge, Förderhöhe, Temperatur); nicht zu verwechseln mit → Brunnencharakteristik

Leistungsquotient (Lq). Leistung (Volumenstrom) eines Brunnens pro Meter Wasserspiegelsenkung [l/(s · m)]; nicht korrekt sind die Bezeichnungen spezifische Brunnenkapazität oder spezifische Ergiebigkeit, da nur Brunnen in gespannten Grundwasserleitern einen leistungsunabhängigen L. haben, dagegen in freien Grundwasserleitern jede Leistung einen eigenen Absenkungsbetrag hat; L. wird meistens aus Daten der mittleren Förderleistung errechnet

Leistungsstufe. Abgepumptes Wasservolumen bei einem → Pumpversuch mit einer definierten Pumpenleistung

Leitfähigkeit, elektrische. Fähigkeit einer Flüssigkeit, in der Ionen gelöst sind, meßbar Gleichstrom zu leiten; die L., e. ist temperaturabhängig und wird heute für eine Temperatur von 25 °C angegeben; moderne Meßgeräte haben eine automatischen Kompensation; Einheit: [$\Omega^{-1}\cdot$cm^{-1}] oder [S·cm^{-1}]

Leitfähigkeit, hydraulische (k$_f$). → Durchlässigkeitsbeiwert

Leitsubstanz. Stoffe, die für größere (z.B. organische, häufig toxische) Stoffgruppen typisch sind (z.B. Chlorphenole oder die in der EG-Richtlinie 98/83/EG vom 03.11.1998 sowie der → Trinkwasserverordnung genannten Vertreter der polycyclischen aromatischen Kohlenwasserstoffe, PAK)

***Leptospira sp.*.** Zu den Spirochäten gehörende Bakteriengattung (schraubenförmige, sich frei bewegliche Bakterien), die bis zu 20 µm lang sind und etwa einen Durchmesser von 0,1 µm besitzen; u.a. Erreger der WEILschen Krankheit (Infekionskrankheit, die Leber, Milz und Nieren befällt) und durch Wasser übertragen werden kann

Lessivierung. Unter dem Einfluß von → Sickerwässern erfolgende vertikale Verlagerung fester Teilchen (< 2 µm) im Bodenprofil der Parabraunerden und Fahlerden; (Boden-) Klasse Lessivés

letale Dosis (LD). Kleinste auf Lebewesen tötlich wirkende Dosis eines Elementes oder einer chemischen Verbindung

Lichtlot. Analoges Meßgerät zum Ermitteln des Wasserstandes in → Brunnen und → Pegeln, das aus einem bewehrten Kontaktkopf mit zwei Elektroden besteht. Beim Berühren der Wasserfläche entsteht ein Schalteffekt, der über ein mit Meter- und Zentimeter-Einteilung versehenes Bandkabel mit Hilfe einer Batterie eine Lichtquelle aufleuchten läßt; die Ablesegenauigkeit beträgt bei Tiefen von 10 - 500 m (je nach Kabellänge) +/- 0,5 cm

Liegendwasserentspannung. Montanhydrologische Maßnahme (→ Bohrbrunnen, → Schacht), um gespanntes Grundwasser im Liegenden eines bergmännischen Abbaues zu entlasten, um der Wassereinbrüche von unten zu verhindern; ↓ Liegendentspannung

Lifttest. → Packertest

Limitation (beim Abbau organischer Schadstoffe im Boden und in Grundwasser). Milieubedingte (z.B. durch Sauerstoffgehalt, Redox-Potential, pH-Wert) Begrenzung mikrobieller Aktivität beim Abbau anthropogen verursachter Schadensfälle

Limnigramm. Graphische Aufzeichnungen der in Pegel (Limnimeter) gemessenenen Wasserstände von Flüssen und Seen (Zeit-Meßhöhen-Korrelation); ↓ Pegeldiagramm

limnisch. In Süßwasserseen entstanden; Faziesbegriff

Limnokrene. Von → Grundquellen gebildeter kleiner See mit Abfluß

Limnologie. Lehre von den biologischen, chemischen und physikalischen Gesetzmäßigkeiten von stehenden und fließenden Gewässern (des festen Landes), also der → Ökologie der → Binnengewässer

Liner. 1. In tieferen Bohrungen Führungsrohr für die → Bohrgarnitur;
2. Bohrkern in einer Kernaufnahmevorrichtung (z.B. Schlauchkern)

Liniengefüge. → Flächengefüge

Linienquellen / Liniensenken. Realisierung von singulären Quellen/Senken in horizontal-ebenen Netzmodellen

Linksspülung. Bei einer Rotary-Bohrung der Spülungsstrom, der infolge einer Druckdifferenz zwischen Spülungssäule im → Ringraum und der mit Bohrgut beladenen Spülungssäule im → Bohrgestänge entsteht; die Druckdifferenz wird durch Saugpumpen am Gestängekopf erzeugt; eine Variante ist das Lufthebeverfahren, wobei durch eine (oder zwei) im Gestängeinneren eingesetzte Druckluftleitung(-en) Preßluft zum Bohrort geleitet und von dort die → Spülung mit Bohrgut nach dem Wasserstrahlpumpenprinzip durch das Gestänge an die Erdoberfläche gedrückt („gehoben") wird; (→ Mammutpumpe); ↓ Umkehrspülung, ↓ indirekte Spülung, ↓ inverse Spülung

Lipophilität. Fettlöslichkeit, d.h. Eigenschaft von Stoffen, die sich nur in Fetten (z.B. Ölen) lösen

Liptobiolith. Aus schwer verweslichen Pflanzenbestandteilen (z.B. Wachs, Harz) bestehendes biogenes Sediment (z.B. Bernstein)

***Listeria moncytogenes*.** Bakterium, das Erreger der Listeriose ist, einer durch Kontakt sowie über Ausscheidungen von Nagetieren (und damit auch verunreinigtes Grundwasser) auf den Menschen übertragbare Krankheit (Gehirnhaut-, Lungenentzündung, Lebererkrankung mit hoher Letalität)

Lithiumchlorid. Salz (LiCl). das in der Hydrogeologie aufgrund des seltenen natürlichen Auftretens von Lithium in der → Lithosphäre als → Tracer zur Feststellung hydraulischer Parameter eingesetzt wird; der

Nachweis erfolgt flammenfotometrisch. Toxizität des Lithiums, mangelnde Abbaubarkeit, geringe Nachweisempfindlichkeit, z.T. geringe Abgrenzung gegen den geogenen Hintergrund schränken den Einsatz auf Vorzugsgebiete ein

Lithosphäre. Oberste feste Schale der Erdkruste, die aus kontinentalem und ozeanischem Krustenmaterial sowie teilweise aus erstarrtem Material des Oberen Mantels besteht; wird nach oben von der Hydrosphäre und Atmosphäre begenzt, nach unten folgt die Asthenosphäre, in der thermische Konvektion und damit quasi-plastische Prozesse stattfinden

Litoral. Uferregion der Gewässer bis zur unteren Grenze des Pflanzenbewuchses; auch allgemein für Küstenland

LNAPL. Abkürzung für „less-dense-than-water (i.e., „light") n**o**n**a**queous-**p**hase liquid; Flüssigkeit, die sich aus einem oder mehreren Kontaminanten, die in nichtwässriger Phase vorliegen und geringere Dichte (leichter) als Wasser haben, zusammensetzt

Lochfraßkorrosion. Durch Einwirkung saliner Wässer oder anderer korrosiver Liquide auf Metalle entstehende Löcher, von denen dann die Totalkorrosion ausgeht, z.B. bei Stahlbuhnen, Stahlbrunnenfiltern oder -verrohrung; beginnt in der Regel an Stellen im Stahl, die durch Legierungsanomalien gekennzeichnet sind, z.B. erhöhte Kohlenstoff- oder Mangananteile; → Korrosion

Lockergestein. Noch nicht verfestigte Gesteine, die durch geringfügige mechanische Bearbeitung oder der 10-minütigen Einwirkung von Wasser in ihre Bestandteile zerfallen

Lockergestein, bindiges. Ein aus einer Vielzahl von gleichförmigen oder ungleichförmigen, gleich- oder ungleichgroßen Körnern bestehendes Gestein, dessen Einzelpartikel aneinander haften

Lockergestein, geologisch vorbelastetes. Durch Auflast erfolgte Kornverdichtung und teilweise Neuregelung einer Lockergesteinseinheit. Das kann durch reine Sedimentsauflast als Frühphase der Diagenese aber auch durch Gletscherdruck zum Beispiel während der Hochglaziale des Pleistozäns erfolgt sein; als Ergebnis entsteht ein latentes, bei Wasserverlust kapillares (→

Kluft) bis offenes Kluftgefüge (→ Kluft, offene)

Lockergestein, nichtbindiges. Ein aus einer Vielzahl von gleichförmigen oder ungleichförmigen, gleich- oder ungleichgroßen Körnern bestehendes Gestein, deren Einzelpartikel nicht die Fähigkeit besitzen, aneinander zu haften, sondern sich nur berühren; ↓ Lockergestein, rolliges

Lockergestein, rolliges. → Lockergestein, nichtbindiges

Löschwasserbrunnen. Brunnen mit zumindest kurzzeitig hoher Kapazität, der ausschließlich für die Nutzung im Brandfall abgeteuft wird, wenn nicht ausreichend anderes Oberflächenwasser zur Verfügung steht, und somit hygienischen Ansprüchen nicht genügt bzw. genügen muß; ↓ Feuerlöschbrunnen

Lösemittel. Fluid, in dem feste, flüssige oder gasförmige Stoffe elementar, molekular oder ionar aufgenommen und transportiert werden können

Lösemittelaktivität. Aktivität eines Lösungsmittels, charakterisiert durch das Verhältnis seines Dampfdruckes über einer Lösung zum Dampfdruck des reinen Lösungsmittels

löslich. Eigenschaft einer festen, flüssigen oder gasförmigen → Phase in ein → Lösemittel elementar, molekular oder ionar überzugehen

Löslichkeitsabstufung. → Löslichkeit von Salzen (im Wasser)

Löslichkeitsprodukt (L). Temperaturabhängige (im allgemeinen auf 25 °C bezogen), stoffspezifische Konstante aus dem Produkt der Aktivitäten der Ionen eines Elektrolyten; für ein Salz AB gilt:

$$L(AB) = a(A^{b+}) \cdot a(B^{a-})$$

Löslichkeit von Gasen (in Wasser). Eigenschaft von Gasen, in die wässrige Phase elementar, molekular oder ionar überzugehen; die L. ist stoffspezifisch (→ Absorptionskoeffizient, BUNSENscher) und hängt von Druck (HENRY-DALTON-Gesetz: steigender Druck (Partialdruck) - Zunahme der Löslichkeit) und der (Wasser-) Temperatur (GAY-LUSSAC-Gleichung: steigende Temperatur - geringere Löslichkeit) ab

Löslichkeit von Salzen (in Wasser). → Dissoziation in wässriger Phase in hydratisierte Ionen; die L. ist stoffspezifisch und hängt von (Wasser-) Temperatur und anderen Eigenschaften des Wassers (je nach Substanz) ab (pH-Wert, Redox-Potential). Die L. ist endlich und wird durch das → Löslichkeitsprodukt als maximaler Löslichkeit unter gegebenen Randbedingungen markiert; vielfach gebräuchlich sind ist (nicht genormte) Löslichkeitsgrade/Löslichkeitsabstufung (in [g/100 g Wasser]: leicht löslich > 10, mäßig 2 - 10, schwer 0,1 - 2, sehr schwer 0,01 - 0,1, praktisch unlöslich < 0,01), ferner der Sättigungsgrad/ungesättigte Lösung: Konzentration < Löslichkeit, gesättigte Lösung: Konzentration = Löslichkeit, übersättigte Lösung: Konzentration > Löslichkeit; → Sättigung

Löß. → Äolisches Lockergestein, das während der Hochglazialzeiten des Pleistozäns in Periglazialgebieten zur Ablagerung kam; es handelt sich in der Regel um die Mittel- bis Grobschlufffraktionen der durch Stürme ausgeblasener Tundrenböden

Lösung, echte. In echten Lösungen sind Molekülverbindungen als Moleküle, ionische Verbindungen durch Dissoziation als Ionen im → Lösemittel gelöst; sie sind meist klar durchsichtig und bestehen (zum weit überwiegenden Teil) aus → Lösemittel (Solvens) und dem gelösten Stoff (Solvat). Die gelösten Bestandteile befinden sich in regelloser translatorischer Bewegung, ihr Zustand gleicht dem eines Gases

Lösung, elektrolytische. Echte Lösung mit hohem ionarem Inventar

Lösung, feste. Feste → Phase, in der von einem chemischen Anfangsglied bis zu einem Endglied stufenlose Lösungsübergänge vorkommen können (z.B Mischungsreihe der Plagioklase [Natrium-/Calcium-Feldspäte] oder Olivine [Forsterit/Fayalit])

Lösung, ideale. Sehr verdünnte flüssige Lösungen (Aktivitätskoeffizienten=1), die mit einer Gasphase, die ausschließlich aus dem Lösemittel besteht, im Gleichgewicht stehen (→ RAOULT-Gleichung); ↓ Lösung, unendlich verdünnte

Lösung, kolloidale. Lösungen, deren disperse Phase aus Aggregaten von Atomen und Molekülen besteht, die durch Dispersion aus kompakten Substanzen oder durch Kondensation aus echten Lösungen entstehen können

und Teilchengrößen von 10^{-9} bis $5 \cdot 10^{-7}$ m aufweisen; aufgrund deren geringer Sinkgeschwindigkeit von $< 10^{-4}$ m·s^{-1} können die Partikel nahezu unendlich im Schwebezustand im Lösemittel bleiben geht einerseits in echte Lösungen (→ Lösungen, echte) über, andererseits in → Suspensionen; unterschieden werden Molekülkolloide (die disperse Phase setzt sich aus Makromolekülen zusammen, die keine echten Lösungen bilden können, z.B. Eiweißstoffe), Assoziationsmoleküle (die disperse Phase wird aus Molekülaggregaten gebildet, die sich aus echten Lösungen durch Oxidation oder Übersättigung ausscheiden können) und Dispersionskolloide

Lösung, reale. Bei realen Lösungen sind im Gegensatz zu idealen Lösungen (→ Lösung, ideale) die Aktivitätskoeffizienten ungleich 1 und variieren mit der Zusammensetzung

Lösung, unendlich verdünnte. → Lösung, ideale

Lösungsenthalpie. → Enthalpie (GIBBSsche Energie) bei Reaktionen von/in Lösungen

Lösungsfuge. Riss/Schnitt im Gestein, der durch Herauslösung von Gesteinsmineralen entstanden ist; → Kluft

Lösungsgeschwindigkeit. → Kinetik (Geschwindigkeit) von Lösungsprozessen;

Lösungsverfahren. Begriff in der Modellierung; durch Schematisierung ist das mathematische Modell des Originals in zweckmäßige Übereinstimmung mit dem lösbaren mathematischen (Simulations-) Modell zu bringen

Lösungsvorgang. Prozeß des Auflösens eines Stoffes in einem → Lösemittel unter Bildung einer → Lösung; der Vorgang läuft um so rascher ab, je höher die Temperatur, je größer die Kontaktfläche an der Phasengrenze, je größer der Partialdruck beteiligter gelöster Gase und je größer der Unterschied zwischen der möglichen Höchstkonzentration und der tatsächlichen Konzentration ist. Der L. wird beschleunigt durch den Abtransport bereits gelöster Substanz

Lösungswärme. Beim Lösen eines Stoffes (fest, flüssig, gasförmig) in einem flüssigen Lösemittel, z.B. Wasser, freigesetzte Wärme

Lokalelementbildung. Bei der elektrochemische Korrosion (→ Korrosion, elektrochemische) in einem einheitlichen Metallstück (z.B. infolge Inhomogenitäten des Elektrolyten) auf engem Raum herausgebildete kathodische und anodische Bereiche

Lq. → Leistungsquotient

LSG. → Landschaftsschutzgebiet

Luftbild-Geologie. Interpretation geologischer Sachverhalte mit Hilfe von Luftbildern, die von Flugzeugen in unterschiedlicher, zweckorientierter Aufnahmehöhe als analoge Filmdokumente (panchromatisch, echtfarbig, Infrarot-falschfarbig) aufgenommen werden; → Fernerkundung, ↓ Remote sensing

Lufthebeverfahren. → Linksspülung

Lumineszenz. Leuchten eines Stoffes ohne gleichzeitige Temperaturerhöhung („Kaltes Leuchten"); die entstehende Strahlung ist stoffspezifisch

Lycopodium clavatum. Käulenbärlapp; gefärbte Sporen (→ Bärlapp-Sporen) des Bärlapps werden als → Tracer genutzt

Lydit. Hartes sprödes Kieselgestein („Kieselschiefer"); kann lokal durch seine gute Klüftigkeit von hydrogeologischer Bedeutung sein

Lysimeter. Technische Anlage, die im Gelände/Boden eingelassen wird, um mit unterschiedlicher Substratfüllung die Verdunstung (reale, effektive) und vertikale Versickerungseigenschaften von Niederschlagswässern in Böden zu bestimmen (Wasserhaushaltsbestimmung); die Probeaufnahmebehälter (Monolith) können Eisen- oder Betonkästen mit quadratischem Grundriß oder Stahlzylinder sein; die vertikale Höhe - und damit Sickerstrecke - beträgt 2 - 4 m; die Messung der Sickerwässer erfolgt entweder in Auffanggefäßen unterhalb des Monoliths oder durch dauerndes Wiegen (wägbarer L.), da sich bei Wasseraufnahme/-abgabe das Gewicht des Monoliths ändert; außer den meist stationären L. gibt es auch transportable

M

M. → Grundwassermächtigkeit, → Molmasse

Mächtigkeit. In der Geologie häufige Bezeichnung für die Dicke einer geologischen Einheit (z.B. einer Schicht, einer Formation, einer stratigraphischen Schichtfolge, eines Lavaergusses usw.), quantifiziert durch die Entfernung der → Deckfläche von der → Sohlfläche der Einheit; in der Hydrogeologie wird der Begriff auch für die Höhe eines → Grundwasserleiters mit Wasser (→ Grundwassermächtigkeit) oder den von einem Brunnen erschlossenen Anteil der → Grundwassermächtigkeit verwendet

magmatisches Wasser. → Wasser, magmatisches

Magmatit. Festgestein magmatischer Genese; Voraussetzung ist eine Gesteinsschmelze, die in der kontinentalen oder ozeanischen Erdkruste oder im Erdmantel entsteht und auf unterschiedliche Weise erstarren kann; im Erdinneren erstarrte M. werden als Plutonit (oder Tiefengestein), an der Oberfläche erstarrte als Vulkanit (→ Lava, → Ignimbrit, → Tuff, → Tephra) und zwischen Plutonitoberfläche und Geländeoberfläche erstarrte Gesteine werden als Übergangsmagmatite (echte Ganggesteine [Aplite, Pegmatite], Vulkanit-Gänge [z.B. Lamprophyr-Gänge, Basaltoid-Gänge, entmischte Gänge], Subvulkanite) bezeichnet. Für die hydrogeologische Bewertung haben vulkanische und plutonische Körper sowohl hydraulisch als auch hydrochemisch ein eigenständiges, sich von umgebenden Gesteinen unterscheidendes Regime, das es im anthropogenen Nutzungsfalle zu beachten gilt

Magnesiumhärte. Durch Magnesium-Ionen verursachter Teil der → Gesamthärte

Makkaluben. Schlammvulkane, die bei Erdölbohrungen entstehen

Makrogefüge. Noch häufig verwendeter Begriff für → Flächengefüge

Makrophyten. Höhere Pflanzen allgemein; einige Arten, die stagnierendes Wasser im Wurzelraum benötigen (Schilfe, Erlen etc.), spielen speziell bei Wurzelkläranlagen eine wesentliche Rolle

Malachitgrün. → Diamantgrün

Mammutpumpe. Nach dem Lufthebeverfahren, d.h. mit Preßluft arbeitende → Pumpe (Wasserstrahlpumpenprinzip); für die überschlägige Ermittlung der Leistung von Brunnenbohrungen (in zu testenden Tiefen oder vor deren Ausbau) bzw. um kurzfristig über die Einstellung oder Fortsetzung einer Bohrung zu entscheiden und schließlich zum Entsanden oder Freispülen fertiggestellter Brunnenbohrungen eingesetzt wird. Für Probenahmen zu chemischen Wasseruntersuchungen ist das Verfahren jedoch ungeeignet, da durch die Verwendung von Preßluft die Lösungsinhalte (z.B. Sauerstoff, Kohlenstoffdioxid und alle vom Kalk-Kohlensäure-Gleichgewicht abhängigen Inhalte) verändert werden; ↓ Sandpumpe

Mangankatastrophe. Unter dieser Bezeichnung bekannt gewordenes Ereignis der Wasserversorgung der Stadt Breslau aus einer Anlage in der Ohle-Oder-Niederung. Das Wasserwerk förderte Grundwasser aus Eisen- und Mangansulfid-haltigen Schichten; im Trockenjahr 1905 fiel der Wasserspiegel und durch die Bodenluft wurden die Fe- und Mn-Sulfide zu Sulfaten oxidiert, die beim Wiederanstieg des Wasserspiegels ausgewaschen wurden und zu Eisengehalten bis 100 mg/l und zu Mangangehalten bis 29 mg/l in dem vom Wasserwerk geförderten Wasser führten

Manganorganismen. Organismen, in erster Linie Bakterien, aber auch Pilze, deren Arten je nach Redoxzustand in Manganhaltigen Wässern enthalten sind und bei der Reduktion von Mn(IV) nach Mn(II) mitwirken; wie weit sie an oxidativen Prozessen beteiligt sind, ist wenig bekannt

manometrische Höhe. → Saughöhe

Mantelrohr. Äußere Schutzverrohrung beim Abteufen einer Bohrung in deformierbarem oder gefügeinstabilem Gestein, das nach

Bohrungsausbau wieder entfernt (gezogen) wird

marin. 1. Genetischer Begriff für im „Meer/ Ozean gebildet oder entstanden" verwendet; 2. Als Faziesbegriff für alle im Meer/Ozean stattfindenden genetischen Vorgänge mit den milieutypischen Bildungen (Sedimente, Vulkanite usw.)

Markierung. Versetzen von zu untersuchenden (meist unterirdischen) Wässern mit einem → Tracer

Markierungsstoff. → Tracer

Markierungsversuch. → Tracerversuch

Marschboden. Sedimente des → Wattenmeeres, die durch menschliche Aktivitäten (Deichbau) vom → Wattenmeer abgetrennt, entwässert (melioriert) und danach entsalzt wurden (ehem. vorhandenes Meersalz wird infolge Auswaschung durch Niederschläge aus dem Oberboden verdrängt) und somit landwirtschaftlich nutzbar sind

Marsh-Trichter. Zur Ermittlung der Auslaufzeit von Spülflüssigkeiten (→ Spülung) bei Rotary-Bohrungen dienendes Gefäß mit genormter Öffnung des Trichters; die mit dem M. ermittelte → Auslaufzeit für meist 1000 cm^3 → Spülung soll 38 - 45 s betragen (DVWG-AB W 116; 1998)

Massenanteil. → Masseneinheit

Massenbilanz. Berechnung/überschlägige Ermittlung des Gleichgewichts zwischen den an einem System beteiligten Stoffen/Größen

Masseneinheit. SI-Einheit der Masse (m) ist das Kilogramm [kg]; Massenkonzentration ist die Angabe einer Stoffmasse in Kilogramm oder einer ganzteiligen abgeleiteten Größe, z.B. Gramm (10^{-3} kg), Milligramm (10^{-6} kg), bezogen auf das Volumen; Einheit: [mg/l]; Massenanteil ist der Anteil eines Stoffes an der Summe einer betrachteten Masse in Prozent; Einheit: [Gewichts-%], [Masse-%]; → Konzentrationsangabe

Massenerkrankung. Erkrankung, die durch Mikroorganismen (z.B. Bakterien, Viren, Einzeller) oder toxische Stoffe (anorganische, organische) verursacht wird und große Teile der Bevölkerung erfaßt; die Ausbreitung von Massenerkrankungen erfolgt häufig über verunreinigtes → Trinkwasser; ↓ Epidemie (z.B. Choleraepidemie 1892 in Hamburg)

Massenspektrometrie. Verfahren zur genauen Molmassenbestimmung, das darauf basiert, daß elektrisch geladene Teilchen in einem magnetischen oder elektrischen Feld massenabhängig ihre Bahn ändern

Massentierhaltung. Große Zahl von Tieren (insbesondere Rinder) pro Flächeneinheit (z.B. Weide), die zu einem lokalen Eintrag von Ausscheidungen in den Untergrund und damit zum Anstieg von Stickstoff-Verbindungen (Nitrat, Nitrit, Ammoniak) im Grundwasser führt; besonders in Wasserschutzgebieten stellt Tierbesatz mit grundwassergefährdenden Konzentration von Tieren, bezogen auf den Betrieb und/oder auf die für die Ausbringung des Wirtschaftsdüngers verfügbare landwirtschaftliche Fläche eine Gefährdung dar

Massenwirkungsgesetz. Das Verhältnis zwischen dem Produkt der Konzentrationen der Reaktionsprodukte und dem Produkt der Konzentrationen der Ausgangsstoffe ist bei Konstanz von Druck und Temperatur nach der Einstellung eines chemischen Gleichgewichts für eine bestimmte Reaktion konstant und wird durch die → Gleichgewichtskonstante ausgedrückt

Maßnahmeschwellenwert. Bei Grundwasserverunreinigungen/-belastungen Konzentration (eines Stoffes), bei dessen Überschreitung in der Regel weitere Maßnahmen zur Sanierung erforderlich werden

Materialeinflüsse (bei Grundwasserproben). Die → Beschaffenheit von Grundwasserproben kann durch Materialien der Probenahmegeräte und der Meßstelle verändert und somit in ihrer Repräsentativität herabgesetzt werden, nicht nur chemisch, sondern auch bakteriologisch. Insbesondere bei Verwendung von Kunststoffrohren und -filtern in Bohrungen ist bei Beurteilung der Untersuchungsergebnisse dieser Umstand zu berücksichtigen. Auch der Einsatz bestimmter Brunnenausbaumaterialien bei Sanierung von Grundwasserschäden kann wegen der Möglichkeit ihrer chemischen Zerstörung eingeschränkt sein

Matrix. Feste Phase eines → Mehrphasensystems

Matrixpotential (ψ_m). Gibt den energetischen Zustand für die Bindung einer Bezugsmenge Wasser an die Bodenmatrix an;

da Arbeit notwendig ist, um Wasser aus dem Boden zu entnehmen, hat ψ_m ein negatives Vorzeichen; → Saugspannung

Maximalwert, statistischer. Höchster Wert einer definierten Meßreihe

mechanische Filterung. → Filtrierung, mechanische

Medianwert. Mittelwert einer Meßreihe, für den die Summenhäufigkeit 50 % beträgt, d.h. der Schnittpunkt der 50 %-Linie mit der Summenkurve; ↓ Zentralwert

Medium, poröses. Durchlässiges Material (z.B. bei Gesteinen oder bei der → Osmose)

Meer. Große zusammenhängende Wassermasse der Erde, bedeckt mit rund 361 Mio. km² fast 71 % der Erde; ↓ Ozean

Meeresboden. Grenzfläche zwischen Meerwasserkörper und fester → Lithosphäre

Meeresschwinde. Höhlenmundloch im → Küstenkarst, in dem bei → Ebbe Meerwasser hineinfließt

Meeresspiegel. Mittlere Höhe der Meeresoberfläche zwischen den Tidenmaxima (→ Flut) und -minima (→ Ebbe) bezogen auf das Geoid (Erdkörperform)

Meeresspiegelschwankung. → Tide

Meermühle. Phänomen im meeresnahen Karst, wobei es unter der hydraulischen Einwirkung eines Süßwasserdruckspiegels über die teils engständigen Hohlräume auf Meerwasserflüsse im tieferen Teil des Karstes nach dem Wasserstrahlpumpenprinzip zu Druckabnahmen und Sogwirkungen im Unterstrom kommt; bekanntes Beispiel: Meermühle von Argostolion (Insel Kephalonia); → Küstenkarst

Mehrbrunnenanlage. Grundwasserfassung aus mehreren → Brunnen bestehend; entgegen landläufiger Praxis dürfen Brunnen in M. nicht als Einzelanlagen behandelt und geohydrologisch berechnet werden, sondern müssen, da sie sich gegenseitig hydraulisch beeinflussen, nach der von PAAVEL entwickelten Formeln als einheitliches (hydraulisches) System behandelt und Brunnenabstände dementsprechend ausgelegt werden; ↓ Brunnengruppe; ↓ Brunnenreihe; → Brunnengalerie

Mehrfachausbau (Bohrloch). Kostengünstiger Ausbau eines → Bohrloches mit meh-

reren → Grundwasserbeobachtungsrohren (maximal drei), wobei die Filterstrecken der einzelnen Ausbauabschnitte - oben und unten mit Ton abgedichtet - in verschiedene, übereinanderliegende Grundwasserleiter eingebaut werden, um die Grundwasserleiterspezifische Dynamik feststellen zu können; Problem: Dichtung und deren Langzeitstabilität zwischen den einzelnen → Grundwasserstockwerken und darin stehenden Beobachtungsrohren

Mehrfachrohrleitung. Rohrleitung mit ein- oder mehrfacher Ummantelung, die aus Sicherheit für den Transport von wassergefährdenden Stoffen (z.B. flüssigen Chemikalien, Erdöl/Erdgas, Abwässer) durch Gebiete mit hohem Schutzwert (Trinkwasserschutzgebiete, Einzugsgebiete von → Talsperren usw.) benötigt wird, um im Havariefall einen Stoffaustrag zu verhindern oder zumindest zu hemmen

Mehrphasenströmung. Unterschiedliches Transportverhalten von unterschiedlichen Stoffen in einem hydraulischen Strömungsregime

Mehrphasensystem. Obere → Lithosphäre (Locker- und Festgesteinsbereich) als räumlich fixiertes Teilsystem (→ Matrix, „Gerüst" = feste Phase), das in der Lage ist, Fluide (Gase, Flüssigkeiten = gasförmige Phase, flüssige Phase) als mobile Teilsysteme zu speichen und weiterzuleiten; unterschiedliche Phasen sind im Porenmaßstab durch Grenzflächen voneinander getrennt

Mehrstoffsystem. Aus zwei oder mehr chemisch verschiedenen Substanzen bestehendes System. Man unterscheidet homogene (einphasige) und heterogene (mehrphasige) Systeme. Zu den homogenen Systemen zählen homogene Gemische und reine Stoffe (Elemente, Verbindungen), zu den heterogenen Gemengen (Aggregatzustand der Phasen: fest/fest), → Suspensionen (fest/flüssig), Emulsionen (flüssig/flüssig) und Aerosole (fest/gasförmig oder Flüssig/gasförmig)

Mehrtiefenbrunnen. Nutzung mehrerer übereinanderliegender → Grundwasserstockwerke durch den Brunnenausbau mit mehreren gegeneinander abgedichteten Filterstrecken (Mischwassergewinnung); → Multilevel-Brunnen

Meißelbohrung. → Bohrloch, das mit Hilfe schlagender Technik abgeteuft wurde. Durch vertikales Auf- und Abbewegen eines an einem Gestänge (Gestängefreifallbohrverfahren, Canadisches Bohrverfahren) oder Seil (Seilfreifallbohren, Pennsylvanisches Bohrverfahren) befindlichen Meißels (Bohrmeißel) wird Festgestein zertrümmert und damit gewinnfähig gemacht; aus Aufmeißeln und Bohrgutentfernung ergibt sich der Bohrfortschritt; → Schlagbohrung

Melioration. 1. → Entwässerung von Landschaftsausschnitten mit geländeoberflächennahem → Grundwasser (z.B. durch Dränleitungen oder -gräben); 2. Verbesserung der Wasserdurchlässigkeit von Böden (→ Zone, wasserungesättigte) mit Hilfe bodenstrukturverbessernder Substanzen (z.B. Kalk oder Filteraschen bei der Wiederurbarmachung von Kippen von Braunkohlentagebauen); ↓ Hydromelioration

Membranfilter. Feinstfilter mit einem Porendurchmesser von 0,2 µm, das feine Partikel und Mikroorganismen zurückhält

MEP. → Strömungsprozeß

meq. → Äquivalent

Mergel. Mischgestein zwischen klastischem Material (Ton, Schluff, Sand) und Calciumcarbonat (Calcit) = Kalk-Mergel; wird Calciumcarbonat teilweise oder vollständig von Magnesiumcarbonat ersetzt, spricht man von Dolomit-Mergel

Mergelstein. Diagenetisch verfestigter → Mergel

meromiktisch. Seen, die im Winter nur bis zu einer bestimmten Tiefe auskühlen, während sich darunter Wasser mit einer Temperatur von 4 °C anreichert

Mesolimnion. → Thermokline

mesosaprob. → Saprobien

Meßbereich. (Gerätespezifischer) Abschnitt des von einem Meßgerät zu messenden Bereichs/Mediums; vom M. hängt (außer bei der → Kalibrierung) in der Regel die Meßgenauigkeit ab, er muß vor dem Meßvorgang dementsprechend ausgewählt werden

Meßflügel. → Woltmann-Flügel, → Anemometer

Meßgefäß. Geeichtes Gefäß mit analogen Volumenangaben

Meßgenauigkeit. Jede Messung muß so genau und sorgfältig als möglich ausgeführt, die M. darf nur in begründeten Ausnahmefällen eingeschränkt werden (z.B. Unzugänglichkeit des Meßortes, eingeschränkte Anwendungsmöglichkeiten für optimale Meßgeräte); entsprechend dieser allgemeinen Anforderung ist die Auswahl von Meßgeräten zu treffen und sind ihre Fehlergrenzen zu kennen. Auch wenn eine längere Meßzeit (z.B. bei Messungen des Redoxpotentials) erforderlich ist und davon die Meßgenauigkeit abhängt, ist eine unbedingte Sorgfalt bei der Durchführung einzuhalten. Die Genauigkeit chemischer Analysen ist verfahrensabhängig und in DIN-Normen (DIN 38402 bis 38411) festgelegt. Bei Auswertung früherer Analysenergebnisse ist daran zu denken, daß diese vielfach nach andern als den heutigen (genormten) Verfahren ausgeführt wurden, z.T. ungenau und mit heutigen Ergebnissen nur eingeschränkt vergleichbar sind

Meßnetz. Eine den geologisch-hydrogeologischen oder hydrologischen Verhältnissen anzahlmäßig und räumlich angepaßte Anordnung von → Meßstellen, die eine regionale quantitative und qualitative Zustandsaussage über hydraulische Systeme zuläßt. Zur Grundwasserüberwachung dienen → Grundwassermeßstellen (↓ Grundwasserpegel, ↓ Grundwasserüberwachungsbrunnen) oder Quellschüttungsmeßwehre, für die Fließgewässerüberwachung dienen → Meßwehre oder → Pegel mit jeweils benötigter technischer Ausstattung

Meßnetz, staatliches (1. Ordnung). Ein aus → Grundwassermeßstellen bestehendes überregionales Meßnetz, das zur langfristigen Beobachtung der grundwasserhydraulischen Verhältnisse dient; es sollte in der Regel auch für die Überwachung hydrochemischer Verhältnisse genutzt werden können

Meßpunkt. → Meßstelle (→ Pegel, → Brunnen, → Grundwassermeßstelle) zur kontinuierlichen oder diskontinuierlichen Beobachtung von Grundwasserspiegelveränderungen, dessen Oberkante geodätisch (mittels → GPS oder Theodolit) eingemessen und auf NN bezogen wurde (x-, y- und z-Koordinaten); → Bezugspunkt, → Grunwassermeßstelle, ↓ Meßpunkthöhe

Meßpunkthöhe. → Meßpunkt

Meßstab. In der Regel ein Metallstab mit metrischer Einteilung [mm, cm] als einfachste Form der Ermittlung von Wasserständen

Meßstelle, hydrogeologische. Technische Einrichtung (z.B. → Grundwassermeßstelle oder → Brunnen), die einer kontinuierlichen oder zeitweiligen relativen Beobachtung des → Grundwasserspiegels oder → Karstwasserspiegels dient

Meßstellenordnung. Von der „Länderarbeitsgemeinschaft Wasser" (→ LAWA) aufgestellte Richtlinien für Beobachtung und Auswertung von → Grundwassermeßstellen

Meßstrecke. → Transekt

Meßwehr. Staueinrichtung in einem Oberflächengewässer (→ Fließgewässer) mit einem geeichten Überlauf zur Ermittlung der Durchflußmenge

Meßwert. Zahlenwert, der mittels spezieller Meßverfahren gewonnen wird und direkten (absoluten) oder indirekten (relativen) Charakter haben und damit über stoffliche Zustände und Entwicklungen Auskunft geben kann; es ist allerdings in jedem Fall zu prüfen, ob M.-e direkt vergleichbar sind, da unterschiedliche Verfahren zu unterschiedlichen M.-en führen können, obgleich immer gegen → Standards gemessen wurde

Metabolite. Zwischenprodukte, die beim molekularen Um- oder Abbau von organischen Substanzen aus dem Stoffwechsel (Metabolismus) resultieren

Metalimnion. → Thermokline

metallorganische Verbindungen. → Verbindungen, metallorganische

Metamorphit. Ein durch → Metamorphose (Gesteinsmetamorphose) umgewandeltes Gestein; zu dieser Gesteinsgruppe gehören in Abhängigkeit vom Ausgangsgestein, den p-T-Verhältnissen und der Beteiligung eingeschlossener Fluide u.a.: Tonschiefer (Anchi-M.); Phyllit (Epi-M.); Glimmerschiefer/Gneis (Meso- bis Kata-M.); Granulit (Ultra-M.); Marmor (Epi- bis Kata-M.); Amphibolith (Kata-Meta-M. eines basischen Magmatits); Serpentinit (Kata-M. eines ultrabasischen Magmatits); Hartbraunkohle über Anthrazit bis Graphit (Epi- bis Kata-M. organischer Gesteine). Diese Gesteine besitzen hydrogeologisch meist eine unterschätzte Rolle, da sie häufig ein sehr geringes nutzbares Grundwasservolumen (Kluftraumvolumen) haben; überregional besitzen M. eine außergewöhnlich wichtige Funktion bei der Grundwasserneubildung durch → Interflow und → Infiltration über → Gehängeschuttdecken und Flußauen

Metamorphose. 1. Gestein: Umwandlung des Mineralbestandes von Gesteinen in der Erdkruste durch Druck- (bis etwa 1500 MPa) und Temperaturzunahmen (300 bis etwa 700 °C) unter Beibehaltung des kristallinen Zustandes und der chemischen Pauschalzusammensetzung; Gesteine der Metamorphose (Metamorphite) haben einen spezifischen Mineralbestand und metamorphes Korngefüge; aus Magmatiten entstehen Orthometamorphite, aus Sedimentiten Parametamorphite

2. Grundwasser: Durch Druck-, Temperaturzunahmen und Wechsel des petrographischen Milieus ändern sich die physikalischen Eigenschaften von Wasser und Gesteinen, das Spektrum des Lösungsinhalts in den Grundwässern verarmt; am Ende solcher Entwicklung stehen $CaCl_2$-Wässer in (geologisch) alten Tafelgebieten, während in jüngeren tektonisch überprägten Gebieten (Varisziden, Alpiden) die geohydrochemischen Verhältnisse wechseln, meist treten aber NaCl-betonte Wässer auf

Meteoric Water Line (MWL). Niederschlagsgerade, die die Relation der Abweichung vom → SMOW für Sauerstoff ($\delta^{18}O$) und → Deuterium (δ^2H) jeweils in [‰] als Mittel mehrerer oder als Ergebnis einzelner Messungen angibt. Das Verhältnis $\delta^{18}O/\delta^2H$ des Ozeanwassers als Ausgangsort des festlandgerichteten Wassertransports ist durch den SMOW-Standard festgelegt; während des Wassertransports und über dem Festland kommt es zur Fraktionierung der isotopischen Anteile durch Verdunstung zur Anreicherung bzw. Abreicherung des schwereren Isotopes ^2H gegenüber ^1H; Temperatureinflüsse verursachen einen Jahresgang der ^2H- (und ^3H-)Gehalte in den Niederschlagswässern und damit des Verhältnisses $\delta^{18}O/\delta^2H$. Aus den Mittelwerten der Abweichungen der $\delta^{18}O$ und δ^2H-Werte von SMOW, eingetragen in ein Koordinatensystem, ergibt sich eine lineare Beziehung (Regressionsgerade), die als Niederschlagsgerade bezeichnet und deren Steigung beschrieben wird durch die Gleichung:

$$\delta^2 H = s \cdot \delta^{18} O + d$$

darin gibt s die Steigung der Geraden, die für kontinentale Niederschläge einen Wert um 8 hat, an. Die Gerade verläuft nicht durch den Nullpunkt des Koordinatensystems, sondern trifft auf die δ^{18}O-Koordinate im Abstand d (Deuterium-Exzeß); dieser beträgt etwa 10 ‰. Aus der Lage von Isotopendaten z.B. von Grundwässern im Verhältnis zur MWL lassen sich Schlüsse zum Transport und Abregnen (Kontinental-, Temperatur- oder Höheneffekt) der Niederschläge und damit zur Lokalisierung und zeitlichen Einordnung in den Untergrund infiltrierter Wässer ziehen; weiter ergeben sich Hinweise auf Verdunstungen in ariden Gebieten, auf Genese und Transport von Grund- und Heilwässern

meteorisches Wasser. $\rightarrow$ Wasser, atmosphärisches

Meteorologie. Lehre von den Witterungsprozessen in der Atmosphäre

Meteorologisches Jahrbuch. Vom „Deutschen Wetterdienst" (Offenbach/M) jährlich herausgegebenes Buch, in dem die Meßergebnisse der Klima- und Wetterstationen des vorausgehenden Jahres zusammengestellt sind

Methämoglobinämie. Unfähigkeit roter Blutkörperchen von Kleinkindern, Sauerstoff zu binden und zu transportieren; auf Grund des Genusses von Wässern (z.B. bei künstlicher Zubereitung von Kleinkindernahrung) mit zu hohen Nitrat-Gehalten (max. Grenzwert 50 mg/l, besser 40 oder 20 mg/l) werden statt der Sauerstoff- vorwiegend Nitrit-Ionen (Nitrat kann im Körper zu Nitrit reduziert werden) von den roten Blutkörperchen transportiert; die Folge kann innerer Erstickungstot besonders bei Kleinstkindern sein

Methanogenese. Methanbildung mit Hilfe von Bakterien im anaeroben Milieu

Methode. $\rightarrow$ Verfahren

Methoden, isotopenhydrologische. Bestimmung mit Hilfe stabiler oder radioaktiver Isotope mit unterschiedlicher Zielsetzung:
1. Grundwasseraltersdatierung (Zeitpunkt der Grundwasserneubildung aus $\rightarrow$ Niederschlag oder Uferfiltration);
2. Bestimmung der Herkunft von unterirdischen Wässern;
3. Bestimmung der Herkunft von Inhaltsstoffen des Grundwassers; $\downarrow$ Isotopenhydrologie

MGE (**M**odular **G**IS **E**nvironment). Von der Firma INTERGRAPH entwickeltes Datenbankverwaltungssystem, das sich aus verschiedenen Software-Tools zusammensetzt, die den gesamten GIS-Arbeitsablauf in einer gemeinsamen Umgebung abdecken kann; MGE läuft unter RISC-basierten UNIX-Workstations und -Servern

Migration. Bewegung/Transport gelöster Stoffe (Migranten) im Grundwasser

Migrationsgeschwindigkeit. 1. Unterschiedliche Transportgeschwindigkeit von Stoffen in einer $\rightarrow$ Mehrphasenströmung;
2. Versickerungsgeschwindigkeit von Flüssigkeiten in der ungesättigten Zone ($\rightarrow$ Zone, wasserungesättigte)

Migrationsparameter. Größen und Prozesse, von denen die $\rightarrow$ Migration von Lösungsinhalten im Grundwasser gesteuet wird (z.B. $\rightarrow$ Konvektion, $\rightarrow$ Advektion, $\rightarrow$ Diffusion/Dispersion, $\rightarrow$ Adsorption, chemische und biologische Abbauprozesse); $\rightarrow$ Transportmittel

Migrationsversuch (MV). Labor-, Technikums- oder Geländeversuch, Fluida in beliebigen Medien versickern oder aufsteigen zu lassen, um kinetische Ableitungsparameter zu gewinnen

mikrobielle Prozesse (im Grundwasser). Gesamtheit der Prozesse, die durch $\rightarrow$ Mikroorganismen vollzogen oder katalytisch eingeleitet werden; $\rightarrow$ Prozesse im Grundwasser

mikrobielle Reduktion. $\rightarrow$ Reduktion, mikrobielle

mikrobielle Verbindungsdegradation, $\rightarrow$ Abbau

Mikrogefüge. Nur mikroskopisch erfaßbares Gefüge des Bodens, d.h. der räumlichen Anordnung der festen Bodenbestandteile

Mikroorganismen. Sammelbegriff für kleinste Lebewesen; dazu gehören: Bakterien, Protozoen, Actinomyceten (vorwiegend im Boden angesiedelte myzelartig wachsende

Bakterien) sowie Hefen und Pilze, von denen vor allem Bakterien im Grundwasser wesentlichen Anteil an Stoffumsetzungen, insbesondere organische Stoffe, haben; schließlich zählen dazu die → Viren und Phagen im Grenzbereich des Lebens

Milieu, euxinisches. Besondere Faziesbedingungen in Mittelmeeren, z.B. dem Schwarzen Meer (Pontus euxinus), die durch Sauerstoff-Mangel, Methan- und Schwefelwasserstoff-Bildung gekennzeichnet sind; die unter einem solchen Mileu abgelagerten Sedimente sind sehr Kohlenstoff- und Metallsulfid-reich. Während der frühen Werra-Folge des Zechsteins entstand in Mitteleuropa unter solchen Bedingungen der „Kupferschiefer"

Milieusondenmessungen. Zeitgleiche Bestimmung physikalisch-chemischer Summenparameter mit einer Sonde, an der mehrere Sensoren vertikal übereinander oder in einer horizontalen Ebene nebeneinander angeordnet sind, im Oberflächenwasser oder Grundwasser, das durch Pegel oder Brunnen angeschnitten ist; in den meisten Fällen werden Sensoren für die Bestimmung der elektrischen Leitfähigkeit (→ Leitfähigkeit, elektrische), des → pH-Wertes, der Temperatur, des Redoxpotentials und/oder des Sauerstoff-Gehaltes kombiniert

Millival. Nach DIN 32625 nicht mehr zulässige Einheit die äqivalente Stoffmenge; → Konzentrationsangabe, ↓ Millivalprozent

Mindestabfluß. → Abfluß in einem → Fließgewässer, um verliehene Rechte (z.B. Fischerei-, Mühlenrechte zum Betrieb von Wassertriebwerken, heute meist für Stromerzeugung genutzt) nicht zu gefährden oder zu beeinträchtigen; ↓ Mindestabflußspende

Mineralboden. Mineralische Grundsubstanz der obersten belebten Zone der → Lithosphäre; → Boden

Mineralisation, niedrigthermale. Ausscheidung von Mineralien in Hohlräumen eines Gesteins, an Gesteinsoberflächen einschließlich Klüften und an Bodenoberflächen (jeweils an der Grenze Feststoffmatrix/Gashülle der Erde) durch Wasserverlust

Mineralisation von organischen Substanzen. Umwandlung organischer Stoffe in anorganische, insbesondere durch Organis-

men katalysiert (z.B. Nitratbildung aus organischen Ausscheidungen von Tieren); ↓ Mineralisierung

Mineralisation. 1. (des Wassers): Gesamtheit der anorganischen Inhaltsstoffe im Wasser in [g/l]; ↓ Abdampfrückstand
2. (organischer Wasserinhaltsstoffe): Natürliche (Natural attenuation) oder anthropogen gesteuerte chemische, physikalische oder biologische Aufspaltung organischer Substanzen bis zu elementaren, ionaren oder molekularen Ausgangsgliedern (z.B. H_2O, CO_2, H_2S, CH_4, N_2, O_2, Cl^-)

Mineralkonzentration. Gesamtkonzentration gelöster mineralischer Substanzen im Wasser

Mineralöl. 1. → Erdöl
2. Durch Hochdruckhydrierung von Kohlen (Braunkohlen, Steinkohlen) nach dem BERGIUS/PIER- oder FISCHER/TROPSCH-Verfahren hergestellte flüssige Kohlenwasserstoffe

Mineralölkontamination. Verunreinigung von Böden oder Grundwasser mit → Mineralöl oder → Mineralölprodukten, die zur Unbrauchbarkeit als Trink- und Brauchwasser führt

Mineralölprodukt. Destillat aus der Mineralölverarbeitung

Mineralquelle. Quelle, aus der → Mineralwasser an der Geländeoberfläche frei ausfließt; im übertragenen Sinn (fachlich unkorrekt) in der Wasserwirtschaft/Balneologie auch Brunnen, die in Mineralquellen oder deren Nähe gebohrt wurden

Mineral- und Tafelwasser-Verordnung (MTV). Verordnung über natürliches Mineralwasser, Quellwasser und Tafelwasser in der Fassung vom 05.12.1990, gültig ab 01.01.1991; gesetzliche Regelung der Bundesrepublik Deutschland über die Beschaffenheit von natürlichen Mineralwässern; diese Verordnung gilt für das Herstellen, Behandeln und Inverkehrbringen von natürlichem Mineralwasser sowie → Quellwasser, → Tafelwasser und sonstigem → Trinkwasser, die in zur Abgabe an den Verbraucher bestimmte Fertigpackungen abgefüllt sind; die M. gilt nicht für → Heilwässer

Mineralwasser. Nach den „Nauheimer Beschlüssen" von 1911 wird M. definiert als ein natürliches Wasser, das keiner willkürlichen Veränderung unterzogen wurde; es muß ≥ 1 g/kg freie Kohlensäure (= Säuerling) oder ≥ 1 g/kg gelöste Mineralien enthalten; diese Werte basieren nicht auf physiologischen Erkenntnissen, sondern auf der statistischen Verteilung natürlicher mineralisierter Wässer; am 1. August 1984 trat die Verordnung über natürliches Mineralwasser, Quellwasser und Tafelwasser ($\rightarrow$ „Mineral- und Tafelwasserverordnung [MTV]" in der Fassung vom 05.12.1990, gültig ab 01.01.1991 in Kraft; damit wurde der klassische M.-begriff aufgegeben; M. dürfen auch solche natürlichen Wässer bezeichnet und in den Handel gebracht werden, deren Gehalte weit unter 1000 mg/kg liegen; die für die einzelnen M.-typen (z.B. Sulfat-, Chlorid-haltig) erforderlichen Gehalte (Kriterien) sind in der MTV aufgeführt. Die Gehaltsgrenze 1 g/kg gilt nur noch für $\rightarrow$ Heilwässer, für deren Bezeichnung jedoch außer den Gehaltskriterien der Nachweis einer therapeutischen Wirksamkeit erforderlich ist

Mineralwasserbrunnen. Brunnen, der zur Gewinnung von $\rightarrow$ Mineralwasser abgeteuft und betrieben wird; $\rightarrow$ Mineralwasserquelle

Mineralwasserprovinz. Hydrogeologisch abgegrenztes Gebiet mit typischer, einheitlicher oder ähnlicher Beschaffenheit der Mineralwässer; durch die (aus hydrogeologischer Sicht) erfolgte Abwertung des Begriffs $\rightarrow$ Mineralwässer hat diese in der Literatur gelegentlich zu findende regionale Gliederung von Mineralwässern an Bedeutung verloren

minerogen. Aus mineralischen anorganischen Bestandteilen gebildet

Mischprobe. 1. (Wasser): $\rightarrow$ Mischwasser; 2. (Lockergestein): M. aus mehreren Einzelproben durch genormte Mischung gewonnen, meist für chemische Untersuchungen; die Interpretierfähigkeit der Analysenergebnisse ist jedoch sehr beschränkt und nur möglich, wenn eine dem Untersuchungsziel angepaßte Probenmischung erfolgte; $\downarrow$ Sammelprobe

Mischtyp. (Chemischer) $\rightarrow$ Grundwassertyp, der resultiert, wenn Grundwasser petrochemisch verschiedenartige Grundwasserleiter durchfließt, so daß eine Zuordnung zu bestimmten Gesteinen häufig nicht mehr möglich ist

Mischungskorrosion. Begriff aus der Karstforschung; Ursache für Höhlenbildungen in Kalksteinen, durch Vermischung von Grundwässern mit aggressiver Kohlensäureführenden Wässern mischen

Mischwasser. Grundwasser, das durch Mischung chemisch oder altersmäßig unterschiedlicher Wässer entsteht

Mitfällung. Lösungsinhalte (z.B. Metallionen, Arsen, Phosphat, Iodid), die bei der Ausfällung von Metalloxiden, -hydroxiden oder -hydrogencarbonaten in deren $\rightarrow$ Niederschlag eingebunden werden und die ohne diesen $\rightarrow$ Niederschlag in der Lösung verblieben wären

Mittelwasserstand (MW). Mittelwasser; Arithmetischer Mittelwert aller (Grund-) Wasserstände

Mittlerer Niedrigwasserabfluß (MNQ, MNq). Arithmetisches Mittel der Niedrigstabflüsse mehrerer $\rightarrow$ Abflußjahre (mit Zeitangabe); $\downarrow$ Mittlere Niedrigwasserspende

MNQ. (MNq), $\rightarrow$ Mittlerer Niedrigwasserabfluß

Mittlere Verweilzeit (MVZ). $\rightarrow$ Verweilzeit, mittlere

Mobilität. Beweglichkeit von Elementen und Verbindungen in wassergelöster Form

Modell, hydrochemisches. Computerprogramm, mit dessen Hilfe chemische Zustände und Prozesse in Grundwassersytemen auf der Grundlage der Gleichgewichts- $\rightarrow$ Thermodynamik modelliert und interpretiert werden können; bei der Auswertung ist jedoch zu beachten, daß chemische Daten aus Grundwässern durch mangelnde Repräsentativität und große Störanfälligkeit beim Grundwasserfließen oft nur begrenzte Aussagekraft haben und bei Interpretation der anorganischen/organischen Substanzen ($\rightarrow$ Spezies) und der mikrobiologischen Prozesse dynamische Prozesse vorliegen und zu berücksichtigen sind, die nicht oder nur teilweise die modellierbaren Gleichgewichtszustände beim Grundwasserfließen erreichen; die bekanntesten Programme, jedes für sich mit Vor- und Nachteilen, sind WATEQ, PHREEQE, SOLMINEC

Modell, hydrodynamisches. Numerische Computermodelle zur Simulation von Bewegungen von Fluida in Locker- und Festgesteinen, die auf folgenden Methoden basieren:

1. Finite-Elemente-Methode - realisiert im Modell FEFLOW (WASY GmbH Berlin);
2. Finite-Volumenelement-Methode - realisiert im Modell PCGEOFIM (IBGW GmbH Leipzig);
3. Finite-Differenzen-Methode - realisiert im Modell MODFLOW (USGS); ↓ Modell, hydraulisches

Modell, hydrogeologisches. Numerisches oder stochastisches Rechenmodell, das unter Berücksichtigung der geologischen und hydrogeologischen Verhältnisse eines zu untersuchenden Gebietes Grundwasserbewegungen und -veränderungen (Strömungen und Absenkungen) simuliert

Modellregen. Angenommene Niederschläge in Rechenmodellen

Moder. Terrestrische Humusform (des Bodens), die zwischen → Mull (Mineralbodenhumus mit zahlreichen Bodenwühlern wie Würmern) und Rohhumus (Bereich des Zersatzes organischer Stoffe ohne Beteiligung von Bodenwühlern) steht

Mol. → SI-Einheit der Stoffmenge

Molalität. Stoffmenge eines Stoffes bezogen auf die Masse des Lösungsmittels einer Lösung; Einheit: [mmol/kg]; → Konzentrationsangaben

Molarität. Stoffmenge eines Stoffes bezogen auf das Gesamtvolumen einer Lösung (Stoffmengenkonzentration); Einheit: z.B. [mmol/l]; → Konzentrationsangaben

Molekül. Zwei oder mehr durch chemische Bindung (kovalente Bindung) untereinander verbundene Atome, die gleich oder verschieden sein können. M. sind chemisch abgesättigt und im allgem. neutral; allerdings zählen auch Radikale und M.-Ionen zu dieser Gruppe. Die Größe variiert zwischen 10^{-10} [m] (Wasserstoffmolekül) und 10^{-6} [m] (fadenförmige oraganische Moleküle). Die → Molmasse (veraltet Molekulargewicht) setzt sich aus den Molmassen der Atome des Moleküls additiv zusammen

Molmasse. Die Masse von 1 mol eines Stoffes, zu berechnen z.B. als Quotient aus (durch Analyse bestimmter) Masse (eines Stoffes) und dessen Stoffmenge [mol], [mmol]; Einheit: [kg/mol], [g/mmol]

Molvolumen (V_m). Volumen, das 1 mol eines Gases i. allg. bei 0 °C und 1013 mbar einnimmt, zu berechnen als Quotient aus Volumen und Stoffmenge; Einheit: [m^3/mol]; [l/mmol]; ↓ Molares Volumen

Montanhydrologie. → Wasserwirtschaft, bergmännische

MoMNq, MoMNQ. → Monatlicher Mittlerer Niedrigwasserabfluß

Monatlicher Mittlerer Niedrigwasserabfluß (MoMNQ bzw. MoMNq). Arithmetisches Mittel der in einem → Fließgewässer je Monat eines bestimmten Zeitraumes gemessenen Niedrigstabflüsse (-spenden); das nach WUNDT dem mittleren Grundwasserabfluß entspricht. Die MNQ-W. der Monate des Sommerhalbjahres (→ Abflußjahr), der SoMoMNQ-W. stimmen mit dem Mindest-Grundwasserabfluß (des zugehörigen Einzugsgebietes) überein

Monimolimnion. Hochsalinare Schicht am Seegrund

Monitoring. → Langzeitmessung

Monokulturen. Pflanzliche Kulturarten, die über einen längeren Zeitraum in nicht unterbrochener Folge auf derselben Nutzfläche angebaut werden. Wiederholte Zwischenbrachen können dabei zu einer erhöhten Auswaschung von Dünge- und Pflanzenschutzmitteln führen; → Sonderkulturen

monomiktisch. Nach Durchmischung aus einer Stoffkomponente bestehend

monomineralisch. Aus einem Mineral bestehend

Moor. Gebiete mit oberflächlich gestautem Wasser, in denen durch spezifische physikalisch-chemische Bedingungen und milieugebundene biologische Verhältnisse organische Gesteine entstehen (Torf); unterschieden werden → Niedermoore und → Hochmoore

Moorboden. Boden aus Torfen (> 30 Masse-%) von > 3 dm Mächtigkeit mit mineralischen Zwischenschichten

Moorwasser. Aus Moorgebieten austretendes Oberflächenwasser, das reich an Humin- und Fulvosäuren (braune Färbung) und daher auch immer sauer ist (pH 2,3 bis 4)

Morphologie. Ausbildung und Form einer (z. B. Land-, Grundwasser-) Oberfläche; → Grundwassermorphologie

MPM. → Strömungsprozeß

MTBE (Methyltertiärbutylether). Seit einigen Jahren zur Hebung der Oktanzahl dem Benzin zugemischtes → Additiv, wasserlöslich, verleiht (Grund-)Wasser einen unangenehmen Geruch und Geschmack, Toxizität wenig bekannt, mikrobiologisch schwer abbaubar, problematischer → Kontaminant bei Grundwasserverunreinigungen durch ausgelaufenes Benzin

MTV. → Mineral- und Tafelwasser-Verordnung

Mudde. Mischgestein aus feinklastischen mineralischen Sedimenten und einem hohen Anteil organischer Substanz

Müll. → Abfall, kommunaler

Müll, radioaktiver. → Abfall, radioaktiver, ↓ „Atommüll"

Mündung. Übergang eines → Fließgewässers in ein anderes (Bach, Fluß, Meer)

Muldenversickerung. Flächenförmige Versickerung von → Oberflächenwasser über die belebte und bewachsene Bodenzone in einer Mulde

Mull. Aeromorphe Humusform mit Mineralen, die durch langsame Zersetzung organischer Inhalte in der Auflage entstanden ist

Mulm. Humusform, die in stark degradierten → Niedermooren gebildet wird

Multibarriere (-nsystem). Mehrstufiges Schutzsystem (für Trink- oder Grundwasser); z.B. Schutz für das aus → Talsperren gewonnene Trinkwasser, durch ein Wasserschutzgebiet, die → Talsperre selbst (mikrobieller Abbau organischer Inhaltsstoffe) und abschließende Aufbereitung des Talsperren-Wassers als → Trinkwasser

Multilevel-Brunnen. Brunnen, in dessen Verrohrung in unterschiedlichen Abständen und gegeneinander abgedichtet Filter eingebaut sind; dadurch sind (Wasser-) Probenahmen aus verschiedenen Tiefen möglich, von denen angenommen wird, daß sie die dem jeweiligen Grundwasserniveau entsprechende Grundwasserbeschaffenheit repräsentieren

Multitracerversuch. → Tracerversuch mit unterschiedlichen → Tracern (Tracer-Kombination) zur Ermittlung unterschiedlicher Transport- und Sorptionseigenschaften des → Grundwasserleiters

Mure. Gesteinsschuttkegel im Hochgebirge in der Regel an tektonische Schwächezonen (Störungen) oder markante Schichtwechselgrenzen gebunden

MV. → Migrationsversuch

MVZ. → Verweilzeit, mittlere

MW. → Mittelwasserstand

MWL. → Meteoric Water Line

MZK. → Konzentration, maximal zulässige

muriatalisches Wasser. → Wasser, muriatalisches

muriatische Quelle. → Quelle, muriatische

mutagen. Eigenschaft von Stoffen oder Stoffgruppen, die Erbmerkmale von Lebewesen charakteristisch zu verändern, so daß neue Individuen mit eigenen Erbanlagen (Mutanten) entstehen können; → AMES-Test

Mutterboden. Synonym für Ah- (Humushorizont-) oder Ap- (Ackerpflanzen-) Horizont eines Bodenprofils; M. besitzt besondere Bedeutung für die Sorption von Stoffen durch den erhöhten Anteil organischer Substanz als Speicher von Schwermetallen und Metalloiden; ↓ Oberboden

Muttergestein. → Ausgangsgestein (z.B. für eine Erdöllagerstätte, ↓ Ursprungsgestein

m-Wert. Alte Bezeichnung für → „Säurekapazität ($K_{s4,3}$) bis pH 4,3" (→ Säurekapazität), ein Labor- oder Feldtest, bei dem eine mit Methylorange (Indikator, dessen Farbe bei pH-Wert 4,3 von Gelb nach Rot umschlägt) versetzte Wasserprobe bis zum Umschlagpunkt mit 0,1 N HCl titriert wird; der m-Wert dient der Berechnung der → Carbonathärte bzw. des Gehaltes an Hydrogencarbonat-(und, sofern pH > 8,2, der Carbonat-) Konzentration

N

n. → Hohlraumanteil, → Porenanteil

n_a. → Hohlraumanteil, auffüllbarer; → Porenanteil, auffüllbarer

n_f. → Hohlraumanteil, durchflußwirksamer; → Porenanteil, durchflußwirksamer

n_{sp}. → Hohlraumanteil, speichernutzbarer; → Porenanteil, speichernutzbarer

N. → Normalität, → Normallösung, → Niederschlag, → Regen

Nachhaltigkeit. Eingriff oder Entwicklung, die über eine lange Zeit nachwirkt oder endgültigen Veränderungen im Sinne eines neuen stabilen Systems nach sich zieht

Nachsorge. Im Umweltschutz gebräuchlicher Begriff für eine Überwachung eines sanierten Schadensfalls (z.B. Boden- oder Wasserkontamination) für einen festgelegten Zeitraum

Nachweis. Analytische Identifizierung eines Elementes oder einer Verbindung, z.B. in einem Fluid

Nachweisgrenze. Analysentechnisch bedingte kleinste Konzentration oder Menge eines Elementes oder einer Verbindung z.B. im Wasser; ist in Abhängigkeit der verwendeten Geräte bzw. Technologie sehr unterschiedlich und bei fehlendem Nachweis eines Stoffes in der Analyse anzugeben

Nährgebiet. → Einzugsgebiet, unterirdisches

Nässe. Länger andauernde Füllung/Durchsetzung des → Bodens mit Wasser, z.B. Bodenvernässung

Nahrungskette. Modellvorstellung über die Beziehung von Organismen verschiedener trophischer Ebenen, wobei eine Art zugleich als Konsument und als Nahrungsgrundlage anderer Arten auftritt; eine einfache Nahrungskette ist z.B. Alge – Wasserfloh - Fisch (DIN 4049-2)

Nahrungsnetz. Modellvorstellung über mehrdimensional verknüpfte Nahrungsketten (DIN 4049-2)

Nanoplankton. Im Wasser schwebende oder treibende sehr kleine (ca. 2 - 40 µm) Organismen

Naßstelle. Eng begrenzter nasser, durch eine entsprechende Vegetation gekennzeichneter Boden, in der Regel ein von pleistozänem Hang- oder Talschutt überzogener, verdeckter Quellaustritt

Natriumquotient. Äquivalentverhältnis Na^+ : $(Na^+ + Ca^{2+} + Mg^{2+})$, das von VERSLUYS (1915) zum Nachweis der Beteiligung von Halit-(NaCl)Lösungen im Grundwasser aufgestellt wurde; VERSLUYS berücksichtigte jedoch nicht die (damals nicht bekannte) Tatsache, daß Na^+ auch aus → Ionenaustausch stammen kann. Daher ist der N. zum Nachweis einer Beteiligung von Halit-Lösungen nicht geeignet; größere Bedeutung hat heute das Na-Adsorptionsverhältnis (→ SAR)

natürlich. Naturbelassen, vom Menschen (anthropogen) nicht beeinflußt/verändert

Naturgut. Allen zugänglicher und nützlicher Bestand der Natur, den es zu bewahren und vor Gefährdungen und Beeinträchtigungen zu schützen gilt

Naturhaushalt. Natürliche Abfolge von Werden und Vergehen aller Teile (z.B. Wasser, Vegetation, Tierwelt) einer Landschaft, sofern der Mensch nicht regulierend/ändernd eingreift

Naturlandschaft. Landschaft die sich ohne Eingegriffe des Menschen entwickelt oder entwickelt hat

Naturlysimeter. → Lysimeter in der Natur, z.B. eine (geologische) Mulde mit gut durchlässigen Gestein, die von schlecht oder nicht durchlässigen Schichten eingerahmt und unterlagert wird und deren unterirdischer Abfluß über eine Quelle ausfließt

Naturressource. Hilfsmittel und -güter aus der Natur

Naturschutz. Sammelbegriff für alle Maßnahmen und Bestrebungen, die der dauerhaften Erhaltung oder Wiederherstellung von Naturreichtümern und Bodenfruchtbarkeit dienen, rechtlich durch Naturschutzgesetze (und deren Ausführungsverordnungen), räumlich durch → Naturschutzgebiete abgesichert

Naturschutzgebiet (NSG). Gebiet höchsten Geschütztheitsgrades für natürliche Pflanzen- und Tierassoziationen; (→ Naturschutzgesetz)

Naturschutzgesetz. Rechtliche Regelung des Naturschutzes auf Bundes- und Länderebene, z.B. Gesetz über Naturschutz und Landschaftspflege (Bundesnaturschutzgesetz vom 12.03.1987 BG.Bl. I, S. 889, zuletzt geändert am 06.08.1993, BG.Bl. I, S. 1458)

Nebengestein. Gestein, das einen betrachteten Gesteinskörper begleitet oder umgibt

Nekton. Gesamtheit der Organismen in einem Gewässer, die sich selbständig bewegen, also schwimmen kann

Nematozide. Nematoden-(Fadenwürmer-)Bekämpfungs- und Entseuchungsmittel

Nennweite. → NW

NERNSTsche-Gleichung. Von NERST abgeleitete Gleichung, die die elektromotorische Kraft einer galvanischen Zelle mit dem Normaalpotential und der Konzentration eines Elektrolyten verknüpft;

$$E = E_0 + \frac{RT}{z \cdot F} \cdot \ln \frac{c_{ox}}{c_{red}}$$

dabei bedeuten E = elektromorische Kraft, E_0 = Normalpotential, R = Gaskonstante, T = absolute Temperatur, z = Äquivalentzahl, F = FARADAY-Konstante, c = Konzentrationen der reduzierten und oxidierten Form des Elektrolyten; Einheit [V oder mV]; → Redox-Spannung

Netz, hydrologisches. Geplantes regelmäßiges Verteilungsnetz von Oberflächen- und/oder Grundwasser

Netzwerk. → Vernetzung

Neubildung. → Grundwasserneubildung

neutraler Wasserweg. → Grenzstromlinie

Neutralisation. Chemischer Abgleich der Base- und Säurekapazität einer Lösung („Gegentitration") bis der pH-Wert 7,0 erreicht wird

Neutronen. Elektrisch neutrale (ungeladene) Atomkernbausteine mit der Masse der (positiv) geladenen Atombausteine (Protonen). Atomkerne gleicher Protonen-, aber verschiedener Neutronenzahl werden Isotope (eines Elements) genannt. Wegen ihrer fehlenden Ladung können N. sich ungebremst bewegen und haben eine große Reichweite. Jedoch wird ihre Bewegung durch Kollisionen mit umgebenden Atomen gebremst und verlieren dabei an Energie. Nach einer gewissen Wegstrecke und wiederholten Kollisionen werden deshalb N. von Atomkernen eingefangen, wobei ein Gamma-(γ-)Quant frei wird. Diese Eigenschaft der N. wird bei bohrlochgeophysikalischen Messungen (→ Bohrlochmessung, geophysikalische) genutzt, wobei mit einer Sonde eine künstliche Neutronenquelle (meist Plutonium-Beryllium) in das → Bohrloch eingeführt und die zusätzlich entstehende (zur natürlichen Gamma-Eigenstrahlung des umgebenden Gesteins) gemessen wird. Da Wasserstoff-Ionen wegen ihrer nahezu gleichen Masse besonders stark bremsend auf die N. wirken, wird diese Meßmethode zum Nachweis von Wassergehalten (und damit - sofern wassergefüllt - auch von Hohlräumen) im Gestein angewandt

Neutronenaktivierungsanalyse. Gegenwärtig beste hochauflösende Elementaranalysenmethode durch Beschuß der Probe mit Neutronen und der Identifizierung der gebildeten radioaktiven Isotope

Neutronensonde. Sonde mit einer Neutronenquelle zur Bestimmung der Bodenfeuchte

nFK. → Feldkapazität, nutzbare

nFKWe. → Felkapazität, nutzbare, des effektiven Wurzelraumes

Nichtcarbonathärte (NKH). Differenz aus Gesamthärte (GH) und Carbonathärte (KH); (KH):NKH=GH-KH; → Härtebildner, ↓ bleibende Härte

Nichtelektrolyte. Stoffe, die nicht dissoziieren und daher weder in einer Schmelze noch in Lösungen den elektrischen Strom leiten können; dennoch kann eine Lösung N. enthalten, deren Moleküle zwar auch von einer Hydrat-(Wassermolekül-) Hülle umgeben sind, die Hydratationsenergiereicht nicht aus, um die Moleküle zu dissoziieren (z.B. manche Gase wie O_2, N_2)

nichtkonservative Stoffe. → Stoffe, nichtkonservative

Niederbringen. → Abteufen eines künstlichen vertikalen Aufschlusses mit Hilfe mechanischer Hilfsmittel (→ Schachtung mit Hilfe von Spaten, Greifern etc., → Bohrung mit Hilfe eines speziellen → Bohrgerätes)

Niederländische Liste. Eine vom „Niederländischen Ministerium für Wohnen, Raumplanung und Umwelt" herausgegebene Liste (derzeit gültige Fassung vom Mai 1994), in der → Grenzwerte einiger Metalle, anorganischen und organischen Verbindungen für Böden und Grundwasser festgeschrieben wurden. Es wird dabei zwischen „Ziel"- und „Eingreifwerten" unterschieden; unter „Zielwerten" (target values) werden Konzentrationen verstanden, unterhalb derer ein Risiko für Menschen, Tiere, Pflanzen und Ökosysteme zu vernachlässigen ist; „Eingreifwerte" (intervention values) sind Risikooder maximal zulässige Werte, oberhalb derer Handlungen zur Sanierung erforderlich sind. Die NL wird auch in der BRD zur Orientierung angewandt; sie ist durch eine Liste der → LAWA ergänzt worden; ↓ Holland-Liste

Niedermoor. → Moor in staunassen Gebieten oder Gebieten mit geländegleichem Grundwasserabstand

Niederschlag (atmosphärischer). Aus der Lufthülle der Erde ausgeschiedenes Wasser in fluider oder fester Form; international P, in der BRD auch N

Niederschlag, wirksamer. Teil der Niederschlagshöhe, der als Direktabfluß wirksam wird; Summe von Oberflächenabfluß und → Interflow; ↓ Niederschlag, effektiver

Niederschlagsgerade. → Meteoric Water Line

Niederschlagshöhe. → Niederschlag in [mm] pro Zeiteinheit (Tag, Monat, Jahr)

Niederschlagsintensität. Niederschlagshöhe pro Zeit (z.B. [mm/h]); Intensitäten schwacher Niederschläge betragen < 2,5 [mm/h], mäßiger 2,6 - 7,5 [mm/h] und starker > 7,5 [mm/h]; ↓ Niederschlagsstärke

Niederschlagsmeßgerät. 1. Üblicherweise ein Gefäß zum Auffangen von → Niederschlägen, das gegen Verdunstung des aufgefangenen Regens mit einem schmalen Hals versehen; Standardgerät ist der HELLMANN-Regenmesser mit einer Auffangfläche von 200 cm², angebracht in einer Höhe von 1 m über Boden und geschützt vor Wind, der Regentropfen verblasen könnte; 2. An schwer zugänglichen Orten werden →

Totalisatoren aufgestellt, die Niederschläge über längere Zeiträume sammeln und messen, gegen Verdunstung schützt eine Glycerinschicht;
3. Feste Niederschläge (z.B. Schnee) werden mit Calciumchlorid zum Schmelzen gebracht oder Proben aus verschneiten Flächen mit einem Schneeausstecher (Fläche 200 cm²) ausgehoben;
4. Selbstregistrierende Meßgeräte (Niederschlagsschreiber)

Niederschlagsmessung. In der BRD gibt es rd. 3200 Niederschlagsmeßstellen; in Klimahauptstationen werden die Meßergebnisse von 14 h, 21 h und 7 h des Folgetages zu einem Tagesniederschlagswert (des Tages der 7 h-Messung) zusammengefaßt; die Auswertung der Niederschlagshöhen erfolgt zunächst in Tagesreihen, die zu Monats- und Jahressummen, in besonderen Fällen zu Dekadensummen zusammengefaßt werden; i.d.R. erfolgt die Angabe für eine Meßstelle in [mm/a]; Jahreswerte werden schließlich zu längerfristigen Summen bzw. Jahresmitteln zusammengefaßt; langjährige Mittel wurden früher für die Zeit 1891 - 1930, heute auf Grund einer Empfehlung der WMO (Meteorologischen Weltorganisation) für den Zeitraum 1931 - 60 errechnet; das langjährige Mittel beträgt in den alten Bundesländern 837 mm, in den neuen Bundesländern wegen des kontinentaleren Klimas 662 mm; natürlich gibt es große regionale Unterschiede, z.B. östlich des Harzes 460 mm, in höheren Gebirgsregionen > 1000 mm

Niederschlagsspende. Flächenbezogene Niederschlagshöhe; Einheit: [mm/(km² · a)]; ↓ Niederschlagsrate

Niederschlagsverteilung. Räumliche oder zeitliche Verteilung der Niederschläge (Niederschlagshöhen)

Niederschlagswasser. Das auf Dachflächen anfallende N. ist mit Ausnahme von Metall- (z.B. Blei- oder Kupfer-)Dächern nicht schädlich verunreinigt. Bei Verkehrsanlagen (z.B. Straßen) und gewerblich genutzen Hof-/Werksflächen hängt Wassergefährdung von der Verkehrsbelastung (→ DTV) bzw. dem Transport/Umschlag mit wassergefährdenden Stoffen ab

Niedrigwasserstand (NW). Unterer Grenzwert des (Grund- oder Oberflächen-)

Wasserstandes in einer definierten Zeit; ↓ Niedrigwasser

Nitratreduktion. → Denitrifikation

Nitrifikation. Mikrobiell (durch Stickstoffbakterien wie z.B. *Nitrosomas* oder *Nitrobacter*) im aeroben Milieu bewirkte Nitrat- oder Stickstoff-Bildung aus Stickstoffhaltigen Substanzen (z.B. Gülle aus der Düngung); Nitrifizierung

Nitrosamin. Karzinogene Verbindungen, die sowohl eine Amino-, als auch eine Nitrose-Gruppe enthalten; N. bilden sich im Speichel bei der Aufnahme Nitrat-haltiger Nahrungsmittel oder (Grund-)Wasser; bildet und geben Anlaß (z.B. Ursache für Baby-Blausucht, Methämoglobinämie) für die Festlegung eines Nitrat-Grenzwertes (50 mg/l) im Trinkwasser (nach der EG Richtlinie und → Trinkwasserverordnung) ist

Niveau, piezometrisches. Frühere Bezeichnung für → Grundwasserpotential-(druck-) Fläche als Verbindung der Endpunkte von Standrohrspiegelhöhen eines Grundwasserkörpers; ↓ piezometrisches Niveau

NN. → Normal-Null

Norm. → Standard

Normalität. Alteingeführtes, aber nicht der DIN-Norm 32625 entsprechendes Konzentrationsmaß, das sich auf die Zahl der Grammäquivalente an gelöstem Stoff bezieht, die in 1 l Lösung enthalten sind und das in [val/l] angegeben wird. Im deutschen Sprachraum wird abgekürzt geschrieben 2 n H_2SO_4, im angloamerikanischen 2 N H_2SO_4 für 2-normale Schwefelsäure; → Normallösung

Normallösung. Nicht mehr DIN-gerechte Bezeichnung für eine Lösung, deren Konzentration an einer aktiven Substanz genau bekannt ist. Im allgemeinen werden solche N. verwandt, deren Konzentration 1-n-nomal ist; z.B. enthält 1 n Natronlauge 40,00 g NaOH in 1 l Lösung, 1n Schwefelsäure (= 0,5 n H_2SO_4) 49,04 g H_2SO_4 in 1 l Lösung

Normal-Null (NN). Bezugsniveau für geographische Höhenangaben (z.B. in → Topographischen Karten); die Höhen werden auf das „Deutsche Haupthöhennetz" bezogen, dessen Basis-(Null-)Niveaufläche als NN bezeichnet wird und etwa dem Mittelwasser entspricht; ↓ Normalnull der deutschen Nordseeküste

Normalpotential (eines Stoffes). Potentialdifferenz zwischen dem Potential einer Metallelektrode bei Normbedingungen und dem Potential-Nullpunkt (absprachegemäß das Potential der Wasserstoffelektrode). Da jeder Redox-Prozeß eine bestimmte Spannung hat, lassen sich die Stoffe bzw. Reaktionseinheiten ihrer Spannungshöhe (Potential) nach ordnen, wobei sich eine Spannungsreihe ergibt; hohe Potentiale stehen für chemisch „edle" Stoffe, sie oxidieren solche niedrigeren Potentials; Stoffe niedrigeren Potentials („unedle" Stoffe)reduzieren solche höheren Potentials. Je nach Art der gelösten Ionen ist das N. positiv oder negativ. Einheit: [V], [mV]; → Redox-Spannung

NSG. → Naturschutzgebiet

Nuklid. Atomkern mit bestimmter Protonen- und Neutronenzahl; unterschieden werden *isotope* N. (Isotope): Atomkerne eines Elements gleicher Protonenzahl mit unterschiedlicher Zahl der → Neutronen; sowie *isobare* N.: Atomkerne mit gleicher Neutronen aber unterschiedlicher Protonenzahl und gleicher Massenzahl

nutzbares Grundwasserdargebot. → Grundwasserdargebot

nutzbares Kluftvolumen. → Kluftvolumen, effektives

nutzbares Porenvolumen. → Porenvolumen, effektives

Nutzporosität. → Porenanteil

Nutzungsbeschränkung. (Meist behördlich) ver- oder angeordnete Minderung der Nutzung (z.B. eines → Naturgutes) gegenüber der maximal möglichen (z.B. beschränkte Nutzung eines Grundwasservorrates)

Nutzungsgenehmigung. wasserrechtliche. Im Wasserhaushaltsgesetz (WHG in der Fassung vom 18.11.1996) geregelte Benutzung von Gewässern, (nach § 3) für oberirdische, unterirdische und Küsten-Gewässer gültig; Benutzungen können (§ 4) unter Benutzungsbedingungen als (vorübergehende) Erlaubnis (§ 7a WHG) oder als längerfristige (meist 30 Jahre) und in öffentlichen Verfahren abgehandelte Bewilligung (§ 8 WHG) ausgesprochen werden

Nutzwasserkapazität. Vorrat an nutzbarem (Grund-) Wasser

NW. 1. Nennweite; früher gebräuchliche Bezeichnung für den inneren Durchmesser eines Rohres; heute abgelöst durch → DN

2. → Niedrigwasserstand

O

Oberboden. → Mutterboden

Oberfläche, spezifische. In einem Korngemisch (des Bodens) die Gesamtsumme der Kornoberflächen, die auf Grund ihrer elektrischen Ladung Ionen anziehen (sorptiv binden)und um so größer ist, je kleiner und strukturierter die Teilchen (Körnung) sind; z.B. können kolloide Substanzen spezifische Oberflächen von einigen 100 m^2/g besitzen, dabei kann die gesamte Oberflächenenergie ca. 100 J/g betragen; → Zeta-Potential

Oberflächenabfluß. → Landoberflächenabfluß

Oberflächenbewässerung. Künstliche Bewässerung von Teilen der Erdoberfläche

Oberflächendichtung. Schaffung einer schwer wasserdurchlässigen Schicht über einer → Deponie, um versickerndes → Niederschlagswasser und damit Schadstoffausträge zu minimieren; → Außendichtung

Oberflächengewässer. Gewässer auf der Erdoberfläche, in denen Wasser dem natürlichen Gefälle der → Morphologie folgend fließt (→ Fließgewässer [Bäche, Flüsse, Ströme]), kann sich in natürlichen oder künstlichen Geländedepressionen sammeln (→ Standgewässer [Teiche, Seen, → Stauseen] und in Form von → Meeren oder Mittelmeeren die Erde bedecken

Oberflächenspannung (σ). Flüssigkeiten nehmen auf Grund der → Kohäsion eine Kugelform an, zu deren Formver-änderung eine Kraft erforderlich ist, die der temperaturabhängigen O. der Flüssigkeit ent-spricht; Einheit: [N/m]); Wasser hat eine verhältnismäßige hohe O.

Oberflächenverdunstung. Wasserverlust durch Bildung von Wasserdampf an Oberflächen von → Oberflächengewässern

Oberflächenwasser (OW). An der Erdoberfläche auftretendes ortsgebundenes oder fließendes Wasser; → Oberflächengewässer

oberirdische Gewässer. → Oberflächengewässer

oberirdisches Wasser. → Wasser, oberirdisches

Oberlauf. Quellseitiger Teil eines → Fließgewässers

Oberpegel. Pegel im Oberwasser einer Gewässerfallstufe

Oberwasser. Wasser im Bereich der Tidegrenze, d.h. der Stelle eines Gewässers bis zu der jeweils eine tidebedingte Wasserstandsänderung meßbar ist; → Tide; ↓ Oberwasserabfluß

Octanol-Wasser-Verteilunskoeffizient (K$_{ow}$). → Verteilungskoeffizient, der die Sorptionseigenschaften organischer Stoffe quantifiziert, d.h. die Adsorptionswirkung für unpolare oder nicht stark polare Kohlenwasserstoffedurch Verteilung der Stoffe im Zweiphasengemisch Octanol/Wasser beschreibt; als Referenzadsorbens wurde Octanol gewählt, weil es Eigenschaften von typischen Phasen in der Natur hat; ↓ Oktanol-Wasser-Verteilungskoeffizient

Oktanol-Wasser-Verteilungskoeffizient. → Octanol-Wasser Verteilungskoeffizient (K$_{ow}$)

Ökobilanz. Bilanz von Stoff- und Produktströmen von der Gewinnung bzw. Produktion über Nutzung bzw. Wertschöpfung bis zur → Entsorgung im Hinblick auf Beeinflussungen der → Umwelt; bei der Nutzung von Wasser ist besonders zu beachten, daß der Wasserhaushalt und die Wasser-/Abwasserqualität stets angemessen berücksichtigt werden

Ökologie. Wissenschaft vom Zusammenwirken physikalischer, chemischer und biologischer Prozesse in der → Umwelt

ökologisch. Umweltverträglich; ↓ ökologiegemäß

Ökosphäre. Teil der Erdoberfläche, der unter ökologischen Kriterien betrachtet wird

Ökosystem. Funktionales ökologisches System, das die Lebens- und Standorteigenschaften eines Biotops einschließlich der Nachbarschaftseinflüsse in einer Einheit zusammenfaßt

Ökotop. (Kleiner) Teil der Erdoberfläche, auf dem ökologisch gleiche Bedingungen herrschen, d.h. gleichartige klimatische, bodenabhängige, orographische, hydrologische und biotische Faktoren zusammenwirken

Ökotoxikologie. Wissenschaft, die sich mit der Wirkung giftiger Stoffe auf → Ökosysteme befaßt

Ölteppich. Infolge eines Unfalls oder durch Vorsatz (z.b. Reinigen von Schiffstanks) ausgelaufenes Öl, das auf Flüssen, Seen oder Meeren eine dünne Schicht bildet, welche den biologischen Bestand und die Nutzung des Wassers erheblich beeinträchtigt

oligosaprob. → Saprobien

oligotroph. Nährstoffarm, biologisch unproduktiv; → Trophiegrad

Oligotrophie. → oligotroph

Oocysten. Eibehälter (meist mit widerstandsfähiger Haut) von Parasiten (z.B. → Kryptosporidien, → *Giardia intestinales).* zu ihrer Beseitigung (→ Hygienisierung von Wirtschaftsdünger) wird versucht, cystenhaltige Flüssigkeiten (z. B → Gülle) in zwei Temperaturschritten zu behandeln, wobei der erste Schritt (Temperaturerhöhung bis 37 °C) die Öffnung der Oocysten, der zweite (bis 70 °C) das Absterben der parasitäten Protozoen bewirken soll

Open-End-Test. Test zur Bestimmung des → Durchlässigkeitsbeiwertes (→ k_f–Wert) in einem sohlenoffenen Bohrloch; dabei wird konstant Wasser eingeschüttet und die Aufhöhung des Wasserpiegels im Bohrloch gemessen

organisch. Der belebten (biotischen) Natur angehörend oder direkte gesteinsbildende bzw. Gesteinsinhaltsstoff bildende Rückstände aus dieser, z.B. Torf, Braunkohle, Kohle, Erdöl, mit deutlicher molekülbildender Kohlenstoff-Wasserstoff-Dominanz

organogen. Durch belebte (biotische) Natur erzeugt und mineralisiert, z.B. Fossilkalksteine (Riff-, Schill-, Kreidekalksteine), Kieselgur, mit deutlicher Kohlenstoff-, Silicium- und Sauerstoff-Bindung

Organohalogene. → Verbindungen, Halogen-organische

organoleptisch. Mit Sinnesorganen wahrnehmbar; z.B. Eigenschaften von Fluiden Geruch, Geschmack, Durchsichtigkeit

Orientierungswerte. Konzentrationen oder Konzentrationsbereiche, die die als günstig definierte Beschaffenheit eines betrachteten Objekts oder Mediums indizieren, bei deren Überschreiten jedoch Gefährdungen vorliegen bzw. eingetreten sind, zu deren Abwendung Maßnahmen eingeleitet werden sollten; solche O. sind z.B.: Hintergrund-(Basis-)Werte, Prüfwerte, Maßnahmenschwellenwerte („Empfehlungen der LAWA für die Erkundung, Bewertung und Behandlung von Grundwasserschäden" vom Januar 1994; → LAWA-Liste); Zielwerte, Eingreifwerte (sog. → Niederländische Liste; Mai 1994); Richtwerte (Trinkwasser-VO 1990) u.a.m.. Bei den Sanierungszielwerten, Toleranzwerten, Interventionswerten, Eingreifwerten (→ EIKMANN-KLOKE-Werte) handelt es sich im Gegensatz zu den → Grenzwerten in der Regel um Empfehlungen, bei denen immer die örtlichen Verhältnisse und Umstände, die zum Anstieg der Werte führten, berücksichtigt werden müssen

Orogenese. Gebirgsbildender, im Laufe der Erdgeschichte episodisch aktiver Prozess von Veränderungen der Schichtenlagerung, wobei (im Gegensatz zur → Pseudotektonik) endogene Kräfte in der Erdkruste verursachend und maßgebend sind; → Tektonik; ↓ Tektogenese, ↓ Tektonogenese

Ortbeton. Beton, der auf einer Baustelle, also vor Ort hergestellt und verarbeitet wird, z.B. zur Herstellung von Fertigteilen in Gußformen

Orterde. Gering verfestigte Auenpodsole

Orthophosphate. Salze der Orthophosphorsäure (H_3PO_4); O. sind die am meisten in der Natur vorkommenden Phosphorverbindungen. Im schwach alkalischen Milieu natürlicher Wässer ist praktisch nur das Hydrogenphosphat existent, und auch dies kommt natürlich nur in Mengen bis etwa 0,1 mg/l HPO_4^{2-} vor, da Phosphat gut im Boden adsorbiert wird; Werte > 0,3 mg/l in Grund- oder Oberflächenwässern sind fast ausschließlich das Produkt menschlicher und tierischer Verunreinigungen (Abwässer, Jauche, Waschmittel); Konzentrationen > 0,5 mg/l führen zur → Eutrophierung von Gewässern (→ Trophie)

Ortsbesichtigung. Persönliche Inaugenscheinnahme von Örtlichkeiten, die untersucht werden sollen oder für die Maßnahmen/Einschrän-kungen (vielfach baulicher Art) geplant oder zur Entscheidung anstehen; der Teilnehmerkreis hängt dabei vom Objekt der Besichtigung ab

Ortstein. Stark verfestigter Auenpodsol-Horizont (in Gegensatz zur lockeren → Orterde) im Schwankungsbereich der → Grundwasseroberfläche und damit Wechseln der Redox-Potentiale; bei Anstieg des Wassers geht im reduzierten Milieu Eisen als Fe^{2+} in Lösung. Beim Absinken der → Grundwasseroberfläche (durch Sauerstoff der Bodenluft) wird Fe^{2+} zu schwer löslichem Fe^{3+} oxidiert, scheidet aus und bildet im Laufe der Zeit eine Zone O.

OSANNsches Dreieck. Dreiseitiges Sammeldiagramm, in dem Konzentrationen von drei (Kat- oder An-)Ionen aus (chemischen) Wasseranalysen als Äquivalentprozent (→ Konzentrationsangabe) dargestellt werden; spezielle Variante ist das Härtedreieck, in dem an den drei Seiten die Härtegrade der Gesamt-, Carbonat- oder Nichtcarbonathärte skaliert sind

Osmose. Durch Konzentrationsunterschiede zweier durch eine poröse (semipermeable) Wand getrennter Lösungen verursachte Wanderung von Molekülen flüssiger oder gasförmiger Körper durch die poröse Wand vom niedriger zum höher konzentrierten Medium; osmotische Wirkungen haben feinschichtige Tonlagen in Sedimenten; → Chloridsperre

Osmotisches Potential. → Potential, osmotisches

Oxidation. Ursprünglich wurde darunter die Fähigkeit des Sauerstoffs verstanden, sich mit fast allen Stoffen (außer z.B. Edelgasen) unter Energieabgabe zu vereinigen (Name!), z.B. $C + O_2 \rightarrow CO_2$, ($\Delta H = -394$ KJ/mol); heute wird mit O. ein Vorgang bezeichnet, bei dem einem Stoff Elektronen entzogen (bzw. von ihm abgegeben) werden, deshalb Donator genannt ($Fe^{2+} \rightarrow Fe^{3+} + e^-$, d.h. das zweifach geladene Fe-Ion wird oxidiert und geht durch Elektronenabgabe in das dreifach geladene über); Oxidationsmittel sind demzufolge elektronenaufnehmende Stoffe (→

Elektronenakzeptor, z.B. Kaliumpermanganat $KMnO_4$, Kaliumchlorat $KClO_3$, Kaliumdichromat $K_2Cr_2O_7$), wobei sie selbst reduziert werden; O. vollziehen sich also immer zugleich mit → Reduktionen, wobei die bei der Oxidation frei gewordenen Elektronen von einem Akzeptor aufgenommen werden, z.B. $Cu^{2+} + 2e^- \rightarrow Cu^{\pm o}$. Reduktionsmittel sind daher elektronenabgebende Stoffe (Elektronendonaatoren), z.B. atomarer Wasserstoff, metallisches Natrium. Reduktions-Oxidationsvorgänge werden deshalb unter einem Begriff „Redox" zusammengefaßt; solchen Prozesse sind mit (elektrischen) Spannungen (→ Redox-Spannung), die gemessen werden können und die Prozesse quantifizieren

Oxidationsäqivalent. Äquivalente sind einander gleichwertige, gedachte Teilchen; ein Äquivalent eines Stoffes bindet bzw. ersetzt ein Äquivalent eines anderen Stoffes. Ein O. gibt bei einer Redox-Reaktion genau 1 Elektron ab, ein Reduktionsäquivalent bindet genau 1 Elektron. Beispiel: $MnO_4^- + 5 e^- + 8 H^+ \rightarrow Mn^{2+} + 4 H_2O$; es gehen 5 Elektronen über, d.h. ein O. entspricht 1/5 eines MnO_4-Ions, Bezogen auf die → Molmasse bedeutet dies: Äquivalentmasse = 1/5 Molmasse = 158/5 = 31,6 g/mol. Auf Sauerstoff (Äquivalentmasse 8) bezogen, errechnet sich somit das Oxidationsäquivalent für $KMnO_4$ (oder Permanganatindex PI) zu 31,6/8 = 3,95; für die Angabe des CSB_{Mn} (→ Sauerstoff-Bedarf, chemischer, der für die Oxidation der Inhaltsstoffe einer Lösung erforderlich, also das Äquivalent ist) wird der → Kaliumpermanganatverbrauch [mg/l] durch 3,95 dividiert

Oxidationsmittel. → Oxidation

Oxidationszone. Oberster Bereich der → Lithosphäre oder Hydrosphäre, in dem Luft-Sauerstoff reaktiv wirken kann; ↓ Oxydationszone, ↓ Verwitterungszone

Oxidierbarkeit. Die zur Oxidation der (reduzierten) Lösungsinhalte eines Fluids (z.B. Wasser) erforderliche Menge oxidierender Substanz, gemessen über den chemischen Sauerstoffbedarf (CSB, z.B. CSB_{Mn}); reduzierend im Wasser wirken in erster Linie gelöste organische Substanzen (Oxidaton organischer Stoffe zu CO_2 und H_2O); ↓ Oxydierbarkeit

Oxonium. Bezeichnung für das Monohydrat des Protons (H_3O^+), das in wäßrigen Lösungen durch Anlagerung eines Wassermoleküls (H_2O) an ein Proton (Wasserstoff-Kation, H^+) entsteht und neben Hydroxid-Ionen (OH^-) in allen wäßrigen Lösungen auftritt; ↓ Hydronium, ↓ Hydroxoniumion

Ozean. → Meer

Ozeanographie. Lehre von der Geometrie und Zuständen der → Meere

Ozeanologie. Lehre von den Gesetzmäßigkeiten der physikalischen, chemischen und biologischen Prozesse in Ozeanen oder → Ökologie der → Meere

Ozon. O_3, dreiatomiges, gasförmiges Sauerstoffmolekül; hochreaktives Oxidationsmittel, das reizerzeugend auf Augen und Schleimhäute wirkt; in der Hochatmosphäre ist O. ein wirksamer Schutz für die Biosphäre durch Minderung der kosmischen Strahlung

Ozonierung. Oxidative Behandlung vor allem organischer Bestandteile im Wasser mit dem Ziel der Wasserklärung und -desinfektion; erhöht andererseits die Löslichkeit von Schwermetallen und Metalloiden; ↓ Ozonisierung

P

P. → Niederschlag; → Regen

PAA. Polacrylamid; → Spülungszusatz bei → Rotary-Bohrungen, Polymer auf Polyacryl-Basis, das die Wasserbindigkeit einer → Spülung erhöht, wodurch das Quellen von Tonen weitgehend unterbunden wird

Packer. Vorrichtung zur Abdichtung von Bohrloch- und Brunnenabschnitten; z.B. mit aufblasbarem Gummiballon (pneumatischer P.) oder Platten (mechanischer P.)

Packer-Test. Versuch zur Bestimmung des Durchlässigkeitsbeiwertes k_f in meist bis unter die → Grundwasseroberfläche verrohrtem Bohrloch, bei dem in die Verrohrung (oder Bohrloch) ein Packer eingesetzt und durch diesen ein dünnes Rohr eingebracht wird, durch das Wasser einzuleiten ist; gemessen wird der Wasserspiegelanstieg im dünnen Rohr bei Einfüllung einer bestimmten Wassermenge; → Schluckversuch

ψ_h. → Potential, hydraulisches

ψ_m. → Matrixpotential

ψ_o. → Potential, osmotisches

p_g. → hydraulischer Schweredruck

Packungsdichte. (Raum-)Dichte der Lagerung von Körnern im → Porengrundwasserleiter; von der P. hängen → Porenvolumen und → Durchlässigkeit ab

PAH. Englischsprachige Bezeichnung für → PAK

PAK. → polycyclische aromatische Kohlenwasserstoffe

Paläomagnetismus. In Gesteinen vorhandene Remanenzmagnetisierung, die dem erdmagnetischen Dipolmoment zum Zeitpunkt der letzten Abkühlung der Gesteine proportional ist und unter bestimmten Voraussetzungen das Alter von Gesteinen bestimmen läßt

PALMER-Werte. PALMER nahm an, daß die chemischen Eigenschaften eines Wassers durch dessen Salinität (Anionen Cl⁻, SO_4^{2-}, NO_3^- und HCO_3^-) sowie Alkalinität (Kationen Na^+, K^+, Ca^{2+}, Mg^{2+}) bestimmt wird und daß sich starke Säuren mit Basen verbinden und den Salzgehalt bedingen, schwache Säuren dagegen die Alkalinität; danach unterschied er 5 Klassen natürlicher Wässer. Das System ist heute überholt, da keine Ionenkonzentrationen angegeben werden, die Ausgangspunkt jeder geohydrochemischen Interpretation sind

Paralleldiagramme. Sammelbezeichnung für die graphische Darstellung von chemischen Analysenergebnissen in Horizontal- und Vertikaldiagrammen; die Skalierung der x- (Ordinate) und y-Achse ist (Abszisse) linear oder logarithmisch

Parameter, hydrogeologische. Hydrogeologische Kennwerte eines betrachteten Gesteinskörpers

Parasiten. Schmarotzerhaft lebende Tiere u.a. im Grundwasser, z.B. Kryptosporidien; → *Giardia intestinales;* Pflanzen

Partialdruck. Teildruck eines Gases in einem Gasgemisch

Particular Organic Carbon. → Kohlenstoff, ungelöster organisch gebundener

Partikel. Einzelteilchen oder Zusammenballungen (Agglomerationen) von mineralischen, kolloidalen, anorganischen (z.B. Metall-, Silikatverbindungen, Tonminerale) oder organischen (z.B. Humin-, Fulvinsäuren, → Halogen-organische Verbindungen) Teilchen im Nano- bis Mikrometerbereich; P. sind im ober- und unterirdischen Wasser (schwebend) gut transportfähig; sie besitzen ein gutes Oberflächensorptionsvermögen (→ Zeta-Potential) und sind daher als Transportmedien für Stoffe und Mikroorganismen von sehr großer Bedeutung (→ Transport, partikelgebundener)

Partikel, kolloidale (im Grundwasser). Im → Grundwasser sind kolloidal enthalten insbesondere Huminstoffe, Tonminerale, Eisenhydroxid, Kieselsäure u.a.; Partikelgröße 10^{-5} bis 10^{-8} m; P.k. wirken meist auf Ionen/Moleküle adsorbierend

partikulär. Im Wasser ungelöstes Vorkommen eines Stoff(-teilchens, Partikel), das im

Porenraum des Gundwasserleiters durch Wasser transportiert werden kann

pathogen. Krankheitserregend

PCB. → polychlorierte Biphenyle

PCDD/PCDF. Abkürzung für polychlorierte Dibenzodioxine und -furane (meist kurz „Dioxine" genannt), dahinter verbigt sich eine Klasse von Chlor-organischen Verbindungen mit 210 Spezies, die überwiegend anthropogenen Ursprungs sind und deshalb lange Zeit als → Xenobiotica eingestuft wurden. Inzwischen wurden aber auch Organismen entdeckt, die Vertreter dieser Gruppe synthetisieren können. PCDD/PCDF finden sich in Böden in der Umgebung von Anlagen der chemischen Industrie, in Abfällen, Klärschlämmen, Schlackenmaterial (wobei deren Nutzung auf Sportanlagen zu einer Verbreitung beitrug). Nur ein kleiner Teil dieser Gruppe ist humantoxisch, einige jedoch stark; dazu gehört insbesondere das 2,3,7,8-TCDD (2,3,7,8-Tetrachlor-dibenzo[1,4]dioxin, „Seveso-Gift"), das leberschädigend, neuro-, immuntoxisch ist und fruchtschädigend wirkt; für das Grundwasser ist es jedoch nicht kritisch, da es im Boden sehr stark sorbiert wird, sehr wenig wasserlöslich ist (10^{-6} mg/l) und einen niedrigen Dampfdruck (bei 25 °C: 2,02 x 10^{-7} Pa) hat; im → Trinkwasser der BRD sind bisher keine PCDD/PCDF nachgewiesen worden und in der → Trinkwasserverordnung wurde kein Grenzwert festgelegt; vom Umweltbundesamt wurden für verschiedene Spezies dieser Gruppe Richtwerte (Angaben in TEq oder TE = Toxische Äquivalente zum 2,3,7,8-TCDD) angegeben

PCP. → Pentachlorphenol

PCS. → Photonen-Korrelations-Spektroskopie

PDB-Standard. International anerkannter → Standard für δ^{13}C- und δ^{18}O-Bestimmungen organischer Stoffe und von Carbonaten; der → Standard wird von einem Belemniten der PEE-DEE-Formation in den USA abgeleitet; → SMOW-Standard

pE. In thermodynamischen Modellen eingesetzter dekadischer Logarithmus der „Aktivität der Elektronen" als Maß der Konzentrationen Redox-wirksamer Spezies; unter Standardbedingungen ist pE = E_H/0,0592, mit

E_H = Redox-Potential einer Lösung, Einheit: [mV]

Pe. → PECLET-Zahl

Peak. Kurvengipfel

PECLET-Zahl (PE). Quotient aus mittlerer Fließgeschwindigkeit (des Grundwassers) und → Diffusionskoeffizient (v_a/D); eine physikalische Größe, die die Art der stofflichen Verteilung im Grundwasser beschreibt: Bei Pe < 0,4 herrscht molekulare Diffusion vor, bei > 5 hydromechanische Dispersion, zwischen 0,4 und 5 sind Diffusion und hydromechanische Dispersion gleich oder ähnlich groß; P. ist eine mitbestimmende Größe der → Filterwirkung eines → Grundwasserleiters

Pedosphäre. Bereich des belebten Bodens; durch → Bodenbildung beeinflußte → Lithosphäre

Pegel. Anlage zum Messen des Wasserstandes

Pegeldiagramm. → Limnigramm

Pegelmesser. 1. Person, die eingesetzt ist, um diskontinuierlich aber regelmäßig Pegelstände zu registrieren (z.B. bei Landesmeßnetzen);
2. Trivialausdruck für eine automatische, kontinuierlich arbeitende Meßsonde zum Aufzeichnen von Wasserständen

Pegelnullpunkt. Höhenlage des Nullpunktes eines Pegels (z.B. eines Lattenpegels) bezogen auf → Normal-Null

Peilrohr. Einrichtung zur Messung geohydrologischer Daten eines Grundwasserkörpers oder/und der Grundwasserbeschaffenheit; nach DIN 4049-3 ist diese Bezeichnung durch → „Grundwassermeßstelle" zu ersetzen; ↓ Grundwasserpegel, ↓ Grundwasserbeobachtungsrohr (GWBR)

Peilstange. 1. In ein Gewässer/Brunnen einzulassende Stange zur Messung des Wasserstandes;
2. genutete Stahllanze zur Gewinnung von Bodenproben; ↓ PIRKHAUER-Sonde

pelagial. Landferne Hochseeregion mit entsprechenden Sedimenten (und Fauna)

Peloturbation. Mischung von Boden- oder Lockergesteinsmaterial durch mehrfaches Schrumpfen und Quellen; ↓ Hydroturbation, ↓ Turgoturbation

Penetrationssondierung, geophysikalische. Drucksondierungsverfahren (Druckkraft zwischen 60 und 200 kN) mit einer → Drucksonde bei der oberflächennahen Erkundung von Lockergesteinen In einer ersten Druckphase wird über einen Meßkopf Spitzenwiderstand und Gesamtdruckkraft, in einer zweiten Phase γ-Aktivität und γ-γ-Dichte im Gestänge gemessen. In Abhängigkeit von der Auswahl anderer Sonden können k_f-Wert, faseroptische Laserfluoreszenzspektrometrie, Neutron-Neutron-Detektion u.a.m. durchgeführt werden

PENMAN-Verfahren. Verfahren zur Berechnung der potentiellen → Evaporation von freien Wasserflächen sowie der täglichen → Evapotranspiration aufgrund umfangreicher meteorologischer Daten; das Verfahren beruht auf empirischen Grundlagen, wobei im Laufe der Jahre die Konstanten von PENMAN selbst geändert wurden, so daß es bei den nach PENMAN berechneten Daten der Verdunstung wichtig ist, welche der Fassungen dieser Formel benutzt wurde.

Pentachlorphenol (PCP). C_6HCl_5O, → Holzschutzmittel und Konservierungsmittel, das produktionsbedingt Anteile an → Dioxinen und Furanen enthalten kann und zu den stark wassergefährdenden Stoffen gehört; die Produktion wurde durch den Beschluß der Bundesregierung vom 23.12.1989 auf nationaler Ebene verboten

Peptisierung. Überführung von gelösten Stoffen in kolloidale Lösungen

perennierender Wasserlauf. → Wasserlauf, perennierender

Periglazial. Randgebiet ständig vereister Flächen mit speziellen → Bodenbildungen wie Solifluktionsschutt, Kryoturbation (Veränderungen der Bodenstrukturen unter Einwirkung von Dauerfrost), Sedimenten von Gletscherabflüssen u.a.

Perkolation. Besonders in der Bodenkunde verwendeter Begriff für → Durchsickerung

Permafrostboden. Dauerfrostboden in Gebieten arktischen und nivalen Klimas

permanenter Welkepunkt. → Welkepunkt, permanenter

Permanganat-Index. → Oxidationsäquivalent

Permeabilität. → Durchlässigkeit

Permeabilitätskoeffizient. Gesteinsspezifisches Maß der Durchlässigkeit für Fluide; Einheit: früher → [darcy], heute [m^2}; 1 darcy = $9,87 \cdot 10^{-13}$ m^2)

Persistenz. Widerstandsfähigkeit eines Stoffes/einer chemischen Verbindung gegen Abbau, z.B. mikrobiellen Abbau, Hydrolyse oder photochemische Oxidation; ↓ Resistenz

Perzentilwert. Prozentualwert; z.B. P_1 = 1 %-Wert, P_{15} = 15 %-Wert; Schnittpunkt mit einer Summenkurve bei P_1, P_{15} etc.

Pestizid. Sammelbegriff für Schädlingsbekämpfungsmittel, die über den Begriff → Pflanzenschutzmittel hinausgehend verwendet wird, z.B. → Holzschutzmittel einschließt; → PSM; → Insektizid, ↓ Schädlingsbekämpfungsmittel

pF-Wert. Maß für die → Saugspannung (p) des Wassers in der ungesättigten Zone (→ Zone, ungesättigte)(→ Boden); pF = lg p; 10^4 mbar = 10^4 mm Wassersäule = pF 4

Pfad. Eintragsweg eines Stoffes durch Wasser in den Untergrund

pF-Kurve. → Saugspannungskurve

Pflanzenschutz, integrierter. Kombination von Verfahren in der Landwirtschaft, bei der unter Anwendung biologischer, biotechnologischer, pflanzenzüchterischer sowie anbau- und kulturtechnischer Maßnahmen auf chemische → Pflanzenschutzmittel weitgehend verzichtet und somit das Risikopotential für Grundwassergefährdungen als Folge landwirtschaftlicher Flächennutzung gemindert wird

Pflanzenschutzmittel (PSM). Vor allem in der Land- Forst- und Gartenwirtschaft angewendete chemische Substanzen zur Bekämpfung bestands- oder ertragsmindernder Schädlinge. Es dürfen nur noch solche Mittel zum Einsatz kommen,deren Wirkung kurzfristig ist und Böden und Grundwasser nicht gefährden können. Die Anwendung wird durch das Pflanzenschutzgesetz geregelt, das ständig den ökotoxikologischen Erkenntnissen angepaßt wird; letzte Fassung ist vom 14.05.1998. Frühere P. waren zum Teil sehr langlebig, wenn sie durch → Niederschläge rasch in das → Grundwasser versickern konnten; in der gesättigten Zone (→ Zone, gesättigte) und anaeroben Bedingungen blieben sie lange Zeit toxisch und → persistent gegen mikrobiologischen Abbau; besondere Beachtung verdienen die Umwandlungs- und Abbauprodukte (→ Metabolite), deren toxische Wirkung noch größer sein kann, als die der P. selbst. Die im EU-Bereich verbotenen P. werden zum Teil heute noch in einigen Ländern Lateinamerikas, Afrikas und Asiens eingesetzt und bedürfen deshalb bleibender Aufmerksamkeit bei Umwelt- und Lebensmittelqualitätsbewertungen.

Zu den P. gehören folgende Gruppen: Akarizide gegen Milben, Algizide gegen Algen, Aphizide gegen Blattläuse, Bakterizide gegen Bakterien, Fungizide gegen Pilze, → Herbizide gegen Unkräuter oder Gräser, → Insektizide gegen Insekten, Molluskizide gegen Schnecken, Nematizide gegen Nematoden (Fadenwürmer), Rodentizide gegen Nagetiere, Viruzide gegen Viren

Die Abkürzung PBSM (Pflanzenbehandelungs- und → Pflanzenschutzmittel) ist heute nicht mehr gebräuchlich

pflanzensoziologische Kartierung. → Kartierung, pflanzensoziologische

Pflanzenverdunstung. Verdunstung durch Pflanzen als Teil der Gesamtverdunstung an der Erdoberfläche; → Transpiration, → Evapotranspiration

Pflichtwasser. Wasserwirtschaftlicher Ausdruck für das Wasser (Grund- und Oberflächenwasser), das zum Ausgleich für montanhydrologische Absenkungsmaßnahmen den betroffenen vorherigen Nutzern oder Naturreservaten (z.B. bedeutenden Feuchtegebieten) vom Bergbaubetreiber zur Verfügung gestellt werden muß

Pflugsohle. Maximale Eintiefung von Pflugscharen (Ap-Horizont); unterhalb davon kommt es häufig zu mechanischer Verdichtung und Bildung von plattigen Bodenaggregaten

Phase. Homogene, in allen Teilen physikalisch und chemisch gleichartige Zustandsform von Stoffen, die durch scharfe Trennflächen (Phasengrenzfläche) abgegrenzt, optisch unterscheidbar und mechanisch trennbar ist; unterschieden werden fest (kristallin, amorph [Glaszustand], flüssig und gasförmig, bei sehr hohen Temperaturen Plasmazustand

pH-Bereich. Bereich zwischen zwei oder mehreren → pH-Werten, in denen z.b. Stoffe gelöst oder gefällt wurden und damit nicht existent sind

Phenole. Aromatische Kohlenwasserstoffe, mit direkt an den Benzol-Kern gebundenen Hydroxy-Grup-pen, die im Wasser gut löslich sind und unerwünschte Geruchs- und Geschmacksbeeinflussungen bewirken. Ab einer bestimmten Konzentrationen sind sie toxisch (Grenzwert für nichtnatürliche P. in der → Trinkwasserverordnung vom 05.12.1990 beträgt 0,0005 mg/l). In der EG-Richtlinie 98/83/EG vom 03.11.1998 ist Phenol nicht genannt; P. entstehen bei industriellen Aktivitäten, können aber auch natürlichen Ursprungs sein (z.B. beim Zersatz von Holz, Laub und Braunkohle) und werden mikrobiell abgebaut. Die Konzentrationsangaben in [mg/l] erfolgen als „Gesamt-Phenole" (Bestimmung ohne Destillation) oder als „Wasserdampflüchtige Phenole" (nach Destillation)

Phenolindex. Summenparameter von Phenolen und Phenol-artigen Substanzen im Wasser; Einheit: [mg/l]

pH-Messung. Die Messung des → pH-Wertes erfolgt entweder kolorimetrisch oder elektrometrisch. Bei der kolorimetrischen Messung werden organische Farbstoffe benutzt, die auf bestimmte pH-Werte mit Farbumschlägen reagieren (z.B. Kresolrot, schlägt bei pH 7,0 - 8,8 von gelb nach purpur um, oder Mischungen mehrerer Indikatorfarbstoffe in Universalindikatorpapier); die Ablesegenauigkeit ist begrenzt (ca. pH 0,2). Genaue Werte ergeben elektrometrische Messungen mit einer Glaselektrode; da der pH-Wert einer Flüssigkeit temperaturabhängig ist, muß immer die Temperatur mitgemessen und das Meßergebnis auf den heute üblichen → Standard (25 °C) umgerechnet werden; die heute üblichen Geräte messen die Temperatur mit und kompensieren die Ergebnisse automatisch

Phosphathöchstmengen-Verordnung. → Waschmittel

Photonen-Korrelations-Spektroskopie (PCS): Verfahren zur Größenmessung von → Kolloiden; dabei wird die zeitliche Schwankung der Streulichtintensität gemessen, die als Folge der BROWNschen Bewegung der → Partikel im LASER-Strahl entsteht; ↓ LASER-Particle Analyser

Photosynthese. Umwandlung von atmosphärischer (Luft-)Kohlensäure in Kohlehydrate durch Pflanzen unter Einwirkung des Sonnenlichtes

phreatisches Wasser. → Wasser, phreatisches

pH-Wert. Negativer dekadischer Logarithmus der Wasserstoff-Ionenkonzentration (genauer der Aktivität) eines Fluids [pH = -lg a (H_3O^+)], von der dessen Säure-/Base-Eigenschaften abhängen; bei 25 °C haben Wässer mit pH 7,0 neutrale, mit pH < 7,0 saure und mit pH > 7,0 basische Eigenschaften; nach der EG-Richtlinie 98/83EG vom 03.11.1998 soll im → Trinkwasser der pH-Wert zwischen 6,5 und 9,5 liegen

Phytoplankton. Gesamtheit der im Wasser treibenden oder schwebenden Pflanzen; ↓ Picoplankton

PI. Permanganat-Index, → Oxidationsäquivalent

Picoplankton. → Phytoplankton

Piezoleitfähigkeit. Hydraulische Fähigkeit von (Grund-)Wasser, Drücke (Druckwellen) fortzuleiten (Druckleitfähigkeit); die Druckfortpflanzungsgeschwindigkeit ist im Grundwasser in der Regel ziemlich hoch; beträgt im grundwassererfüllten Lockergestein 200 - 1500 m/s, in Festgesteinen 2000 - 6000 m/s

Piezometer. Frühere, heute nicht mehr normgerechte Bezeichnung für → Grundwassermeßstelle

piezometrisches Niveau. → Niveau, piezometrisches

Pingo. Eiskernhügel in Permafrostgebieten, wobei man zwischen dem Typ des geschlossenen Systems („Mackenzie-Typ"), d.h. eine Eislinse unterschiedlicher Genese, die keine Verbindung zum Grundwasser des Niefrostbodens hat, und dem Typ des offenen Systems („Ostgrönland-Typ") in Gebieten des nicht geschlossenen Dauerfrostgebietes unterscheidet; letzterer Typ besitzt eine Verbindung zum Grundwasser (Talik) und ist dadurch in der Lage, sich zu vergrößern; ↓ Kryolakkolith, ↓ Injektioneis, ↓Bulgunnjach

Pionierpflanze. Gesamtheit sich natürlich ansiedelnder Pflanzenvergesellschaftungen auf anthropogen geschaffenen Bildungen (anthropogenen Formationen), die sowohl aus ursprünglich geogen entstandenen Gesteinen (z.B. Bergbauhalden und -kippen, Tailing-Halden) als auch aus künstlichen Locker- und Festgesteinen (Asche- oder Schlackehalden) bestehen können; Sonderfall: Ruderalpflanzen

PIPER-Diagramm. Kombination von Dreieck- und Viereckdiagrammen zur graphischen Darstellung von Wasseranalysen, wobei durch Schrägstellung des Viereckdiagramms eine Raute entsteht, an deren unteren beiden Seiten zwei Dreieckdiagramme angeordnet sind; im Viereckdiagramm wird die Darstellung von je 2 Kat- und Anionen-Paaren ermöglicht, die dann in den Dreieckdiagrammen jeweils gesondert wiedergegeben werden und somit eine dezidiertere Analyseninterpretation ermöglichen

PIRKHAUER-Sonde. → Peilstange

Planfeststellungsverfahren. Von der für ein Bergbau- (z.B. Braunkohlentagebau) oder ein Bauprojekt (z.B. Wasserwerk) zuständigen Genehmigungsbehörde durchzuführendes Verfahren, in dem die Vollständigkeit der Planungsunterlagen und das Vorliegen von Stellungnahmen der an der Genehmigung zu beteiligenden Behörden geprüft wird

Plankton. Gesamtheit der im Wasser treibenden und schwebenden Organismen (Pflanzen, Tiere, Einzeller, Pilze, Bakterien)

Plattengefüge. 1. Parallele Anordnung von plattigen Geröllen in klastischen Lockergesteinen;

2. Plattige Absonderung (plattige Kluftkörperbegrenzung) von sedimentären Festgesteinen;

3. Plattige Absonderung (plattige Kluftkörperbegrenzung) von Vulkaniten, besonders → Ignimbriten (Glutwolkengesteinen; ash flow smelted tuffs);

4. Begriff in der Bodenkunde für Gefüge aus plattigen Bodenaggregaten, das oft durch mechanische Verdichtung z.B. unter → Pflugsohlen entsteht; P. haben ausschlaggebende Bedeutung bei der Beurteilung von hydraulischen Anisotropieeffekten in Grundwasserleitern

Plausibilitätskontrolle. Kontrolle von (Wasser-)Analysenergebnissen durch Überschlags- und Bilanzberechnungen (z.B. Ionenbilanzen) im Hinblick auf deren Glaubwürdigkeit (Plausibilität) und Vertrauenswürdigkeit

Pleistozän. Ältere Unterabteilung des → Quartärs, dauerte bis vor etwa 11 000 Jahren

Plutonit. Tiefengestein, d.h. in der Tiefe der Erdkruste erstarrtes Gestein, das sich durch vollständige Kristallinität auszeichnet (z.B. Granit, Granodiorit, Syenit, Monzonit, Diorit, Gabbro); → Magmatit

Pluvialzeit. Die den Pleistozän- (Eiszeit-)Stadien zeitgleiche, durch verstärkte Niederschläge gekennzeichnete Zeit außerhalb der damaligen Vereisungs-(nivalen) Bereiche. So stellte sich z.B. im Pleistozän in der Sahara-Wüste (N-Afrika) eine lange Feuchtzeit ein, die vor etwa 20.000 Jahren endete, und nach einer Dürre von 20.000 bis 14.000 Jahre (vor Heute) nochmals eine vorübergehende Feuchtzeit bis Frühholozän (vor 8.000 Jahren), die sogar zur Entstehung von Seen führte. In dieser Zeit bildete sich Grundwasser, das z.T. heute in den Oasen genutzt wird

pMC. In isotopenhydrologischen Untersuchungen wird häufig anstelle des konventionellen ^{14}C-Alters der gemessene PM-Wert (Percent modern) oder der δ^{13}C-korrigierte ^{14}C-Gehalt (pcm) angegeben. Die Korrektur erfolgt gegen Oxalsäure-Standards; dann ist der Quotient aus den Aktivitäten der Probe und des Oxalsäure-Standards, ausgedrückt in Prozent, gleich dem Wert in % modern oder pcm

POC. **P**articular **O**rganic **C**arbon; → Kohlenstoff, ungelöster organisch gebundener

Podsol. Terrestrischer Bodentyp feuchter Klimate, dessen Horizonte im oberen Teil schwarzgrau sind, nach unten heller werden (Bleicherde, Grauerde) und im unteren Teil → Ortstein enthalten

Podsolierung. Überprägung von Böden (z.B. Braunerden) durch Bildung eines → Podsols

polare Stoffe. → Stoffe, polare

polares Wasser. → Wasser, phreatisches

Polder. Eingedeichte Fläche zur Landgewinnung an Küsten

Polje. Kesseltal oder (Boden-)Wanne in Karstgebieten

polychlorierte Biphenyle (PCB). Zur Gruppe der schwerflüchtigen Halogenorganischen Verbindungen gehörende Substanzen, deren bekannteste Vertreter → Dioxine und Furane → PCDD und PCDF sind; biologisch schwer oder kaum abbaubar

polychlorierte Dibenzodioxine/polychlorierte Dibenzofurane. → PCDD/PCDF

polycyclische aromatische Kohlenwasserstoffe (PAK; englisch PAH). Sammelbezeichnung für aromatische Kohlenwasserstoffe, die meist durch unvollständige Verbrennung oder Pyrolyse von organischem Material besonders von Holz und fossilen Brennstoffen (Kohle, mineralische Öle u.a.) entstanden sind. Sie kommen aber auch natürlich (z.B. Fluoranthen) vor, sind heute ubiquitär, d.h. sie werden in fast allen Gewässern sowohl ungelöst, an Feststoffen (Sedimente, Schwebstoffe) adsorbiert als auch gelöst angetroffen, ferner in Niederschlägen; einige PAK sind karzinogen bzw. stehen im Verdacht, karziogen zu sein, besonders solche mit 4 bis 6 Benzol-Ringen; am gefährlichsten ist das Benzo(a)pyren (1,2-Benzpyren), das sich in Abgasen findet. Weit verbreitet werden PAK durch PKW-Abgase, in denen 150 verschiedene PAK nachgewiesen wurden, von denen 6 zur Gruppe der karzinogen-verdächtigen gehören. Leicht wasserlöslich sind PAK mit 2 Benzol-Ringen. Die Löslichkeit nimmt jedoch mit zunehmender Ringzahl stark ab. Pauschale Konzentrationsangaben ergeben sich aus der Bestimmung der Oxidierbarkeit (→ CSB) oder aus → TOC-/→ DOC-Werten, stoffspezifische durch gaschromatische oder massenspektrometrische Messungen. Für Konzentrationsangaben der PAK wurden nach DIN 38409-13 sechs gut nachweisbare PAK-Einzelverbindungen ausgewählt und für deren Summenkonzentration in der TrinkwV vom 05.12.1990 ein Grenzwert (0,0002 [mg/l] bezogen auf Kohlenstoff C) festgelegt; vielfach wird heute jedoch die PAK-Liste der EPA (**E**nvironmental **P**rotection **A**gency - Amerikanische Umweltbehörde) zugrunde gelegt, die 16 Substanzen enthält; in der EG-Richtlinie EG 98/83/EG vom 03.11.1998 basiert der Grenzwert für PAK (0,1 µg/l) auf 4 spezifizierten Vertretern

Polyedergefüge. Bodengefüge aus unterschiedlich porösen Aggregaten, die durch unregelmäßige Flächen begrenzt sind

Polygonboden. → Strukturboden

polymikt. Aus verschiedenartigen Komponenten zusammengesetztes Gestein (insbesondere Sediment)

polysaprob. → Saprobien

Ponor. 1. Schlund-/Schluckloch in Karstgebieten mit trichterartiger Erdöffnung; ↓ Katavothre
2. Nach DIN 4049 Versickerungsstelle eines Flußbetts im durchlässigen Kalkgestein; manche solcher Schluckstellen wirken nach starken Regenfällen aber auch als Austrittsstelle (→ Speier, Estevelle) von Wasser

Pore. Zwischenraum zwischen Gesteins-/Sedimentpartikeln; für die hydraulische Leitfähigkeit ist ausschlaggebend, daß die Poren untereinander zusammenhängen

Porenanteil (n). Anteil des → Porenvolumens am Volumen eines porösen Gesteins (Quotient aus dem Volumen aller Porenhohlräume eines Gesteinskörpers und dessen Gesamtvolumen); Es wird unterschieden zwischen: 1. auffüllbarer: mit Wasser füllbarer P.;
2. Entwässerbarer: entwässerbarer P. (nach Abzug des Haftwasseranteils); 3. Luftgefüllter: mit Luft gefüllter P.;
4. Durchflußwirksamer: Anteil der durchfließbaren Hohlräume (n_f);
5. Speichernutzbarer: Anteil der speichernutzbaren Hohlräume = Quotient aus dem Volumen der bei Höhenänderung einer → Grundwasseroberfläche entleerbaren oder auffüllbaren Hohlräume und dessen Gesamtvolumen (n_{sp})

Porendurchlässigkeit. → Durchlässigkeit (k_f) der Poren-/Lockergesteine als Teil der → Gebirgsdurchlässigkeit; hydraulisch: Quotient aus → Filterge-schwindigkeit und zugehörigem Standrohr-spiegelgefälle; Einheit: [m/s]

Porengehalt. → Porenanteil

Porengeschwindigkeit. Reale mittlere →

Fließgeschwindigkeit unter der Annahme, daß der gesamte nutzbare Hohlraum vom Wasser durchströmt wird

Porengrundwasser. → Grundwasser in durchflußwirksamen Poren

Porengrundwasserleiter. → Grundwasserleiter, der aus speichernutzbaren und durchflußwirksamen → Porenanteilen besteht

Porenluft. → Bodengas

Porenraum. → Porenvolumen

Porensaugraum. → Kapillarraum, geschlossener

Porensaugwasser. → Kapillarwasser

Porensaugwirkung. → Kapillarität

Porenvolumen (Vp), Gesamtheit des in einem Gestein vorhandenen Porenraumes, der mit einem Gesteinsinhaltsstoff (z.B. Gas, Wasser) ausgefüllt ist

Porenvolumen, effektives. Anteil des Porenvolumens, der nach Abzug des Haftwasservolumens grundwasserleitend wirkt

Porenwasser. Unterirdisches Wasser, das ein vorhandenes Porenvolumen vollständig ausfüllt (Zweiphasensystem). Nach GALLOWAY (1984) lassen sich drei *Porenwasserbereiche* unterscheiden:
1. meteorisch (von oben) eingedrungenes Wasser, das einer unterirdischen Morphologie folgt;
2. Kompaktionswasser, das aus dem Sediment durch Überlagerungsdruck nach oben ausgepreßt wird und
3. „Thermobarisches" Wasser, das unter hydrostatischem Überdruck (überhydrostatischem Druck) steht

Porenwasserdruck. Zusätzlicher Wasserdruck in → Poren, der dadurch entsteht, daß bei Belastung und Formänderung eines wassergesättigten feinkörnigen Untergrunds → Porenwasser nicht schnell genug abfließen kann, so daß ein Teil der Belastung vom → Porenwasser übernommen wird

Porenwinkelwasser. → Interstitialwasser

Porenzahl (e). Quotient aus Porenvolumens und Volumen der Festmasse des Gesteins; ↓ Porenziffer

Porenziffer. → Porenzahl

porig. Porenreich, mit vielen kleinen Öffnungen; ↓ porös

poröses Medium. → Medium, poröses

Porosität (ϕ oder n). Quantitative Kennzeichnung des Hohlraumgehaltes eines (porösen) Lockergesteins; ↓ Porenraum

Porosität, durchströmte (ϕ_0 oder n_0). quantitative Beschreibung des durchströmbaren → Porenanteils eines Lockergesteins, abhängig von dem Verbindungszustand (Konnektivität) der Poren untereinander (stets kleiner als die Gesamtporosität ϕ bzw. n) sowie vom betrachteten Fluid; ϕ_0 (n_0) ist für polare Fluide (z.B. Wasser) erheblich kleiner als für nicht polare (z.B. Luft)

Porositätsfaktor. Quotient aus Porenvolumen und Gesamtvolumen eines Gesteins (Faktor angegeben als Dezimalwert); kann aus dem → Durchlässigkeitsbeiwert (k_f) berechnet werden; → KOZENY-CARMAN-Gleichung, → Porenanteil

Postglazial. Unterabteilung des → Quartärs, Zeit ab → Pleistozän bis heute

Potamologie. Flußkunde

Potamal. In einem → Fließgewässer Zone des Tieflandflusses (Cyprinidenregion); → Rhithral

Potamoplankton. Plankton in → Fließgewässern

Potential. Allgemein: Leistungsfähigkeit einer eine Größe, z.B. Gefährdungspotential; in der Physik Maß für die Energie eines Körpers an einem bestimmten Ort in einem Kraftfeld, z.B. Redox-Potential

Potential, elektrokinetisches. → Zeta-Potential

Potential, hydraulisches (ψ_h). 1. Hydraulischer Druck, der durch unterschiedliche Grundwasserniveaus, d.h. aus Grundwasserhöhendifferenzen entsteht; 2. Summe (ψ_h) aller im Boden auftretenden Potentiale; üblicherweise werden aber nur Gravitationspotential (ψ_g) und → Matrixpotential (ψ_m) berücksichtigt ($\psi_h = \psi_g + \psi_m$)

Potential, osmotisches (ψ_o). → Potential semipermeabler Barrieren, die im Boden einen freien Austausch von Wasserinhaltsstoffen verhindern; Wasser bewegt sich in Richtung höherer Stoffkonzentration, gelöste Moleküle in Richtung des Lösungsmittels; ↓ osmotischer Druck

Potentialfläche. Flächige Verbindung aller → Standrohrspiegelhöhen eines betrachteten Grundwasserkörpers; → Grundwasserdruckfläche

Potentialgefälle, hydraulsches. → Grundwassergefälle

Potentialgradient. → Standrohrspiegel-Gefälle

Potentiallinie. 1. Linie gleichen Potentials in einem Grundwasserkörper; 2. Verschneidungslinie zwischen → Potentialfläche eines → Grundwasserkörpers und → Grundwasserlängsschnitt (DIN 4049-3)

Potentialströmung. Strömung (des → Grundwassers) entlang einer → Potentiallinie

potentielle Verdunstung. → Verdunstung, potentielle

POX. 1. Abkürzung für (mit Stickstoff-Gas) ausblasbares (purgeable) organisch gebundenes Halogen (= leichtflüchtige → Halogenorga-nische Verbindungen); 2. Ungelöstes organisches Halogen; → Halogen-organische Verbindungen

ppm. parts per million; = Teile auf 1 Million Teile; 1 ppm = 10^{-6}; häufige Angabe in der Spurenelementanalytik

Prädominanzfeld. Graphik zur Darstellung der vorherrschenden Löslichkeiten verschiedener (chemischer) Spezies eines Stoffes in Abhängigkeit vom → Redox-Potential E_H und dem → pH-Wert; ↓ Stabilitätsfeld

Präzipitation. → Ausfällung

PREUSSAG-Verfahren. → FEHLMANN-Verfahren

Preventer. Vorrichtung am oberen Ende einer → Bohrgarnitur, mit der plötzlichen Druckanstiegen aus einem Bohrloch entgegengewirkt werden kann

Priel. Abflußrinne im → Wattenmeer beim Übergang von → Flut zur → Ebbe

Probe. Dem Untersuchungsaufwand angepaßte und entnommene Menge von Locker- oder Festgesteinsmaterial sowie flüssigen oder gasförmigen Gesteinsinhaltsstoffen zur Analyse

Probe, gestörte, Durch das Bohrverfahren oder durch die Entnahmebedingungen nicht mehr originärer Zustand des Gesteinsverbundes

Probe, repräsentative. Probe, die das statistische Mittel der Eigenschaften des Untersuchungsgutes widerspiegelt

Probe, ungestörte. Im originären Zustand entnommene und hinsichtlich ihres Lösungsinhaltes (z.B. bei Wasserproben) bzw. ihrer Struktur und Zusammensetzung (Gesteinsprobe) weitestgehend bewahrte (sauerstofflimitierte, temperaturkonstante, druckkonstante) Probe

Probeentnahme. → Probenahme

Probenahme. Vorgang der Entnahme von → Proben, wobei je nach Untersuchungsgut besondere Regeln zu beachten sind, die in entsprechenden Regelwerken beschrieben werden; für die Entnahme von *Grundwasserproben* finden sich Hinweise z.B. in folgenden Papieren:
- DVWK-Regel 128/1992 : Entnahme und Untersuchungsumfang von Grundwasserproben;
- LAWA (Länderarbeitsgemeinschaft Wasser): Grundwasser, Richtlinien für Beobachtung und Auswertung, Tl. 3: Grundwasserbeschaffenheit, Grundwasserrichtlinie 3/93 (1993);
- DVGW-Arbeitsblätter W 112 (Entnahme von Wasserproben bei der Wassererschließung, 1983) und W 121 (Bau und Betrieb von Grundwasserbeschaffenheitsmeßstellen, 1988);
für die Entnahme von → *Proben aus* → *Bohrungen*:
- DIN 4021-1 bis 3, Erkundung durch Schürfe und Bohrungen, sowie Entnahme von Bohrproben
- DVGW-Arbeitsblatt W 114 (Gewinnung und Entnahme von Gesteinsproben bei Bohrarbeiten zur Grundwassererschließung, 1989).

Proben und deren -inhalte sind jedoch nicht (zeitlich) unbegrenzt haltbar → Probenstabilisierung; ↓ Beprobung, ↓ Probenentnahme

Probenahme, kontinuierliche. Probenahme in kurzen, gleichmäßigen Zeitabständen oder ohne Unterbrechung (z.B. Förderstrom einer → Pumpe zur Ermittlung der Konstanz oder gerichteten Veränderung hydrochemischer Parameter)

Probenahme, systematische. Eine für ein bestimmtes Untersuchungsvorhaben räumlich oder zeitlich festgelegte → Probenahme, die einer zielbewußten und gründlichen Planung bedarf; solche Planungen werden langfristig (z.B. von der Wasserwirtschaft für die Landesgrundwassermeßdienste, quantitativ oder qualitativ) oder kurzfristig (z.B. bei Sanierungsvorhaben von Grundwasserschadensfällen) durchgeführt.

Probenahmebrunnen. Eigens zur Entnahme von Grundwasserproben angelegter → Brunnen (z.B. im Rahmen der Landesgrundwasserdienste); → Grundwassermeßstelle

Probenahmegerät. Geräte zur Entnahme von Wasserproben, wie Schöpfgerät, Saugpumpe (Kolbenprober, Motorsaugpumpe, Tiefsauger), Tauchpumpe (Tauchschwingkolbenpumpe, Campingpumpe/Kleinsttauchpumpe, Tauchmotorpumpe, Hubkolbenpumpe, Impulspumpe, Schlauchpumpe). Bei der Auswahl der für eine (Grund-)Wasserprobenahme geeigneten → Pumpe sind außer erforderlicher Probenmenge und Grundwassertiefe Einflüsse des Pumpenmaterials zu beachten, wobei es besonders bei Spurenkonzentrationen von Stoffinhalten zu Verfälschungen kommen kann (Vermeidung von Kunststoffen als Pumpenmaterial). Vor Probenahme ist die absolute Sauberkeit der Geräte zu kontrollieren. Bei Sanierungen chemischer Grundwasserkontaminationen ist außerdem auf Materialbeständigkeit der Pumpaggregate zu achten. Vom Untersuchungsziel abhängige Empfehlungen für Materialien zum Meßstellenausbau und für Pumpen wurden in den DVWK-Regeln 128/1992 (Tab.1) gegeben; zur Gewinnung von Gesteinsproben; → Bohrung, → Schurf; → Probenahme

Probenahmenetz. Festlegung der Räume für Grundwasserbeobachtungen bzw. -messungen; → Probenahme, systematische

Probenahmeprogramm. Programm zur systematischen Entnahme von Grundwasserproben; → Probenahme, systematische

Probenahmestelle. Ort der Probenahme, der bei jeder → Probenahme sorgfältig zu protokollieren ist, insbesondere Bezeichnung der Entnahmestelle (z.B. Quelle oder Brunnen, bei → Grundwassermeßstellen Meßstellen-Nummer), Nummer und Name der Topographischen Karte 1:25.000, Koordinaten, Höhenlage [m über NN], geologische Daten, Brunnen- bzw. Meßstellenausbau; allgemeine Anforderungen sind der DVWK-Regel 128/1992 zu entnehmen; → Probenahme

Probenart (Gestein). Bei der Verfolgung von Bohrungen ist eine sorgfältige geologische Aufnahme der Gesteinsproben und ihre schriftliche Festlegung in Schichtenverzeichnissen Voraussetzung für die geologische Auswertung. Die Beschreibung des Bohrgutes hat sich nach der allgemein anerkannten petrographischen und stratigraphischen Terminologie zu richten, lokal übliche Gesteins- oder Schichtenbezeichnungen sind zu vermeiden. Zu bedenken ist schließlich, daß Bohrergebnisse auch später noch zu interpretieren sein müssen, so daß insbesondere der Gesteinsbeschreibung große Aufmerksamkeit gewidmet werden muß

Probenstabilisierung. Einige Lösungsinhalte von Grundwässern können sich beim Transport nach der → Probenahme ändern, ihre → Lagerfähigkeit ist zeitlich begrenzt, einige Inhalte werden durch Lichteinflüsse verändert und müssen in gefärbten Glasgefäßen transportiert, wieder andere müssen konserviert (z.B. durch Säuerung) werden, dies gilt insbesondere für Anionen wie z.B. Nitrate, die mikrobiell abgebaut werden, wodurch das Analysenergebnis verfälscht wird. Entnommene Wasserproben müssen deshalb mikrobiologisch stabilisiert (Probensterilisation) oder durch Zusätze fixiert werden. Solche Maßnahmen können jedoch nur als Behelf angesehen werden; grundsätzlich sollten die Laboranalysen kurzfristig nach Probenahme erfolgen. Hinweise enthält die DVGW-Regel 128/1991; → Probenahme

Probenuntersuchung (im Labor). Entnommene Wasserproben müssen durch geeignete Fachkräfte (insbesondere Chemiker) in entsprechend ausgestatteten Laboratorien untersucht werden; die Ausführung der Analysen erfolgt nach den „Deutschen Einheitsverfahren zur Wasser-, Abwasser- und Schlammuntersuchung" (DEV), herausgegeben von der Fachgruppe Wasserchemie in der Gesellschaft Deutscher Chemiker. Für Untersuchungen von Gesteinsproben sind entsprechende petrographische (mineralogische) und geologische Untersuchungsverfahren erforderlich

Probenvorbereitung. Vorbereitung der Wasser- oder Gesteinsproben für die Untersuchung; die zu treffenden Maßnahmen sind vom Untersuchungsgang abhängig

Produktionsbrunnen. → Förderbrunnen

Produktionswasser. → Betriebswasser

Profil, hydrochemisches. Längs- oder Querschnitt der geohydrochemischen Beschaffenheit des → Grundwassers, bezogen meist auf einzelne Parameter, da die räumliche Darstellung multivarianter Systeme grafisch problematisch ist; zur Datenerfassung dienen in der Regel chemische Analysen, die horizontspezifisch entnommener Wasserproben z.B. durch → Multilevel-Brunnen, wurden. Werden Analysendaten von → Förderbrunnen ausgewertet, ist sorgfältig zu prüfen, aus welcher hydrogeologischen Einheit der Grundwasserzulauf erfolgt, da mit der Vermischung von Grundwässern verschiedener Niveaus (Stockwerke) zu rechnen ist; deshalb empfiehlt es sich, größere hydrogeologische Einheiten zu hydrochemischen Profilen zusammenzufassen, da mit zunehmender Differenzierung geohydrochemischer Niveaus die Gefahr einer Vermischung von Subeinheiten wächst

Profildurchlässigkeit → Transmissivität

proluvial. Ablagerungsgebiet, das einem Abtragungsgebiet unmittelbar vorgelagert ist

Promille. $^0/_{00}$, = 1 Tausendstel = 10^{-3}; 1 $^0/_{00}$ dient zur Angabe des Verhältnisses zweier gleichartiger Größen, wenn beide in der gleichen Einheit angegeben sind, z.B. in der → Isotopenhydrologie

Prozent. %, = 1 Hundertstel = 10^{-2}; 1 % dient zur Angabe des Verhältnisses zweier gleichartiger Größen, wenn beide in der gleichen Einheit angegeben sind

Prozesse im Grundwasser. In → Sicker- und → Grundwässern enthaltene gelöste und partikuläre Stoffe unterliegen während ihres Transportes (konvektiv = lotrecht in der wasserungesättigten Sickerzone, advektiv = horizontal im wassergesättigten Grundwasserleiter) Prozessen, deren Art und Intensität von der gelösten Spezies, der petrographischen Beschaffenheit des → Grundwasserleiters, der Temperatur (→ Prozesse, temperaturabhängige) und der Verweilzeit des Wassers im

Untergrund abhängen, schließlich aber zu einem dem jeweiligen geohydrochemischen Milieu angepaßten → Grundwassertyp führen, d.h. daß milieufremde, nichtgeogene (z.B. anthropogene) Stoffe entfernt oder dem geologischen Milieu entsprechend umgeformt werden; die wichtigsten Prozesse sind → *Filtration* (in der Sickerzone): mechanische Zurückhaltung suspendierter (partikulärer) Stoffe; *(chemische) Komplexbildung*: Bindung von Ionen in wenig oder kaum wasserlöslichen Komplexen; Änderung des Kalk-Kohlensäure-Gleichgewichts; *Adsorption/Desorption*: Bindung (Adsorption) von Ionen (insbesondere Schwermetallen) an der Oberfläche von Mineralen (z.B. Ton), unter bestimmten Bedingungen (Konzentrationsverschiebungen) wieder Freiwerden (Desorption) von Ionen; *Ionenaustausch*: Bindung von (meist Kat-)Ionen in austauschfähigen Mineralen oder auch organischen Substanzen bei gleichzeitiger Freigabe anderer Ionen in äquivalenter Konzentration; *Redox-Prozesse*: durch Änderungen der Redox-Potentiale im Verlauf des Grundwasserflusses verursachte Löslichkeitsänderungen von Stoffinhalten wie z.B. Ausfällung oder Lösung von Eisen je nach Redox-Potential; Einwirkungen auf das Mikro-Biotop wie z.B. bakterielle Reduktion Sauerstoff-haltiger → Radikale, die nur im Sauerstoff-armen Milieu (wie z.B. Nitratreduktion) erfolgt

Prozesse, temperaturabhängige (im Wasser). Alle Zustandsdaten des Wassers und die ablaufenden physikalischen, chemischen und physikalisch-chemischen Prozesse sind temperaturabhängig; deshalb muß die Wassertemperatur bei Probenahmen zur späteren Beurteilung des analytisch bestimmten Lösungsinhaltes gemessen und im Analysenbericht die Bezugstemperatur für die jeweiligen Parameter angegeben werden. Besonders physikalische (→ Leitfähigkeit, elektrische) und physikalisch-chemische Daten (insbesondere → pH- und → E_H-Werte) werden zu Vergleichszwecken und bei Modellrechnungen auf eine Einheitstemperatur umgerechnet (bezogen); international wurde dafür eine Temperatur von 25 °C (bzw. 298 K) vereinbart. Die meisten Meßgeräte, bei denen die Temperatur mitgemessen wird, kompensieren automatisch die gemessenen Werte. Streng genommen müßten auch geohydraulische Daten auf eine einheitliche Bezugstemperatur umgerechnet werden; so beträgt z.B. der k_f-Wert bei 10 °C das 0,77-fache, bei 30 °C das 1,55-fache des k_f-Wertes bei 20 °C; da jedoch in der Bundesrepublik Deutschland die Grundwassertemperatur ziemlich einheitlich etwa bei 8 - 10 °C liegt, wird auf derartige Umrechnungen meist verzichtet

Prüfwert. Werte für Stoffkonzentrationen (im Wasser), bei deren Erreichen aus Gründen der Daseinsvorsorge ein Eingreifen zur Gefahrenabwehr geprüft werden muß oder umgekehrt bei dessen Unterschreitung ein Gefahrenverdacht in der Regel als ausgeräumt gelten kann; bei Anwendung solcher (stoffspezifischen) Werte sind jedoch immer die Umstände zu berücksichtigen, unter denen die P.-Konzentrationen erreicht wurden; → LAWA-Liste

Pseudogley. Bodentyp der Klasse der Staunässeböden, in der Regel mit Zweischichtenprofil, zeitweilig vernässt, meist schroffer Wechsel zwischen Nass- und Trockenphasen, die anhydromorphen Horizonte sind > 4 dm mächtig

Pseudomonas aeruginosa.
Durch Wasser (auch Grundwasser) übertragbares Bakterium, das als Erreger des blaugrünen Eiters gilt und bei empfindlichen Personen von Durchfall hervorruft. *P. a.* spielt eine wesentliche Rolle bei Wässern für Lebensmittelbetriebe, für Krankenhäuser und bei Füllwässern für Schwimm- und Badebekken; darf nach EG-Richtlinie EG/98/83 EG vom 03.11.1998 in 250 ml verkauften (in Flaschen) Wassers nicht enthalten sein

Pseudotektonik. Nichtorogene (→ Orognese) Schichtverstellungen und -brüche als Folge von → Subrosion. Dabei entstehen in Festgesteinen Hohlformen, deren Erscheinungsbild das gleiche wie bei der → Orogenese ist und in denen sich das Grundwasser bewegen kann

PSM. → Pflanzenschutzmittel

PTWI-Wert. Provisional Tolerable Weakly Intake: vorsorglicher Toleranzwert für gesundheitsgefährdende Stoffe bei wöchentlicher Einnahme

Puffer (chemisch). Lösungen aus einer schwachen Säure oder schwachen Base und einem zugehörigen Salz der Säure oder Base, die einen gegen Verdünnen oder gegen Säure- und/oder Basenzusatz weitgehend unempfindlichen pH-Wert besitzen. P., c. bestimmen das Säure-Base-Gleichgewicht, z.B. im Kohlensäuresystem, und damit den pH-Wert in einer Lösung und haben eine wesentliche Bedeutung für biologische Prozesse im Wasser; die P.-Kapazität ist stoffspezifisch (z.B. der Carbonate/Hydrogencarbonate), kann begrenzt sein und hat somit einen Einfluß auf pH-Wert-abhängige Prozesse; ↓ Pufferlösungen

Pufferbecken. → Ausgleichsbecken

Pufferwirkung. Wasserwirtschaftlicher Begriff für den Prozeß des Auffangens von Hochwasserwellen mit Hilfe von → Hochflut- oder → Speicherbecken; ↓ Pufferung

Pumpbrunnen. Mit einer → Pumpe, meist → Unterwasserpumpe oder Heber (→ Heberbrunnen), ausgestatteter Grundwasser-Förderbrunnen

Pumpe. Einrichtung zum Heben von Wasser mit unterschiedlichen technischen Lösungen (z.B. Saugpumpen, Druckpumpen, Kreiselpumpen, Kolbenpumpen)

pumpen. Vorgang des Hebens/ Förderns von Wasser

Pumpenkennlinie. Kennlinie zur Darstellung der technischen Eigenschaften eines Pumpenaggregats (z.B. Förderleistung in Abhängigkeit von der Förderhöhe)

Pumpensumpf. Unterster Teil eines → Förderbrunnens mit dem unteren Ende der Brunnenverrohrung, dem Sumpfrohr, das einen Schlammfang bildet, um die beim Sand- bis Toneinfall im Augenblick des Abschaltens der → Pumpe zu Boden sinkenden Partikel aufzunehmen und diese vom Filterrohr fernzuhalten; dazu wird das mindestens 1 m lange Sumpfrohr an seinem unteren Ende vom Filterboden abgeschlossen

Pumpprobe. Wasserprobe, die mittels einer Förderpumpe gewonnen wurde

Pumpspeicherwerk. → Wasserspeicher

Pumpstation. Technische Anlage (Station) mit → Pumpen zur Weiterleitung geförderten Wassers an den Hochbehälter bzw. das Verbrauchernetz; P. liegt meistens über dem

Brunnen, kann aber auch separat angeordnet sein; ↓ Pumpwerk

Pumpstufe. → Leistungsstufe während eines → Pumpversuchs

Pumpversuch. Zeitlich begrenzte Entnahme von → Grundwasser aus einem oder mehreren → Brunnen zur Bestimmung geohydraulischer Kenngrößen oder (bei neugebohrten) Brunnen zur Feststellung der Leistung und gewinnbaren Grundwassermenge. P. müssen sachgemäß vorbereitet, durchgeführt und protokolliert werden. Grundsätze dazu vermittelt das DVGW-Arbeitsblatt W 111 „Planung, Durchführung und Auswertung von Pumpversuchen bei der Wassererschließung" (1997). Zur Erfassung der Leistung werden die P. mit mehreren Leistungsstufen und der Messung der zugehörigen Brunnenwasserspiegelabsenkungen gefahren. Fehlerhaft ist es, die einzelnen Leistungsstufen zeitlich zu kurz zu bemessen, ohne die tatsächlichen Absenkung (Beharrungszustand) abzuwarten; es empfiehlt sich, jede Lcistungsstufe solange einzuhalten, daß eine 24-stündige Konstanz der abgesenkten Wasserspiegellage erreicht ist. Insbesondere bei gespannten Grundwässern (→ Grundwasser, gespanntes) ist zu beobachten, daß es häufig ziemlich lange dauert, bis eine (absolut) gleichbleibende Spiegellage erreicht ist; die P.-Leistung entspricht häufig nicht der Dauerleistung (Betriebsleistung); → Strömung, ↓ Entnahmeversuch, Pump-Test

Pumpversuchsanlage (PVA). Gruppe von → Brunnen und → Grundwassermeßstellen in einem Feld zur Ermittlung regionaler hydrogeologischer (geohydraulischer und/oder geohydrochemischer) Daten

Pumpversuchsgruppe (PVG). → Pumpversuchsanlage

Pumpwerk. → Pumpstation

Punktquelle. Im Altlastenbereich häufig verwendeter Begriff für lokale Stoffaustragsquelle, die die Qualität eines → Grundwasserleiters deutlich verändert

PVA, → Pumpversuchsanlage

PVC-Vollwand- und –Filterrohre. → Brunnenrohre aus PVC, die zur Kennung nach DIN 4925 durchgehend blau gefärbt sein müssen und an das Wasser weder Geschmack noch Farbe oder hygienisch gefährdende Stoffe abgeben dürfen; Algenbildung und Bakterienwachstum dürfen nicht gefördert werden; quergeschlitzte (Filter-)Rohre haben sich stabiler als längsgeschlitzte erwiesen und werden deshalb heute nur noch hergestellt; die Rohre sind zwar billiger als Stahlrohre und korrosionsfrei, errreichen aber nicht die gleiche Festigkeit

p-Wert. Umschlagspunkt bei einer Titration gegen Phenolphthalein (pH 8,2 - 9,8) als Indikator (Farbumschlag von farblos nach rot); die Titration einer Wasserprobe erfolgt mit 0,1 N Salzsäure (+p-Wert); früher: Phenolphthaleinalkalität oder 0,1 N Natronlauge (-p-Wert). In DIN 38409 H7 wird der +p-Wert als → „Säurekapazität bis pH 8,2" ($K_{S\ 8,2}$), der −p-Wert als „Basekapazität bis pH 8,2" ($K_{B\ 8,2}$) bezeichnet; Einheit: [mol/l]. Aus $K_{B\ 8,2}$ wird durch Multiplikation mit dem Faktor 44 der Gehalt an freiem CO_2 [mg/l] errechnet. Aus den Säurekapazitäten [$K_{S\ 8,2}$ und $K_{S\ 4,3}$ (→ m-Wert)] werden die Gehalte an HCO_3^- , CO_3^{2-} - und OH^- Ionen [mg/l] bestimmt

Pyranin. Markierungsmittel (→ Tracer): chemisch: 8-Hydroxipyren-1,3-6-trisulfonsäure-Trinatriumsalz, $C_{16}H_7Na_3O_{10}S_3$; Fluorescenzfarbstoff, dessen Fluorescenz pHabhängig ist. Die Fluorencenzintensität hängt von der Wellenlänge des zur Fluorescenz benutzten Lichtes ab. P. unterliegt nur wenig Sorptionen und eignet sich zu → Tracerversuchen in saurem Untergrund, wo → Uranin versagen würde. Bei maßvoller Anwendung gilt P. als nicht gesundheitsschädlich

Pyridin. Pyridin wird, vermischt mit Wasser, Alkohol oder Azeton zur Extraktion von Farbstoffen bei Markierungsversuchen eingesetzt

Pyroklastika. Ablagerungsgestein vulkanogenen Ursprungs; bereits erstarrte magmatische Auswurfsprodukte können unverfestigt (Tephra) oder verfestigt (Tuff) zur Ablagerung kommen; Porosität und damit Durchlässigkeit nehmen i.d.R. mit zunehmendem Alter infolge Verwitterung und Bildung sekundärer Minerale ab; in frischerem Material werden in der Literatur Porositäten von 6 bis 87 % (Spitzenwert Bims mit 50 – 87 %) und Durchlässigkeiten von 10^{-3} bis 10^{-4} m/s; P.-decken können lokal und regional auf Grund ihrer Ausdehnung Bedeutung als → Grundwasserleiter erlangen. Für tonig verwitterte P. werden k_f-Werte von 10^{-6} bis 10^{-8} m/s genannt; häufig hoher Anteil an ionenaustauschfähigen Mineralen, wodurch die Beschaffenheit einsickernder Wässer bei ausreichendem Kontakt deutlich verändert werden kann, meist in Richtung Alkalisierung; ↓ Vulkaniklastite

Q

Q. → Durchfluss, → Fördermenge, → Grundwasserdurchfluss, → Volumenstrom

Q_Br. → Brunnenkapazität

Q_ges. → Gesamtabfluss

q. → Abflussrate

q_ges. → Gesamtabflussspende

Qc-Wert. Summe des anorganischen Kohlenstoffs in einer Wasserprobe

Q-s-Kurve. → Brunnencharakterisitik

Quadratdiagramm. Vierseitiges Diagramm zur Darstellung von (Wasser-)Analysenergebnissen; dazu werden zwei ineinander greifende Koordinatensysteme zusammengefaßt, so daß ein Viereck entsteht. Jeder der vier Seiten wird ein Ion bzw. eine Ionengruppe zugeordnet; somit können durch einen solchen Graph vier Parameter dargestellt werden; Einheit: [Äquivalent-%]

Qualitätsanforderung. Anforderung an die (meist hygienische) Beschaffenheit eines genutzten Wassers, die Grenzwerten genügen muß, die in Verordnungen (z.B. → Trinkwasserverordnung), Vorschriften, Normen u.a.m. festgelegt sind

Qualitätssicherung. Maßnahmen zur Einhaltung einer vorgegebenen → Wasserbeschaffenheit

Qualmwasser. → Grundwasser, das infolge Rückstaus durch den Wasserstandsanstieg in einem (Vorflut-)Gewässer über Gelände angestiegen ist

Quartär. Jüngstes geologisches System; Zeitabschnitt der Erdgeschichte, die seit ca. 1,8 Mio. Jahren (b.p. = before present = vor heute) bis heute andauert. Durch fluviatile Schüttungen in frühglazialen Zeitabschnitten und glazifluviatile Schüttungen beim Zerfall des Inlandeises während des → Pleistozäns (bis etwa 11.000 a b.p.) entstanden besonders in Nordamerika, Zentraleuropa, aber auch in Südamerika und Neuseeland sehr leistungsfähige → Grundwasserleiter, → Grundwasserstockwerke, aber auch hydraulische Verbindungen zwischen diesen

Quartil. 25 %-Anteil an einer Summe (z.B. an einer Summenkurve); Q_1 = 25 %, Q_2 = 50 %, Q_3 = 75 %

quasistationärer Strömungszustand. → Strömung

Quelle. Räumlich eng begrenzter Ort eines → Grundwasseraustritts an der Geländeoberfläche

Quelle, erdmuriatische. Ältere Bezeichnung für Calciumchlorid-(Heil-)Quelle; ↓ erdmuriatische Quelle

Quelle, muriatische. Ältere Bezeichnung für Natriumchlorid-(Heil-)Quelle

Quelle, salinische. Ältere Bezeichnung für Glaubersalz-(Na_2SO_4)-Mineralquellen

Quelle, sulfatische. Ältere Bezeichnung für Magnesiumsulfat-(Heil-)Quelle; ↓ Bitterquelle

Quellenband. Meist geologisch (z.B. durch Grundwasseraustritt über einer wenig bis undurchlässigen Schicht) bedingte Austritte von band- (linien-) oder kettenartig angeordneten, nebeneinander austretenden → Quellen; ↓ Quellenlinie

Quellendichte. Die in einem bestimmten Gebiet im Mittel pro Flächeneinheit (meist pro km^2) austretenden → Quellen; die Q. stellt ein überschlägiges Maß für die hydrogeologische Beschaffenheit des Untergrundes in der Weise dar, daß durch steigende Q. eine uneinheitliche Grundwasserverteilung indiziert wird, so daß eine wirtschaftliche Erschließung erschwert ist

Quellenlinie. → Quellenband

Quellenschutzgebiet. → Trinkwasserschutzgebiet für → Quellfassungen; maßgebend für die Bemessung der → Schutzzonen und der je nach lokalen hydrogeologischen Verhältnissen zu treffenden Nutzungsbeschränkungen ist das → DVGW-Arbeitsblatt W 101; ↓ Quellschutzgebiet

Quellfassung. Technische Einrichtung zur Gewinnung des aus einer oder mehreren → Quellen austretenden → Grundwassers für →

Trink- (und/oder Brauch-)Wasser-Zwecke; die Grundwasseraustritte werden dabei meist durch → Sickerleitungen gefaßt

Quellgas. Das mit → Quellwasser (insbesondere aus → Heilquellen) gelöst oder ungelöst austretende Gas, das sehr verschiedenartig zusammengesetzt sein kann. Hauptbestandteil ist im Wasser gelöstes Kohlenstoffdioxid („freie, gasförmige Kohlensäure"), das durch Druckentlastung infolge des Aufstiegs CO_2 entweicht; ferner können in (meist Heil-)Wässern Edelgase, radioaktives Gas (Radon), (elementarer) Stickstoff, Methan, Schwefelwasserstoff u.a.m. enthalten sein

Quellgewässer. → Grundquelle

Quellgruppe. Mehrere Quellaustritte auf einer eng begrenzten Fläche

Quellhorizont. Früher gebräuchlicher, nicht normgerechter Begriff für einen → Grundwasserleiter, aus dem eine → Quelle ihren Zulauf erhält

Quellmoor. Moor, das sich um eine Quelle gebildet hat

Quellschüttung. Abfluß (nicht: Ergiebigkeit) einer → Quelle in [l/s], der ein wesentliches hydrogeologisches Merkmal darstellt: Je größer die Schwankungsbreite der Schüttung ist, desto kleiner ist das unterirdische Einzugsgebiet und desto größer die Abhängigkeit von Niederschlägen; die Q. ist für die Entscheidung zur Fassung einer → Quelle für Trinkwasserzwecke wichtig, da eine größere Schwankungsbreite meist ein unzureichendes Dargebot in → Trockenzeiten bedeutet

Quellschüttungsganglinie. Graphische Darstellung der Quellschüttungsmessungen in ihrer zeitlichen Reihenfolge als → Ganglinie; aus ihr wird u.a. die Schwankungsbreite der → Quellschüttung erkennbar

Quellschüttungsmeßstelle. Stationäre Meßstelle zur kontinuierlichen Erfassung (Registrierung) der zeitbezogenen Schüttung einer → Quelle

Quellspalte. Kluft oder Kluftzone, aus der Grundwasser als Quelle austritt

Quellsumpf. Sehr feuchte → Naßstelle, mit geringem → Abfluß

Quellung. Nässe-(feuchtigkeits-)bedingte Vergrößerung eines Bodengefüges (oder auch Minerals im Boden), die zur Verdichtung des Bodens und Minderung der Bodendurchlässigkeit führt

Quellwasser. (Grund- oder Heil-) Wasser aus einer → Quelle

Quellwassertemperatur. Am Quellaustritt gemessene Wassertemperatur; aus ihr lassen sich, besonders wenn Messungen aus mehreren Jahreszeiten vorliegen, Oberflächen- oder andere Einflüsse ableiten

R

r. → Brunnenradius

R. → Abfluß, → Radius eines → Absenkungstrichters

ρ. → Dichte

rad. „radiation absorbed dosis"; Bis 31.12.1977 gültige Einheit für die (Energie-) Dosis der Strahlungsabsorption ionisierender Strahlung; heute gültige SI-Einheit [Gray]; 1 rad = 10^2 erg/g = 10^{-2} J/kg = 10^{-2} Gray

Radikale. Atome, Moleküle oder Ionen mit mindestens einem ungepaarten Elektron; natürliche R. sind Sauerstoff (O_2, Bi-R.), Stickstoffmonoxid (NO), Stickstoffdioxid (NO_2). R. entstehen durch homolytischen Bindungsbruch (z. B. $H_3C - CH_3 \rightarrow 2H_3C\cdot$), durch Reaktion mit einem anderen R. ($H_2C = CH_2 + H_3C\cdot \rightarrow H_3C - CH_2 - CH_2\cdot$) oder durch Elektronenübertragung

Radioaktive Isotope. → Isotope, radioaktive

Radioaktives Wasser. → Wasser, radioaktives

Radioaktivität. Eigenschaft einiger Atomkerne, sich spontan ohne mechanische, thermische und andere äußere Einwirkung in einen anderen Atomkern umzuwandeln; die dabei freiwerdende Energiewird in Form von elektromagnetischen Strahlen (γ-Strahlung) und/oder Teilchen (α-, β-, Neutonen-Strahlung) abgegeben. Die Verteilung von → Radionukliden und stabilen Isotopen (→ Isotope, stabile) wird in der → Isotopenhydrologie zur Altersbestimmung und Herkunftsanalyse genutzt; → Becquerel

Radioaktivitätskonzentration. Konzentration radioaktiver Elemente in einem Umweltkompartiment (z.B. → Grundwasser, → Oberflächenwasser, → Boden)

Radiocarbonmethode. → Radiokohlenstoff

Radiokohlenstoff. Radioaktives Isotop des Kohlenstoffs (^{14}C), das in der Atmosphäre durch kosmische Strahlung erzeugt wird; die Halbwertszeit beträgt 5.730 ± 40 Jahre; die Häufigkeit in der Bio- und Atmosphäre ist 10^{-12}; der globale, ständig durch die kosmische Strahlung erneuerte Vorrat beträgt etwa 80 t; da ^{14}C ständig biologisch in Organismen (tierische und pflanzliche) eingebaut wird, kann unter der Annahme einer stets gleichen Zerfallsrate aus der Menge zerfallener ^{14}C-Isotope in einem Biogen auf dessen Alter geschlossen werden; ↓ Radiocarbonmethode

Radiometrie. Messung der Intensität und Energie radioaktiver Strahlung

Radionuklid. → Nuklid

Radius, hydraulischer. Quotient aus der durch eine Grundwasserströmung erfaßten Fläche und dem benetzten Umfang

Radon (Rn). Gasförmiges, zu den Edelgasen gehörendes chemisches Element mit der Ordnungszahl 86, das beim Zerfall des Radiums entsteht. R. wurde in früheren Jahren auch Emanation genannt; es tritt mit Heilwässern aus (Bad Gastein, Karlsbad, Bad Kreuznach, Ischia) und wird als Heilmittel zur Emanationstherapie genutzt (wissenschaftlich nicht unumstritten)

Rahmenplan, wasserwirtschaftlicher. Verpflichtung (§ 36 Wasserhaushaltsgesetz) der Länder in der BRD, zur Entwicklung der Lebens- und Wirtschaftsverhältnisse die notwendigen Voraussetzungen durch Aufstellung von Rahmmenplänen zu sichern, in denen der nutzbare Wasservorrat, die Erfordernisse des Hochwasserschutzes und die Reinheit der Gewässer berücksichtigt werden

Rammbrunnen. Der Brunnen wird durch Einpressen von → Filterrohren in oberflächennahe → Grundwasserleiter hergestellt. Er wurde zuerst von einem Deutschen namens NIGGE gebaut und in Deutschland seit 1815 genutzt. Die synonyme Namensgebung „Abessinier" basiert auf dem erfolgreichen Einsatz dieser Brunnen während des Feldzuges Großbritanniens gegen Abessinien (Äthiopien) im Jahre 1868; ↓ Abessinier

Rammsonde. In den Boden gepreßte Lanze, mit der sowohl bodenphysikalische Kennwerte gewonnen werden als auch stützende Injektionen (z.B. Betonmilch) in den Untergrund eingebracht werden können; → Injektionslanze

Randbedingungen, hydraulische. Bedingungen (Fakten, Daten), unter denen hydraulische Berechnungen, Wasserbilanzen, Modelle erstellt werden

RANNEY-Verfahren. Von dem amerikanischen Ingenieur RANNEY im Jahre 1934 entwickeltes Verfahren zum Bau eines → Horizontalfilterbrunnens. Dazu wird aus einem abgeteuften Schacht durch eine Vorpresseinrichtung ein Filterrohr direkt in Grundwasser-führendes Gebirge vorgetrieben; das Bohrgut wird durch in das Filterrohr eintretendes Grundwasser ausgespült, es erfolgt kein weiterer Ausbau. Von Nachteil ist, daß ein sehr festes Rohrmaterial verwendet werden muß, weshalb die Filterschlitze nur klein ausfallen können. Wie bei allen → Horizontalfilterbrunnen ist nur ein Bau in Lockergesteinen möglich; eine Weiterentwicklung ist das RANNEY-FALLY-Verfahren, das wie das R. arbeitet, jedoch vor dem Filterrohr ein Entsandungsrohr erhält, mit dem das Lockergestein beim Vortrieb aufgelockert wird; → FEHLMANN-Verfahren

RAOULT-Gleichung. In einer idealen Lösung (→ Lösung, ideale) ist der Partialdruck einer Lösungskomponente gleich dem Produkt aus dem Dampfdruck der Komponente und dem Molenbruch (Stoffmengenanteil)

RAYLEIGH-Destillation. Veränderung des Isotopenverhältnisses bei Phasenumwandlung z.B. von gasförmig zu flüssig (→ Kondensation) oder von flüssig zu gasförmig (→ Verdampfung)

Re. → REYNOLDS-Zahl

Reaktion. Wechselwirkungen zwischen Stoffen nach naturwissenschaftlichen, insbesondere thermodynamischen Gesetzmäßigkeiten, dargestellt in R.- gleichungen; bei R. wird Energie umgesetzt, entweder daß sie freigesetzt (exotherme Prozesse) oder verbraucht (endotherme Prozesse) wird; → Reaktionsgleichung, thermochemische

Reaktionsgleichung, thermochemische. Gibt außer der (Gleichung für die) Reaktion die Energiemengen pro Mol an, die bei dieser Reaktion umgesetzt werden; statt des Doppelpfeils (wie bei Reaktionsglei-

chungen, deren Reaktion je nach Gleichgewicht in der einen oder anderen Richtung erfolgen kann) wird dabei durch nur einen Pfeil die Reaktionsrichtung angegeben; - bedeutet exotherme, + endotherme Reaktion (z.B. Bildung von Wasser: $2 H_2 + O_2 \rightarrow 2 H_2O$ $\Delta H = -572,4$ kJ); in der thermodynamischen Reaktionsgleichung wird also die umgesetzte Energie als Bildungsenthalpie (ΔH) (→ Enthalpie), d.h. die Reaktionsenergiemenge pro (Formel-) Umsatz bei konstantem Druck angegeben; bei exothermen Reaktionen ist diese Energieangabe (frei werdende Energie) vereinbarungsgemäß negativ, bei endothermen positiv; die Thermodynamik eines chemischen Systems bestimmt somit Richtung und Ablauf einer Reaktion; treibende Kraft ist das thermodynamische Potential (oder die → GIBBS'sche Energie), das sich aus der Differenz von Enthalpie (dem gesamten innneren Energie-Inhalt eines Stoffes oder einer chemischen Spezies) minus der temperaturbestimmten Entropie (nicht freien, d.h. dem nicht in Reaktionsenergie umsetzbaren Energieinhalt) ergibt; zum Ablauf interionischer Reaktionen muß die Enthalpie der Reaktionsprodukte eines chemischen System (z.B. Lösungsinhaltes) kleiner sein als die der beteiligten Reaktionsteilnehmer, da sonst eine Reaktion nicht ablaufen kann; der Reaktionsablauf ist um so spontaner, je größer diese Energiedifferenz ist

Reaktionsgleichung, thermodynamische. → ARRHENIUS-Gleichung

Reaktionsprodukt (eines Prozesses im Grundwasserleiter). Durch abiotischen oder biotischen Abbau (im → Boden) entstandenes → Umwandlungsprodukt, das mit anderen Substanzen eine neue Verbindung eingegangen ist (z.B. Einbau in neue organische oder anorganische Stoffe)

Reaktionszeit. Zeit, die bis zur Einstellung eines Reaktionsgleichgewichts vergeht (Reaktionsgeschwindigkeit); da es sich um ein dynamisches Gleichgewicht handelt, finden neben Hin- auch immer Rückreaktionen statt; durch Temperaturerhöhung werden endotherme R. beschleunigt, durch Erniedrigung verlangsamt

Recycling. Wiederaufbereitung gebrauchten (festen oder flüssigen) Materials zur

Wieder- und Weiterverwertung

Redox-Potential. → Redox-Spannung

Redox-Reaktion. Reduktions-Oxidations-Reaktion; → Oxidation, → Reduktion

Redox-Spannung. Das bei Redox-Prozessen entstehende elektrische Potential, gemessen in [Volt] oder meist in [mV]; da jeder Redox-Prozeß eine bestimmte Spannung hat, lassen sich die Stoffe bzw. Reaktionseinheiten ihrer Spannungshöhe (Potential) nach ordnen, wobei sich eine Spannungsreihe ergibt; hohe Potentiale sind chemisch „edle" Stoffe, sie oxidieren solche niederen Potentials; Stoffe niedrigeren Potentials reduzieren solche höheren Potentials; je nach Art und Konzentration gelöster Ionen ist die R. positiv (= oxidierende Eigenschaften der Lösung) oder negativ (reduzierende); Redox-Prozesse haben geohydrochemisch eine erhebliche Bedeutung und bestimmen wesentlich einen → Grundwassertyp; → Normalpotential

Redox-Vermögen. Reduzierendes bzw. oxidierendes Potential einer Lösung, ausgedrückt durch ihre → Redox-Spannung

Reduktion. Bezeichnung für die immer mit einer → Oxidation gekoppelten Reaktion, bei der ein Stoff die bei der Oxidation von einem anderen Stoff abgegebenen Elektronen aufnimmt

Reduktion, mikrobielle. Unter bestimmten Bedingungen, häufig im Sauerstoff-armen Milieu werden Lösungsinhalte des Grundwassers verändert, z.B. Denitrifikation (Reduktion von Nitrat über Nitrit zu elementarem Stickstoff durch fakultativ anaerobe Bakterien) oder Desulfurikation (Reduktion von Sulfat zu Schwefelwasserstoff durch anaerobe Bakterien); ferner werden die meisten natürlichen organischen Substanzen, wenn auch in unterschiedlichen Zeiten, zu ihren Elementen (Kohlenstoff, Wasserstoff u.a.) reduziert, während künstliche Organika (sog. Xenobiotika, z.B. chlorierte Kohlenwasserstoffe) gegen bakterielle Reduktionen meist resistent sind

Reduktionsmittel. → Oxidation

Reduktionszeit. Zeit, in der sich ein Reduktionsprozeß vollzieht; solche Prozesse können sehr langsam verlaufen, die Messung muß sorgfältig ausgeführt werden; zu beachten ist, daß die Messung im fließenden Wasser (Meßbirne) erfolgt, daß (für spätere Korrekturen) pH-Wert und Temperatur zusätzlich gemessen werden und die Messung solange erfolgt, bis die → Redox-Spannung sich in 5 min nicht um mehr als 1 mV ändert, was zu Meßzeiten von mehr als einer halben Stunde führen kann

Reduktionszone. 1. Bereich in einem Grundwasserkörper, der sauerstoff-reduziert ist, z.B. unterstrom von Abfalldeponien mit organischem Material;
2. Bereich der obersten → Lithospäre unterhalb der → Oxidationszone und Zementationszone, in der Poren- bzw. Kluftwassersättigung herrscht und der Sauerstoff mikrobiell und chemisch verbraucht wurde;
3. Bereich von → Standgewässern, einschließlich Ozeanen, der durch die jahreszeitlichen, konvektiven Wasseraustausch (oder globale Meeresströmungen) nicht erfaßt wird. Durch vor allem mikrobielle aber auch nachfolgende biozönotische Aktivitäten wird der gelöste oder in Verbindungen zur Verfügung stehende Sauerstoff veratmet und aus abgestorbener organischer Substanz entsteht ein saprolithischer Schlick („Faulschlamm"); für die chemischen Umsetzungsprozesse sind in der Regel keine photosynthetischen Bedingungen erforderlich. Äußeres Kennzeichen ist H_2S- und Methan-Bildung

Reduzent. Reduzierender Stoff

reduzierte Abflußspende. → Abflußspende, reduzierte

reduziertes Wasser. → Wasser, reduziertes

reele Verdunstung. → Verdunstung, potentielle/reele

Referenzjahr. Bezugsjahr (z.B. einer Messreihe hydogeologischer Daten)

Regen. Flüssiger → Niederschlag mit Tropfengrößen > etwa 0,5 mm; im Klimabereich der BRD verbreitetste Form des Niederschlags; deren Menge als Wasserhöhe [mm] einer horizontalen Fläche während einer bestimmten Zeitspanne an einem bestimmten Ort gemessen wird, Zeichen international **P**, in Deutschland auch **N**; → Regenwasser

Regen, saurer. Regen hatte immer einen pH-Wert < 7,0, war also schon immer etwas sauer (pH-Wert vor dem Jahr 1850 lag bei ca.

6,0); in den letzten Jahren ist wegen verschiedener Prozesse in der Atmosphäre, insbesondere wegen des Ausstoßes von Schwefel- und Stickstoffoxiden durch Industrie und Autos der pH-Wert der Niederschläge abgesunken und beträgt im Freiland um 4,2, im (Nadel-)Wald um 3,3. Fehlt es im Boden an säurepuffernden Inhaltsstoffen (z.B. Alkalien, Carbonaten), so übernimmt (ab pH < 4,2; z.B. saure Waldböden) Aluminium die Säurepufferung im Boden mit dem Ergebnis, daß die Al-Ionenkonzentration in der Bodenlösung ansteigt, sofern nicht in etwas tieferen Bodenbereichen eine Neutralisation erfolgt; das ist besonders in Kristallin-, Quarzit- und Sandsteingebieten der Fall. Dadurch kann der Al-Gehalt in oberflächennahen Grundwässern und damit auch in darin stehenden Quellfassungen so stark ansteigen, daß es zur Grenzwertüberschreitung nach der → Trinkwasserverordnung vom 05.12.1990 (0,2 mg/l Al) kommt. In der BRD sind jedoch nicht alle Niederschläge sauer; auch pH-Wert > 7,0 wurden wiederholt ermittelt

Regenabfluß. Anteil des → Regens, der oberirdisch abfließt; dieser hängt insbesondere von → Intensität des Regens, Durchlässigkeit des Bodens und Geländerelief ab: je intensiver der → Niederschlag bzw. je geringer durchlässig der Boden und je steiler das Geländegefälle, desto höher der oberirdische Regenabfluß

Regendauer, kritische. Zeit, nach der auf Grund anhaltenden Niederschlages die Aufnahmefähigkeit der Untergrundes und der Oberflächengewässer überschritten wird und es zu → Regenhochwasser kommt

Regeneration. 1. Wiederherstellung eines ursprünglichen Zustandes; 2. Vitalisierung (Wiederbelebung) gestörter Ökosysteme, grundwasserhydraulischer oder hydrologischer Systeme

Regenerationswasser. → Grundwasser, dessen Lösungsinhalt nach einem ersten Ionenaustausch erneut einem solchen unterzogen wurde, wobei jedoch der ursprüngliche Lösungsinhalt nicht wieder erreicht wird; z.B. unterliegt ein durch Ionenaustausch alkalisiertes (Grund-)Wasser in einem Erdalkali-reichen Milieu erneut einem Ionenaustausch, wobei jedoch das Wasser Magnesium-reicher wird, da Magnesium eine

schwächere Bindung hat als Calcium und somit eher als dieses ausgetauscht wird

Regenhochwasser. Ein durch hohe Niederschlagsmenge und -intensität verursachtes → Hochwasser in oberirdischen Gewässern, wobei geringe Bodendurchlässigkeit den Abfluß noch steigern kann

Regenintensität. Regenmenge pro Zeit; Einheit: [mm/min] oder [mm/h]; je nach Intensität werden Regenfälle als schwach (< 2,5 mm/h), mäßig (2,6 - 7,5 mm/h) oder stark (> 7,5 mm/h) bezeichnet

Regenkapazität. → Feldkapazität, nutzbare, des effektiven Wurzelraumes

Regenschatten. Leelagen von Bergen oder Gebirgen, in denen der → Niederschlag geringer als in Luvlagen ist

Regenspende. Regenmenge (-volumen) pro Zeit und Fläche; Einheit: [l /(s · km²)]; ↓ Niederschlagsspende

Regenwasser. Wasser aus → Niederschlägen in Form von → Regen; enthält aus der Atmosphäre ausgewaschene Stoffe (Immissionen), die je nach wirschaftlicher Nutzung der Erdoberfläche sehr verschiedenartig sein können; im allgemeinen sind die Konzentrationen niedrig („sehr weiche bis weiche Wässer"), doch ist der pH-Wert mit wenigen Ausnahmen im sauren Bereich (→ Regen), verursacht durch gelöste Stickstoff- und Schwefeloxide, die von Industrie- und Autoabgasen ausgehen; dazu kommen → Halogen-organische Verbindungen, hauptsächlich aus der Industrie, ferner Stickstoff-Ausdünstungen (vor allem Ammoniak) aus der Viehhaltung und versprühte → Pflanzenschutzmittel (nur etwa 25 % der ausgesprühten Mittel erreichen die Pflanzen) sowie aus der Luft ausgewaschener Staub, an dessen Partikeln sorptiv Schwermetalle (Pb, Cd, Cu, Ni, Zn etc.) gebunden sind. Im Küstengebieten werden vom Meer feine Salzpartikel (Aerosole) eingeweht und regnen über dem Land ab

Regimefaktoren. Klimatische, geologische, geomorphologische, vegetationskundliche und anthropogene Gegebenheiten des Einzugsgebiets eines oberirdischen Gewässers (→ Oberflächengewässer), die dessen → Abfluß beeinflussen

Regressionsanalyse. Mathematisches (statistisches) Verfahren, mit Hilfe des Prinzips der kleinsten Quadrate die Parameter einer vorgegebenen Funktion (meist eine Gerade) zu bestimmen, die mit der maximalen Dichte einer Punktmenge am ehesten zusammenfällt. Praktisch wird dabei die Art der Abhängigkeit einer Variablen von einer definierten Größe durch eine Funktion erfaßt, z.B. bei der Auswertung geohydrochemischer Analysen die Abhängigkeit des Chlorid- vom Natriumgehalt; dazu wird durch die Punkteschar der in ein Koordinatensystem eingetragenen Meßwerte (Analysedaten) eine Ausgleichsgerade gelegt und aus deren Steigung die Regressionsgleichung abgeleitet, die in einem linearen Modell die Form hat:

$$y = a + bx;$$

die R. ist sinnvoll nur für maximal zwei Variable anwendbar und liefert dann eine Trendfläche

Rehabilitation. 1. Im Sinne von Heilung natürlicher Systeme durch anthropogene Wiederherstellung von anthropogen nachhaltig gestörten Landschaften, so dass wieder natürlich funktionierenden Systeme (hydraulischen, hydro-/geochemischen, ökologischen, etc.) entstehen;
2. (des Wasserhaushaltes), → Rehabilitation speziell montanhydrologisch beeinflußter Gebiete mit starker hydraulischer Beeinflussung (u.a. totaler → Entwässerung, Grundwasserentspannung, Trockenlegung von Feuchtgebieten, Flüssen oder → Standgewässern usw.);
3. (hydrogeochemischer Systeme), „Gesundung" (d.h. Anstrebung zukünftiger geoökologischer Gleichgewichte) in speziell montanhydrologisch beeinflußten Gebieten mit starker hydrochemischer Beeinflussung; durch Grundwasserabsenkung hervorgerufene oxidative Veränderung der ursprünglichen reduzierenden Verhältnisse und damit destabilisierenden Stoff- und Mineralkonfigurationen wird mit technischen Mitteln ein hydrogeochemisches Gleichgewicht wiederhergestellt oder annähernd erreicht und damit ein Schadstoffaustrag in biologische Systeme verhindert, zumindest ökologisch vertretbar reduziert

Reichweite (Grundwasserentnahme). Abstand von der Grundwasserentnahmestelle (→ Brunnen) bis zur Grenze des → Absen-

kungstrichters; in Höhe des Brunnens beträgt die R. angenähert die Hälfte der Breite des → Absenkungstrichters. Die R. ist je nach Beschaffenheit des → Grundwasserleiters verschieden, unterliegt jedoch im allgemeinen nur geringen Schwankungen, sofern ein quasistationärer Strömungszustand (z.B. im → Pumpversuch) erreicht wurde. Für die Berechnung gibt es empirische Formeln (z.B. nach SICHARDT, KUSAKIN), in die der Absenkungsbetrag des Wasserspiegels und der → Durchlässigkeitsbeiwert bzw. die → Transmissivität eingehen; die Rechenergebnisse sollten jedoch nur als größenordnungsmäßige Entfernungen gewertet werden

Reif. Art des → Niederschlags, bei dem → Tau als nadel- oder blattförmige Eiskristalle gefriert; R. ist hydrogeologisch quantitativ unerheblich

Reinhaltegebot. Das durch das Wasserrecht, insbesondere das Wasserhaushaltsgesetz (WHG), § 1a, gegebene, bei wasserwirtschaftlichen Entscheidungen und Maßnahmen zu beachtende Gebot, ober- und unterirdische Gewässer reinzuhalten, d.h. nachteilige Veränderungen soweit als möglich zu verhüten; die unbefugte Verunreinigung oder nachteilige Veränderung von Gewässereigenschaften einschließlich des Versuchs wurde unter Strafe gestellt (§ 324 des Strafgesetzbuches - StGB- in der Fassung vom 02.01.1975)

Reinigungsvermögen. Sammelbegriff, unter dem alle Prozesse des unterirdischen Wassers verstanden werden, durch die anthropogene, zur Nutzung des Wassers ungeeignete oder schädliche Lösungsinhalte beseitigt, in der Regel abgebaut werden; zu solchen Prozessen gehören in erster Linie → Filtration und (chemische) Komplexbildungen im Boden, chemische → Ausfällung und → Mitfällung, → Sorption, → Ionenaustausch, → Redox-Prozesse, mikrobieller Abbau, die maßgebend von Temperatur (Thermodynamik), Fließweg, → Dispersion (Streuung) und → Verdünnung beeinflußt werden. Die zunächst (etwa in den sechziger Jahren) verbreitete Meinung, daß derartige Prozesse alle nachteiligen anthropogenen Einflüsse auf das Grundwasser beseitigen, mußte revidiert werden, als erkannt wurde, daß einige Stoffe, insbesondere in der Landwirtschaft verwendete → Pflanzenschutzmittel (z.B. Atrazin) sich als persistent und kaum abbaubar erwiesen; vor allem sind es künstliche Organika (wie z.B. → Halogenorganische Verbindungen), die mikrobiellen oder anderen Abbauprozessen widerstehen (→ Xenobiotika). Die Anwendung z.B. von Atrazin wurde in der BRD verboten; nur dank der Tatsache, daß derartige in den Untergrund eingesickerte Stoffe im grundwasseroberflächennahen Bereich verbleiben und dort der Abfluß advektiv (horizontal) zum nächsten Vorfluter erfolgt, ist (bisher) eine großräumige Grundwasserbelastung, die auch in die Tiefe erfolgt wäre, unterblieben

Reinstwasser. Durch Mehrfachnutzung bzw. Kombination der Verfahren zur → Reinwasser-Gewinnung extrem gereinigtes Wasser (entfernt werden gelöste organische und anorganische, partikuläre, kolloidale und mikrobiologische Verunreinigungen), das zur Spurenanalytik benötigt oder zum Reinigen von Gefäßen bzw. Geräten zur Spurenanalytik verwendet wird

Reinwasser. Durch Destillation, Ionenaustauscher oder Mikrofiltration stark ionenabgereichertes Wasser (zu Analyse- oder speziellen Reinigungszwecken)

Rekultivierung. Wiederherstellung einer vegetatiblen Kulturfähigkeit eines künstlich geschütteten Lockergesteins (z.B. Bergbaukippen oder -halden)

Rem (**R**oentgen-**E**quivlent-**M**an). Nicht mehr zulässige und durch Sievert (Sv) ersetzte Einheit des→ Dosisgrenzwertes für die ROENTGEN-Strahlung; (1 rem = 10 mSv)

Remobilisation. Freisetzung adsorbierter Bestandteile einer → Lösung durch → Desorption

Renaturierung. Versuch der Wiederherstellung eines naturnahen Zustandes, insbesondere von Landschaften bzw. Landschaftsteilen

repräsentatives Elementarvolumen. → REV

Repräsentativwert. Eine aus Einzeldaten ermittelte Bewertung, die die mittleren Eigenschaften eines betrachteten Systems charakterisiert; z.B. eine Grundwasserprobe oder -analyse, deren Beschaffenheit keinem punktuellen Einfluß unterliegt, sondern dem mittleren Lösungsinhalt bzw. der mittleren Beschaffenheit eines definierten Grundwasserkörpers entspricht

Reservoir. Becken, Hohlraum oder Behälter zur Speicherung bzw. Bevorratung von Wasser (Ab- oder Grundwasser)

Reservoir-Effekt (→ Isotopenhydrologie). Altersverfälschung durch Reservoir-spezifische, von der Modellvorstellung abweichende Anfangskonzentration

Reservoirkorrekturwert. → Alter, isotopenhydrologisches

Resistenz. → Persistenz

Resorption. Aufsaugen von Flüssigkeiten durch Gewebe, Haut, vernetzte Stoffe u.a.m.

Ressource. Vorratsreserve eines durch den Menschen nutzbaren Rohstoffes oder Lebensmittels, z.B. Grundwasser

Restabsenkung. → Grundwasserrestabsenkung

Retardation. 1. Verzögerung, Verlangsamung eines Entwicklungs- oder Prozeßablaufes;
2. durch kontinuierliche Sorptions-/Desorptionsreaktionen verursachte Verzögerung des Transports anorganischer und organischer Stoffe gegenüber dem Grundwasserfluß

Retardationsfaktor. Faktor zur Quantifizierung einer → Retardation, der sich aus dem Quotienten von mittlerer Abstandsgeschwindigkeit des (Grund-)Wassers und der Transportgeschwindigkeit des Kontaminanten ergibt und aus der Schüttdichte eines Sediments, der effektiven Porosität und dem Adsorptions-(Verteilungs-)koeffizienten eines Stoffes abgeschätzt werden kann, also eine stoffspezifische Größe ist

Retention. Abflußhemmung oder −verzögerung durch natürliche Eigenschaften des Gesteins oder künstliche Maßnahmen; die natürliche R. eines Gesteinskörpers wird verursacht durch sein Speichervermögen. In der → Trockenwetterfallinie (TWL) deutet sich die Retention durch den Kurvenverlauf an: steiles Gefälle = niedrige, flaches Gefälle = höhere Retention. Außerdem weisen niedrige → Auslauf-(Austrocknungs-)koeffizienten α wegen des daraus resultierenden größeren nutzbaren Hohlraumvolumens auf ein höheres Rückhaltevermögen hin; ↓ Rückhalt;

→ Retentionsraum

Retentionsraum. 1. → Hochwasserrück-haltebecken; ↓ Speicherbecken, ↓ Hochwasserschutzbecken, ↓ Hochwasserspeicher 2. retentionsbedingter Speicherraum von Grundwasser; ↓ Retentionsspeicher

REV. **R**epräsentatives **E**lementar**v**olumen, da in Kluft-Grundwasserleitern (Kluft-GWL) die als Fließkanäle fungierenden Hohlräume (Klüfte) räumlich bei gleichen Volumina weiter verteilt sind als in Poren-GWL, wird zum statistischen Vergleich ein Volumen definiert, das die Gesamtheit aller hydraulischen Eigenschaften repräsentiert; REV muß, um der vollständigen Repräsen-tation zu genügen, naturgemäß um so größer sein, je weiter die Hohlräume auseinander liegen; so hat das REV für sandige GWL Volumina von etwa 10^{-2} m^3, für Kiese 10^2 m^3 und für Kluft-GWL von 10^7 m^3

REYNOLDS-Zahl (Re). Dimensionslose Zahl, die beschreibt, ob eine Flüssigkeit in einem porösen Medium laminar (wirbelfrei) oder turbulent (verwirbelt) fließt und das Verhältnis von Trägheits- zu den Reibungskräften eines durchströmten Mediums ausdrückt. Es gibt mehrere Berechnungsarten, doch gehen in alle neben der Fließgeschwindigkeit, Dichte und Viskosität (Zähigkeit) der Flüssigkeit ein. Niedrige R. sind charakteristisch für laminare Strömungen; etwa bei R = 10 geht im → Grundwasser die laminare in eine turbulente Strömung über und bezeichnet etwa die obere Grenze der Gültigkeit des → DARCY-Gesetzes ist erreicht. In → Grundwasserleitern werden die strömungsmechanischen Verhältnisse weitgehend durch die Geschwindigkeiten des strömenden Wassers und durch die Geometrie des durchflußwirksamen Hohlraums bestimmt; da in Festgesteinen das Grundwasser im Gegensatz zu Lockergesteinen nur in mehr oder weniger beengten Klüften und deshalb relativ schnell fließt, erfolgt hier die Strömung meist turbulent, das → DARCY-Gesetz ist daher hier nicht anwendbar

rezent. Gegenwärtig, aktuell; geologischer Prozess, der in der Gegenwart abläuft

RFA. → Röntgenfluoreszenzspektroskopie

Rheokrene. In Hanglage frei austretende → Quelle mit schnellem Ablauf

Rhithral. In einem → Fließgewässer Zone des Gebirgsbaches (Salmonidenregion)

Rhodamine. Gruppe von stark rot gefärbten Markierungsstoffen (Rhodamin B, 3G, 6 GDN, 6 G, WT, FB), die wegen ihrer roten Fluorenzenz in → Tracer-Versuchen eingesetzt werden (geringe Abhängigkeit der → Fluoreszenz vom → pH-Wert); nachteilig ist die starke Sorption durch Fremdstoffe; R. sind daher daher für länger dauernde Versuche nicht zu empfehlen, da von der Eingabestelle noch längere Zeit Farbstoff abgegeben werden kann. Die Empfindlichkeit der R. gegenüber Licht ist sehr gering, gegen Oxidation mittelmässig und gegen Wasserstoff gering. Gegen die Verwendung der Varianten Rhodamin WT, B [3,6-Bis(diethylamino)-9-(2-carboxyphenyl)xanthen; $C_{28}H_{31}ClN_2O_3$; Fluoreszenzintensität nur 30 % von → Uranin, Nachweisgrenze niedriger als bei → Uranin) und 6G bestehen toxikologische Bedenken

rH-Wert. Ein pH-Wert unabhängiges Maß für das → Redox-Vermögen eines Systems, das definiert wird als negativer dekadischer Logarithmus des Wasserstoffpartialdrucks [rH = -lg p(H_2)], von dem eine Platinelektrode umspült sein müßte, um eine der Lösung entsprechende Reduktionswirkung auszuüben. rH-W. 0 bis 9 bedeuten stark reduzierende, 34 - 42 stark oxidierende Eigenschaften; dazwischen liegen die Übergänge, 17 - 25 bezeichnen indifferente Systeme

RICHARDS-Gleichung. Nach RICHARDS (1931) benannte Gleichung, die die Strömung in der wasserungesättigten Zone (→ Zone, wasserungesättigte) quantifiziert, in der Durchlässigkeitsbeiwert (k_f) und hydraulisch wirksames Potential (ψ) außer von der Gesteinsmatrix wesentlich vom Wassergehalt abhängen: Die Gleichung ist nicht linear. Der k_f-Wert nimmt mit steigender Wasserspannung [→ Wasserspannung (1.)], d.h. mit abnehmender → -Wassersättigung zu und umgekehrt

Richtwert. Orientierungswert für eine Konzentration eines Stoffes im (Trink-)Wasser, der im Regelfall eingehalten werden *soll* (im Gegensatz zum → Grenzwert, der nicht überschritten werden *darf*)

Riegel. 1. → Abriegelung des Grundwasserstroms durch Baumaßnahmen (z.B. → Spundwand); 2. In Reihe angeordnete Trinkwasserfassungen; → Brunnengalerie

Rieselfeld. Gebiet, dessen Untergrund dazu geeignet ist, geklärte → Abwässer zu infiltrieren, wobei die natürliche Reinigungswirkung (sorptiv, mikrobiell) vorausgesetzt wird

Rigolenversickerung. Versickerung von → Abwasser über einen kiesgefüllten Graben (Rigole), ohne Passage der belebten und bewachsenen Bodenzone, d.h. unter Verzicht auf die Reinigungswirkung der Bodenschichten; zur Vermeidung einer Grundwassergefährdung muß deshalb sichergestellt sein, daß aufgrund der örtlichen hydrogeologischen Verhältnisse eine solche Gefährdung auszuschließen ist; ↓ Rohrversickerung

Ringraum. Raum zwischen (Brunnen-)Ausbau und Bohrlochwand (Gebirge)

Rinnen, glazifluviatile. Strukturen in Glazialgebieten, die im Grundriß netzförmig verbunden sein können, sehr steile Flanken (bis 70 ° Einfallen) und kein hydraulisches Gefälle haben, d.h. sie besitzen kein Zufluß- und kein Abflußniveau; ihre Füllung besteht meist aus Sanden, z.T. Schluffen und entkalkten Grundmoränenschollen Sie werden als Ausspülstrukturen im Bereich von Gletscherspalten des abschmelzenden Inlandeises während des Pleistozäns gedeutet; die tiefsten Rinnensysteme entstanden am Ende der Elster-Eiszeit; sie erreichen in Norddeutschland Sohltiefen bis > -450 m NN. Hydrogeologisch besitzen sie außerordentliche Bedeutung als hydraulische Fenster (→ Fenster, hydraulisches)

Rinnsal. → Bach

RiStWag. „Richtlinien für bautechnische Maßnahmen in Wassergewinnungsgebieten" - herausgegeben von der „Forschungsgesellschaft für das Straßen- und Verkehrswesen", Köln (Erstfassung 1971; z.Z. gültig Fassung von 1982; Neufassung ist z.Z. in Bearbeitung), die den Straßenbau und die erforderlichen Baumaßnahmen in Wasserschutzgebieten regeln und durch die „Hinweise für Maßnahmen an bestehenden Straßen in Wasserschutzgebieten" (1993) ergänzt werden

Röntgenfluoreszenzspektroskopie (RFA). Halbquantitatives Analyseverfahren zur Multielementanalytik, bei dem mittels Röntgenstrahlen elementtypische Fluoreszenzspektren erzeugt werden; Nachweismöglichkeiten bestehen für alle Elemente des Perionesystems von Fluor bis Uran

Rösche. Wasserkanal an der Sohle einer → Strecke eines untertägigen Bergbaues zur Abführung von Wässern, die im Grubenbereich zusitzen, und entweder über eine Entwässerungsstrecke direkt an eine natürlich tieferliegende Austrittsstelle im Oberflächenrelief oder an einen Pumpensumpf (→ Wasserhaltung, offene) abgeleitet werden; ↓ Wasserrösche, ↓ Wasserseige

Rohrtour. Stahlrohrstrang (Futterrohre), der beim Bohren im Lockergestein die Standsicherheit des Bohrloches bewahrt; in günstigen Fällen ist ein R.-Durchmesser vom Geländeansatzpunkt bis zur Endteufe ausreichend, bei heterogen geschichteten Profilen kann der Einsatz teleskopartig ineinandergesteckter R.en (unter Verringerung des Bohrdurchmessers) erforderlich sein; R.en werden nach Ausbau der Bohrung (z.B. → Brunnen, → Grundwassermessstelle) wieder gezogen, um des ungehinderten Zutritt des → Grundwassers in den ausgebauten Bohrungsinnenraum zu ermöglichen; R. wird gelegentlich für Vollverrohrung beim Brunnen- (Brunnenrohrtour) oder Grundwassermessstellenausbau verwendet; ↓ Rohrfahrt; ↓ Rohrkolonne

Rohrversickerung. → Rigolenversickerung

Rohstoff. In der Natur vorkommendes Element oder vorkommende Verbindung, die einer materialtechnischen oder energetischen Nutzung (direkt oder technisch verarbeitet) dient (Erze, Salze, Spate, Fest- und Lockergesteine für breiteste Anwendungsbereiche, Kohlen, Erdöl, Erdgas); ein R. kann auch Lebensmittel sein [Wasser, Halitit (Speisesalz aus Steinsalz), Spurenelemente, etc.]

Rohwasser. → Grundwasser aus einem → Brunnen oder einer → Quelle, das nicht aufbereitet wurde (z.B. durch Enteisenung oder Entsäuerung)

Rollenmeißel. In Rotary-Bohrungen (→ Rotary-Bohrverfahren) eingesetzter Bohrmeissel, der mit drei durch (Industrie-) Diamanten besetzten, sich frei drehenden gezähnten Rädern das Gestein an der Sohle einer Bohrung löst

rostschutzverhindernde Kohlensäure.
→ Kohlensäure, eisenaggressive

Rotary-Bohrverfahren. → Bohrverfahren, bei dem der Antrieb des Bohrers nicht durch vertikales Schlagen, sondern durch Drehen („Rotieren") erfolgt; die Drehbewegung wird maschinell über Tage erzeugt und über ein Bohrgestänge auf das Bohrwerkzeug übertragen; der Antrieb erfolgt dabei über einen Drehtisch mit einer darin gleitenden vierkantigen Mitnehmerstange („Kelly"). Zum Lösen des Bohrguts wird eine → Spülung entweder durch das Drehgestänge (Druck-, reguläre oder Rechts-Spülung) eingepreßt oder durch das Gestänge angesaugt (Saug-, inverse oder Linksspülung), wofür dem Bohrloch die → Spülung von außen zugeführt wird; hydrogeologisch ist die Saugbohrung vorzuziehen, da sie bessere und teufentreuere Bohrproben liefert. Von Nachteil ist jedoch, daß die → Spülung „stehen" muß und nicht über gut durchlässige Profilabschnitte aus dem Bohrloch abfließt; ist das der Fall, muß ein anderes Bohrverfahren gewählt werden. Allgemein haben sich Rotary-Bohrungen im Brunnenbau gegenüber dem älteren Schlagbohrverfahren (→ Schlagbohren) durchgesetzt, da sie schneller und billiger sind; dennoch haben Schlagbohrverfahren dort ihre Berechtigung, wo mit fortschreitender Vertiefung des Bohrloches Informationen zu Wasserspiegellagen und Gasaustritten erforderlich sind, die bei Rotarybohrungen wegen des schnellen Bohrvortriebs und der im Bohrloch stehenden → Spülung nicht zu erhalten sind; ↓ Rotations-Bohrverfahren, ↓ Dreh-Bohrverfahren

Rückbau (eines Brunnens). Bauliche Maßnahmen nach Aufgabe eines → Brunnens [Abbau des Brunnenkopfes und der Steigrohre, Reinigung des Brunnens, Auffüllen des Brunnens (→ Verfüllung), Setzen einer Betonplombe]; weitere Hinweise enthält das DVGW-Merkblatt W 135

Rückhalt. → Retention

Rückhaltebecken. → Hochwasserrückhaltebecken, → Retentionsraum

Rückhaltekapazität. 1. Speichervolumen von → Hochwasserrückhaltebecken; 2. Kapazität des Rückhaltevermögens; → Retention

Rücklage. Grundwasservorratsänderung infolge vorübergehender Anreicherung von Grundwasser in niederschlagsreichen Zeiten, gemittelt über ein bestimmtes Gebiet; die R. muß bei kurzfristigen Wasserbilanzen als (z.B. jährliche) witterungsbedingte Größe berücksichtigt werden

Rückstand. Beim Filtrieren oder Eindampfen (Eindampf-R.) zurückbleibende Festsubstanz; ↓Bodensatz

Rückstau. Durch ein natürliches oder künstliches Hindernis (z.B. → Wehr, → Damm, → Spundwand) entstehender Stau des ober- oder unterirdischen Abflusses (der advektiven Wasserbewegung); ein Rückstau des oberirdischen Abflusses wirkt sich auf die Grundwassermorphologie des umgebenden Grundwasserkörpers aus

Rückstauwasser. Zurückgestautes ober- und/oder unterirdisches Wasser

Rüstungsaltlasten. Stillgelegte Anlagen der Rüstungsindustrie und Grundstücke, auf denen → Altablagerungen der Rüstungsindustrie gelagert sind oder ohne spezielle Vorkehrungen vor Ort vernichtet wurden

Ruhespiegel. Wasserspiegellage in einem Brunnen vor und nach einem Pumpversuch; sofern sich während des Pumpversuchs der Luftdruck geändert hat, können beide Ruhespiegellagen differieren

Ruhewasserstand. Position des → Grundwasserspiegels in einem → Brunnen, die sich in der Betriebsruhe zwischen den Förderphasen einstellt; er liegt oft tiefer als der → Ruhespiegel z.B. nach Fertigstellung der → Brunnenbohrung und vor der ersten Förderung; die Einstellung des R.es ist abhängig davon, wie schnell sich → Absenkungstrichter auffüllt; → Betriebswasserstand

Ruptur. Durch tektonische Vorgänge im Gestein erzeugte Trennfläche, durch welche die Gesteinskontinuität unterbrochen ist; Oberbegriff für → Klüfte, → Spalten und → Störungen aller Art

Rutschung. Meist von Brüchen begleitete, schwerkraftbedingte Massenverlagerungen aus der höheren Lage eines Hanges oder einer Böschung in eine tiefere; Ursache sind stets Veränderungen des Hanggleichgewichts, die entweder durch zusätzliche äußere Beanspruchung oder durch Minderung der Scherfestigkeit des Hangmaterials verursacht werden; ↓ Hangbewegung, deluvial-gleitende

Rohrbrunnen. Alte Bezeichnung für gebohrte Brunnen; nach einem Beschluß des „Fachnormenausschusses Brunnenbau" vom 06.03.1943 durch die Bezeichnung „Bohrbrunnen" abgelöst

RUTTNER-Schöpfer. Gerät zur Gewinnung von Schöpfproben aus (Grund-)Wasser, das auch die Entnahme aus größerer Tiefe (etwa 100 m) ermöglicht. Das geöffnete Schöpfgefäß (Durchmesser 85 mm) wird an einem Drahtseil (z.B. in einen Schacht oder Brunnen) abgelassen; ist der Ort der vorgesehenen Probenahme erreicht, wird ein Fallgewicht am Tragdraht abgelassen, bei dessem Aufschlag sich das Schöpfgerät schließt und auch beim anschließenden ziehen geschlossen bleibt

S

s. → Grundwasserabsenkung
S. → Entropie
Sachverständigenrat für Umweltfragen. Der Rat von Sachverständigen für Umweltfragen ist ein Beratungsgremium der Bundesregierung mit dem Auftrag, die Umweltsituation und Umweltpolitik in der BRD und deren Entwicklungstendenzen darzustellen und zu begutachten sowie umweltpolitische Fehlentwicklungen und Möglichkeiten zu deren Vermeidung aufzuzeigen; dazu ist alle zwei Jahre ein Gutachten zu erstellen, der Bundesregierung zu übergeben und zu veröffentlichen. Die Themen werden im Rahmen der monatlich stattfindenden Ratssitzungen von den Mitgliedern erarbeitet; die Bearbeitung selbst erfolgt interdisziplinär. Der Rat setzt sich aus sieben Mitgliedern zusammen, die über besondere wissenschaftliche Kenntnisse und Erfahrungen im Umweltschutz verfügen und vom Bundesumweltminister nach Zustimmung durch die Bundesregierung für vier Jahre berufen werden; die Mitglieder dürfen nicht der Regierung oder dem Parlament des Bundes oder eines Landes angehören. Regelmäßiger Kontakt besteht zu den Behörden des Bundes und der Länder sowie zur EU; die Dienstaufsicht liegt beim Umweltbundesamt. Sitz des S.f.U. ist Wiesbaden; ↓ Umweltrat, ↓ Umweltbeirat

Sättigung 1. In Abhängig von zu lösenden Stoff und dem Lösemittel hat jede Löslichkeit (→ Löslichkeit von Gasen, → Löslichkeit von Salzen) eine Grenze: Eine Lösung, die von dem gelösten Stoff nichts mehr zu lösen vermag, ist eine gesättigte Lösung; die Konzentration einer gesättigten Lösung wird als Löslichkeit des gelösten Stoffes in dem betreffenden Lösemittel bezeichnet; 2. Vorgang, der ein Dreiphasensystem [z.B. Feststoff - Wasser - Luft (Gas)] in ein Zweiphasensystem (Feststoff - Wasser) überführt (→ Zone, wassergesättigte)

Sättigungsdampfdruck. → Dampfdruck, den eine verdunstende Flüssigkeit bei → Sättigung in einem Medium erreicht hat; seine Größe ist temperaturabhängig und wird zur Errechnung der potentiellen → Evapotranspiration (ET_{pot} nach HAUDE, → HAUDE-Gleichung) herangezogen

Sättigungsdefizit. Unterschiedsbetrag zwischen Sättigungs- und tatsächlich vorhandenem (gemessenem) Wert

Sättigungsindex. 1. Calciumcarbonat-Sättigungsindex (I): Differenz zwischen dem bei einer Wasserprobenahme gemessenen und dem in Abhängigkeit vom CO_2-Gehalt nach LANGELIER für ein Kalk-Kohlensäure-Gleichgewicht errechneten pH-Wert; Nullwerte indizieren ein Gleichgewicht, negative das Vorhandensein aggressiver Kohlensäure (sauer), positive eine $CaCO_3$- Übersättigung (basisch);

$$I = \Delta\, pH =$$

pH gemessen - pH Gleichgewicht (aus Analysendaten errechnet)
2. Maß für die thermodynamische Aktivität in einem geohydrochemischen System (SI), das (vor allem in chemischen Modellrechnungen) für eine chemische Spezies errechnet als Quotient aus dessen → Ionenaktivitätsprodukt (IAP) und seinem → Löslichkeitsprodukt (L) berechnet und logarithmiert angegeben wird; ist das IAP der betrachteten chemischen Spezies in der analysierten Wasserprobe größer als L, ist also SI > lg 0, dann ist das Wasser übersättigt mit den Ionen dieser Spezies, ist umgekehrt SI < lg ist es untersättigt und bei SI = lg 0, besteht Sättigungsgleichgewicht

Sättigungskonzentration. 1. Chemisch: Bei einer gegebenen Temperatur (bei Gasen bei einem bestimmten Druck) höchste erreichbare Konzentration eines Stoffes (Gases) in seiner Lösung;
2. Isotopenhydrologisch: Zeitlich unveränderte Radionuklidkonzentration eines geschlossenen Systems, die sich theoretisch nach unendlich langer Zeit einstellt, wenn das Radionuklid mit konstanter Rate produziert

Sättigungszone. → Zone, wassergesättigte, ↓ Saturationszone

Safranin. Orangefarbener Farbstoff, der zum Einfärben von *Lycopodium clavatum* (→ Bärlappsporen) bei → Sporentriftversuchen verwandt wird; → Tracer

Saison, hydrologische. → Abflussjahr

Salinar. Beschaffenheitsbezeichnung für Cl⁻- und SO₄²⁻-haltige Wässer

Salinar. Salzgesteine, Salzlagerstätten (z.B. Halitit, Sylvinitit, Carnallitit usw.)

salinische Quelle. → Quelle, salinische

Salinität. Nicht näher definierter Salzgehalt des Wassers; früher lag dieser Begriff der Definition der heute nicht mehr verwendeten → PALMER-Werte zugrunde

Salmonellen. Aus dem Darmtrakt von Warmblütern stammende Bakterien, die mit Abwässern in den Untergrund eingetragene pathogene Bakterien aus der Familie der Enterobacteriaceae mit den Spezies *Salmonella typhi* und *S. paratyphi B*, den Erregern von Typhus und Paratyphus, umfassen; in Freiland-Versuchen erwies sich *S. typhi* bis zu 63 Tage im Boden lebensfähig. In Trinkwässern dürfen *S.* nicht nachweisbar sein; in Badegewässern nach entsprechender EG-Richtlinie vom 05.02.1976 (76/160/EWG) nicht in 1 Liter

Salzabwasser. In der Kali-Industrie bei der Kalisalzgewinnung anfallende Abwässer mit Na⁺, Mg²⁺, K⁺, Cl⁻, SO₄²⁻ in Konzentrationen > 300 g/l; der Begriff ist besonders in der thüringischen und sachsen-anhaltinischen Kali-Industrie gebräuchlich; → Kali-Endlauge

Salzboden. 1. Boden des ariden und semiariden Klimabereiches, in dem es unter dem Einfluß von Grund- und Stauwasser zu einer natürlichen Anreicherung verschiedenartiger Salze kommt;
2. Boden in humiden Gebieten, in dem es durch kapillaren Aufstieg von → Sole (Soleentlastungsgebieten) zur Anreicherung von Salzen im → Boden (Ah, Ap, B) kommt

Salzgehalt. Gesamtheit der in einem Wasser enthaltenen, in Ionen dissoziierten Salze; ↓ Elektrolytgehalt

Salzhang. Grenzbereich zwischen ausgelaugten und intakten Salzlagern (Salzflözen, -kissen, -diapiren, -mauern) mit pseudotektonischen (halokinetischen) Schichtdeformationen in darüberliegenden Gesteinsabfolgen (Hangendes); → Halokinese

Salzsee. Abflußloses Binnengewässer in Trockengebieten, bei dem der im Zufluß enthaltene geringe Salzgehalt durch die starke Verdunstung im See aufkonzentriert und Salz ausgeschieden wird

Salzspiegel. Die durch Ablaugung erzeugte horizontale Obergrenze eines Salzauftriebs (→ Salzstocks), hervorgerufen durch die auflösende Wirkung der Sicker- und Grundwässer; über dem S. lagert der schwerer lösliche Rückstand (Residualgebirge) als Gipshut

Salzstock. Anreicherung von Salz durch eigenständig erfolgten Aufstieg (→ Halokinese) von Salz aus der Tiefe entlang tektonisch vorgeprägten Bahnen mit steilwandigem Salzkörper; die Salzgesteine werden beim Aufstieg stark verfaltet, die vom Salzaufstieg durchdrungenen Schichten an den S.-rändern hochgeschleppt und zerschert; ↓ Diapir

Salzungsversuch → Tracerversuch unter Einsatz von NaCl-Lösung; die Tracerausbreitung ist mit geophysikalischen Messmethoden (Geoelektrik) gut verfolgbar

Salzwasser. Wasser mit einem deutlich wahrnehmbaren Salzgehalt, wobei es jedoch keine eindeutigen Festlegungen in Bezug auf den Salzgehalt gibt. So ist nach DAVIS & DE WIEST S., das einen Salzgehalt von 10 - 100 g/kg aufweist; in der BRD gilt als Grenze Süß-/Salzwasser (ohne Festlegung in einer Norm) eine Chloridkonzentration von 250 mg/l (entsprechend 412 mg/l NaCl), obwohl viele Menschen den Salzgehalt erst bei höherer Konzentration schmecken; nach der DIN 4049-3 vom April 1990 ist S. „Wasser mit einer hohen Konzentration an gelösten Salzen, überwiegend Natriumchlorid"; je nach Betrachtungsweise und Nutzungsanspruch sind unterschiedliche Abgrenzungen möglich, z.B. Gesamtkonzentration an gelösten Salzen in S. > 5 g/l oder Chlorid-Konzentration > 1 g/l (Salzgeschmack). Durch die höhere Dichte von S. kommt es in ungestörten hydraulischen Systemen zur Unterschichtung von → Süßwasser; → Sole

Salzwassereinbruch. Im Salz- (Kali-) Bergbau plötzlich beim Stollenvortrieb aus dem Salzgestein ausbrechendes → Salzwasser, das sich bei der Genese im Salzgestein als Rest der Salzwassereindampfung angesammelt hatte; ↓ Soleeinbruch, ↓ Salzwasserintrusion

Sammelbrunnen. Technische Einrichtung einer → Quellfassung, in der die Wässer aus den durch Sickerrohre gefaßten Quellen gesammelt werden, um von dort in den Hochbehälter oder das Ortsnetz abzulaufen; ↓ Sammelschacht

Sammeldiagramm. Graph zur Darstellung mehrerer ausgewählter Analysenparameter, wobei die einzelnen Ionen bzw. Ionengruppen als Funktion der Gesamtionenkonzentration (in [%]) oder in ihrer gegenseitigen funktionalen Beziehung (Ionenverhältnisse) gesehen werden; die Betrachtungsweise setzt voraus, daß chemisch reaktionsgleiche Einheiten, also Äquivalente bzw. Äquivalentprozente, in den Diagrammen ausgewertet werden. Nachteil von S. ist, daß nur eine beschränkte Zahl von Parametern auswertbar ist: in den Dreieckdiagrammen 3 Parameter, in den Viereckdiagrammen (→ Quadratdiagramm) 4; durch Auswertung in Ionenverhältnissen läßt sich die Zahl auswertbarer Parameter je nach Ionenverhältnis etwas erhöhen

Sammelprobe. → Mischprobe

Sammelschacht. → Sammelbrunnen

Sammelwasser. Das in einem → Sammelbrunnen gesammelte → Grundwasser

Sand. Nach DIN 4022-1 Mineralkörnchen mit Korngrößen zwischen > 0,06 und 2 mm; weitere Unterteilung Feinsand: > 0,06 bis 0,2 mm, Mittelsand > 0,2 bis 0,6 mm und Grobsand > 0,6 bis 2 mm

Sander. Ausgedehnte, flach geneigte Sand- oder Kiessandfläche aus einer Eisrandposition (und damit senkrecht zum Eisrand) heraus ins Vorland der Inlandvereisung; ihr Material über Gletschertore wurde durch Schmelzwässer aus dem Moränenmaterial ausgewaschen; ↓ Sandr, ↓ Sandur

Sandlückenfauna. Fauna in den Sandlücken von Grundwasser-führenden Lückenbiotopen (sog. Stygopsammal). Dabei handelt es sich um Bakterien, Pilze und Metazoen (Nematoden, Ostracoden, Copepoden, Isopoden und Amphipoden); daneben wurden aber auch urtümliche Formen vor allem von Krebsen entdeckt, die auf Grund ihrer Ähnlichkeit mit stammesgeschichtlichen Verwandten als „Lebende Fossilien" bezeichnet werden. Die besonderen Folgen für die in absoluter Dunkelheit lebenden Metazoen sind Pigmentlosigkeit und Augenverkümmerung. Hinsichtlich ihrer Nahrung sind sie vollständig auf Zufuhren von der Erdoberfläche angewiesen; ↓ Stygopsammon

Sandpumpe. → Mammutpumpe

Sandstein. Diagenetisch verfestigtes Gestein mit dominierender Sandkornfraktion, das aus mehreren Stoffkomponenten zusammengesetzt sein (polymiktisch) kann, so aus Gesteinsbruchstücken (Lithoklasten) (→ Sandsteine, lithoklastenführende), Feldspäten (→ Sandsteine, feldspatführende) und/oder Quarz; die Sandkornfraktion (→ Sand) kann durch Drucklösung an den Berührungspunkten, durch ein Bindemittel (z.B. → Ton) oder einen Zement (z.B. Kieselsäure, Calciumcarbonat) verfestigt sein. Überwiegend als Festgestein geltend hat S. je nach Korngröße, Kornform, Sortierung und Diagenesegrad seiner Körnung eine Porosität, die zwischen 0,4 und 35 % liegt. Die dadurch gegebenen Gesteinsdurchlässigkeiten liegen zwischen $2 \cdot 10^{-14}$ und $4 \cdot 10^{-4}$ m/s; damit ist die Gesteinsdurchlässigkeit der S. um 1 bis 3 Größenordnungen niedriger als die der entsprechenden Lockersedimente; den S. hinsichtlich ihrer hydraulischen Eigenschaften sind → Konglomerate und → Grauwacken gleichzusetzen

Sandstein, feldspatführende. Diagenetisch verfestigte Sande, die neben Quarz (< 25 %) auch Feldspat (> 33 %) und untergeordnet Gesteinsbruchstücke unterschiedlicher Genese und Herkunft enthalten können; ↓ Arkose

Sandsteine, lithoklastenführende. Diagenetisch verfestigte Sande, die neben Quarz (25 %) auch Feldspat und vor allem Gesteinsbruchstücke unterschiedlicher Genese und Herkunft enthalten können

Sanierung. Maßnahme, die geeignet ist, durch anthropogene Handlungen verursachte

Belastungen oder Gefährdungen des Untergrundes zu mindern oder zu beseitigen; so kann eine S.-maßnahme zunächst die Abwehr akuter Gefährdungen bedeuten, z.B.. durch Einrichtung von Aufbereitungsanlagen bei der Trinkwassergewinnung oder die Einleitung von Maßnahmen bei der Ölbekämpfung. Hauptziel der S. ist jedoch die Wiederherstellung der universellen Verwendbarkeit von Allgemeingut und möglichst des ursprünglichen, nicht belasteten (kontaminationsfreien) Zustands; das trifft insbesondere für → Altablagerungen und → Altstandorte zu

Sanierung, in situ. Herstellung eines hydraulischen oder hydrogeochemischen Gleichgewichtes, das einer ursprünglichen (natürlichen) Beschaffenheit entspricht oder dieser nahe kommt, mit technischen Mitteln, die an Ort und Stelle eingesetzt werden

Sanierungsbrunnen. → Abwehrbrunnen

Sanierungsentscheid. Entscheid, ob eine Sanierungsmaßnahme eingeleitet werden soll. Maßgebend hinsichtlich des Grundwassers sind „Empfehlungen für die Erkundung, Bewertung und Behandlung von Grundwasserschäden" der LAWA aus dem Jahre 1994 (→ LAWA-Liste), die sich auch mit der Planung und Duchführung von → Sanierungen befassen; in diesem Papier sind für Analysenparameter (überwiegend Stoffe) Prüf- und Maßnahmenschwellenwerte festgelegt, bei deren Überschreitung in der Regel Sanierungsmaßnahmen einzuleiten sind. Vielfach wird für solche Entscheidungen auch die sog. → Niederländische Liste (vom Mai 1994) zugrunde gelegt

Sanierungsziel. Sanierungsziel ist die Wiederherstellung des vor einer anthropogenen Belastung (Kontamination) des Untergrundes bestehenden Zustandes; → Sanierung

Saprobie. Intensität des biologischen Abbaus; es werden verschiedene Zonen unterschieden: 1. *Polysaprobe* Zone: Zone Sauerstoff-zehrender Fäulnisprozesse wegen hoher organischer Belastungen, z.B. im Bereich der Einleitung hoch organisch belasteter → Abwässer;
2. *Mesosaprobe* Zone: Bereich hoher bakterieller Aktivitäten, Bereich der Mineralisation organischer Inhaltsstoffe bei guter Sauerstoff-Zuführung und Fehlen von Toxinen (Giftstoffen);
3. *Oligosaprobe* Zone: Bereich nur noch geringer organischer Belastungen

Saprobiegrad. Zustandsbereich der → Saprobie im → Saprobiensystem entsprechend der Intensität des biologischen Abbaus und des Vorkommens von Indikatororganismen; ↓ Saprobiebereich

Saprobien. Indikatororganismen, die unterschiedliche Saprobien-(Fäulnis-)Bereiche in einem oberirdischen Gewässer indizieren

Saprobienindex. Maß der Wirkung fäulnisfähiger Substanz auf die Lebensgemeinschaften von → Fließgewässern; Zahlenwerte zwischen 1,0 und 4,0 zur Beschreibung eines → Saprobiegrades mit Hilfe des → Saprobiensystems; das Verfahren zur Bestimmung ist in den Deutschen Einheitsverfahren (DEV) festgelegt (DIN 38410-M2)

Saprobiensystem. Empirische Einteilung der Saprobie, diezur Bestimmung des → Saprobienindex und somit der Unterscheidung der Gewässergüteklassen (I bis IV) dient

Saprobisch. Im Faulschlamm lebend

Saprolith. → Kaustobiolith

Sapropel. Ein subhydrisches, schwarzgraues Sediment in stagnierendem, Sauerstoff-freien Gewässerbereichen, in denen sich durch die Bildung von Schwefelwasserstoff tiefschwarze Huminstoffe und Metallsulfide absetzen; → Faulschlamm

Sapropelit. Feinklastisches (sandiger Schluff- bis Tonstein), schwarzgraues, oft karbonatisches Festgestein mit hohen Anteilen an Huminstoffen, das sich unter reduzierendem, aquatischen Milieu (→ Milieu, euxinisches) bilden konnte. In Abhängigkeit vom Schwefel- und Metall-/Metalloidangebot kann es zur Anreicherung polymetallischer Sulfide kommen; lagerstättenbildend erfolgte das z.B. beim „Kupferschiefer" (Basishorizont des Perm, Zechstein)

Saprophyten. In Schlämmen enthaltene Bakterien und Pilze, die wie z.B. → *Escherischia coli* und → *Pseudomonas aeruginosa*

SAR. 1. (**S**odium-**A**dsorption-**R**atio): Eine zur Beurteilung der Eignung von Beregnungswässern in der Landwirtschaft wichtige Zahl, die das Ionenäquivalent-Verhältnis Na-

trium zu Calcium + Magnesium angibt; Beregnungswässer können bei einem hohen Natrium-Gehalt eine Verdrängung der austauschfähigen Kationen Ca^{2+} und Mg^{2+} aus den Tonmineralien des Bodens bewirken. So entstandene Na-reiche Böden peptisieren jedoch und verlieren ihre Durchlässigkeit, wodurch die Frucht- und Bearbeitkarkeit herabgesetzt wird; die Eigenschaft eines Wassers, Calcium und Magnesium durch Natrium zu verdrängen, ist nach dieser Natrium-Adsorptions-Verhältniszahl zu beurteilen: Hohe SAR-Werte sprechen für die Gefahr einer Verdrängung der Erdalkaliionen;
2. **S**ynthetic **A**partur **R**ADAR; Fernerkundungsmethode, die in Flugzeugen und Raumfahrzeugen eingesetzt werden kann. Die Mikrowellen sind in der Lage, in eine (unbewachsene) Geländeoberfläche einzudringen, wobei die Eindringtiefe von der Wellenlänge abhängt; da RADAR-Wellen von der Dielektrizitätskonstante einer abgetasteten Oberfläche beeinflußt werden, sind feuchte Gebiete gegenüber der Umgebung hervorragend abgrenzbar. Mit SAR wurden u.a. in der Sahara verdeckte pleistozäne Flußläufe entdeckt

Säuerling (balneologisch). Heilquelle, deren Gehalt an (gelösten) freiem Kohlenstoffdioxid ≥ 1000 mg/kg beträgt

Säuern (von Brunnen). Behandlung von $\rightarrow$ Brunnenfiltern, die von Carbonatablagerungen (Inkrustierungen) betroffen sind, mit Salzsäure; Ziel ist es, die ursprüngliche Leistungsfähigkeit des $\rightarrow$ Brunnens wiederherzustellen

Säuerung. Zugabe von reinster Mineralsäure zur Fixierung (Lösungsstabilisierung) von Schwermetallen in Wasserproben für chemische Analysen; $\downarrow$ Ansäuerung

Säulendiagramm. Graphische Darstellung einzelner Analysen in Säulenform mit je einer Säule für Kat- und Anionen wobei die Gesamthöhe der Säulen ein Maß für die Ionenkonzentration (in [mg/l], [Äquivalenten] oder [Äquivalent-%]) ist; die Reihenfolge der Ionen innerhalb einer Säule ist beliebig oder dem Untersuchungsziel angepaßt

Säulenelution. Entnahme von Proben (Wasser oder Sediment) in verschiedenen Niveaus (Tiefen) im Verlauf eines $\rightarrow$ Säulenversuches

Säulenversuch. Häufig angewandtes Verfahren zur modellhaften Untersuchung von Prozessen im Boden unter festgelegten Randbedingungen. Dazu wird in eine Glas-, Keramik-, Metall- oder Kunststoffsäule von versuchsbedingtem/r Durchmesser/Länge der zu untersuchende Stoff (z.B. ein Boden) eingebracht, mit einer hinsichtlich ihrer Wirkung oder ihres Verhaltens im Boden zu testenden Lösung dauernd oder zeitweise beschickt; die Prozesse beim Durchsickern werden durch an der Säulenwand angebrachte Sensoren oder Probenahmeöffnungen verfolgt und die Ergebnisse der Durchsickerung durch gezielte Probenahmen festgestellt

Säurebindungsvermögen (SBV). $\rightarrow$ Carbonathärte, $\rightarrow$ m-Wert, $\rightarrow$ Säurekapazität bis pH 4,3 ($K_{S4,3}$)

Säurekapazität (K_s). Zu unterscheiden sind „S." bis pH 8,2 ($K_{S8,2}$, früher $\rightarrow$ p-Wert), der angibt, wieviel Säure (in der Praxis 0,1 N HCl) eine Wasserprobe bis zum Umschlagpunkt des Indikators Phenolphthalein (bei pH 8,2) aufnimmt; nach DIN 38409-H7: +p-Wert; analog stellt die „Säurekapazität bis pH 4,3 ($K_{S4,3}$, früher $\rightarrow$ m-Wert) die Säuremenge dar, die für eine Wasserprobe bis zum Umschlagpunkt des Indikators Methylorange (bei pH 4,3) verbraucht wird; aus der S. bis pH 4,3 errechnet sich (durch Multiplikation des Analysenwertes mit 61) die HCO_3^--Konzentration bzw. (multipliziert mit 2,8) die $\rightarrow$ Carbonathärte; aus der S. bis pH 8,2 ergibt sich der Gehalt an CO_3^{2-}, da Carbonate nur in Wässern mit pH-Werten > 8,2 löslich sind

Säuren. Nach BRØNSTED Verbindungen, die in der Lage sind, Protonen (H^+) abzugeben (Protonendonatoren), allerdings nur, wenn geeignete Moleküle oder Ionen ($\rightarrow$ Basen, Protonenakzeptoren) zugegen sind, die die H^+-Ionen aufnehmen, z.B. Wasser: $HX + H_2O \leftrightarrow H_3O^+ + X$. Es entstehen negativ geladene Säurerestanionen und positv geladene Oxonium-Ionen, die für den sauren Charakter von S. verantwortlich sind ($\rightarrow$ pH < 7,0 bei 25 °C). Durch Reaktion von Säuren mit $\rightarrow$ Basen entstehen Salze

Säureverbrauch. Der Verbrauch an Säure [in der Regel (0,1 N) Salzsäure, HCl] zur Ermittlung der $\rightarrow$ Säurekapazität

Saturationszone. → Zone, wassergesättigte; ↓ Sättigungszone

Sauerbrunnen. Volkstümliche Bezeichnung für → Säuerling

Sauerstoff-Anreicherung. Zuführung von Sauerstoff (meist durch Belüftung) in sauerstoffreduziertes Trink- und Brauchwasser zur Enteisenung oder Entmanganung; oder in Abwässern zur Verbesserung der Abbauleistung

Sauerstoff-Bedarf, biochemischer (BSB). Masse an im Wasser gelöstem Sauerstoff, den adaptierte Mikroorganismen für den oxidativen Abbau organischer Wasserinhaltsstoffe bei 20° C benötigen, anzugeben in [mg/l] Sauerstoff für Reaktionszeiten zwischen 2 und 20 Tagen (mit entsprechenden Bezeichnungen, z.B. BSB_{20} für 20 Tage); (DIN 4045); ↓ Biochemischer Sauerstoffbedarf

Sauerstoff-Bedarf, chemischer (CSB), Auf Sauerstoff umgerechnete Masse an Oxidationsmitteln (→ Oxidierbarkeit), die bei der Oxidation organischer Wasserinhaltsstoffe (einer Wasserprobe) unter definierten Bedingungen benötigt wird; als Oxidationsmittel werden Kaliumpermanganat (CSB_{Mn}, → Kaliumpermanganat-Verbrauch) und Kaliumdichromat (CSB_{Cr} → Kaliumdichromat-Verbrauch) verwendet (Angabe als Oxidationsäquivalent oder als Kaliumpermanganat- oder Kaliumdichromat-Verbrauch [mg/l]); ↓ Chemischer Sauerstoffbedarf

Sauerstoff-Defizit. Abweichung des Sauerstoffgehalts einer Probe von der → Sauerstoffsättigung; Angabe in [mg/l] oder (meistens) in [%], d.h. der prozentualen Abweichung des tatsächlichen Gehalts vom Sättigungswert unter der gegebenen Temperatur

Sauerstoff, freier. Wie bei allen Gasen hängt auch bei Sauerstoff die Löslichkeit im (Grund-)Wasser von Druck und Temperatur ab. Oberflächenwässer und oberflächennahe Grundwässer weisen in der BRD Gehalte (Sättigung) um 10 mg/l O_2; im Untergrund (Grundwasser) erfolgt jedoch durch mikrobiologische Prozesse und anorganische Oxidationen ein relativ schneller Aufbruch, so daß tiefere Grundwässer Sauerstoff-frei sind,

d.h. daß dort → anaerobe Prozesse die Sauerstoffumsetzungen bestimmen

Sauerstoff-Isotopenverhältnis. Infolge temperaturabhängiger → Fraktionierung haben $\delta^{18}O$-Gehalte des Niederschlags einen sinusförmigen Jahresgang mit einem sommerlichen Maximum. In Abhängigkeit von der → Verweilzeit im Grundwasser erleidet das aus dem → Niederschlag einsickernde Wasser infolge → Dispersion und Vermischung mit anderen Sauerstoff-Isotopen eine (relative) Abnahme der $\delta^{18}O$-Gehalte und damit eine mit der Zeit zunehmende Ebnung der Niederschlagskurve (→ Meteoric Water Line); dieses Verhalten kann also in begrenztem Umfang zur Bestimmung der mittleren Verweilzeit (→ Verweilzeit, mittlere) des eingesickerten → Niederschlagswassers ausgewertet werden In der Praxis wird das S.-I. $^{18}O/^{16}O$ (R_{Probe}) mit dem internationalen → SMOW (Standard Mean Ocean Water) verglichen und als relative Abweichung von diesem → Standard angegeben; die Verweildauer bzw. der sinusartige Kurververlauf sind etwa 4 bis 5 Jahre erkennbar, danach wird der Verlauf zunehmend undeutlicher und die Bestimmung der mittleren Verweilzeit ungenauer

Sauerstoff-Sättigung. Wie die Löslichkeit aller Gase ist auch die des Sauerstoffs in Wasser temperatur- und druckabhängig; unter einem Druck von 1013 hPa (mbar) beträgt die O_2-Sättigung bei 0 °C 14,6 mg/l, bei 5 °C 12,8 mg/l und bei 10 °C 11,3 mg/l. Bei Bestimmungen der S.-S. in oberirdischen Gewässern sind die Wassertemperaturen wegen der ständig sich ändernden Witterungseinflüsse zu berücksichtigen, nicht jedoch bei Grundwasserentnahmen wegen der dort meist vorhandenen Temperaturkonstanz

Sauerstoff-Verbrauch. → Sauerstoff-Bedarf, biochemischer, → Sauerstoff-Bedarf, chemischer,

Sauerstoff-Zehrung. Verlust des im (Grund-)Wasser gelösten freien Sauerstoffs durch Oxidationsprozesse (z.B. Oxidation von Pyrit in paläozoischen Tonschiefern, von organisch gebundenem Kohlenstoff, von Torf)

Saugbohrung. → ROTARY-Bohrverfahren

Saugfilter. Filter, deren mechanische Wirkung durch Ansaugen der zu filtrierenden Flüssigkeit optimiert bzw. beschleunigt wird

Saughöhe. Höhe, über die eine Wassersäule gegen die Schwerkraft gesaugt, d.h. gehoben werden kann; sie beträgt unter Berücksichtigung der Eintritts- und Reibungsverluste etwa 7,5 m; ↓ manometrische Höhe

Saugpumpe. → Pumpe, deren Hebungswirkung durch Ansaugen des Wassers mittels eines im Brunnen auf und ab bewegten Stempels und eines Fußventils bewirkt wird

Saugspannung. Unterdruck (relativ zum atmosphärischen Druck) in der wasserungesättigten (lufthaltigen) Zone (Boden, → Zone, wasserungesättigte), der aus Kapillarkraft und Kapillarhöhe resultiert und in [hPa] gemessen oder als → pF-Wert angegeben wird. Die S. ist:
1. Von der Wassersättigung des Bodens abhängig (je höher die Sättigung, desto niedriger die S. und umgekehrt);
2. Von der Bodenart (bei gleicher Wassersättigung nimmt die S. vom → Sand zum → Ton zu); → Matrixpotential, ↓ Tension

Saugspannungskurve. Charakteristik eines Bodens hinsichtlich seiner (Wasser-) Speichereigenschaften und Entwässerungsgeschwindigkeit, die die Beziehung (bzw. deren Verlauf) der Wasserspannung (in [cm WS]) in Abhängigkeit von dem Wassergehalt (in [Vol.%]) angibt; ↓ pF-Kurve; ↓ Wasserspannungskurve, ↓ Bodenwassercharakteristik

saurer Regen → Regen, saurer

Scale. 1. Englische Bezeichnung für Maßstab, die häufig in der Simulation von hydraulischen oder hydrochemischen Prozessen (scaling up) angewandt wird;
2. Mineralausscheidung aus „Naßöl" (Gemisch aus Erdöl und Lagerstättenwasser) bei der Erdölförderung, das vorwiegend aus Barium-, Strontium- und Calciumsulfat, ferner Eisen- und Calciumcarbonat besteht und zum partiellen Dichtsetzen von Fördersonden und innerhalb der Lagerstätte von Klüften führen kann

Schacht. 1. Ober- oder unterirdisch angelegtes, begehbares oberes Abschlußbauwerk für einen Vertikal- oder Horizontalfilterbrunnen aus wasserdichtem Ortbeton, aus Betonfertigteilen oder als Fertigschacht meist aus Edelstahl zur Aufnahme des Brunnenkopfes, von Wasserzähl- oder anderen Meßeinrichtungen. In der Regel hat ein S. eine verschließbare Zugangsöffnung und getrennt eine Montageöffnung, durch die eine Pumpenauswechslung vorgenommen werden kann; schließlich soll ein Wasserhahn am Brunnenkopf zur Entnahme von Rohwasser-Proben installiert sein; ein S. ist hochwassersicher zu bauen;
2. Vertikaler, von der Erdoberfläche in die Tiefe vorgetriebener Hohlraum mit meist rundem Querschnitt („Schachtröhre"), der der Förderung von im Tiefbau gewonnen Rohstoffen, Nebengestein und der Befahrung durch Bergleute dient; ein von einer Tiefbaustrecke zu Erkundungszwecken, zur Wetterführung oder als Fluchtweg zu höheren Abbausohlen nach oben getriebener S. wird als Blindschacht bezeichnet

Schachtbrunnen. 1. Grundwassergewinnungsstelle, die mittels mechanischer Hilfsmittel in Form einer vertikalen Schachtung oder mit Hilfe von Sprengungen abgeteuft wird; ein S. kann bei ausreichender Standsicherheit ohne stabilisierenden Ausbau errichtet werden, bei mangelnder Stabilität durch Holz-, Ziegel-, Betonguß- oder Betonfertigteilausbau gesichert und somit längerfristig nutzbar gemacht werden;
2. Mit großem Durchmesser dort gefertigte Schächte, wo der Grundwasserleiter oberflächennah (hoch) ansteht, wobei der Schacht genügend groß als Vorratsraum dimensioniert wird, um Schwankungen des Grundwasserzuflusses auszugleichen; die Wandung besteht aus Mauerwerk oder Betonringen und kleidet die ausgehobene Grube bis kurz unter die → Grundwasseroberfläche aus. Der Wassereintritt in den S. erfolgt meist aus der Sohle, seltener über Fugen an der Schachtwandung Wegen der Oberflächennähe der durch S. gefaßten Grundwässer und des dadurch erhöhten Risikos einer Grundwasserbelastung sowie wegen schwankender Zuflüsse werden S. für öffentliche Wasserversorgungen nicht mehr gebaut; → Vertikalschachtbrunnen

Schachtsumpf. Unterster Bereich eines → Schachtes, der mit einem ständig funktionsfähigen Abfluß zur Reinigung versehen sein muß oder in dem sich Pumpen zur Gruben-wasserhaltung (Sümpfung) befinden

Schaden. Ein die qualitative oder quantitative Nutzung (hydrogeologisch: des Grundwassers) minderndes oder verhinderndes Ereignis

Schädlingsbekämpfungsmittel. → Pestizid

Schadstoff. Stoffe, die geeignet sind, die Gesundheit von Menschen, Tieren und Pflanzen zu beeinträchtigen oder Sachen zu schädigen sowie → Oberflächengewässer, Luft, Boden und Grundwasser schwerwiegend zu verunreinigen oder sonst nachteilig zu verändern. In bezug auf das ist ein S. also jeder Stoff, der geeignet ist, eine beabsichtigte qualitative Nutzung, z. B. als → Trinkwasser, hygienisch nachteilig zu beeinflussen; wesentlich ist dabei die Konzentration, da die meisten als S. geltenden Stoffe erst ab einer stoffspezifischen Konzentration (gesundheits-)schädigend wirken, in geringen Konzentrationen jedoch keine nachteilige Wirkung ausüben; ↓ Giftstoff, ↓ Toxin

Schadstoffanreicherung. Anreicherung von → Schadstoffen im Boden und Wasser (einschließlich Grundwasser)

Schadstoff-Emissionsregister Amtliches Register der in einem Gebiet/einer Region bekannten industriellen oder sonstigen Einrichtungen, von denen Schadstoffe in die Umgebung ausgehen

Schadstoffherd. → Emissionsquelle; ↓ Schadstoffquelle

Schadstoffpfad. Transportweg von einer → Emissionsquelle auf unterschiedliche Weise (z.B. in Phase, durch Wasser, durch Bodenluft, durch Diffusion) in ein dadurch gefährdetes Kompartiment, z.B. Grundwasser

SchALVo. → Schutzgebiets- und Ausgleichs-Verordnung Baden-Württembergs

Schaummittel. → Tenside

scheinbares Alter. → Alter; isotopenhydrologisch; (3.)

Scheitelpunkt. 1. Tiefster Punkt der Flächenbegrenzung des durch eine Brunnenförderung erzeugten → Absenkungstrichters (= unterer Kulminationspunkt bei Grundwasserentnahme);
2. Höchster Punkt einer statistischen Verteilungskurve

Schelf. Der vom Meer überspülte Rand von Kontinentplatten, der flacher als der stärker geneigten Kontinentalabhang abfällt und meist bis zu 200 m Meerestiefe gerechnet wird

Schelfgewässer. Meereswasser im Schelfbereich (neritischer Meeresbereich)

Schicht. Durch Ablagerung entstandener Gesteinskörper von erheblicher flächiger Ausdehnung, die wesentlich größer als ihre Mächtigkeit (Dicke) ist

Schicht, (grund-)wasserführende. Nicht (mehr) zulässige, da nicht normgerechte (DIN 4049-3) Bezeichnung für → Grundwasserleiter

Schichtfläche. Obere (Dach) oder untere (Sohle) Begrenzungsfläche einer → Schicht

Schichtfuge. → Kluft (Grenze) zwischen → Schichten

Schichtigkeit. 1. Durch → Schichtung entstandenes primäres Sedimentablagerungsgefüge, das Rückschlüsse auf die Entstehungs- und Deformationsdynamik gestattet; bei sekundärer Druckentlastung entstehen → Klüfte parallel, senkrecht und diagonal zur S., die für Festgesteinsgrundwasserleiter von großer Bedeutung für den nutzbaren Kluftraum sein können;
2. Wechsel von unterschiedlich klassierten oder sortierten Schichten bzw. Lagen in einem Sedimentgestein (die qualitative und quantitative Verteilung in der Gesteinsabfolge hat entscheidenden Einfluß auf die hydraulischen Eigenschaften.); ↓ Bänderschichtigkeit;
3. Diagonalschichtigkeit, Kreuzschichtigkeit, Schrägschichtigkeit, (Primär) nicht horizontale S., die im Bereich von Deltaschüttungen, in mit unterschiedlicher Intensität strömenden oder tidebeeinflußten → Fließgewässern oder in bewegter Luft an der Leeseite von Hindernissen in den sich ablagernden Sedimentmassen ausgebildet wird;
4. Schichtigkeit, gradierte, ist dann ausgebildet, wenn in einer Ablagerungseinheit die Korngröße vom unteren Bereich zum oberen kontinuierlich aber deutlich abnimmt (die qualitative und quantitative Verteilung in der Gesteinsabfolge hat entscheidenden Einfluß auf die geohydraulischen Eigenschaften)

Schichtquelle. Punkt- oder linienförmiger Grundwasseraustritt im Grenzbereich durchlässiger gegen liegende, mehr oder weniger schlecht durchlässige Schichten

Schichtung. Ablagerungsvorgang, der unter verschiedenartigen genetischen und faziellen Bedingungen zur Bildung eines Sedimentgesteines führt

Schichtwasser. Wasser, das aus einer bestimmten Bodenschicht oder aus einer → Schichtfuge stammt

Schichtwasserhöhe. → Bodenwasservorrat

Schiefe (statistisch). Zur symmetrisch verlaufenden GAUSSschen Normalverteilung eine asymmetrische Verteilungskurve, bei der Gipfel- und Median-(Mittel-) Wert nicht identisch sind

Schlacken / Aschen (von Müllverbrennungsanlagen). Anorganische Rückstände, insbesondere von verbrannten Siedlungsabfällen, die gesinterte Verbrennungsprodukte, Metallschrott, Glas-/Keramik-scherben und mineralische, unverbrannte Reste enthalten. Durch Herauslösen (Eluieren) der Sickerwässer können belastende Stoffe wie z.B. Schwermetalle, anorganische Salze dem Grundwasser zugeführt werden

Schlagbohrung. Bohrverfahren, bei dem das Gebirge durch vertikal schlagendes Bohrwerkzeug wie Schlagbüchse, Bohrmeißel (Schlagmeißel) oder Drillhammer erschüttert, gelockert und zertrümmert und das gelockerte Bohrgut mit einer Greif-(Ventil-) büchse (Schappe) zu-tage gefördert wird; in Lockergesteinen und zu Nachfall neigenden Festgesteinen ist beim Schlagbohren zur Vermeidung von Nachfall eine Schutzverrohrung (→ Rohrtour) erforderlich. Zu unterscheiden sind zwei verschiedene Schlagbohrverfahren: Freifallbohren mit Gestänge oder am Seil und Imlochhammer-Bohrverfahren; das traditionelle Bohrverfahren ist das Schlagbohrverfahren, bei dem das Bohrwerkzeug an einem Seil hängt, das durch eine exzentrisch angetriebene Winde gehoben und fallen gelassen wird Von Vorteil ist das inder Regel lotrechte Abteufen des Bohrlochs, die laufende Kontrolle der Bohrlochwasserspiegel und evtl. Gasaustritte, der Verzicht auf Bohrlochspülungen und damit Spülungszusätzen. Deshalb werden S. häufig bei Heilwasserbohrungen eingesetzt, wenn Austritte von gasförmigem CO_2 im Bohrloch schnell erkannt werden sollen. Nachteilig sind der geringe Bohrfortschritt und dadurch bedingte höhere Kosten (→ Rotary-Bohrverfahren). Beim Imlochhammer-Bohrverfahren wird Preßluft mit sehr hohem Druck durch das Bohrgestänge in den Bohr-(Preßluft-)hammer zur Bohrlochsohle geleitet, das gelöste Bohrgut mit der im Ringraum aufsteigenden Luft an die Oberfläche befördert; Vorteil: große Bohrleistung, besonders im harten Gestein, teufengerechte Bohrproben, geringe Kosten; Nachteile sind nicht sehr große Bohrdurchmesser wegen des hydrostatischen Gegendrucks und der mit zunehmender Teufe steigende Gegendruck und starke Schmutzbelastung der Bohrmannschaft infolge Herausspritzens des Preßluft-/Wasser-/Bohrgutgemischs

Schlämmanalyse. Untersuchungs-methode zur Korngrößenuntersuchung fein- und feinstkörniger Sedimente [Analyse der Kornverteilung für Körnungen < 0,125 mm nach dem in der Bodenmechanik angewandten Aräometerverfahren, das darauf beruht, daß verschieden große Körner in einer Aufschlämmung mit unterschiedlichen Geschwindigkeiten absinken (sedimentieren)]; bei dieser Methode werden jedoch nicht Korngrößen, sondern „gleichwertige Korndurchmesser" getrennt. Eine quantitativ definierte Masse Sediment wird in einer dichtedefinierten wässrigen Phase suspendiert; in einem Sedimentationszylinder kann dann in Abhängigkeit vom Sedimentationverhalten der → Partikel deren Korngrößenverteilung abgeschätzt werden; → Sedimentationsanalyse

Schlämmen. → Abschlämmen

Schlamm. 1. Mit Wasser oder im vulkanischen Bereich auch mit Gasen vermischtes (übersättigtes), sehr feinkörniges anorganisches und/oder organisches Material breiiger Konsistenz;

2. → Abwasserschlamm

Schlammbelastung. Kritischer Gehalt von Gewässern mit Schlamm

Schlammbildung. Akkumulierender Prozeß, der zur Bildung von → Schlamm führt

Schlammfang. Einrichtung an Abwasseraufbereitungsanlagen oder → Stauseen (Vorstaubecken) zur Sedimentation und damit Ausscheidung von Schlamm

Schlammfaulung. Verfahren zur Behandlung vorwiegend organischer → Klärschlämme im schwach alkalischen Bereich (pH = 6,5 - 8) bei dem die beiden anaeroben Stufen - saure Gärung und Faulung - nebeneinander bestehen

Schlammpasteurisierung. Thermische Behandlung von → Klär- oder → Abwasserschlämmen bei Temperaturen zwischen 65 bis 70 °C; dabei wird der Schlamm mit Wasserdampf aufgeheizt und mit Wasser wieder abgekühlt; außer den hitzebeständigen extremen Bakterien werden Hefe-, Schimmelpilze, spezialisierte Bakterien und Einzeller abgetötet; dieses Verfahren ist insbesonder bei der Behandlung von Klinikabwässern erforderlich, um epidemologisch prophylaktisch zu handeln

Schlammstrom. Submarine Bildung an und unterhalb von Kontinentalrändern bei starker Sedimentzufuhr; bei kontinuierlichem Ablauf erfolt Sedimentitbildung in Form der Turbidite, spontan (rutschungsbeeinflußt) entstehen Olisthostrome

Schlammwasser. Mit → Schlamm angereichertes bzw. durchsetztes Wasser

Schlauchkernbohrverfahren. Kernbohrverfahren, bei dem der mit → Einfach- oder Doppelkernrohr gewonnene, mindestens 1 m lange Kern mit einem Durchmesser von mindestens 60 mm noch im Boden bei Vortrieb bzw. beim Ziehen mit einer Folie (Schlauch) überzogen wird; mit diesem Verfahren können aus fast allen Lockergesteinsschichten, z.B. auch aus Sand, Torf, Kohle, saubere Kerne gewonnen und somit die Schichten genau untersucht werden

Schlauchquetschpumpe. 1. → Pumpe zur Sterilentnahme von Wasserproben aus Beobachtungsrohren in flachen Grundwasserleitern;
2. Pumpen, die durch ein rotierendes Rad mit Quetschtrommeln das in einem Schlauch befindliche Wasser portionsweise gerichtet transportieren; S. werden u.a. in hydraulisch-hydrochemischen Simulationslaboratorien eingesetzt, in denen geschlossene Wasserkreisläufe unter Sauerstoff-, temperatur- und sterilitätskontrollierten Bedingungen untersucht werden; ↓ Schlauchpumpe

Schlick. Im Meer, in Seen oder Überschwemmungsgebieten von Flüssen sedimentierter, überwiegend aus organischem Material bestehender → Schlamm

Schlitzbrückenfilter. (Brunnen-) Filterrohre, bei denen zur Lochung das (Filter-) Material der Schlitze nicht vollständig herausgestanzt, sondern nur zu Brücken verformt wird, in die seitlich das Wasser eintritt (was den Filterwiderstand verringert)

Schlitzwand. Technische Maßnahme zur Veränderung grundwasserhydraulischer Verhältnisse durch Verbau von Baugruben; die Herstellung von einer S. erfolgt in zwei Phasen: Zunächst werden zwischen sog. Leitwänden mit speziellen 2 - 3 m breiten Greifern oder im Saugbohrverfahren 0,6 - 1,0 m breite Schlitze ausgehoben, die anschließend mit Bentonitmischungen oder Ortbeton aufgefüllt werden

Schlotte. Eine Karsterscheinung, bei der durch die auslaugende Tätigkeit des Wassers in löslichen Gesteinen (Kalksteinen, besonders aber Gips) ein verschiedenförmiger (zylindrisch, kessel- oder trichterförmiger), saiger- oder steilstehender Hohlraum entstanden ist

Schluckbrunnen. 1. → Brunnen, in dem Wasser mit angeglichener Grundwasserqualität (Trinkwasserqualitätssicherung) in einen Grundwasserleiter versenkt wird (→ Grundwasserinfiltration);
2. → Infiltrationsbrunnen

Schluckloch. → Ponor

Schluckprobe. Durchlässigkeitsprüfung, ob eine Meßstelle eine ausreichende Verbindung zum Grundwasser hat (z.B. keine Verschlammung des Meßrohres, keine Fremdkörper, keine Verstopfung evtl. vorhandener Filterrohre vorliegt); ↓ Pumpprobe, ↓ Schlucktest

Schluckvermögen. → Infiltrationskapazität

Schluckversuch. Geländeversuch zur Bestimmung der → Durchlässigkeit (k_f-Wert), wobei in → Bohrungen (provisorisch ausgebauten Gruben) die Wassersäule durch Zugabe von Wasser um einige Meter erhöht und das Absinken des Wasserspiegels in kurzen Zeitintervallen (z.B. 30 s) gemessen wird; dazu gibt es verschiedene Versuchsanordnungen:

1. *„open-end-test"*: In ein unter die → Grundwasseroberfläche reichendes Rohr wird über einen Zeitraum von 15 - 20 min der Wasserspiegel durch dauernde Wasserzugabe aufgehöht und konstant gehalten, Meßgrößen sind der Rohrdurchmesser, die Höhe des Wasserspiegelanstiegs über Grundwasserspiegel sowie die in der Meßzeit t eingegebene Wassermenge;

2. *Versickerungsversuch*: In ein Rohr, dessen unterer Teil als Filterrohr ausgebildet ist und dessen Länge (L) im Grundwasser > 10 r (Rohrhalbmesser) ist, wird Wasser (Q) eingeschüttet, so daß der Wasserspiegel im Rohr um h_1 über Grundwasserstand aufgehöht wird; dann wird die Zeit (t) gemessen, innerhalb der der Rohrwasserspiegel auf die Höhe h_2 über Grundwasser fällt und das Mittel h_m aus h_1 und h_2 errechnet. In die Auswertung gehen Q, r, L, t und h_m ein;

3. *„Packer-Test"*: Zusätzlich zum Versickerungsversuch, zusätzlich wird jedoch in den (provisorischen) → Ausbau eine weitere → Rohrtour eingebracht und durch → Packer abschnittsweise abgedichtet; (Versickerungsversuche können auch in Schichten über dem Grundwasser durchgeführt werden, indem Rohre eingegraben und mit tonigem Material abgedichtet werden); nach Wassersättigung der (Gesteins-) Schichten wird dann der unter 2. beschriebene Versickerungsversuch gefahren. Der Untersuchungsbereich von Schluckversuchen liegt somit ober- und unterhalb des Grundwasserspiegels, kann aber aus technischen Gründen nur in geringen Tiefen durchgeführt werden, die Meßgenauigkeit ist vielfach überraschend gut; der erfaßbare k_f-Wert-Bereich liegt zwischen 10^{-9} und 10^{-4} m/s; ↓ Infiltrationsversuch

Schluff. Nach DIN 4022-1 Mineralkörnchen mit Korngrößen zwischen > 0,002 bis 0,06 mm; weitere Unterteilung: Feinschluff: > 0,002 bis 0,006 mm, Mittelschluff > 0,006 bis 0,02 mm und Grobschluff > 0,02 bis 0,06 mm, Grobschluff wird auch als Silt bezeichnet

Schmelzen. Übergang eins Stoffes vom festen in den flüssigen Aggregatzustand durch Zufuhr thermischer Energie beim Schmelzpunkt; dieser liegt für Wasser bei der Temperatur 0 °C, die erforderliche Schmelzwärme beträgt 334 kJ/kg (79,8 kcal/kg) und ist (bei Wasser) unabhängig vom Druck (anders als bei anderen Stoffen). Während des Schmelzens bleibt die Temperatur konstant; → Auftauen

Schmelztemperatur. Temperatur, bei der die Änderung des Aggregatzustandes von fest zu flüssig erfolgt; → Schmelzen

Schmelztuff. → Ignimbrit

Schmelzwärme. Wärmemenge, die zum Schmelzen von einer gegebenen Menge eines Stoffes erforderlich ist; → Wasser

Schmelzwasser. 1. → Abfluß, der aus dem → Schmelzen von → Schnee (oder einer -decke) resultiert; ↓ Schneeschmelzwasser; 2. → Abfluß aus abschmelzenden Hochgebirgs- oder Inlandeisgletschern

Schmutzwasser. Wasser, das durch gelöste oder suspendierte organische oder anorganische Inhaltsstoffe anthropogenen Ursprungs verunreinigt ist und zur Nutzung oder zur Vermeidung von Umweltschäden aufbereitet (gereinigt) werden muß; → Abwasser

Schnee. Häufigste Form des festen → Niederschlags, der bei Lufttemperaturen zwischen - 40 und + 5 °C fällt; bei großer Kälte und in hohen Eiswolken bildet sich trockener, körniger S. in Form von Eisplättchen, in niedrigen Wolken und bei mäßigem Frost sind die Flocken zusammengeballt; trockener S. bildet auf dem Erdboden Pulverschnee, feuchter S. Pappschnee. Die Messung der Niederschlagshöhe erfolgt wie beim → Regen mit einem zylindrischen Auffanggefäß mit einer Fläche von 200 cm², dem zum Schutz gegen Verwehungen ein Schneekreuz aufgesetzt wird; der auf den Zylinder fallende Schnee wird durch elektrisches Aufheizen oder chemisch durch Zugabe von $CaCl_2$ zum Schmelzen gebracht und die Schneemenge als → Niederschlagshöhe (auch Wassergleichwert genannt) angegeben. Hydrogeologisch ist eine Schneedecke in den Wintermonaten deshalb von Bedeutung, weil insbesondere bei langsamen Abtauen die Grundwasservorräte nachhaltig ergänzt werden, sofern der Boden nicht gefroren und dadurch weniger undurchlässig geworden ist

Schneefallgrenze. Geometrische (geographische) Höhe, oberhalb der ein → Niederschlag als → Schnee, unterhalb als → Regen erfolgt und die in Abhängigkeit von der Wetterlage variieren kann

Schneegriesel. Niederschlag in Form feinster Eisaggregate, der durch Ansetzen unterkühlter Wassertröpfchen an Eis- oder Schneekristalle entsteht; Eiskorngröße < 1 mm. Beträgt die Eiskorngröße > 1 mm, spricht man von → Graupel, bei >5 mm von → Hagel

Schneepegel. Fest eingebauter oder transportabler Meßstab zur Messung der Schneehöhe

Schneeregen. 1. Bei Lufttemperaturen um 0 °C fallender → Niederschlag gemischt aus aus Regen und Schnee;
2. → Niederschlag aus Schnee und Regen, der bei Überschichtung kalter Luftmassen (< 0 °C) über bodennaher Warmluft entsteht

Schnellfilter. Bei der Trinkwasseraufbereitung oder Abwasserbehandlung eingesetzte rückspülbare Filter in offener oder geschlossener (Druckfilter) Bauweise, die mit (vorherrschend) filtrierend wirkendem Material beschickt werden

Schnellfiltration. Mechanische Wasserbehandlung mit → Schnellfiltern; die Filtergeschwindigkeit beträgt das 40 - 50fache der → Langsamfilter (d.h. 4 - 10 m/h)

Schnellsandfilter. Mit Sand als Filtermaterial beschickte → Schnellfilter

Schönung. Bei nicht voll wirksamer mechanisch-biologischer Reinigung von → Abwässern zusätzliche → Abwasserbehandlung, um gesetzlich vorgeschriebene Grenzwerte zu erreichen; neben der Behandlung in Schönungsteichen mit Aufenthaltszeiten von 1 - 5 Tagen erfolgt die Behandlung mit Flockungs- und Fällungsmitteln sowie Filtern

Schöpfen. Entnahme von Grundwasserproben mit Schöpfgeräten (Schöpfbecher, Schöpfhülsen, → RUTTNER-Schöpfer); ↓ Abschöpfen; ↓ Schöpfprobenahme

Schöpfer. 1. Probenahmegerät zur Entnahme einer Wasserprobe (→ Schöpfen), wie Schöpfbecher, Schöpfhülsen (↓ Schöpfrohr), → RUTTNER-Schöpfer, Druckschöpfer usw.;

2. Probennehmer, der mit sehr großer Berufserfahrung Wasserproben entnimmt, die Probenahmebedingungen exakt beschreibt und dokumentiert sowie die Verweilzeit der Probe bis zur Analyse überwacht

Schöpfprobe. Wasserprobe, die mit → Schöpfern entnommen wird; S.-nahme sollte nur in Sonderfällen erfolgen, da Probenveränderungen hinsichtlich Druck, Temperatur und Sauerstoff-Zutritt während der Entnahme möglich sind; zu den Sonderfällen gehören Meßstellen mit großen Flurabständen und solche, bei denen Abpumpen nicht erforderlich ist

Schöpftest. Test (kurze Untersuchung) einer durch → Schöpfen gewonnenen Probe, meist auf bestimmte vermutete Lösungsinhalte

Schöpfthermometer. Spezielles Thermometer für Schöpfprobenahmen, das mit der Meßspitze in ein kleines Gefäß eintaucht, in das Wasser bei der Messung einläuft und die eingestellte Temperatur bis zur Ablesung anhält

Schöpfversuch. Während einer → Brunnenbohrung angestellter Versuch, bei einer erreichten Tiefe durch → Schöpfen aus dem Bohrloch Hinweise auf die Zusammensetzung des Wassers zu bekommen

Schotter. 1. Trivialbezeichnung für klastische Ablagerungen eines fließenden Gewässers (Steine-, Kies-Gemische oder reine Klassen);
2. Brechprodukte bei der Hartsteingewinnung in Kies- bis Steine-Fraktion für elastische Tragschichten, z.B. Bahngleisschotter

Schongebiet. (Boden-) Flächen, die aus wasserwirtschaftlicher Sicht bei Landes- und Flächennutzungsplanungen zum Gewässerschutz besonders geschont werden sollen; → Vorbehaltsgebiet

Schotterterrasse. → Flußterrasse

Schrägbohrung. Zwischen vertikal und horizontal niedergebrachte Bohrungen, wobei die Bohrrichtung von < 90° nach unten bis < 90° nach oben reichen kann; die z.Z. erreichbaren Bohrlängen betragen einige hundert Meter. S. werden meist als Meßstellen oder Sanierungssonden ausgebaut, seltener als Brunnen

Schrägschichtigkeit. → Schichtigkeit

Schreibpegel. Grundwasser- oder Abflußmeßstelle mit kontinuierlicher (Analogie-) Aufzeichnung der Meßdaten auf Trommel- oder Bandschreiber

Schrumpfsetzung. → Setzungen von bindigem Material, in dem bei abnehmendem Wassergehalt (Trockenheit) Kapillarspannungen entstehen, die mit zunehmender Feinporigkeit erhöhte Volumenverminderungen zur Folge haben; S. macht sich besonders bemerkbar, sobald das Grundwasser unter die Unterkante der bindigen Schicht absinkt und der Kapillaraufstieg nicht mehr ausreicht, Volumenverluste durch Verdunstung (→ Evapotranspiration) zu ersetzen, d.h. S. entstehen in Trockenzeiten besonders im Bereich stärker wasserverbrauchender Pflanzen (Bäume) und können zu Gebäudeschäden führen; in Bereichen von Grundwasserentnahmen (Wasserwerken) werden solche Schäden häufig irrtümlicherweise auf die Wasserförderung zurückgeführt, obwohl die tatsächliche Ursache der Wasserverbrauch von Pflanzen in bindigen Böden zu Trockenzeiten ist

Schüttdichte. → Dichte, mit der Lockermaterial geschüttet wird, z.B. Filterkies; die S. kann durch Schüttelgeräte durch Erzielung optimaler Lagerungsdichte erhöht werden

Schüttelversuch. → Batch-Test

Schüttkorngröße. Auf Korngröße der grundwasserführenden Schichten (Filterkorngröße) abgestimmte Brunnenfilterkiesschüttung, die sich aus dem Produkt von Filterfaktor (im Mittel 4,5) und der Kennkorngröße (Kennkornziffer) des Grundwasserleiters errechnet; letztere liegt für (Locker-) Gesteine mit einem Ungleichförmigkeitsgrad (U) 3 - 5 bei der 90%-Schnittlinie mit der Summenkurve der Siebanalyse, für U < 3 bei der 75%-Schnittlinie

Schüttung. 1. → Quellschüttung; 2. → Kiesfilterschüttung

Schüttungsganglinie. Graphische Darstellung von → Quellschüttungen in der zeitlichen Reihenfolge ihrer Messung

Schüttungsmessung. Messung der Schüttung einer → Quelle; → Quellschüttung

Schüttungsquotient. Quotient zur statistischen Auswertung von → Quellschüttungen, z.B. Niedrig-(NQ) oder Niedrigst-(NNQ) zu Hoch-(HQ) oder Höchst-(HHQ) Schüttung bzw. von deren Mitteln (MNQ zu MHQ); S. gibt Hinweise auf den → Retentionsraum des → Einzugsgebietes; so weisen z.b. niedrige Werte des S. NQ zu HQ auf geringes, höhere auf größeren → Retentionsraum

Schurf. Künstliche, mit Schneidwerkzeugen (z.B. Hacke, Spaten, Luftdruckhammer) angelegte Grube zur Untersuchung des Untergrundes bzw. zur Gewinnung von Gesteinproben unter Berücksichtigung des natürlichen Verbandes

Schurfgraben. Künstlich angelegter Graben zur Untersuchung des Untergrundes

Schuttfächer. Durch Solifluktion (Bodenfließen), periodischem Wassertransport oder Abtragung von Steilhängen im Hochgebirge (bevorzugt in Muren) entstandenes fächerförmiges (→ proluviales) Schuttfeld

Schutz. Einrichtung, Maßnahme oder Gesetz zur Vermeidung und Abwehr von Gefahren oder Gefährdungen (hier insbes. für Boden und Grundwasser)

Schutzgebiet. Eingegrenzte Fläche zur Vermeidung und Abwehr von Gefahren oder Gefährdungen; → Schutzzone (Wasserschutzgebiet)

Schutzgebiets- und Ausgleichs-Verordnung (SchaLVo) **Baden-Württembergs** (vom 09.12.1991; derzeit Novellierung, Entwurf 21.06.1999). Verordnung zur Vermeidung bzw. Sanierung von Grundwasserverunreinigungen durch Nitrat- und → Pflanzenschutzmittel-Einträge in → Wasserschutzgebieten (Fassungsbereich und engere Schutzzone); S. regelt den finanziellen Ausgleich für verminderte Nutzung von Dünger und → Pflanzenschutzmitteln in diesen Flächen und die Entschädigung der dadurch verursachten geringeren landwirtschaftlichen Erträge. Maßgebend für den Ausgleich sind in der Zeit 15. Oktober/ 15. November gezogene Bodenproben, entnommen aus Tiefen bis 0,9 m, und deren Gehalte an Nitrat und → Pflanzenschutzmitteln: In mehreren Anlagen zu dieser S. wird schließlich das Ausbringen von Stickstoffdünger für verschiedene Anbaukulturen geregelt

Schutzgut. Gegen Veränderungen oder nachteilige Beeinflussungen zu schützendes tierisches, pflanzliches oder geologisch/ geographisches Objekt

Schutzzone. Zum Schutz von Trinkwassergewinnungsanlagen (Brunnen- oder Quellfassungen, → Talsperren) können nach § 19 WHG (Wasserhaushaltsgesetz) in einem öffentlichen Verfahren Wasserschutzgebiete festgesetzt werden, sofern dies im öffentlichen Interesse liegt; maßgebend für das Gebiet der BRD ist eine Technische Regel des → DVGW, nämlich das DVGW-Arbeitsblatt W 101, „Richtlinien für Trinkwasserschutzgebiete, I.Teil: Schutzgebiete für Grundwasser", (derzeit gültige Ausgabe Februar 1995). Ausgehend von der Überlegung, daß hydrogeologische Gefährdungen des genutzten Grundwassers mit zunehmender Entfernung vom Gefahrenherd und damit steigender Wirkung von → Selbstreinigungsprozessen und Verdünnung im Grundwasserleiter abnehmen, werden um die Gewinnungsanlage entsprechend den örtlichen hydrogeologischen Verhältnissen drei S. mit unterschiedlichen Zielen eingerichtet:

1. *Weitere Schutzzone* (Zone III), umfaßt in der Regel das Einzugsgebiet einer Trinkwassergewinnungsanlage (TGA) und soll den Schutz vor weitreichenden Beeinträchtigungen, insbesondere vor nicht oder nur schwer abbaubaren chemischen und radioaktiven Stoffen gewährleisten und kann bei großen Flächen (> 2 km von der TGA entfernt) weiter unterteilt werden (IIIA und IIIB);

2. *Engere Schutzzone* (Zone II). Diese Zone wird so bemessen, daß ein versickertes Wasser mindestens 50 Tage braucht, um in die TGA zu gelangen (50-Tage-Linie). Sie soll den Schutz vor Verunreinigungen durch pathogene Keime (z.B. Bakterien, Viren, Parasiten, Würmer) gewährleisten;

3. *Fassungsbereich* (Zone I): soll die unmittelbare Umgebung einer TGA vor jeglicher Verunreinigung schützen und wird bei Quellfassungen um 20 - 30 m (in Zuflußrichtung des Grundwassers), bei Brunnen um 10 m gestreckt;

Die in den einzelnen Schutzzonen als gefährlich geltenden Handlungen, Einrichtungen und Vorgänge sind in der DVGW-Richtlinie W 101 aufgelistet; weitere DVGW-Richtlinien betreffen Schutzzonen für → Trinkwassertalsperren (W 102) und für Seen (W 103); die beiden letzteren sollen zu einem Arbeitsblatt zusammengefaßt werden; ↓ Wasserschutzzone; ↓ Trinkwasserschutzzone

Schwarzbrache. Landwirtschaftliche Fläche, die innerhalb der vegetationslosen Jahreszeit brach liegt, da bis Ende der vorhergehenden Vegetationszeit keine Nachfrucht angebaut wurde. Die Grundwassergefährdung (→ Grundwassergefährdung durch Landwirtschaft) gleicht der des → Grünlandumbruchs

schwebendes Grundwasser. → Grundwasser, schwebendes

schwebendes Kapillarwasser. → Kapillarwasser, schwebendes

Schwebstoffbelastung. Erhöhter Gehalt an belastenden → Schwebstoffen im (Grund-)Wassers

Schwebstoffe. Ungelöste, anorganische oder organische Feststoffe (→ Kolloide), die im Wasser schwimmen oder durch Turbulenz des Wassers schwebend gehalten werden, sich also nicht absetzen, und die Dichte beeinflussen. Da S.; häufig Ionen (insbesondere Schwermetallionen) sorptiv binden, müssen Wasserproben vor chemischen Untersuchungen filtriert (Filter 0,45 μm) werden; → Suspension, → Partikel

Schwebstofffracht. Pro Volumeneinheit im Wasser enthaltene Schwebstoffmenge

Schwebstoffgehalt. Gesamte, in einem betrachteten Wasserkörper enthaltene Schwebstoffmenge

Schwebstofffilter. Filter (Porenweite 0,45 μm) zum Entfernen von → Schwebstoffen

Schwefel-Isotopenverhältnis. Das Isotopenverhältnis des Schwefels $^{34}S/^{32}S$ hat sich weltweit innerhalb geologisch gleich alter → Evaporite als ziemlich gleichartig erwiesen, zeichnet sich für verschiedene stratigraphische Einheiten jedoch durch unterschiedliche Verhältniszahlen aus. Auf Grund der Abweichung von einem Mittel (sog. $\delta^{34}S$-Wert) können Sulfatgehalte bestimmten (stratigraphischen) Evaporiten und damit Sulfatgehalte in Grund- oder Heilwässern bestimmten Herkunftsbereichen zugeordnet werden; störend wirken sich bei derartigen Untersuchungen Vorgänge aus, die zu einer Änderung („Verfälschung") des ursprünglichen Isotopenverhältnisses führen: Ausfällungen, bakterielle Fraktionierung der Isotopen, da S-verarbeitende Bakterien das leichtere ^{32}S-Isotop bevorzugen, oder Lösung anderer Sulfat-Vorkommen beim Durchfließen entsprechender Schichten

Schwelle. Mäßige Aufwölbung von Festland oder Meeresboden

Schwellenwert. Für einzelne Schadstoffe (Elemente) festgelegte kleinste Konzentrationen in Böden oder Wässern, bei deren Erreichen oder Überschreiten weitere Untersuchungen zu Herkunft und Beseitigung erforderlich werden

Schwemmfächer. Ein ca. 90° bis 180° gespreizter, sehr flacher Teilkegel von klastischen Sedimenten, der von einem Fluß ins Meer oder in einen See akkumuliert wird

Schweredruck, hydraulischer (p_g). Druck einer (Grund-)Wassersäule, der sich aus dem Produkt von Wassersäulenhöhe, Dichte des Wassers und der Erdbeschleunigung ergibt

schweres Wasser. → Deuterium

Schwermetalle. Metalle höherer Dichten zwischen 3,5 und 5 g/cm^3, deren Kationen in natürlichen wie anthropogen beeinflußten (Grund-)Wässern enthalten sein können, besonders in Wässern niedrigen Redox-Potentials („reduzierende" Wässer) oder niedrigen pH-Werts. Ab bestimmten Konzentrationen wirken S. i. allg. → toxisch, weshalb → Grenzwerte für die Nutzungen eines belasteten Wassers als → Trinkwasser in der → Trinkwasserverordnung festgeschrieben sind; es handelt sich dabei um die S.: Blei, Cadmium, Chrom, Nickel, Quecksilber, Kupfer und Zink, die in natürlichen Wässern praktisch nicht vorkommen, aber durch Abwässer oder Korrosion von Verbaumaterialien (z.B. Leitungen, Dachdeckungen, Dachrinnen) gelöst werden können

Schwermetallfreisetzung. Prozeß im → Boden (z.B. infolge zunehmender Versauerung, Änderung der → Redox-Potentiale oder durch → Verwitterung), durch den → Schwermetalle freigesetzt, d.h. in → Lösung gebracht werden

Schwermetallmigration. Transport freigesetzter → Schwermetalle durch Boden-, → Sicker- oder → Grundwasser

Schwerstange. Schwerer, am unteren Ende einer → Bohrgarnitur eingesetzter Gestängeteil, mit dem das Gewicht und damit der Druck des → Bohrmeißels auf das zu lösende Gestein erhöht wird

Schwimmsand. Weitestgehend monomineralischer Fein- bis Mittelsand (→ Sand) mit geringer Kornabstufung, der sich infolge Wasserübersättigung nicht wie ein körniges Sediment, sondern durch Auflösen der Kornbindungs-/Kornreibungskräfte wie eine breiige Masse verhält; eine Wasserübersättigung bis ca. 120 % kann erreicht werden; S. bekommt dadurch thixotrope Eigenschaften (→ Thixotropie); besitzt der Sand horizontale Freiheitsgrade, kann er mit sog. → Setzungsfließen reagieren; S. ist durch Brunnen sehr schwer entwässerbar

Schwinde. Ort des → Versinkens oberirdischer Wässer; hauptsächlich bekannt aus Karstgebieten (z.B. → Versinken der Donau bei Immendingen im Malmkarst, Wiederaustritt nach 12 km in der Aachquelle), meist klassisches Anwendungsgebiet für → Markierungsversuche, um Richtung und Verteilung der versinkenden Wässer zu erkunden; S.-n treten jedoch nicht nur im Karst auf, sondern sind auch in tektonisch gestörten Festgesteinen der Mittelgebirge anzutreffen; im weiteren Sinne sind auch Infiltrationen von Meerwasser an den Küsten als S.-n anzusehen, z.B. dringen in Schleswig-Holstein durch überhöhte Süßwasserförderung im Küstenbereich Salzwässer landeinwärts vor; ↓ Bachschwinde; ↓ Flußschwinde

SECCHI-Scheibe. Weiße Scheibe aus Porzellan mit ca. 20 cm Durchmesser, mit der sich - an einem Meßband in ein Gewässer abgelassen - die → Sichttiefe (Eindringtiefe des remittierbaren sichtbaren Sonnenlichtes) bestimmen läßt, womit die Gewässertrübung summarisch bestimmt werden kann; ↓ Sichtscheibe

Sediment. Produkt der → Sedimentation; Gestein, das durch → Verwitterung, Transport und schließlich Ablagerung (→ Akkumulation) unter spezifischem Ablagerungsmilieu (→ Fazies) entsteht. Unterschieden werden klastische (aus Gesteinsbruchstücken bestehende), biologische (→ Kaustobiolithen), biogene (z.B. Fossilkalksteine) und chemische Sedimente (z.B. → Salze); S.-e können direkt als → Festgesteine entstehen, aber auch durch den Übergang von → Lokker- in → Festgesteine, durch → Diagenese umgewandelt werden. Hydrogeologisch relevant sind S.-e, die aus Transportprozessen in allen Sedimentationsräumen hervorgegangenen grob- bis mittelklastischen S.- e (Sande, Kiese), welche unverfestigt gut bis sehr gut durchlässige Lockergesteins-Grundwasserleiter bilden; ferner sind von hydrogeologischer Bedeutung die durch Bindemittel, Drucklösung oder Zement im Laufe der Erdgeschichte (diagenetisch) verfestigte S.-e (z.B. → Sandsteine, → Konglomerate, → „Grauwacken"), die wegen ihrer → kompetenten Gesteineigenschaften stärker geklüftet und damit (bei entsprechender tektonischer Beanspruchung) ebenfalls gut durchlässig sind (→ Kluftgrundwasserleiter); feinklastische Sedimente (Tone, Schluffe) sind dagegen schlecht bis kaum durchlässig; die nach → Diagenese daraus entstehenden Festgesteine (Ton-, Schluffgesteine, Tonschiefer, Phyllit) sind demzufolge → inkompetent und meist nur schlecht geklüftet/durchlässig; die verbreitetsten chemischen Sedimente sind Carbonatgesteine (Kalk-, Dolomitstein), die bei tektonischer Beanspruchung meist recht gut zerklüftet sind, vor allem aber verkarsten (→ Verkarstung) können und dann sehr durchlässig werden; ↓ Sedimentit, ↓ Sedimentgestein

Sediment, klastisches. → Klastit

Sedimentation. Ablagerung, Absatz oder Ausscheidung von Sedimenten (Absatzgesteinen); maßgebend für die Qualität und Ausbildung solcher Gesteine sind die physikalischen und chemischen Bedingungen im Sedimentationsraum wie die Tragkraft des transportierenden Mediums hinsichtlich Dichte, Größe, Form der Sedimentteilchen, bei chemischer Ausfällung (z.B. von Evaporiten, anorganischen Kalkbildungen) Sättigungsgrad des Wassers, Temperatur, Änderungen der Löslichkeit, der Gas-, insbesondere CO_2-Gehalte, der thermodynamischen Gleichgewichte; je nach Sedimentationsraum werden unterschieden aquatische, äolische,

limnische, fluviatile und glaziale (fluvioglaziale) S.

Sedimentationsanalyse. → Schlämanalyse

See. Wasseransammlung in einer natürlichen geschlossenen Hohlform der Landoberfläche ohne hydraulische Verbindung zum Meer; solche Hohlformen bilden sich unterschiedlich, insbesondere tektonisch als Folge orogenetischer Vorgänge (Grabenbildung), vulkanisch (Maar), durch Aufstau oder Einsenkungen in (Post-)Glazialgebieten (Moränen, Sander, Toteissenken oder -täler), durch Einbrüche (Auslaugungssenken von Evaporiten), Verkarstungen u.a.m.; S.-n haben in der Regel eine hydraulische Verbindung zum Grundwasser in der Umgebung, bilden die → Vorflut und können, sofern ihr Wasser z.B. salzhaltig ist, dessen Qualität beein-flussen. Im deutschen Sprachgebrauch wird der Begriff „See" nicht nur bei Binnen-, sondern auch bei Meerwässern (meist im Mittelmeerstadium) (z.B. Ostsee) angewandt

See, dimiktischer. See mit nach der Dichte (zweifach) geschichtetem Wasser sowie saisonal unterschiedlichen Redox-Verhältnissen (durch jahreszeitliche Zirkulationen, meist im Frühjahr und Herbst); ↓ dimiktischer See

SEELHEIM-Gleichung. Gleichung zur Berechnung des → Durchlässigkeitsbeiwertes (k_f) aus dem durch → Korngrößenanalyse ermittelten d_{50}-Wert (Korngröße eines → Sediments im Schnittpunkt der 50%-Linie mit der → Summenkurve der → Korngrößenanalyse)

See, unterirdischer. → Speichergestein

Seewasser. Wasser in → Seen, das relativ mineralarm („süß") ist, aber auch (bedingt durch den geologischen Untergrund) versalzen sein kann und dann bei entsprechendem hydraulischen Kontakt das Grundwasser im umgebenden Gebiet beeinflußt, besonders dann, wenn durch anthropogene Eingriffe hydraulische Potentialgefälle gegenüber den natürlichen verändert werden

Seihwasser. Uferfiltriertes Wasser aus einem oberirdischen Gewässer, das in den Sikkerraum der uferbildenden Schichten eindringt; ausgenommen sind die Wässer, die durch (Bach-) Versinkung in den Untergrund gedrungen sind

Seil-Freifallbohren. Schlagbohrungverfahren, bei dem der Meißel oder die Schlagbüchse an einem Seil hängen; das Bohrgut muß gesondert mit einer Schlammbüchse oder Ventilbüchse (Schappe) an die Erdoberfläche gefördert werden; → Schlagbohrung, → Meißelbohrung, ↓ Pennsylvanisches Verfahren

Sekundärproduktion (von Biomasse). Produktion von Sekundär-(Überschuß-) Schlamm im Tropfkörper der biologischen Stufe bei der Abwasserreinigung (im Gegensatz zum Primärschlamm der mechanischen Stufe)

Selbstreinigung. Unter S. ist zunächst das in einem gesunden → Ökosystem herrschende biologische Gleichgewicht zwischen Organismen und dem → Biotop zu verstehen. Der Begriff wurde für oberirdische Gewässer geprägt. Durch anthropogene Eingriffe kann dieses Gleichgewicht gestört und damit die S.-swirkung (häufig nachteilig) beeinflußt werden. Gleichermaßen gilt der Begriff S. aber auch für das Grundwasser. Hier werden zusätzlich (zu den biologischen) physikalische, chemische und physikochemische Prozesse wirksam (z.B. Filtrationen, Komplexbildungen, Wechsel der Löslichkeiten infolge sich ändernder pH-, E_H- Bedingungen oder Gasgehalte, Sorptionen/Ionenaustausch im Kontakt mit den grundwasserführenden Gesteinen), wodurch es zu einer Anpassung der Grundwasserlösungsinhalte an das jeweilige hydrogeochemische Milieu (Herausbildung eines → Grundwassertyps) kommt. In größeren Grundwassertiefen stellt sich ein hydrogeochemisches Gleichgewicht sehr langsam ein, da physikochemische und mikrobielle (anaerob) Aktivitäten naturgemäß stark „zeitverzögert" aber wirksam aktiviert wurden. In grundwasseroberflächennahen Bereichen ist die Grundwasserbewegung relativ groß, das Milieu ändert sich „schneller". Die Einstellung thermodynamischer Gleichgewichte verläuft aber wegen der verhältnismäßig niedrigen Wassertemperatur nur langsam und kann häufig nicht erreicht werden; wegen der Anpassung der Grundwasser-Lösungsinhalte an das geohydrochemische Milieu werden milieufremde, z.B. anthropogene Inhalte, entfernt, so daß derartige Prozesse zu einer aus hygienischer Sicht günstigen Beschaffenheit führen; → Prozesse im Grundwasser, ↓ Natural attenuation

Selbstreinigungskapazität. Umfang des → Selbstreinigungspotentials zur Wiederherstellung eines ökologischen Gleichgewichts pro Volumen eines Gewässers; ↓ Selbstreinigungskraft

Selbstreinigungspotential. Gesamtheit der möglichen Selbstreinigungsaktivitäten eines betrachteten Mediums

Senke. 1. *Morphologisch*: abflußlose Eintiefung im Gelände; Geländedepression mit Abfluß; → Mulde;
2. *Im übertragenen Sinn*: Minimumabschnitte in einem Prozess (Geschehnisablauf);
3. *Hydrogeochemisch*: Stoff-/Elementanreicherung

Senkung. 1. Langsame abwärtsgerichtete (negative) Geländedeformation durch Volumenverlust im Untergrund (z.B. subrosiver Masseverlust, tektonische Absenkung); ↓ Geländeabsenkung;
2. Minderung, Verringerung in einem Geschehnisablauf; Niveauvertiefung (z.B. des Grundwasserspiegels)

Serir. Arabische Bezeichnung für geröllbedeckte Wüstentafel. Der Begriff wird in der Literatur verschiedentlich für jede Geröllwüste verwendet, insbesondere für die Beschreibung von Sandsteinfolgen (z.B. Buntsandstein). Solche Schichten sind hydrogeologisch interessant, da sie ergiebige → Grundwasserleiter bilden

Serratia marcescens. Als → Tracer bei entsprechenden Versuchen angewandtes Bakterium, das wegen seiner intensiv roten Pigmentierung, die es bei Lichtzutritt unter Zimmertemperatur entwickelt, leicht erkennbar ist; die Anwendung als Markierungsstoff wurde jedoch verschiedentlich diskutiert; nach klassischer, heute überwiegend geltender Meinung ist *S. m.* apathogen; in der Literatur gibt es jedoch Berichte, wonach in Kliniken Infektionen durch *S.*-Stämme entstanden und *S.* sich als Antibiotika-resistent erwiesen hat (→ Hospitalismus). Bei verschiedenen Anwendungen im Karst SW-Deutschlands haben sich jedoch keine Komplikationen ergeben, da es sich um einen Körper handelt, der mit dem Wasser transportiert und verdriftet wird, und nicht um einen molekulardispers im Wasser aufgelösten Markierungsstoff; ↓ *Bacillus prodigiosus*

Setzung (durch Grundwasserabsenkung). 1. Durch Grundwasserentnahme und dadurch verursachte Grundwasserabsenkung verliert der trocken fallende Boden die vorher vorhandene Auftriebswirkung des Wassers; daraus resultiert eine Mehrbelastung der wasserungesättigten Zone, die schließlich durch Volumenreduzierung zu S.-en führen; bei Wiederanstieg des Wasserspiegels sind die rückläufigen Hebungen geringer; sie betragen meist nur 1% - 10% der vorausgegangenen Setzung; S. können nur in setzungsfähigen, meist Lockergesteinen auftreten; in rolligen Lockergesteinen sind die Beträge meist nur gering; kritisch ist für ein Bauwerk ist nicht die Gesamt-S., sondern die durch unterschiedliche Zusammensetzung des Untergrundes verursachten differierenden Setzungsunterschiede, die zu Rissen in Bauwerken führen. In Festgesteinen erfolgen keine Setzungen. Spezielle Varianten der S. sind → Schrumpfsetzungen;

2. Oberflächenabsenkung durch Entzug von Grundwasser, z.B. durch erhebliche Grundwasserentnahmen für Trink- und Brauchwasser, durch Erdöl- und Erdgasförderung oder durch montanhydrologische Absenkungsmaßnahmen und durch bedingten Auftriebsverlust bei gleichzeitiger Porenraumverringerung bei nicht endgültig konsolidierten Gesteinen; in Abhängigkeit von der Entwässerbarkeit der betroffenen Gesteine ist die negative Oberflächendeformation unterschiedlich und damit gleichsam die Auswirkung auf die bauliche und naturräumliche Situation

Setzungsfließen. Aufhebung der inneren Reibung des Korngerüstes durch Wiederauffüllung von → Kippen mit Grundwasser mit der Folge, daß eine flächenhafte → Setzung bei gleichzeitig maximal möglicher Materialausbreitung senkrecht zur Gravitation spontan stattfindet. Das Ereignis, das > 1 Mio m^3 Kippe betreffen kann, wird bereits bei sehr geringen energetischen Einwirkungen ausgelöst; setzungsfließgefährdete Kippen bedeuten eine extreme Gefahr für die Umwelt und schränken eine nachträgliche Nutzung

der Bergbaugebiete entscheidend ein; S. tritt besonders bei gering abgestuften, fein- bis mittelsandigen → monomineralischen → Lockergesteinen auf; die Gefahr kann auch bei hydrogeochemischen Spätfolgen (> 60 Jahre) durch „acid mine drainage" und deren mineral- und gefügezerstörender Wirkung bestehen

***Shigella sp.*.** Zu den → Enterobacteriaceae zählende pathogene, in Abwässern fakultativ vorkommende Bakterien, Erreger der Bakterienruhr (Dysenterie)

SI. 1.→ Sättigungsindex;
2. Abkürzung für das 1954 vereinbarte und am 02.07.1969 durch das „Gesetz über Einheiten im Meßwessen in deutsches Recht übertragene Internationales Einheitensystem (von französisch „Systeme International d'Unités") (gültige Fassung vom 06.07.1973). SI sieht 7 Basiseinheiten (Grundeinheiten) vor, die durch Zahlenfaktoren vermindert oder vergrößert werden können: 1. Meter ([m], Einheit der Länge),2. Kilogramm ([kg], Masse), 3. Sekunde ([s], Zeit), 4. Kelvin ([K], Temperatur), 5. Ampere ([A], Stromstärke), 6. Mol ([mol], Stoffmenge), 7. Candela ([cd], Lichtstärke); alle anderen Einheiten werden daraus abgeleitet. Durch Vorsätze und Kurzzeichen werden dezimale Vielfache und Teile gebildet: Exa- (E) = 10^{18}, Peta- (P) = 10^{15}, Tera- (T) = 10^{12}, Giga- (G) = 10^9, Mega- (M) = 10^6, Kilo- (k) = 10^3, Hekto- (h) = 10^2, Deka (da) = 10^1, Dezi- (d) = 10^{-1}, Zenti- = (c)10^{-2}, Milli- (m) = 10^{-3}, Mikro- (μ) = 10^{-6}, Nano- (n) = 10^{-9}, Piko- (p) = 10^{-12}, Femto- (f) = 10^{-15}, Atto- (a) = 10^{-18}

SICAD (**Si**emens **c**omputer **a**ided **d**esign). Von Siemens-Nixdorf entwickeltes → Geographisches Informationssystem (GIS), das sich aus verschiedenen Software-Tooles zusammensetzt, die den gesamten GIS-Ablauf abdecken; SICAD läuft z.Z. nur auf Siemens-Hardware

Sicherheit (Probenahme. Analytik). Zustand/Untersuchungsergebnis, der/das auf Grund äußerer Einflüsse, Faktoren oder Tatsachen nicht mehr angezweifelt oder verändert werden kann

Sicherheitswahrscheinlichkeit. Wahrscheinlichkeit, mit der eine durch einen statistischen Test gefällte Entscheidung zutrifft

Sicherung. Vorgang oder Maßnahme zur Entwicklung und zum Erhalt einer → Sicherheit

Sichtscheibe. → SECCHI-Scheibe

Sichttiefe. (Visuelles) Maß der → Trübung des Wassers; zur Bestimmung wird eine → SECCHI-Scheibe an einem Meßband ins Wasser abgelassen und die Tiefe gemessen, bei der die Scheibe gerade noch sichtbar ist (Messung der Trübung im Gewässer)

Sickerbecken. Becken zum → Versickern von → Wasser; solche Becken dienen:
1. der Versickerung von (meist vorgereinigten) → Abwässern aus Haushalt oder ländlichen Gehöften;
2. der Grundwasseranreicherung mittels vorgereinigter → Oberflächenwässer

Sickerbereich. → Zone, wasserungesättigte

Sickerbrunnen. Versickerung von Wasser über einen → Schacht oder → Brunnen direkt in die grundwasserleitenden Schichten; S. erfordern eine sorgfältige Überwachung des zu versickernden Wassers, da keine Reinigung beim Durchsickern belebten Bodens erfolgt. Dagegen ist die pro Zeit zu versickernde Wassermenge bei gleichem Schichtaufbau deutlich höher; → Sickerbecken, → Infiltrationsbrunnen

Sickergalerie. Reihe (Galerie) von Versickerungsanlagen oder → Sickerleitungen

Sickergeschwindigkeit. 1. Geschwindigkeit der → Durchsickerung durch einen belebten → Boden oder → Untergrund, die von der Durchlässigkeit der durchsickerten Schichten und dem Potentialgefälle abhängt. In der wasserungesättigten Zone (→ Zone, wasserungesättigte) ist bei vertikaler Sickerung die S. in skelettreichen Böden (→ Skelettkorn) am höchsten (bis zu mehreren m/d). In Böden bzw. im Untergrund mit hoher → Feldkapazität, wie sie in sandig-schluffigen („lehmigen", → Lehm) Schichten (pleistozäner Überdeckungen) vorliegen, beträgt die S. nach isotopenhydrologischen Untersuchungen etwa 1 m/a und es dauert bei entsprechenden Flurabständen Jahre, bis → Sickerwässer die → Grundwasseroberfläche erreichen; das Wasser des → Sickerraumes hat dann eine deutliche Altersschichtung. Neu

einsickernde Niederschläge üben Schubwirkungen auf das tiefere ältere Sickerwasser aus, wodurch es in → Grundwassermeßstellen zum Anstieg des Grundwasserspiegels kommt, der aber tatsächlich durch „älteres" Sickerwasser verursacht wird und einen schnellen Sickerwasserzufluß von der Oberfläche vortäuscht. Durchweg sehr gering sind S. innerhalb des (tieferen) Untergrundes, wenn vertikale Sickerungen durch halbdurchlässige Schichten (→ Leckage) erfolgen; sie liegen etwa in der Größenordnung von < 0,1 Liter $l/(s \cdot km^2)$;
2. Geschwindigkeit von Filtrationen (mittels Filtern) bei der Abwasseraufbereitung; in Langsamfiltern (gefüllt mit gewaschenem Sand und Kies; wirksame Korngröße um 0,3 mm) beträgt die S. 5 - 20 cm/h, in → Schnellfiltern (gefüllt je nach Aufbereitungsziel mit Quarzsand, Anthrazit, Aktivkohle, wirksame Korngröße um 0,45 mm) 4 - 10 m/h; ↓ Filtrationsgeschwindigkeit

Sickerleitung. Im Untergrund verlegte, gelochte Leitungen aus keramischem Material, Kunststoff (→ PVC-Rohre), Stahl oder Mauerwerk zur Fassung mehr oder weniger oberflächennahen Grundwassers; S. werden am Fuß von Berghängen, quer zum Grundwasserstrom im Tal oder parallel zu Bächen oder Flüssen angelegt. Durch (Bagger-)Schürfe wird bei Anlage solcher S. der Grundwasserzulauf erkundet und die S. auf der Grundwassersohle verlegt, durch eine Kiesschüttung um die S. der maximale Wasserzulauf gesichert und schließlich durch eine Tonüberdeckung der direkte Zufluß von Oberflächenwasser unterbunden. Die S. mündet in einen (Sammel-)Schacht, der evtl. auch Zuläufe anderer S. aufnimmt und von dem aus das Wasser dem Verbraucher zugeleitet wird; ähnlich wie bei → Quellfassungen ist die Schüttung meist niederschlagsabhängig. Wegen der oberflächennahen Lage der S. ist das gewonnene Wasser meist hygienisch gefährdet; für öffentliche Wasserversorgungen werden deshalb S. heute nur noch selten angelegt; ↓ Sickerrohr, ↓ Sickerstrang

Sickerlinie. In homogenen → Stausee-Erddämmen (oder Deichen in Flut- bzw. Hochwassersituationen) geneigte Grenzfläche der vom See (von der Küste, vom Überflutungsgebiet) zum luftseitigen Dammfuß sickernden Wässer, die dort durch Filterschichten abgefangen werden müssen

Sickerrate. Menge versickernden Wassers bezogen auf die Zeit und Fläche (Einheit: $[l/(s \cdot km^2)]$)

Sickerraum. Gesteinskörper, in dem sich zum Zeitpunkt der Betrachtung kein Grundwasser befindet

Sickerrohr. → Sickerleitung; ↓ Sickerstrang

Sickerstrecke. 1. Vertikale Strecke von der Geländeoberfläche, die → Niederschlagswasser oder künstliches Infiltrationswasser aufnehmen kann, durch die wasserungesättigte Zone (→ Zone, wasserungesättigte) bis zur → Grundwasseroberfläche; ↓ Infiltrationsstrecke

2. Sickerstränge einer → Quellfassung

Sickerung. Vorgang der Bewegung von → Sickerwasser in der wasserungesättigten Bodenzone; bodenkundlich: → Perkolation

Sickerwasser. → Wasser, unterirdisches, das sich der Schwerkraft folgend in der wasserungesättigten Bodenzone (→ Zone, wasserungesättigte, → Sickerraum) abwärts bewegt, jedoch kein Grundwasser ist; in der Bodenkunde wird je nach Bodensaugspannung zwischen schnell beweglichem (→ pF < 1, 8) in weiten Grobporen und langsam beweglichem (→ pF 1,8 - 2,5) S. in engen Grobporen unterschieden; das Wasser in feinporigeren Böden (→ pF > 2,5) ist → Haftwasser und somit nicht sickerfähig gebunden; (DIN 4049)

Sickerwasserabfluß. Unterirdischer Sickerabfluß (Einheit: [mm]) bzw. → Sickerrate; in der Regel wird S. mit → Lysimetern oder entsprechenden Einrichtungen (z.B. → Säulen) gemessen; ↓ Sickerspende

Sickerwassergeschwindigkeit. → Sickergeschwindigkeit

Siebanalyse. Untersuchung der Korngrößenverteilung eines Sediment- (Locker-) Gesteins durch Siebe verschiedener Maschenweite; Verfahren und Geräte sind in der DIN 18123 festgelegt. Korngrößen > 0,063 mm (Sand, Kies) werden durch Siebung, Korngrößen < 0,063 mm durch Sedi-

mentation (→ Schlämmanalyse) bestimmt; Probemengen für Siebanalysen betragen je nach geschätztem Grobkorn 150 g bis 2 kg (Richtmaß 1 l Sand ~ 1,5 kg)

Siedepunkterhöhung. → Wasser

Silage. Durch Vergärung von Pflanzen (z.B. grünem Getreide oder anderen Gräsern) oder Pflanzenresten (z.B. Rübenblätter) in Silos gewonnenes Viehfutter; das im Vergärungsprozeß freigesetzte Wasser aus dem Pflanzenmaterial enthält z.T sehr aggressiv wirkende Stoffe (z.B. NH4+,

Silagesaft. Bei der Aufbereitung von Viehfutter entstehender Gärsaft, der wegen starker Nährstoffanreicherung grundwassergefährdend ist; ↓ Silagesickersaft, Silage

Silt. → Schluff

Simulation. Nachbildung von Prozessen durch Modelle (-rechnungen); in der Hydrogeologie wurden eine Reihe von speziellen Modellen entwickelt: z.B. geohydrologische M., Transport-M., geochemische Gleichgewichts-M. unter Anwendung der Gleichgewichts-Thermodynamik, Hydrologische (Wasserwirtschaftliche) Prognosemodelle unter Anwendung iterativer (schrittweiser) Rechnungen; Grundlage solcher Simulationen ist eine ausreichende Datenbasis, von der die Aussagekraft abhängt; vor leichtfertigen Fehlschlüssen, die auf unzureichende Daten beruhen, muß jedoch gewarnt werden

Sinken. 1. Abwärtsgleiten (Sedimentieren) fein- bis feinstkörniger → Schwebstoffe im Wasser;

2. Abwärtsbewegung einer Phase mit höherem spezifischen Gewicht oder höherer Dichte als Wasser in einem Grundwasserleiter; → DNAPL, → Salzwasser

Sinkgeschwindigkeit. Geschwindigkeit der Sedimentation (Bewegung in vertikaler Richtung) von Schwebstoffen; diese wird bestimmt durch die Kugelform „gleichwertiger Korndurchmesser" nach dem STOKEschen Gesetz. Das STOKEsche Gesetz besagt, daß zur vertikalen Bewegung kleiner Kugeln in einer zähen Flüssigkeit eine Reibungskraft zu überwinden ist, die sich ergibt aus der Geschwindigkeit der Kugel relativ zur Flüssigkeit, dem Radius der Kugel und der dynamischen Viskosität; reicht das Gewicht des sedimentierenden → Partikels nicht aus, diese

Reibungskraft zu überwinden, bleibt das → Partikel in der Schwebe

Sinkstoffe. Die von einem fließenden Wasser in aufgeschlämmter Form mitgeführten Partikel anorganischer oder organischer Verbindungen, die bei nachlassender Schleppkraft infolge sich verringernder Fließgeschwindigkeit des Wassers absinken

Sinnenprüfung (Sinnesprüfung). → Wasser, organoleptische Eigenschafte

SKE. → Steinkohle-Einheit

Skelettkorn. → Grobboden; ↓ Bodenskelett

Skin. Film (dünne Haut) auf der → Bohrlochwand, wobei das tonige Material aus dem Bohrgut oder aus der → Spülung (→ Spülungszusätzen) kommen kann

Skineffekt. Durchlässigkeitsunterschied zwischen Grundwasserleiter und unmittelbarer Brunnenumgebung, also der hydraulische Anschluß eines Brunnens an das grundwasserleitende Gebirge. Der S. kann durch Bohrvorgang, Brunnenausbau oder andere Maßnahmen hervorgerufen werden und muß, da bei → Pumpversuchen wirksam, bei deren Auswertung berücksichtigt werden; er führt zu Absenkungsgewinn oder −verlust. Maß für den durch den S. hervorgerufenen Durchlässigkeitsunterschied ist der dimensionslose Skinfaktor, der positiv oder negativ sein kann und von $+ \infty$ für vollständig dichte bis -5 für stimulierte (z.B. gesäuerte, gefracte) Bohrlöcher reichen kann

Skinfaktor. → Skineffekt

Slug-Test. Test zur Ermittlung der → Durchlässigkeit in einem → Bohrloch oder in einem durch → Packer abgedichteten Bohrabschnitt; dazu wird eine bestimmte Wassermenge eingefüllt (bzw. abgepumpt), der zeitliche Druckverlauf im Bohrloch registriert und über Typkurven ausgewertet; ↓ Impulsversuch

Smog. Belastung der Atmosphäre durch Abgase aus Industrie, Landwirtschaft und Autoverkehr, die als nasse Deposition in den Wasserkreislauf gelangen kann; → Depositionsrate

Smogverordnung. Auf Grund des Bundesimmissionsschutzgesetzes erlassene Verordnung der Bundesländer zur Einschränkung von Abgasausstößen, insbesondere durch Kraftfahrzeuge, mit dem Ziel der Smog-Minderung in bewohnten Gebieten

SMOW. Abkürzung für **S**tandard-**M**ean-**O**cean-**W**ater, von der → International Atomic Energy Agency (IAEA) festgelegter internationaler isotopenhydrologischer → Standard, auf den die relative Abweichung in [‰] des δ ^{2}H/^{18}O Gehaltes einer Wasserprobe bezogen wird. 1976 wurde der V-SMOW-Standard (**V**ienna – **S**tandard **M**ean **O**cean **W**ater) für Wasser eingeführt, der das ^{2}H/^{1}H- und ^{18}O/^{16}O-Verhältnis festlegt und nahezu mit dem bisherigen SMOW-Standard übereinstimmt; außerdem gibt es den Bezugsstandard SLAP (**S**tandard **L**ight **A**ntarctic **P**recipitation)

Sohle. Basis- oder untere Grenzfläche eines betrachteten Körpers, z.B. Grundwasser-S. (oder -sohlfläche), S. einer Schicht (-enfolge), Gewässersohle

Sole. Salz-, d.h. Natriumclorid-reiches Wasser, wobei die für eine Bezeichnung als S. erforderlichen Konzentrationen nicht einheitlich sind. Balneologisch (also im deutschen Bäderwesen) sind unter S. Mineralwässer mit NaCl-Konzentrationen von mindestens 14 g/kg, bergmännisch solche mit Konzentrationen von > 40 g/l zu verstehen; für DAVIES & DE WIEST müssen S. Konzentrationen von > 100 g/kg NaCl aufweisen

Soleeinbruch. → Salzwassereinbruch

Solewanderung. Abfluß salzreicher, meist tiefer Grundwässer (→ „Tiefenwässer") von → Salinaren in Richtung eines (hydro-)geologisch vorgegebenen Potentialgefälles

Solifluktion. 1. → Bodenfließen von durchfeuchteten Gesteinsmassen aller Korngrößen; das Fließverhalten ist dabei nicht nur von Bodenart und Wassergehalt abhängig, sondern auch vom Gefüge und der Struktur des Bodens. S. ergeben langgestreckte, gelappte oder murenartige Formen, innerhalb derer häufig Viskositätsänderungen mit linearen Bewegungsflächen zu sehen sind; S. sind typisch für periglaziale Gebiete; sie lassen sich deshalb in Pleistozän-Schuttmassen häufig nachweisen;

2. Wechselfrostbedingtes Bodenfließen an geneigten Hängen (sowohl deluvial-fließend als auch deluvial-gleitend; → Gehänge-

schutt); kann zur Beeinflussung (Verlegung) von Quellgebieten beitragen

Solifluktionsschutt. → Gehängeschutt

Solikinese. Prozeß der gravitativen, vertikalen Dichtesaigerung in Wechselfrostgebieten (z.B. Braunkohlediapirismus, Frosttaschen usw.)

Soll. Abflußlose (wassergefüllte) Senke in Jungmoränengebieten, die durch Abschmelzen von Toteisblöcken der letzten pleistozänen Inlandvereisungen entstanden ist; (*pl.* Sölle)

SOM. **S**olid **O**rganic **M**atter; Summenbegriff für alle festen organischen Inhaltsstoffe eines betrachteten Systems oder einer Probe

Sonde (in der Hydrogeologie). Versenkbare, meist an einem Kabel hängende, mit Zählmöglichkeit zur Tiefenbestimmung versehene Apparatur zur Aufnahme eines oder mehrerer Meßsensoren

Sonderabfall. Besonders überwachungsbedürftiger, von der Hausmüllentsorgung ausgeschlossener, nachweispflichtiger Abfall, dessen Beseitigung in eigenen Verordnungen geregelt ist

Sonderkulturen. → Monokulturen, die im Wechsel der Fruchtarten angebaut werden, z.B. Zierpflanzen, Gemüse, Wein, Spargel, Hopfen, Tabak; S. sind durch erhöhtes Auswaschungsrisiko als Folge des erhöhten Einsatzes von Dünge- (→ Düngung) und → Pflanzenschutzmitteln besonders grundwassergefährdend

Sondierung. → Tiefensondierung

Sorbat. Durch → Sorption gebundene Stoffe

Sorbens (*pl.* Sorbentien). Verkürzter Begriff für ad- und absorbierend (→ Sorption) wirkende Stoffe. Hydrogeologisch handelt es sich dabei um S. im Gestein, die Sicker- oder Grundwässern Ionen entziehen; sorbierend wirken im Untergrund vor allem Tonminerale, Zeolithe, Eisen-, Mangan- und Aluminiumhydroxide, organische Substanzen (vor allem Huminstoffe), mikrobielle Schleime, Pflanzen und Mikroorganismen

Sorption. Bindung von organischen und anorganischen Stoffen an der Oberfläche (→ Adsorption) oder im Innern fester Körper (→ Absorption) durch Wirkung der VAN DER WAALS-Kräfte; da im Grundwasser bzw.

Grundwasserleiter zwischen Ad- und Absorption praktisch nicht zu unterscheiden ist, wird hydrogeologisch häufig nur von S. gesprochen. S.-en sind u.a. die Ursache dafür, daß feste Stoffe (z.B. Bakterien, Viren) und Ionen beim Grundwasserfließen retardiert (→ Retardation) werden, so daß ihre Transportgeschwindigkeit z.T. erheblich von der Fließ-(Abstands-)Geschwindigkeit abweicht

Sorptions-Gleichgewicht. Durch Sorptionskinetik und Fließgeschwindigkeit des (Grund-)Wassers bestimmte Größe. Da die Sorptionskinetik (→ Adsorptions-/Desorptions-Kinetik) in der Regel gering ist, stellt sich das S.-G. nur bei niedrigen Fließgeschwindigkeiten ein; je höher diese sind, desto größer die Transportweite bzw. geringer die Elution eines Stoffes (→ Eluat). Aus in Säulenversuchen gewonnenes S.-G. gestattet den Faktor der → Retardation (z.B. einer unpolaren organischen Verbindung) abzuschätzen

Sorptionsisotherme. → Adsorptionsisotherme

Sorptionskapazität. Menge eines Stoffes, die von dem Volumen eines → Sorbens gebunden werden kann und stoffspezifisch ist

Sorptionsrate. Menge eines Stoffes, die von einem → Sorbens pro Zeiteinheit gebunden werden kann

Spalte. 1. → Kluft;
2. Klaffende Fuge im Gestein, die aus einer → Kluft durch Verwitterung, Auseinanderweichen von Gesteinsschollen oder durch Erdbeben entsteht; meist füllen sich S.-n mit Bruchstücken des Nebengesteins, Verwitterungsschutt oder mit chemischen Abscheidungen (z.B. Carbonate)

Spaltenquelle. → Quelle, aus der Grundwasser durch eine Gesteinspalte zuläuft und austritt; vielfach tritt das Wasser unter hydrostatischem Druck an der Erdoberfläche aus; → Kluftquelle

Spaltenwasser. Grundwasser, das in → Klüften und → Spalten fester Gesteine zirkuliert und oft als → Spaltenquelle zutage tritt

Speicher. Raum zur Bevorratung und Weiterleitung von Stoffen und Flüssigkeiten

Speicher, unterirdischer. 1. → Ausgleichsspeicher;

2. → Untergrundspeicher

Speicherbecken. Wasserwirtschaftliche Einrichtungen zur Bevorratung oberirdischer Wässer (z.B. für Energiegewinnung), zur Speicherung von Reserven für die Schiffahrt in Flüssen oder zur Zurückhaltung von Hochwasserwellen u.a.m.; → Ausgleichbecken

Speicherbewirtschaftung. Wasserwirtschaftliche Ordnung von → Speicherbecken

Speicherfeuchte. → Feldkapazität

Speichergestein. Gestein, das Grundwasser (aber auch andere Flüssigkeiten wie z.B. Erdöl) speichern und weiterleiten kann, d.h. nutzbares Hohlraumvolumen hat; solche Hohlräume können → Poren (Porengrundwasserleiter) und → Klüfte (Kluftgrundwasserleiter) sein. Bei längerer Verweildauer wird der Lösungsinhalt des gespeicherten Grundwasser vom S. geprägt, so daß ein für das S. typischer Lösungsinhalt (→ Grundwassertyp) entsteht; Der häufig in der Öffentlichkeit geäußerte Glaube an „unterirdische" (also Grundwasser-)Seen trifft nicht zu; nur unter speziellen Karstverhältnissen kann es in unterirdischen Hohlräumen (→ Höhlen) zu See-ähnlichen, durchströmten Wasseransammlungen kommen

Speicherkapazität. 1. Das zur Speicherung in einem → Speichergestein geeignete gesamte → Hohlraumvolumen. Die dimensionslose S. ist das Integral des spezifischen Speicherkoeffizienten (→ Speicherkoeffizient, spezifischer) über die Grundwassermächtigkeit; der Wert ergibt sich aus der → THEISschen Brunnenfunktion bei → Pumpversuchen im instationären Strömungszustand und entspricht im freien Grundwasser dem (speicher-)nutzbaren Hohlraumvolumen, bei gespanntem Grundwasser der Wasserabgabe pro Formationsvolumen, die bei Erniedrigung des Wasserspiegels um 1 m erfolgt. Die S. erreicht im freien Grundwasser Werte um 10^{-1}, im gespannten 10^{-3} bis 10^{-5}. Bei Kenntnis des mittleren S. läßt sich z.B. die Menge gespeicherten Grundwassers berechnen, wenn die geometrische Ausdehnung des Grundwasserkörpers bekannt ist. Ferner kann die Änderung gespeicherter Grundwassermengen bei Grundwasserspiegelschwankungen abgeschätzt werden;

2. Menge des frei beweglichen Wassers (Grund- und Stauwasser), die ein Boden maximal speichern kann; konventionell der Volumenanteil der Poren mit einem Durchmesser > 50 μm; ↓ Speichervermögen

Speicherkoeffizient (S). Der S. ist das Integral des spezifischen Speicherkoeffizienten (→ Speicherkoeffizient, spezifischer) über die (z.B. durch Bohrung erschlossene) Grundwassermächtigkeit und ergibt sich aus dem Pumpversuch im instationären Strömungszustand [→ Strömung (2)]; S. ist dimensionslos, da sich die Einheiten kürzen [$m^3 \cdot m / m^3 \cdot m$]. S. entspricht im freien → Grundwasser dem (speicher-)nutzbaren Hohlraumvolumen, im → gespannten Grundwasser der Wasserabgabe pro Formationsvolumen, die bei Erniedrigung des Druckes um 1 m Wassersäule erfolgt

Speicherkoeffizient, spezifischer. Änderung des gespeicherten Wasservolumens je Volumeneinheit des Grundwasserraumes (z.B. 1 m^3) bei Änderung der → Standrohrspiegelhöhe (= Absenkung des Grundwasserspiegels) um 1 m; Einheit: [m^{-1}]

Speichermenge. Volumen des in einer betrachteten Gesteinseinheit gespeicherten Wassers

speichernutzbarer Hohlraum, speicherwirksamer Hohlraum. → Hohlraumanteil, speichernutzbarer

Speichervermögen. → Speicherkapazität

Speier. → Estavelle, ↓ Speiloch

Speiloch. → Estavelle

Speisewasser. Wasser, das für technische Zwecke, z.B. Füllung von Kesseln zur Dampferzeugung, genutzt wird

spektraler Absorptionskoeffizient (SAK). → Absorptionskoeffizient, spektraler

Sperrbrunnen. → Abwehrbrunnen

Spezialkartierung. Durch ein Untersuchungsziel festgelegte spezifizierte (thematische) Kartierung, z.B. eine geologische, zur Festlegung eines Bohrpunktes oder der erforderlichen Ausdehnung eines Wasserschutzgebietes; solchen Zielen kann auch eine bodenkundliche S. dienen; ferner gibt es hydrogeologische S. (→ Kartierung, hydrogeologische) mit Informationen zum Grundwasserflurabstand, zur Grundwasserbilanz, Grundwasserchemie oder Grundwassergefährdung sowie ingenieurgeologische S., Naturraumpotentialkarten u.a.m.

Spezies. Biologischer (paläontologischer) Begriff zur Unterteilung einer (Tier-, Pflanzen-)Gattung, der im übertragenen Sinn auf chemische (Teil-)Verbindungen wie z.B. Komplex-Ionen, Verbindungen (Oxide, Salze, Hydroxide etc.) eines Elements angewandt wird; dieser Begriff wird vor allem bei chemischen Gleichgewichtsmodellen zur Benennung der einzelnen chemischen Teilverbindungen gebraucht, für die Gleichgewichte berechnet werden

spezifischer Speicherkoeffizient. → Speicherkoeffizient, spezifischer

spezifischer spektraler Absorptionskoeffizient. → Absorptionskoeffizient, spektraler

spezifischer Wasserbedarf. → Wasserbedarf, spezifischer

Spiegeleis. Meteorologische Erscheinung, die dadurch entsteht, daß sich Warmluft über Kaltluft bei gefrorenem Boden abregnet; dabei entsteht an der Erdoberfläche z.B an Vegetation, Fahrzeugen, Bebauung, auf Verkehrswegen usw. eine sehr glatte Eisschicht

Spitzen(wasser)bedarf. Der an verbrauchsreichen Tagen, meist im Sommer auftretende kurzzeitige Wasserbedarf, an dem sich die technischen Einrichtungen (Pumpen, Rohrleitungen, Hochbehälter u.a.m.) einer Wasserversorgungsanlage orientieren, die diesen Maximalbedarf abzudecken haben. S. entspricht nicht dem mittleren Bedarf, der sich aus dem Gesamt-Jahresverbrauch dividiert durch 365 (Zahl der Tage im Jahr) errechnet und Grundlage für hydrogeologische Überlegungen bei Grundwassererschließungen ist

Sporentriftversuch. → Tracerversuch, bei dem als Markierungsstoff → Bärlapp-sporen (→ *Lycopodium clavatum*) eingesetzt werden; da sich die Sporen mit verschiedenen (sonst für Lebensmittel einge-setzten) Farben einfärben lassen, können bei einem Versuch gleichzeitig an mehreren Stellen (jede mit eigener Farbe) Sporen eingegeben und somit ein größeres Gebiet hydrogeologisch untersucht werden. Die Sporen sind etwa 30 µm groß; an den zu untersuchenden Stellen werden sie durch aus engmaschiger Seidengaze

hergestellte Filter aufgefangen und die aufgefangenen Sporen durch Zentrifugen zur Zählung angereichert. Der Einsatz von Sporen beschränkt sich auf Gesteine, deren Klüfte ausreichend weit sind, um für Sporen passierbar zu sein, d.h. im wesentlichen auf Karstgesteine(-gebiete); bei der Auswertung von S. ist zu beachten, daß es sich bei den gefundenen Daten um Ge-schwindigkeiten und Richtungen des Transportes (Vertriftung) handelt, die nicht identisch mit denen des fließenden Grundwassers sein müssen (und meistens nicht sind)

SPP. Schwerpunktprogramm: von der Deutschen Forschungsgemeinschaft (DFG) geförderte, unter bestimmten Themen stehende Forschungsprojekte

Springflut. Maximaler Tidenhub, der bei Vollmond und Neumond entsteht, wenn Sonne und Mond in Opposition stehen; an der deutschen Nordseeküste tritt die Springflut etwa 3 Tage nach Voll- bzw. Neumond ein

Springquelle. → Geysir

Sprungschicht. → Thermo- oder → Chemokline in einem → Standgewässer

Spülbohrung. Rotary-Bohrung (→ Rotary-Bohrverfahren), bei der das gelöste Bohrgut durch eine → Spülung an die Erdoberfläche befördert wird; Spülmedium sind Luft oder (meistens) Wasser, das ohne (Klarspülung) oder mit → Spülungszusätzen eingesetzt wird

Spülfilterbrunnen. → Brunnen, der durch Einspülen von → Filtern in → Lockergesteine erstellt wird; am unteren Ende tragen die Filter eine Spülspitze mit einer Düse; zum Spülen wird im Inneren des Filterrohres eine Spüllanze eingeschraubt, die nach Herunterspülen des Filters wieder ausgebaut wird. Auf das eingespülte Filter können Aufsatzrohre gesetzt werden

Spülkippe. 1. Aufhaldung von Bohrspülungsmitteln;
2. Einspülen von Abraum-Wasser-, Asche-Wasser-Suspensionen oder Aufbereitungsrückständen (tailing) in Bergbauhohlformen oder speziell angelegte Becken

Spülschlamm. Verbrauchte Bohrspülung, die großenteils aus zerkleinertem Gestein und Spülungsflüssigkeit besteht und nicht mehr den Standsicherheitsanforderungen an die → Spülung gerecht wird

Spülung. → Wasser oder → Suspension mit dichte- und gewichtdefinierten → Partikeln, die durch ihre Dichte ein Einstürzen eines → Bohrloches gegen jeglichen (hydro-)dynamischen Druck verhindert

Spülungszusätze (bei Bohrungen). Zusätze für Bohrspülungen zur Stabilisierung der → Bohrung mit den Aufgaben, die Bohrlochwände standfest und kalibergerecht zu halten, den Austrag des Bohrguts zu erleichtern, das Absinken von Bohrgut bei Unterbrechungen während der Bohrarbeiten zu verzögern, den Spülwasserbedarf zu senken, die Bohrwerkzeuge zu kühlen, die Probengewinnung zu optimieren, den Grundwasserleiter und das Grundwasser durch vorübergehendes Abdichten der Bohrlochwände zu schützen. Zum Einsatz kommen → Bentonite auf Grund ihrer → Thixotropie, synthetische Polymere (→ CMC und → PAA), Beschwerungsmittel (meist Schwerspat, $BaSO_4$) zur Erhöhung der Dichte, Schaummittel (anionaktive → Tenside) zur Erhöhung der Auftriebsgeschwindigkeit für die Bohrproben, Stopfmittel (Glimmerschuppen, Muschelschrot u.a.m.) zur Minderung von Spülungsverlusten, Salze zur Minderung der Lösungsaktivitäten in → Salinaren. In besonders tiefen Bohrungen [wie z.B. der Kontinentalen Tiefbohrung (KTB) bei Windischeschenbach] wurde ein spezieller, besonders druck- und temperaturbeständiger, nicht mit dem Bohrgut reagierender Spülungszusatz eingesetzt, das anorganische Dehydril HT; → Spülschlamm ist nach Gebrauch ordnungsgemäß zu entsorgen; weitere Hinweise enthält das DVGW-Merkblatt W 116, „Verwendung von Spülungszusätzen bei der Erschließung von Grundwasser" (März 1998)

Spülwasser. Das in Bohrungen und zum Ansetzen von Spülungszusätzen verwandte Wasser, das Grundwasser nicht nachteilig beeinflussen darf

Spundwand. Unterirdische Abriegelung des Grundwasserstromes mittels eingerammter, bündig schliessender Stahl- oder Betonprofile, um das Eindringen von Grundwasser z.B. in Baugruben oder Tagebaubetriebe zu verhindern bzw. zu minimieren

Spurenelement. 1. Chemische Elemente, die der menschliche, tierische und pflanzliche Organismus nur in Spuren enthält; 2. Chemische Elemente und Stoffe, deren Gehalt im Wasser sehr niedrig ist (konventionell unter 0,2 mg/kg)

Spurenstoff. → Spurenelement,2.

staatliches Meßnetz. → Meßnetz, staatliches

stabiler Wasserkreislauf. → Wasserkreislauf, stabiler

Stabilisierung. Maßnahmen oder Vorgänge, die zur → Stabilität führen

Stabilität. Zustand der Festigung gegen physikalische (insbesondere mechanische) und chemische Angriffe

Stabilitätsfeld. Älterer Begriff für → Prädominanzfeld

Stagnation. 1. → Standgewässer: Stillstand, der - im Gegensatz zu → Zirkulation - u.a. die biologischen Prozesse in Seen (Frühjahrs-, Herbst-Zirkulation, Sommer-, Winter-Stagnation) beeinflußt; 2. Grundwässer: Fehlende Bewegung des Grundwassers; S. tritt in (grundwasser-)oberflächennahen Bereichen und Grundwasserentlastungsgebieten kaum auf; S. beschränkt sich u.a. auf (hydro-)geologisch isolierte Einheiten; nach der Tiefe nimmt die Grundwasserbewegung rasch ab, bis es in größeren Tiefen nahezu zur Stagnation kommt; 3. Leitungsrohre: Durch geringe Wasserentnahme der Verbraucher aus dem → Trinkwasser-Rohrleitungsnetz, kann S. verursacht werden; dabei die Gefahr besteht, daß es zum Auflösen von metallischem Rohrmaterial (z.B. Blei, Kupfer, Eisen, Mangan) kommen kann, was u.U. noch durch mikrobiologische Aktivitäten und dadurch verursachte Sauerstoff-Zehrung im Wasser gefördert wird

Stagnationszone. → Hypolimnion

Stagnierendes Wasser. → Wasser, stagnierendes

Stagnophil. Zur → Stagnation neigendes Gewässer

Stahlaggressivität. Eigenschaft hochmineralisierter Wässer auf Stahlteile, mit denen sie in Berührung kommen, stark korrodierende Wirkung ausüben; in der Regel beginnt die → Korrosion an Kristallisationsfehlplätzen im Stahl (→ Lochfraßkorrosion) und führt bei Sauerstoff-Gegenwart zur Rostbildung der geamten Stahloberfläche

Stammabfluß. Niederschlagsanteil, der an Baumstämmen und Pflanzenstengeln abfließt und zum Boden gelangt

Standard. 1. Isotopenhydrologie: Eich- bzw. Referenzsubstanz bekannter Isotopenzusammensetzung oder bekannten bzw. definierten Alters;

2. Chemischen Analytik: Eichsubstanz mit genau bekannter und definierter Zusammensetzung, die benötigt wird, um die chemische Zusammensetzung von Feststoff- oder Flüssigkeitsproben quantitativ (annähernd) exakt bestimmen zu können;

3. Regelwerk, in dem von einem Fachgremium Normen (z. B. für Probenahme, Analytik, Grenzwerte) für einen bestimmten Gültigkeitszeitraum (Stand der Technik, Stand der Wissenschaft) erarbeitet und festgeschrieben wurden

Standardabweichung. Statistisches Streumaß; Ergebnisse +/- S. bilden einen Bereich, in dcm 68 % dcr Wcrtc cincr Mcssung/cincs Analysenwertes liegen

Standardleistungsbuch. Zusammenstellung von Positionen, die zur Ausschreibung einer Baumaßnahme, aufgegliedert nach Leistungsbereichen, erforderlich sind; hydrogeologisch relevant ist besonders der Leistungsbereich 005 „Brunnenarbeiten und Aufschlußbohrungen"

Standardmethode. Durch Regelwerke, Normen, Vorschriften und Richtlinien vereinheitlichtes und verbindlich festgelegtes (Untersuchungs-)Verfahren

Standfestigkeit. Eigenschaft und Fähigkeit eines Materials (Stoffes), mechanischen Veränderungen zu widerstehen; so bedeutet z.B. ein standfestes Gebirge, wenn es in Bohrlöchern nicht zum Nachfall und damit zum Zusammenfallen kommt

Standgewässer Oberflächengewässer, das stagniert ($\rightarrow$ Stagnation), d.h. dass das Wasser längere Zeit in einer (künstlichen oder natürlichen) Geländedepression verweilt, z.B. in einem $\rightarrow$ Teich, $\rightarrow$ See oder $\rightarrow$ Soll; S. sind besonders durch anthropogen verursachten (überhöhte Nährstoffeintrag) Sauerstoffmangel ökologisch gefährdet; $\rightarrow$ Stagnation,$\downarrow$ Gewässer, stehendes

Standortbedingungen. Durch deskriptive Parameter quali- und quantifizierte Eigenschaften eines Bio- oder Geotops, die dessen Zustand verursachen und fixieren, unter festgelegten Kriterien auch bewerten

Standorterkundung. $\rightarrow$ Grundwasserdetailerkundung

Standortkartierung. Kartographische Inventur einer definierten Fläche im Hinblick auf die durch das Untersuchungsziel festgelegten Kriterien; $\rightarrow$ Spezialkartierung

Standrohr. Der häufig am oberen Ende eines $\rightarrow$ Bohrlochs eingesetzte (z.T. auch tiefer reichende) Teil einer Verrohrung, der die höchsten, meist lockeren Schichten zurückhält und das Bohrloch vor Nachfall von gelöstem oder rolligem Gestein schützt, ferner dem Bohrgestänge Führung gibt und das Fundament der Bohranlage vor Ausspülungen schützen soll; das S. wird in der Regel nach Abschuß der Bohrarbeiten wieder gezogen; $\downarrow$ Casing

Standrohrspiegeldifferenz.

1. Differenz der $\rightarrow$ Standrohrspiegelhöhe in einer $\rightarrow$ Grundwassermeßstelle während einer bestimmten Zeit;

2. Höhenunterschied der Grundwasserspiegel zwischen zwei oder mehreren Meßstellen

Standrohrspiegelgefälle. Gefälle (Gradient) der $\rightarrow$ Standrohrspiegelhöhen ($\rightarrow$ Grundwasserspiegel) zwischen zwei Grundwassermeßstellen

Standrohrspiegelhöhe. Höhe des $\rightarrow$ Grundwasserspiegels in einer Meßstelle oder einem Brunnen über einem Bezugssystem (z.B. $\rightarrow$ Normal-Null), die sich aus geodätischer Höhe und (Grundwasser-)Druckhöhe zusammensetzt (DIN 4049); $\rightarrow$ Druckhöhe, hydraulische

Standsicherheit. Fähigkeit des Untergrundes, Änderungen bei Belastungen (z.B. Bauten) zu widerstehen und sich nicht bauwerksschädigend zu deformieren, z.B. durch hydraulischen Grundbruch

Standwasser. $\rightarrow$ Wasseransammlung

Staphylokokken. Mit dem Stuhl ausgeschiedene aerobe, fakultativ anaerobe, traubenförmig angeordnete, kugelförmige Fäkalbakterien, deren $\rightarrow$ Spezies S. aureus $\rightarrow$ pathogen ist (Eitererreger)

Starkregen. $\rightarrow$ Regen mit einer im Verhältnis zu seiner Dauer hohen (> 7,5 mm/h) Ergiebigkeit; S. treten meist als kurz andau ernde, plötzlich einsetzende und ebenso endende Niederschläge auf und haben kurzfristig hohe Abflüsse in oberirdischen Gewässern aber auch → Erosion zur Folge; → Wolkenbruch

Starkregenabfluß Abfluß eines Starkregen-Niederschlags, führt in oberirdischen Gewässern zum plötzlichen Anstieg des Wasserstands (Hochwassergefahr); wegen des kurzzeitigen, sehr intensiven Niederschlags fehlt eine ausreichende Zeit zur Versickerung, so daß die Grundwasserneubildung durch Starkregen im allgemeinen nur gering ist, es sei denn, durch wasserwirtschaftliche Maßnahmen (Rückhaltebecken) wird die Zeit zum Versickern künstlich erhöht; → Starkregen

Starkregendauer. → Starkregen

stationär. Zustand, in dem keine Veränderung stattfindet, da sich Kräfte und Gegenkräfte im Gleichgewicht befinden, z.B. ein s.-er Strömungszustand; bei der Grundwasserbeschaffenheit sind s.-e chemische Gleichgewichte im grundwasseroberflächennahen Bereichen relativ selten, da die Kinetik thermodynamischer Reaktionen unterschiedlich, durchweg bei den (relativ) niedrigen Temperaturen aber langsam verläuft, andererseits das geochemische Milieu sich verhältnismäßig schnell bei horizontalen (advektiven) Strömungen ändert; erst mit zunehmender Tiefe, bei zunehmenden Temperaturen und hydrogeochemisch bedingter Verarmung des Lösungsspektrums stellen sich stationäre hydrogeochemische Zustände ein

stationärer Strömungszustand. → Strömung, stationäre

statisches Grundwasserdargebot. Grundwasserdargebot, gewinnbares

Statistik. 1. Gewässerkundlich: Zusammenfassung von Zahlenwerten für das Abflußverhalten oberirdischer Gewässer; Grundeinheit ist das → Abflußjahr, das in der Bundesrepublik Deutschland am 1. November beginnt und am 31. Oktober endet. Dazu werden aus den Meßwerten der → Abflüsse in einer angegebenen Zeitspanne Hauptwerte (alte, nicht mehr normgerechte Bezeichnung: Hauptzahlen) für den Wasserstand (W, [cm]), den → Abfluß (Q, [m^3/s]) und die → Abflußrate (q, [l/(s · km^2)]) errechnet, und zwar der

kleinste (Vorsatz: N) und der größte Wert (Vorsatz: H) sowie die arithmetischen Mittel der N- und H-Werte (Vorsatz: M, z.B. MHQ). Hydrogeologisch relevant ist der MN-Wert, der nach WUNDT den mittleren Grundwasserabfluß einer durch ein Einzugsgebiet abgegrenzten Fläche angibt, und zwar für das gesamte Jahr; diese Zeit kann in ein Winterhalbjahr (WiMN, Monate November bis April) und ein Sommerhalbjahr (SoMN, Monate Mai bis Oktober) unterteilt werden; nach WUNDT entspricht der SoMN-Wert dem Mindestgrundwasserabfluß eines Gebiets. Grundsätzlich gilt, je länger der gewählte statistische Zeitraum, desto gesicherter der erhaltene Wert;

2. Grundwasserbeschaffenheit: Zur Erfassung der → Grundwasserbeschaffenheiten eines petrographisch determinierten → Grundwasserleiters, eines → Grundwassertyps oder einer regional begrenzten → Grundwassereinheit werden für einzelne chemische Parameter aus (insbesondere chemischen) Analysen arithmetische Mittel errechnet; in einem weiteren Schritt können für mehrere Parameter aus Wasseranalysen unter Anwendung von S.-Programmen mit Hilfe der EDV spezielle Auswertungen vorgenommen werden, die dem Ziel der grundwasserchemischen Charakterisierung weiter verhelfen können. Die wichtigsten derartigen S.-Daten sind (Auswahl): Häufigkeitsverteilung für einzelne Parameter, Korrelations- und Regressionsanalyse (Zusammenhang zwischen mehreren Parametern), Diskriminanzanalyse (Gruppierung mehrerer Parameter, Festlegung bzw. Definition von Grundwassertypen), Clusteranalyse (Ermittlung hydrochemischer Zusammenhänge zwischen mehreren Grundwasservorkommen), Faktorenanalyse (Untersuchung der kausalen Zusammenhänge und den von diesen verursachten Parametergruppierungen)

Status, hygienischer. Hygienischer Zustand, der → Grenzwerten (z.B. → Trinkwasserverordnung) genügt

Stau. 1. Allgemein: Hindernis für horizontal (advektiv) gerichtete Strömungen, bei Gewässern sowohl oberirdisch (Staudämme, → Aufstau) als auch unterirdisch (z.B. Stau von Grundwässern oberstromig von tektonischen

Strukturen) wirksam;

2. Meteorologisch: Erscheinung, daß Luftmassen gegen ein Gebirge strömen, zum Aufstieg gezwungen werden (Luv) und dabei Wolken bilden, die zu Niederschlägen (Stauregen) führen

Stauanlage. Technische Anlage zum → Aufstau oberirdischer Wässer (Staudamm, Stauwehr)

Staubniederschlag. → Niederschlag von feinen → Partikeln verschiedener Zusammensetzung aus der Atmosphäre

Stauhaltung. → Aufstau eines oberirdischen Gewässers mittels → Stauanlage mit festgelegter Stauhöhe

Stauhorizont. 1. Bodenkundlich: undurchlässige Bodenschicht (Horizont), die Versickerung von Wasser be- oder verhindert, was zur Vergleyung (Staunässeboden) führt; in der Bodenkunde wird der Begriff auch für Behinderungen vertikaler (konvektiver) Wasserbewegungen gebraucht;

2. Hydrogeologisch: Nicht bzw. schwer durchlässiger Lockergesteinshorizont, der zwei übereinanderliegende → Grundwasserleiter trennt. Über dem S. kann sich → Grundwasser ansammeln, oft nicht zusammenhängendes, „schwebendes"; ↓ Stauschicht

Staunässe. 1. Vernässung durch → Stauwasser auf schwer durchlässigem Boden (→ Stauhorizont);

2. Vernässung des Bodens durch sehr geringen → Grundwasserflurabstand

Stauquelle. → Quellaustritt infolge Staus des → Grundwasserleiters durch eine tektonische Struktur oder eine schlecht- bis undurchlässige Schicht, meist mit aufsteigendem → Grundwasser

Stauschicht. → Stauhorizont

Stausee. → See, der durch einen natürlichen oder künstlichen (Stau-)Damm entstanden ist; zu den natürlichen Dammbildnern zählen Gletscher (Eis-, Moränenstau), Bergstürze, Lavaströme oder tektonische Ereignisse, künstliche Dämme werden durch Aufschüttung von Baustoffen (alle Boden- und Felsarten) oder industriellen Reststoffen gebaut, die zu verdichten sind. S.-n werden auch zur Energieerzeugung (Elektrizität) und zur Gewinnung von → Trinkwasser (→

Trinkwassertalsperre) angelegt, bedürfen dann jedoch eines besonderen Schutzes (Einrichtung eines Schutzgebietes, Vermeidung von abwasserbelasteten Zuflüssen)

Stauspeicherung. Einrichtung von → Rückhaltebecken zur Zurückhaltung von Hochwasserwellen in oberirdischen Gewässern oder zur → Grundwasseranreicherung, → Retentionsraum

Staustufe. In → Fließgewässer eingebaute Wehre zum abschnittsweisen Gewässeraufstau, in der Regel zur Gewinnung von Energie (Kraftwerke; Mühlen; heute meist zum Antrieb von Stromgeneratoren genutzt)

Stauwasser. 1. Zeitweilig auftretendes bewegliches Wasser im Boden über einer (hoch-)anstehenden Stauwassersohle (meist oberhalb 13 dm unter Geländoberfläche);

2. Wasser des → Stausees

Stauwasserspiegel. Wasserstand eines → Stausees

Stauwurzel. Aus der Zuflußrichtung gesehen Anfang des Aufstaus eines oberirdischen Gewässers

Stauziel. Geplanter Höchst-Wasserstand eines → Stausees

Stechzylinder Zylinderförmiges, aus gehärtetem Stahl bestehendes und mit einer angeschliffenen Unterkante versehenes Probenahmegerät (ca. 100 cm^2 Fläche) für die Gewinnung oberflächennaher Bodenproben; zur Probengewinnung kann der S. horizontal, schräg oder vertikal in den Boden gepreßt wird

Stechzylinderprobe. Bodenprobe, die mit einem → Stechzylinder entnommen wurde

stehendes Gewässer. → Standgewässer; ↓ Gewässer, stehendes;

Steighöhe, kapillare. → Kapillare

Steilküste. Steil vom Land ins Meer abfallende Küstenlinie; der morphologische Gradient kann durch tektonische Hebung des Landes, Vulkane oder glaziale Stauchung entstanden sein; ↓ Steilufer

Steilufer. 1. Steile Böschungen an den Ufern stark tiefenerodierender Flüsse oder an Gebirgsseen;

2. → Steilküste

Steinkohle-Einheit (SKE). Für Vergleiche angewandte thermische Einheit, die dem Brennwert von 1 kg Steinkohle mit 7000 kcal oder 29,3 MJ entspricht; so beträgt z.B. der mittlere Wärmefluß aus 1 m^2 der Erde 0,00019 SKE (5,4 kJ/m^2)

Steinsalz. Chemisch: Natriumchlorid (NaCl), mineralogisch: → Halit; das Gestein wird als Halitit bezeichnet; hydrogeologisch relevant ist die Verwendung von S. im Winter als Auftausalz (Streusalz) auf den Straßen (neben CaCl$_2$), die zu erheblichen NaCl-Einträgen in den Untergrund führt, entweder durch Versickerung des gelösten S. im Bereich von Straßen bzw. deren Spritzbereichen (bis rd. 10 bis 15 m seitlich der Fahrbahn) oder durch Abschwemmung in die Vorfluter; dementsprechend bleiben diese Vorgänge weitgehend auf die Wintermonate beschränkt und das auch nur dann, wenn die Witterung einen verbreiteten Einsatz erfordert. Die Nachwirkungen des NaCl-Eintrags in Gewässer sind in oberflächennahen Grundwässern bis in die Sommermonate erkennbar. Da Chloride chemisch inert und deshalb nicht abbaubar sind, würde eine ständige unkontrollierte oder uneingeschränkte Verwendung von S. als Auftausalz langfristig einen generellen Cl-Anstieg in Gewässern und Grundwasser bewirken; obgleich Cl$^-$ bis zur Geschmacks- bzw. Genießbarkeitsgrenze, die bei 400 mg/l Cl$^-$ liegt, physiologisch unbedenklich ist, sollte heute die Verwendung als Straßenauftausalz auf ein Mindestmaß reduziert, zumal sich ökologische Schäden in der Vegetation einstellen können; → Auftausalz

Stelle. Identisch mit *Ort*; früher wurde bei → Probenahme hinsichtlich der Örtlichkeiten von „Untersuchung des Wassers an Ort und Stelle" gesprochen, eine nicht sachgerechte Begriffstautologie. Heute wird nur noch einer der beiden Begriffe verwandt, allerdings nicht einheitlich; so heißt es Meß- oder Probenahmestelle, aber Messung oder Untersuchung vor Ort

steril. Frei von Mikroorganismen einschließlich ihrer Sporen; Entkeimung in der Regel durch Hitze (Heißluft- oder Dampf-Sterilisation). Dagegen werden bei Desinfektionen mit chemischen Mitteln bzw. physikalischen Methoden nur pathogene Keime abgetötet (und nicht Viren oder andere resistente Mikroorganismen)

Stichprobe. Einzelne, willkürliche → Probenahme aus einer größeren Einheit oder Teileinheit, von deren Untersuchungsergebnis auf die Gesamtheit geschlossen wird bzw. auf der Grundlage des Ergebnisses weitere Untersuchungsarbeiten folgen

Stichtagsmessung. Messungen, die an einem festgelegten Tag erfolgen, bzw. Messungen gleicher Parameter an verschiedenen Meßpunkten gleichzeitig

Stickstoff-Abbau. Minderung des Stickstoff-Gehaltes bei der Abwasserbehandlung in Kläranlagen durch chemische Fällungen oder biologische → Denitrifikation

Stillegungsbergbau. Bergbauliche Maßnahmen, die erforderlich sind, um eine ordnungsgemäße und umweltgerechte Stillegung eines Bergbaubetriebes zu ermöglichen, z.B. Schaffung standsicherer Böschungen in ehemaligen Tagebauen; Errichtung von „Dämmen" im Tiefbau zur Minimierung der → Grubenwasserkonvektion nach dem → Absaufen; ↓ Sanierungsbergbau

Stöchiometrie. Lehre von der mengenmäßigen Zusammensetzung von Verbindungen und der mathematischen Berechnung chemischer Umsetzungen. Die stöchiometrische Zahl (ν) ist dabei die zum Ausgleich einer chemischen Reaktion geforderte Anzahl an Molekülen, Formeleinheiten, Atomen und Atomgruppen, z.B. 4 Al + 3 O$_2$ → 2 Al$_2$O$_3$ [ν (Al) = -4, ν (O$_2$) = -3, ν (Al$_2$O$_3$) = 2]. Die stöchiometrische Zahl in einem Molekül oder einer Formeleinheit ist diejenige Anzahl gleichartiger Atome oder Atomgruppen, die sich zu einer Einheit vereinigt haben, z.B. O$_3$, Na$_2$CO$_3$

Störfall. Technische Störung des bestimmungsmäßigen Betriebes einer nach → Bundesimmissionsschutzgesetz genehmigungsbedürftigen Anlage; die zu treffenden Maßnahmen sind in der Störfallverordnung geregelt

Störfallverordnung. → Störfall

Störung. Durch tektonische oder atektonische Deformation entstandener Hohlraum zwischen zwei Kluftkörperoberflächen mit kapillarem Abstand und deutlichem räumlichen Versatz; die S.-en können durch Zerrung, Scherprozesse oder Pressung entstanden sein; hydrogeologisch relevant sind Zerrungen in Festgesteinen, weil sie dank der mit der Zerrung verbundenen Klüftung ergiebige Grundwasserleiter bilden können; →

Verwerfung, ↓ Dislokation, ↓ Ruptur, ↓ Bruch

Störungsspalte. Hohlraum zwischen zwei Kluftkörperoberflächen mit deutlichem räumlichen Versatz unterschiedlicher Genese mit einem größeren als kapillaren Abstand

Störungszone. In Abhängigkeit von tektonischer oder atektonischer Deformationsintensität unterschiedlich mächtige Zonen, in denen mehrere ± parallele Trennfugen (→ Störungen) mit deutlichem Versatz vorhanden sind oder das Korngefüge erheblich verändert wurde (aufgelockert; Mylonit); auf Grund des vergrößerten Hohlraumvolumens sind sie in Festgesteinsgrundwasserleitern hydraulisch von großer Bedeutung, besonders in Kreuzungszonen von S.-n

Stoffe, umweltgefährdende. Ab einer stoffspezifischen Konzentration ein die Ökologie der Atmosphäre, des Bodens oder der Gewässer belastende Stoffe im Hinblick auf nachteilige Einwirkungen oder Veränderungen des jeweiligen Biotops und der darin enthaltenen Lebensformen

Stoffe, endokrine. → Endokrine

Stoffe, konservative. Stoffe, die nicht mit dem Gestein, das sie in gelöster Form passieren, oder anderen Stoffen im Grundwasser reagieren und weder biologischem Abbau noch radioaktivem Zerfall unterliegen, wie z.B. Cl^-, Br^-

Stoffe, nichtkonservative. Stoffe, die chemischen, biologischen oder radioaktiven Veränderungen unterliegen, u.a. die Konzentrationsverhältnisse verändern können; chemische Veränderungen sind z.B. Sorptions-/Desorptionsprozesse, Ionenaustausch, Fällung, Redox-Prozesse, biologische Stoffwandelprozesse können → aerob oder → anaerob ablaufen

Stoffe, polare und unpolare. Chemische Verbindungen (organische und anorganische) haben eine durch ihren Bau bedingte Ladungsverteilung; solche mit symmetrischer sind unpolar, mit asymmetrischer dagegen polar; die Polaritäten wirken sich auf die intermolekularen Wechselwirkungen wie die Löslichkeit in Wasser aus. Während anorganische Verbindungen (ionische Verbindungen) aus Ionen aufgebaut und somit Elektrolyte sind, sind viele der organischen Stoffe →

Nichtelektrolyte; sie treten jedoch mit Wasserdipolen (→ Wasser) in Wechselbeziehung, wenn sie polar sind, d.h. sie sind als Molekül löslich und dadurch mobil. Unpolare organische Substanzen sind in Wasser durchweg nur schlecht löslich (sind also immobil und bilden meist eine eigene Phase), dagegen gut in unpolaren Lösemitteln (z.B. viele → Pestizide); um ihre Löslichkeit für eine gezielte Anwendung zu erhöhen, können sie auf Trägersubstanzen aufgebracht werden

Stoffe, straßenspezifische. Dazu gehören insbesondere die Schwermetalle Blei (bis zu dessen Verwendungsminderung als organisch gebundenes Antiklopfmittel im Benzin), Cadmium, Chrom, Kupfer, Nickel, Zink und das Leichtmetall Titan; seit Einführung des Katalysators (in der BRD 1986) werden Spuren von Elementen der Platingruppe (Platin, Iridium, Osmium, Palladium, Rhodium und Ruthenium) emittiert, ferner andere Elemente wie Aluminium, Arsen, Bor, Eisen und Silicium. Aus der winterlichen Salzstreuung stammen Chloride ($NaCl$, $CaCl_2$, $MgCl_2$). Schließlich gehören organische Stoffe, insbesondere Aromate (Kohlenwasserstoffe, aromatische, → polycyclische aromatische Kohlenwasserstoffe); die Konzentrationen dieser Stoffe liegen jedoch meist im Spurenbereich; die von Straßen ausgehende Schadwirkung beschränkt sich meist auf die engere Umgebung (außer durch Chloride), da die metallischen Stoffe im Boden sorptiv gebunden, die organischen mikrobiell abgebaut werden und somit das Grundwasser nicht erreichen; ↓ straßenspezifische Stoffe

Stoffe, wassergefährdende. Nach § 19g, Absatz 5, WHG (→ Wassergesetz) Stoffe, die geeignet sind, die physikalische, chemische oder biologische Beschaffenheit von Wasser nachhaltig zu verändern. Die Einteilung erfolgt nach → Wassergefährdungsklassen

Stofffracht. Die in einer bestimmten Zeitspanne durch ein Gewässer transportierte Gesamtfracht eines Stoffes; → Abwasserlast

Stoffgefährlichkeit. Eigenschaft eines Stoffes, die Umwelt aus hygienischer oder ökologischer Sicht nachteilig verändern zu können

Stoffmengeneinheit. → SI-Einheit der Stoffmenge ist das Mol; dabei ist „1 Mol die Stoffmenge eines Systems bestimmter Zusammensetzung, das aus ebenso vielen Teilchen besteht, wie Atome in 12/1000 kg des Nuklids ^{12}C enthalten sind" (Einheitengesetz in der Fassung vom 06.07.1973); die Stoffmengenkonzentration ist die volumen-[mol/l], die Molalität eine massenbezogene [mol/kg] Konzentration einer Lösung; → Konzentrationsangabe

Stoffpfad. Eintragsweg eines Stoffes, z.B. in den Untergrund

Stofftransport. Gesamtheit der an einem Punkt eines oberirdischen Gewässers durch das fließende Wasser pro Zeiteinheit transportierten Wasserinhaltsstoffe (gelöst oder als Schwebstoff); → Stofffracht

Stoffumsatz. 1. Umsetzung eines Stoffes in einen anderen mit anderen Eigenschaften; zu den wesentlichen Umsetzungen im Grundwasser gehören die mikrobiologischen Aktivitäten, z.B. Nitrat- und Schwefel-Abbau, Abbau organischer Substanzen mit Zwischenstufen (→ Metaboliten) bis hin zu den Elementarbestandteilen, wobei der Zeitfaktor häufig eine entscheidende Rolle spielt, aber ebenso die Umsetzungsprodukte; 2.Gesamtheit der in einem definierten Volumen erfolgten Umsätze

Stoffumsatzrate. Zeitbezogene Menge der am organischen oder anorganischen Umsatz im Boden beteiligten Kompartimente

Stollen. Künstlich durch Gesteinsausbruch angelegter horizontaler Gang. Im → Bergbau dienen S. zur Gewinnung von Kohle oder Erz oder zur → Entwässerung (Wasserhaltung). Für Bauvorhaben von → Talsperren werden S. und Schächte zur Erkundung des Baugrundes angelegt, allerdings wegen der hohen damit verbundenen Kosten nur im Absperrbereich und im Bereich großer Untertagebauwerke (Kavernen). Schließlich wurden S. auch zur Trinkwassergewinnung vorgetrieben (z.B. in Wiesbaden, Bad Homburg v.d.H.) oder es werden aufgelassene Bergwerks-S. genutzt, deren Vorteil darin besteht, daß durch Abschottung einzelner S.-Abschnitte Grundwasser-Vorratshaltung im Gebirge betrieben werden kann; die in Wiesbaden im Taunusquarzit angelegten vier S. sind

11,4 km lang, das Wasserdargebot beträgt im Mittel 4,5 Mio. m^3/a (142 l/s), die Speicherkapazität im Gebirge bis 2 Mio m^3; ↓ Stolln, ↓ Strecke

Stollenwassererschließung. Grundwassererschließung durch → Stollen

Stopfmittel. In Spülbohrungen eingesetzter Zusatz zur Bekämpfung von Spülungsverlusten (z.B. Glimmerschuppen, Muschelschrot bei Total-Spülungsverlusten vermischt mit Bentonit-Suspensionen)

Stoß. Wände eines → Stollens

Stoßbelastung. Kurzfristige Maximalbelastung

Strahlenbelastung. Gesamtmenge radioaktiver (→ Strahlendosis) und elektromagnetischer Strahlung (Wellen), der Organismen ausgesetzt waren und sind

Strahlendiagramm. Graphische Darstellung einzelner Ionen von chemischen Analysenergebnissen, wobei innerhalb eines Kreises (meist) sechs Radien („Strahlen") eingerichtet sind, die einzelnen Ionen oder Ionengruppen zugeordnet werden, deren Konzentrationen durch Längen auf den Radien markiert werden; durch Verbindung der entstehenden Eckpunkte entsteht ein das Analysenergebnis charakterisierendes Sechseck, dessen Form visuell mit anderen Analysen verglichen werden kann

Strahlendosis. Von einem Körper absorbierte Strahlungsenergie pro Mengeneinheit Bestrahlungsgut; Einheit: [Gy]; die S.-Rate (→ rad) ist die pro Zeiteinheit absorbierte Strahlendosis; → Dosis, → Dosisäquivalent, ↓ Strahlungsdosis

Strahlenexposition. Situation, in der ein Organismus oder ein Gegenstand (z.B. eine Probe) einer ionisierenden → Strahlung ausgesetzt ist; → Strahlenbelastung

Strahlenschutz. Maßnahmen zum Schutz von Leben, Gesundheit und Sachgütern vor der schädlichen Wirkung ionisierender Strahlung

Strahlung. 1. Physikalisch (elektromagnetische): Gerichtete räumliche und zeitliche Ausbreitung von Energie in Form von Wellen (z.B. Schallwellen, elektromagnetische Wellen wie Röntgen- oder Gamma-S., Höhen-S.) oder Korpuskular- (Teilchen-) Strahlen wie α-, β- oder Neutronen-S.;

2. Meteorologisch: Wärmeein- und -ausstrahlung; die durch die Sonneneinstrahlung (Insolation) auf der Erdoberfläche erzeugte Wärme ist quantitativ wesentlich ergiebiger als die aus dem Erdinnern ausströmende Wärme, bestimmt den Wetterablauf und ist jahreszeitlich unterschiedlich, da die Intensität der Sonneneinstrahlung vom Einfallswinkel der Strahlen abhängt

Strahlung, kosmische. 1. Die Höhenstrahlung im Wellenlängenbereich von RÖNTGEN-Strahlung läßt in der höheren Atmosphäre Neutronen entstehen, die auf Stickstoff-Atome einwirken, wobei Tritium (^{3}H) mit einer Rate von ca. 0,25 Atomen pro cm^2 und s erzeugt wird; für die gesamte Erde resultiert daraus eine Menge von rd. $1,2 \cdot 10^3$ mol/s ^{1}H^{3}HO, was über das gesamte Reservoir der Erde verteilt einer mittlere ^{3}H-Konzentration im Verhältnis zu ^{1}H von rd. 10^{-20} entspricht;
2. Die Lichtintensität, die von der Sonne senkrecht auf die Erde fällt, beträgt an der Grenze zur Atmosphäre 1,97 [cal/cm^2 · min], wovon aber mehr als die Hälfte auf dem Weg durch die Atmosphäre verloren geht

Strand. Der aus Lockergestein, oft aus Sand aufgebaute flache Uferstreifen an einer Meeresküste

Strandlinie. Grenze des Wirkungsbereiches der Wellen (Brandung); wird an Steilküsten häufig durch eine Brandungskehle gekennzeichnet; → Uferlinie, ↓ Küstenlinie

straßenspezifische Stoffe. → Stoffe, straßenspezifische

Straßenverkehr (Auswirkung auf das Grundwasser). Grundwasserbelastungen durch Straßenverkehr erfolgen schwerpunktmäßig von der Verkehrsfläche und dem Spritzbereich (bis etwa 10 bis 15 m) seitlich der Fahrbahn, in Spuren (insbesondere durch Verwehungen) bis etwa 50 bis 60 m; der *geringe* „durchschnittliche tägliche Verkehr" (DTV) liegt bei < 2.000 Kfz., bei 2.000 - 15.000 liegt eine *mittlere* und bei > 15.000 eine *starke* Belastung vor; → Stoffe, straßenspezifische

Strecke. → Stollen

Streckenentwässerung. Untertägige → Entwässerung einer Strecke; → Stollen, → Wasserhaltung

Streptococcus faecalis, Zu den Enterokokken gehörende Bakterien der Gattung *Streptococcus* (Kugelbakterien), die mit dem Stuhl (*Faeces*) ausgeschieden werden und deshalb gute Indikatororganismen für Grundwasserbelastungen durch Abwässer sind, insbesondere weil sie unempfindlicher gegenüber äußeren Einflüssen wie Chlorung sind als die sonst als Indikatororganismen geltenden *Escherichia coli* und Coliformen. Da *S.* in geringerer Anzahl im Stuhl als *E. coli* enthalten ist, gilt ihr Nachweis im Grundwasser als besonders schwerwiegender Befund; deshalb ist nach der → Trinkwasserverordnung (vom 05.12.1990) Trinkwasser und der EG-Richtlinie 98/83/EG vom 03.11.1998 hygienisch nur einwandfrei, wenn in 100 ml keine *S.* nachgewiesen werden

Streusalz. → Steinsalz, → Auftausalz

Stripanlage. Anlage zur Entfernung volatiler (flüchtiger) Inhaltsstoffe aus zu nutzendem Grundwasser; dazu wird durch das belastete Wasser Luft geblasen, wodurch die Verdunstung gefördert wird

Strömen. Bewegung des Grundwassers im Untergrund, wobei zwei Fließarten (Strömungstypen) zu unterscheiden sind. Bewegen sich die Wasserteilchen in weitgehend parallelen Bahnen, gleichmäßig dahinfließend, dann handelt es um eine *laminare Strömung*; erfolgt deren Bewegung aber sich überschlagend, verwirbelt, auf ineinander verflochtenen Bahnen, ist sie *turbulent*. Die Grenze zwischen beiden Strömungsarten wird durch die → REYNOLDS-Zahl (Re) bestimmt; diese richtet sich nach Viskosität des Wassers und Art der Fließkanäle. Da das → DARCYsche Gesetz nur für laminar strömendes Grundwasser gilt, ist Re eine entscheidende Größe für die Anwendung dieses Gesetzes und darauf aufbauende Auswertungen und Berechnungen; die Gültigkeit des DARCYschen Gesetzes liegt bei Re = 1 – 10. Diese Bedingungen liegen nur in → Lockergesteinen vor, während in Klüften der Festgesteine wegen der Unregelmäßigkeit der durch die Klüfte vorgegebenen Fließwege mit turbulenten Strömungen zu rechnen ist

Strömung. 1. Fließart der Grundwasserbewegung; → Strömen;
2. Fließzustand beim → Pumpversuch: *Sta-*

tionär(-e Strömung) ist der Zustand und somit eine → Strömung, bei dem sich ein Gleichgewicht zwischen Grundwasserentnahme (Fördermenge) und Grundwasserzulauf eingestellt hat, so daß der → Absenkungstrichter seine Form nicht verändert; der in einem Beobachtungsrohr oder im Brunnen gemessene Grundwasserstand ändert sich nicht bzw. schwankt nur in kleinen Grenzen (infolge kurzfristiger Niederschläge unterschiedlicher Intesität, Uferfiltration; deshalb genauer: *Strömung, quasistationäre*; zur Auswertung wird der mittlere Wert des Schwankungsbereichs des → Absenkungstrichters gewählt). Dagegen *Strömung, instationäre*: Dabei ist noch kein Gleichgewicht zwischen Entnahme und Zulauf von Grundwasser und damit der Herausbildung des konstanten → Absenkungstrichters entstanden; die im Brunnen oder Meßstellen gemessenen Wasserstände (genauer: Standrohrspiegel) fallen noch. Je nach Strömungszustand erfolgt die Auswertung eines Pumpversuchs nach verschiedenen Auswerteverfahren; ↓ Fließregime

Strömung, instationäre. → Strömung
Strömung, stationäre. → Strömung
Strömung, turbulente. 1. Hydrologie/Hydrogeologie: → Strömen; 2. Meteorologie: ungeordneter Vertikalaustausch von Luftmassen

Strömungsfeld. Hydromechanische, mit Differentialgleichungen zu beschreibende zweidimensionale Darstellung der geohydraulischen Strömungsvorgänge unter geometrisch einfachen Randbedingungen

Strömungsfeld, anisotropes.
Das natürlichen Grundwasserleitern real entsprechende → Strömungsfeld, das unterschiedliche Körnung (Mikroanisotropie) und Schichtung (Makroanisotropie) berücksichtigt

Strömungsgeschwindigkeit. Geschwindigkeit einer → Strömung

Strömungsgleichung. Systembeschreibendes Modell geohydraulischer Strömungsvorgänge, das sowohl die Strömungsdynamik (dynamische Grundgleichung) als auch die Massenbilanz (Speicherinhaltsänderungen; → Bilanzgleichung) in einem durch Anfangs- und Randbedingungen definierten „Repräsentativen Elementarvolumen" (→ REV) umfaßt

Strömungskraft. Kraft der Wasserströmung, die der Haftkraft bindiger Erdstoffe entgegenwirkt und zur → Kontakterosion führt; im Strömungslinie: Bewegungsspur von Wasserteilchen im Potentialfeld eines hydraulischen Systems; im Grundwasserkörper: Linie der fließenden Wasserteilchen (Grundwasserstromlinien); Grundwasserstromlinien stehen dabei senkrecht auf den → Äquipotentiallinien (bzw. Flächen gleichen Potentials)

Strömungsnetz (-bild). Darstellung des orthogonalen Netzes, das in einem hydraulischen System durch sich kreuzende Potential- und Stromlinien entsteht

Strömungsprozeß. Nachbildung eines abgelaufenen, meßtechnisch erfaßten geohydraulischen Strömungsprozesses (MEP) oder eines mathematischen Strömungsmodells (MPM) zur Ermittlung bzw. Identifikation unbekannter geohydraulischer Parameter

Strömungsrichtung. Richtung einer Stromlinie oder einer Grundwasserströmug

Strömungstyp. → Strömen
Strömungszustand, quasistationärer. → Strömung (2.)

STROHECKER-LANGELIER-Gleichung.
Gleichung zur Berechnung des pH-Wertes eines natürlichen Wassers im → Kalk-Kohlensäure-Gleichgewicht (bis pH 9,5) unter Zugrundelegung der bei Probenahme gemessenen Wassertemperatur sowie des analytisch bestimmten Calcium- und Hydrogencarbonat-Gehalts [$c(Ca^{2+})$, $c(HCO_3^-)$], der → LANGELIER-Konstante (pK^*) sowie der → Ionenstärke (f_L)der Lösung: $pH_{Gleichgewicht} = pK^* - \lg c\,(Ca^{2+}) - \lg c\,(HCO^{3-}) + \lg f_L$
Aus dem Vergleich mit dem bei Probenahme gemessenen pH-Wert ($pH_{gemessen} - pH_{errechnet}$) errechnet sich der LANGELIER-Index; ein negativer Index zeigt das Vorhandensein aggressiver Kohlensäure an; → Sättigungsindex

Strom. 1. Wasserwirtschaftlich: Fließendes, breites oberirdisches Gewässer mit ergiebigem Abfluß; 2. Geologisch: Ein zu den Seiten und nach unten deutlich begrenzter Fließ- oder Gleitkörper aus verschiedenem Material (Lava, Schlamm, Schutt, Blöcke, Eis etc.)

Strombahn. Verlauf und Richtung eines → Stromes

Stromfaden. → Stromlinie

Stromfläche. Fläche senkrecht zu → Stromlinien

Stromlinie. Linie (innerhalb eines → Stromes), die den Fließweg des Wassers abbildet; S.-n verlaufen immer senkrecht zu den Äquipotentiallinien (Linien gleichen Potentials, d.h. im Grundwasser gleicher Standrohrspiegelhöhe) ↓ Stromfaden

Stromstrich. In einem → Fließgewässer die Linie, die Punkte größter Fließgeschwindigkeit verbindet; da die Reibung der Wasserteilchen an Sohle und Ufer die Fließgeschwindigkeit mindert und auch an der Oberfläche durch Luft (Wind) Bremswirkungen erfolgen, verläuft der S. meist in der Mitte kurz unter der Gewässeroberfläche

Strosse. Horizontale bis flach geneigte Arbeitsfläche im Bergbau

Strudelloch. → Kolk

Strudeltopf. → Kolk

Struktur. 1. Petrographisch: Beschreibung einer Gesteinsausbildung nach Form und gegenseitiger Abgrenzung der einzelnen Mineralteile (im Gegensatz zu → Textur); 2. Tektonisch: Bezeichnung für geologische Bauformen wie Falten, Bruchzonen, Salzstocke; 3. Bodenkundlich: räumliche Anordnung der Bodengemengteile

Strukturboden. Periglazial durch wechselfrostbedingter Sonderung steiniger und erdiger Gemengteile, die „Beete" feinerer Böden umschließen, entstandene Bodenstruktur; → Polygonboden, ↓ Periglazialboden

Strukturmodell. In einem hydraulischen Systemmodell der Systemanteil mathematischer Operatoren

Stufenfilter. Durch Kies-/Sandlagen unterschiedlicher Körnung aufgebaute (flächige oder grabenartig angelegte) → Filter zur → Entwässerung von Bauwerken, Hängen oder Dämmen

Sturmflut. Außergewöhnlich hoher Wasserstand des Meeres, der entsteht, wenn eine → Springflut mit einem Sturm zusammentrifft, wobei Brandung und Windstau die Flutwelle noch verstärken können; auch in gezeitenarmen Gewässern kann durch Sturm das Wasser gegen die Küsten driften, allerdings mit geringerer Wirkung als in Meeren mit deutlichen Gezeiteneinflüssen

Sturmfluthochwasser. Durch eine → Sturmflut generiertes Hochwasser, das an Küsten zu katastrophalen Ereignissen (z.B. Hamburg, 1962) bis hin zu Untergängen ganzer Küstenstriche führen kann (wie z.B. der historisch bekannte Untergang von Rungholt und anderer nordfriesischer Inseln im Jahre 1362 oder in neuerer Zeit die Erosion der Südspitze von Sylt bei Hörnum, 1989)

Sturmniedrigwasser. Niedrigwasserstand an Meeresküsten, der durch eine ablandige Sturmrichtung bewirkt wird

Stygos. Der vom Grundwasser gebildete Lebensraum, benannt nach dem Unterweltfluß *Styx* der griechischen Mythologie; unterschieden werden „Stygal" als grundwasserführender Lebensraum und „Stygon" als typische Lebensgemeinschaft (Grundwasserbiozönosen). Ferner wird die Vorsilbe „Stygo-" für weitere typologische Bezeichnungen verwandt wie *Stygopsammal* (grundwasserführendes Lückenbiotop sandiger Lockergesteine), *Stygopsammon* (typische Lebensgemeinschaft des Stygopsammal als → Sandlückenfauna), *Stygosephal* (Lebensraum in offenen bis nur geringfügig versandeten Lückensystemen grobgerölliger Lockergesteine), *Stygopsephon* (typische Lebensgemeinschaft des Stygopsephals)

Sublimation. 1. Physikalisch: Direkter Übergang von der festen in die gasförmige Phase unter normalem oder vermindertem Druck bei Wärmezufuhr, ohne daß die flüssige Phase durchlaufen wird; z.B. geht bei normalem Atmosphärendruck festes Kohlenstoffdioxid in CO_2-Dampf oder Gletschereis geht in Wasserdampf über; 2. Geologisch: Bezeichnung für den → Niederschlag fester Stoffe aus Dämpfen, z.B. aus vulkanischen Dämpfen (Fumarolen)

submers. Unter dem Meeresspiegel; ↓ submarin

Subrosion. 1. Unterirdische → Lösung von löslichen Gesteinen durch → Grundwasser; 2. Unterirdische punkt- oder flächenhafte Ablaugung von Salzlagern, die zu atektonischen morphologischen Bildungen durch Einsturz von Schichten in die durch S. entstandenen Hohlräume wie z.B. Subrosions-senken, → Erdfällen oder Salzseenbildung, führt

Substitution. Ersatz eincs Atoms oder eincr Atomgruppe in einem Molekül durch ein anderes Atom oder eine andere Atomgruppe, für den Austausch von Liganden am Zentralatom von Koordinationsverbindungen und für den Austausch von → Isotopen

Substrat. Ausgangsmaterial, z.B. → Fest- oder → Lockergesteine, für die → Bodenbildung

Sümpfung. Im Bergbau gebräuchlicher Begriff der Wasserhebung zur Trockenlegung von Lagerstättenabbaugebieten; ↓ Sumpfung; ↓ Grubenentwässerung

Sümpfungswasser. Wasser aus der → Sümpfung (→ Entwässerung) eines Bergwerks

SUESS-Effekt. Relative Abnahme des ^{14}C-Gehalts im atmosphärischen Kohlenstoffdioxid seit Mitte des 19. Jahrhunderts als Folge ständig steigender Emission von CO_2 aus der Verbrennung fossiler Energieträger; ↓ Industrie-Effekt

SUESS-Korrektur. Isotopenhydrologische Korrektur von in den 50er Jahren ermittelten ^{14}C-Altern in konventionelle, sofern ein vom → SUESS-Effekt betroffenes Holz als → Standard benutzt wurde

Süß-/Salzwassergrenze. Grenze von → Süß- gegen → Salzwasser, wobei der Begriff „Salzwasser" nicht eindeutig definiert ist (DIN 4049 – 2, vom April 1990). Meerwasser hat einen Salzgehalt von etwa 35 ‰ [g/kg] und ist gegen das Grundwasser des Festlandes in der Regel deutlich abgegrenzt, wobei der Grenzverlauf durch das vom Festland her zusickernde → Süßwasser bestimmt wird, sogar außerhalb der Küstenlinie verlaufen kann; ist im Küstenbereich die Süßwasserförderung zur Trinkwassergewinnung zu hoch, kommt es zu einem landeinwärts gerichteten Vordringen des Salzwassers. Im Untergrund der Inseln im Meer bzw. vor der Küste bildet sich eine Süßwasserkalotte, deren Mächtigkeit von der Inselgröße und der spezifischen Dichte des Salzwassers abhängt (zu berechnen nach der → GHYBEN-HERZBERG-Beziehung); solche Süßwasservorkommen werden zur Grundwassergewin-

nung genutzt, wobei es bei Übernutzung und in niederschlagsarmen Zeiten zu nur sehr langsam regenerierbaren Einengungen der Süßwasserkalotten kommen kann. Außerdem besteht im Festland flächig eine Grenze vom → Süßwasser zum darunter verbreiteten → Salzwasser; die Grenzen sind jedoch sehr unterschiedlich tief; in Norddeutschland und örtlich auch im Oberrheingraben (weitgehend nur NaCl-Wässer) schon in wenigen Zehnermetern unter Gelände anzutreffen, stellen sich diese Grenzen in anderen Gebieten erst in mehreren hundert bis tausend Metern und mehr oder in bohrtechnisch nicht erreichbaren Tiefen ein. Hier sind es dann nicht mehr ausschließlich chloridische, sondern chloridisch-hydrogencarbonatische (Bayerische Molasse), chloridisch-sulfatische (west- bis mitteldeutsche Trias-Gebiete) oder hydrogencarbonatische (Kristallin-Gebiete), die schließlich in größeren Tiefen in $CaCl_2$- oder NaCl-reiche tiefe Grundwässer übergehen; → Halokline, → Chemokline

Süßwasser. (Grund-)Wasser mit einer geringen Konzentration an gelösten Salzen, wobei es keine eindeutige Definition bzw. Konzentrationsgrenze gegen → Salzwasser gibt; die Grenze gegen → Salzwasser wird deshalb je nach Betrachtung einer bestimmten Situation gezogen und ist unterschiedlich; Süß-/Salzwassergrenze

Süßwasserzufluß. Zufluß salzärmerer in salzreichere (Grund-)Wässer, wobei unterschiedliche Salzkonzentrationen für die Betrachtung maßgebend sind; absolute Konzentrationswerte sind nicht festgelegt

Suffosion. Umlagerung und Transport von Teilchen der feineren Fraktion eines ungleichförmig aufgebauten nichtbindigen → Lockergesteins, das die Skelettfüllung bildet, im vorhandenen Porenraum des Skeletts bzw. der Feststoffmatrix durch strömendes Wasser

Suffosion, äußere. → Suffosion an der Erdoberfläche (z.B. einer Sickerfläche) oder an der Grenzfläche von → Lockergesteinen und → Gewässern (→ Gewässersohlen); verursacht oder beschleunigt → Suffosion, innere

Suffosion, innere. → Suffosion innerhalb eines Lockergesteinskörpers, die wegen der begrenzten Transportwege der bewegten

Lockergesteinsteilchen nur kurze Zeit andauert, wenn sie nicht durch äußere eingeleitet oder aufrecht erhalten wird

Suffosionskriterium. Kriterium, ob eine → Suffosion unter den gegebenen Zuständen möglich ist; → S., geometrisches, → S., hydraulisches

Suffosionskriterium, geometrisches. Kriterium, ob in einem Erdstoff eine Suffosion auf Grund der Porengeometrie möglich ist (abhängig von minimaler Korngröße und Porenkanaldurchmesser)

Suffosionskriterium, hydraulisches. Kriterium, ob die vorhandene hydraulische Transportkraft größer ist als die zur Suffosion benötigte

Sukzession. Zeitliche Aufeinanderfolge von:
1. Lebensgemeinschaften (→ Biozönosen) an einem bestimmten Ort unter bestimmten Klimaverhältnissen bis zu einer Endstufe;
2. Zeitliche Aufeinanderfolge Landschaften; Entwicklungsprozeß (von Menschen) zerstörter oder neu geschaffener Landschaften durch zunehmende → Bodenbildung, Neuordnung des Wasserhaushalts, Bildung einer Pioniervegetation bis hin zu einem vollständig entwickelten Ökosystem

Sulfathärte. Von Sulfaten gebildeter Anteil an der → Nichtcarbonathärte; errechnet sich aus der Sulfatkonzentration multipliziert mit 0,058; Einheit: [mg/l]

sulfatische Quelle. → Bitterquelle

Sulfatreduktion. Mikrobieller Abbau von Sulfaten (→ Desulfurikation) durch obligat anaerob lebende Bakterien der Gattungen *Desulfovibrio* (mit *D. desulfuricans*) und *Desulfotomaculum*; dabei wird durch organische Substanz oder reduzierend wirkende Minerale (z.B. Pyrit) initiiert, Schwefelwasserstoff (H_2S) gebildet. Die S. setzt jedoch vollständigen Ausschluß von molekularem Sauerstoff und Nitrat voraus, ist daher vorwiegend auf tieferes Grundwasser beschränkt; sie vollzieht sich auch in Erdöllagerstätten

Sulfatwasser. Nach „Verordnung über natürliches Mineralwasser, Quellwasser und Tafelwasser (Mineral- und Tafelwasser-Verordnung)" vom 01.12.1984 in der Fassung vom 05.12.1990 Wasser, dessen Sulfat-Konzentration > 200 mg/l beträgt

Sulforhodamin B. Roter fluoreszierender → Tracer; chemisch: 3,6-Bis(diethylamino)xanthylium-9-(2,4-disulfophenyl)-Natrium, ($C_{27}H_{29}N_2NaO_7S_2$); Fluoreszensmaximum bei 583 nm; ↓ Amidorhodamin B, ↓ Xylenrot B

Sulfurikation. Oxidation von Schwefelwasserstoff (H_2S) und Metallsulfiden zu elementarem Schwefel oder zu Sulfat im Grundwasser durch farblose aerobe, chemolithotrophe Bakterien

Summeneffekt. Wirkung, die durch Summierung korrespondierender Effekte/ Ursachen entsteht und physikalisch oder chemisch meßbar ist; einzeln und für sich betrachtet sind die Effekte wenig kritisch, die Summierung kann jedoch zu erheblicher Gefährdung führen

Summenkurve. Durch fortlaufendes Addieren von Einzelwerten und Eintrag in ein rechtwinkliges Koordinatensystem (mit x als Abszisse, für die Parametergröße; y als Ordinate für die Häufigkeit) entstehende Kurve; z.B. Niederschlags- (y-Achse: Niederschlagshöhe, x-Achse: Zeit) oder Korngrößenverteilungs-S. (y-Achse: Häufigkeit bzw. Prozentanteil, x-Achse: Korngrößen); → Kornverteilungskurve, ↓ Summendurchgangskurve, ↓ Summenlinie

Summenparameter. → Gruppenparameter

Summenparameterbestimmung. Chemische oder physikalische Bestimmungen, bei denen mehrere Parameter zugleich erfaßt werden; dazu gehören elektrische Leitfähigkeit (→ Leifähigkeit, elektrische) (Abschätzung der im Wasser enthaltenen Elektrolytmenge), → Abdampfrückstand (ungefährer gelöster Mineralstoffgehalt eines Wassers), → Ionenbilanz und Plausibilitätskontrolle (Möglichkeit zur Überprüfung der Genauigkeit einer Wasseranalyse); Säure- und Basekapazität (Bestimmung bzw. Errechnung der Gehalte an Hydrogencarbonat, Carbonathärte, Gehalt an „Freier Kohlensäure"). Mehrere Methoden der S. beruhen auf chemischer Oxidation zu CO_2 und H_2O; dazu gehören die Summenparameter gesamter organisch gebundener Kohlenstoff (→ TOC), gelöster organisch gebundener Kohlenstoff (→ DOC bzw. → DOM), chemische Sauerstoffbedarf

(→ CSB); über den Kaliumdichromat- oder Kaliumpermanganat-Verbrauch; biochemischer Sauerstoffbedarf (→ BSB), gesamtes organisch gebundenes Halogen (→ TOX), gelöstes organisch gebundenes Halogen (→ DOX), adsorbierbare organische Halogenkohlenwasserstoffe (→ AOX, → Halogene, adsorbierbare, organisch gebundene), extrahierbares organisch gebundenes Halogen (→ EOX), ausblasbares (purgeable) organisch gebundenes Halogen (→ POX). Ferner können dazu auch Leitsubstanzen gerechnet werden, die auf Stoffgruppen wie → Chlorphenole, polycyclische aromatische Kohlenwasserstoffe (→ PAK) oder polychlorierte Biphenyle (→ PCB) hinweisen (z.B. in der → Trinkwasserverordnung und der EG-Richtlinie 98/83/EG vom 03.11.1998). Das Anwendungsfeld solcher Summenparameter ist heute vielfältig und z.T. nur schwer zu überblicken; den S. gegenüber stehen die Einzelbestimmungen auf Ionen und Elemente

Sumpf. 1. Ständig mit Wasser durchtränkter Boden mit eigenständigen Biozönosen, der entweder durch oberflächennahes → Grundwasser, in Quellgebieten oder in Senken mit undurchlässigem Untergrund entstanden ist; 2. Tiefste Stelle in einer Baugrube oder einem Bergwerk, an der zusetzendes Grundwasser gesammelt wird und in einer → Wasserhaltung, offenen, entfernt wird; 3. Unterster, vollverrohrter und mit einem Boden versehener Teil eines → Brunnens oder einer → Grundwassermeßstelle, in dem feinkörnige Schwebstoffe zur Ablagerung kommen; → Sumpfrohr, ↓ Brunnen-, ↓ Pegelsumpf

Sumpfrohr. Am unteren Ende eines Brunnenausbaus sitzendes geschlossenes Rohr mit demselben Durchmesser wie der Brunnenausbau, das einen Sandfang bilden soll, um die beim Abschalten der → Pumpe zu Boden sinkenden Sandteilchen und feinkörnigen Schwebstoffe aufzunehmen und von den Filterrohren fernzuhalten, soll eine Länge von mindestens 1 m haben; → Sumpf (3.)

Sumpfstrecke. Entwässerungsabschnitt (→ Stollen) im (unterirdischen) Bergwerk

Suspension. Grobdisperse heterogene Gemenge („Aufschlämmungen") eines flüssigen und eines festen Stoffes mit Teilchengrößen $> 5 \cdot 10^{-7}$ m, d.h. die Teilchen sind mit bloßem Auge oder unter dem Mikroskop erkennbar und mit Papierfilter zurückhaltbar

S-Wert. → V-Wert

Synergismus. Zusammenwirken verschiedener Effekte, wobei die gemeinsame Wirkung größer als die Summe der Einzelwirkungen ist; bezogen auf genutzte Wässer kann die Toxizität (Giftigkeit) entweder verringert oder aber auch vergrößert werden. Im Falle einander entgegengesetzten Wirkungen spricht man auch von Antagonismus

synoptische Interpretation. → Interpretation, synoptische

System. 1. Allgemein: Offenes oder geschlossenes: Zusammenhang von Stoffen, Vorgängen, Komponenten als geordnetes Ganzes; ein *offenes* S. steht im Austausch mit seiner Umwelt, ein *geschlossenes* nicht; 2. Hydrogeologisch: Ein wasserführendes S. ist eine definierte (abgegrenzte) Einheit von Gesteinen oder Schichtfolgen, die (Grund-) Wasser enthält und einem hydraulischen und hydo-(biogeo-)chemischen Gleichgewicht zustrebt; → Grundwasser-(hydrogeologische)Einheit; 3. Hydrogeochemisch: Gesamtheit stofflicher Wechselwirkungen zwischen einem strömenden S. und der durchströmten Matrix

Systemmodell. Geohydraulisches Modell, das auf hydromechanischen Grundgesetzen basiert (im Gegensatz zu deterministischen bzw. stochastischen Blockmodellen)

T

t. → Erstauftreten; → Grundwasserfließzeit

T½. → Halbwertszeit

Tafelwasser. Nach der Mineral- und Tafelwasser-Verordnung vom 01.08.1984 in der Fassung vom 05.12.1990 Wasser, das zu Herstellung als Zusatzstoff:

1. Natürliches, salzreiches Wasser (Natursole) oder durch Wasserentzug im Gehalt an Salzen angereichertes natürliches Mineralwasser oder

2. Meerwasser enthält; außer Trinkwasser und den unter 1. und 2. genannten Zusatzstoffen dürfen zusätzlich verwandt werden: Natrium- und Calciumchlorid, Natriumcarbonat und Natriumhydrogencarbonat, Calciumcarbonat und Magnesiumcarbonat, Kohlenstoffdioxid; ↓ künstliches Mineralwasser

Tafoni-Verwitterung. Durch luftgetragenen Salzwasserstaub hervorgerufene physikalisch-chemische Verwitterung (Kristallsprengung + Lösung), die loch- bis höhlengroße Ausräumungen in Graniten, Gneisen und Basiten Corsikas vom Meeresspiegelniveau bis in > 2000 m hervorruft; erhöht die Wasserdurchlässigkeit (→ Infiltration) gleichermaßen wie → Carbonatkarst; ↓ Höhlenverwitterung, ↓ Fensterverwitterung

Tagebau. Abbau von Energierohstoffen wie (Braun-, Stein-)Kohle oder Ölschiefer, Gesteinen (Fest- bzw. Natursteine in Steinbrüchen, Lockergesteine, z.B. Sand oder Kies, in Gruben); Mineralen (z.B. Diamant, Granat, Saphir), Erzen (z.B. Eisen, Molybdän, Kupfer) in Aufschlüssen (Gruben) von der Erdoberfläche aus in das Gebirge

Tagebauentwässerung. Absenken des (Grund-) Wasserspiegels (Wasserhaltung) durch Abpumpen des Wassers aus Tagebaugruben (→ Tagebauentwässerung, offene) oder des Tagebauumfeldes mittels Strecken (↓ Stolln, → Stollen) oder Brunnen einschließlich der Liegendgrundwasserentspannung; ↓ Wasserhaltung (montanhydrologische)

Tagebauentwässerung, geschlossene.
Grundwasserbeseitigung im Deckgebirge, im Zwischenmittel und im Liegenden des Rohstoffkörpers mittels → Brunnen; die Brunnen können als Einfach- oder Mehrfachbrunnenriegel (→ Brunnenriegel) um den → Tagebau angeordnet sein; erst wenn durch die geschlossene Tagebauentwässerung ein → Absenkungstrichter entstanden ist, kann der Rohstoff problemlos mit → Tagebaugroßgeräten gewonnen werden; bis etwa in die 60er Jahre erfolgte eine geschlossene Vorfeldentwässerung auch über Strecken (→ Stollen), die senkrecht zur Abbaufront in das Gebirge getrieben wurden; diese Strecken wirkten wie überdimensionierte Dränungen; das Dränwasser wurde in der Regel einer offenen Wasserhaltung (→ Tagebauentwässerung, offene) zugeführt

Tagebauentwässerung, offene. → Entwässerung eines Tagebausumpfes; letzterer wird am tiefsten Punkt eines Tagebaues als Sümpfungsgrube, zu dem Sümpfungsgräben führen, angelegt, in dem sich restliche Grundwässer, die sich nicht über Streckenentwässerung oder geschlossenen Wasserhaltung (→ Wasserhaltung, geschlossene) entfernen lassen, sammeln und von dort aus mit Hilfe von Pumpen verschiedener Bauart gehoben werden

Tagebauflutung. Prozeß der Auffüllung von → Tagebaurestlöchern nach Einstellung der → Tagebauentwässerung bzw. durch Einleitung von → Fremdwasser

Tagebaugroßgerät. Sammelbegriff für Förder-, Transport- und Versatzgeräte (einschließlich der dazugehörigen Infrastruktur), die in der Lage sind, erhebliche Massen (z.B. 10.000 m³/d) zu bewegen

Tagebaukippe. → Kippe

Tagebaurestloch. Geländeeintiefung, die nach Beendigung des aktiven obertägigen Abbaues einer Lagerstätte einschließlich deren Begleitrohstoffe landschaftsprägend zurückbleibt

Tagebaurestsee. Künstliches → Standgewässer, das nach Einstellung der → Tagebauentwässerung bzw. durch Einleitung von → Fremdwasser entstanden ist und ein völlig neuartiges hydraulisches System gegenüber dem, vor dem Abbau schafft

Tageswert. Der mehrmals innerhalb eines Tages (24 Stunden) zu gleichen Zeiten gemessene, für den Tag repräsentative Wert, z.B. Tagesabfluß; in der Meteorologie werden in den Klimastationen Niederschläge täglich um 14 h und 21 h sowie 7 h des nächsten Tages gemessen und zu einem Tagesniederschlagswert zusammengefaßt

Tal. Eine durch Erosion geschaffene langgestreckte, in der Regel (außer Karsthohlformen) einseitig geneigte Geländehohlform; erodierend wirkten dort meistens → Fließgewässer, die heute dort noch fließen oder in geologischen Zeiten flossen und heute fehlen (Trockentäler); Täler können ferner im Pleistozän durch Eisvorstöße entstanden sein; der Form nach zu unterscheiden sind U-Tal, Klamm-, Kerb-(V-) oder Muldental, Cañon, Formen, die auf ihre Entstehungsmechanismen schließen lassen; Nebentäler können durch weitere Eintiefungen der Haupttäler abgeschnitten sein und erscheinen heute als sog. Hängetäler (Täler, hängende); häufig (besonders in Gebieten mit klüftigen Festgesteinen) folgen Täler tektonisch vorgeprägten (Gesteins-)Schwächezonen; sie sind wegen der zu erwartenden Gesteinsklüftigkeit und der damit verbundenen guten Durchlässigkeit bevor-zugte Orte für Wassererschließungen in Festgesteinen

Talsohle. Tiefster, mehr oder weniger ebener Teil eines → Tales; ↓ Talboden, ↓ Talgrund

Talsperre. Absperrbauwerk in einem → Tal mit → Staubecken, das im Unterschied zum → Wehr nicht nur den Flußbereich, sondern den gesamten Talquerschnitt abschließt; hinsichtlich der Größe gilt nach DIN 19700 ein Aufstau dann als T., wenn das Absperrbauwerk eine Höhe von 5 m überschreitet und/oder der Stauinhalt > 100.000 m^3 beträgt. Das gespeicherte Wassers dient unterschiedlichen Zwecken: Gewinnung von Energie oder Trink-/Brauchwasser, Hochwasserschutz, Bewässerung, Reserve bzw. Ausgleich der Flußwasserführung für die Flußschiffahrt u.a.m.

Talweg. Entlang der → Talsohle bzw. ± parallel zu einem → Fließgewässer führender Weg

Tau. Form des atmosphärischen Niederschlags, die durch Ausscheidung von Wassertropfen aus der Luft am Boden infolge starker Wärmeausstrahlung und damit verbundener Abkühlung der bodennahen Luftschicht bis unter den Taupunkt (d.h. Überschreitung der relativen Luftfeuchtigkeit > 100 %) entsteht; im humiden Klimabereich quantitativ weniger bedeutend für die → Grundwasserneubildung; der mittlere Tauertrag wird in Mitteleuropa zu größenordnungsmäßig 25 - 30 mm/a geschätzt; im ariden Klima jedoch einzige Quelle von Wasser (bis 3 mm pro Nacht) → Kondensationstheorie

Tauchpumpe. → Unterwasserpumpe

Tauchschwingkolbenpumpe. Kleinkalibrige Unterwasserpumpe mit Schwingkolbenwirkung zur Entnahme von Wasserproben für chemische Untersuchungen; Durchmesser klein (44 - 56 mm), weshalb sie sich zur Probenahme in engen Bohrlöchern eignet; jedoch nur mit geringer Förderleistung: bei 10 m Förderhöhe bis 18 ml/s, bei 20 m bis 14 ml/l; → Probenahmegerät

TC. Total Carbon; → Kohlenstoff, gesamter

TCDD. → PCDD/PCDF

TDR. → **T**ime-**D**omain-**R**eflectrometry

TDS. → **T**otal **d**issolved **s**olids

TE, TEF. 1. Abkürzung für → Tritium-Einheit; → Tritium-Unit [TU] (1 Tritium-Atom auf 10^{18} Wasserstoffatome);
2. Abkürzung für →Toxizitätsäquivalent

Teich. Kleines oberirdisches, meist beckenartiges Gewässer mit oder ohne Zu-/Abfluß, das geologisch entstanden (z.B. als Toteissenke im Glazial, → Soll) sein kann, häufiger aber künstlich (z.B. Dorf-T., Fisch-T., Feuerlösch-T. zur Bevorratung von Löschwasser) angelegt wurde

Teileinzugsgebiet. Teil eines (ober- oder unterirdischen) → Einzugsgebietes

Teilgebiet. Eine nach morphologischen, geologischen oder wasserwirtschaftlichen Kriterien unterteilte Fläche (Gebiet, Bereich, Region)

Teilgebietsgrenzen. Umgrenzung eines → Teilgebiets

Teilgebietszerlegung. Auswahl und Abgrenzung von → Teilgebieten

Tektonik. Lehre vom Bau der Erdkruste, den Bewegungsvorgängen und den diese verursachenden Kräfte, die zu Lageveränderungen der Gesteinsschichten führen. Zu unterscheiden sind Bruchtektonik (Schichtzerbrechungen mit Fugen, Klüften, Verwerfungen), Faltentektonik (Schichtverfaltungen in Sätteln und Mulden) und Mikrotektonik (Deformationen in kleinen Bereichen bis hin zu Dünnschliffen). Tektonische Prozesse sind die Ursache für das Entstehen von Hohlformen in Festgesteinen und damit Voraussetzung für die Grundwasserbewertung in ihnen

Televiewer, akustischer. Abbildung einer → Bohrlochwand nach dem Prinzip des Pulsechoverfahrens. Dabei tastet der in einer Sonde eingebaute rotierende Pulsgeber mit ca. 250 Signalen pro Umdrehung die Bohrlochwand ab, Laufzeit und Amplitude der Echos werden registriert und in Graustufen oder Falschfarben als Abwicklung über den Bohr-lochumfang Nord-orientiert dargestellt; die vertikale Auflösung beträgt bis zu 2 cm. Die Sonde hat z.Z. einen Durchmesser von 84 mm und ist 4660 mm lang; das Bohrloch darf keinen Durchmesser > 300 mm haben. Je nach ausführender Firma (mit kleinen konstruktiven Unterschieden) existieren unterschiedliche Bezeichnungen: Akustisches Bohrlochfernsehen (ABF), Borehole Televiewer (BHTV), Circumferential Borehole Imaging (CBIL)

temperaturabhängige Prozesse. → Prozesse, temperaturabhängige

Temperaturgradient. Angabe der Richtung und Größe einer Temperaturänderung

Temperatursprungschicht. → Thermokline

temporär (Wasserhärte). Alte, nicht mehr gebräuchliche Bezeichnung für die → Carbonathärte; → Härte

Tenazität. Überlebensfähigkeit von Bakterien, Pilzen/Pilzsporen und Viren im Boden, Grundwasser und in Klüften des tieferen Untergrunds (bis 2000 m bisher nachgewiesen)

Tenside. Grenzflächenaktive organische Verbindungen, die als → Wasch- und Reinigungsmittel, aber auch als Emulgiermittel („Additive") in Schmierölen oder bei Bohrungen mit Gas-(Druckluft)Spülung eingesetzt werden; unterschieden wird u.a. zwischen anionischen [im Wasser als sog. methylenblauaktive Substanz (MBAS) nachweisbar] und nichtionischen T. [im Wasser als bismutaktiven (BiAS) nachweisbar]; → T. müssen nach der T.-Verordnung vom 04.06.1986 in Waschmitteln zu mindestens 90 % biologisch abbaubar sein

Tensid-Verordnung. → Tenside, → Waschmittel

Tensiometer. Gerät zur Messung der (matrixabhängigen) → Saugspannung im Boden; es besteht aus einer porösen Zelle (Keramik, Sintermetall), die über einen Schlauch mit einem Manometer verbunden ist: Je trockener der Boden, desto höher der Unterdruck des Bodens gegenüber dem wassergefüllten T. und desto mehr Wasser wird aus diesem gesogen, was eine negative Druckanzeige des Manometers zur Folge hat; Angabe in Zentimeter Wassersäule [cm WS] oder [bar]

Tensiometerdruck. Der von einem → Tensiometer angezeigte Druck; → pF-Wert

Tension. → Saugspannung

Tephra. Unverfestigtes Auswurfsmaterial von Vulkanen (vulkanischer Staub ≅ Ton- bis Schlufffraktion, Asche ≅ Sandfraktion, Lapilli ≅ Kiesfraktion, Bomben ≅ Steinfraktion, vulkanische Blöcke ≅ Blockfraktion); T. kann hydrogeologisch - bei Erfüllen hydrochemischer Parameter - auf Grund ihres Speichervolumens beachtliche Bedeutung für Wassererschließungen haben

teratogen. → Fruchtschädigend

Terminwert. Wert, der zu einem regelmäßig wiederkehrenden Zeitpunkt gemessen wird oder werden muß

Terrasse. Ebene, häufig langgestreckte, unterschiedlich breite Fläche, die das Gefälle eines Hanges oder einer Abdachung unterbricht; je nach Genese werden verschiedene T. unterschieden. Die wichtigsten sind die Fluß-T., die durch Akkumulation von Flußsedimentfrachten (z.B. Schotteraufschüttung) oder Erosion entstanden sind, ferner Strand-, Meeres-, Fels-, Glazial-T. u.a.m.

terrestrisch. Bezeichnung für alle Vorgänge, Kräfte und Formen, die dem festen Lande zuzuordnen sind (z.B. terrestrische Sedimente); ↓ terrester

terrigen. Vom Festland stammend

Test. 1. Prüfung auf Eignung z.B. eines Gerätes, der Wirksamkeit eines Stoffes, eines Untersuchungsganges, ferner Untersuchung einer Auswahl- (Stich-)Probe, Nachweis der Eignung eines Untersuchungsganges/Gerätes, der Einstellmarke (Eichung) eines Gerätes u.a.m.; ↓ Versuch;
2. Statistisches Prüfverfahren von Stichprobenwerten, um ihre Zugehörigkeit zu einer gemeinsamen Häufigkeitsverteilung mit vorgegebener Sicherheitswahrscheinlichkeit;
3. Hydraulischer Sammelbegriff für T.-s zur Untersuchung der hydraulischen Eigenschaften eines → Grundwasserleiters (Pump-, → Tracer-, Injektions-T. oder → Aufffüll-T., → Slug- und → WD-Tests; ↓ Versuch

Testgarnitur. Genormte Gerätschaft zur Durchführung eines Testes (z.B. zum Schnelltest auf Nitrat oder Ammonium im Grundwasser) u.a.

Testsysteme. Reagenzien zur Vorortbestimmung bestimmter Lösungsinhalte z.B. im Gelände (Feldeinsatz)

Teufe. Bergmännisches Synonym für „Tiefe"

Textur. 1. Petrographisch: räumliche Anordnung und Verteilung von Gemengteile im Gestein, beschreibt zusammen mit der Struktur den inneren Aufbau, das Gefüge eines Gesteins;
2. Bodenkundlich: Körnungsart eines Bodens, die durch ein Prozentverhältnis der Korngrößen gekennzeichnet ist

TGL. In der ehemaligen DDR „Technische Güte- und Leistungsstandards"; sie sind den → DIN-Normen inhaltlich ähnlich, besaßen allerdings gegenüber diesen durch ihr aufwändiges Zulassungsverfahren *Gesetzescharakter*; es wurde zwischen DDR-Standards (z.B. Einheiten physikalischer Größen), Fachbereichsstandards (z.B. Geologie, Hydrogeologie, Pumpversuche) und Werkstandards; alle TGL wurden durch den Beitrittsvertrag für das Beitrittsgebiet (neue deutsche Bundesländer) 1990 außer Kraft gesetzt

THEISsche Brunnenfunktion

[W(u)]. Die von THEIS entwickelte (und von JACOB später modifizierte) Funktion erlaubt die Auswertung und Berechnung hydraulischer Daten, insbesondere der → Transmissivität aus einem → Pumpversuch, bei dem eine Beharrung des abgesenkten Wasserspiegels nicht abgewartet wurde (= instationärer Strömungszustand); die allmähliche Herausbildung eines Entnahmetrichters hängt außer von der Zeit von der Transmissivität und dem wassererfüllten Porenraum, also dem speichernutzbaren → Porenvolumen (quantifiziert durch den Speicherkoeffizienten) ab. THEIS wandte nun die für einen Wärmestrom bekannte mathematische Beziehung auf das hydraulische Problem an: Das hydraulische Potential tritt an die Stelle der Temperatur, der Druckabfall an die des Temperaturabfalls, die Durchlässigkeit an die Wärmeleitfähigkeit und der Hohlraumgehalt an die der spezifischen Wärme mit dem Ergebnis der T.B., die in einem Integral die fortschreitende Herausbildung des Entnahmetrichters in Abhängigkeit von der Transmissivität und dem Speicherkoeffizienten beschreibt. Praktisch erfolgt die Auswertung nach einem von THEIS selbst entwickelten graphischen Lösungsverfahren (THEISsche Typkurve); dazu werden außer der Fördermenge die während des Pumpversuches in Meßstellen gemessenen Daten (Absenkung und zugehörige Zeit seit Beginn des Versuchs) ausgewertet

Thermalquelle. (Heil-) Quelle, die → Thermalwasser schüttet; → Akratotherme, ↓ Therme

Thermalwasser. Wasser, dessen Temperatur von Natur aus > 20 °C beträgt

thermische Belastung (Grundwasser). → Belastung, thermische (Grundwasser)

thermische Konvektion. → Konvektion, thermische

thermobarisches Wasser. → Wasser, thermobarisches

thermochemische Reaktionsgleichung. → Reaktionsgleichung, thermochemische

Thermodynamik. Lehre von der Umwandlung von Wärme in andere Energieformen und umgekehrt, im weiteren Sinne bezogen auf chemische Systeme die Wechselbeziehungen zwischen Wärme und Stoffwandlungen bei chemischen Reaktionen in Abhängigkeit von Temperatur, Druck und Zusammensetzung. Als Maß der thermodynamischen Aktivität in einem hydrogeochemischen System gilt der → Sättigungsindex (SI), der in hydrogeochemischen Gleichgewichtsmodellen nach den Analysenergebnissen für einzelne chemische → Spezies berechnet wird; → Reaktionsgleichung, thermochemische; → Dissoziationskonstante

thermodynamische Reaktionsgleichung. → ARRHENIUS-Gleichung

Thermokline. In einem Gewässer verhältnismäßig dünne Schicht zwischen der durch Wind und Jahrestemperaturschwankungen beeinflußten Zirkulationszone (oder Epilimnion) im oberen Teil des Gewässers und der tief gelegenen, temperatur- und nahezu strömungsfreien Stagnationszone (Hypolimnion); willkürlich wurde die T. als Schicht definiert, in der sich die Wassertemperatur um etwa 1 °C/m Tiefe ändert; die T. liegt in Gewässern verschieden tief; ihre Tiefenlage ändert sich im Meer mehr als in Binnengewässern, ↓ Thermische Sprungschicht, ↓ Temperatursprungschicht, ↓ Mesolimnion, ↓ Metalimnion

Thermolumineszenz. Charakteristische Lichtemission, die bei Erwärmung von Stoffen über eine bestimmte Temperatur abgegeben wird

thermophil. Wärmeliebend; in der Ökologie Eigenschaftsbezeichnung für Organismen, die hohe Temperaturen für ihre optimale Entwicklung benötigen, z.B. Mikroorganismen, Pflanzengesellschaften

THIESSEN-Polygone. Graphisches Verfahren zur Ermittlung eines Gebietsniederschlags (Mittel) aus Daten mehrerer Meßstationen und den zuzuordnenden Flächen (Polygonen)

Thiobacillus denitrificans. Bakterien im Grundwasserbereich, die die anaerobe Oxidation von Eisensulfid in Gegenwart von Nitrat bewirkt; *T. d.* reduziert NO_3^- und oxidiert S^{2-} aus FeS zu S^0

Thixotropie. Eigenschaft feinkörniger, oft toniger Sedimente bestimmter Korngrößenverteilung, allein durch mechanische Beanspruchung (z.B. Druck oder Erschütterung)

die Zähigkeit (z.B. fest - flüssig - fest) reversible zu verändern. Thixotropes Material (z.B. Bentonit) wird als Dickspülung bei Bohrungen verwandt; Böden mit thixotropen Eigenschaften sind besonders rutschungs- und setzungsfließgefährdet

THOMPSON-Wehr. Einrichtung zur Messung des → Abflusses in einem oberirdischen Gewässer, bei dem das fließende Wasser durch ein → Wehr mit dreieckiger Öffnung gestaut wird und je nach Abfluß der gestaute → Wasserspiegel ansteigt; der Anstieg des Wasserstandes wird im Dreieck gemessen, so daß aus den Geometriedaten des Dreiecks der Abfluß zu berechnen ist

THORNTHWAITE-Gleichung. Empirisch ermittelte Gleichung zur Berechnung der potentiellen → Evapotranspiration ET_{pot}, in die nur die gemessenen Lufttemperaturen eingehen, die durch Berücksichtigung der sich mit der geographischen Breite ändernden Tageslängen korrigiert werden

TIC. **T**otal **I**norganic **C**arbon; → Kohlenstoff, gesamter anorganisch gebundener

Tide. Periodische Niveauschwankungen des Meeres, der Atmosphäre und der festen Erdoberfläche, hervorgerufen durch die Anziehungskraft von Mond und Sonne. T. des Meeres sind die in etwa 12½-stündigem Wechsel erfolgenden periodischen Vertikalschwankungen des Meeresoberfläche, das Steigen des Wassers wird als → Flut, das Fallen als → Ebbe bezeichnet; ↓ Gezeiten, ↓ Meeresspiegelschwankungen, ↓ Tiedenhub

Tidehochwasserstand. Höchster Wasserstand einer Tide-Dauer

Tiedenhubraum. → Flutraum

Tiedeniedrigwasserstand. Niedrigster Wasserstand einer Tide-Dauer

Tiefbau. 1. Alle Arbeiten, die der Herstellung unterirdischer Infrastukturen dient (z.B. Gas-, Elektrizitäts-, Telekommunikations-, Wasser-, Abwasserleitungen); 2. Unterirdischer (untertägiger) Abbau von Rohstoffen (z.B. Braun- und Steinkohle, Erze einschließlich Uran als Energierohstoff, Salze)

Tiefbrunnen. Tiefer gebohrter Brunnen im Gegensatz zum → Flachbrunnen; wobei es keine besonders definierte Grenze gibt, ab der ein Brunnen als tief oder als flach zu bezeichnen ist. Maßgebend ist meist der Standpunkt des Betrachters: Ein Brunnen für Wassererschließungen ist z.B. anders zu bewerten als ein für ein Bauvorhaben angelegter Grundwasserabsenkbrunnen; als Orientierung kann gelten, daß Flachbrunnen solche < 20 - 50 m, T. solche > 50 m Tiefe sind

Tiefe, frostfreie. Tiefe, ab der ein Boden nicht mehr gefriert; T., f. des Untergrundes hängt von den klimatischen Verhältnissen, den lithologischen Verhältnissen (Bodenzusammensetzung) und dem Vorhandensein von Wasser ab; für frostfreie Gründungen werden in der BRD 1,0 bis 1,2 m angenommen; → Frosteindringtiefe

Tiefengestein. → Plutonit

Tiefensondierungen. 1. Geoelektrische Sondierung (Erkundung) von der Erdoberfläche bis zu Tiefen von von mehreren hundert Metern;
2. Probesondierung (z.B. Rammkernsondierungen, Probekernbohrungen) zur Erkundung geologischer Verhältnisse vor einer Hauptbohrung, die aus Kostengründen der Klärung gezielter geologischer Erkundungsaufgaben folgen soll

Tiefenstandswasser. Irreführende Bezeichnung für tiefe (unter → Vorflut gelegene) Grundwässer; zwar nimmt die Bewegung des → Grundwassers mit der Tiefe ab, es bleibt aber nicht stehen

Tiefenstufe, geothermische. Der Abschnitt der Erdkruste in Richtung Erdinneres, in dem die Temperatur um 1 °C zunimmt; hängt vom Wärmestrom aus der Erde ab, und dieser vom Gesteinsmaterial; das Temperaturgefälle (Gradient) wird in Bohrungen, Bergwerken oder anderen tiefer reichenden Erdaufschlüssen gemessen; sehr pauschal ist der allgemein angegebene Wert, wonach die T. im Mittel bei 33 m liegt (d.h. 3 °C auf 100 m); z.B. liegt T. in der Schwäbischen Alb bei 11 m, im Schiefergebirge NW-Hessens bei 60 - 80 m, in Südafrika bei 125 m; ↓ geothermische Tiefenstufe

Tiefenwasser. → Grundwasser, tiefes

Tiefenwasserfazies. Bereiche, in denen Grundwässer gleiche oder ähnliche hydrogeochemische Beschaffenheit aufweisen

tiefes Grundwasser. → Grundwasser, tiefes; ↓ Tiefenwasser

Tiefsauger. Nach dem Wasserstrahlprinzip arbeitende zu Wasserprobenahme für chemische Untersuchungen; erforderlicher Brunnendurchmesser: 38 mm, maximale Förderhöhe: 30 m, Leistung: 0,7 - 5 l/min

Tiefsee. Der an den Kontinentalschelf (Flachsee) anschließende Bereich des Meeres in mehr als 800 m Tiefe, der den unteren Teil des Kontinentalabhangs (800 - 2400 m), ferner den Tiefseeboden (> 2400 m) umfaßt; ↓ Abbyssalregion

Tierbesatz, grundwassergefährdender. Darunter wird die Anzahl von Nutztieren verstanden, bei deren Stallhaltung die anfallenden Nährstoffe nicht ohne nachteilige Veränderung von Grundwasser auf die zur Verfügung stehenden betriebseigenen Flächen aufgebracht werden können. Die maximale Menge der ohne Grundwassergefährdung auf Flächen aufzubringenden Stickstoffmengen ergibt sich aus der Düngeverordnung vom 26.01.96. Danach liegt die Obergrenze für Wirtschaftsdünger tierischer Herkunft bei 170 kg/ha für Acker- und 210 kg/ha für Grünflächen

TILLMANNSsche Gleichung. Gleichung, die das Gleichgewicht der (im Wasser gelösten) Konzentrationen zwischen „freier Kohlensäure" auf der einen und Hydrogencarbonat plus Calcium auf der anderen Seite beschreibt, korrigiert durch die temperaturabhängige TILLMANNSsche Konstante. Dieses Gleichgewicht gilt jedoch nur für reine Wässer; zur Berücksichtigung der anderen Lösungsinhalte wird die TILLMANNSsche Konstante durch einen von der → Ionenstärke einer → Lösung abhängigen Faktor korrigiert

Time-Domain-Reflectrometry (TDR). Verfahren zur Messung des Bodenwassergehalts durch Messung der Änderungen der (im Boden) feuchtigkeitsbedingten Dielektrizitätszahlen (→ Dielektrizitätskonstante); diese werden mit zwei in den Boden eingelassenen Platten gemessen, für die der dazwischen liegende Boden ein Dielektrikum darstellt („Kondensator")

Titration. Naßanalytisches Verfahren zur quantitativen Bestimmung von Lösungsinhalten, wobei eine mit den zu quantifizierenden Ionen reagierende Lösung bekannter

Konzentration (Reagenz; → Normallösung) der zu untersuchenden Probe so lange zugegeben wird, bis z.B. durch einen Indikator angezeigt wird, daß alle in der Lösung enthaltenen quantitativ zu bestimmenden Ionen aufgebraucht (d.h. von einem chemisch exakt definierten Anfangszustand in einen ebenso gut definierten Endzustand gebracht) sind; aus der Menge an verbrauchtem Reagenz läßt sich der Lösungsinhalt berechnen. Z.B. wird eine Säure durch Zugabe einer Base neutralisiert, wobei das Neutralisationsziel erreicht ist, wenn ein zugegebener Indikator wie Phenophthalein seine Farbe ändert; aus der Menge verbrauchter Base wird die Säurekonzentration errechnet. Dieses früher allgemein übliche Verfahren ist durch die moderne Apparatechemie weitgehend abgelöst worden

TK. → Topographische Karte mit Angabe des Maßstabs, Karten-Nr. und -Name

TOC. **T**otal **O**rganic **C**arbon; → Kohlenstoff, gesamter organisch gebundener

Ton. Sediment (klastisches Lockergestein) mit Korngrößen < 0,002 mm (< 0,0002 mm: Feinton, 0,0002 - 0,006 mm: Mittelton, 0,0006 - 0,002 mm: Grobton) verschiedener Genesen: Verwitterungsrest, Verwitterungsneubildung (Tonminerale), biogene Beimengung, amorpher Bestandteil, wie z.B. Opal

Tonboden. Bodenart mit einem Tonanteil von > 30 % Ton

Tonmergel. Schluffhaltiger → Ton mit 10 - 85 % Carbonatgehalt

Tonmineral. Kristallisierte Hydroxidhaltige blättchenförmige Silicate (zumeist Al-, aber auch Mg- und Fe-Hydrosilicate) mit Korngrößen < 0,002 mm, die im Boden als Neubildungen infolge hydrolytischer Verwitterung vorwiegend aus Feldspäten entstehen; die wichtigsten T. gehören zur Illit-, Kaolinit- und Montmorillonit-Gruppe, zu Glimmern und Chloriten

Topographische Karte (TK). Amtliches Kartenwerk, das auf der exakten, vollständigen Vermessung der Erdoberfläche, ihrer Reliefformen und ihrer topographischen Objekte (Ortschaften, Straßen und Wege, Gewässer, Geländemerkmale u.a.m.) beruht und diese darstellt; die Angabe des Maßstabs verkürzt sich in derRegel auf die ersten Ziffern ohne die Nennung der Tausender-Stellen (z.B. TK 25 für 1:25.000). Zu unterscheiden

sind:

1. Grundkarten (Flur-, Kataster-Karten) im Maßstab bis 1:2.000, gelegentlich auch 1:5.000;

2. Für geowissenschaftliche Kartierungen am wichtigsten ist die TK 25 (früher „Meßtischblatt" genannt). Sie besitzt ein Höhennetz, das auf → Normal-Null bezogen ist. Außerdem ist ein quadratisches Koor-dinatennetz nach dem GAUSS-KRÜGER-Sys-tem (→ GAUSS-KRÜGER-Koordinaten) ent-halten. Jedes Quadrat hat eine Seitenlänge von 4 cm, was 1 km entspricht. Orts-(Punkt-) bestimmungen sind vierstellig; das erste Ziffernpaar („Rechts") gibt die von West nach Ost fortschreitende (Ordnungs-)Zahl der Quadrate, das zweite („Hoch") von Nord nach Süd an; innerhalb eines Quadrates gibt das dritte (gelegentlich dreistellige) Ziffern-paar die genaue Lage eines zu bestimmenden Punktes an; TK 25-Blätter werden für be-stimmte Zwecke vergrößert (TK 10) oder vier Blätter verkleinert und zu einem Blatt (TK 50) vereinigt;

3. Topographische Übersichtskarten werden in Maßstäben 1:100.000 bis 1:500.000 (oder mehr für Atlanten) bearbeitet, enthalten jedoch keine Höhenlinie, die Topographie ist durchweg generalisiert und entsprechend dem Maßstab symbolisiert; nur die amtliche TK 100 (frühere „Generalstabskarte") enthält eine dem Geländerelief angepaßte „Schummerung" der Höhen;

4. Darüber hinaus gibt es spezielle Karten (Regionalpläne, Autokarten), die auf amtlichen Karten beruhen und eigene, dem Darstellungszweck angepaßte Symbole und Maßstäbe verwenden

Torf. Abgestorbene organische Masse (Humus) aus Pflanzenresten, die durch biochemische Inkohlung entstanden ist und eine Vorstufe der Kohle darstellt; zu unterscheiden ist nach dem Entstehungsort zwischen Flach- (Niedermoor-) und Hochmoortorf; nach dem Ausgangsmaterial kann zwischen Schilf-, Seggen-, Bruchwald-T. u.a.m. unterschieden werden

Torpedieren (eines Bohrloches). → Frac

Tortuosität. Bei Berechnungen der → Dispersion durch Wasser (z.B. von Markierungsstoffen) ein Korrekturfaktor, der die gekrümmten Wege in einem porösen Medium berücksichtigt

Total Carbon. → Kohlenstoff, gesamter

Total Dissolved Solids. Gesamtlösungsinhalt (eines Wassers); ↓ TDS

Total Inorganic Carbon. → Kohlenstoff, gesamter anorganisch gebundener; ↓ TIC

Totalisator. Niederschlagsmesser, der (meist) an schwer zugänglichen Orten aufgestellt wird und den → Niederschlag über längere Zeiträume in einem Speicher sammelt, der sich selbst entleert, wenn er gefüllt ist; der selbstregistrierende T. ist nach dem Saugheberprinzip konstruiert und entleert sich nach je 10 mm → Niederschlag

Total Organic Carbon. → Kohlenstoff, gesamter organisch gebundener, ↓ TOC

Toteis. Pleistozäne Bildung von bewegungslos gewordenen Gletscherteilen; häufig von Moränenmaterial oder von Schmelzwassersand überschüttet; beim Abtauen in wärmerer Zeit sinkt die Oberfläche ein und es bilden sich morphologische Senken und Täler („Toteistäler"), die häufig heute von → Seen ausgefüllt werden

Toteisloch. Runde morphologische Senke, die durch Abschmelzen von → Toteis entstanden ist; → Soll

totes Wasser. → Wasser, totes

Totpumpen. Auswechseln einer → → Spülung, die durch Grundwasserzuflüsse zu leicht geworden ist, so daß es zum Auftrieb von Wasser (im Bohrloch) gekommen ist, gegen eine genügend schwere, die den Auftrieb unterbindet

TOX. Gesamtes organisch gebundenes Halogen

Toxin. → Schadstoff

toxisch. Eigenschaft von (festen, gasförmigen oder flüssigen) Stoffen, für Organismen und Biozönosen giftig zu sein; zur Beurteilung der Wirkung (in der Regel auf den Menschen bezogen) bedarf es außer der Stoffbeschreibung (chemische Beschaffenheit) auch der Angabe der Konzentration, ab der die Toxizität eintritt. Zu bemerken ist ferner, daß nicht nur ein t.-er Gehalt für die hygienische Beschaffenheit maßgebend sein kann, sondern auch die Gesamtheit des Lösungsinhaltes, wodurch auch nicht-t.-e Inhalte ein Trinkwasser hygienisch ungenießbar machen können

Toxizität. → toxisch

Toxizitätsäquivalent (TE). Wissenschaftlich umstrittenes System, Äquivalente zur Risikobewertung komplexer Mischungen verschiedener, aber nach gleichem Mechanismus additiv wirkender Gifte aufzustellen; das TE eines Gemisches (z.B. → PCDD/PCDF im Boden) ergibt sich als Summe der Konzentrationen der Massen der Einzelsubstanzen multipliziert mit dem jeweiligen Toxizitätsäquivalenzfaktor (TEF), zu dessen Bestimmung Labor- und Lebendversuche erforderlich sind; einzelne Spezies werden nach ihrer Einwirkung auf Enzymsysteme, ihrer toxischer Wirkung auf Zellkulturen und ihrer akuten und chronischen Toxizität beurteilt. Daraus resultierten in verschiedenen Ländern TEF-Listen, die zwar ähnliche, jedoch nicht übereinstimmende TE für die einzelnen Spezies ergaben; in der BRD werden Stoffgruppen (z.B. → polychlorierte Biphenyle, → Pflanzenschutzmittel, → polycyclische aromatische Kohlenwasserstoffe, → PCDD/PCDF) nach dem NATO/CCMS-Modell (**N**orth **A**tlantic **T**reaty **O**rganisation, Committee on the Challenges of Modern Society) bewertet und in Listen die TE in Nanogramm pro Kilogramm [ng/kg] angegeben

Toxizitätstest. Mikrobiologisches Verfahren zur Ermittlung der → toxischen Eigenschaften einzelner Stoffe auf die aerobe und anaerobe Mikroflora im Boden

Tr. → Trockenheitsindex

Tracer. Markierungsstoffe, mit denen z.B. → Grundwasser in speziellen Versuchen versetzt wird, um die Fließrichtung und → Triftgeschwindigkeit festzustellen. Die Auswahl eines T. muß dem Untersuchungsziel angepaßt werden (→ Tracer, hydrologischer); insbesondere ist darauf zu achten, daß keine ökologischen oder hygienischen Probleme entstehen, die Transportfähigkeit im Hinblick auf die zu untersuchenden Gesteinsfolgen so weit als möglich gesichert bleibt, der ausgewählte T. im natürlichen Wasser nicht enthalten ist und gegenüber dem Wasser inert bleibt; mikrobiologisch nicht verändert wird und am Ende des Versuchs möglichst vollständig aus dem Untergrund entfernt werden kann; ↓ Markierungsstoffe

Tracer, hydrologischer. Für hydrologische Markierungsversuche gibt es eine Reihe von → Tracern, die alle Vor- und Nachteile haben. Als feste T., h., kommen nur sehr kleine in Frage, die im Wasser schweben, z.B. die Bakterienart → *Serratia marcescens*, die hygienisch nicht unumstritten ist, ferner die 25-30 μm großen → Bärlappsporen (→ *Lycopodium clavatum*), dann chemische Markierungsstoffe (anorganische und organische Salze), die zwar leicht an den Auffangstellen nachzuweisen sind, aber infolge höherer Dichte u.U. sich vom leichteren Grundwasser trennen können; die Kationen können zudem sorptiv gebunden oder in tonig-schluffigem Material ausgetauscht werden und z.T. (besonders bei den häufig verwendeten Cloriden) sind größere Mengen erforderlich; fluoreszierende → Farbstoffe sind leicht nachweisbar, werden aber in tonigen oder sauren (Grund-, Ab-)Wässern leicht adsorbiert bzw. entfärbt; radioaktive Substanzen können ebenso wie anorganische Salze Änderungen beim Fließen im Grundwasserleiter unterliegen, haben aber wegen der Sensibilität der Öffentlichkeit gegen → Radioaktivität ihre Bedeutung verloren. Anthropogene Einflüsse sind durch typische Tracer nachzuweisen, z.B. durch Borate aus Waschmitteln, durch → Gadolinium-haltige Abwässer oder durch → Chlorkohlenwasserstoffe und andere für industrielle Aktivitäten typische Stoffe

Tracer, idealer. T., i., gibt es nicht, da alle Tracer durch ihren stoffspezifischen Eigenschaften Vor- und Nachteile haben (z.B. verschiedene Transportfähigkeit auf Grund sorptiver Eigenschaften, chemische oder physikochemische Reaktionen mit Gestein, bei Verwendung von Mikroben deren Überlebenszeit, Wirkung von Filtereigenschaften des Bodens bzw. seiner Poren); als relativ idealer Tracer kann der gelten, der sich gegenüber seiner festen und flüssigen Umgebung inert verhält und die Eigenschaften seines Trägers nicht beeinflußt, z.B. Tritium in Form des tritiierten Wassermoleküls HTO (H^3HO)

Tracer, inerter. Chemisch nicht mit dem Boden oder dem Grundwasserleiter reagierender → Tracer

Tracerausbreitung (im Grundwasser). Der Transport von → Tracern erfolgt durch das fließende → Grundwasser, das → Tracer von der Eingabestelle wegleitet und dispergiert (→ Dispersion), d.h. horizontal und vertikal in einem Grundwasserkörper verteilt; maßgebend für den Transport ist die Physis von → Tracern. Molekular im Wasser gelöste → Tracer passen sich weitgehend der Strömung des fließenden Mediums an, soweit ihr Transport nicht durch sorptive Wirkungen des durchflossenen Mediums retardiert wird; korpuskulare (feste) Stoffe werden jedoch „getriftet", unterliegen also der Schleppkraft und der Form undVerteilung der Hohlräume des durchflossenen Gesteins; mit ihnen kann exakt nur die → Triftgeschwindigkeit und Triftrichtung ermittelt werden, sie eignen sich meist nur für Versuche in Karstgebieten

Tracerdurchgang. Die an einem Beobachtungsort zu einem bestimmten Zeitpunkt beobachtete Menge an → Tracer. Die statistische Auswertung erfolgt in einer → Durchgangskurve, in der auf der Abszisse (x-Achse) die seit Versuchsbeginn verstrichene Zeit und auf der Ordinate (y-Achse) die zu einem bestimmten Zeitpunkt am Beobachtungsort ermittelte Tracermenge eingetragen wird; in derRegel folgt einem raschen Anstieg der Kurve ein allmählicher Abfall

Tracerfließzeit. Die Zeit, die zwischen der Eingabe eines → Tracers am Eingabeort bis zur Ankunft/Feststellung am Beobachtungs-(Auffang-)ort vergangen ist und nur unter bestimmten Bedingungen, jedoch meist nicht (→ Tracerausbreitung) identisch mit der → Grundwasserabstandsgeschwindigkeit ist

Tracerkonzentration. Die Menge an → Tracern, die an einem Eingabeort für einen → Tracerversuch in den Untergrund eingegeben wird; zur Berechnung der T. unter den gegebenen örtlichen Verhältnissen und im Hinblick auf das Versuchsziel gibt es eine Reihe von empirischen Formeln. Der höchsten Dosierung bedürfen (chloridische) Salze, um sie nach einer mehr oder weniger langen Fließzeit und entsprechender Dispersion noch in einer Konzentration festzustellen, die den natürlichen Inhalt deutlich übersteigt; günstiger sind hinsichtlich der Wiederauffindung fluoreszierende Farbstoffe, da sie leicht identifizierbar sind und zudem (durch Aktivkohle) am Beobachtungsort angereichert werden können

Tracermarkierung. Markierung von → Tracern, z.B. Färbung von → Bärlappsporen mit Lebensmittelfarben; mehrere Farbstoffe stehen zur Verfügung, so daß zugleich mehrere Eingabeorte mit → Tracern beschickt werden können, was bei Versuchen in Karstgebieten günstig sein kann

Tracermeßwert. Ein bei einem Tracerversuch erhaltener Meßwert, der jedoch hinsichtlich seiner Aussage überprüft werden muß

Tracernuklide. Als → Tracer verwendete radioaktive Substanzen mit kurzer Halbwertszeit und ohne hygienische Gefährdungen des untersuchten Wassers, z.B. ^{24}Na (Halbwertszeit $T_{1/2}$=14,9 h) in NaCl-, ^{82}Br ($T_{1/2}$=35,9 h) in NH$_4$Br-, ^{131}I ($T_{1/2}$=8,05 h) in NaI-Lösung; wegen gesundheitsgefährder Wirkung müssen die Strahlenschutzbestimmungen eingehalten werden; solche Probleme können vermieden werden, wenn als → Tracer inaktive Nuklide eingesetzt werden, die erst zum Nachweis aktiviert werden, oder natürliche Nuklide (z.B. ^{3}H, ^{18}O), mit denen das Wasser zusätzlich (Tritiierung) versehen wird. Gemessen wird an der Beobachtungsstelle die vorhandene Radioaktivität, deren Minderung gegenüber der Eingabestelle nicht nur von der Verdünnung, sondern auch von der Zeit abhängt, die zwischen Eingabe und Wiederauffinden verstrichen ist; T. werden auch bei der → Einbohrlochmethode (2.) eingesetzt

Tracerquelle. Der für einen Versuch ausgewählte Eingabeort für → Tracer; dieser sollte sorgfältig geplant werden. Außer der Begehbarkeit der T., der Zustimmung des Grundstückseigentümers, der geologischen und topographischen Kennzeichnung muß sichergestellt sein, daß die → Tracer bei der Einga-be einwandfrei und in der vorgesehenen Menge das Grundwasser erreichen; Eingaben in Sickerbereiche (wasserungesättigte Zone des Bodens; → Zone, wasserungesättigte) sind in der Regel (außer in Karstgebieten) ungeeignet. Schließlich sollten zur Zeit der Eingabe keine extremen meteorologischen Bedingungen herrschen und Tage am Wochenanfang gewählt werden, da Sonn- und Feiertage die Beobachtung erschweren kön-

nen

Tracerverdünnungsmessung. Bohrlochmessung, bei der die Wassersäule in einem Bohrloch homogen mit einem → Tracer versetzt wird; durch die Grundwasserströmung, die durch das Bohrloch flutet, erfolgt ein Tracerabfluß, der zur Konzentrationsabnahme im Filterrohr führt. Dabei ergibt sich die → Filtergeschwindigkeit (v_f) als Quotient aus der Tracerkonzentration vor und am Ende des Versuchs unter Berücksichtigung eines Faktors, der vom Brunnenausbau abhängt; ↓ Tracerflowmeter

Tracerversuch. Versuch, bei dem ein → Tracer eingesetzt wird, um das Fließen in Richtung und Geschwindigkeit von ober- und unterirdischem Wasser verfolgen zu können. An einem Eingabeort wird ein Markierungsstoff eingegeben und sein Eintreffen an einer anderen Stelle abgewartet bzw. beobachtet, an der sein Eintreffen vermutet wird; solche Versuche sind auch geeignet, großräumige Zusammenhänge zwischen oberirdischem Wasser und Grundwasser zu untersuchen; besonders geeignet für solche Versuche sind Karstgebiete; ↓ Markierungsversuch

Tracerversuchskennwerte. Die aus einem → Tracerversuch erhaltenen Daten hinsichtlich der Grundwasserbewegung

Tracerwolke. Modellhafte Beschreibung der ein-, zwei- und dreidimensionalen Ausbreitung von → Tracern in einem → Grundwasserkörper; ↓ Markierungsstoffwolke

Trägheitskraft. Kraft, die der Beschleunigung entgegenwirkt; eine der Kräfte (neben Druck-, Schwer-, Reibungs- und Kapillarkraft), die die Bewegung des unterirdischen Wassers beeinflussen; T. wirkt auf das Volumen des fließenden Wassers, ist jedoch im allgemeinen so klein, daß sie für stationäre und instationäre geohydraulische Strömungsvorgänge in den Porenkanälen vernachlässigt wird

Transekt. Linienartige Anordnung von Meß- und Probenahmestellen bei Grundwasseruntersuchungen im Gelände; ↓ Meßstrekke

Transformation. Darunter werden Ab- und Umbau organischer Substanzen durch chemische, physikalische und (vorwiegend mikro-) biologische Prozesse verstanden, die zu einer

Minderung und teilweise vollständigen Eliminierung in Umweltmedien führen. Dabei handelt es sich in der Regel um irreversible chemische Veränderungen, die entweder neue Substanzen (→ Metabolite) oder eine Mineralisation bewirken. Die Kinetik solcher Prozesse entspricht häufig einer exponentiell abnehmenden Funktion, wobei die Dauer des Ab-/Umbaus als → Halbwertszeit angegeben werden kann; diese ist jedoch nicht stoffspezifisch, sondern variiert in Abhängigkeit von Randbedingungen wie z.B. Art des Abbaus, Temperatur, Sauerstoffgegenwart; → Selbstreinigung, ↓ Transformatiomsprozess, ↓ Natural attenuation

Translationszeit. → Fließzeit

Transmissibilität. → Transmissivität

Transmissivität. Integral der → Durchlässigkeit über die → Grundwassermächtigkeit. THEIS (1935) führte den Begriff des *Transmissibilitätskoeffizienten* (T) ein, um das Transportvermögen eines Grundwasserleiters für Wasser zu kennzeichnen; später wurde aus diesem Parameter der Terminus *Koeffizient der Transmissivität* oder nur kurz *Transmissivität*. BUSCH & LUCKNER (1972) verwendeten für die T. ausschließlich den Begriff *Profildurchlässigkeit*, was zu Irrtümern führen kann, da vor allem in älterer deutscher Literatur damit die resultierende Durchlässigkeit von Lockergesteinsfolgen bezeichnet wird. Der Koeffizient T (Einheit: $[m^2/s]$) gibt an, welcher Volumenstrom Q (Einheit: $[m^3/s]$) einer homogenen Flüssigkeit mit der gegebenen kinematischen Zähigkeit (v) unter einem hydraulischen Gradienten 1 durch einen Querschnitt des Grundwasserleiters fließt, der 1 m breit ist, seine gesamte wassererfüllte Mächtigkeit M (Einheit: [m]) erfaßt und senkrecht zur → Strömungsrichtung angeordnet ist; daraus ergibt sich, daß die T. gleich dem Produkt aus Durchlässigkeitskoeffizient bzw. -beiwert (k_f) und (wassererfüllter) Grundwassermächtigkeit M mit der Einheit $[m^2/s]$ ist; ↓ Profildurchlässigkeit

Transpiration. Physiologisch gesteuerte Verdunstung von (der Blattoberfläche) der Vegetation

Transport (im Wasser). Kraft des Wassers, ab einer bestimmten Fließgeschwindigkeit Stoffe in gelöster Form oder an → Partikeln sorbiert in Fließrichtung mitzuführen

Transport, partikelgebundener. An Oberflächen von Partikeln im Mikrometer- bis Nanometerbereich haftende Teilchen anorganische oder organische Verbindungen oder Mikroorganismen, die mit fließendem Wasser ab einer bestimmten Fließgeschwindigkeit verfrachtet werden

Transportmittel. Mittel zur Überführung von Stoffen von einem Ausgangs- zu einem oder mehreren Zielorten; (Grund-)Wasser ist ein für den Transport der meisten Stoffe besonders geeignetes Mittel auf Grund seiner Eigenschaft, lösend zu wirken und Stoffe, z.B. als Ionen oder kolloidal gelöst zu verfrachten. Zwar ist die Löslichkeit stoffspezifisch, von zahlreichen Faktoren abhängig und variiert in weiten Grenzen, doch gibt es keinen (absolut) wasserunlöslichen Stoff (Mineral); die Verfrachtung selbst ist ebenfalls von mehreren Faktoren abhängig wie Geometrie der vom Grundwasser durchflossenen Hohlräume, den Fluideigenschaften, seiner Strömung (Richtung und Dispersion), den physikalischen, chemischen, physikalisch-chemischen und mikrobiologischen Reaktionen im und mit dem Grundwasserleiter. Diese Vielzahl von das Transportverhalten des (Grund-)Wasser beeinflussenden Faktoren, ihre gegenseitige Wechselwirkung und das gegenseitige Zusammenspiel erschweren das Erfassen von Transportprozessen und deren Prognose (z.B. durch → Transportmodelle)

Transportmodell. Modellrechnung, die versucht, einen Transportprozeß modellhaft nachzuvollziehen, in dem das Strömungssystem quantitativ erfasst und durch Verknüpfung einer Vielzahl von Daten seinen Einfluß auf den Ausbreitungsvorgang von Fremdstoffen bewertet wird. Eine Modellrechnung nur dann sinnvoll und realistisch sein, wenn eine ausreichende Zahl von Daten vorliegt, oder anders gesagt: Eine auf T.-rechnung basierende Prognose kann nur so gut sein, wie der Daten-Input; der Interpretation solcher Rechnungen muß deshalb immer eine Bewertung des Datenkollektivs vorausgehen. T.- rechnungen werden heute meistens für die Prognose von Schadstoffausbreitungen und deren Folgen im Untergrund eingesetzt; sie sollen:

1. Kritische Belastungen mit Schadstoffen

und deren Transport im Grundwasser erkennen und deren Verhalten prognostizieren;
2. Es ermöglichen, Maßnahmen zum Schutz genutzter oder nutzbarer Grundwasservorkommen zu treffen;
4. Die Sanierung eingetretene Schadensfälle unterstützen.
Für die Transportmodellierung werden die Berechnungsverfahren von finiten Differenzen (z.b. MODFLOW©, USGS), von finiten Volumina (z.b. PC-GEOFIM©, IGWB Leipzig) oder von finiten Elemeten (z.b. FE-FLOW©, WASY Berlin) verwendet. T.-e werden auch mit hydrochemischen Simulationsprogrammen gekoppelt, z.b. Co-TAM, PHREEQE

Traufe. Untere Dachkante, Dachrinne

Treibeis. Auf Flüssen oder dem Meer treibende Eisschollen; ↓ Drifteis

Trennfuge. Offene → Kluft, das heißt, es besteht ein größerer Abstand (Klaffweite) zwischen den → Kluftkörpern

Trennfugendurchlässigkeit. → Durchlässigkeit von Gesteinen, die auf → Trennfugen und → Klüften (Kluft) in Festgesteinen beruht, im Gegensatz zur → Porendurchlässigkeit von → Lockergesteinen; beide zusammen ergeben die → Gesteinsdurchlässigkeit; → Kluftdurchlässigkeit

Trennstromlinie. → Grenzstromlinie

Tri. Kurzbezeichnung für Trichlorethen (ClCH=CCl₂), das zu den → Chlorkohlenwasserstoffen (CKW) gehört

Trichterlysimeter. Trichterförmiger → Lysimeter, der durch seitliche Eingrabungen unter Einzelobjekte (z.B. Bäume) geschoben bzw. eingepreßt wird; die Meßergebnisse solcher T. sind umstritten, da Randeffekte des Auffangens von Sickerwasser mit dem relativ kleinen Trichter unberücksichtigt bleiben und somit aus Einzelmessungen keine allgemeingültigen Schlüsse zulässig sind

Trift. → Drift

Triftgeschwindigkeit. Geschwindigkeit der mit dem strömenden Grundwasser triftenden Körper; die T. stimmt selten mit der → Abstandsgeschwindigkeit des Grundwassers überein, da der Transport von Festkörpern im grundwasserleitenden Gestein meist durch verschiedene Einwirkungen retardiert (verzögert) wird

trinkbar. Qualitative Eigenschaft eines Wassers, wonach die Konzentrationen gelöster Inhaltsstoffe unterhalb der durch Verordnungen oder ähnliche Vorschriften festgelegten Grenzwerte bleiben und das Wasser (einschließlich seiner Gewinnungs- und Verteilungsanlage) hygienischen und ästhetischen Ansprüchen genügt

Trinkwasser. In der Natur vorkommendes oder mit technischen Hilfsmitteln aufbereitetes Wasser, das in seiner chemischen und mikrobiologischen Beschaffenheit uneingeschränkt den physiologischen Anforderungen an ein für den Menschen unentbehrliches Lebensmittel erfüllt; → trinkbar, → Trinkwasserversorgung

Trinkwasseraufbereitung. Verfahren, (Grund-)Wasser, das nur bedingt oder gar nicht der in der → Trinkwasserverordnung definierten Güte entspricht, in eine den Erfordernissen angepaßte Qualität zu überführen; Verfahrensschritte können je nach Rohwasserbeschaffenheit sein: → Filtration, Belüftung (Enteisenung, Entmanganung), Entsäuerung, Enthärtung, Entfernung von Nitrat, Geruchs- und Geschmacksstoffen. Eine Entkeimung sollte nur in Notfällen erfolgen, da verkeimtes Wasser den hygienischen Anforderungen für → Trinkwasser trotz Behandlung nicht entspricht; eine Entkeimung kann entfallen, wenn eine Trinkwassernutzung ausgeschlossen ist

Trinkwasserbedarf. Bedarf einer Versorgungseinheit an → Trinkwasser, der in der Regel kleiner als der Gesamtwasserbedarf ist, da dieser Brauchwasser für betriebliche Nutzungen (→ Betriebswasser) einbezieht; da Versorgungsnetze im allgemeinen nicht nach Trink- und Brauchwasser getrennt sind, lassen sich in der Praxis beide Versorgungsansprüche nicht voneinander trennen

Trinkwasserbrunnen. → Brunnen zur Gewinnung (Förderung) von → Grundwasser für Trinkwasserzwecke; da in Ortsnetzen die Verteilung von → Trink- und → Betriebswasser aus Kostengründen nicht getrennt wird (da zwei voneinander getrennte Rohrnetze angelegt werden müßten), muß ein zur Wasserversorgung genutzter → Brunnen immer Wasser mit Trinkwasserqualität fördern

Trinkwasserqualität. Wasser, das in seiner chemischen und biologischen Beschaffenheit ohne zusätzliche Behandlung als Lebensmittel für den Menschen dient; → Trinkwasser

Trinkwasserschutzgebiet. In einem öffentlichen Verfahren nach § 19 des Wasserhaushaltsgesetzes rechtswirksam festgesetztes Gebiet zum qualitativen Schutz des Wassers aus einer öffentlich genutzten Wassergewinnungsanlage (Brunnen, Quellfassung), das in drei Schutzzonen gegliedert ist; → Schutzzonen

Trinkwassertalsperre. → Stausee, in dem Fließgewässer ausschließlich zum Zwecke der Trinkwassernutzung und -versorgung errichtet wurde

Trinkwasserverordnung (TrinkwV). Auf Grundlage der EG-Richtlinie „über die Qualität von Wasser für den menschlichen Gebrauch" vom 15.07.1980 mit Datum vom 05.12.1990 herausgegebene Verordnung, in der → Richtwerte und zulässige Höchstkonzentrationen für chemische Stoffe sowie Kenngrößen und → Grenzwerte zur Beurteilung der Trinkwasserbeschaffenheit festgelegt wurden; inzwischen ist am 03.11.1998 die (neue) Richtlinie 98/83/EG mit gleichem Titel erschienen. In ihr werden die für → Trinkwasser zulässigen Höchstwerte für mikrobiologische und chemische Parameter neu festgelegt. Außerdem sind Indikatorparameter zur Überwachung der Beschaffenheit, Mindesthäufigkeit von Kontrollen und Genauigkeitsanforderungen festgelegt. Da die Grenzwerte für chemische Stoffe gegenüber der Richtlinie vom 15.07.1980 teilweise erheblich geändert wurden, wird die derzeit nocht gültige deutsche → Trinkwasserverordnung vom 05.12.1990 wesentlich überarbeitet (Stand: September 1999)

Trinkwasserversorgung. Versorgung der Bevölkerung mit hygienisch einwandfreiem → Trinkwasser; Leitsätze dazu enthält die DIN 2000 (Zentrale Trinkwasserversorgung). Die Versorgung erfolgt gegenwärtig weitgehend durch zentrale Wasserversorgungseinrichtungen, die von kommunalen Versorgungsunternehmen oder Verbänden betrieben und unterhalten werden. Diese nutzen vorwiegend Grundwasser, das durch → Brunnen (in West- 81,7 %, in Ostdeutschland 66,8 %)

oder gefaßte Quellen (West- 7,5 %, Ostdeutschland 6,8 %) gewonnen wird; der Rest wird durch Entnahme aus oberirdischen Gewässern (meist → Trinkwassertalsperren) gedeckt. durch technische Einrichtungen (Pumpen, Rohrnetz, Hochbehälter) wird das geförderte, gegebenenfalls aufbereitete (→ Trinkwasseraufbereitung) Wasser den Verbrauchern zugeleitet. Die Versorgungsunternehmen haben dafür zu sorgen, daß den Verbrauchern ein ständig hygienisch einwandfreies Wasser in ausreichender Menge und mit genügendem Leitungsdruck zur Verfügung steht; sie sind dafür verantwortlich, daß Gefährdungen in Zusammenarbeit mit den Wasserwirtschaftsbehörden vermieden, gegebenenfalls beseitigt werden. Eigen- und → Einzelversorgungen sind seltener, meist nur in ländlichen Gebieten, weitab von zentralen Versorgungsanlagen, da im Versorgungsgebiet kommunaler Unternehmen meist Anschlußzwang besteht; Leitsätze für Eigen- und Einzeltrinkwasserversorgungen enthält die DIN 2001

Trinkwasservorbehaltsgebiet. → Grundwasserschongebiet, das in absehbarer Zeit für die Trinkwassergewinnung genutzt werden soll

TrinkwV. → Trinkwasserverordnung

Tritium (^{3}H, T). Radioaktives Isotop des Wasserstoffs mit einer Halbwertszeit von 12,3 a. T. liegt in der Natur z.B. als ^{1}H^{3}HO vor, das in der Atmosphäre durch Einwirkung von Neutronen aus der Höhenstrahlung auf Nitrat mit einer Rate von ca. 0,25 Atomen pro cm^2 und s entsteht; für die gesamte Erde errechnet sich daraus eine Menge von rd. 1,2 · 10^3 mol/s ^{1}H^{3}HO, das entspricht über das gesamte Wasserreservoir der Erde verteilt einer mittleren ^{3}H-Konzentration im Verhältnis zu ^{1}H von rd. 10^{-18}. Außerdem kann T. in Kernreaktoren aus ^{6}Li hergestellt werden. Der T.-Gehalt der Atmosphäre war infolge der Atombombenversuche seit Anfang der sechziger Jahre (1963/64) deutlich erhöht; betrug die Konzentration vor den Versuchen 4 - 6 TU (→ Tritiumeinheit) je nach Jahreszeit, stieg sie bis 1964 auf über 2000 TU, ging nach Einstellung der Versuche aber kontinuierlich zurück und beträgt derzeit etwa 20 TU und weniger. Die erhöhten T.-

Gehalte wurden mit dem → Niederschlag der Erde zugeführt. Auf Grund dieser T.-Markierung war es lange Zeit möglich, Alter und Verweildauer des aus den Niederschlägen dieser Jahre gebildeten Grundwassers (→ Methoden, isotopenhydrologische) zu bestimmen; inzwischen hat jedoch der T.-Gehalt des Niederschlags so stark abgenommen, daß derartige Datierungen erheblich erschwert worden sind

Tritiumeinheit (TU). Maß für die Tritium-Konzentration (tritium unit), ausgedrückt durch das Isotopenverhältnis $^3H/^1H$; 1 TU entspricht einem Verhältnis von 10^{-18}, d.h. 1 ^3H auf 10^{18} ^1H, und einer spezifischen ^3H-Aktivität von 2,12 mBq/mol H_2O

Trockenheitsindex (Tr). Der T. faßt in einem Zahlenwert die wichtigsten Klimafaktoren → Niederschlag und Temperatur eines betrachteten Gebietes zusammen. Für die Niederschläge ist die mittlere jährliche Zahl der Niederschlagstage mit Niederschlägen > 1,0 mm für das ehemalige deutsche Reichsgebiet (120 Tage) Bezugsgröße; je niedriger die berechnete Zahl, desto trockener das Klima. In der Bundesrepublik Deutschland gleicht die räumliche Verteilung des T. weitgehend der des Niederschlags; Zahlenwerte wechseln zwischen > 100 für Feucht- und < 25 für Trockengebiete

Trockenjahr. Jahr, in dem die Niederschlagshöhe das lang- (mehr-)jährige Mittel um mehr als die Standardabweichung unterschreitet

Trockenlegung. Bauliche Maßnahme, bei der in nassen Flächen durch Entwässerungsgräben oder Pumpwerke der Oberflächen- und Grundwasserspiegel so weit abgesenkt wird, daß die Böden nicht mehr vernäßt sind; durch solche Maßnahme wird die landwirtschaftliche Nutzung verbessert (melioriert), jedoch können sich auch ökologische Nachteile infolge Austrocknung von → Feuchtbiotopen ergeben

Trocken(meißel)bohrung. Bohrung ohne Zugabe einer → Spülung (z.B. → Schlag- oder Drehschlagbohrungen)

Trockenphase. Im schroffen Wechsel mit der Naßphase Phase der Bildung von Zwischenprofilen in Staunässeböden (Typ: Pseudogley)

Trockenrisse. Risse im Boden, die durch Zusammenziehen von Schichtoberflächen infolge Austrocknung in Ton, Lehm, tonigem Sand und ähnlichem sehr feinkörnigem Material entstehen; sie schließen sich bei Niederschlägen wieder, sind aber bis zur Schließung bevorzugte Sickerwege

Trockenschlamm. Getrockneter Schlamm aus → Kläranlagen, der häufig schwermetallhaltig und daher nur begrenzt für landwirtschaftliche Nutzung verwendbar ist; → Klärschlammverordnung

Trockenwetterabfluß. → Abfluß in trockenen bzw. niederschlagsarmen Zeiten, in denen der → Niederschlag längerfristig (Trockenperioden) ausbleibt, abzuleiten aus langjährigen Meßreihen oberirdischer Abflüsse; für kurzzeitige Bewertungen können als trocken bis niederschlagsarm nach SCHROEDER solche Zeiten angesehen werden, in denen im betrachteten Gebiet keine Meßstation > 2 mm → Niederschlag hatte und das Gebietsmittel < 1,5 mm blieb. Der T. besteht allein aus Grundwasserabflüssen und stellt ein Maß für die → Grundwasserneubildung im tributären unterirdischen Einzugsgebiet dar, wobei Grundwasserzufluß (-neubildung) gleich Grundwasserabfluß gesetzt wird; T.-Messungen im Rahmen hydrogeologischer Kartierungen sollten deshalb zu Trockenzeiten ausgeführt und durch Korrekturfaktoren, errechnet aus Daten benachbarter Pegel, korrigiert werden. Die gewässerstatistische Auswertung erfolgt (nach WUNDT) aus der monatlichen mittleren Abflußspende (MoMNq) eines oberirdischen Gewässers, errechnet aus dem (arithmetischen) Mittel seiner langjährigen monatlichen Niedrigstwasserabflüsse für einen längeren Zeitraum; → Monatlicher Mittlerer Niedrigwasserabfluß

Trockenwetterabflußspende. Die zur Trockenzeit durch Abflußmessungen in einem oberirdischen Gewässer ermittelten Abflüsse; Einheit: $[l/(s \cdot km^2)]$

Trockenwetterfallinie (TWL). Zur Trennung ober- und unterirdischer Anteile des → Abflusses in einem Gewässer werden die fallenden Abschnitte der → Abflußganglinie eines längeren Zeitraums zu einer neuen Linie zusammengesetzt und in einem Graph dargestellt, der auf der Abszisse (x-Achse)

den Abfluß und auf der Ordinate (y-Achse) die Zeit (-dauer) des jeweiligen Abflusses darstellt; die so ermittelte Kurve enthält alle Komponenten des Abflusses. Der Grundwasserabfluß wird aus der Flächendifferenz abgeschätzt, die sich zwischen der (exponentiellen) Verlängerung des ersten Teils der Fallinie bis zur y-Achse und dem tatsächlichen Verlauf dieser Linie ergibt; wesentlicher als daraus gewonnene Trockenwetterabflußwerte [die nach allgemeiner Erfahrung besser aus dem MoMNq-Wert ($\rightarrow$ Monatlicher Mittlerer Niedrigwasserabfluß)] abzuleiten sind) ist jedoch das Kurvengefälle, das der $\rightarrow$ Retentionsraum des Untergrundes im tributären Einzugsgebiet widerspiegelt: je steiler der Abfall der TWL, desto geringer das Retentions-(Speicher-)Vermögen (und umgekehrt)

Trockenzeit. Niederschlagsarme Zeit die sich aus längeren Meßreihen des Niederschlags in einem Gebiet als Relativwert (Kurvenminima) ergibt

Trocknis. Stufe auf der Skala ökologischer Feuchtegrade (F < 4), angezeigt durch Trocknisanzeiger (typische Pflanzenvergesellschaftung dieser Stufe)

Trocknung. Vorgang oder Maßnahme, wodurch das Wasser aus einem Material (z.B. Boden, Abwasserschlamm) entfernt wird

Tropenkarst. Karstbildungen in tropischen Gebieten; typisch sind Turm- und Kegelkarst, steilwandige, meist waldbedeckte Kalkklötze in ausgedehnten Ebenen die mit Lösungswirkung des Grundwassers in den ebenen Flächen erklärt werden, in denen die Kalksteinerhebungen stehen geblieben sein sollen; $\rightarrow$ Kegelkarst

Tropfenbewässerung. In Israel entwickeltes Bewässerungssystem, bei dem Wasser über perforierte Schläuche direkt in den Wurzelbereich von Pflanzen und Bäumen geleitet und nur in der erforderlichen Menge abgegeben wird; dieses sehr wassersparende Verfahren minimiert darüber hinaus die Bodenversalzung in den ariden Einsatzgebieten; $\downarrow$ Tröpfelbewässerung

Trophie. Ökologischer Zustand eines $\rightarrow$ Oberflächengewässers in Abhängigkeit vom Milieu und dem Eintrag bzw. Mangel von Nährstoffen

Trophieebene. Trophische Faktoren (Produzenten, Konsumenten, Destruenten) im Ökosystem entsprechend ihrer Nahrungsgrundlage in aufsteigender Reihe der Nahrungskette, $\downarrow$ trophische Ebenen

Trophiegrad. Einteilung der $\rightarrow$ Trophie (oligotroph = nährstoffarm; eutroph = nährstoffreich)

Trübe. Flüssigkeit, z.B. Wasser mit $\rightarrow$ Trübstoffen, die eingestrahltes Licht so streuen, daß die Flüssigkeit nicht klar durchsichtig erscheint

Trübstoff. Stoffe, die die Trübung des Wassers verursachen. T.-e weisen auf eine mögliche Verunreinigung hin und sind nach Art und Herkunft zu untersuchen; T., die nach starken Niederschlägen im Grundwasser auftreten, sind Anzeichen für das Eindringen unfiltrierter Oberflächenwässer. T.-e sind häufig kolloidal, können Bestandteil des Bodens sein (Huminstoffe, Eisenoxidhydrate, Tonminerale, Kalk) und treten oft erst nach längerem Stehen des Wassers auf. Milchige Trübungen einer Wasserprobe, die verschwinden, sind dagegen unbedenklich, da sie von einer Übersättigung des Wassers mit Luft stammen

Trübungsgrad. Eine visuelle Bestimmung bei der Probenahme unterscheidet folgende Abstufungen im unfiltrierten Wasser: klar, schwach getrübt, stark getrübt, undurchsichtig. Bei der Bestimmung mit einer $\rightarrow$ Sichtscheibe ($\rightarrow$ SECCHI-Scheibe) werden die Sichttiefen angegeben; nach der $\rightarrow$ Trinkwasserverordnung vom 05.12.1990 beträgt für die Trübung die zulässige Höchstkonzentration 10 mg/l SiO_2 (Richtzahl 1 m), für die Sichtscheibe 2 m (Richtzahl 6 m)

Trübungsmessung. Die Messung der Trübung erfolgt entweder visuell ($\downarrow$ Sichtscheibe, $\rightarrow$ SECCHI-Scheibe) oder mit optischen Geräten (nephelometrisch); bei der Nephelometrie wird entweder die Schwächung eines durchgehenden Lichtstrahls (λ = 860 nm) oder die Streuung des Lichtes (λ = 860 nm, Streuwinkel 90°) gemessen; die Kalibrierung erfolgt mit einer Formazin-Standardsuspension; Einheit: FNU (Formazine Nephelometric Units), identisch: NTU (Nephelometric Turbidity Unit) oder TE/F (Trübungseinheiten Formazin). Nach der EG-Richtlinie 98/83/EG vom 03.11.1998 soll ein zur Aufbereitung als → Trinkwasser vorgesehenes Oberflächenwasser keine Trübung > 1,0 NTU haben

TSG. → Trinkwasserschutzgebiet

T-S-Wert. → H-Wert

TU (Tritium Units). → Tritiumeinheit

Tubings. Aus der Erdölbohrtechnik übernommene Bezeichnung für Förderrohre

Tümpel. Kleines, nur episodisch und vorübergehend mit Wasser gefülltes oberirdisches Gewässer

Tuff. 1. Vulkanisch: sekundär verfestigtes Lockermaterial verschiedener Korngrößen aus vulkanischen Auswurfmassen; hydrogeologisch unterschiedlich durchlässig; wegen häufig mehr oder weniger hohen Anteils ionenaustauschfähiger und Na-haltiger Minerale erfolgt in diesen Schichten meist eine Alkalisierung (insbesondere höherer Anteile an $NaHCO_3$) durchsickernder Wässer; 2. Kalktuff; → Dauch

Tunneltal. Unter oder in einem Inlandeis, besonders in den jüngeren Glazialzeiten Norddeutschlands entstandenes flaches Schmelzwassertal mit unregelmäßigem, oft gegenläufigem Gefälle

turbulente Strömung. → Strömen, turbulentes

Turbulenz. Treibende Kraft für turbulente Strömung; im oberirdischen oder Karstwasser insbesondere starkes Gefälle, im Grundwasser Bewegung in Klüften von Festgesteinen mit häufig wechselnden Querschnitten, in der Atmosphäre thermische Unterschiede

Turbulenzströmung. → Strömen, turbulentes

TURC-Gleichung. Empirische Formel zur überschlägigen Ermittlung der reellen → Evapotranspiration (ET_{reell})

T-Wert. Austausch- und Sorptionskapazität im Boden, d.h. Summe der austauschbaren Kationen in Millimoläquivalenten pro 100 g Boden; als austauschbar gelten vor allem Ca^{2+}-, Mg^{2+}-, K^+-, Na^+-, Al^{3+}-, NH_4^+- und H^+-Ionen

TWL. → Trockenwetterfallinie

Typisierung: Gliederung von → Grundwässern nach ihren Lösungsinhalten durch Auswertung (und Darstellung) von chemischen Wasseranalysen mit dem Ziel, geohydrochemisch oder genetisch gleiche oder ähnliche Grundwässer zu Einheiten (Typen) zusammenzufassen. Der Begriff → Grundwassertyp ist nicht definiert, doch kann GERB zugestimmt werden, wonach von einem Typ gesprochen werden kann, „wenn sich zwischen den Eigenschaften chemisch gleichartiger Wässer und denen des geologischen Körpers, aus denen die Wässer stammen, eine eindeutige Zuordnung herstellen läßt. Die charakteristischen, typenbestimmenden Eigenschaften erhalten ihren inneren Zusammenhang über die chemisch-petrographischen Eigenschaften dieses geologischen Körpers". Außer dieser geohydrochemisch begründeten Eigenschaft, die Grundlage für geohydrochemische Kartenwerke ist, können zielorientierte Typisierungen erfolgen, z.B. Darstellung der Eigenschaften unabhängig vom Gestein (Süß-, Salzwässer, Solen), oder balneologische Klassifizierungen von → Heilwässern oder Einteilungen nach Nutzungsmöglichkeiten u.a.m.; → Grundwassertyp

U

UDLUFT-Diagramm. → Kreisdiagramm zur Darstellung der hydrochemischen Zusammensetzung, das von H. UDLUFT (1953, 1957) entwickelt wurde; dabei werden in konzentischen Feldern und in radialstrahligen Feldern Ionen quantitativ [meq %] dargestellt

Überbeanspruchung. Über die Leistungsgrenze (-kraft) hinausgehende (Be-) Nutzung

Überdeckung (Grundwasser). Schichtenfolge oberhalb der → Grundwasseroberfläche

Überdüngung. Über den saisonalen pflanzlichen Bedarf landwirtschaflicher Flächen hinausgehende Düngermenge, die durch Auswaschung aus dem Boden zum Nitrat-Eintrag in den Untergrund und damit das Grundwasser führt; durch pflanzenbedarfsgerechte Düngung unter Berücksichtigung von Boden- und Klima-Situationen wird heute allgemein eine Verringerung des Nitrat-Eintrags aus der Düngung angestrebt, wobei jedoch insofern eine Unsicherheit bleibt, als der Witterungsablauf einer Saison und damit der tatsächliche Pflanzenbedarf schwierig zu prognostizieren ist

Überfall. Anlage an Staudämmen zur Entlastung und Gefahrenabwehr bei → Hochwasser

Überfallquelle. → Quellen, die an den tiefsten Stellen der Umrandung einer schüsselförmigen geologischen Struktur austreten, wobei die Schichten der Struktur relativ gut durchlässig gegenüber der Unterlage sind; → Naturlysimeter

Überfallwehr. → Wehr, das oberhalb des Unterwasserspiegels angeordnet und ohne feste Verschlüsse ausgebildet ist

Überfließen. Überströmen eines → Wehres

Überflutung. Durch ungewöhnlich hohe Niederschläge verursachtes → Hochwasser, das Dämme überfließt und zum Einstürzen bringt (Beispiel: Oderbruchüberflutung im August 1997)

Überflutungswasser. Oberirdisch ablaufendes Wasser aus einer → Überflutung, das in niedriger liegende Gebiete fließt

Übergangszone. Bei der konstanten Infiltration (Einsickerung; z.B. bei Überflutung) Zone zwischen (Boden-)Sättigungs- und Transportzone; bei geringem Wassernachschub (z.B. von geringeren Niederschlägen) bildet sich keine Sättigungszone, sondern nur eine schwache Übergangszone

Überlastung. Eine über die Leistungsfähigkeit (Kapazität) hinausgehende Belastung, die zur Gefährdung des belasteten Objekts führen kann

Überlauf. An technischen Anlagen Zwangsstellen für → Abfließen von (Ab-)Wasser ab bestimmten Wasserständen (z.B. in Trennsystemen für Ab- und Niederschlagswässer)

Überlaufwasser. Wasser, das in Schwimmbädern von der Wasseroberfläche in die randlichen Überlaufrinnen abfließt

Überleitungsanlage. Anlage (z.B. Stollen) zum Überleiten von Wasser aus einem Einzugsgebiet in das einer → Talsperre, um deren wasser- und energiewirtschaftlichen Wert zu erhöhen

Übermaßverbot. Das aus dem Rechtsgrundsatz von der Verhältnismäßigkeit der Mittel abgeleitete, in der Rechtsprechung allgemein angewandte Gebot, wonach zum Grundwasserschutz (z.B. bei der Festsetzung von Wasserschutzgebieten) nur solche Nutzungsverbote (z.B. durch Behörden der Wasserwirtschaft) ausgesprochen werden dürfen, die nach den örtlichen hydrogeologischen Gegebenheiten wirklich erforderlich sind; darüber hinausgehende Verbote stellen ein Übermaß dar und sind deshalb rechtlich nicht zulässig

Übersäuerung. Säuerung, die das verträgliche oder tolerierbare Maß übersteigt

Überschwemmung. Zeitweises Übertreten von Wasser aus oberirdischen Gewässern in uferbenachbarte Gebiete

Überschwemmungsgebiete. Gebiete entlang von → Fließgewässern, die bei Hochwasser vom Wasser überschwemmt und amtlich (wasserwirtschaftlich) ausgewiesen werden

Übersichtskarte. Karte, die einen Überblick zur schnellen Orientierung ermöglichen soll und deren Maßstab und Ausführung sich nach dem Darstellungsziel richten; durch den darstellerischen Zwang zur Generalisierung leidet oft die Genauigkeit

Übersichtskartierung, hydrogeologische. Übersichtsmäßige Erfassung und (skizzenhafte) Darstellung hydrogeologischer Daten und Informationen, um einen Überblick über ein bestimmtes Gebiet zu erhalten oder (meist) zielgerichtet im Hinblick auf eine gestellte, also inhaltlich festgelegte Aufgabe, z.B. zur Vorbereitung eines Gutachtens; eine umfassendere flächengetreue Kartierung und Datenerfassung für eine hydrogeologische Karte in einem größeren Kartenwerk (z.B. im Rahmen der Landeskartierung durch eine Geologische Landesbehörde) ist zeitaufwendiger und nicht Aufgabe einer Ü., h. und ihres Inhalts, dementsprechend ist ihre Interpretationsfähigkeit zu sehen; → Kartierung, hydrogeologische

Überstauung. Wasserstand, der eine festgelegte Stauhöhe übersteigt

Überwachung. Kontrolle der eingeleiteten Maßnahmen zum Schutz oder zur Sanierung z.B. des Grundwassers im vorgesehenen Umfang (Ausführung und Protokoll)

Überwachungsbrunnen. → Brunnen, der zur → Überwachung erstellt und entsprechend dem Überwachungsziel ausgelegt wird

Überwachungsnetz. Im Hinblick auf das Überwachungsobjekt und -ziel eingerichtetes und ausgestattetes Netz von Kontrollstellen

Ufer. Wechselnd gestaltete seitliche Begrenzung von Gewässern

Uferfiltrat. Wasser, das aus einem oberirdischen Gewässer direkt in das Grundwasser einsickert (außer Bachversinkung, bei der, z.B. in Karstgebieten, → Fließgewässer oder Teile von ihnen über klaffende Spalten in unterirdische Hohlräume abfließen); Wasser, das in die wasserungesättigte Zone des Uferbereichs einsickert, wird als → Seihwasser bezeichnet

Uferfiltratfassung. Meist dem Ufer parallel angelegte Sickerfassungen (-stränge) zur Wassergewinnung

Uferfiltration. Vorgang der Bildung von → Uferfiltrat; oder → Infiltration von → Oberflächenwasser in angrenzende → Grundwasserleiter oder umgekehrt

Uferlinie. Begrenzungslinie eines oberirdischen Gewässers bei mittlerem Wasserstand

Uferspeicherung. Dauernd oder (z.B. bei Hochwasser von → Fließgewässern) vorübergehend im gewässernahen Uferbereich im Untergrund gespeichertes Wasser (Grundwasser), das bei abgesunkenem Wasserstand (Trockenwetterabfluß) aussickert und abfließt, Teil des durch die → Trockenwetterfallinie erfaßten und hinsichtlich seiner Kompartimente zu interpretierenden Gewässerabflusses

UIS/Umweltinformationssystem. Elektronisch gespeicherte Datenbank mit umweltrelevanten Daten

Ultraschallverfahren. 1. Hinsichtlich seiner Wirkung umstrittenes Verfahren zur Entfernung von Eisenverockerungen an Filterrohren; meist nur von geringer Wirkung und nur dort geeignet, wo eine gute Schallfortpflanzung möglich ist
2. Verfahren zur Messung von Abflüssen in verkrauteten Gewässern, die durch Messung der Strömung (z.B. mit dem → WOLTMANN-Flügel) nicht erfaßt werden können; bei dieser Methode wird die Fließgeschwindigkeit in einer bestimmten Tiefe durch Aufzeichnung der Zeit gemessen, die ein akustisches Ultraschall-Signal benötigt, um das Gewässer zu durchqueren; Sende- und Empfangsgeräte werden auf beiden Uferseiten aufgebaut; Meßfehler 2,2 - 1 %

UMK (Umweltministerkonferenz). Zusammenschluß der für das Umweltressort zuständigen Länderminister der Bundesrepublik Deutschland; für die Geowissenschaften von Bedeutung ist ein Beschluß der UMK vom 16./17.11.1987, das „Konzept zur Erstellung eines Bodeninformationssystems", Stand: 01.04.1987 in die Praxis umzusetzen; daraufhin erarbeitete im selben Jahr eine Sonderarbeitsgruppe (SAG), AG „Bodeninformationssystem" einen „Vorschlag für die Einrichtung eines länderübergreifenden → Bodeninformationssystems" BIS)

Umläufigkeit. Umfließen oder -sickern (von Wasser) um Abdichtungen im Brunnenbau (Abdichtungen von Brunnenabschnitten, Ring-raumabdichtungen) oder Gewässerbauwerken wie z.B. Dämmen; durch die U. wird das durch Abdichtung beabsichtigte Ziel teilweise oder ganz verfehlt; in Brunnen führen U. hauptsächlich zu qualitativen, aber auch quantitativen Beeinträchtigungen; → Trübungen des geförderten Wassers sind meist deutliche Hinweise auf U.

Umsatzwasser. (oder meteorisches Wasser) Grundwasser, das jährlich oder in einer Periode weniger Jahre am Wasserkreislauf der Erde und dessen Umsatz beteiligt ist; zirkuliert i.d.R. im oder über dem Niveau der → Vorfluter

Umtauschkapazität. → Ionenaustauschkapazität (IAK)

Umwandlungsprodukt. Produkt abiotischer oder biotischer Prozesse im → Boden, bei denen das Ausgangsmolekül weitgehend erhalten bleibt (z. B. durch Redox-Prozesse [→ Prozesse im Grundwasser])

Umwelt. Der an einem Ort und seiner Umgebung bestehende biotische und abiotische Status, der auf äußere Einflüsse reagiert, indem er sich ändert und sich den Einflüssen anzupassen sucht und damit zum Indikator für aufkommende Umwelteinflüsse wird

Umwelt, natürliche. Anthropogen unbeeinflußte, natürliche Umwelt

Umweltbeirat. → Sachverständigenrat für Umweltfragen

Umweltbelastung. Die Gesamtheit von Stoffen und Handlungen, die die natürliche Umwelt nachteilig beeinflussen

Umweltbeobachtung. Laufender Verfolg von Faktoren, die Umwelteinflüsse indizieren

Umweltberater. Anerkannte Fachleute, die nachteilige Umwelteinflüsse und ihre Folgen kennen und auf Anfrage beraten, wie schädliche Umwelteinflüsse zu vermeiden sind

Umweltchemikalien. Umweltschädliche Stoffe wie → PAK, →Pestizide, → Halogenierte Kohlenwasserstoffe, → KW, → Phenole, Mikrobiozide (wie Desinfektions- oder Konservierungsmittel) u.a.m.

Umweltfaktor. Faktor, der die Umwelt beeinflußt und (meist nachteilig) verändert wie z.B. der Ausstoß von Industrie- und Auto-Abgasen, die Verwendung von fluorierten → HKW oder auch wasserwirtschaftliche Maß-

nahmen wie Grundwasserabsenkungen, Waldrodungen u.a.m.

umweltfreundlich. Maßnahme, die sich auf die Umwelt nicht nachteilig oder schädigend im Hinblick auf die Erhaltung ihres natürlichen Zustandes auswirkt

Umwelthygiene. Durch den Menschen bewußter Umgang mit umweltgefährdenden Stoffen oder der Vermeidung von Störungen natürlicher Systeme mit dem Ziel, natürliche Gleichgewichte nicht zu verändern

Umweltinformationssystem (UIS). Datenbankgestütztes System, das über umweltrelevante Daten, Stoffe und Prozesse in definierten Regionen informiert

Umweltisotope. Isotope, die bei hydrologischen Untersuchungen, insbesondere zur altersmäßigen Differenzierung von Wässern angewandt werden (Radiokohlenstoffmethode mit ^{14}C, Tritium ^3H, neuerdings Krypton ^{85}Kr, u. a. m.); → Methoden, isotopenhydrologische

Umweltrat. Gremium, das Umweltfragen berät und ggfs. beschließt, z.B. → Sachverständigenrat für Umweltfragen

Umweltrecht. Gesetze, Rechtsvorschriften und Verordnungen, die zum Schutz und zur Erhaltung der Umwelt verabschiedet wurden, jedoch inzwischen so umfangreich sind, daß sie auch von einem Fachmann kaum zu übersehen sind

Umweltschaden. Schaden, der in der Umwelt durch schädigende Einflüsse entstanden ist und dessen Ursachen erforscht bzw. untersucht werden müssen

Umweltschädlichkeit. Eigenschaften von Stoffes oder Vorgängen, die geeignet sind, die Umwelt nachhaltig zu schädigen

Umweltschutz. Gesamtheit der Maßnahmen zur Erhaltung und Bewahrung der Umwelt

Umweltschutzbehörde. Behörde, deren Aufgabe es ist, den Umweltschutz zu überwachen und Maßnahmen zu kontrollieren, die geeignet sind, den Umweltschutz zu stören

Umweltüberwachung. Gesamtheit der Maßnahmen, die Erhaltung der Umwelt laufend kontrolliert

Umweltverträglichkeitsprüfung (UVP). Bewertung von baulichen Planungen hinsichtlich ihrer Einwirkung auf und ihrer Folgen für die Umwelt; daraus resultiert die Entscheidung über ihre Zulassung, gegebenenfalls über zusätzliche Maßnahmen, die zum Schutz der Umwelt zu treffen sind und nachteilige Einwirkungen mindern oder vermeiden sollen; Rechtsgrundlage ist das „Gesetz über die Umweltverträglichkeitsprüfung (UVPG)" vom 12.02.1990

Unechter Farbstoff. Bei → Tracer- (Markierungs-) Versuchen Farbstoffe, die gegenüber verschiedenen Einflüssen empfindlich reagieren und sogar entfärben können wie z.b. das Uranin, das gegen pH-Erniedrigungen empfindlich ist

Unfall. Unvorhersehbares Ereignis mit negativen (allgemein schädigenden) Folgen

ungefiltert (unfiltriert)**.** Zustand eines Wassers, das kein Filter zur mechanischen Abtrennung von Feststoffinhalten passiert hat, sei es zur Vorbehandlung von Proben für die Wasseranalyse (Papierfilter 0,45 μm), sei es zur Aufbereitung von → Trinkwasser durch Langsam- oder Schnellfilter

ungesättigt. Zustand einer Lösung, dessen Löslichkeitsprodukt hinsichtlich eines bestimmten Stoffes oder Gases nicht erreicht wurde, die also noch mehr lösen könnte

ungesättigte Zone. Der Bereich im Untergrund zwischen Erd- und → Grundwasseroberfläche, der nicht gänzlich mit Wasser ausgefüllt ist (ohne → Kapillarraum); → Zone, wasserungesättigte; ↓ Bodenzone, ungesättigte; ↓ Aerationszone

ungespanntes Grundwasser. → freies Grundwasser, dessen Oberfläche sich innerhalb eines Grundwasserleiters frei (vertikal) bewegen kann, so daß Grundwasserdruck- und -oberfläche identisch sind; normgerechter Begriff ist „Freies Grundwasser"

ungestörte Probe. → Probe, die durch die Entnahme hinsichtlich ihres Lösungsinhaltes (Wasserprobe) oder ihrer Struktur und Zusammensetzung (Bodenprobe) nicht verändert wurde; bei Wasserprobenahme ist dieser Zustand nahezu unerreichbar, bei Bodenprobenahmen nur mit großem Aufwand

Ungleichförmigkeit. Bei Lockergesteinen Charakterisierung der Breite eines Korngrößenspektrums und seiner Sortierung

Ungleichförmigkeitsgrad. Wert für die Bemessung der Ungleichförmigkeit eines Lockergesteins, der u.a. hydrologischen Berechnungen (z.B. → k_f-Wert aus der Korngrößenanalyse, → Filterkies) zugrunde gelegt wird; ergibt sich aus dem Quotient d_{60} zu d_{10} (Korngröße im Schnittpunkt der 60%- bzw. 10%-Linie mit der → Summenkurve); Graduierung nach DIN 1054: U < 3 gleichförmig, U 3 – 15 ungleichförmig; U > 15 sehr ungleichförmig; nach DIN 18196: U < 6 gleichförmig, U > 6 ungleichförmig; bei Festgesteinen wird nach DIN 4022 unterschieden zwischen „vollkörnig" (Gestein, das nur aus erkennbaren Einzelkörnern besteht, z.B. Sandstein), „teilkörnig" (Gestein, das nur aus einer einheitlichen, nicht als körnig erkennbarer Grundmasse besteht, in der Einzelkörner zu erkennen sind) sowie „nichtkörnig" (Gestein ohne erkennbare Einzelkörner, z.B. Tonstein)

Ungleichgewicht. Ein bei vielen Naturprozessen bestehender Zustand, bei dem die Entwicklung oder der Abschluß eines Prozesses (das Gleichgewicht) noch nicht erreicht ist, d.h. das (oder die) Ausgangsprodukt(e) gegenüber dem Endprodukt überwiegen; sofern der Prozeßablauf nicht durch äußere Einflüsse gestört wird, ist durch das bestehende Gefälle Antrieb für die den Fortgang des Ausgleichprozesses gegeben (z.B. bei thermodynamischen Prozessen, oder Potentialausgleich bei hydraulischen Prozessen)

Unland. Bodenfläche, die keinen land- oder forstwirtschaftlichen Ertrag abwirft (z.B. Schutthalden) oder nicht kultivierbar ist

Unterboden. Mineralischer (B-) Horizont bei der → Bodenbildung

Unterdruck-Verdampfer-Brunnen (UVB). → Brunnen, in dem durch konstruktiv erzielten Unterdruck aus mit leichtflüchtigen (Chlor-) Kohlenwasserstoffen kontaminierte Wässer gereinigt werden können

unterer Kulminationspunkt. → Kulminationspunkt, unterer; tiefster Punkt auf der Begrenzungslinie des Entnahmebereichs einer Grundwasserentnahme; untere Kulminationslinie

Untergrund. Unscharfer, allgemeiner Begriff für die Gesteinsschichten im obersten Teil der Erdkruste, wobei keine Begrenzung der Tiefe besteht, d.h. bis in welche Tiefe die

Schichtfolgen als Untergrund anzusprechen bzw. zu verstehen sind

Untergrundabdichtung. Künstlich eingebrachte Abdichtung aus schlecht durchlässigen Schichten (z.B. Ton) oder → Geotextilien, die Versickerungen oder Abflüsse von Flüssigkeiten (z.B. kontaminierten Wässern) verhindern sollen (z.B. in Abfalldeponien)

Untergrundberieselung. Unterirdische Verteilung von Wasser über Dränrohre entweder zu Bewässerungszwecken oder zur Abwasserbeseitigung von Einzelanwesen (Untergrundverrieselung)

Untergrundpassage. Teil der Aufbereitung von oberirdischen (meist Fluß-) Gewässern zu → Trinkwasser; dazu wird in einem geeigneten Gelände im oberstromigen (höher gelegenen) Teil das aufzubereitende Wasser über Versenkbrunnen dem Untergrund zugeführt und unterstromig über weitere Brunnen nach Untergrundpassage wieder entnommen; im Verlauf der U. können somit Aktivitäten der Selbstreinigung (insbesondere mikrobiologische Prozesse) eine Qualitätsverbesserung des passierenden Wassers bewirken; als U. wird auch der Weg uferinfiltrierten Wassers bis in eine Gewinnungsanlage bezeichnet

Untergrundspeicher (UGS). Durch dichte Schichten begrenzte poröser/geklüfteter natürlicher oder künstlich gelaugter (Kavernen in Salzstrukturen) Hohlraum zur Zwischenspeicherung von flüssigen (z.B. Erdöl) oder gasförmigen (z.B. Erdgas) Rohstoffen oder Zwischenprodukten (z.B. Etylen)

Untergrundwasserbehandlung. → Untergrundpassage

unterirdisches Wasser. → Wasser, unterirdisches

unterlagernd. Zustand, bei dem eine Schicht (unterschiedlicher Zusammensetzung) unter einer oder mehreren anderen lagert

Unterlauf. Unterstromiger Abschnitt eines → Fließgewässers

Unterschiedshöhe (-betrag). Bei → Lysimetern die Differenz zwischen Niederschlagshöhe und Sickerwasserabfluß; unter Vernachlässigung (wegen der relativ kleinen Auffangfläche des Lysimeters) eines oberirdischen Abflusses wird U. gleich der Verdunstungshöhe gesetzt

Unterströmung. Unbeabsichtigtes Strömen von Wasser unter Bauwerken mit stauender Wirkung; durch den Aufstau baut sich ein (Druck-) Potentialgefälle auf, so daß das Wasser Schwachstellen des Stauwerks oder des unterlagernden Gesteins, auf dem die Gründung erfolgte, durchbricht

Unterströmung von Bauwerken. An Bauwerken kann die → Unterströmung zu nachteiligen Wirkungen durch Unterspülung, Minderung der Standfestigkeit des Untergrundes oder Sickerverlusten gestauten Wassers, die umfangreiche und kostspielige Abdichtungen erforderlich machen führen; insbesondere in klüftigen Festgesteinen sind Unterströmungen möglich und müssen durch entsprechende Kontrolleinrichtungen (Kontrollbohrungen) laufend überwacht werden. Deshalb sollten bereits zu Beginn einer Planung von Bauwerken mit stauender Wirkung ausreichende geologische Untersuchungen (und Bohrungen) erfolgen, die eine genaue Kenntnis unterströmungsgefährdeter Stellen des Planungsgebietes vermitteln

Untersuchung. Verfolgung und Klärung von Ursachen und Wirkung von Eigenschaften und Prozessen: *hydrodynamisch*: U. im Kreislauf des Wassers;

hydrogeologisch: U. der Erdschichten im Hinblick auf ihre Sicker- und Grundwasserführung;

hydrochemisch: U. des Wassers im Hinblick auf seine Beschaffenheit;

hygienisch: U. des Wassers im Hinblick auf Verursachung und Verbreitung von Krankheiten (Epidemien). In der Regel sind besondere Vorgehensweisen bei der → Probenahme zu beachten, die deshalb von den Fachleuten der untersuchenden Laboratorien ausgeführt werden sollte; insbesondere trifft das für mikrobielle (z.B. bakteriologische) Untersuchungen zu

Untersuchungsgebiet. 1. Untersuchung in einer geographisch abgegrenzten Fläche; 2. Untersuchung in einem fachlich abgegrenzten Ressort

Untersuchungsgrad. (Geplante oder erreichte) Stufe einer → Untersuchung

Untersuchungsobjekt. Gegenstand oder biologische Einheit, die auf bestimmte Eigenschaften untersucht wird

Untertagedeponie. → Deponie, unterirdische

Unterwasser. Bereich unter der Wasseroberfläche, dem allgemeinen Verständnis nach bezogen auf offene Gewässer (Bäche, Flüsse, Seen oder Meere). Bereiche unter der → Grundwasseroberfläche zählen im allgemeinen nicht dazu; sofern aber erforderlich werden sie mit dem Zusatz „Grundwasser"- (z.B. Grundwasseroberfläche) artikuliert

Unterwasserbohrung. Bohrung, die unter einer Gewässeroberfläche angesetzt und ausgeführt wird; das Antriebsaggregat kann dabei über der Gewässeroberfläche installiert sein

Unterwasserpumpe. → Pumpe, die in tiefere Brunnen unter dem Wasserspiegel installiert wird, wobei das in die U. einlaufende Wasser mit Schaufelrädern an die Geländeoberfläche oder höher gedrückt wird; die Antriebsaggregate sind meistens direkt mit den Schaufelrädern zu einer Einheit gekoppelt und somit ebenfalls im Brunnen installiert, können aber auch durch einen Motor von der Erdoberfläche über Wellen angetrieben sein (was heute allerdings selten der Fall ist). Im Gegensatz zu Kreiselpumpen, deren Anwendungstiefe auf rd. 7,5 m beschränkt ist (→ Saugpumpe), können U. tiefenunabhängig eingebaut werden; ↓ Tauchpumpe, ↓ U-Pumpe

Untiefe. In oberirdischen Gewässern ein aus der umgebenden Gewässersohle aufragender Anstieg, der gegenüber der Umgebung eine Verringerung des Abstandes von der Gewässeroberfläche zum Grund bedingt

Unverträglichkeit. Mangelnde Bekömmlichkeit eines Organismus gegenüber eingenommenen Stoffen

unvollkommene Brunnen. → Brunnen, unvollkommener

Upscaling. Übertragung der Ergebnisse kleinmaßstabig untersuchter (z.B. im Labor oder in kleiner Fläche), meist chemischer Prozesse auf realmaßstabige, natürliche Systeme

Uranin. Dinatrium-Derivat des → Fluoresceins, fluoreszierender klassischer Farbstoff für → Tracerversuche, der erst in größerer Verdünnung grünlich fluoresziert und noch in stärkster Verdünnung (0,02 mg/m^3; abhängig von pH-Wert; 99 % bei pH 9, 35 % bei pH 6) ohne Anreicherung nachweisbar ist; durch an Beobachtungsstellen installierte Aktivkohlefilter, die akkumulierende Wirkung haben, kann eine noch wesentlich geringere Konzentration nachgewiesen werden. Von Nachteil ist, daß U. in sauer reagierenden Grundwässern zerstört und farblos wird; U. ist empfindlich gegen Licht, Oxidation (Belüftung, Chlor, Bakterien) und wird an Humus, Tonmieralien usw. sorbiert. Nach neusten Untersuchungen bestehen bei sachgemäßer Anwendung keine humantoxikologischen Bedenken gegen die Verwendung von U. für Tracerversuche; ↓ Basazid-gelb

Urbarmachung. Umwandlung einer → Urlandschaft in eine Kulturlandschaft, die durch Werke und Lebensweisen des Menschen geprägt ist

Urlandschaft. Zustand einer Landschaft vor Einwirken des Menschen

Ursprungsgestein. → Ausgangsgestein

Urstromtal. Breites und sehr flach geneigtes Sohlental, das parallel zum Eisrand von Inlandvereisungen entstand (oft hinter einem Endmoränenzug), im wesentlichen durch Schmelzwässer und Wässer aus dem dem Eis vorgelagerten Periglazialgebiet gespeist wurde und zum Ozean entwässerte

UTM. Universal Transversal Mercator Projection; internationales, globales Koordinatensystem. Darin werden 6° breite Meridianstreifen als „Zonen" bezeichnet mit fortlaufender Nummerierung ab Meridian 177°; die BRD liegt in den Zonen 32 und 33. Diese Meridianstreifen werden weiterhin durch „Bänder" unterteilt, die in Abständen von 8 Breitengraden gezogen und ab Äquator (nach Norden) mit den Buchstaben N bis X bezeichnet werden; die so entstandenen (6° mal 8° großen) Felder werden dann jeweils durch 100 km mal 100 km große Teilfelder gegliedert, die durch Doppelbuchstaben gekennzeichnet werden, ausgehend vom Äquator in Süd-Nord- und West-Ost-Richtung mit den Buchstaben A bis Z, die sich nach Durchgang des Alphabets jeweils wiederholen. Jedes Feld ist also durch einen Doppelbuchstaben gekennzeichnet; die Bezeichnung des Quadrats, in dem München liegt, lautet 32 U PU

UV-Absorption. Allgemein Auslöschung (Extinktion) von UV-Lichtstrahlen (→ UV-Strahlung) bestimmter Wellenlängen durch Lösungsinhalte im Wasser; Anwendung z.B. für objektive Messung der Färbung des Wassers durch Huminstoffe über Messung des spektralen Absorptionskoeffizienten (SAK) (→ Absorptionskoeffizient, spektraler) bei der Wellenlänge 254 nm und in UV-Spektralphotometern, die in zahlreichen (bis 68) Programmabläufen Absorptionsspektren und zeitunabhängige Messungen vornehmen und kontinuierliche Analysen ermöglichen

UVB. → Unterdruck-Verdampfer-Brunnen

UV-Detektor. Gerät zur Sichtbarmachung von UV-Strahlen, wobei die UV-Strahlung einen fluoreszierenden Stoff zum Leuchten bringt (→ Thermoluminiszenz)

UV-Strahlung. Nicht mit dem menschlichen Auge sichtbares Licht „jenseits von Violett", d.h. elektromagnetische Strahlung mit Wellenlängen zwischen 400 und 10 nm

UVP. → Umweltverträglichkeitsprüfung

V

$v_a.$ → Grundwasserabstandsgeschwindigkeit

$v_f.$ → Filtergeschwindigkeit

$v_m.$ → Molvolumen

$V_s.$ → Feststoffvolumen

$V_p.$ → Porenvolumen

vadoses Wasser. → Wasser, vadoses

Vakuumentwässerung. Da in feinkörnigen Sanden mit Durchlässigkeitsbeiwerten von $k_f \approx 10^{-5}$ m/s und weniger eine Schwerkraftabsenkung des Grundwasser kaum noch möglich ist, wird bei der V. über in den Boden eingelassene (eingespülte) Vakuumlanzen oder (gebohrte) Vakuumbrunnen ein Unterdruck erzeugt und das unterirdische Wasser abgesogen; durch geeignete Abdichtungsmaßnahmen muß dafür gesorgt werden, daß keine Falschluft eingesogen wird. Der Unterdruck ist in einem Umkreis von 1 bis 1,5 m um die Lanzen wirksam, so daß alle 1 bis 2 m neue Vakuumbrunnen eingerichtet werden müssen

Vakuumfilter. → Filter eines Vakuumbrunnens; → Vakuumentwässerung

Vakuum-Flachbrunnen. → Vakuum-Tiefbrunnen

Vakuumpumpe. → Pumpe zur Herstellung eines Unterdrucks bei der → Vakuumentwässerung

Vakuum-Tiefbrunnen. Im Gegensatz zum Vakuum-Flachbrunnen tiefer reichender Entwässerungsbrunnen, der durch luftdichten Abschluß des Kiesfilters und der gesamten Brunnenanlage eine größere Tiefenwirkung der → Entwässerung erreicht; im Brunnen wird dabei ein Unterdruck von 0,5 bis 0,7 bar aufgebaut

VAN-DER-WAALS-Kräfte. Zwischen Molekülen einer Phase (u.a. in Lösungen) oder zu einem Körper wirksame elektrostatische Kräfte; → Adsorption

VAN-DER-WAALS-Zustandsgleichung. Zustandsgleichung für reale Gase, die die Art des Gases, d.h. sein Eigenvolumen und die zwischenmolekularen Kräfte (Kohäsionsdruck) berücksichtigt; sie weicht von der für ideale Gase (→ Zustandsgleichung, thermodynamische) um so mehr ab, je höher der Druck und je niedriger die Temperatur wird (ideale Gase bestehen aus Molekülen, die nicht untereinander wechselwirken und kein Eigenvolumen haben)

Varianz. Mittlere Abweichung der Meßwerte vom Mittelwert (Schwankungsbreite); → Variogramm; ↓ Streuung um einen Mittelwert

Variationsverfahren. Mathematisches Simulationsverfahren (Modellierung) mit Mitteln der → Finite-Elemente-Verfahren, das Gleichungssysteme der Knotenvariablen unter Anwendung des Variationsprinzips nutzt

Variogramm. Graphische Darstellung zur regionalen Wichtung punktuell erfaßter (z.B. wasserchemischer) Daten im Hinblick auf die Unterscheidung lokalspezifischer und überregionaler Aussageinhalte; dazu werden im gesamten Untersuchungsgebiet die → Varianzen zwischen allen Meßwerten gebildet (bei Punkten mit etwa gleichen Abständen zueinander ein Mittelwert der Varianzen und ein Mittelwert der Entfernungen). In einem Koordinatensystem (dem V.) werden die Varianzen der Meßpunkte und ihre zugehörigen Entfernungen aufgetragen; mit zunehmender mittlerer Entfernung zwischen einzelnen Punkten steigt die mittlere Varianz ihrer Meßwerte bis zu einem Punkt (dem sog. Schwellenwert oder sill), ab dem die Varianz gleich bleibt, was bedeutet, daß ab diesem Punkt die Reichweite der Aussage der Einzelpunkte überschritten und nicht mehr auswertbar ist, somit also die Unterscheidung zwischen dem lokalen (zufälligen) und dem regionalen (allgemeinen) Informationsanteil gegeben ist. Für die Berechnung von V.-en aus Daten der Meßpunkte gibt es EDV-Rechenprogramme; Anwendung bei der maschinellen Bearbeitung von Karten; → Kriging

Vaucluse-Quelle. Klassische, schon in älterer Literatur erwähnte Karstquelle in Südfrankreich. Aus einem ca. 165 km^2 großen Einzugsgebiet läuft das Grundwasser einem trichterförmigen, fast kreisrunden Becken zu, an dessen tiefstem Punkt die V.-Q. liegt; ihre Schüttung wechselt zwischen 4 und 150 m^3/d sehr stark. Heute werden allgemein besonders stark schüttende Karstquellen (Riesenquellen) als V.-Q. bezeichnet

VawS. → Anlagenverordnung

VENTURI-Kanal. Einrichtung zur Trennung von → Sand aus → Abwässern (z.B. vor Kläranlagen), wobei durch Querschnittsveränderungen des Ablaufs unterschiedliche Fließgeschwindigkeiten eingestellt werden können, wodurch die Schleppkraft des Wassers für den Sand verringert und dieser zur Sedimentation gebracht wird; die durch die Querschnittsverengung (seitlich oder durch Hebung der Sohle, Einbau einer Bodenschwelle) verursachte Wasserstandshebung wird zu Abflußmessungen genutzt

VENTURI-Rohr. Gerät, das an zwei Stellen mit unterschiedlichem Querschnitt die statischen Drücke mißt, aus deren Differenz die Fließgeschwindigkeit des Wassers bestimmbar ist

Verarmungshorizont. → Eluvialhorizont

Verbände der Hydrogeologen oder unter deren Beteiligung. Deutsche Geologische Gesellschaft, Fachsektion Hydrogeologie (FH-DGG); Hannover; Gesellschaft für Umwelt-Geowissenschaften (GUG) in der Deutschen Geologischen Gesellschaft (Hannover); Deutscher Verband für Wasserwirtschaft und Kulturbau (→ DVWK; Fachgruppe Grundwasser, Bonn; bis Ende des Jahres 1999); Deutsche Vereinigung des Gas- und Wasserfaches (→ DVGW, Bonn); Deutsche Sektion der Internationalen Assoziation der Hydrogeologen (IAH); Der DVWK fusionierte im Januar 2000 mit der → ATV zur →ATV-DVWK, wobei die frühere DVWK-Fachgruppe 3 „Grundwasser" von den Verbänden ATV-DVWK und DVGW getragen, organisatorisch von der DVGW betreut wird

Verbindungen, Halogen-organische (HKW). Kohlenwasserstoffe, bei denen mindestens ein H-Atom durch ein Halogen-Atom (Fluor, Chlor, Brom, Iod) ersetzt ist; da sie häufig eine hohe Dichte haben, sammeln sie sich bei HKW-Schadensfällen als eigene Phase im Grundwassersohlbereich an. Die ringförmigen HKW sind im allgemeinen weniger, die kettenförmigen dagegen z.T. erheblich toxisch (giftig). Die meisten heute verwendeten V., H.-o. sind → Chlorkohlenwasserstoffe, CKW); ↓ Organische Chlorverbindungen, ↓ Halogenkohlenwasserstoffe, ↓ Organohalogen-Verbindungen, ↓ halogenierte Kohlenwasserstoffe

Verbindungen, metallorganische. Überwiegend anthropogen hergestellte Elementorganische Verbindungen mit einer direkten Metall-Kohlenstoff-Bindung; sie finden als Antiklopfmittel, Cytostatika, Katalysatoren in technischen Prozessen, Holzschutzmittel etc. Verwendung. Manche V., m. sind äußerst giftig, besonders die Schwermetalle-organische Verbindungen wie Zinn-, Blei-, Kupfer- oder Quecksilberalkyl-Verbindungen. Ihre → Persistenz verursacht sehr hohe Verweilzeiten in der ungesättigten und gesättigten Bodenzone (→ Zone, wasserungesättigte) und damit ein außergewöhnlich hohes Grundwassergefährdungspotential

Verbindungen, polare. → Stoffe, polare und unpolare

Verbindungen, unpolare. → Stoffe, polare und unpolare

Verbrauch. Die unmittelbare Verwendung von Gütern, Materialien oder Flüssigkeiten (allgemein: Stoffen) in einer bestimmten bzw. festgelegten Zeit, z.B. zur Produktion neuer Güter

Verbundleitung. Rohrleitungssystem, das → Grundwasser oder → Oberflächenwasser aus → Talsperren oder aus regional weit auseinanderliegenden Fassungsgebieten sammelt und zu einem oder mehreren Verbrauchern leitet

Verdampfung. Übergang eines Stoffes vom flüssigen in den gasförmigen Aggregatzustand; → Verdampfungswärme; ↓ Volatilisierung

Verdampfungswärme. Wärmemenge, die zum Verdampfen von Flüssigkeiten erforderlich ist und in Joule [J] gemessen wird. Als spezifische V. eines Stoffes wird die Wärmemenge verstanden, die nötig ist, um ohne Temperaturänderung 1 kg einer Flüssigkeit zu verdampfen; Wasser hat eine vergleichsweise hohe spez. V. (2,3 MJ/kg)

Verdingungsordnung für Bauleistungen (VOB). Allgemeiner Rahmen für die Ausschreibung, Ausführung und Abrechnung von öffentlichen Bauleistungen, herausgegeben im Auftrag des Deutschen Verdingungsausschusses beim DIN (Deutsches Institut für Normung, Berlin) mit den Teilen:
A) Allgemeine Bestimmungen für die Vergabe von Bauleistungen (einschließlich der EG-Baukoordinierungsrichtlinie, EG-Sektorrichtlinie);
B) Vertragsbedingungen für die Ausführung von Bauleistungen;
C) Allgemeine Technische Vertragsbedingungen für Bauleistungen;.
Die VOB wird laufend aktualisiert

Verdrängung. Entfernen eines Stoffes durch einen anderen, der dessen Stelle einnimmt; z.B. V. einer Ölhülle um ein Sandkorn durch Wasser

Verdünnung. Verringerung der Konzentration eines gelösten Stoffes durch Vergrößerung des Lösemittelvolumens; → Abreicherung

Verdünnungswasser. Wasser zur → Abreicherung (Konzentrationsabnahme) einer Lösung

Verdunstung (international: E, BRD: V). Vorgang, bei dem eine Flüssigkeit als Folge eines physikalischen Ungleichgewichts zwischen Flüssigkeit und umgebender Atmosphäre bei Temperaturen unter dem Siedepunkt in den gasförmigen Zustand übergeht; die dazu benötigte Wärmemenge (→ Verdunstungswärme) wird z.T. aus der Flüssigkeit entnommen, die dadurch abkühlt. Die Erfassung von Daten der Wasserverdunstung in der Natur ist jedoch recht problematisch (→ Verdunstung, potentielle, reelle). Produkte einer Verdampfung sind Dämpfe (gasförmige Flüssigkeiten), die jedoch nicht den Gasgesetzen unterliegen; Einheit: [mm/d] oder [mm/a], → Evaporation, → Evapotranspiration

Verdunstung, effektive. → Verdunstung, potentielle, reelle

Verdunstung, potentielle, reelle. Bezogen auf die V. von Wasser von der Erdoberfläche in die Atmosphäre wird unter *potentieller Verdunstung* (potentieller → Evaporation, E_{pot}), die unter einem gegebenen Witterungszustand (insbesondere Temperatur und relative Luftfeuchte) ohne Rücksicht auf die tatsächliche Verdunstung maximal mögliche Verdunstungshöhe verstanden; zur Berechnung gibt es mehrere Formeln (die bekannteste in der BRD ist die → HAUDE-Gleichung), die unterschiedliche Witterungs- oder Klimadaten verwenden, ein Hinweis darauf, daß die Bestimmung doch recht problematisch ist (zumal sich das Ergebnis kaum kontrollieren läßt). Die reelle (oder reale, effektive, aktuelle) Verdunstung (reele Evaporation, E_{reell}; relle Evapotranspiration, ET_{reell}) ist die tatsächlich erfolgende Verdunstungshöhe, die ebenso wenig genau bestimmbar ist (auch wenn es dafür Formeln zur Berechnung gibt (z.B. → TURC-Gleichung) gibt. Eine Möglichkeit ist ein rechnerisches Verfahren, das von der Überlegung ausgeht, daß zwar die potentielle Verdunstung aus Klimadaten errechenbar ist, die tatsächliche Verdunstung aber von dem vorhandenen Wasserdargebot abhängt; wenn nämlich kein Wasser vorhanden ist, kann trotz bestehender potentieller Verdunstung (→ Evapotranspiration) tatsächlich nichts verdunsten. Dieses Konzept hat jedoch das Problem, daß lokale Einflüsse (Kleinklima, Luftbewegungen, verschiedene Niederschlagsintensitäten u.a.m.) unberücksichtigt bleiben; insofern sollten die Resultate nur als Größenordnungen gewertet werden. Schließlich kann punktuell ET_{reell} mit Lysimetern ermittelt werden; abhängig jedoch von lokalen Einflüssen, weshalb eine Datenregionalisierung problematisch ist

Verdunstungshöhe. Maß für Verdunstungsmenge an einem bestimmten Ort, ausgedrückt als Höhe der verdunsteten Wasserbedeckung über einer horizontalen Fläche während einer bestimmten Zeitspanne; Einheit: [mm]

Verdunstungsrate. Die pro Flächeneinheit in [km^2] verdunstete Wassermenge (l/s); Einheit: [l/(s · km^2)]

Verdunstungswärme. Entspricht hinsichtlich der Wärmemenge der → Verdampfungswärme; diese Wärme ist stoffspezifisch und wird meistens aus der Flüssigkeit entnommen, die sich dabei abkühlt

Verfahren. Festgelegte Abfolge von Schritten zur Lösung eines Problems, Bestimmung von Elementen/Verbindungen (z.B. in der chemischen Analytik) oder zur Herstellung (Produktion) von Verbrauchsgütern; ↓ Methode

Verfahren, elektromegnetische (zur Abflußmessung). Verfahren, die in verkrauteten Gewässern angewandt werden und auf der elektromotorischen Kraft beruhen, die die Wasserbewegung durch künstliche magnetische Felder im Durchflußquerschnitt erzeugt und die proportional der Fließgeschwindigkeit (oberirdische Gewässer) ist; Meßfehler < 10 %

Verfärbung. Beabsichtigter oder unbeabsichtigter Wechsel der Farbe

Verfestigungsgrad. Stufe der eingetretenen Änderung des Aggregatzustandes von flüssig nach fest

Verflüchtigung. Übergang von Flüssigkeiten mit hohem Dampfdruck in den gasförmigen Aggregatzustand; → Verdampfung

Verflüssigung. Überführung von Gasen durch Druck und/oder Abkühlung in den flüssigen Zustand, wobei das Gas unter seine kritische Temperatur abgekühlt sein muß

Verformbarkeit. 1. Allgemein: Plastischer (elastischer) Zustand eines (halbfesten) Körpers, bei dem eine neue Gestalt- oder Formgebung ohne dessen Zerbrechen möglich ist; 2. Von Gesteinen: In Abhängigkeit von den Elastizitätseigenschaften der Gesteine unterscheidet man kompetente Eigenschaften [harte und unelastische Gesteine, die bei tektonischen Beanspruchungen zerbrechen und gute hydraulische Leitfähigkeiten haben (z.B. Sandsteine, Kalksteine, Quarzite)] und inkompetente [+/- elastische und verformbare Gesteine (z.B. Tonsteine, Tonschiefer, Halitite)], die meist schlechte Grundwasserleiter sind

Verformungsbeständigkeit. Eigenschaft, Verformungen zu widerstehen

Verfügbarkeit. Möglichkeit, nach Ermessen und Bedarf den Verbrauch bzw. die Verteilung eines bestehenden Vorrats zu bestimmen (z.B. eines nachgewiesenen Wasserdargebots)

Verfüllung. Zuschütten eines unbenutzten bzw. nicht zu einem → Brunnen ausgebauten → Bohrlochs oder eines rückgebauten Brunnens (→ Rückbau) entsprechend der geologischen Schichtenfolge mit → Kies, → Sand oder → Ton, wobei der Schutz des → Grundwassers gewährleistet sein muß und hydraulische Kurzschlüsse zwischen verschiedenen → Grundwasserstockwerken zu verhindern sind; das gleiche trifft für Schächte (→ Schacht) zu; → Verwahrung

Vergiftung. Gesundheitsschädigung durch Gift (Toxin). Als Giftstoffe im Boden und Grundwasser kommen in erster Linie → Schwermetalle, → Verbindungen, Halogenorganische, → Pflanzenschutzmittel und weitere organische Verbindungen infrage; sie stammen aus der Atmosphäre oder von menschlichen Aktivitäten an der Erdoberfläche (Industrie, Verkehr, Landwirtschaft, Deponien) und werden mit den Sickerwässern in den Untergrund verfrachtet, unterliegen dort Prozessen (→ Selbstreinigung), die häufig einen Abbau oder eine Bindung an Gesteinspartikeln bewirken. Für eine Vergiftung ist die Stoffkonzentration maßgebend, da in einem Organismus die giftige Wirkung erst ab einer stoffspezifischen Konzentration einsetzt. Die wiederum hängt vom Körpergewicht ab; → Grenzwert, ↓ Intoxikation

Vergleichswert. Wert, der bei unterschiedlichen Verursachern oder verschiedenartiger Entstehung eine gleichartige Beurteilung ermöglicht; Beispiel: → Einwohnergleichwert (EGW)

Vergleyung. Entstehung eines → Gley-Bodens

Verkarstung. Vorgang der Erweiterung von Klüften (wasser-)löslicher Gesteine (insbesondere Sulfat- und Carbonatgesteinen) durch die Wirkung des → Sicker- oder → Grundwassers

Verkeimung. (Meist hygienische) Beeinträchtigung insbesondere von → Grundwasser durch → Mikroorganismen (Viren, Bakterien, Einzeller, Pilze)

Verkippen. Zuschütten in der Regel von Geländehohlformen mit Abraum aus dem Bergbau oder Bodenaushub von Baumaßnahmen(-projekten) bis zur → Geländeoberkante

Verklappen. Unrechtmäßiges, ökologisch extrem bedenkliches Freisetzen von flüssigen Abfallstoffen in Oberflächengewässer (Immission); z.B. in Ozeane oder → Fließgewässer; ↓ Abklappen

Verkrautung. 1. Extremer Pflanzenwuchs in → Fließ- und → Standgwässern (natürlichen, künstlichen) durch ein Überangebot an Nährstoffen insbesondere Nitrat und Phosphat (→ Eutrophierung); die Gewässer können durch die starke Reduzierung des Wasseraustauschs sehr rasch verlanden (→ Verlandung)
2. Bewuchs von Abflußmeßstellen (Pegel) durch Pflanzen, wodurch der Querschnitt des Meßkanals verändert und das Meßergebnis verfälscht wird

Verkrustung. Durch Änderung der Bedingungen im Grundwasser bewirktes Ausscheiden von gelösten Feststoffen und Anlagerung dieser an die Oberfläche eines festen Stoffes; z.B. V. von Brunnen- und Kiesfiltern durch ausgeschiedende Carbonate infolge Änderung des → Kalk-Kohlensäure-Gleichgewichts oder durch → Verockerung infolge Änderung des Redox-Potentials und dadurch verursachter Oxidation von gelöstem Eisen(II) zu kaum wasserlöslichem Eisen(III)

Verlagerung. Durch Transportprozesse (auf und unter der Erdoberfläche) verursachte Ortsveränderung von festen und gelösten Stoffen; Transportmedium können Luft- (z.B. Dünenwanderungen) oder Wasserbewegungen in → Fließgewässern, → Sicker- oder → Grundwässern sein (z.B. Geschiebe-V., Stoff-V. in gelöster Form)

Verlandung. Auffüllung von Gewässern durch Anschwemmung von Sand/Geschiebe sowie das allmähliche Zuwachsen (→ Trophie, → Eutrophie) des Gewässerbodens durch Pflanzen. Bei → Standgewässern tritt zunächst am Ufer eine Verschilfung ein, indem vom Ufer der Röhrichtgürtel immer weiter seewärts wächst; darüber bildet sich ein Rasenmoor und mit zunehmender Austrocknung ein Erlenbruchwald

Verlehmung. Zunahme/Bildung von Lehm (Gemisch aus → Sand, → Schluff, → Ton); z.B. durch → Sedimentation der von → Fließgewässern herangeführten Schlammassen (Auelehm); V. erfolgt ferner bei → Bodenbildung (Lehmboden)

verlorener Brunnenfilter. → Brunnenfilter, verlorener

Verlustmessung. Messung von Defiziten zwischen Ein- und Ausgangsmenge, z.B. von → Fließgewässern zwischen zwei Meßstellen, wo die Abflußverluste auf Gewässerversickerungen oder -versinkungen schließen lassen

Vernässung. 1. Länger andauernde Naßphase eines Bodens, während der in der durchwurzelten Zone Luftmangel und Reduktionserscheinungen (z.B. Bleichung, Rostflecken) auftreten;
2. Ergebnis einer Erhöhung des Grundwasserspiegels als Folge von Abgrabungen (Kies- und Sandtagebaue) und Tagebauen (Braunkohletagebaue, Erztagebaue) grundwasserstromabwärts

Vernässungsgrad. Aus standortlichen Kriterien abgeleitete graduelle Abstufung der → Vernässung durch → Stau-, Haft- oder → Grundwasser; solche standortlichen Kriterien sind Bodeneigenschaften (Körnung, Porenvolumen), Höhe (bzw. Tiefe) des geschlossenen Kapillarraumes, → klimatische Wasserbilanz, Vegetation und Relief; ↓ Vernässungsstufe

Vernetzung. 1. In der EDV Einrichtung einer Verbindung zwischen mehreren Netzwerkbetreibern oder Datenbanken;
2. Regionaler, nationaler oder internationaler Verbund unterschiedlicher Institutionen (Ministerien, Behörden, wissenschaftlicher Institute usw.) mit gleichen oder sich ergänzenden Interessen und Zielen (Netzwerke, Networks); mit Hilfe dieser Netzwerke können sehr frühzeitig Planungsstrategien z.B. im Umweltschutz oder bei der Nutzung von Grundwasserressourcen abgestimmt werden;
3. Internationale Telekommunikation (Internet)

Verockerung. 1. Bildung von Ocker im Boden dadurch, daß im → Grundwasser (→ Wasser, reduziertes) enthaltenes, gelöstes Eisen(II) zu weitestgehend wasserunlöslichem Eisen (III) oxidiert wird und als Ocker [z.B. Schwerdmannit $(Fe^{3+}16O \cdot 16(OH) \cdot 12(SO_4)_2)$, Goethit ($\alpha$-FeOOH)], ausfällt;

2. Bildung von Eisenhydroxiden in Brunnenfiltern durch Oxidation ehemals sauerstofffreier, Eisen(II)-haltiger Grundwässer als Folge der Sauerstoff-Zufuhr im durch die Wasserförderung entstandenen Absenkungstrichter; dabei geht das Eisen(II) in Eisen(III) unter Beteiligung von Bakterien über und fällt mit der Folge des „Zuwachsens" der Brunnenfilterschlitze (und auch der wasserzuführenden Gesteinshohlräume) aus

Verödung. Als Folge von Änderungen des Klimas, des Milieus oder der Umwelt eingetretene Verminderung/Verarmung der Flora und Fauna

Verordnung über das Lagern wassergefährdender Flüssigkeiten (VLwF). Vorläufer der → Anlagenverordnung

Verpreßmaterialien. Im Bauwesen (auch im Bergbau) zur Abdichtung und Verfestigung des Untergrundes verwendete Stoffe; neben Ton- und Zementsuspensionen werden in der modernen Bauwirtschaft Silicatgele (z.B. Wasserglas, Natriumsilicat) mit Zusätzen (sog. Weichmachern) in den Untergrund injiziert (meist eingepreßt), denen anorganische oder organische Härter zugesetzt werden. Da durch Einsatz von organischen Härtern andauernde Grundwasserverunreinigungen beobachtet wurden, werden heute nur noch anorganische Härter (z.B. Natriumaluminat, Natriumhydrogencarbonat) verwandt. Zunehmend wird jedoch die Abdichtung durch sog. Düsenstrahlinjektion mit Zementsuspensionen ausgeführt; ↓ Injektionsmaterialien

Verpressung. 1. Baumaßnahme zur Abdichtung durchlässiger Gesteins- oder Talsperrenabschnitte zur Minderung von Wasserverlusten;
2. V. von Beton zum Setzen von (Bau-) Ankern oder zur Verfestigen von rolligen Lockergesteinen; → Injektion
3. Verbringung flüssiger Abfälle (z.B. → Kali-Endlaugen) in tiefere Gesteinsschichten unter Druck

Verregnung. Verbringen von → Abwässern auf meist landwirtschaftlich genutzten Flächen durch Sprühgeräte; gleichzeitig mit dieser V. erfolgt ein Sauerstoff-Eintrag, wodurch die Ausgangsbedingungen für den Abbau organ. Substanzen verbessert werden

Verrohrung. 1. Einbau von Schutzrohren während der Bohrarbeiten zur Vermeidung eines Zusammenfallens des Bohrloches; → Rohrtour
2. Ausbau eines fertig gestellten Bohrloches zu einem Brunnen, der in der Regel aus Vollrohr, → Filterrohr und → Schlammfang besteht

Verrohrung, verlorene. → Brunnenfilter, verlorener

Versalzung. 1. Zustand erhöhter Konzentration an gelösten Salzen (z.B. salzreiche Grundwässer im tieferen Untergrund oder in der Umgebung von → Salinaren);
2. Zunahme der Salzkonzentration im Grundwasser (z.B. als Folge höherer Grundwasserförderung und dadurch erfolgten Anziehens salinarer Grundwässer)

Versandheilwässer. Heilwässer (→ Heilwasser, natürliches), die in Flaschenabfüllungen zum Versand kommen und ein Zulassungsverfahren nach dem Arzneimittelgesetz vom 24.08.1976 (in Kraft getreten am 01.01.1978, Neufassung vom 19.10.1994) durchlaufen haben, in dem Qualität, Wirksamkeit und Unbedenklichkeit des Heilwassers gegenüber dem Bundesinstitut für Arzneimittel und Medizinprodukte (ehemals Bundesgesundheitsamt) nachgewiesen wurden

Versandung (von Brunnen). Zusetzen (Dichtsetzen) der Filteröffnungen(-schlitze) eines → Brunnens durch Sand aus dem umgebenden Lockergestein, angesaugt durch das Wasserpumpen; die Folge ist eine rasche Abnahme der Brunnenleistung

Versauerung. Infolge zunehmender → Acidität des → Niederschlags- und damit des → Sickerwassers [pH-Wert vor 1850: ca. 6,5; heute: 4,2 (Freiland) bis 3,3 (Fichtenwald)] insbesondere als Folge des Ausstoßes von Industrie- und Autoabgasen ist eine Boden-V. (Abnahme des pH-Wertes des Bodenwassers) dort möglich, wo Böden ein den Säureeintrag abpuffernder (neutralisierender) Gesteinsinhalt (z.B. Carbonate) fehlt, also vor allem Kristallin-, Sandstein-, Quarzitgesteine sowie entkalkte Pleistozänablagerungen. Örtlich ist es durch die V. zur Mobilisierung von Aluminium-Ionen in toxischen Konzentrationen in oberflächennahen Grundwässern gekommen; mit wenigen Ausnahmen (z.B. im Taunusquarzit) sind jedoch bisher keine tiefreichende Einwirkungen auf das Grundwasser festgestellt worden; → Regen, saurer

Verschlämmungsneigung. Tendenz zur Bildung/Ablagerung von → Schlamm

Verschlammung. Anhäufung feinster (< 0,06 mm) anorganischer oder organischer → Partikel (→ Trübe)

Verschmutzung. Nach der EG-Richtlinie „betr. die Verschmutzung infolge Ableitung bestimmter gefährlicher Stoffe in die Gewässer der Gemeinschaft" (76/464/EWG) vom 04.05.1976 „die unmittelbare oder mittelbare Ableitung von Stoffen oder Energie in die Gewässer durch den Menschen, wenn dadurch die menschliche Gesundheit gefährdet, die lebenden Bestände und das Ökosystem der Gewässer geschädigt, die Erholungsmöglichkeiten beinträchtigt oder die sonstige rechtmäßige Nutzung der Gewässer behindert werden"; die Verursacher sind vielfältig: Einleitung von Abwässern gewerblicher, industrieller oder häuslicher Herkunft (häufig ungeklärt), Ausschwemmungen von Dünger oder → Pflanzenschutzmitteln, Straßenschmutz, Schiffsverkehr, Badebetrieb u.a.m.

Verschmutzungsempfindlichkeit. → Vulnerabilität

Verschmutzungsgrad. Ausmaß einer → Verschmutzung, das durch Indikatoren feststellbar ist, z.B. biologische (→ Saprobiensysteme), chemische Gruppenparameter (→ Sauerstoffbedarf, chemischer, → Sauerstoffbedarf, biochemischer, → Kohlenstoff, gesamter organisch gebundener), Einzelbestimmungen wie Nitrat-, Nitrit- oder Ammoniumgehalt, ferner organoleptische Bestimmungen wie Trübung, Geruch

Verschmutzungsindikatoren. → Verschmutzungsgrad

Verschmutzungszustand. Stand der → Verschmutzung oberiridischer Gewässer, wie er durch einen Saprobienindex (→ Saprobiensystem) ermittelt wird

Versenkung. Einleiten von Abwässern über → Brunnen (Versenkungsbrunnen) in den tieferen → Untergrund (ohne zusätzlichen Druck)

Verseuchung: Verunreinigung oberirdischer Gewässer mit pathogenen Keimen, ferner mit gesundheitsgefährdenden Stoffen und radioaktiven Isotopen; sofern eine hydraulische Verbindung zum Grundwasser besteht, wird dieses durch die V. oberirdischer Gewässer belastet; ↓ Gewässerverseuchung

Versickerung. → Infiltration

Versickerungsbecken. → Infiltrationsbecken

Versickerungsfaktor. Der durch einen → Lysimeter ermittelte Sickerwasseranteil am → Niederschlag in Prozent

Versickerungsstelle. → Ponor (2.)

Versickerungsversuch. → Infiltrationsversuch

Versiegelung. → Bodenversiegelung

Versiegen. 1. Langsames Eindringen von oberirdischem Wasser in den → Untergrund; 2. Durch mangelnde → Grundwasserneubildung während Trockenperioden in Quelleinzugsgebieten ausbleibende Schüttung von → Quellen

Versinken. Schnelles Eindringen (nach DIN 4049-3: schneller Abgang) eines → Fließgewässers in unterirdische Hohlräume (z.B. Karst, wie das V. der Donau bei Immendingen und ihr Wiederaustritt in der Aachquelle bei Donaueschingen); ↓ Versinkung

Versinterung (Brunnen). Ausscheidung von Carbonaten an den Öffnungen von Brunnenfiltern infolge Kohlensäure-Austriebs beim Eintritt Kohlensäure-reichen Wassers in den → Brunnen, wodurch es zur Verschiebung des → Kalk-Kohlensäure-Gleichgewichts im Wassers kommt

Versorgungsanlage. Nach DIN 2000 technische Einrichtung, die der zentralen Trinkwasserversorgung dient, insbesondere zur Gewinnung, Aufbereitung, Förderung, Speicherung und Verteilung; nicht zu V. zählen Anlagen, die außerhalb des Verantwortungsbereiches des Trägers einer zentralen Wasserversorgung sind

Versorgungsgebiet. Das von einem (kommunalen, Verbands- oder Privat-) Wasserwerk mit Wasser versorgte Wohngebiet, das für die Ermittlung der Betriebs-Fördermenge maßgebend und Grundlage für die wasserrechtliche (Erlaubnis oder) Bewilligung ist

Versuch. → Test

Versuchsbrunnen. (Häufig provisorisch erstellter) → Brunnen, mit dem die Ergiebigkeit bzw. das Dargebot eines → Grundwasserleiters ermittelt werden soll

Versumpfen. Ständiges Durchfeuchten eines Bodens mit Grundwasser, z.B. bei oberflächennahem Grundwasser oder an Quellaustritten (Quellsumpf), wodurch sich eine dem nassen Standort angepaßte Vegetation ausbildet, z.T. in Quell-Moor übergehend

Verteilungskoeffizient (K_d-Wert). Maß für die Verteilung eines Stoffes (z.B. einer Ionenart) zwischen der festen sorbierten Phase und der Lösung; V. bestimmt das Verhältnis von sorbierter zu gelöst gebliebener Konzentration (im Wasser) eines Stoffes, geht somit in Sorptions-Isothermen (z.B. LANGMUIR-Isotherme) ein; Einheit: [cm^3/g]; → Adsorptionskoeffizient

Vertikaldiagramm. Graphische Darstellung von chemischen Analysenergebnissen [mmol(eq)/l] in semilogarithmischen Diagrammen; auf den vertikalen Achsen (mit logarithmischer Skalierung) werden die Konzentrationen aufgetragen, wobei jedem Analysenparameter auf der horizontalen Achse eine Vertikale zugeteilt ist [häufige Reihenfolge (nach SCHOELLER: Ca^{2+}, Mg^{2+}, Na^++ K^+, Cl^-, SO_4^{2-}, HCO_3^- + CO_3^{2-}]. Die Verbindung der Markierungspunkte (für die Konzentrationen) auf den vertikalen Achsen ergeben für die chemischen Beschaffenheiten der untersuchten Wässer charakteristische Verläufe

Vertikaldurchlässigkeit. → Durchlässigkeit senkrecht zur horizontalen (Schichten-) Durchlässigkeit; V. ist immer kleiner (in der Regel mindestens eine Zehnerpotenz) als die Horizontaldurchlässigkeit

Vertikalfilterbrunnen. Verbreitetste Form des Brunnenbaus, bei dem durch senkrechte → Bohrungen → Brunnen erstellt werden, deren → Verrohrung in Abschnitten grundwasserleitender Schichten mit Filtern (Rohre mit verschiedenartig gestalteten Öffnungen zum optimalen Grundwassereintritt) ausgestattet ist; andere Möglichkeiten: → Horizontal-(Hori-) oder → Schrägbrunnen

Vertikalbrunnen, artesischer. → Brunnen, der in einem gespannten Grundwasserleiter (→ Grundwasser, gespanntes) steht und dessen → Druckspiegel über Geländeoberfläche liegt, so daß das → Grundwasser artesisch überläuft; mit einem Manometer kann durch Druckmessung die Höhe der Spiegelhöhe über Gelände (1 bar = ca. 10 m) gemessen werden; ↓ Arteser

Vertikalbrunnen, unvollkommener. → Brunnen, dessen → Filterrohre nicht den gesamten Grundwasserkörper(-leiter) erfassen; ↓ unvollkommener Brunnen

Vertikalbrunnen, vollkommener. → Brunnen, dessen → Filterrohre den gesamten Grundwasserkörper(-leiter) erfassen; ↓ vollkommener Brunnen

Vertikalfilterbrunnen, gerammter. → Rammbrunnen

Vertikalschachtbrunnen. Vertikal angelegter → Schachtbrunnen

Vertorfung. In feuchtem, (entweder aufgrund klimatischer Gegebenheiten oder erdoberflächennahen Grundwasserstandes) wassergesättigtem Milieu entstehende Anhäufung von Pflanzenmaterial, das schwach diagenetisch inkohlt; → Torf

Verträglichkeit (Hygiene). Bekömmlichkeit, Nutzung einer Sache oder eines Stoffes ohne körperliche oder gesundheitliche Beeinträchtigung

Verunreiniger. Erzeuger nachteiliger Veränderungen der naürlichen Beschaffenheit ober- oder unterirdischer Wässer; nach § 22 Wasserhaushaltsgesetz (in der Fassung vom 12.11.1996) ist derjenige, „der in ein Gewässer Stoffe einbringt oder einleitet oder auf ein Gewässer derart einwirkt, daß die physikalische, chemische oder biologische Beschaffenheit des Wassers verändert wird, zum Ersatz des daraus einem anderen entstehenden Schadens verpflichtet..." (§ 11, Abs.1 WHG; das sog. Verursacherprinzip). Die unbefugte Verunreinigung oder nachteilige Veränderung einschließlich des Versuchs wurde darüber hinaus unter Strafe gestellt (§ 324 des Strafgesetzbuches, in der Fassung vom 02.01.1975); ↓ Verursacher

Verunreinigung. Nachteilige Veränderung der natürlichen physikalischen, chemischen oder biologischen Beschaffenheit ober- oder unterirdischer Wässer; „jedermann ist verpflichtet, die nach den Umständen erforderliche Sorgfalt anzuwenden, um eine Verunreinigung des Wassers oder eine sonstige nachteilige Veränderung seiner Eigenschaften zu verhüten..." (Reinhaltegebot nach § 1a, Abs. 2, Wasserhaushaltsgesetz, WHG)

Verursacher. → Verunreiniger

Verursacherprinzip. Prinzip der Schadensregelung/-begleichung durch einen Schadensverursacher, z.B. → Verunreiniger

Verwahrung. Technische Sicherungsarbeiten an untertägigen aufgelassenen Bergbauen mit dem Ziel, Spätfolgen an der Geländeoberfläche (und damit verbundene Nutzungseinschränkungen) durch Senkungen oder Tagesbrüche so gering wie möglich zu halten; → Auflassung

Verweildauer. → Verweilzeit

Verweilzeit. Zeitspanne zwischen Einsickerung des Wassers von der Erdoberfläche in den → Untergrund bis zum Zutagetreten in einer → Quelle oder durch Brunnenwasserförderung; ↓ Verweildauer

Verweilzeit, mittlere (MVZ). Aus isotopenhydrologischen Messungen (→ Methoden, isotopenhydrologische) mit dem → Exponentialmodell, hydrogeologisches, erhaltener gewichteter Mittelwert der „Alters"-Verteilung von Grundwasser

Verwerfung. Verschiebung von Gesteinsabfolgen der Lithosphäre längs einer → Störung; dabei entstehen durch Dehnungen Abschiebungen bzw. Sprünge, durch Pressungen Überschiebungen bzw. Wechsel; horizontale V.-en werden als Blattverschiebungen bezeichnet

Verwitterung. Die an oder nahe der Erdoberfläche unter der Wirkung exogener Kräfte (Sonneneinstrahlung, Frost, Atmosphärilien, Organismen) permanent ablaufende Zerstörung von Gesteinen, ihres Gesteinsverbandes (Textur) sowie der Mineralien; zu unterscheiden sind je nach Wirkungsursache physikalische, chemische und biologische V.

Verwitterungszone. → Oxidationszone

Verzögerung. → Retardation

Vibrio cholerae. Durch R. KOCH (1843 - 1910) entdecktes (gekrümmtes) stäbchenförmiges Bakterium; Erreger der Cholera; KOCH fand es (nachdem er es schon früher in Indien entdeckt hatte) in dem nur durch Klärbecken (und nicht durch Sandfilter wie im benachbarten Altona ohne Erkrankungen) aufbereiteten → Trinkwasser und stellte damit den Erreger der großen Cholera-Epidemie 1892

in Hamburg fest, bei der von 17.000 Erkrankten 9.000 starben

Viereckdiagramm. → Quadratdiagramm

Viren. (Singular: das Virus): Gruppe kleinster, sehr verschiedenartiger eigenständiger mobiler genetischer Elemente (aus Nucleinsäuren) von teils kristallinem, teils lebewesenartigem makromolekularen Bau, die sich auf Kosten eines (Wirts-)Lebewesens vermehren, indem sie Eiweiß der Wirtszelle zu ihrem eigenen Eiweiß umprägen und dadurch den Zellstoffwechsel umschalten; V. können gesunde Zellen befallen, erkranken lassen und töten. Die kristallinen V. zeigen weder Atmung noch Stoffwechsel, sind also keine Lebewesen; dagegen haben die lebewesenartigen V. (Bakteriophagen) mit ihrer Enzymabsonderung einen einfachen Stoffwechsel und können toxische Wirkungen ausüben

Virulenz. Grad der krankmachenden Eigenschaften (Ansteckungsgefährdung) eines Erregers; Adjektiv: virulent

Viskosität. Elektrostatische Kraftwirkung zwischen zwei Schichten in Fluiden (Flüssigkeiten). Die V. ist besonders groß bei schlechter Verschiebbarkeit der Schichten, solche Fluide sind zähflüssig (= hoch viskos); je geringer jedoch diese gegenseitige Kraftwirkung ist, desto leichtflüssiger (= niedrig viskos) ist ein Fluid; Einheit: früher [cP] (Zentipoise), heute [mPa · s]. Wasser hat eine verhältnismäßig niedrige V., bei 18 °C 1,65 mPa · s, Schmieröl z.B. 300 - 3.000 mPa · s. Die V. spielt eine wesentliche Rolle für die → REYNOLD-Zahl und ist temperaturabhängig, d.h. mit steigender Temperatur nimmt die V. ab. Außer der (üblichen) dynamischen V. wird eine kinematische verwendet, die als dynamische V. dividiert durch die Dichte definiert ist:

$$\nu = \frac{\eta}{\rho}$$

ν = kinematische V., η = dynamische V., ρ = Dichte; Einheit: [m²/s]; ↓ innere Reibung, ↓ Zähigkeit

VLF-Messungen. (Very Low Frequency); langwellige elektromagnetische Wellen, die von Sendern zur Ortung u.a. für den Schiffsverkehr ausgestrahlt werden und passiv zur Messung elektrischer Leitfähigkeitsunterschiede im Untergrund, die durch unterschiedlich grundwassererfüllte Gesteinsfolgen verursacht werden, dienen. Auch Grundwasserflurabstände können ermittelt werden.

VOB. Abkürzung für → Verdingungsordnung für das Bauwesen

Volatisierung. → Verdampfung

Vollanalyse. Große chemische, chemisch-physikalische und mikrobiologische Analyse aller in einer Vorschrift (Regel) vorgesehenen oder vorgeschriebenen Parameter, z.B. gemäß der → Trinkwasserverordnung in der jeweils gültigen Fassung, ferner Rohwasseranalysen nach entsprechenden Verordnungen (Rohwasseruntersuchungs-VO) der Wasserwirtschaftsbehörden der Länder oder die Große Heilwasseranalyse bzw. Kontrollanalyse entsprechend den „Begriffsbestimmungen für Kurorte, Erholungsorte und Heilbrunnen" des → Deutschen Heilbäderverbandes (derzeit gültige Fassung von 1991)

vollkommener Vertiakalbrunnen. → Vertikalbrunnen, vollkommener

Vollstau. Auffüllung einer → Talsperre bis zum maximal zulässigen Wasserstand

Volumen. Inhalt eines definierten Raumes; Einheit je nach Größe $[cm^3]$, $[dm^3]$ (1 dm^3 = 1 Liter), $[m^3]$ oder $[km^3]$

Volumen der Festsubstanz. → Feststoffvolumen

Volumen der Poren. → Porenvolumen

Volumenänderung. Differenz eines bestimmten → Volumens zwischen (mindestens) zwei Zeitpunkten oder Örtlichkeiten

Volumenbeständigkeit (Wasser). Wasser ist wie alle Flüssigkeiten kaum volumenelastisch, → Ausdehnung, kubische

Volumenkonzentration. → Konzentration

Volumenprozent. Volumenteile des gelösten Stoffes in 100 Volumenteilen Lösung (nicht Lösemittel, wie z.B. das Wasser)

Volumenstrom. → Volumen, das in einer bestimmten Zeit gefördert wird, z.B. Wassermenge durch einen Brunnen; Einheit: $[l/s]$, $[m^3/h]$ oder $[m^3/d]$. § 17 der Ausführungs-VO vom 26.06.1970 zum Gesetz über Einheiten im Meßwesen (erste Fassung 02.07.1969) sieht die Bezeichnung „Volumenstrom, Volumendurchfluß" vor; → Förderstrom ↓ Durchfluß

Vorbehaltsgebiet. Fläche, die in einer Planung bestimmten Aufgaben zugeordnet ist,

z.B. ein wasserwirtschaftliches V. einschließlich der für ein Wasserschutzgebiet erforderlichen Flächen, das für eine Wassergewinnung vorgesehen ist und deshalb nicht für andere Landnutzungen überplant werden darf

Vorbehandlung. Bei → Abwässern (mechanische) Beseitigung grober Inhalte (Kunststoffartikel, Blechdosen, Holzstücke u.a.m.) durch Grob- und Feinrechen bevor die eigentliche (biologische) Abwasserbehandlung erfolgt

vorbeugend. Maßnahme zur Vermeidung von Gefährdungen; z.B. vorbeugender Grundwasserschutz durch Ausweisung von Wasserschutzgebieten; ↓ prophylaktisch

Vorflut. Ziel von ober- und unterirdischen Abflüssen; in Taleinschnitten tritt das unterirdische (Grund-)Wasser in die → Fließgewässer aus, so daß die Niveaus der Täler wesentlich die Grundwasserhöhen und somit die Grundwassermorphologie beeinflussen; ↓ Vorfluter

Vorflutabfluß. → Abfluß einer → Vorflut

Vorflutbasis. Höhenlage (Niveau) einer → Vorflut

Vorfluter. → Vorflut

Vorkommen. Allgemeine Bezeichnung für die Existenz bzw. Anreicherung von Stoffen oder Flüssigkeiten, meistens in Verbindung mit der Örtlichkeit und Inhalt; z.B. Grundwasser-V., Kupferschiefer-V.

Vorpumpversuch. → Zwischenpumpversuch

Vorratsberechnung. Rechnerische (auch überschlägige) Ermittlung von Ressourcenvolumina, z.B. von Grundwasservorräten

Vorratswasser. Grundwasservorrat, der sich in Zeiten höheren Niederschlags und damit höherer Grundwasserneubildung ansammelt (→ Rücklage) und in trockeneren Zeiten wieder aufgebraucht (→ Aufbrauch) wird; Rücklage und Aufbrauch bestimmen somit die Größe einer Grundwasservorratsänderung und sind wesentlich vom Speichervolumen des Grundwasserleiters abhängig. Bei Berechnungen über den Einfluß solcher Vorratsänderungen auf Grundwassernutzungen ist naturgemäß auch die Größe des zugehörigen Einzugsgebietes zu berücksichtigen; Einheit $[m^3]$

Vorsorge. Vorbeugende Maßnahme zur

Vermeidung von Gefährdungen, z.B. →
Grundwasserschutzgebiete

Vorsperre. Einer → Talsperre vorgeschaltetes Becken zur Vorbehandlung des in die
→ Talsperre einzuleitenden Wassers; z.b. als
Sedimentationsbecken für Sand- und Kiesinhalte der Zuflüsse oder zur (chemischen)
Vorbehandlung für → Trinkwassertalsperren
(Ausscheiden unerwünschter Inhalte aus Zuflüssen)

Vorübergehende Härte. → Wasserhärte,
↓ Temporäre Härte

VOX. Gruppenparameter für flüchtige organische Halogenverbindungen

V-SMOW. → SMOW

vulkanisches Wasser. → Wasser, vulkanisches

Vulkanit. Vulkanisches Ergußgestein, das
an der Erdoberfläche erstarrt ist; → Magmatit

Vulnerabilität (engl. Vulnerability; französ.
Vulnérabilité). Nach GILBRICH & ZAPOROZEC
(IAH 1994, Leitfaden zur Kartierung der
Grundwasservulnerabilität) definiert als eine
den „Aquiferen immanente Eigenschaft, die
deren Beeinflußbarkeit durch natürliche Ereignisse und anthropogene Tätigkeiten widerspiegelt"; im deutschsprachigen Gebiet
wird der (etwas umständliche, aber den
Sachverhalt besser treffende) Begriff „Verschmutzungsempfindlichkeit" gebraucht
(oder früher in der ehem. DDR „Geschütztheitsgrad"); darunter wird die Schutzfunktion

der jeweils grundwasserüberdeckender
Schichten verstanden, die durch Art (Gesteinsausbildung, Sorptions- oder Ionenaustauskapazität, mikrobiologische Aktivität)
und Mächtigkeit bestimmt wird. Auf diesen
Eigenschaften basierende Konzepte zur Bewertung der Schutzfunktion wurden aufgestellt (z.B. von einer Arbeitsgruppe der Geologischen Landesämter der BRD, und als
Grundlage zur Verkleinerung der Schutzzonen II von Wasserschutzgebieten im DVGW-
Arbeitsblatt W 101, Februar 1995); in diesen
Papieren werden die Schutzeigenschaften der
Grundwasserüberdeckung (örtlich) nach einem Punktesystem bewertet, das auch flächenhaft in Übersichtskarten ausgewertet
werden kann. Durch solche, auf meßbaren
Kriterien beruhende Bewertungen sind
Schutzfunktionen objektiv erfaßbar; ähnliche
Konzepte werden auch in der Schweiz Bewertungen von Karstüberdeckungen zugrunde gelegt („Multikriterien-Methode", EPIK-
Methode: Ausbildung des **E**pikarsts, Schutz
(**P**rotection) durch die Überdeckung, **I**nfiltrationsverhältnisse, Entwicklung des **K**arstnetzes)

V-Wert. „Basensättigung" im Boden, exakter Ca^{2+}-, Mg^{2+}-, K^+- und Na^+-Sättigung, eine
Relativzahl, die den prozentualen Anteil der
Alkali- und Erdalkali-Ionen (sog. S-Wert) an
der → Austauschkapazität (sog. → T-Wert)
des Bodens wiedergibt und sich aus dem
Verhältnis von S zu T errechnet

W

w. → Brunnenfunktion

W. → Fließgrenze

WA. → Adsorptionswassergehalt

WaBoLu. Institut für Wasser-, Boden- und Lufthygiene; das traditionsreiche Institut war früher ein Institut des Bundesgesundheitsamtes; es wurde inzwischen aufgelöst und Teilbereiche sind seit August 1999 Teil des Fachbereichs II „Umwelt und Gesundheit" des Umweltbundesamtes in Berlin

Wärmeaustausch (Boden). Gewinnung von Wärme aus dem Boden, wobei die Wärme im wesentlichen aus der Sonneneinstrahlung (je nach geographischer Breite etwa 21.000 kJ/m^2) stammt, d.h. im Boden gespeicherte Sonnenenergie ist. Das Jahresmittel der Bodentemperatur liegt 0,5 - 1,0 °C über der entsprechenden Lufttemperatur; diese beträgt im Mittel von 1931 bis 1960, z.B. in Hamburg 8,6 °C, Düsseldorf 10,2 °C, Kassel 9,2 °C, München 7,9 °C und kann in bebauten Gebieten bis 4 °C höher sein. Jahreszeitliche Temperaturschwankungen sind bis in Bodentiefen von 10 - 15 m wirksam. Die im Boden gespeicherte Wärme wird durch in den Boden 1,2 - 2 m tief verlegte Rohre (den Wärmeaustauschern) aufgenommen und durch → Wärmepumpen auf ein höheres Temperaturniveau gehoben und genutzt; da das Wärmepumpenaggregat nicht energiefrei arbeitet, ist der tatsächliche Energiegewinn beschränkt; die Erdwärmegewinnung wird gelegentlich auch mit „Erdsonden" betrieben, die bis mehrere Zehnermeter vertikal in den grundwasserfreien Untergrund eingelassen (gebohrt) werden; → Wärmegewinnung

Wärmebelastung. Entzug (Temperaturabnahme) oder Speicherung bzw. Aufheizung durch Gebäude (Temperaturzunahme des Bodens und Grundwassers); → thermische Belastung

Wärmefluß. Die aus der → Wärmeleitfähigkeit resultierende, aus der Erde aufsteigende Wärme; der W. beträgt für die gesamte Erde im Mittel 59 · 10^{-3} J/(s · m^2), im Mittel

der Bundesrepublik Deutschland 50 - 80 · 10^{-3} J/(s · m^2), der stärkste W. in der BRD findet sich bei Landau/Pfalz mit 150 · 10^{-3} J/(s · m^2); W. ist auf Grund unterschiedlicher Gesteinswärmeleitfähigkeiten regional verschieden und beträgt im Mittel etwa 5,4 kJ/(m^2 · d) (= 1,3 kcal/(m^2 · d) oder 0,00019 „Steinkohle-Einheiten" (1 SKE = 1 kg Steinkohle mit einem Brennwert von 7.000 kcal oder 29,3 MJ). Allein aus dem Wärmefluß der Erde wäre der Heizungsbedarf, der z.B. für ein Einfamilienhaus rd. 63.000 kJ/h beträgt, nicht wirtschaftlich gewinnbar; → Wärmestrom

Wärmegewinnung (aus Grundwasser). 1. Aus → Flachbrunnen: Durch einen je nach geologischen Verhältnissen unterschiedlich tiefen → Brunnen wird das (entsprechend der örtlichen Verhältnisse) 8 - 12 °C warme → Grundwasser gefördert, durch einen Wärmeaustauscher Wärme entzogen, wobei sich das (Grund-)Wasser um etwa 5 °C abkühlt; anschließend wird es über einen zweiten → Brunnen wieder in den → Untergrund versenkt. Wegen der Verwendung von (für den Wärmetransport) grundwassergefährdenden Kühlmitteln ist die W. nicht frei von Bedenken, ihr Einsatz in Wasserschutzgebieten untersagt. Wirtschaftlichkeitsüberlegungen sind jedoch auch hier erforderlich; außer dem Energieaufwand für den Betrieb der Anlage (Pumpen) sind die Erstellungskosten nicht unerheblich; ein Einfamilienhaus benötigt für die Heizung etwa 12 l/s, kommunale Anlagen bis 30 l/s, d.h. entsprechende Brunnenleistungen und Förderanlagen müssen installiert sein;

2. Aus → Tiefbrunnen in Sedimenten: Für die Versorgung von Wohn- und Gewebegebieten können Grundwässer z.T aus Tiefen von mehr als 2.000 m gefördert werden und zur Wärmeversorgung genutzt werden, z.B. in Waren/Müritz oder Neubrandenburg in Mecklenburg - Vorpommern. Bei günstigen geothermischen Verhältnissen („geothermi-

sche Felder", geothermische Anomalien) sind Grundwässer mit Temperaturen von ca. 50 - 60 °C förderbar. Problematisch bei Nutzung dieser Grundwässer ist deren sehr hohe Mineralisation, die höchste Ansprüche (Korrosionsbeständigkeit) an das im Bohrungsausbau und im primären Heizkreislaufsystem verwendete Material stellt;

3. Aus → Tiefbrunnen in kristallinen Gesteinen: Über Brunnen - ebenfalls in Bereichen geothermischer Anomalien - wird Wasser in große Tiefen gepreßt, dort durch die heißen Gesteine erhitzt und durch → Förderbrunnen an die Erdoberfläche gepumpt; dort werden Wässer analog wie in Punkt 2 über Wärmetauscher einer thermischen Nutzung zugeführt; (hot dry rock - Verfahren, z.B. bei Bad Urach, Soultz/Frankreich)

Wärmekapazität, spezifische. Physikalisch wird unter der Wärmekapazität eines Körpers das Verhältnis der zugeführten Wärmemenge zur erzielten Erwärmung verstanden oder anders gesagt die Wärmemenge, die erforderlich ist, um eine bestimmte Masse (z.B. 1 kg) eines Stoffes um 1 K zu erwärmen. Die s. W. ist das Verhältnis aus zugeführter Wärmemenge zu dem Produkt aus erwärmter Masse und der (erzielten) Wärmedifferenz; sie ist eine stoffspezifische Größe und nicht konstant, sondern temperaturabhängig, unterliegt jedoch bei Flüssigkeiten im Temperaturbereich 0 – 40 °C nur geringen Schwankungen; Einheit: [kJ/(kg · K)]; Wasser hat eine vergleichsweise hohe Wärmekapazität, nämlich (bei 20 °C) 4,19 KJ/(kg · K); sie ist sonst niedriger, bei Feststoffen < 1, bei Metallen nur 0,3 - 0,5, bei flüssigen organischen Verbindungen um 2 kJ/(kg · K). Wegen der hohen W., s., des Wassers ist zwar eine verhältnismäßig große Wärmemenge für dessen Erwärmung erforderlich, aber es wird bei der Abkühlung auch entsprechend viel Wärme frei

Wärmeleitfähigkeit (λ). Vermögen von Stoffen, innerhalb des von ihnen gebildeten Körpers Wärme weiterzuleiten und ist stoffspezifisch; Einheit [W/(m · K)]; als Faustregel gilt, daß die W. etwa der elektrischen Leitfähigkeit folgt, d.h. gute elektrische Leiter (z.B. Metalle mit W. > 50 bis 400) sind auch gute Wärmeleiter; Wasser hat

dagegen mit 0,6 Einheiten eine niedrige W., ebenso Böden (abhängig von der Lagerdichte): Lehm 2,3; Sand 1 - 1,5

Wärmepumpe. Aggregat, das die einem Medium entzogene Wärme auf ein höheres Temperaturniveau hebt; dazu wird das Arbeitsmittel (Kältemittel), eine schon bei niedriger Temperatur siedende Flüssigkeit, in einen Kreislauf gebracht, wo es zunächst durch einen Verdampfer geleitet wird, dort von außen (Grundwasser oder Boden) Wärme aufnimmt und verdampft; in dem anschließenden Verdichter wird der Dampf komprimiert und erwärmt sich dabei; der erwärmte Kältemitteldampf wird dann in einen Verflüssiger geleitet, wo er die Wärme an kälteres Heizungswasser abgibt; danach wird die Kühlflüssigkeit einem Expansionsventil zugeleitet, wo sie entspannt und schließlich wieder dem Verdampfer zufließt

Wärmestrom. 1. Die von einem Körper fortlaufend ausgehende Wärme, z.B. der W. von einem Ofen in dessen Umgebung (Strahlungswärme);

2. Der von der Sonne ausgestrahlte W., der an der Erdoberfläche rd. 2 cal/(cm^2 · min) oder 8,36 J/(cm^2 · min) (sog. Solarkonstante) beträgt;

3. Die aus dem Erdinnern aufsteigende Wärme; Einheit: [J/(s · m^2)]; → Wärmefluß

Waldrodung. Forstwirtschaftliche Maßnahme mit dem Ziel der Lichthauung mit Erhalt einzelner Bäume oder Kahlschlag eines (Teil-)Baumbestandes im Wald; als Bagatellschwelle für Kahlschlag gilt eine Rodungsfläche < 0,1 ha. Durch Rodung werden die stabilen Nährstoffverhältnisse im Boden sowie die Bodenstruktur gestört, wodurch Auswaschungsprozesse begünstigt und Gefährdungspotentiale für Grundwasser erhöht werden

Waldschäden. Schäden am Baumbestand in Wäldern, die auf Abgase aus Industrie und Straßenverkehr zurückgeführt werden; die genauen Zusammenhänge zwischen Ursachen und Wirkung sind trotz umfangreicher Untersuchungen nach wie vor nicht eindeutig geklärt. Jährlich werden Waldschadensberichte aufgestellt, für die durch EG-Verordnungen (EWG-Verordnung Nr. 926/93 vom 01.04.1993 zur Änderung der Verordnung Nr. 1696/87, Verordnung Nr. 3528/86 mit Durchführungsbestimmungen über den Schutz des Waldes gegen Luftverschmutzung) einheitliche Kriterien (Auswahl der Stichprobenpunkte und -bäume, Verluste an Nadeln und Blättern sowie deren Verfärbungen unter Berücksichtigung von Standortbedingungen wie Wasserversorgung, Humusform des Bodens, Höhenlage u.a.m.) aufgestellt wurde

Warmwasser. Allgemein Wasser, das auf ein höheres Temperaturniveau, jedoch nicht zum Erhitzen gebracht wird

Waschmittel. Pulverförmige, granulierte (pelletierte) oder flüssige Produkte zum Reinigen von Textilien (und auch Industrie-Produkten). W. bestehen aus waschwirksamen alkalisch reagierenden Verbindungen wie Soda, Wasserglas, Silicaten, Phosphaten und waschaktiven Substanzen, den → Tensiden, sog. grenzflächenaktiven Verbindungen, welche als „Schmutzlöser" wirken; nach der Tensid VO vom 04.06.1986 müssen Tenside bis mindestens 90 % biologisch abbaubar sein. Abwasser- und allgemein gewässerbelastend sind ferner die in W. enthaltenen Phosphate, die zwar im Boden gut adsorbiert, in Kläranlagen jedoch nicht vollständig zurückgehalten werden. Phosphat-Gehalte > 0,3 mg/l in Oberflächen- oder Grundwässern sind fast ausschließlich anthropogen. Phosphate führen außerdem in Gegenwart von Stickstoff in Gewässern zur Überernährung von Algen und Wasserpflanzen, d.h. wirken → eutrophierend; die „Phosphathöchstmengen-VO" vom 04.06.1980 hat dazu geführt, daß der Eintrag von Phosphaten aus W. in das Abwasser in zwei Stufen bis 01.01.1984 auf ca. 50 % des Ausgangswertes vermindert wurde. Schließlich sind die Borate zu nennen, die als Bleichmittel bei Temperaturen > 60 °C aktiven Sauerstoff frei geben. Unbeeinflußte Grund- und Oberflächenwässer enthalten < 0,01 - 0,05 mg/l Bor, belastete das 10- bis 100fache; Borate sind somit ein Kriterium für anthropogene Belastungen. Bor ist zwar humantoxikologisch unbedenklich, zählt jedoch wegen seiner Herkunft zu den unerwünschten Inhalten eines Trinkwassers, so daß in der Trinkwasser-VO und der EG-Richtlinie 98/83/EG vom 03.11.1998 ein Grenzwert von 1 mg/l Bor

festgelegt wurde. Durch das immer wieder entsprechend den Gegebenheiten novellierte „Waschmittelgesetz" (letzte Fassung vom 15.04.1997) soll erreicht werden, daß die Belastung der Gewässer durch W. verringert wird; Produzenten müssen dem Umweltbundesamt Meldungen zur Umweltverträglichkeit ihrer Erzeugnisse abgeben; ↓ Detergentien

Waschmittelgesetz. → Waschmittel

Waschwasser. Waschmittelhaltiges Wasser vor oder nach einem Waschgang, das als → Abwasser zu gelten hat

Wasser. Chemisch: H_2O. W. hat sehr spezifische physikalisch-chemische Eigenschaften: es zieht sich beim Gefrieren nicht zusammen, sondern dehnt sich aus, bzw. beim Temperaturanstieg zieht es sich zusammen und die Dichte nimmt über 0 °C hinaus bis 4 °C zu, sie erreicht dann erst ihren Höchstwert. Der Gefrierpunkt, d.h. die Temperatur, bei der Wasser aus dem flüssigen in den festen Zustand (Eis) übergeht, ist identisch mit dem Schmelzpunkt von Eis; er beträgt für Wasser der molekularen Zusammensetzung H_2O: 0,000 °C, für D_2O (→ Deuterium): 3,813 °C. Die spezifische Schmelz- (bzw. Gefrier-) Wärme ist die Wärmemenge, die nötig ist, um ohne Temperaturänderung 1 kg Eis zu verflüssigen bzw. Wasser zu Eis werden zu lassen; sie beträgt 334 kJ/kg. Die Gefrierpunkterniedrigung, d.h. die Erniedrigung der Erstarrungstemperatur infolge Lösung eines anderen Stoffes (im Wasser) beträgt 1,867 °C/mol, das Analoge, die Siedepunkterhöhung 0,513 °C/mol. Hoch ist die Oberflächenspannung, die eine Folge der Kohäsionskräfte von Molekülen ist und sich als das Verhältnis aus der zur Dehnung erforderlichen Kraft zur Länge der Randlinie versteht; Einheit: [mN/m]; bei 20 °C beträgt die Oberflächenspannung für W. 72,75 mN/m (Vergleich [mN/m]: Ether 17, Benzol 28,9, Dichlormethan 28,1, Quecksilber 491), bei 0 °C: 91 mN/m, bei 40 °C: 69 mN/m (d.h. sie nimmt mit steigender Temperatur etwas ab); die Oberflächenspannung von H_2O und D_2O ist etwas unterschiedlich, z.B. in H_2O 71,97 mN/m bei 25 °C, in D_2O 71,93 mN/m. Hoch sind ferner die Dielektrizitätszahl (78,5 bei 25 °C; Vergleich: Luft 1); Verdampfungswärme (2,3 kJ/g bei einem Druck von

101,3 kPa; Vergleich: Aceton 0,52); Schmelzwärme (333,7 J/g; Vergleich: Ethanol 108). Ursache für diese und andere Eigenschaften ist das tetraederartige Wassermolekül, in dessen Zentrum sich der Sauerstoff-Atomkern befindet, die Wasserstoff-Atomkerne liegen in einer Entfernung von 96 pm an zwei Ecken des Tetraeders (sie sind über jeweils 2 Elektronen, d.h. ein bindendes Elektronenpaar, an das Sauerstoff-Atom gebunden), die anderen beiden Ecken bilden je ein freies Elektronenpaar; der Radius des W.-Moleküls beträgt 138 pm. Auf Grund dieser Molekülstruktur fallen die Schwerpunkte der positiven und negativen Ladungen nicht zusammen, so daß das Molekül einen Dipol bildet, an dessen einem Ende die positive, am anderen die negative Ladung überwiegt; das die Größe der Polarität beschreibende Dipolmoment beträgt $6,13 \cdot 10^{-30}$ Cm; Vergleichswert: in $[10^{-30}$ Cm]: Salzsäure 3,43; Ethanol 5,8). Wegen des hohen Dipolmoments besteht zwischen den W.-Molekülen eine verhältnismäßig starke Wasserstoff-Brückenbindung (und somit Molekülstabilität); außerdem beruht darauf das für viele Stoffe hohe Lösungsvermögen. Neben den Einzelmolekülen bilden sich Molekülgruppen („Cluster"), deren Größen temperaturabhängig sind (bei 0 °C im Mittel 90 Moleküle; bei 70 °C etwa 25). Alle physikalischen Eigenschaften des W. (wie z.B. Dichte, Viskosität, Dampfdruck, Oberflächenspannung, kubische Ausdehnung, Kompressionsmodul, Lösungsvermögen, Fluideigenschaften, pH-Wert, elektrische Leitfähigkeit) sind temperaturabhängig. Am Aufbau des W.-Moleküls können drei verschiedene Wasserstoffisotope mit der Massenzahl 1 (Protium), 2 ($\rightarrow$ Deuterium) und 3 (radioaktives Tritium) beteiligt sein, sowie 3 Sauerstoff-Isotope (^{16}O, ^{17}O und ^{18}O; die restlichen 4 Sauerstoff-Isotope sind bedeutungslos); daraus ergeben sich durch unterschiedliche Kombination 18 mögliche Molekülarten. Am häufigsten ist mit 99,8 % das Molekül mit der Massenzahl 18 ($2 \cdot {}^1H + 1 \cdot {}^{16}O$). Das radioaktive Tritium (^3H) hat eine Häufigkeit gegenüber Protium von 10^{-18}, seine Bedeutung hat es bei (isotopenhydrologischen) Altersbestimmungen und als wassereigenes Markierungsmittel

- organoleptische Eigenschaften. Vor Ort bei Probenahme vorzunehmende Prüfung auf Farbe, $\rightarrow$ Geruch, $\rightarrow$ Trübung und gegebenenfalls $\rightarrow$ Geschmack, wobei letztere entfallen kann, wenn Verdacht auf hygienische Beeinträchtigung des Wassers besteht; bei der visuellen Prüfung der Färbung werden Stärke und Farbton (DIN 38 404, Tl.1) angegeben, bei der Trübung ($\rightarrow$ Trübungsmessung) ebenfalls die Stärke, nach Möglichkeit durch Prüfung mit der $\rightarrow$ Sichtscheibe ($\rightarrow$ SECCI-Scheibe; DIN 38404, Tl.2) und beim Geruch Intensität und Geruchsart

- *Geruch*: ohne; erdig; muffig; jauchig; faulig; fischig; chemisch; indifferent fremdartig
- *Geschmack*: ohne; süß; sauer; salzig; bitter; erdig; fischig; fade; metallisch-adstringierend; chemisch; indifferent fremdartig
- *Trübung* (visuell): klar; schwach getrübt; stark getrübt; undurchsichtig; schwach bis stark opaleszierend

- physikalisch-chemische Eigenschaften.

- *Oberflächenspannung*: Die O. ist eine Folge der Kohäsionskräfte von Molekülen und versteht sich als das Verhältnis aus der zur Dehnung erforderlichen Kraft zur Länge der Randlinie; Einheit: [mN/m]; bei 20 °C beträgt O. für Wasser 72,75 mN/m (Vergleichswerte: Äther 17 mN/m; Benzol 28,9 mN/m; Dichlormethan 28,1 mN/m; Quecksilber 491 mN/m); sie ist temperaturabhängig, für Wasser von 0 °C: 91 mN/m; bei 40 °C: 69 mN/m (d.h. sie nimmt mit steigender Temperatur etwas ab); die Oberflächenspannung von H_2O und D_2O ist unterschiedlich, z.B. bei 25 °C bei H_2O 71,97 mN/m, bei D_2O 71,93 mN/m;

- *Dielektrizitätskonstante*: Der Stoff in dem Raum (Dielektrikum) zwischen zwei Kondensatorplatten bestimmt die Kapazität eines Kondensators, die Dielektrizitätskonstante ist daher stoffspezifisch; für Wasser beträgt die D. bei 25 °C 78,25 (im Vergleich Luft: 1,0; Schellack 3,5; Glimmer 4 - 10; Keramik bis 4000); die D. ist temperaturabhängig, beträgt z.B. bei 17 °C: 81,5; auf der durch wechselnde

Wassergehalte verursachten Änderung der Dielektrizitätszahl beruht das → TDR-(Time-Domain-Reflectrometry-)Verfahren zur Bestimmung der Wassergehalte im Boden;

- *Verdampfungswärme*: 2282,2 J/g bei 101,324 kPa
- *Schmelzwärme*: 333,73 J/g
- *Dichte*: 0,99997 · 10^3 kg · m^3
- *Dichtemaximum*: 1 bei +4 °C; mit steigender Temperatur nimmt die Dichte ab und beträgt bei 100 °C: 0,95835 g/cm^3
- *Gefrierpunkt*: 0 °C
  Temperatur, bei der Wasser aus dem flüssigen in den festen Zustand (Eis) übergeht, identisch mit dem Schmelzpunkt von Eis; beträgt für Wasser der molekularen Zusammensetzung H_2O: 0,000 °C, für schweres, Deuterium-haltiges D_2O: 3,813 °C
- *Molmasse*: 18,01534 g/mol (zusammengesetzt aus 2 Atomen H mit je 1,00797 g/mol und einem Atom O mit 15,9994 g/mol)
- *Abstand der H-Atome zum O-Atom*: 96 pm [Pikometer]
- *Winkel der H-Atomanordnung zum O-Atom*: ~104,5°
- *kritischer Druck*: 22,24 Mpa
- kritische Temperatur:
  647,35 ± 0,01 K = 374,35 ± 0,01°C

Wasser, alkalisches. 1. Wasser mit einem pH-Wert > 7,0 bei einer Temperatur von 25 °C; da der Neutralwert 7,0 mit steigenden Temperaturen < 7,0 wird (z.B. bei 30°: 6,92; bei 40°: 6,77) und mit fallenden Temperaturen > 7,0 (bei 10°: 7,27; bei 0°: 7,47), verschieben sich dementsprechend die pH-Werte für Wasser;
2. Ältere Bezeichnung für Natrium-Hydrogencarbonat-, Calcium-Hydrogencarbonat- und Magnesium-Hydrogencarbonat-Wasser; → Mineralwasser

Wasser, atmosphärisches. Die Atmosphäre enthält je nach Witterungsbedingungen unterschiedliche Wassermengen, die über die relative Luftfeuchtigkeit bestimmt werden, das ist der tatsächliche Prozentanteil der unter den jeweiligen Temperaturbedingungen erreichbaren Wassersättigung; bei fallenden Temperaturen sinkt die von der Luft auf-

nehmbare Wassermenge, der Sättigungswert ist daher niedriger; ist die in der Atmosphäre vorhandene Wassermenge größer als die der der Temperatur entsprechenden Sättigung bilden sich Nebel oder Wolken, oder es erfolgen Niederschläge in Form von Regen, Schnee, Tau oder Hagel; wasserwirtschaftlich bedeutsam im humiden Klima sind jedoch nur → Regen und → Schnee; → Niederschlagswasser

Wasser, bodenfiltriertes. Wasser, das im Gegensatz zum uferfiltrierten (→ Wasser, uferfiltriertes) durch den (unterschiedlich bewachsenen) Boden sickert, dabei verschiedene Prozesse (→ Prozesse im Grundwasser) erfährt und dem → Grundwasser zusickert

Wasser, chemisch gebundenes. Bindung von Wassermolekülen (Hydratbildung) an Salze (z.B. Anhydrit → Gips, $CaSO_4$ → $CaSO_4 · 2H_2O$) oder Bildung von Komplexen durch Einbau eines Wassermoleküls (Beispiel: $[Na(H_2O)_4]^+$); auch → Nichtelektrolyte können Hydrate bilden, wenn sie polar sind (z.B. OH-Gruppen in organischen Verbindungen)

Wasser, connates. Synsedimentäres Wasser, das bei Bildung von Sedimentgesteinen in den Gesteinsporen eingeschlossen wurde; eine genaue Definition fehlt, einige Autoren wenden diesen Begriff nur für fossile Meeres-, andere für alle geologisch älteren Wässer an, wobei sich sogar nach Auspressung aus Sedimenten eine viele Kilometer lange Wanderung angeschlossen haben kann; eine originäre Entstehung ist damit aber nicht mehr gegeben, da sich jüngere Wässer beigemischt haben können; die Verwendung des Begriffes ist also nicht eindeutig, was immer wieder zu kontroversen Diskussionen führt; → Wasser, formationelles; ↓ Wasser, fossiles; ↓ Wasser, konnates; ↓ Formationswasser

Wasser, erdmuriatalisches. Ältere Bezeichnung für Calcium-Chlorid-Wasser; → Mineralwasser

Wasser, formationelles. Unterirdisches Wasser, das gleichzeitig mit dem Sediment zur Ablagerung kam und gespeichert wurde; ↓ Formationswasser

Wasser, freies. Nicht gespanntes Grundwasser; die Grundwasserdruckfläche fällt mit der → Grundwasseroberfläche zusammen

Wasser, gebundenes. Der Anteil des Haftwassers (im Boden), der an der Oberfläche der Bodenteilchen angelagert ist, ohne Menisken zu bilden; → Adsorptionswasser

Wasser, hygroskopisches. Das durch hygroskopisch („wasseranziehend") wirksame Stoffen gebundene Wasser

Wasser, juveniles. Wasser, das direkt aus dem Erdinnern (Magma) stammt und noch nicht am → Wasserkreislauf auf und unter der Erdoberfläche teilgenommen hat; ein von E. SUESS (1909) geprägter theoretischer Begriff, da es bisher keine (gesicherten) Nachweismöglichkeiten gab; inzwischen scheint jedoch eine Möglichkeit dafür durch das Helium-Isotopenverhältnis $^4He/^3He$ gegeben; allerdings gibt es dabei noch Interpretationsprobleme, da Gasverluste das Verhältnis ändern können und damit die Aussagemöglichkeiten erschweren

Wasser, kapillares. Anteil des → Haftwassers im Boden, der durch Menisken gehalten wird; → Kapillarwasser

Wasser, konnates. → Wasser, connates

Wasser, kristallin gebundenes. Wasser, das in Kristallgitter eingeschlossen ist; ↓ Kristallwasser

Wasser, magmatisches. Wasser, das aus dem Magma stammt und in → Fumarolen (heiße vulkanische Gas-Dampf-Exhalationen) austritt

Wasser, metamorphes. Ähnlich der Verdrängung von connaten Porenwässern (→ Waser, connates) wird darunter die Verdrängung freier Porenwässer und Kristallwässer als Folge von Regional- und Kontaktmetamorphosen verstanden; W. ist normal bis mäßig temperiert, enthält wahrscheinlich viel CO_2 bzw. Carbonate sowie Bor, wenig Chlorid; ihr $^{18}O/^{16}O$ - Isotopenverhältnis entspricht dem des Meeres oder ist etwas niedriger

Wasser, meteorisches. → Wasser, atmosphärisches

Wasser, muriatalisches. Ältere Bezeichnung für Natrium-Chlorid-Wasser; → Mineralwasser

Wasser, oberirdisches. Wasser, das sich in flüssiger und fester Form auf der Erdoberfläche oder dampfförmig in der Atmosphäre befindet; es ist wesentlicher Bestandteil des Wasserkreislaufes (→ Ozeane, Mittelmeere,

→ Fließ- und → Standgewässer der kontinentalen Erdkruste, Eis und Schnee der polaren und montanen Regionen); auf der Landoberfläche ständig oder zeitweise fließend; dazu wird auch das aus Quellen zutage getretene, in Gewässerbetten abfließende Wasser gerechnet; → Oberflächengewässer

Wasser, phreatisches. Nach PENCK das Grundwasser, das im humiden Klimabereich gespeichert wird; wenn dort statt Grundwasser ein Dauerfrostboden vorhanden ist, wird es als polares oder vollgelides Wasser bezeichnet

Wasser, porengebundenes. → Porenwasser

Wasser, radioaktives. 1. Wasser, das das radioaktive Wasserstoffmolekül Tritium oder gelöst radioaktive Salze (z.B. Uransalze) enthält Wasser; schweres: Wasser, das das schwere Wasserstoffmolekül → Deuterium enthält (D_2O); 1 t Wasser enthält rd. 0,6 kg D_2O; wird als Moderator- und Kühlflüssigkeit in einigen Kernreaktortypen verwandt; schweres Wasser als Moderator in Kernreaktoren

2. Natürliches Quell- oder in Brunnen gewonnenes Grundwasser mit erhöhten Gehalten gelöster radioaktiver Schwermetalle bzw. Edelgase (z.B. U, Th, Ra, Rn) mit entsprechender Strahlungswirkung, das - nicht unumstritten - z.T. als → Heilwasser genutzt wird

3. Grund- oder Oberflächenwasser, das als Folge von Störfällen in Kernkraftwerken (Tschernobyl) oder Versickerung von Betriebswässern von Kernkraftwerken (Chalk River, Canada; Savannah River Plant, Aiken/South Carolina USA) mit Radionukliden (Tritium, ^{90}Sr, ^{141}Ce, ^{144}Ce, ^{137}Cs, ^{103}Ru, ^{106}Ru u.a.) kontaminiert wurde; eine wasserwirtschaftliche Nutzung in diesen Gebieten ist in absehbarer Zeit ausgeschlossen

Wasser, reduziertes. Sauerstoffreduziertes Wasser, das durch Redox-Prozesse seinen Sauerstoffgehalt verloren hat

Wasser, salinisches. Ältere Bezeichnung für Natrium-Sulfat-Wasser; → Mineralwasser

Wasser, schweres. Wasser, das das schwere Wasserstoffmolekül → Deuterium enthält (D_2O); 1 t Wasser enthält rd.

0,6 kg D_2O; wird als Moderator- und Kühlflüssigkeit in einigen Kernreaktoren verwandt

Wasser, stagnierendes. → Grundwasser und → Tiefenwasser, das sich nur in geologischen Zeiträumen bewegt, d.h. praktisch nicht fließt

Wasser, thermobarisches. Wasser, das unter hydrostatischem Überdruck (↓ Druckregime, überhydrostatisches) steht (z.B. durch thermische → Entwässerung von Montmorillonit oder durch „Kompaktionswasser infolge zu schneller Überlagerung" bei „zu geringer Durchlässigkeit in überhydrostatischem Druckregime".)

Wasser, totes. Wasser im Boden, das mit höherer Spannung im Boden gehalten wird als die Wurzeln landwirtschaftlicher Pflanzen in der Regel entwickeln können; konventionell mit einer → Saugspannung von pF > 4,2; → Welkepunkt; ↓ Totwasser, ↓ Welkefeuchte

Wasser, unterirdisches. Wasser[1] in den Hohlräumen[2] der → Lithosphäre (Erde) [DIN 4049/3]

Wasser, uferfiltriertes. Wasser, das im Gegensatz zu bodenfiltriertem (→ Wasser, bodenfiltriertes) aus einem oberirdischem Gewässer, also ohne Durchsickerung eines bewachsenen Bodens dem Grundwasser zusickert

Wasser, vadoses. Wasser aus Niederschlägen, das von der Erdoberfläche dem Grundwasser zusickert, über Quellen oder durch Brunnen wieder zutage tritt und oberirdisch abfließt oder verdunstet, d.h.also, kontinuierlich am Kreislauf des Wassers teilnimmt; Gegenteil: → Wasser, juveniles

Wasser, vulkanisches. Wasser aus flachgründigem Magma, kann sowohl → juvenil als auch vulkanisch aufgeheiztes Grundwasser sein; tritt in → Fumarolen zutage, führt bei Verschluß der Verbindungen zur Erdoberfläche (Aufstiegswege) zu explosionsartigen Vulkanausbrüchen (Krakatoa-Typ), → Wasser, magmatisches

Wasseräquivalent. Wasser (fest, flüssig, gasförmig), das in der Schneedecke enthalten ist, ausgedrückt als Wasserhöhe (mm) über einer horizontalen Fläche (DIN 4049 Tl.3)

Wasserabsenkung (Grundwasserabsenkung). Absenkung des (Grund-)Wasserspiegels als Folge anthropogener Eingriffe; können verschiedene Ursachen haben; bei oberirdischen Gewässern z.B. Erniedrigung des Vorflutniveaus (Flußbegradigungen); in → Talsperren Ablassen aufgestauten Wassers; im Grundwasser meist die Folge von Brunnewasserförderungen (und damit zusammenhängend Überbeanspruchung der Ergiebigkeit von Grundwasserleitern)

Wasseralter. → Alter, isotopenhydrologisches

Wasseranalyse. Quali- und Quantifizierung der physikalischen, physikalisch-chemischen und biologischen Kenngrößen (sog. Parameter) einschließlich Feststellung organoleptischer Eigenschaften mit dem Ziel, die → Beschaffenheit eines Wassers zu beschreiben; der → Analysenumfang wird durch das Untersuchungsziel bestimmt

Wasseranlage. Technische Einrichtung, die mit Wasser betrieben wird oder die Wasser behandelt

Wasseransammlung. Natürliche oder künstliche Anreicherung oberirdischen Wassers in dafür geeigneten Oberflächeneinsenkungen; nicht identisch mit → Grundwasser, stagnierendem (↓ Stagnationswasser); ↓ Standwasser

Wasseraufbereitung. Behandlung eines wegen seines Inhalts nur eingeschränkt nutzbaren natürlichen (Grund-) Wassers (z.B. hoher Eisen- oder Kohlenstoffdioxid-Gehalt) durch technische Maßnahmen vor Einspeisung in ein zur kommunalen oder gewerblichen Wasserversorgung genutztes Ortsnetz (z.B. durch Belüftung); die Behandlung kann sich auch auf mikrobiologische Inhalte (Verkeimungen) erstrecken, was jedoch aus hygienischer Sicht nur eine vorübergehende Maßnahme sein kann, da nie sicher gestellt ist, ob alle möglichen pathogen Inhalte abgetötet sind und u.U. schon ein Keim genügen kann, um bei ungünstiger Konstitution

---

[1] Sammelbezeichnung für alle in der Natur vorkommenden Arten von Wasser einschließlich aller darin gelösten, emulgierten und suspendierten Stoffe
[2] "Hohlräume" stehen hier als Sammelbegriff für Poren, Klüfte (Trennfugen) und Karsthohlräume innerhalb der Gesteinskörper

eines Menschen die Krankheit zu erregen

Wasseraufnahme. 1. Im durchwurzelten Boden Aufnahme von Wasser durch Pflanzen; führt zu Wassergehaltsänderungen im Boden, die u.a. mit einem → Tensiometer oder → TDR-Gerät gemessen werden können; 2. Aufnahme von Wasser durch zum Quellen neigende Tonmineralen oder andere wasserbindbare Mineralien wie z.b. Anhydrit

Wasseraufnahmekapazität. Das Fassungsvermögen des zur Wasseraufnahme geeigneten oder fähigen Mediums; → Aufnahmevermögen

Wasserbecken. Ein zur Aufnahme von Wasser angelegtes künstliches Bauwerk, wobei auch eine natürliche morphologische Senke zur Anlage eines W. genutzt werden kann (z.b. Feuerlöschteich, Badeanlage, Dorfanger)

Wasserbedarf. Für einen bestimmten Verbraucherkreis mit festgelegtem Verbrauch erforderliche Wassermenge, wobei maximaler (der höchste erwartete) und mittlerer Bedarf (der aus dem Jahresverbrauch errechnete mittlere Tagesbedarf) zu unterscheiden sind

Wasserbedarf, spezifischer. Der pro Verbrauchseinheit anzunehmende oder bestimmte → Wasserbedarf

Wasserbuch. Bei der Oberen Wasserbehörde geführtes Register der nach § 8 WHG bewilligten Wassernutzungen; → Wassergesetz

Wasserbehandlung. → Wasseraufbereitung

Wasserbereitstellung. Die Vorhaltung von Wasser durch ein Unternehmen (z.b. kommunales oder Verbands-Wasserwerk) für einen Verbraucherkreis

Wasserbeschaffenheit. Festlegung und Beschreibung der Eigenschaften eines Wassers durch organoleptische Feststellungen (→ Wasser - organoleptische Eigenschaften) sowie Bestimmung der physilischen, physikalisch-chemischen und chemischen Parameter (Größen); → Wasseranalyse; ↓ Wassergüte

Wasserbeschaffenheitskontrolle. Überwachung der Beschaffenheit oberirdischer Gewässer durch Wasserbehörden und der für Trinkwasserzwecke genutzten Grundwässer durch Gesundheitsbehörden; jeweils nach den dafür in Vorschriften, Verordnungen, Richtlinien oder Empfehlungen festgelegten Richt- oder Grenzwerten; → Analysenumfang

Wasserbewegung. Allgemein die Bewegung ober- oder unterirdischer Wässer; Gegenteil: → Stagnation

Wasserbewirtschaftung. Einschränkung von Gewässernutzungen durch Wasserwirtschaftsbehörden als Folge eingetretener oder (z.b. auf Grund einer → Wasserbilanz) erwarteter Über- oder Fehlnutzungen (qualitativ oder quantitativ)

Wasserbilanz. Quantitative Erfassung der Komponenten des → Wasserkreislaufs und deren Änderung in einem bestimmten Zeitraum

Wasserbilanz, klimatische. In der Bodenkunde übliche Differenz aus Jahresniederschlag und potentieller Evaporation (Verdunstung meist berechnet nach der → HAUDE-Gleichung); positive Werte bedeuten Wasserüberschuß, negative Wassermangel

Wasserbindung. Spannung, mit der Wasser (z.b. im Boden) gebunden ist; Einheit [hPa]; ↓ Wasserspannung; ↓ Saugspannung

Wasserblüte. Massenentwicklung von Algen an der Wasseroberfläche nährstoffreicher Seen ; → Algenentwicklung; ↓ Algenblüte

wasserbürtig. Bezeichnung für Stoffe und Mikroorganismen, die mit dem (Grund-) Wasser transportiert und über deren Nutzung als → Trinkwasser vom Menschen aufgenommen werden; sofern sie humantoxisch (giftig) bzw. pathogen (krankheitserregend) sind, wird das Wasser hygienisch gefährdend und kann zu → Massenerkrankungen (Epidemien) führen

Wasserchemie. Bestimmung der die → Wasserbeschaffenheit beschreibenden Wertgrößen (Parameter) sowie deren Auswertung und → Statistik; (→ Analyse)

Wasserdargebot. Die aus einer → Wasserbilanz sich ergebende nutzbare (Grund-) Wassermenge, wobei durch Aufsichtsbehörden Einschränkungen (z.b. zur Vermeidung ökologischer Schäden) gemacht werden können

Wasserdargebot, verfügbares. Das überhaupt und ohne Einschränkung nutzbare (Grund-) Wasserdargebot; ↓ Dargebot, potentielles

Wasserdefizit, bergbaubedingtes. Durch langjährige Wasserhaltung im Grundwasserabsenkungsbereich eines Bergbaus fehlende Wassermenge im Vergleich zu ungestörtem Zustand und Mittelwasserstand

wasserdicht. Eigenschaft eines wassergefüllten Hohlraumes (z.B. Gefäß oder natürlicher Raum [Reservoire]), aus dem kein Wasserverlust durch Verdunsten oder Abfluß entstehen kann

Wassereigenschaften, physikalischchemische. → Wasser, - physikalisch-chemische Eigenschaften

Wassereinbruch. Montanhydrologischer Begriff; in (Bergwerks-) Stollen unerwartet aus dem Gestein austretende Wassermassen; können zum Vollaufen ("Absaufen") des Stollens bis hin zu dessen Aufgabe führen

Wassereinfluß. Alle durch Wasser erzeugten Einflüsse oder Veränderungen über und unter der Erdoberfläche

Wassereinzugsgebiet. In der Horizontalprojektion ermitteltes, durch → Wasserscheiden abgegrenztes Gebiet, aus dem Wasser einem bestimmten Ort zufließt; zu unterscheiden ist das → W., oberirdische (mit oberirdischen Wasserscheiden) und das → W., unterirdische E. (mit unterirdischen Wasserscheiden); ober- und unterirdisches W. sind oft nicht identisch, sondern weichen voneinander ab; das oberirdische W. läßt sich aus einer topographischen Karte mit Höhenlinien, das unterirdische durch einen → Grundwassergleichenkarte ermitteln

Wasserentnahme. Entnahme von oberirdischem (Entnahme aus einem → Fließgewässer) oder unterirdischem (Förderung durch Brunnen) Wasser (↓ Grundwasserentnahme; → Wasserhebung); für beide muß zur Nutzung (Ge- oder Verbrauch) ein Wasserrecht beantragt und verliehen bzw. bewilligt werden

Wassererosion. Der durch fließendes Wasser bewirkte mechanische Abtrag von (vorwiegend Locker-) Gesteinen, dessen Ausmaß von der Gesteinsfestigkeit und der Wassermenge abhängt; W. kann sowohl ober- als auch unterirdisch erfolgen; eine spezielle Form der W. ist die Bodenerosion,

d.h. der durch fließendes Wasser bewirkte Abtrag, der durch Bodennutzung des Menschen aktiviert bzw. gesteigert wird

Wasserfassung. Technische Einrichtung zur Gewinnung von Grundwasser

Wasserfassungskapazität. Maximale Leistungsstärke einer → Wasserfassung

Wasserfauna. Tierische Lebewesen, die in ober- und unterirdischem Wasser ihren Lebensraum haben und die durch ihre Physiologie entscheidenden Einfluß auf die Beschaffenheit des Wassers (→ Wasserbeschaffenheit) haben

Wasserförderung. Gewinnung von (oberoder unterirdischem [→ Wasserhebung]) Wasser

wasserführend. Feststellung, daß ein oberirdischer Wasserlauf oder unterirdisches Gestein Wasser enthält

Wasserführung. Sachverhalt, daß ein Gestein im Moment der Feststellung Wasser speichert und durchläßt

Wassergebrauch. Nutzung von (oberoder unterirdischem) Wasser, das nach Verwendung u.U. mit Änderung seiner Beschaffenheit wieder dem Wasserkreislauf zugeführt wird

Wassergefährdende Stoffe. → Stoffe, wassergefährdende

Wassergefährdungsklasse (WGK). Klassifizierung der Wassergefährdung von Stoffen in die Klassen 0 (im allgemeinen nicht gefährdend) bis 3 (stark gefährdend); die Stoffklassifizierung erfolgt im „Katalog wassergefährdender Stoffe", der als Ergänzung zu den Verwaltungsvorschriften des Bundesinnenministeriums vom 23.03.90 „über die nähere Bestimmung wassergefährdender Stoffe und ihre Einstufung entsprechend der Gefährlichkeit" erscheint und ständig aktualisiert wird

Wassergefährdungspotential. Die Gesamtheit der Gefährdungen, die ein betrachtetes System auf (ober- oder unterirdisches) Wasser ausüben kann

Wassergehalt. In der Bodenkunde: die in einer bestimmten Bodenmenge enthaltene Wassermenge, die bei Trocknung einer Bodenprobe bei 105 °C entweicht; Einheit Massen- oder Volumenprozent oder [mm/dm]

wassergesättigte Zone. → Zone, wassergesättigte

Wassergesetz. Gesetz zur Nutzung und zum Schutz ober- und unterirdischer Wässer; erstes Wassergesetz 1876 im Land Braunschweig; befaßte sich wie die folgenden Länderwassergesetze mit den oberirdischen Gewässern; das Preußische Wassergesetz (07.04.1913) unterschied Wasserläufe und andere Gewässer; die Wasserläufe wurden in solche erster, zweiter und dritter Ordnung geteilt, eine Ordnung die auch heute noch gilt; die Gewässer erster Ordnung unterstehen dem Bund, die andern den Ländern; ein erster umfassender Entwurf unter Einbeziehung der Grundwässer für ein reichseinheitliches Gesetz wurde 1943 fertiggestellt, aber nicht mehr verabschiedet; 1957 wurde bundeseinheitlich (im Gebiet der Alt-BRD) das „Wasserhaushaltsgesetz" (WHG) beschlossen, in Kraft gesetzt am 01.03.59; bildet den gesetzlichen Rahmen für die Landeswassergesetze; inzwischen mehrfach novelliert (zuletzt am 12.11.96), insbesondere zur Verbesserung des Gewässerschutzes; gilt nach dem Einheitsvertrag auch für die neuen Länder

Wassergewinnung. Entnahme von Grundwasser durch Brunnen (↓ Wasserförderung; → Wasserhebung) oder Quellfassungen

Wasserlöslichkeit. Eigenschaft des Wassers, Stoffe zu lösen, sofern sie dissoziierbar sind (→ Elektrolyte); die maximale Löslichkeit ist stoffspezifisch und wird durch das → Löslichkeitsprodukt eines Stoffes angegeben, das seinerseits temperaturabhängig ist

Wassergüte. Angestrebte, durch vorgegebene Parameter oder Ziele festgelegte Beschaffenheit eines Wassers; → Wasserbeschaffenheit

Wassergütebewirtschaftung (**-wirtschaft**). Überwachung der Wassergüte durch Behörden der Wasserwirtschaft

Wassergütekarte. Kartenmäßige Darstellung der Wassergüte

Wasserhaltevermögen. (Physikalische) Eigenschaft eines Bodengefüges, Wasser gegen die Perkolation zu halten

Wasserhaltewert. Größe, die das → Wasserhaltevermögen eines Bodens angibt

Wasserhaltung. Absenken des (Grund-) Wasserspiegels in Baugruben oder im Bergbau, um die Bau- oder Grubensohle trocken zu halten; → Sümpfung

Wasserhaltung, geschlossene. Großräumige Grundwasserabsenkung durch Brunnen, sog. voreilende Grundwasserabsenkung; zur Durchführung von Baumaßnahmen im Grundwasserbereich; für die Grundwasserentnahme ist nach dem Wasserhaushaltsgesetz eine Erlaubnis erforderlich; auch die Einleitung des geförderten Wassers in einen Abwasserkanal oder ein offenes Gewässer bedarf einer wasserrechtlichen Erlaubnis

Wasserhaltung, offene. Absenken des Grundwassers durch Pumpen in einer offenen Baugrube

Wasserhaltungsstollen. Im untertägigen Bergbau angelegter Stollen zur Ableitung des Grundwassers zur Verhinderung des Vollaufens mit Wasser; ↓ Entwässerungsstollen

Wasserhärte. Gehalte der im Wasser gelöst enthaltenen Erdalkali- (und indirekt Alkali-) Verbindungen; unterschieden werden Gesamthärte (Gehalte an Calcium und Magnesium); Carbonat- (oder vorübergehende) Härte (Gehalte an Hydrogencarbonaten, alte Bezeichnung Bikarbonaten, und sofern vorhanden Carbonaten); Bleibende (oder Nichtcarbonat- oder Mineral-) Härte, die sich aus der Differenz von Gesamthärte - Carbonathärte ergibt; Einheit „Grad"; 1° deutscher Härte [dH] sind 10 mg/l CaO = 7,14 mg/l Ca = 0,179 mmol/l Ca; andere Definitionen: 1°f (französisch) 10 mg/l $CaCO_3$; 1°e (englisch) 10 mg/l $CaCO_3$ in 0,7 Liter Wasser; 1°a (amerikanisch) 1 mg/l $CaCO_3$

Wasserhaushalt. Die für ein definiertes Gebiet und eine bestimmte Zeit bestehende quantitative Beziehung zwischen Gesamtniederschlag N (einschließlich Tau und Reif) einerseits, sowie andererseits (ober- und unterirdischen) Abfluß A, Verdunstung V, Rücklage R und Aufbrauch B nach der (Wasserhaushalts-)Gleichung:

$$N = A + V + (R - B)$$

Wasserhaushaltsbilanz. Mengenmäßige Erfassung der Kompartimente des Wasserhaushalts

Wasserhaushaltsgesetz. → Wassergesetz

Wasserhaushaltsgleichung. → Wasserhaushalt

Wasserhaushaltsjahr. Da der oberirdische Abfluß größenordnungsmäßig einer Sinuskurve gleicht, die im November beginnt, wird der Anfang eines W. abweichend vom Kalenderjahr um zwei Monate auf November vorgezogen, endend mit dem Monat Oktober; das Winterhalbjahr dauert von November bis April, das Sommerhalbjahr von Mai bis Oktober

Wasserhebung. Fördern von → Grundwasser

Wasserinhaltsstoffe. Alle im Wasser enthaltenen gelösten und ungelösten (partikulären bzw. partikelgebundenen; → Partikel) anorganischen und organischen Inhaltsstoffe

Wasserisotop. → Wasser

Wasserkapazität (Boden, Gestein). Wassermenge, die ein Boden (Gestein) maximal aufnehmen kann Einheit: $[l/m^3]$ oder mm Wassersäule (WS); in der Praxis vom Begriff → „Feldkapazität" verdrängt

Wasserkataster. → Wasserbuch

Wasserkreislauf. Ständige Folge der Zustands- und Ortsveränderungen des Wassers mit den Hauptkomponenten → Niederschlag, Abfluß, Verdunstung und atmosphärischer Wasserdampftransport (DIN 4049, Tl.3); der Abfluß erfolgt teils oberirdisch (in offenen Gewässern), teils unterirdisch (als Sicker- und Grundwasser); der Anteil des unterirdischen Abflusses am Gesamtabfluß hängt im wesentlichen ab von der Intensität eines Niederschlagsereignisses, der Geländemorphologie (steilere Hänge = größerer oberirdischer Abfluß), der Durchlässigkeit des (durchwurzelten) Bodens bzw. des anstehenden Gesteins sowie der Vegetation, u.U. auch vom lokalen Kleinklima

Wasserkörper. Bestimmtes abgegrenztes Wasservorkommen; beim Grundwasserkörper das in einem bestimmten (Gesteins-)Volumen enthaltene Wasser ohne Berücksichtigung des Gesteins

Wasserlauf. Rinnenförmige Eintiefung im Gelände, die dauernd oder zeitweise (insbesondere nach Niederschlägen) fließendes Wasser führt

Wasserlauf, intermittierender. Wasserlauf, der nur zeitweise fließendes Wasser enthält

Wasserlauf, perennierender. Wasserlauf, der dauernd (ganzjährig) fließendes Wasser enthält

Wasserlauf, stabiler. Wasserlauf, dessen morphologischer Verlauf +/- unverändert bleibt

Wasserlauf, unterirdischer. Unterirdisch verlaufender Teil eines Wasser-laufes, z.B. in verkarstetem Gebiet

Wasserlaufdichte. → Flußdichte; ↓ Gewässerdichte

Wasserlaufgefälle. Der pro Gewässerlänge vorhandene Höhenunterschied der Gewässersohle; beträgt der Höhenunterschied z.B. 5 m auf 3.000 m, so errechnet sich ein Gefälle von 1:600 (1 m auf 600 m oder 0,17 m auf 100 m oder 17 %)

Wasserlaufregulierung. Wasserbauliche Maßnahme, durch die ein natürlicher Wasserlauf künstlich verändert wird, z.B. um einen konstanteren Abfluß zu erreichen

Wasserleitung. Geschlossenes Rohr, das Wasser zu einem Ziel, z.B. einem Verbraucher verbringt (leitet), mit Wasser versorgt; → Aquädukt

Wasserlöslichkeit. Eigenschaft des Wassers, Stoffe zu lösen, sofern sie dissoziierbar sind; die maximale Löslichkeit ist stoffspezifisch und wird durch das → Löslichkeitsprodukt eines Stoffes angegeben, das seinerseits temperaturabhängig ist

Wassermolekül. → Wasser

Wassernutzung. Ge- und Verbrauch von Wasser

Wasseroberfläche. Grenzfläche zwischen Wasser und überlagernder Atmosphäre

Wasserorganismen. Die im Wasser enthaltenen/lebenden Pflanzen und Tiere

Wasserprobe. Aus einem Gewässer entnommenes Wasser zur Bestimmung der den Lösungsinhalt kennzeichnenden Parameter; bei der Probenahme sind besondere Regeln zu beachten, die in entsprechenden Papieren festgelegt sind, um Analysefehler zu vermeiden (z.B. DVWK-Regel *128*/1992; DVGW-Merkblatt W 112); in diesen Papieren ist auch die für die Durchführung der Analyse erforderliche Wassermenge angegeben; → Probenahme

Wasserprobenahme. → Wasserprobe

Wasserprobenart. Angabe in Probenahmeprotokollen, auf welche Weise die Probe entnommen wurde (z.B. Schöpfprobe, Saugprobe, Pumpprobe usw.)

Wasserqualität. → Wasserbeschaffenheit

Wasserrecht. → Wassergesetz

Wasserreinigung. → Wasseraufbereitung

Wasservorrat. Das gesamte in einem bestimmten Gebiet zur Nutzung vorhandene (Grund- oder Oberflächen-) Wasser, das durch entsprechende Untersuchungen oder Messungen nachgewiesen wurde; ↓ Wasserressource

Wasserrösche. Wasserkanal in der Sohle eines (Bergwerks-) Stollens, der dem Ableiten von Grubenwässern dient; ↓ Rösche; ↓ Wasserseige

Wasserrückhaltekapazität. Volumen des Wasserrückhaltevermögens; → Retention

Wassersättigung. Zusammenhängende Auffüllung aller Hohlräume, z.B. eines Gesteins (→ Grundwasser) oder eines Bodens (→ Staunässe) mit Wasser

Wassersättigungsgrad. Ausmaß der Auffüllung eines Gesteinshohlraumes mit Wasser

Wasserschadstoff. Stoff, der gelöst im Wasser als → Schadstoff enthalten ist (d.h. die human- oder ökotoxisch schädigend wirkende Konzentration erreicht oder überschritten hat)

Wasserschadstoffhavarie. Betrieblicher oder verkehrstechnischer Unfall, bei dem Wasserschadstoffe in den Boden und das Grundwasser gelangt sind; → Kontamination

Wasserschadstoffumgang. Behandlung und Benutzung von Schadstoffen entsprechend vorhandener Verordnungen (z.B. der → Anlagenverordnung) bzw. unter umsichtiger Vermeidung jeglicher Möglichkeit einer Grundwassergefährdung entsprechend § 1a des Wasserhaushaltsgesetzes (WHG); → Wassergesetz

Wasserscheide (bodenkundliche). Grenzfläche im Boden, oberhalb der Wasser infolge Evaporation oder Transpiration vertikal nach oben (aufwärts) steigt, unterhalb davon von Pflanzen nicht mehr erreichbar nach unten sickert

Wasserscheide (hydrologisch/hydrogeologisch). Grenzlinie zwischen oberirdischen Abfluß- bzw. unterirdischen (Grundwasser-) Einzugsgebieten, die verschiedene Gefällsrichtungen trennt, abhängig von der (Gelände-) Morphologie; ober- und unterirdische Wasserscheiden nehmen häufig einen unterschiedlichen Verlauf

Wasserscheide, unterirdische. Grenzlinie, die das unterirdische Einzugsgebiet umschließt; von dieser Linie fließt → Grundwasser beidseitig ab

Wasserscheide, oberirdische. Grenze zwischen oberirdischen Einzugsgebieten von Gewässern

Wasserschlag. Beim ersten Pumpversuch nach Brunnenausbau erfolgende teilweise Zerstörung (überwiegend Pressung) der Brunnenverrohrung (vorzugsweise Filterrohre), meist durch nachlässige, nicht sorgfältig kontrollierte, lückenhafte (Filterkies-) Hinterfüllung verursacht, so daß die infolge Absinkens des Brunnenwasserspiegels (Minderung der Auftriebskräfte) notwendige Stützwirkung der Rohrhinterfüllung streckenweise fehlt und der Auflast durch das Gewicht der Verrohrung nicht mehr standhalten kann

Wasserschloß. Technische Einrichtung zum Abfangen von Druckstößen in einem Leitungsnetz; z.B. in Pumpanlagen von Wasserwerken, in denen beim Abstellen der Pumpen durch die danach einsetzenden Schwankungen der Wassermengen im Rohrnetz Druckstöße entstehen, die bei Fehlen eines W. zu Rohrschäden führen würden

Wasserschongebiet. → Schongebiet; ↓ Wasservorbehaltsgebiet

Wasserschutzgebiet. → Trinkwasserschutzgebiet

Wasserschutzzone. → Schutzzone

Wasserseige. → Wasserrösche

Wasseröffer. Bezeichnung für Pflastersteine, die infolge Wasseraufnahme nach Niederschlägen länger feucht bleiben und sich daher rascher abnutzen; ↓ Wassersauper

Wasserspannung. 1. Bodenkundlich: Spannung, mit der Wasser im Boden gebunden ist (gemessen als → pF-Wert, [lg hPa]); 2. Hydrogeologisch: Die aus absolutem (P_{abs}), d.h. aus atmosphärischem (P_{atm}) + hydrostatischen (P_q) Druck resultierende Spannung in einem Grundwasserkörper; sofern diese entsprechend den geologischen Gegebenheiten im Grundwasserleiter abgebaut werden kann (Entlastung durch Grundwasseranstieg), wird vom „Freien Grundwasser", sofern aber nicht (z.B. Absperrung durch einen Grundwassernichtleiter) von „Gespanntem Grundwasser" gesprochen

Wasserspeicher. Anlage von Becken, in denen Wasser zeitweise (vorübergehend) gespeichert wird; solche Speicheranlagen werden von Kraftwerken gebaut, um den mit der Zeit schwankenden Energiebedarf auszugleichen; dazu wird in Zeiten geringeren Energiebedarfs (meist nachts) mit überschüssiger Energie Wasser in ein topografisch höher gelegenes Speicherbecken (sog. Oberbecken) gepumpt, das dann zu Zeiten höheren Energiebedarfs zur zusätzlichen Energiegewinnung genutzt wird, indem das Wasser über Turbinen zur Stromgewinnung geleitet zu einem Unterbecken fließt, wo es gespeichert und bei Energieüberschuß wieder zum Oberbecken hinaufgepumpt wird; je nach Speichergröße werden Tages-, Wochen- und Langzeitspeicher unterschieden; ↓ Pumpspeicherwerk; außerdem werden Wasserspeicher zum Ausgleich unterschiedlicher Gewässerführungen angelegt, z.B. für zusätzliche Wasserabgaben zur Aufrechterhaltung der Schiffbarkeit von Flüssen in niederschlagsarmen Zeiten oder als Hochwasser-Rückhaltebecken, um Talüberschwemmungen zu mindern oder zu verhindern; ↓ Hochflutspeicher; ↓ Hochflutbecken; ↓ Wasserspeicherung

Wasserspeicherung, unterirdische. Unterirdisch in Hohlräumen angelegter oder natürlicher Speicherraum, meist zur Bevorratung von Grundwasser; → Zisterne

Wassersperre. Abdichtung (aus Ton oder reißfestem Beton) im oberen Ringraum (Raum zwischen → Brunnenausbau und Gebirge) eines → Brunnens, um (+/- hygienisch verunreinigte) Zuflüsse von Oberflächenwässern in den Brunnen zu unterbinden

Wasserspiegel. Grenzfläche zwischen (Grund-) Wasserkörper und überlagernder Atmosphäre (bzw. Bodenluft im Untergrund)

Wasserspiegelgefälle. Der in Fließrichtung zwischen zwei Punkten in einem bestimmtem Abstand bestehende Höhenunterschied (im Grundwasser: → Grundwasserge

fälle, ↓ hydraulischer Gradient); ↓ Wassergefälle

Wasserstand. Abkürzung: W; Lotrechter Abstand zwischen dem (Grund-) Wasspiegel und einem definierten Bezugspunkt; statistisch werden unter Bezug auf eine bestimmte Zeitspanne unterschieden: Mittelwasser (MW), Hochwasser (HW) und Niedrigwasser (NW) sowie der absolut gemessene Höchst- (HHW) bzw. Niedrigstwasserstand (NNW); zusätzlich werden die Mittel der Hoch- (MHW) und Niedrigwasserstände (MNW) errechnet

Wasserstandsdauerlinie. Eine statistische Auswertung von Abflußmessungen in der Reihenfolge ihres zeitlichen Auftretens; am Beginn der niedrigste als Anfangs-, am Ende der höchste Wert als Endpunkt der Linie; dann werden die Tage mit den zugehörigen Wasserständen aneinander gereiht, links die niedrigen, nach rechts fortlaufend die höheren; aus der W. wird ersichtlich, an wie vielen Tagen eines (Abfluß-) Jahres ein bestimmter Abfluß über- bzw. unterschritten wird, ein besonders für die Flußschifffahrt, für die Hydrogeologie jedoch wenig relevanter Wert

Wasserstauanlage. Künstlich angelegtes durch einen Staudamm abgesperrtes(r) Bekken (See) zum Aufstau von Wasser, z.B. zur → Wasserspeicher; ↓ Speicherbecken; ↓ Kleinspeicher; → Talsperre

Wasserstoffelektrode. Eine von H_2 (Wasserstoffgas) bei Atmosphärendruck ($p = 10^5$ Pa) umspülte und in eine 1-normale Wasserstoffionenlösung bei 25°C eintauchende Platinelektrode, auf die die Potentiale von Redoxsystemen bezogen werden; dazu wird das (Reduktions-) Potential von Wasserstoff ($2H^+ \rightarrow 2e$) als Bezugsgröße für alle an einem Redoxsystem beteiligten Elemente oder Spezies gleich 0,000 (Volt) gesetzt; aus historischen Gründen wurde diese Abmachung beibehalten; praktisch werden heute jedoch keine Wasserstoffelektroden zur Messung von Redoxpotentialen benutzt, sondern wegen leichterer Handhabbarkeit sog. Elektroden 2. Ordnung (z.B. Ag/AgCl oder Kalomel), deren Potential bei der Auswertung von Messungen zum gemessenen Potential addiert werden muß

Wasserstraße. Befahrbarer Fluß, Kanal oder See als Schifffahrtsweg (Binnenwasserstraße) sowie See- und Meeresstraßen

Wasserstube. Mit Wasser gefüllter großer Hohlraum in einem Gletscher

Wasserstufe. Bei der ab 1934 in Deutschland durchgeführten Reichsbodenschätzung (nach dem gleichnamigen Gesetz vom 16. Oktober 1934) wurden für Acker- und Grünland jeweils eigene "Schätzungsrahmen" angewandt; für Grünland war (neben Bodenart, Zustands- und Klimastufe) die Wasserstufe mitbestimmend; dabei wurden 5 Stufen je nach Feuchtegrad (Stufe 1 beste Verhältnisse, Stufe 5 Sumpfwiese oder sehr trockene geringwertige Hutung) unterschieden

Wassertechnik. Die Gesamtheit der Verfahren, die mit der Gewinnung, Weiterleitung (Verteilung) und Verwendung des Wassers befaßt ist

Wassertemperatur. Durch die Wärmeenergie eines Körpers (Gases) erzeugte Bewegung seiner Moleküle, die als kalt oder warm empfunden wird; wegen der je nach Temperatur unterschiedlichen Molekülbewegung sind viele Stoffeigenschaften, so auch die des Wassers temperaturabhängig; die Temperatur ist im Internationalen Einheitensystem ($\rightarrow$ SI) eine Basisgröße und wird in Kelvin (K; Nullpunkt = absoluter Nullpunkt = -273,15 °C) oder Grad Celsius (°C, Nullpunkt = Schmelzpunkt des Wassers = 0 °C) gemessen

Wassertiefe. Vertikaler Abstand von einer Gewässeroberfläche bis zur Gewässersohle oder einem definierten Niveau unterhalb der Gewässeroberfläche

Wassertoxikologie. Wissenschaft von den giftigen und damit gesundheitsgefährdenden Eigenschaften eines Wassers auf Grund ihres Lösungsinhalts an (human-) toxisch wirksamen Stoffen; zur Vermeidung von Gesundheitsgefährdungen wurden für solche Stoffe durch entsprechende Regelungen (z.B. $\rightarrow$ Trinkwasserverordnung) $\rightarrow$ Grenzwerte eingeführt

Wassertrübung. Eigenschaft eines Wassers, einstrahlendes Licht zu zerstreuen, bewirkt durch kolloidale oder suspendierte Stoffinhalte; Prüfung oder Messung in einer Wasserprobe visuell mit einer Sichtscheibe ($\rightarrow$ SECCHI-Scheibe) oder mit optischen Geräten (Nephelometer), die optisch die Schwächung durchgehender Strahlung bestimmter Wellenlänge [860 nm] messen)

Wasserüberleitung. 1. Ableitung von Wasser aus benachbarten Einzugsgebieten zur zusätzlichen Füllung bzw. Speicherung einer $\rightarrow$ Talsperre
2. Ableitung einer ökologisch vertretbaren Menge von Flußwasser zur Beschleunigung der Flutung von Tagebaurestlöchern ($\rightarrow$ Tagebaurestloch) aus Gründen der hydrogeochemischen und geotechnischen Stabilisierung
3. Von Wässern einer montanhydrologischen (geschlossenen) Wasserhaltung zur Flutung eines $\rightarrow$ Tagebaurestloches; $\downarrow$ Fremdwasserüberleitung; $\downarrow$ Fremdwasserflutung

Wasserungesättigte Zone. $\rightarrow$ Zone, wasserungesättigte

Wasseruntersuchung. Ermittlung der Eigenschaften und Inhalte eines Wassers nach festgelegten Methoden (z.B. DIN 38402 bis 38411); $\rightarrow$ Wasseranalyse

Wasserverbrauch. Der in einem Versorgungsgebiet mit Wasserzählern festgestellte Verbrauch an Wasser; Verbrauchszahlen (Liter je Einwohner und Tag nach dem BGW - Bundesverband des Gas- und Wasserfaches - Zahlenspiegel): Jahr 1970: in den Alten Bundesländern Haushalt und Kleingewerbe 118, insgesamt 199; Neue Länder 99 bzw. 213;
1993: Alte Bundesländer 140 bzw. 182; Neue Bundesländer 1992: 105 bzw. 171

Wasserverlust. Schwund an Wasser durch undichte Rohrleitungen, Defizit zwischen in das Rohrnetz eingeleiteter und durch Wasserzähler an den Verbrauchsstellen ermittelter Wassermenge; Verluste von 5 % bis 10 % sind häufig

Wasserverschmutzung. Belastung eines natürlichen Oberflächen- oder Grundwassers durch (meist anthropogene) milieufremde Stoffe, die die $\rightarrow$ Wassergüte nachteilig verändern, z.B. durch Industrie- oder kommunale Abwässer, belastete Sickerwässer; $\downarrow$ Wasserverunreinigung

Wasserversorgung. Belieferung von Haushaltungen und Industrie mit Trink- und Brauchwasser durch zentrale Einrichtungen (z.B. Wasserwerk), die eine hygienisch einwandfreie Gewinnung und Verteilung des Wassers bis zum Verbraucher zu gewährleisten haben

Wasserversorgungsanlage. Anlage(n) zur Gewinnung und Verteilung von (Trink- und Brauch-) Wasser

Wasserversorgungssystem. Art der technischen Einrichtung(en) für die → Wasserversorgung

Wasservorbehaltsgebiet. Flächen, deren Nutzung für (Grund-) Wassergewinnungen (z.B. → Schongebiet) oder für Abflußrückhaltung (z.B. Polder, Überschwemmungsgebiete) in der Landesplanung festgeschrieben ist

Wasservorkommen. Allgemeine Bezeichnung für das Vorhandensein von Wasser ohne Bezug zu Art, Umfang und Nutzung

Wasservorrat. Die für eine Nutzung vorhandene Wassermenge

Wasservorratsänderung. Änderung (Zu- oder Abnahme) der vorhandenen Wassermengen durch natürliche oder künstliche Einflüsse

Wasserwegsamkeit. Das Vermögen porenhaltiger Locker- oder klüftiger Festgesteine, für Grundwasser durchfließbar zu sein, ↓ Leitfägkeit, hydraulische; → Transmissivität

Wasserwerk (WW). Technische Anlage zur Gewinnung und Einspeisung von Wasser zur → Wasserversorgung

Wasserwirtschaft. Zielbewußte Ordnung aller menschlichen Einwirkungen auf das ober- und unterirdische Wasser (DIN 4049)

Wasserwirtschaft, bergmännische. → Wasserwirtschaft, die sich mit den Belangen und besonderen Bedingungen des Bergbaus befaßt; ↓ Montanhydrologie

Wasserwegsamkeit. Allgemeiner Ausdruck für die hydraulische Leitfähigkeit für eines Gesteins; → Transmissivität

Wasserwirtschaftlicher Rahmenplan. → Rahmenplan, wasserwirtschaftlicher

Wasserzufluß. Zufluß und Verteilung des Wassers, das in Seen und → Stauseen einmündet, wobei der durch den Zufluß bewirkte Zirkulationsvorgang für den Stoffhaushalt dieser Gewässer von großer Bedeutung ist; dabei hängt die Verteilung des Zuflußwassers im See wesentlich von seiner Temperatur ab: solange es kühler als das Seewasser ist, unterschichtet es dieses (sog. Underflow); kommt es aber in eine kritische Tiefe, in der Temperatur des Seewassers niedriger und damit dessen Dichte höher ist, legt sich das zulaufende Wasser (der W.) dem tieferen Seewasser auf, ohne eine Zirkulation zu bewirken, es „schiebt sich" in das höhertemperierte Seewasser ein (sog. Interflow)

WATEQ. Chemisches Modellprogramm; → Modellprogramme, chemische

Watt. An flachen Gezeitenküsten zwischen mittlerem Niedrig- und mittlerem Hochwasser liegender, von den ↓ Gezeiten des Wattenmeeres überspülter, aus Sand und Schlick bestehender Streifen des Meeresbodens

Wattboden. Zu den semisubhydrischen Böden zählender Bodentyp (des → Watts), der aus marinem Gezeitensediment mit meist reichhaltiger Fauna und Beimengungen organischer Substanz, teilweise über fossilem bzw. reliktischem Marschboden oder Torf besteht

Wattenmeer. Durch → Tiden(-hub) des Meeres überspülter Teil des Meeresbodens entlang von Küsten; → Watt

WD-(Wasserdruck-)Test. Vorzugsweise in der Ingenieurgeologie für felsmechanische Untersuchungen angewandte Methode zur Bestimmung der Durchlässigkeit; dabei wird in einem nach oben (Einfachpacker) oder auch nach unten (Doppelpacker) abgeschlossenen Bohrlochabschnitt unter Druck Wasser eingepreßt und ermittelt, wieviel Wasser pro Zeiteinheit bei den jeweils ausgeübten Druckstufen in das Gebirge einsickert; das Verfahren ist nicht unumstritten, scheint aber nach vorliegenden Untersuchungen für Gebirgsdurchlässigkeiten von $k = 10^{-5}$ bis 10^{-8} m/s brauchbar zu sein

Weichmacher. 1. → Verpreß-(Injektions-) Material;
2. Beimengungen von Kunststoffen (z.B. Phtalate) zur Verbesserung ihrer Plastizität

Wehr. Absperrbauwerk, das der Hebung des Wasserstandes und/oder der Regelung des Abflusses eines → Fließgewässers dient und zusammen mit anderen Bauwerken (z.B. Deiche, Wasserkraftwerke, Schiffsschleusen) eine Staustufe bildet (DIN 19700, Teil 13);

im Gegensatz zur → Talsperre wird nur der Fluß, nicht aber eine ganze Talbreite abgesperrt

Weitere Schutzzone: → Schutzzone, weitere; Äußerer Bereich (Zone III bzw. IIIA und IIIB) eines Wasserschutz- oder Heilquellenschutzgebietes; → Schutzzone, → Wasserschutzgebiet; ↓ Trinkwasserschutzgebiet, weiteres; ↓ Trinkwasserschutzzone, weitere

Welkepunkt. → Wasserspannung im Boden, oberhalb der die hygroskopische Bindung des Wassers an Bodenpartikel größer ist als die Pflanzenwurzeln entwickeln können; konventionell Wasserspannung → pF = > 4,2; Einheit [l/m^3] oder [mm/dm]; ↓ Wasser, Totes

Welkepunkt, permanenter (PWP). Dauerwelkepunkt; ein gemittelter Wert zur Bestimmung des Minimums an pflanzenverfügbarem Wasser im Boden (Saug- bzw Wasserspannung pF = > 4,2); → Welkepunkt

Welle (**Wasser-**). Meist durch Wind verursachte +/- rhythmische Schwingungen des Wassers durch Änderungen der Wasserspiegelfom

Welle, fließende. Vorgang des Ablaufens (Fließens) einer Hochwasserwelle in einem → Fließgewässer (Bach, Fluß)

Wetter. Zustand der Atmosphäre zu einem bestimmten Zeitpunkt an einem bestimmten Ort einschließlich der sich dabei abspielenden Prozesse; im Gegensatz zum Klima, das den mittleren meteorologischen Gesamtzustand an einem Ort (oder Gebiet) und für einen längeren Zeitraum beschreibt

WHG. Abkürzung für Wasserhaushaltsgesetz; → Wassergesetz

Wichte. Im Gegensatz zur Dichte (= Masse/Volumen) wird unter Wichte das Verhältnis von Körpergewichtskraft zum Körpervolumen verstanden; bei der Einheit [kp/dm^3] (bzw. [kp/m^3] bei Gasen) stimmen Zahlenwerte von Dichte und Wichte überein

Wickeldrahtfilter (im Brunnenbau). Aus → Gewebefiltern hervorgegangen, von der Fa. JOHNSON (USA) (''Johnsonfilter'') entwickeltes und gebautes Brunnenfilter, bei dem um zylindrisch angeordnete Längsstäbe (aus nicht rostendem Edelstahl) Draht spiralisch gewickelt und verschweißt wird

Widerstandsnetz. In analogen hydraulischen Modellierungen das Netz der Systemlinien in einem zu untersuchenden Strömungsfeld, auf dem die Widerstände angeordnet werden, wobei es verschiedene Schemata gibt (Rechteck- oder Dreieckelementnetze)

Widerstandspegel. Grundwasserbeobachtungsrohr im Ringraum eines Brunnens

Wiederanstieg. → Grundwasserwiederanstieg

Wiederanstiegskurve. → Grundwasserwiederanstiegskurve

Wiederanstiegsphase. → Grundwasserwiederanstiegsphase

Wiedereinleitung. Vorgang, bei dem Wasser nach Ge- oder Verbrauch wieder in das Gewässer eingeleitet, meist dem, dem es entnommen wurde

Wiederherstellbarkeit (Ökosystem). Untersuchung oder Prüfung, ob ein → Ökosystem nach (teilweiser oder totaler) Störung wieder in den ursprünglichen Zustand zurückversetzt werden kann

Wiederkehrzeit (Ereignis). Zeitspanne, nach der ein Ereignis sich wiederholt (z.B. ein hundertjähriges Hochwasser, was bedeutet, daß sich statistisch ein Hochwasser mit bestimmtem Hoch-Wasserstand alle Hundert Jahre ereignet)

Wiedernutzbarmachung. Ein gestörtes, nicht mehr nutzbares System durch geeignete Maßnahmen wieder in einen gebrauchsfähigen Zustand versetzen; u.a. Abwässer, die in Kläranlagen behandelt werden und in → Fließgewässer eingeleitet werden können

Wiederurbarmachung. Technische Maßnahmen zur biologischen, physikalisch-chemischen und pedologischen Sanierung eines durch den Menschen gestörten Zustandes von Landschaftsausschnitten (z.B. eine Grundmelioration eines Bergbaukippengeländes für eine spätere landwirtschaftliche oder forstwirtschaftliche Nutzung)

WILD'sche Waage. Gerät zur direkten Evaporations-Messung; dazu wird eine auf eine Waage montierte Verdunstungsschale mit einer Fläche von 250 cm^2 randvoll mit Wasser gefüllt, der durch Verdunstung (Evaporation) eingetretene Wasser-(Massen-)Verlust [g] gewogen und daraus die Verdunstungshöhe errechnet; meistens sind die W. direkt auf Wassersäulenhöhe geeicht

Wildbach. Turbulentes → Fließgewässer im Gebirge

Winterinput. Der im Winter mit Niederschlägen eingebrachte, aus der Atmosphäre stammende, für Altersdatierungen anwendbare Eintrag von Tritium-(^{3}H)Gehalt (Minimum im Frühwinter, Maximum im Frühsommer)

Wirksame Korngröße. → Korndurchmesser, Wirksamer

Wirkungsgrad. Verhältnis eines engestrebten und erreichten Zieles zum dazu erforderlichen Aufwand

Wirtschaftsbrunnen (WBR). Ein ausschließlich für wirtschaftliche Zwecke genutzter Brunnen (Gegensatz: Kommunale Brunnen)

Wirtschaftsdünger. Gemäß § 1 Düngemittelgesetz (27.09.1994) tierische Ausscheidungen, Gülle, Jauche, Stallmist, Stroh sowie ähnliche Nebenerezeugnisse aus der landwirtschaftlichen Produktion, die Nutzpflanzen zugeführt werden, um das Wachstum zu fördern und ihren Ertrag zu erhöhen; das Grundwassergefährdungspotential Risikopotential nimmt ab in der Reihenfolge: frische Gülle/Festmist - mindestens 2monatig abgelagerte Gülle - Jauche - abgelagerter Festmist - W. nach Behandlung in Biogansanlage oder Kompostierung

Witterung. Typische Abfolge jahreszeitlicher meteorologischer Erscheinungen in einem Gebiet ohne Bezug auf eine bestimmte Zeit (im Gegensatz zum → Wetter, das auf einen bestimmten Zeitpunkt bezogen ist, und zum Klima, das den allgemeinen Charakter des mittleren Witterungsverlaufs für eine längere Zeitspanne beschreibt)

Wolkenbruch. Großtropfiger Starkregen mit einer Mindestintensität von 60 [mm/h], tritt oft nur kurzfistig, besonders bei Gewittern auf; ↓ Starkregen; ↓ Starkniederschlag

Wolkenbruchhochwasser. Hochwasserereignis in einem → Fließgewässer, das durch einen → Wolkenbruch entstanden ist

WOLTMANN-Flügel. Gerät zur Messung der Fließgeschwindigkeit in einem Gewässer (z.B. zur Messung des Abflusses); besteht aus einem Propeller, dessen Umdrehungsgeschwindigkeit durch die Fließgeschwindigkeit des Gewässers bestimmt wird; Messungen mit dem WOLTMANN-Flügel sind Punktmessungen, d.h. in senkrechten Meßprofilen im Gewässerquerschnitt werden an einzelnen Punkten die Fließgeschwindigkeit ermittelt, während beim → Anemometer das Abflußprofil linienförmig abgetastet wird; der mittlere Abfluß wird aus den einzelnen Punktmessungen mit dem WOLTMANN-Flügel erst über eine graphische Auswertung ermittelt

Wurzeltiefe. Tiefe, bis zu der die Pflanzenwurzeln unter gegebenen Verhältnissen tatsächlich in einen Boden einzudringen vermögen; bodenkundlich werden 6 Stufen unterschieden, von sehr flach (< 1,5 dm) bis äußerst tief (> 20 dm) gründenden Pflanzen; die Gründungstiefe ist pflanzenspezifisch, Flachwurzeler sind z.B. Gräser, tiefe bis sehr tiefe Getreide, äußerst tief reichen nur wenige Wurzeln (z.B. Lupinen); ↓ Durchwurzelung

Wüste. Gebiet der Erde, das durch Pflanzenarmut oder sogar -leere gekennzeichnet ist, vielfach im ariden Klima, wo der → Niederschlag < Verdunstung ist, oder in lebensfeindlichen Eis- (Polar-) Regionen

Wasserstandmeßgerät. Gerät zum Messen des Wasserstandes in oberirdischen Fließ- oder Grundwässern; Geräte in oberirdischen Gewässern: Pegellatte am Ufer (oder Uferböschung), (selbstregistrierender, kontinuierlich aufzeichnender) Schwimmerpegel; im Grundwasser: Meßlatte, Brunnenpfeife, Kabellichtlot, Schwimmer (in stationärer Meßstelle), Ultraschallmeßgerät und (seit einiger Zeit) Druckdose, die den mit der Tiefe zunehmenden Wasserdruck mißt

X

Xanthenfarbstoffe. Gruppe von grün bis rot fluoreszierenden Farbstoffen für Markierungs-(→ Tracer-)Versuche mit den Farbstoffen Uranin, Eosin, Rhodamin und (weniger gebräuchlich) Erythrosin; bei maßvoller Anwendung von Uranin und Eosin bestehen keine humantoxikologischen Bedenken, jedoch bei Rhodamin, von dessen Anwendung abgeraten wird

Xenobiotika. Sammelbegriff für künstliche Organika wie die Halogenierten Kohlenwasserstoffe (HKW), auch Organohalogene genannt; wichtige, in der Regel umweltbelastende Vertreter sind Polychlorierte Biphenyle (→ PCB) wie Polychlorierte Dibenzo-p-dioxine (PCDD), Dibenzofuorane (PCDF), ferner Pentachlorphenol (PCP), Schwer- und Leichtflüchtige Kohlenwasserstoffe (CKW), insgesamt Stoffe, die sich in Industrieabwässern, Deponieabwässern, → Pflanzenschutzmitteln u.a.m. finden und zahlreiche Spezies bilden (→ PCDD/PCDF); viele sind persistent, d.h. ihre Abbaubarkeit ist beschränkt, vor allem der mikrobiologische Abbau; da es sich überwiegend um humantoxische Stoffe handelt, sind die Grenzwerte durchweg sehr niedrig, z.B. in der → Trinkwasserverordnung für organische Chlorverbindungen insgesamt 0,01 [mg/l], Organische Stoffe zur Pflanzenbehandlung und Polychlorierte Biphenyle und Terphenyle insgesamt 0,0005 [mg/l]

Y

Yersinia sp. Zu den → *Enterobacteriaceae* gehörende Bakteriengattung; durch Abwässer können in das Grundwasser die pathogenen Arten *Y. enterocolica* (Erreger der Gastoenteritis) und *Y. pseudotuberculosa* Pseudotuberkulose)

YOUNGsche Gleichung. Beschreibt in mehrphasigen Systemen (gasförmig, flüssig, fest) die beim gegenseitigen Kontakt auftretenden verschiedenen Grenzflächenspannungen (Kapillardrücke) und das dabei entstehende Kräftegleichgewicht sowie die dabei auftretenden Kontaktwinkel; z.B. betragen (Schätzwerte) die Grenzflächenspannungen [in 10^3 N/m] im System Wasser-Luft etwa 70, der Kontaktwinkel 0°; System Wasser-Mineralöl 25, Winkel 20°, System Mineralöl-Luft 40, Winkel 30°

Z

Z-Wert. Topographische Koordinate der Höhe, bezogen auf → NN oder → HN

Zähigkeit. 1. Widerstand eines Stoffes gegen Verformbarkeit, der infolge der Stoff-Elastizität erst nach längerer Einwirkung der verformenden Kraft zum Bruch führt; Gegensatz: Sprödigkeit: bei der schon nach kurze Einwirkung ein Bruch entsteht; im weiteren Sinne sind darunter auch Inkompetenz (Zähigkeit, → inkompetent) und Kompetenz (Sprödigkeit, → kompetent) zu verstehen, Gesteinseigenschaften, die für die Bildung von Klüften durch tektonische Einwirkungen (Kräfte) und damit für die hydraulische Leitfähigkeit von Festgesteinen wesentlich sind; 2. → Viskosität

Zehrung. Gesamtheit der Vorgänge in einem → Zehrgebiet, die zu (natürlichen oder künstlichen) Grundwasserverlusten führt

Zehrgebiet. Gebiet, in dem der Untergrund Grundwasser infolge vielfältiger Ereignisse (z.B. natürliche wie Abfluß in den → Vorfluter oder zu → Quellen oder künstliche wie Grundwasserförderung durch Brunnen) verliert; Gegenteil von Grundwassernähr-(Grundwassereinzugs-)Gebiet; ↓ Grundwasserzehrgebiet

Zeigerpflanze. Pflanze, die auf die Ökologie eines Standortes schließen läßt, z.B. auf den Standort einer intermittierenden Quelle, die in der Trockenzeit nicht schüttet

Zeitschrittweitensteuerung. In hydraulischen Modellen die (eingestellten) empirischen dynamischen Zeitschrittweiten zur Sicherung akzeptabler Zeitdiskretisierungsfehler bei der Simulation hydraulischer Prozesse

Zentralwasserversorgung (ZWV). Im Gegensatz zur → Einzelwasserversorgung (z.B. von externen Einzelgehöften ländlicher Gemeinden) die für eine kommunale Einheit eingerichtete Wasserversorgung mit eigener (Grund-)Wassergewinnung, -verteilung und technischer Unterhaltung der erforderlichen Gesamteinrichtung

Zentralwert. Mittelwert aus dem Schnittpunkt der 50 % - Linie mit der Summenkurve; ↓ Medianwert

Zerfall. Auflösung eines physikalischen oder chemischen Verbundes; z.B. Zerfall von radioaktiven Elementen und deren Verbindungen; im weiteren Sinne gehört dazu auch die (mechanische und chemische) Verwitterung

Zersetzer. Verursacher des Zersetzens eines Gesteins; kann prozeßbedingt, z.B. durch Lösung oder thermodynamisch (→ Reaktionsgleichung, thermodynamische), oder mikrobiologisch dominiert sein

Zersetzung. Vorgang bzw. zeitlicher Ablauf einer chemischen oder physikalischen Veränderung fester oder flüssiger Substanzen

Zersetzung, hydrolytische. Zersetzung von Mineralen unter dem Einfluß von H^+- und OH^--Ionen; quantitativ herrscht dabei die Reaktion von H^+-Ionen vor (→ Protolyse), von der z.B. vor allem Feldspäte betroffen werden; dabei greifen die dissoziierten H^+-Ionen die Kristalloberfläche an und lösen schrittweise Stoffe, vor allem Ca^{2+}, Mg^{2+} und K^+- Ionen; aus den restlichen silikatischen Inhalten bilden sich Tonminerale; → Hydrolyse

Zeta-Potential. Meßgröße $[C/m^2]$ für feindisperse Partikelsysteme; quantifiziert die elektrischen Wechselwirkungskräfte zwischen den Oberflächenladungen von kolloidalen → Partikeln (→ Dispersion) (Anziehung: → VAN DER WAALS- Kräfte; Abstoßung: → BORNsche Kräfte) und als Resultierende dieser Kräfte die adsorptive Wirkung von Partikeln; damit ergibt sich ein Maß für die Stabilität von → Suspensionen und Emulsionen; hohes Zeta-Potential bedeutet hohe Stabilität; ↓ Potential, elektrokinetisches

Zersetzungsgrad. Quantitaive Bemessung einer Zersetzung, in der Regel durch mehrstufige Skalen

Zielhöhe. Wasserwirtschaftlicher Begriff für einen Geplanten Wasserstand (z.B. eines → Stausees)

Zirkulation. Umlaufende Strömung in einem +/- geschlossenen Kreislauf

Zisterne. Unterirdisch angelegte Behälter zum Sammeln von → Niederschlagswasser, in ländlichen Gegenden zur Wasserversorgung von Einzelgehöften angelegt; häufig hygienisch wegen der oberflächennahen Lage und des Fehlens von Untergrundpassagen hygienisch gefährdet

Zone. 1. Klimatisch: zonale Gebiete ähnlicher Klimamerkmale (z.B. tropische, gemäßigte Zonen);
2. Bodenkundlich, geologisch: +/- geringmächtige Schicht mit gleichen Eigenschaften (Bodenzone) oder (stratigraphisch) gleichen Alters oder gleichen/ähnlichen Gesteins (lithologische Zone);
3. Flächig: durch definierte Eigenschaften (z.B. chemische) oder mit bestimmten Zielen abgegrenzter Bereich, z.B. Wasserschutzzone

Zone, wassergesättigte. Bereich im Untergrund, in der alle Hohlräume mit Wasser ausgefüllt sind; entspricht dem Grundwasserbereich und dem geschlossenen Kapillarraum; ↓ Saturationszone; ↓ Zone, grundwassergesättigte

Zone, wasserungesättigte. Bereich zwischen Erd- und → Grundwasseroberfläche (sowohl in Poren- als auch Kluftgesteinen), in dem nicht alle Hohlräume mit Wasser gefüllt sind, sondern teils mit Wasser, teils mit Bodenluft (identisch mit Sickerbereich, -zone); ↓ Aerationszone; ↓ Wasserungesättigte Zone

Zonierung, hydrogeochemische. Schichtweise Ausbildung von Grundwassbereichen gleicher oder ähnlicher Lösungsinhalte, z.B. der Kationen mit der Tiefe in der Reihenfolge (von oben nach unten und mit zunehmender Konzentration):
$Ca^{2+} \Rightarrow Ca^{2+} + Mg^{2+} \Rightarrow Na^+$

Zooplankton. In einem Gewässer (See) schwebende oder treibende Lebensgemeinschaft von Kleintieren ohne Eigenbewegung (z.B. Rädertierchen, Kleinkrebse u.ä.), können Produzenten natürlicher → Phenole sein

Zufluß. Wasservolumen, das in einen vorhandenen Raum in einer Zeiteinheit unter Einfluß der Gravitation zufließt [l/s, m³/s]

Zufluß, hypodermischer. Oberflächennaher Zufluß durch Bildung einer wassergesät-

tigten Zone (→ Zone, [wasser-] gesättigte) im oberen Bereich der wasserungesättigten Zone (→ Zone, wasserungesättigte)

Zufluß, oberirdischer. Zwischen Atmosphäre und → Lithosphäre stattfindende Wasseranreicherung, die ausschließlich der Gravitation unterliegt

Zufluß, unterirdischer. Unter der Erdoberfläche erfolgender → Zufluß

Zusammenfluß. Vereinigung von zwei oder mehreren (Zu-) Flüssen; Einmündung eines (Neben-) Flusses in einen anderen bzw. in den Hauptfluß

Zusammensetzung. Beschreibung/Aufzählung des Lösungsinhaltes (einer Wasserprobe) auf Grund einer (chemischen) Wasseranalyse; → Wasserbeschaffenheit

Zusickerung. → Versickerung

Zustandsfunktion. Beschreibung eines Vorganges, der seine ursprüngliche Beschaffenheit bei der Prozeßumkehr nur verzögert erreicht (z.B. kapillare Füllungen und Entleerungen feiner Poren); ebenso gibt es Hysterese-Effekte bei der Adsorption/Desorption organischer Substanzen (besonders typisch für polychlorierte Biphenyle), die nach Adsorption nur verzögert desorbiert werden, was bei Transportprozessen (bzw. deren Modellierung) berücksichtigt werden muß; ↓ Hysterese

Zustandsgleichung, thermodynamische. Beschreibung eines thermodynamischen Systems unter gegebenen Bedingungen durch seine physikalischen Eigenschaften, die durch Zustandsgleichungen miteinander verknüpft sind; bei Änderungen einer oder mehrerer Eigenschaften (Zustandsänderungen) kommt es zu Phasenänderungen; z.B. gilt für ideales Gas (Gas, zwischen dessen Atomen keine Kräfte wirken) die Zustandsgleichung:

$pV = nRT$

(p = Druck; V = Volumen; n = Zahl der Mole des Gases; R = universale Gaskonstante; T = absolute Temperatur); ändert sich z.B. T, hat das eine Änderung des Produkts pV zur Folge

Zustandsgröße, extensive. In einer thermodynamischen Zustandsgleichung (→ Zustandsgleichung, thermodynamische) Zustandsgröße oder -variable, die sich bei Teilung des thermodynamischen Systems ändert (z.B. Volumen oder innere Energie); → Zustandsgröße, intensiv

Zustandsgröße, intensive. Zustandsgröße (oder -variable) in einer thermodynamischen Zustandsgleichung (→ Zustandsgleichung, thermodynamische), die bei einer Systemteilung unberührt bleibt (z.B. Druck oder Temperatur)

Zustandsvariable. Variablen der → Zustandsgrößen, extensive und intensiven

Zustimmung, wasserrechtliche. Die unter Beachtung aller wasserrechtlichen Gesetze und Vorschriften gegebene Genehmigung eines beantragten Vorhabens

Zustrom. → Zufluß

Zuwachsrate. → Abflußrate

Zuwachsspende. Die Abflußspende eines Gewässerabschnitts, die den Gesamtabfluß vergrößert (im Gegensatz zu einem Abflußdefizit)

Zwickelwasser. → Kapillarwasser

Zwischenabfluß. Teil des Abflusses, der dem Vorfluter unterirdisch mit nur geringer Verzögerung nach einem → Niederschlag zufließt (DIN 4049); → Interflow

Zwischenlager. Vorübergehende Einlagerung von (meist kritischen) Stoffen vor einem(-r) endgültigen Abtransport oder Beseitigung

Zwischenmittel. Bergbaulich genutzter Begiff für Locker- und Festgesteine, die zwischen nutzbaren Flözen auftreten

Zwischenpumpversuch. Pumpversuch in meist nicht ausgebauten Bohrlöchern zur Erkundung der mit einer Bohrtiefe erreichten Brunnenleistung (oder Wasserbeschaffenheit), um Grundlagen für eine Entscheidung zum Weiterbohren, Einstellen oder Ausbau oder Verschließen des Bohrloches zu bekommen

Zyklus, hydrologischer. Periode im Wasserkreislauf, z.B. → Abfluß eines → Fließgewässers im Verlauf eines → hydrologischen Jahres

Zysten. → Oocysten

Anhang

1 Hydrogeologisch relevante Daten und Einheiten mit ihren Abkürzungen

Grundlagen

Dimension: Kennzeichnung der Art von Größen durch Grundeinheiten ohne Betragsangabe (z.B. Länge [L]; Masse [M], Zeit [T])

Einheit: Größen mit einem bestimmten Wert zur quantitativen Festlegung anderer Größen

SI-Einheiten: Die von der „11. Generalkonferenz für Maße und Gewichte" im Jahre 1960 international empfohlenen Maße für ein „Système International d'Unités"

Gesetzliche Grundlagen: „Gesetz über die Einheiten im Meßwesen" vom 02.07.1969 in der Fassung vom 06.07.1973 sowie die Ausführungsverordnung vom 26.06.1970. Die Einheiten sind im amtlichen und technischen Schriftverkehr verbindlich.

Dezimale und vielfache Teile:

Bezeichnung	Abkürzung	Exponentialgröße
Giga-	G	10^9
Mega-	M	10^6
Kilo-	K	10^3
Hekto-	h	10^2
Deka-	da	10^1
Dezi-	d	10^{-1}
Centi-	c	10^{-2}
Milli-	m	10^{-3}
Mikro-	μ	10^{-6}
Nano-	n	10^{-9}
Pico-	p	10^{-12}
Femto-	f	10^{-15}
Atto-	a	10^{-18}

Basiseinheiten (in {} abgeleitete Einheiten)

Größe	Formelzeichen	Einheiten
Länge	L	Meter {Millimeter [mm] = 10^{-3} m; Zentimeter [cm] = 10^{-2} m; Kilometer [km] = 10^3 m}
Masse	m	Kilogramm {Gramm [g] = 10^{-3} kg; Tonne [t] = 10^3 kg}
Stoffmenge	ν	Mol [mol]
Temperatur	T, t	Kelvin [K] {Grad Celsius [°C]; 0 °C = 273,15 K}
Zeit	t	Sekunde {Minute [min]; Stunde [h]; Tag [d]; Monat [mo]; Jahr [a]}

Abgeleitete Einheiten und Abkürzungen

Größe	Formelzeichen	Einheiten
Abfluß	A(oder R)	Kubikmeter durch Sekunde [m³/s] oder Liter durch Sekunde [l/s], Millimeter durch Jahr [mm/a]
Abflußspende	q	Liter durch Sekunde und Quadratkilometer [l/(s·km²)]
Abflußzuwachs (-differenz)	ΔQ	Liter durch Sekunde [l/s] oder Kubikmeter durch Sekunde [m³/s]
Abstandsgeschwindigkeit	v_a	Meter durch Sekunde [m/s]
Aktivitätskoeffizient (Spezif. Aktivität)		Radioaktivität durch Masse [Bq/g]
Anteile		1 durch 100 = Prozent [%] 1 durch 1000 = Promille [‰] 1 durch 1 Million = Parts per million [ppm] 1 durch 1 Milliarde = Parts per billion [ppb]
Atommasse (rel.)		$^1/_{12}$ der Masse des ^{12}C-Atoms, dessen Masse im Jahre 1959 zu 12,000 festgesetzt wurde
Aufbrauch	A (oder S₋)	Millimeter [mm], Millimeter durch Jahr [mm/a]
Auslaufkoeffizient	α	1 durch Tag [1/d]
Austauschstromdichte	i_o	Mikroampere durch Kubikzentimeter [µA/cm³]
Basekapazität bis pH 8,2	$K_{B\,8,2}$	Milli-Moläquivalent durch Liter [c(eq)mmol/l]
Bohrdurchmesser	d	Millimeter [mm]; Zoll (1" = 25,4 mm): keine SI-Einheit

Chem. Äquivalent	Äqu Equ	Moläquivalent [c(eq)mol] (englischsprachig) Equivalent [moleq] oder (eq)
Chem. Sauerstoffbedarf	COD	Milligramm durch Liter [mg/l]
Dampfdruck	P	Kilopascal [kPa], Newton durch Quadratmeter [N/m²]
Depositionsrate		Gramm durch Quadratmeter und Tag [g/(m² · d)]; 1 g/(m² · d) = 3650 kg/(ha · a)
Dichte = spez. Masse	ρ	Kilogramm durch Kubikmeter [kg/m³]
Dielektrizitätszahl	ε_r	(Zahl ohne Einheit)
Diffusionskoeffizient	D	Quadratzentimeter durch Sekunde [cm²/s]
Dilatation	V	Kubikmeter [m³]
Dipolmoment	μ	Coulomb mal Meter [C · m]
Dispersionskoeffizient	DI	Quadratmeter durch Sekunde [m²/s]
Dissoziationsgrad	d	Prozent [%]
Dosisäquivalent (oder Äquivalentdosis)	D_q, H	Sievert [Sv] (1 Sv = 1 J/kg; frühere Einheit: [rem (röntgen equivalent men)]; 1 Sv = 100 rem
Druck	p	Pascal [Pa] = Newton durch Quadratmeter [N/m²]; frühere Einheiten [bar] = 100 kPa = 0,968923 atm = 1, 019716 at
Druck, hydrostatischer	p_{abs}	Pascal [Pa], früher [bar]
Durchlässigkeitsbeiwert	k_f	Meter durch Sekunde [m/s]
Einwohnergleichwert	EGW	60 mg/l BSB₅ (Biochemischer Sauerstoffbedarf in 5 Tagen zur Oxidation der in 1 Liter Wasser enthaltenen biochemisch oxidierbaren Inhaltsstoffe)
Elektrische Ladung	Q	Coulomb [C] = Ampere mal Sekunde [A · s]
Elektrische Leitfähigkeit	k (oder K)	Siemens durch Zentimeter [S/cm]
Elektrischer Leitwert	G	Siemens [S]; = Kehrwert des Elektrischen Widerstands [1/Ω]
Energie	E, W	Joule [J]; frühere Einheit der Wärmeenergie: Kalorie [cal] = 4,1868 J
Energiedosis		Gray [Gy] = Joule durch Kilogramm [J/kg]
Enthalpie	H	Joule [J]
Entnahmebreite	B	Meter [m]
Entropie (molare)	S	Joule durch Mol und Kelvin [J/(mol · K)]

Extrahierbare Organische Halogenverbindungen	EOX	Mikrogramm durch Liter Chlorid [μg/l] Cl
Faraday-Konstante	F	96 484 J/(V · mol)
Feldkapazität	FK	Liter durch Kubikmeter [l/m³] oder Millimeter durch Dezimeter [mm/dm]
Filtergeschwindigkeit	v_f	Meter durch Sekunde [m/s]
Fläche	F (oder A)	Quadratmeter [m²] oder Quadratkilometer [km²]
Flußdichte (der Gewässer)		Kilometer durch Quadratkilometer [km/km²]
Freie Enthalpie	G	Joule durch Mol und Kelvin [J/(mol · K)]
Gaskonstante	R	8,3145 J/(K · mol) = 1,987 cal/(K · mol)
Gewicht, spezif.		veraltet: Gewicht durch Volumen [p/cm³]; abgelöst durch Dichte
Gewicht(-skraft)	G, F_g	Newton [N]
Grundwasserneubildung (-srate)		Liter pro Sekunde und Quadratkilometer [l/(s · km²)]
Haftwasservolumen	P_h	Kubikmeter durch Kubikmeter [m³/m³] = [1]
Härte (Wasser) Carbonathärte Gesamthärte	CH GH	Grad deutscher Härte [°dH] oder [°d] Grad deutscher Härte [°dH] oder [°d]
Hohlraumanteil (eines Gesteins)	n	Prozentanteil (am Gesamt-Gesteinsvolumen) [%]
Hydraulischer Gradient	I	Meter durch Meter [m/m] = [1]
Infiltrationshöhe		Millimeter [mm] oder Millimeter durch Jahr [mm/a]
Infiltrationsspende		Liter durch Sekunde und Quadratkilometer [l/(s · km²)]
Infiltrationsrate		(Wasser-)Höhe durch Zeit, z.B. [mm/min], [mm/d]
Ionenäquivalentleitfähig-keit	K_i^*	Mikrosiemens durch Zentimeter [μS/cm]
Ionenaustauschkapazität	KAK	Millimoläquivalent durch 100 g [mmol(eq)/100g]
Ionenelementarladung	Q^+, Q^-	Coulomb [C]
Ionenpotential	I	Coulomb durch Zentimeter [C/cm]
Ionenstärke	I	Millimol durch Liter [mmol/l]
Kapillare Aufstiegsrate	KR	Millimeter durch Tag [mm/d]
Klimatische Wasserbilanz	KWBa	Millimeter durch Jahr [mm/a]
Kohlenstoffgehalt	TC	Milligramm durch Liter Kohlenstoff [mg/l] C (gesamt)

Kompressibilität	κ	Eins durch Pascal [1/Pa] oder Quadratmeter durch Newton [m²/N]
Kompressionsmodul	K	Newton durch Quadratmeter [N/m²]
Konzentration		Milligramm durch Liter [mg/l] Milligramm durch Kilogramm [mg/kg] Mol durch Kubikmeter [mol/m³] (Mol durch Volumen: Molarität) Mol durch Liter [mol/l] (Mol durch Volumen: Molarität) Mol durch Kilogramm [mol/kg] (Mol durch Masse: Molalität) Milli-Moläquivalent durch Liter [c(eq)mmol/l] Milli-Equivalent durch Liter [meq/l] Milli-Equivalent durch Kilogramm [meq/kg] Äquivalentprozent [c(eq)%] Equivalentpercent [eq%]
Korrigierter ^{14}C-Gehalt	PMC (oder pcm)	Gegen Oxalsäure-Standard korrigierter Wert der aktuellen ^{14}C-Aktivität [% modern]
Kraft	F	Newton [N]; frühere Einheit Kilopond [kp] = 9,80665 N
Langelier-Index	I	(Zahl ohne Einheit)
Leistung	P	Energie durch Zeit [J/s] = [W] = [(kg · m²)/s³]
Leistungsquotient	Lq	Volumenstrom durch Sekunde und Meter [l/(s · m)]
Löslichkeitsprodukt	K_L (oder L_{AB})	Mol durch Liter [mol/l]
Masse, spezif.	ρ	siehe Dichte
Molare Masse	m_{molar}	Kilogramm durch Mol [kg/mol]
Molekülmasse		Dalton [D] = frühere Einheit der relativen Atommasse (1 D = 1,6601 · 10^{-27} kg)
Molvolumen	V_{molar}	Kubikmeter durch Mol [m³/mol]
Niederschlag	N (oder P)	Millimeter [mm] oder Millimeter durch Zeit, z. B. [mm/h], [mm/a]
Niederschlagsspende		Millimeter durch Quadratkilometer und Jahr [mm/(km² · a)]
Normallösung	n (oder N)	1 Gramm-Moläquivalent durch Volumen [c(eq)mmol/l] oder Gramm durch Liter [g/l]
Nutzbare Feldkapazität	nFKWe	Millimeter [mm]
Oberflächenspannung	$σ_o$	Newton durch Meter [N/m]
Octanol-Wasser-Verteilungskoeffizient	K_{ow}	(Zahl ohne Einheit)
Organ. geb. Kohlenstoff	DOC	Milligramm durch Liter Kohlenstoff [mg/l] C

Permeabilitätskoeffizient	K	Quadratmeter [m²]; frühere Einheit: Darcy (1 darcy = $9,87 \cdot 10^{-9}$ cm²)
pF-Wert		Logarithmus Hektopascal [lg hPa] (der kapillaren Steighöhe als Maß der Saugspannung eines Bodens)
pH-Wert	pH	(Zahl ohne Einheit)
Porosität	n_F, P*	Kubikmeter durch Kubikmeter [m³/m³] = [1]
Quellschüttung	Q	Liter durch Sekunde [l/s]
Radioaktivität	A	Becquerel [Bq] (1Bq = 1/s); frühere Einheit Curie [Ci] (1 Ci = $3,7 \cdot 10^{10}$ Bq)
Raum, Volumen	V	Kubikmeter [m³]; Liter [l oder L]; (1l = 1 dm³ = 10³ cm³)
Redoxpotential einer Lösung, Standard	E_H E_0	Volt [V] oder [mV] Volt [V] oder [mV]
Redoxvermögen	rH	(Zahl ohne Einheit)
Rücklage	R (oder S_+)	Millimeter [mm], Millimeter durch Jahr [mm/a]
Saprobien-Index		(Zahl ohne Einheit)
Sättigungsdampfdruck	p	Kilopascal [kPa]
Sättigungsindex	I	(Zahl ohne Einheit)
Säurekapazität bis pH 4,3 (8,2)	$K_{S4,3\,(8,2)}$	Milli-Moläquivalent durch Liter [c(eq)mmol/l]
Sauerstoffsättigungs-Defizit		Prozent des Sauerstoff-Sättigungswertes [%]
Saugspannung (im Boden)	ψ	Hektopascal [hPa]; frühere Einheit Zentimeter Wassersäule [cm WS]
Schmelzwärme, spezif.	Q	Kilojoule pro Kilogramm [kJ/kg]
Siedepunkterhöhung bzw. Gefrierpunkterniedrigung	Δt	Kelvin durch Mol [K/mol]
Speicherkapazität (des Bodens)	WK	Liter durch Kubikmeter [l/m³], Millimeter durch Dezimeter [mm/dm] oder Volumenprozent [Vol.-%]
Speicherkapazität eines Grundwasserleiters		Kubikmeter durch Kubikmeter [m³/m³] = [1]
Speicherkoeffizient	S	Kubikmeter mal Meter durch Kubikmeter mal Meter [m³ · m/(m³ · m)] = [1]
Speicherkoeffizient, spezifischer	S_s	Kubikmeter durch Kubikmeter und Meter [m³ /(m³ · m)] = [1/m]
Standard-Druck		1000 hPa

Standard-Temperatur für physikalisch-chemische Größen		$25\ ^\circ C = 298{,}15\ K$
Standrohrspiegelhöhe	h_p	Meter [m]
Steinkohle-Einheit	SKE	29,3 MJ
Transmissivität	T	Quadratmeter durch Sekunde [m²/s]
Tritium-Einheit	TU (oder TE)	1 Tritium-(^{3}H-) Isotop pro 10^{18} Wasserstoff-(^{1}H-) Isotope (bzw. ^{3}H/^{1}H-Verhältnis $= 10^{-18}$)
Trockenheitsindex	TR	(Zahl ohne Einheit)
Trübung	TE/F	Trübungseinheit Formazin; identische Einheiten: FNU (Formazine Nephelometric Unit), NTU (Nephelometric Turbidity Unit) = Vielfaches der Trübung durch eine Formazin-Standardlösung
Ungleichförmigkeitsgrad	U	(Zahl ohne Einheit)
Unterird. Einzugsgebiet	F_{Eu} (oder A_{Eu})	Quadratkilometer [km²]
Oberird. Einzugsgebiet	F_{Eo} (oder A_{Eo})	Quadratkilometer [km²]
Verdampfungswärme	r	Joule durch Kilogramm [J/kg] oder Gramm [J/g]
Verdunstung	V (oder E)	Millimeter [mm] oder Millimeter durch Zeit, z.B. [mm/d], [mm/a]
Verteilungskoeffizient	k_d	Volumen durch Masse, z.B. [ml/g]
Viskosität, dynamische kinematische	η ν	Pascal mal Sekunde [Pa · s] = [N · s/m²)] Quadratmeter durch Sekunde [m²/s]
Volumenstrom	Q	Kubikmeter durch Sekunde [m³/s], Stunde [m³/h] oder Tag [m³/d]; Liter durch Sekunde [l/s]
Wärmefluß		Wärme-Energie durch Fläche und Zeit [kJ/(m² · d)]
Wärmekapazität	C	Joule durch Kelvin [J/K]
Wärmekapazität, spezif.	c	Joule durch Kilogramm und Kelvin [J/(kg · K)]
Wärmeleitfähigkeit	λ	Watt durch Meter und Kelvin [W/(m · K)]
Wärmemenge	Q	Joule [J]
Wassergehalt (des Bodens)	wg wv	Masseprozent [Masse-%] Volumenprozent [Vol.-%], [mm/dm]
Wassersättigungsgrad	Θ	Kubikmeter durch Kubikmeter [m³/m³] = [1]
Wasserstand	W	Meter [m]

Wichte	γ	Gewichtskraft durch Volumen [N/m³]; frühere Einheit Kilopond durch Volumen [kp/m³] oder bei Gasen [kp/dm³]
Zetapotential	ξ	Millivolt [mV]
Zuwachs-, Abflußrate (-spende)	Δq	Liter durch Sekunde und Quadratkilometer [l/(s · km²)]

Anhang

2 Verzeichnis hydrogeologisch relevanter Normen, Arbeitsblätter, Richtlinien (Stand: Januar 2000)

2.1 Deutsche Industrienormen (DIN)[3]

Bezug: Beuth-Verlag GmbH, Burggrafenstr. 6, D-10787 Berlin

Nr.	Ausgabe	Titel
1054	1976	Zulassung des Baugrundes (mit Beiblatt)
2000	1973	Zentrale Wasserversorgung; Leitsätze für Anforderungen an Trinkwasser; Planung, Bau und Betrieb der Anlagen; Neufassung (Gelbdruck: Oktober 1999): Zentrale Trinkwasserversorgung - Leitsätze für Anforderungen an Trinkwasser, Planung, Bau, Betrieb und Instandhaltung der Anlagen - Technische Regel des DVGW
2001	1983	Eigen- und Einzeltrinkwasserversorgung; Leitsätze für Anforderungen an Trinkwasser; Planung, Bau und Betrieb der Anlagen; Technische Regel des DVGW
2425-5	1983	Planwerke für die Versorgungswirtschaft, die Wasserwirtschaft und für Fernleitungen - Karten und Pläne der Wasserwirtschaft
4021	1990	Aufschluß durch Schürfe, Bohrungen und Entnahme von Proben
4022-1	1987	Benennen und Beschreiben von Boden und Fels; Schichtenverzeichnis für Bohrungen ohne durchgehende Gewinnung von gekernten Proben in Boden und Fels
4022-2	1981	Benennen und Beschreiben von Boden und Fels; Schichtenverzeichnis für Bohrungen im Fels (Felsgestein)
4022-3	1982	Benennen und Beschreiben von Boden und Fels; Schichtenverzeichnis für Bohrungen mit durchgehender Gewinnung von gekernten Proben im Boden (Lockergestein)
4023	1984	Baugrund- und Wasserbohrungen; zeichnerische Darstellung der Ergebnisse
4030	1991	Beurteilung betonangreifender Gewässer, Böden und Gase; Teil 1: Grundlagen und Grenzwerte Teil 2: Entnahme und Analyse von Wasser- und Bohrproben
4044	1980	Hydromechanik im Wasserbau; Begriffe
4045	1985	Abwassertechnik; Begriffe
E 4045	1999	Abwassertechnik - Grundbegriffe
4046	1983	Wasserversorgung; Fachausdrücke und Begriffserklärungen; Technische Regel des DVGW
4047-3	1990	Landwirtschaftlicher Wasserbau; Begriffe Boden
4049-1	1992	Hydrologie; Grundbegriffe

---

[3] Eine detaillierte Zusammenstellung der Normen findet sich im Anhang der DIN 4049-2

4049-2	1990	Hydrologie; Begriffe der Grundwasserbeschaffenheit
4049-3	1994	Hydrologie; Begriffe zur quantitativen Hydrologie; darin Abschnitt 3: Unterirdisches Wasser
4261-1 bis 4	1984 bis 1991	Kleinkläranlagen
4924	1972	Filtersande und Filterkiese für Brunnenfilter
E 4924	1995	Sande und Kiese für den Brunnnenbau; Anforderungen und Prüfungen
18123	1983	Bestimmung der Korngrößenverteilung
18128	1990	Bestimmung des Glühverlustes
18129	1990	Kalkgehaltsbestimmung
18130-1	1989	Bestimmung des Wasserdurchlässigkeitsbeiwertes, Laborversuche
18195-1 bis 8	1983/84	Bauwerksabdichtungen
18196	1988	Erd- und Grundbau; Bodenklassifikation für bautechnische Zwecke und Methoden; Erkennen von Bodengruppen
18301	1979	Bohrarbeiten
18302	1979	Brunnenausbauarbeiten
18305	1996	Wasserhaltungsarbeiten
19684-8	1977	Chemische Laboruntersuchungen; Bestimmung der Austauschkapazität des Bodens und der austauschbaren Kationen
19685	1979	Klimatologische Standortuntersuchung im Landwirtschaftlichen Wasserbau; Ermittlung der meteorologischen Größen
19700-10	1986	Stauanlagen; gemeinsame Festlegungen
19700-11	1986	Stauanlagen; Talsperren
19700-12	1986	Stauanlagen; Hochwasserrückhaltebecken
19700-13	1986	Stauanlagen; Staustufen
19700-14	1986	Stauanlagen; Pumpspeicherbecken
19711	1975	Hydrogeologische Zeichen (löste DIN 710 ab: Gewässerkundliche Zeichen)
19999	1984	Begriffe im Wasserwesen; Übersicht über genormte Benennungen
32625	1980	Stoffmenge und davon abgeleitete Größen; Begriffe und Definitionen
33830-1	1988	Wärmepumpen; anschlußfertige Heiz-Absorptionswärmepumpen; Begriffe; Anforderungen, Prüfung, Kennzeichnung
38402 bis 38411		Analysenverfahren mit den Gruppen:
38402		Allgemeine Angaben; Probenahmen (Gruppe A)
38404		Physikalische und physikalisch-chemische Kenngrößen (Gruppe C)

38405	Anionen (Gruppe D)
38406	Kationen (Gruppe E)
38407	Gemeinsam erfaßbare Stoffgruppen (Gruppe F)
38408	Gasförmige Bestandteile (Gruppe G)
38409	Summarische Wirkungs- und Stoffkenngrößen (Gruppe H)
38410	Biologisch-ökologische Gewässeruntersuchung (Gruppe M)
38411	Mikrobiologische Verfahren (Gruppe K)
38412	Testverfahren mit Wasserorganismen (Gruppe L)
38413	Einzelkomponenten (Gruppe P)
38414	Schlamm und Sedimente (Gruppe S)

Gruppenweise nach Sachgebieten zusammengefaßt finden sich DIN-Normen in:

DIN -Taschenbuch 12 (1995): Wasserversorgung 1 (Wassergewinnung, Wasseruntersuchung, Wasseraufbereitung).- 9. Auflage

DIN -Taschenbuch 187 (1991): Wasserbau 2 (enthält u.a. Normen der Bodenuntersuchung)

DIN -Taschenbuch 211 (1991): Wasserwesen (Begriffe).- 400 Seiten

DIN -Taschenbuch 230 (1991): Abwasseranalysenverfahren, Normen, Wasserhaushaltsgesetz, Abwasserverwaltungsvorschriften.- 560 Seiten

Darüber hinaus erscheint jährlich ein Katalog mit den DIN-Neuerscheinungen

2.2 Veröffentlichungen des DVGW

2.2.1 DVGW-Arbeitsblätter (AB), DVGW-Merkblätter (MB) und DVGW-Hinweise (H)

Bezug : Wirtschafts- und Verlagsgesellschaft Gas und Wasser GmbH (vorm. ZfGW-Verlag), Josef-Wirmer-Str. 1 - 3, 53213 Bonn

AB   W 101 (Februar 1995): Richtlinien für Trinkwasserschutzgebiete; I. Teil: Schutzgebiete für Grundwasser

AB   W 102 (Januar 2000): Richtlinien für Trinkwasserschutzgebiete; II. Teil: Schutzgebiete für Talsperren

AB   W 103 (Februar 1975): Richtlinien für Trinkwasserschutzgebiete; III. Teil: Schutzgebiete für Seen (z.Zt. überarbeitet); (Anmerkung: AB W 102 und AB W 103 werden in der Neubearbeitung vereinigt zum AB W 102/103: Richtlinien für Trinkwasserschutzgebiete; Schutzgebiete für Talsperren, Seen)

MB   W 105 (Dezember 1981): Behandlung des Waldes in Schutzgebieten für Trinkwassertalsperren

MB   W 106 (April 1991): Militärische Übungen und Liegenschaften der Streitkräfte in Wasserschutzgebieten

MB   W 110 (Juni 1990): Geophysikalische Untersuchungen in Bohrlöchern und Brunnen zur Erschließung von Grundwasser - Zusammenstellung von Methoden

AB   W 111 (März 1997): Planung, Durchführung und Auswertung von Pumpversuchen bei der Wassererschließung

MB   W 112 (April 1983): Entnahme von Wasserproben bei der Wassererschließung; Entwurf der Neufassung: November 1999 mit dem Zusatz: Gewinnung und Überwachung von Grundwasser

MB   W 113 (April 1983): Ermittlung, Darstellung und Auswertung der Korngrößenverteilung wasserleitender Lockergesteine für hydrogeologische Untersuchungen und für den Bau von Brunnen; Entwurf der Neufassung: November 1999

MB   W 114 (Juni 1989): Gewinnung und Entnahme von Gesteinsproben bei Bohrarbeiten zur Grundwassererschließung

MB   W 115 (Februar 2000): Bohrungen zur Erkundung, Gewinnung und Beobachtung im Grundwasser

MB   W 116 (März 1998): Verwendung von Spülungszusätzen in Bohrspülungen bei der Erschließung von Grundwasser

MB   W 117 (Dez.1975): Entsanden und Entschlammen von Bohrbrunnen (Vertikalbrunnen) im Lockergestein und Verfahren zur Feststellung überhöhten Eintrittswiderstandes

MB   W 119 (Febr.1982): Über den Sandgehalt in Brunnenwasser; Bestimmung von Sandmengen im geförderten Wasser, Richtwerte für den Restsandgehalt

AB   W 120 (Febr. 1991): Verfahren für die Erteilung der DVGW-Bescheinigung für Bohr- und Brunnenbauunternehmen

MB   W 121 (Okt.1988): Bau und Betrieb von Grundwasserbeschaffenheitsmeßstellen

AB   W 122 (Aug.1995): Abschlußbauwerke für Brunnen der Wassergewinnung

AB   W 123 (Entwurf Nov.1999): Bau und Ausbau von Vertikalfilterbrunnen

MB   W 124 (Entwurf Juni 1997): Kontrollen und Abnahmen beim Bau von Vertikalfilterbrunnen

MB   W 130 (April 1992): Brunnenregenerierung (z.Zt. überarbeitet)

MB   W 131 (Jan.1970): Hinweise zur Verhütung der biologischen Brunnenverockerung (z.Zt. überarbeitet)

MB   W 132(Dez.1980): Algen-Massenentwicklung in Langsamfiltern und Anlagen zur künstlichen → Grundwasseranreicherung - Möglichkeiten zu ihrer Vermeidung

AB   W 135 (Nov.1998): Sanierung und Rückbau von Bohrungen, Grundwassermeßstellen und Brunnen

MB   W 253 (Juli1993): Trinkwasserversorgung und Radioaktivität

H   W 254 (Juli 1988): Grundsätze für Rohwasseruntersuchungen

AB   W 351 (Aug.1979): Quellfassungen, Sammelschächte, Druckunterbrechungsschächte

2.2.2 DVGW-Schriften,

Wasserinformation Nr. 35 - 3/93: Einfluß von Bodennutzung und Düngung in Wasserschutzgebieten auf den Nitrateintrag in das Grundwasser

Gas/Wasser-Information Nr. 4 - 10/93: Literaturhinweise zur „Altlasten"-Thematik

Wasser-Information Nr.46 - 5/95: Zustandsbeschreibung des Grundwassers

Wasser-Information Nr.43 - 8/96: Oberflächengeophysik zur Grundwassererkundung

2.3 Veröffentlichungen des ATV - DVWK

Vertrieb: GFA - Gesellschaft zur Förderung der Abwassertechnik e.V., Theodor-Heuss-Allee 17, D-53773 Hennef

2.3.1 DVWK-Regeln

Heft 114: Empfehlungen zum Bau und Betrieb von Lysimetern.- DVWK-FA „Grundwassererkundung"; Bonn, 1980

Heft 122: Ermittlung der Stoffdeposition in Waldökosystemen.- DVWK-FA „Wald und Wasser; Bonn, 1984

Heft 126: Niederschlag - Anweisung für den Beobachter an Niederschlagsstationen (ABAN); 1989).- DVWK-FA „Niederschlag"; Bonn, 1988

Heft 128: Entnahme und Untersuchungsumfang von Grundwasserproben.- DVWK-FA „Grundwasserchemie"; Bonn, 1992

2.3.2 DVWK–Merkblätter

Heft 211: Ermittlung des Interzeptionsverlustes in Waldbeständen bei Regen.- DVWK-FA „Wald und Wasser"; Bonn, 1986

Heft 215: Dichtungselemente im Wasserbau.- DVWK-FA „Dichtungselemente im Wasserbau"; Bonn 1990

Heft 217: Gewinnung von Bodenwasserproben mit Hilfe der Saugkerzen-Methode.- DVWK-FA „Bodennutzung und Nährstoffaustrag"; Bonn, 1990

Heft 229: Grundsätze zur Ermittlung der Stoffdeposition.- DVWK-FA „Inhaltsstoffe des Niederschlags"; Bonn, 1994

Heft 230: Niederschlag - Empfehlung für Betreiber von Niederschlagsstationen (BETREN).- DVWK-FA „Niederschlag"; Bonn, 1994

Heft 237: Deponieabdichtungen in Asphaltbauweise.- DVWK-FA „Asphaltbauweise im Wasserbau"; Bonn, 1996

Heft 238: Ermittlung der Verdunstung von Land- und Wasserflächen.- DVWK-FA „Verdunstung"; Bonn, 1996

Heft 245: Tiefenorientierte Probenahme aus Grundwassermeßstellen.- DVWK-FA „Grundwassermeßgeräte"; Bonn, 1997

2.3.3 DVWK-Schriften

Heft 80: Bedeutung biologischer Vorgänge für die Beschaffenheit des Grundwassers.- DVWK-FA „Grundwasserbiologie"; Bonn, 1988

Heft 81: Erkundung tiefer Grundwasser-Zirkulationssysteme - Grundlagen und Beispiele.- DVWK-FA „Grundwassererkundung"; Bonn, 1987

Heft 83: Stofftransport im Grundwasser - I. Einsatzmöglichkeiten von Transportmodellen; II. Untersuchungsmethoden und Meßstrategien bei Grundwasserkontaminationen; Bonn, 1989

Heft 84: Grundwasser - Redoxpotentialmessung und Probenahmegeräte.-
I. Redoxpotentialmessungen im Grundwasser
II. Grundwasser-Entnahmegeräte, Zusammenstellung von Geräten für die Grundwasserentnahme zum Zweck der qualitativen Untersuchung; Bonn; unveränderter Nachdruck; Bonn, 1991

Heft 86: Grundlagen der Verdunstungsermittlung und Erosivität von Niederschlägen.-
I. Stand der Verdunstungsermittlung in der Bundesrepublik Deutschland,
II. Zur Erosivität der Niederschläge im Gebiet der deutschen Mittelgebirge, besonders im hessischen Raum; Bonn, 1990

Heft 89: Methodensammlung zur Auswertung und Darstellung von Grundwasserbeschaffenheitsdaten.- DVWK-FA „Grundwasserchemie", 234 S.; Bonn, 1990

Heft 90: Uferstreifen an Fließgewässern.
I. Gestaltung und Wirkung der Uferstreifen aus gewässerkundlicher und wasserbaulicher Sicht;
II. Auswirkungen landwirtschaftlicher Bodennutzungen und kulturtechnischer Maßnahmen;
III. Ökologische Gliederung und Anforderungen des Naturschutzes und der Landschaftspflege;
IV. Bedeutung für die Erholungsnutzung und den Erlebniswert.- 380 S.; Bonn, 1990

Heft 91: Stoffeintrag und Stoffaustrag in bewaldeten Einzugsgebieten.- 165 S.; Bonn. 1990

Heft 92: Hydraulische Methoden zur Erfassung von Rauheiten.
I. Bestimmung von Rauheiten;
II. Äquivalente Sandrauheiten und STRICKLER-Beiwerte fester und beweglicher Strömungsberandungen.- 320 S.; Bonn, 1990

Heft 93: Stoffumsatz und Wasserhaushalt landwirtschaftlich genutzter Böden.
I. Ergebnisse zum Nährstoffumsatz und Nährstoffaustrag - langjährige Feldversuche;
II. Dränfilterprüfung im Gelände;
III. Pufferzonen um Naturschutzgebiete - Empfehlungen für die hydraulische Bemessung und Abgrenzung.- 246 S.; Bonn, 1991

Heft 94: Deutsch - deutsche Zusammenarbeit in der Wasserwirtschaft - Beiträge zur DVWK-Fachveranstaltung am 04.10.1990 in Göttingen.- 326 S.; Bonn, 1990

Heft 95: Gestaltung und ökologische Entwicklung von Seen - Beispiele aus der Bundesrepublik Deutschland.- 205 S.; Bonn, 1991

Heft 96: Wasserwirtschaftliche Meß- und Auswerteverfahren in Trockengebieten.- 277 S.; Bonn, 1991

Heft 97: Starkniederschläge in der Bundesrepublik Deutschland - Erläuterungen und Ergänzungen zu KOSTRA.- 215 S.; Bonn, 1991

Heft 98: Sanierungsverfahren für Grundwasserschadensfälle und Altlasten- Anwendbarkeit und Beurteilung.- 244 S.; Bonn, 1991

Heft 99: Auswirkungen der maschinellen Gewässerunterhaltung auf aquatische Lebensgemeinschaften.- 127 S.; Bonn, 1992

Heft 100: Anwendung hydrogeochemischer Modelle.-
I. Grundlagen und Anwendungsmöglichkeiten hydrogeochemischer Modellprogramme;
II. Modellierung geogener Grundwasserbeschaffenheit an Beispielen aus dem norddeutschen Flachland;
III. Modellierung geogener Grundwasserbeschaffenheit am Beispiel des fränkischen Keupers;
IV. FREAKIN - ein Programm zur Erzeugung von Eingabedateien für PHREEQE; 356 S.; Bonn, 1992

Heft 101: Hydrologische Brachlandforschung im Mittelgebirge - Zehn Jahre Untersuchungen in Mittelhessen.- 209 S.; Bonn, 1992

Heft 102: Gewässer - schützenswerter Lebensraum - Beiträge zur DVWK-Fachveranstaltung im Oktober 1992 in Oberhof.- 386 S.; Bonn, 1992

Heft 103: Inseln und Steilufer bei stehenden Gewässern - Bewertungen aus ökologischer Sicht.- 128S.; Bonn, 1993

Heft 104: Stoffeintrag und Grundwasserbewirtschaftung.- 287 S.; Bonn, 1993

Heft 105: Verlandung von Flußstauhaltungen - Morphologie, Bewirtschaftung, Umweltaspekte und Fallbeispiele.- 316 S.; Bonn 1993

Heft 106: Verminderung des Stickstoffaustrages aus landwirtschaftlich genutzten Flächen in das Grundwasser - Grundlagen und Fallbeispiele.- 425 S.; Bonn, 1994

Heft 107: Grundwassermeßgeräte.
I. Grundwassermeßgeräte zur Ermittlung physikalischer und physikochemischer Parameter im Grundwasser;
II. Datensammler für die Grundwassermessung.- 267 S.; Bonn, 1994

Heft 108: Ökologische Erneuerung einer Industrielandschaft.
I. Wohin mit dem Regenwasser ?;
II. Gewässer in der Stadt - eine Chance für Stadtgestaltung;
III. Die Zukunft unseres Grundwassers sichern ! - Beiträge zur DVWK-Fachveranstaltung im September 1994 in Herten.- 250 S.; Bonn, 1994

Heft 109: Speicher-Durchfluß-Modelle zur Bewertung des Stoffein- und Stoffaustrages in unterschiedlichen Grundwasser-Zirkulationssystemen.- 118 S.; Bonn, 1995

Heft 110: Hydrogeochemische Stoffsysteme. Teil I.- 324 S.; Bonn, 1996

Heft 111: Wasserwirtschaftliche Forderungen an die Landnutzungsplanung zur Verminderung des Nitrataustrags insbesondere in Wasserschutzgebieten.- 144 S.; Bonn, 1996

Heft 112: Klassifikation überwiegend grundwasserbeeinflußter Vegetationstypen.- 504 S.; Bonn, 1996

Heft 113: Elbaue und ländlicher Raum - Konfliktfelder unserer Landschaft.
I. Nutzungsansprüche an die Elbaue;
II. Entwicklung der Kulturlandschaft;
III. Hochwasserschutz, Energiewirtschaft und Schifffahrt im Elberaum - Beiträge zur DVWK-Fachveranstaltung im September 1996 in Lüneburg.- 301 S.; Bonn, 1996

Heft 114: Gesichtspunkte zum Abfluß in Ausleitungsstrecken kleiner Wasserkraftanlagen.- 164 S.; Bonn, 1996

Heft 115: Wasserwirtschaftliche Bedeutung der Festlegung und Freisetzung von Nährstoffen durch Sedimente in Fließgewässern.- 104 S.; Bonn, 1997

Heft 116: Sanierung kontaminierter Böden.- 296 S.; Bonn, 1996

Heft 117: Hydrogeochemische Stoffsysteme.- Teil II.- 415 S.; Bonn, 1998

Heft 118: Maßnahmen zur naturnahen Gewässerstabilisierung.- 359 S.; Bonn, 1997

Heft 119: Funktionsüberprüfung von Fischwegen - Einsatz automatischer Kontrollstationen unter Anwendung der Transponder-Technologie.- 114 S.; Bonn, 1997

Heft 120: Parameter und Methoden der biologischen Charakterisierung des Untergrundes - Feststoff und Wasser.- 274 S.; Bonn, 1997

Heft 121: Maßnahmen an Fließgewässern - umweltverträglich planen.- 132 S.; Bonn, 1999

Heft 122: Zukunftsfähige Schutzstrategien der Wasserwirtschaft - Beiträge zur DVWK-Fachveranstaltung am 30.09./01.10.1998 in Potsdam.- 566 S.; Bonn, 1998

Heft 123: Ermittlung einer ökologisch begründeten Mindestwasserführung mittels Halbkugel-methode und Habitat-Prognose-Modell.- 112 S.; Bonn, 1999

Heft 124: Hochwasserabflüsse.
I. Einsatz von Niederschlag-Abfluß-Modellen zur Ermittlung von Hochwasserabflüssen;
II. Extreme Hochwasserabflüsse - Möglichkeiten zur Abschätzung und Anwendung; Datenbank HOWEX.- 276 S.; Bonn, 1999

Heft 126: Gewässerentwicklungplanung - Begriffe, Ziele, Systematik, Inhalte.- 140 S.; Bonn, 1999

Heft 127: Numerische Modelle von Flüssen, Seen und Küstengewässern.- 448 S.; Bonn, 1999

Heft 128: Methoden zur Erkundung, Untersuchung und Bewertung von Sedimentablagerungen und Schwebstoffen in Gewässern.- 430 S.; Bonn, 1999

2.3.4 DVWK-Mitteilungen

Heft 19: Nutzwertanalytische Ansätze zur Planungsunterstützung und Projektbewertung.- 271 S., Bonn, 1989

Heft 20: Einflüsse von Meßstellenausbau und Pumpenmaterialien auf die Beschaffenheit einer Wasserprobe.- 153 S.; Bonn, 1990

Heft 21: Abhängigkeit der Selbstreinigung von der Naturnähe der Gewässer.- 168 S.; Bonn, 1990

Heft 22: Pilotstudie zur Anwendung nutzwertanalytischer Verfahren.-232 S.; Bonn, 1991

Heft 23: Fallbeispiel zur Nutzwertanalyse - Wasswirtschaftliche Planung Emstal.- 162 S.; Bonn, 1993

Heft 24: Salz in Werra und Weser - Ursachen, Folgen, Abhilfe.- 213 S.; Bonn, 1993

Heft 25: Hydralische und sedimentologische Berechnung naturnah gestalteter Fließgewässer.- 92 S.; Bonn, 1994

Heft 26: Einwirkungen saurer Niederschläge und Abflüsse auf den Materialzustand von Staumauern und Untergrund.- 309 S.; Bonn, 1996

Heft 27: Erddruckmessungen in Staudämmen und Deponiebauwerken.- 188 S.; Bonn, 1997

Heft 28: Filterwirkung von Uferstreifen für Stoffeinträge in Gewässer in unterschiedlichen Landschaftsräumen.- 140 S.; Bonn, 1997

Heft 29: Regionalisierung maximierter Gebietsniederschlagshöhen in der Bundesrepublik Deutschland.- 127 S.; Bonn, 1997

2.3.5 DVWK-Materialien

Heft 1/1994: Bewertung und Auswertung hydrochemischer Grundwasseruntersuchungen - Bedeutung von natürlichen Unterschieden und Fehlern für die Beurteilung von Beschaffenheitsdaten.- Bearbeiter: SCHENK, V.; DVWK-FA „Grundwasserchemie"; Bonn, 1994

Heft 3/1993: Sanierung kontaminierter Böden.- Literaturrecherche, Bearbeiter: RÖHRICH, T.; DVWK-FA „Sanierung kontaminierter Böden"; Bonn, 1994

Heft 3/1995: Potentielle Beeinträchtigung des Grundwassers durch den Verkehr.- Bearbeiter: LANGE, G. & K.-H. MOOG; DVWK-FA „Grundwasserchemie", Bonn, 1995

Heft 3/1999: Grundwassergefährdung durch Baumaßnahmen.- Bearbeiter: HÖTZL, & M. EISWIRTH.- DVWH-FA „Grundwasserchemie"; Bonn, 1999

Heft 4/1995: Datensammler für die Grundwassermessung.- Workshop vom 14./15. April 1994 in München; DVWK-FA „Grundwassermeßgeräte"; Bonn, 1995

2.3.6 ATV-Materialien

Bezug: ATV - Abwasser Abfall Gewässerschutz, Theodor-Heuss-Allee 17, D-53773 Hennef

2.3.6.1 ATV-Arbeitsblätter

Arbeitsblatt (A) ATV-A102[2]: Allgemeine Hinweise für die Planung von Abwasserableitungsanlagen und Abwasserbehandlungsanlagen bei Industrie- und Gewerbebetrieben.- 9 S.; Bonn, 1990

ATV-A 105: Wahl des Entwässerungssystems.- 13 S.; Bonn, 1997

ATV-A 106: Entwurf und Bauplanung von Abwasserbehandlungsanlagen.- 21 S.; Bonn, 1995

ATV-A 110: Richtlinie für die hygienische Dimensionierung und den Leistungsnachweis von Abwasserkanälen und -leitungen.- 44 S.; Bonn, 1988

ATV-A 111: Richtlinien für die hydraulischen Dimensionierungen und den Leistungsnachweis von Regenwasserentlastungsanlagen in Abwasserkanälen und -leitungen.- 18 S.; Bonn, 1994

ATV-A 112: Richtlinien für die hydraulische Dimensionierung und den Leistungsnachweis von Sonderbauwerken in Abwasserkanälen und -leitungen.- 24 S.; Bonn, 1998

ATV-A 115[2]: Einleiten von nicht häuslichem Abwasser in eine öffentliche Abwasseranlage.- 20 S.; Bonn, 1994

ATV-A 116: Besondere Entwässerungsverfahren Unterdruckentwässerung - Druckentwässerung.- 22 S.; Bonn, 1992

ATV-A 117: Richtlinien für die Bemessung , die Gestaltung und den Betrieb von Regenrückhaltebecken.- 24 S.; Bonn, 1977

ATV-A 117: Bemessung von Regenrückhalteräumen (Entwurf).- 26 S.; Bonn, 1999

ATV-A 118: Hydraulische Bemessung und Nachweis von Entwässerungssystemen.- 32 S.; Bonn, 1999

ATV-A 119: Grundsätze für die Berechnung von Entwässerungsnetzen mit elektronischen Datenverarbeitungsanlagen.- 15 S.; Bonn, 1984

ATV-A 120: Richtlinien für das Prüfen elektronischer Berechnungen von Kanalnetzen.- 20 S.; Bonn, 1979

ATV-A 121: Niederschlag - Starkregenauswertung nach Wiederkehrzeit und Dauer Niederschlagsmessungen - Auswertung.- 33 S.; Bonn, 1985

ATV-A 122: Grundsätze für Bemessung, Bau und Betrieb von kleinen Kläranlagen mit aerober biologischer Reinigungsstufe für Anschlußwerte zwischen 50 und 500 Einwohnerwerten.- 8 S.; Bonn, 1991

ATV-A 123: Behandlung und Beseitigung von Schlamm aus Kleinkläranlagen.- 11 S.; Bonn, 1985

ATV-A 124: Dienst- und Betriebsanweisung für das Personal von Kläranlagen.- 28 S.; Bonn, 1989

ATV-A 125: Rohrvortrieb.- 35 S.; Bonn, 1996

ATV-A 126: Grundsätze für die Abwasserbehandlung in Kläranlagen nach dem Belebungsverfahren mit gemeinsamer Schlammstabilisierung bei Anschlußwerten zwischen 500 und 5.000 Einwohnerwerten.- 11 S.; Bonn, 1993

ATV-A 127: Richtlinie für die statistische Berechnung von Entwässerungskanälen und -leitungen.- 39 S.; Bonn, 1988

ATV-A 127: Richtlinie für die statistische Berechnung von Entwässerungskanälen und -leitungen (Entwurf).- 58 S.; Bonn, 1997

ATV-A 128: Richtlinie für die Bemessung und Gestaltung von Regenentlastungsanlagen in Mischwasserkanälen.- 50 S.; Bonn, 1992

ATV-A 129: Abwasserbeseitigung aus Erholungs- und Fremdenverkehrseinrichtungen.- 11 S.; Bonn, 1979

ATV-A 131: Bemessung von einstufigen Belebungsanlagen (Entwurf).- 22 S.; Bonn, 1999

ATV-A 133[2]: Erfassung, Bewertung und Fortschreibung des Vermögens kommunaler Entwässerungseinrichtungen.- 38 S.; Bonn, 1996

ATV-A 134: Planung und Bau von Abwasserpumpwerken mit kleinen Zuflüssen.- 28 S.; Bonn, 1982

ATV-A 134: Planung und Bau von Abwasserpumpanlagen (Entwurf).- 40 S.; Bonn, 1998

ATV-A 135: Grundsätze für die Bemessung von Tropfkörpern und Tauchkörpern mit Anschlußwerten über 500 Einwohnergleichwerten.- 9 S.; Bonn, 1989

ATV-A 135: Grundsätze für die Bemessung von Tropfkörpern und Rotationstauchkörpern (Entwurf).- 25 S.; Bonn, 1999

ATV-A 136: Niederschlag - Aufbereitung und Weitergabe von Niederschlagsregistrierungen - Niederschlagsauswertung - Datenverarbeitung.- 18 S.; Bonn, 1985

ATV-A 137: Die Verwendung von Steighilfen in Bauwerken der Ortsentwässerung.- 4 S.; Bonn, 1985

ATV-A 138: Bau und Bemessung von Anlagen zur dezentralen Versickerung von nicht schädlich verunreinigtem Niederschlagswasser.- 15 S.; Bonn, 1990

ATV-A 138: Planung, Bau und Betrieb von Anlagen zur Versickerung von Niederschlagswasser (Entwurf).- 88 S.; Bonn, 1999

ATV-A 139: Richtlinien für die Herstellung von Entwässerungskanälen und -leitungen.- 13 S.; Bonn, 1988

ATV-A 140: Regeln für den Kanalbetrieb. Teil 1: Kanalnetz.- 20 S.; Bonn, 1990

ATV-A 140: Regeln für den Kanalbetrieb. Teil 2: Regenbecken und -entlastungen (Entwurf).- 8 S.; Bonn, 1999

ATV-A 142: Abwasserkanäle und -leitungen in Wassergewinnungsgebieten.- 9 S.; Bonn, 1992

ATV-A 145: Aufbau und Anwendung einer Kanaldatenbank.- 11 S.; Bonn, 1994

ATV-A 147: Betriebsaufwand für die Kanalisation. Teil 1: Betriebsaufgaben und Intervalle.- 9 S.; Bonn, 1993

ATV-A 147: Betriebsaufwand für die Kanalisation. Teil 2: Personal-, Fahrzeug- und Gerätebedarf.- 20 S.; Bonn, 1995

ATV-A 148: Dienst- und Betriebsanweisung für das Personal von Abwasserpumpwerken, -druckleitungen und Regenbecken.- 26 S.; Bonn, 1994

ATV-A 161: Statische Berechnung von Vortriebsrohren.- 57 S.; Bonn, 1990

ATV-A 163: Indirekteinleiter. Teil 1: Erfassung.- 16 S.; Bonn, 1992

ATV-A 163: Indirekteinleiter. Teil 2: Bewertung und Überwachung (Entwurf).- 10 S.; Bonn, 1994

ATV-A 166: Bauwerke der zentralen Regenwasserbehandlung und -rückhaltung - Konstruktive Gestaltung und Ausrüstung.- 52 S.; Bonn, 1999

ATV-A 200[2]: Grundsätze für die Abwasserentsorgung in ländlich strukturierten Gebieten.- 26 S.; Bonn, 1997

ATV-A 201: Grundsätze für Bemessung, Bau und Betrieb von Abwasserteichen für kommunales Abwasser.- 26 S.; Bonn, 1989

ATV-A 202: Verfahren zur Elimination von Phosphor aus Abwasser.- 13 S.; Bonn, 1992

ATV-A 203: Abwasserfiltration durch Raumfilter nach biologischer Reinigung.- 14 S.; Bonn, 1995

ATV-A 241: Bauwerke in Entwässerungsanlagen.- 58 S.; Bonn, 1994

ATV-A 241: Bauwerke in Entwässerungsanlagen (2. Entwurf).- 31 S.; Bonn, 1998

ATV-A 251[2]: Kondensate aus Brennwertkesseln.- 16 S.; Bonn, 1998

ATV-A 257: Grundsätze für die Bemessung von Abwasserteichen und zwischengeschalteten Tropf- oder Tauchkörpern.- 6 S.; Bonn, 1989

ATV-A 262: Grundsätze für Bemessung, Bau und Betrieb von Pflanzenbeeten für kommunales Abwasser bei Ausbaugrößen bis 1.000 Einwohnerwerte.- 10 S.; Bonn, 1998

2.3.6.2 ATV-Merkblätter

ATV-M 101: Planung von Entwässerungsanlagen, Neubau-, Sanierungs- und Erneuerungsmaßnahmen.- 26 S.; Bonn, 1996

ATV-M 108: Maßnahmen gegen gefährdende Stoffe in Abwasseranlagen – Hinweise für eine Betriebsanweisung.- 6 S.; Bonn, 1994

ATV-M 127: Teil 1: Richtlinie für die statische Berechnung von Entwässerungsleitungen für Sickerwasser aus Deponien - Ergänzung zum ATV-A 127.- 16 S.; Bonn, 1996

ATV-M 127: Teil 2: Statische Berechnung zu Sanierungen von Abwasserkanälen und -leitungen mit Lining und Montageverfahren.- 56 S.; Bonn, 1999

ATV-M 141: Vorsorgemaßnahmen für Notfälle bei öffentlichen Abwasseranlagen.- 5 S.; Bonn, 1987

ATV-M 143: Inspektion, Instandsetzung, Sanierung und Erneuerung von Abwasserkanälen und -leitungen. Teil 1: Grundlagen.- 9 S.; Bonn, 1989

ATV-M 143: Inspektion, Instandsetzung, Sanierung und Erneuerung von Abwasserkanälen und -leitungen. Teil 2: Optische Inspektion.- 20 S.; Bonn, 1999

ATV-M 143: Inspektion, Instandsetzung, Sanierung und Erneuerung von Abwasserkanälen und -leitungen. Teil 3: Relining.- 5 S.; Bonn, 1993

ATV-M 143: Inspektion, Instandsetzung, Sanierung und Erneuerung von Abwasserkanälen und -leitungen. Teil 5: Allgemeine Anforderungen an Leistungsverzeichnisse für Reliningverfahren.- 8 S.; Bonn, 1998

ATV-M 143: Inspektion, Instandsetzung, Sanierung und Erneuerung von Abwasserkanälen und -leitungen. Teil 6: Dichtheitsprüfungen bestehender erdüberschütteter Abwasserleitungen und -kanäle und Schächte mit Wasser, Luftüber- und Unterdruck.- 13 S.; Bonn, 1998

ATV-M 146: Ausführungbeispiele zum ATV-A 142 Abwasserkanäle und -leitungen in Wassergewinnungsgebieten.- 19 S.; Bonn, 1995

ATV-M 149: Zustandserfassung, -klassifizierung und -bewertung von Abwasserkanälen und -leitungen.- 28 S.; Bonn, 1999

ATV-M 165: Anforderungen an Niederschlag-Abfluß-Berechnungen in der Stadtentwässerung.- 20 S.; Bonn, 1994

ATV-M 167: Abscheider und Rückstausicherungsanlagen bei der Grundstücksentwässerung, Einbau und Betrieb.- 22 S.; Bonn, 1995

ATV-M 168: Korrosion von Abwasseranlagen.- 39 S.; Bonn, 1998

ATV-M 204: Stand und Anwendung der Emmissionsminderungstechnik bei Kläranlagen - Gerüche, Aerosole.- 54 S.; Bonn, 1996

ATV-M 205: Desinfektion von biologisch gereinigtem Abwasser.- 27 S.; Bonn, 1998

ATV-M 206: Automatisierung der chemischen Phosphatelimination.- 15 S.; Bonn, 1994

ATV-M 207[2]: Nachrichtentechnische Netzwerke für die Abwassertechnik.- 42 S.; Bonn, 1998

ATV-M 208: Biologische Phosphatentfernung bei Belebungsanlagen.- 9 S.; Bonn, 1994

ATV-M 209: Messung der Sauerstoffzufuhr von Belüftungseinrichtungen in Belebungsanlagen in Reinwasser und in belebtem Schlamm.- 38 S.; Bonn, 1996

ATV-M 210: Belebungsanlagen mit Aufstaubetrieb.- 32 S.; Bonn, 1997

ATV-M 250: Maßnahmen zur Sauerstoffanreicherung von Oberflächengewässern.- 39 S.; Bonn, 1985

ATV-M 252: Empfehlung zur Gestaltung von Stromlieferungsverträgen für Kläranlagen.- 10 S.; Bonn, 1997

ATV-M 256: Einsatz von Betriebsmeßeinrichtungen auf Kläranlagen.
Vorblatt: Allgemeine Anforderungen.- 3 S.; Bonn, 1989
Blatt 1: Anforderungen an Sauerstoffmeßeinrichtungen.- 2 S.; Bonn, 1989
Blatt 2: Anforderungen an Pegelstandmeßeinrichtungen zur Durchflußmessung.- 2 S., Bonn, 1989
Blatt 3: Anforderungen an Einrichtungen zur Messung des pH-Wertes.- 2 S.; Bonn, 1989
Blatt 4: Anforderungen an Meßeinrichtungen zur Bestimmung des Feststoffgehaltes.- 2 S.; Bonn, 1989
Blatt 5: Anforderungen an Einrichtungen zum Messen und Überwachen von Pegel- und Füllständen in Pumpensümpfen und Behältern.- 3 S.; Bonn, 1989

ATV-M 260: Erfassen, Darstellen, Auswerten und Dokumentieren der Betriebsdaten von Abwasseranlagen (Entwurf).- Bonn, 1999

ATV-M 263[2]: Empfehlungen zum Korrosionsschutz von Stahlteilen in Abwasserbehandlungsanlagen durch Beschichtungen und Überzüge.- 6 S.; Bonn, 1991

ATV-M 264: Durchflußmessung von Faulgas auf Kläranlagen.- 9 S.; Bonn, 1991

ATV-M 266: Steuern und Regeln des Trockensubstanzgehaltes beim Belebungsverfahren.- 12 S.; Bonn, 1997

ATV-M 267[2]: Radioaktivität in Abwasser und Klärschlamm.- 56 S.; Bonn, 1995

ATV-M 268: Steuern und Regeln der N-Elimination beim Belebungsverfahren.- 23 S.; Bonn, 1997

ATV-M 269: Anforderungen an On-line-Prozeßanalysegeräte für N und P.- 24 S.; Bonn, 1995

ATV-M 270: Entsorgung von Inhalten mobiler Toiletten mit Sanitärzusätzen (Chemietoiletten).- 11 S.; Bonn, 1997

ATV-M 271: Personalbedarf für den Betrieb kommunaler Kläranlagen.- 26 S.; Bonn, 1998

ATV-M 273[2]: Einleiten und Einbringen von Rückständen aus Anlagen der Wasserversorgung in Abwasseranlagen.- 21 S.; Bonn, 1999

ATV-M 274: Einsatz organischer Polymere in der Abwasserreinigung.- 19S.; Bonn, 1999

2.3.6.3 ATV-Hinweisblätter

ATV-H 144: Niederschlag - Anweisungen für den Beobachter an Niederschlagsstationen.- 65 S.; Bonn, 1988

ATV-H 162: Baumstandorte und unterirdische Ver- und Entsorgungsanlagen.- 6 S.; Bonn, 1989

ATV-H 164: Empfehlungen für Vereinbarungen über Kreuzungen von Entwässerungskanälen und -leitungen mit Gelände der nichtbundeseigenen Eisenbahnen (NE) - NE-Entwässerungskanal-Kreuzungsempfehlungen.- 10 S.; Bonn, 1992

ATV-H 253: Einsatz von Prozeßdatenverarbeitungsanlagen auf Klärwerken.- 16 S.; 1986

ATV-H 254: Allgemeine Beurteilungskriterien für Kläranlagen mit besonderen Verfahrenskombinationen oder -varianten für Ausbaugrößen bis 10.000 Einwohnerwerte.- 3 S.; Bonn, 1986

ATV-H 259: Auf Kläranlagen Stromkosten sparen!.-8 S.; Bonn, 1988

ATV-H 260: Erfassen, Auswerten und Darstellen von Betriebsdaten mit Hilfe von Prozeßdatenverarbeitungsanlagen auf Klärwerken.- 26 S.; Bonn, 1989

2.3.6.4 ATV-Arbeitsberichte

ATV-AB 1.1.2: Fragen des Betriebs und der Nutzungsdauer von Druck- und Unterdruckentwässerung.- Bonn, 1997

ATV-AB 1.1.3[2]: Entwurf zur Überarbeitung des Arbeitsblattes ATV-A 133 Erfassung, Bewertung und Fortschreibung des Vermögens kommunaler Entwässerungseinrichtungen.- Bonn, 1996

ATV-AB 1.1.3[2]: Ermittlung und Anwendung von Baupreisindizes für Ortskanalisationen und Kläranlagen.- Bonn, 1998

ATV-AB 1.2.1: Umfrage-Ergebnisse zum Stand der Kanalberechnungsverfahren und der Bemessungskriterien.- Bonn, 19996

ATV-AB 1.2.4: Untersuchungen zum Steuerungspotential von Kanalnetzen.- Bonn, 1995

ATV-AB 1.2.4: Wirtschaftlichkeit der Abflußsteuerung.- Bonn, 1995

ATV-AB 1.2.6: Überstau und Überflutung - Definitionen und Anwendungsbereiche.- Bonn, 1995

ATV-AB 1.2.6: Regenwasserbewirtschaftung in Siedlungsgebieten zur Angleichung an natürliche Abflußverhältnisse.- Bonn, 1999

ATV-AB 1.2.9: Ergebnisse einer ATV-Umfrage zum Thema Regenrückhaltebecken.- Bonn, 1998

ATV-AB 1.4.1: Hinweise zur Versickerung von Niederschlagsabflüssen.- Bonn, 1995

ATV-AB 1.4.3: Handlungsempfehlungen zum Umgang mit Regenwasser.- Bonn, 1996

ATV-AB 1.5.4: Gesetze, Verordnungen, Unfallverhütungsvorschriften, Richtlinien, Sicherheitsregeln und Merkblätter sowie Normen und sonstige Bestimmungen für den Arbeitsschutz bei der Sanierung erdverlegter Abwasserkanäle und -leitungen.- Bonn, 1997

ATV-AB 1.5.5: Berechnungsansätze für die Rohrbelastung im Graben mit gespundetem Verbau.- Bonn, 1997

ATV-AB 1.6.1: Neue Strategien für Anschlußkanäle und Grundstücksentwässerungsleitungen.- Bonn, 1998

ATV-AB 1.7.3: Kanalreinigung mit dem Hochdruckspülverfahren.- Bonn, 1997

ATV-AB 1.7.3: Die Haltungslänge aus betrieblicher Sicht.- Bonn, 1998

ATV-AB 1.7.4: Personalbedarf für den Betrieb von Abwasserpumpanlagen.- Bonn, 1998

Weitere ATV-Produkte über http://www.atv.de oder http://gfa-verlag.de on-line bestellbar.

2.4   LAWA-Richtlinien

Bezug: Woeste Druck + Verlag, Lazarettstr. 1, D-45127 Essen

Grundwasser-Richtlinien für Beobachtung und Auswertung, Teil 1 - Grundwasserstand (1984)

Grundwasser-Richtlinien für Beobachtung und Auswertung, Teil 2 - Grundwassertemperatur (1987)

Grundwasser-Richtlinien für Beobachtung und Auswertung, Teil 3 - Grundwasserbeschaffenheit (1993)

Grundwasser-Richtlinien für Beobachtung und Auswertung, Teil 4 - Quellen (1995)

Grundlagen zur Beurteilung des Einsatzes von Wärmepumpen aus wasserwirtschaftlicher Sicht (1980)
  1. Ergänzung zu den Grundlagen zur Beurteilung des Einsatzes von Wärmepumpen aus wasserwirtschaftlicher Sicht (1983)
  2. Merkblatt für die Benutzung von Grundwasser als Wärmequelle für Hauswärmepumpen (1983)

2.5   Bäderwesen

Bezug: Deutscher Bäderverband e.V., seit 1998 Deutscher Heilbäderverband; Schumannstr. 11, D-53113 Bonn

Richtlinien für Heilquellenschutzgebiete.- 3. Aufl., 1997, herausgegeben von der Länderarbeitsgemeinschaft Wasser (LAWA), über deren Geschäftsstelle ist ebenfalls der Bezug möglich (da der Vorsitz und damit die Geschäftsstelle periodisch wechselt, kann keine Daueradresse angegeben werden)

Begriffsbestimmungen für Kurorte, Erholungsorte und Heilbrunnen, 10. Auflage, 1991; dazu Kommentar; (1982)

Deutscher Bäderkalender; (Stand: 1994/95)

2.6 Veröffentlichungen der Forschungsgesellschaft für Straßen- und Verkehrswesen - Arbeitsgruppe Erd- und Grundbau

Bezug: Forschungsgesellschaft für Straßen- und Verkehrswesen, Postfach 50 13 62, D-50973 Köln

Richtlinien für bautechnische Maßnahmen an Straßen in Wassergewinnungsgebieten (RiStWag), Ausgabe 1982 (z.Z. in Überarbeitung)

Hinweise für Maßnahmen an bestehenden Straßen in Wasserschutzgebieten, Ausgabe 1993

2.7 VDI - Richtlinien

Bezug: VDI - Verein Deutscher Ingenieure - VDI-Gesellschaft Energietechnik, PF 101139, 40002 Düsseldorf

VDI 4640 (Blatt 1): Thermische Nutzung des Untergrundes - Grundlagen, Genehmigungen, Umweltaspekte.- Entwurf Februar 1998; Erscheinen voraussichtlich im Jahr 2000

VDI 4640 (Blatt 2): Thermische Nutzung des Untergrundes – Erdgekoppelte Wärmepumpen-anlagen.- Entwurf: Februar 1998; Erscheinen voraussichtlich im Jahr 2000

Anhang

3 Sonstige Literatur

Ad-hoc-Arbeitsgruppe Hydrogeologie der Staatlichen Geologischen Landesdienste in der BRD (1997): Hydrogeologische Kartieranleitung. - Geol. Jb., C 2: 3 - 57, 15 Abb., 6 Tab., 10 Anl.; Hannover

Ad-hoc-Arbeitsgruppe Boden der Geologischen Dienste in der BRD (1994): Bodenkundliche Kartieranleitung. - 392 S., 33 Abb., 91 Tab; Hannover

BALKE, K.-D., BEIMS, U., HEERS, F.-W., HÖLTING, B., HOMRIGHAUSEN, R. & G. MATTHESS (2000): Grundwassererschließung.- Grundlagen, Brunnenbau, Grundwasserschutz, Wasserrecht. - 710 S., 398 Abb., 83 Tab.; Bd. 4 des Lehrbuchs der Hydrogeologie von MATTHESS, G. [Hrsg.], Kiel; Berlin - Stuttgart (Borntraeger)

BERNER, R. A. (1980): Early diagenesis: A theoretical approach.- Princeton, Ser. Geochem., 241 S.; Princeton University Press, Princeton N.J.

BIESKE, E., RUBBERT, W. & C. TRESKATIS (1998): Bohrbrunnen. - 8. Aufl., 455 S., 206 Abb., 35 Tab.; München - Wien (Oldenbourg)

BUSCH, K.-F., LUCKNER, L. & R. TIEMER (1993): Geohydraulik. - 3.Aufl., 497 S., 238 Abb., 50 Tab.; Bd. 3 des Lehrbuches der Hydrogeologie von MATTHESS, G., [Hrsg.], Kiel; Berlin - Stuttgart (Borntraeger)

DVGW (1993): Wasserchemie für Ingenieure. Lehr- u. Handbuch der Wasserversorgung.- Bd. 5, 479 S.; München (Oldenbourg)

DVWK (1994): Grundwassermeßgeräte.- DVWK-Schriften, **107**, 241 S., 52 Bild., 6 Tab., Bonn (Wirtschafts- und Verlags.-Ges. Gas und Wasser)

FLÜGEL, W. A. (1979): Untersuchungen zum Problem des Interflows.- Heidelberger Geograph. Arbeiten, H. 56, 170 S.,12 Abb., 27 Fig., 60 Tab., 3 Karten; Heidelberg (Geogr.Inst.)

FÜCHTBAUER, H. [Hrsg.] (1988): Sedimente und Sedimentgesteine. Teil II.- 4.Aufl.; 1141 S., 660 Abb., 113 Tab.; Stuttgart (Schweizerbart)

GLÄßER, W., MEYER, D.E. & S. WOHNLICH [Hrsg.] (1995): Handbuch für die Umweltsanierung. Hydro- und ingenieurgeologische Methoden bei der Boden- und Grundwassersanierung im Altlastenbereich.- 191 S.; Berlin (Ernst & Sohn)

HÄHNE, R., JORDAN, H., DA COSTA, L., HAMZA, M., KRASNY, J., PEREZ, F. & N.N. SHURANOVA (1979): Bemerkungen zur internationalen hydrogeologischen Terminologie.- Z. angew. Geol., 25 (12), 613 - 620; Berlin (Akademie-Verlag)

HEITFELD, K.-H. (1991): Talsperren.- 468 S., 354 Abb., 37 Tab.; Bd.5 des Lehrbuches der Hydro- geologie von MATTHESS, G.[Hrsg.], Kiel; Berlin - Stuttgart (Borntraeger)

HÖLTING, B. (1996): Hydrogeologie. Einführung in die Allgemeine und Angewandte Hydrogeolo- gie.- 5. Aufl., 441 S., 114 Abb., 46 Taf.; Stuttgart (Enke)

HOHL, R. [Hrsg.] (1981): Die Entwicklungsgeschichte der Erde.- 5. Aufl., 2 Bd., 703 S., Leipzig (Brockhaus)

HÜTTER, L.A. (1992): Wasser und Wasseruntersuchung.- 5.Aufl., 516 S., Frankfurt/M., (Diester- weg und Aarau), Salzburg (Sauerländer)

KÄSS, W. (1992): Geohydrologische Markierungstechnik.- 528 S., 234 Abb., 30 Taf., 4 Farbtaf.; Bd.9 des Lehrbuches der Hydrogeologie von MATTHESS, G. [Hrsg.], Kiel; Berlin - Stuttgart (Borntraeger)

KNÖDEL, K., KUMMEL, H. & G. LANGE [Hrsg.] (1997): Handbuch zur Erkundung des Untergrundes von Deponien und Altlasten. Bd.3: Geophysik.- 1063 S.; BGR (Hannover); Berlin - Heidelberg (Springer)

KÜHN; F. & B. HÖRIG (1995): Handbuch zur Erkundung des Untergrundes von Deponien und Altlasten. Bd.1: Geofernerkundung.- 166 S., 72 Abb., BGR (Hannover); Berlin - Heidelberg (Springer)

LEGE, T., KOLDITZ, O. & W. ZIELKE (1996): Handbuch zur Erkundung des Untergrundes von Deponien und Altlasten. Bd.2: Strömungs- und Transportmodellierung.- 418 S., 169 Abb., 109 Tab.; BGR (Hannover); Berlin - Heidelberg (Springer)

LOOK, E.-R. (1996): Geotopschutz in Deutschland.- Leitfaden der Geologischen Dienste der Länder der Bundesrepublik Deutschland; Angewandte Landschaftsökologie, H. 9, 105 S., XVI Taf., 20 Fotos; Bonn-Bad Godesberg (Bundesamt für Naturschutz); Münster (Landwirtschaftsverlag)

MATTHESS, G. (1994): Die Beschaffenheit des Grundwassers.- 499 S., 139 Abb., 116 Tab.; Bd.2 des Lehrbuches der Hydrogeologie von MATTHESS, G. [Hrsg.], Kiel; Berlin - Stuttgart (Borntraeger)

MATTHESS, G. & K. UBELL (1983): Allgemeine Hydrogeologie – Grundwasserhaushalt.- 438 S., 214 Abb., 75 Tab.; Bd.1 des Lehrbuches der Hydrogeologie von MATTHESS, G. [Hrsg.], Kiel; Berlin - Stuttgart (Borntraeger)

LUX, K.-N. (1996): Bohrlochgeophysik in Wassergewinnung und Wasserwirtschaft. – In: DVGW (1996): Lehr- und Handbuch der Wasserversorgung, Bd.1, 307 - 370, 23 Bild., 7 Tab.; München (Oldenbourg)

MATSCHULLAT, J., TOBSCHALL, H.-J. & H.-J. VOIGT (1997): Geochemie und Umwelt.- 442 S., 168 Abb., 116 Tab.; Berlin - Heidelberg (Springer)

MICHEL. G. (1997): Mineral- und Thermalwässer – Allgemeine Balneogeologie.- 398 S., 104 Abb., 72 Tab.; Bd. 7 des Lehrbuches der Hydrogeologie von MATTHESS, G. [Hrsg.], Kiel; Berlin - Stuttgart (Borntraeger)

MOSER, H. & W. RAUERT (1980): Isotopenmethoden in der Hydrogeologie.- 400 S., 227 Abb., 32 Tab., Bd. 8 des Lehrbuches der Hydrogeologie von MATTHESS, G. [Hrsg.], Kiel; Berlin - Stuttgart (Borntraeger)

MURAWSKI, H. (1992): Geologisches Wörterbuch.- 9. Aufl., 254 S.; Stuttgart (Enke)

PRINZ, H (1992): Abriß der Ingenieurgeologie.- 3. Aufl., 546 S., 415 Abb., 84 Tab.; Stuttgart (Enke)

QUENTIN, K.E. (1969): Beurteilungsgrundsätze und Anforderungen an Mineral- und Heilwässer.- Handbuch der Lebensmittelchemie, **8**(2): 1043 - 1056; Berlin - Heidelberg - N.Y.(Springer)

ROWELL, D.L. (1997): Bodenkunde. Untersuchungsmethoden und ihre Anwendungen.-614 S., 221 Abb., 103 Tab.; Berlin - Heidelberg - New York (Springer)

SCHEFFER, F. & P. SCHACHTSCHABEL (1998): Lehrbuch der Bodenkunde.- 14. Aufl., 494 S., 248 Abb., 100 Tab., 1 Farbtaf.; Stuttgart (Enke)

SCHNEIDER, H. (1988): Die Wassererschließung.- 3.Aufl., 867 S., 1235 Abb., 150 Tab.; Essen (Vulkan)

SCHREINER. M. & K. KREYSING [Hrsg.] (1998): Handbuch zur Erkundung des Untergrundes von Deponien und Altlasten. Bd.4: Geotechnik, Hydrogeologie; BGR (Hannover); Berlin - Heidelberg (Springer)

VOIGT, H.-J. (1989): Hydrogeochemie - eine Einführung in die Beschaffenheitsentwicklung des Grundwassers.- 310 S.; Leipzig (Dt. Verl. f. Grundstoffindustrie)